キータイピングは、人差し指から小指まで、合計8本の指で行うのが基本です。
各指が担当するキーは以下のとおりです。
スムーズなタイピングが行えるように指のポジションを覚えましょう。

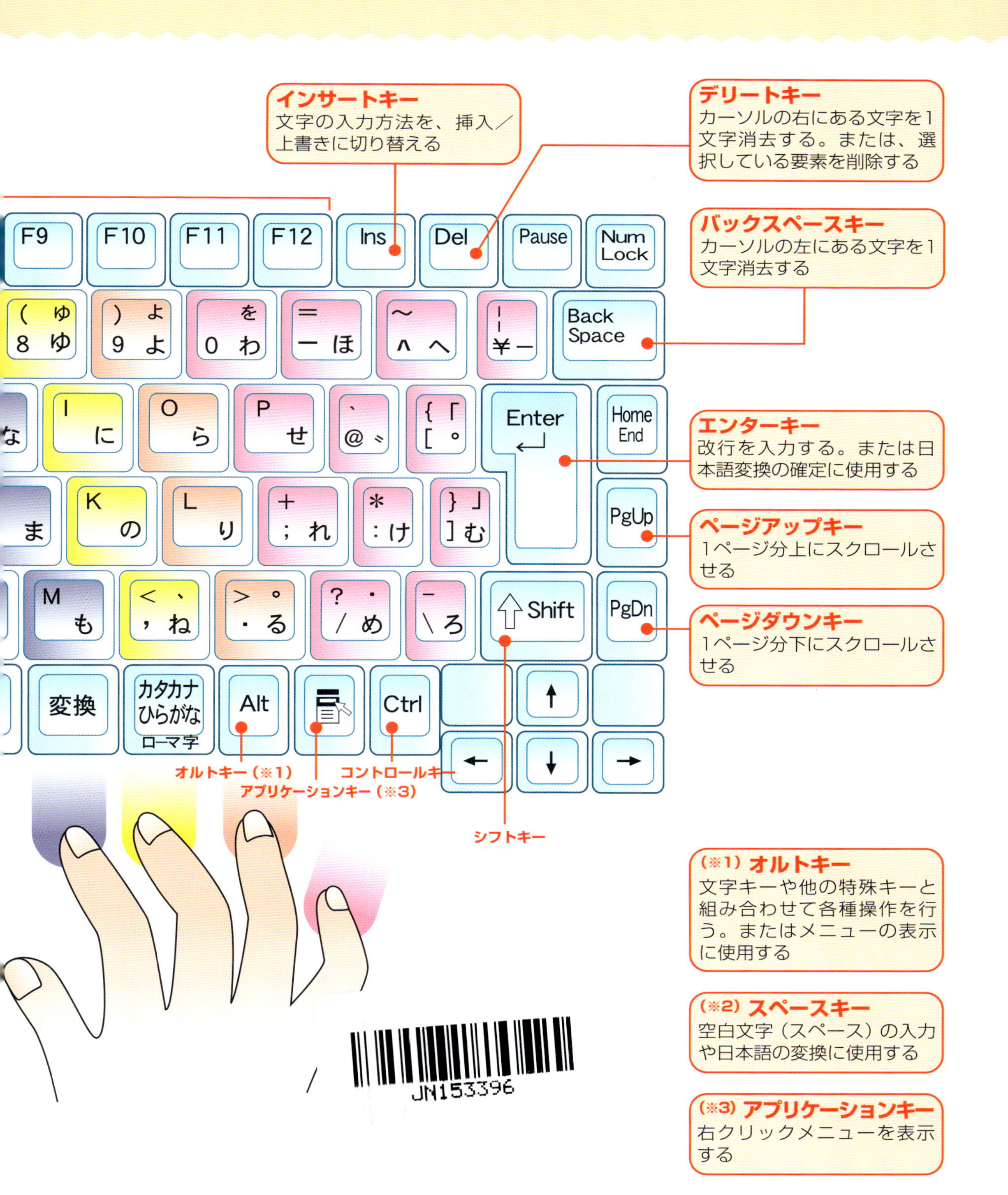

(※1) オルトキー
文字キーや他の特殊キーと組み合わせて各種操作を行う。またはメニューの表示に使用する

(※2) スペースキー
空白文字（スペース）の入力や日本語の変換に使用する

(※3) アプリケーションキー
右クリックメニューを表示する

パソコンはじめの一歩

Windows 10版 Office 2016 対応

相澤裕介◉著

はじめに

いまや社会人や学生にとって、パソコンは「欠くことのできない必須ツール」となっています。普段の生活や趣味においても『パソコンを使えたら便利だろうな……』と感じる場面が多々あるでしょう。
パソコンを自由自在に使いこなすには、Windowsの操作方法をはじめ、文書作成や表計算といった様々なアプリの操作方法を習得しておく必要があります。さらに、パソコンでWebやメールを楽しむには、ブラウザーやメールアプリの使い方も覚えておかなければいけません。
このように書くと、『やっぱりパソコンって難しそうだな……』と思うかもしれません。しかし、心配は無用です。本書をよく読み、一つひとつ順番に学習していけば、すぐにパソコンを使いこなせるようになります。

本書は、初めてパソコンを使用する人を対象に執筆されています。このため、初心者の方でも安心して読み進めることができます。もちろん、すでにパソコンを使用している方が操作方法を復習するときにも本書が役に立つと思います。
本書の特長は、パソコンの基本操作（Windows 10）をはじめ、文書の作成（Word 2016）、表計算の活用（Excel 2016）、発表用スライドの作成（PowerPoint 2016）といった主要なアプリの使い方を網羅していることです。もちろん、Webを閲覧したり、メールを送受信したりする方法も紹介しています。Windowsや個々のアプリについて詳しく解説している書籍は沢山ありますが、これら全てを一冊にまとめた書籍は意外と少ないものです。このような点においても、皆さんが最初に読む解説書として、本書が最適であると自負しています。

本書との出会いをきっかけに、ぜひ「はじめの一歩」を踏み出してください。皆さんがパソコンを自由自在に使いこなせるようになることを期待しています。

2016年2月　相澤 裕介

目次

Windows 10

パソコンの初歩

Windows 10の基本操作

Word 2016

Wordの基本

書式指定と印刷

データ入力と書式指定

数式・関数・グラフ

PowerPoint 2016

PowerPointの基本

スライドの作成と編集

表、グラフ、図表の作成

Windows 10

Windows 10 はパソコンの基本操作を担当する、OS と呼ばれるソフトウェアです。パソコンを自由自在に使いこなすには、Windows 10 の使い方を覚えることが最初の一歩となります。まずは、Windows 10 の基本的な操作方法を学習しましょう。

01 Windows 10の役割

パソコンを動作させるには、OS（基本ソフト）と呼ばれるソフトウェアが必要になります。これから学習するWindows 10もOSの一種となります。まずは、Windows 10の概要について説明します。

OSとは…？

パソコンを使用するときに欠かせない存在となるのがOS（基本ソフト）です。画面表示や文字入力、ファイルの保存/読み込み、インターネット接続、周辺機器の制御など、パソコンの基本的な操作はOSであるWindows 10が実現してくれます。さらにワープロや表計算などのアプリケーションを実行するための土台としても、Windows 10は機能しています。

Windows 10のデスクトップ画面

パソコンを起動すると、以下のような画面が表示されます。この画面のことをデスクトップ画面と呼びます。

※デスクトップ画面の背景は自由に変更できるため、以下の画面とは異なる画像が表示されている場合もあります。

Windows 10のデスクトップ画面

Windows 10の画面構成

パソコンを使って作業を行うときは、スタートメニューやタスクバーからアプリケーションを起動します。Webサイトの閲覧、メールの送受信、文書の作成など、用途に合わせて様々なアプリが用意されているので、目的に応じたアプリケーションを起動して使用します。

■スタートメニューとタスクバー

[スタート]ボタンをクリックすると、スタートメニューが表示されます。スタートメニューは、アプリを起動したり、各種操作を行ったりするときに使用します。

■アプリケーションの使用

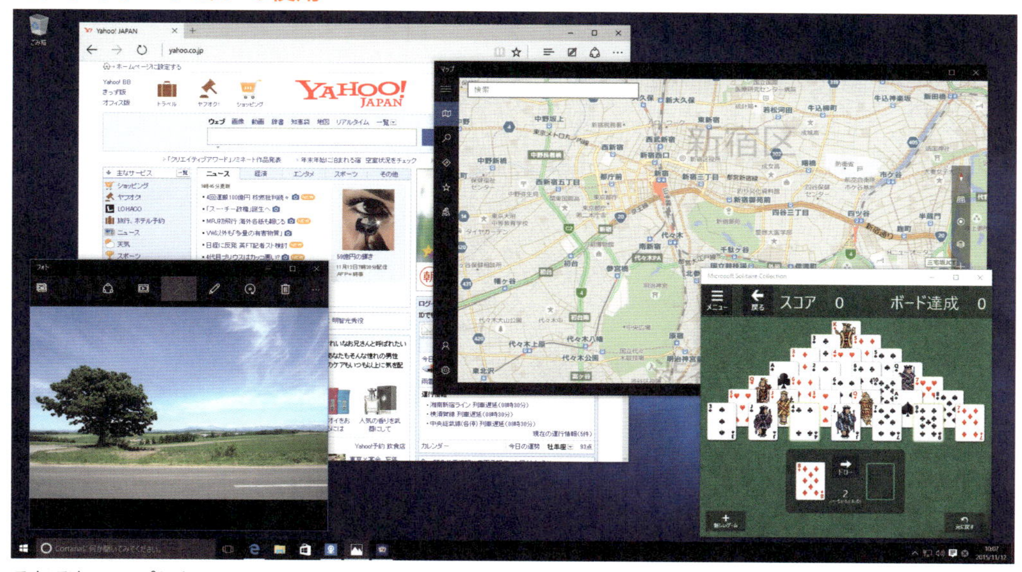

それぞれのアプリケーションは、ウィンドウで表示されるのが一般的です。もちろん、複数のアプリケーションを同時に起動することも可能です。

02 パソコンの基本用語

Windows 10の具体的な操作方法を説明する前に、パソコンを使う上で知っておくべき基本用語を紹介しておきます。いずれも頻繁に使用する用語なので、その意味をよく理解しておいてください。

▶ ハードウェアとソフトウェア

● ハードウェア

パソコン本体やプリンタなど、物理的な機器のことをハードウェアと呼びます。パソコンを構成する各種パーツ（CPU、メモリ、ハードディスクなど）もハードウェアに含まれます。単にハードと呼ばれる場合もあります。

● ソフトウェア（アプリ）

パソコン上で動作する各種プログラムのことをソフトウェアといいます。本書で紹介するWindows 10もソフトウェアの一種となります。なお、Webサイトの閲覧、ワープロ、表計算など、特定の機能を実現するプログラムのことをアプリ（アプリケーション）と呼ぶ場合もあります。

● 記録メディア

CD／DVD／Blu-ray（BD）やUSBメモリなど、データを記録できる機器のことを指します。スマートフォンやデジタルカメラなどで使用するSDメモリーカードなども記録メディアの一種となります。

▶ パソコンを構成する要素

● CPU

データ処理を行うパーツであり、パソコンの頭脳ともいえる存在です。CPUがなければパソコンは一切動作しません。

● メモリ

CPUが処理を行うときに、データを一時的に記録しておくパーツです。CPUと同様に、メモリがないとパソコンは一切動作しません。なお、パソコンの電源をOFFにすると、メモリに記録されていたデータは消去されます。

● ハードディスク ドライブ（HDD）

データを保存するためのパーツです。メモリと違い、HDDに保存したデータは、パソコンの電源をOFFにしても消去されません。各自が作成したデータをはじめ、プログラムやOSなどのデータを保存しておく機器として使用されます。

● ソリッドステート ドライブ（SSD）

HDDと同様に、さまざまなデータを保存できるパーツです。HDDより高速に読み書きできるのが特長です。

● グラフィックカード

液晶モニタに画面を描画する機能を担当するパーツです。3Dゲームや動画編集のように高速なデータ処理を要する作業を行う場合は、高性能なグラフィックカードが必要になります。

●光学ドライブ

CD／DVD／Blu-ray（BD）といったディスクからデータを読み込んだり、データを記録したりするための機器です。光学ドライブの種類によって、対応するメディアの種類（CD／DVD／BD）は異なります。

●インターフェース（コネクタ）

周辺機器と接続する端子のことをインターフェース（またはコネクタ）といいます。USB端子、LAN端子、HDMI端子など、パソコンには数多くのインターフェースが用意されています。スピーカーやヘッドフォンを接続する端子もインターフェースの一種です。

パソコンで使用する単位

●ビット

データの最小単位です。1ビットは「0」または「1」の2通りの値しか表現できません。アルファベットの「b」（小文字）で単位を表記します。

●バイト

1ビットを8個ずつまとめたものが1バイトで、8b（ビット）＝1B（バイト）となります。1バイトは、「2通り」の8乗となる256通りの値を表現できます。アルファベットの「B」（大文字）で単位を表記します。

●K（キロ）、M（メガ）、G（ギガ）、T（テラ）

1,000m（メートル）＝1Km（キロメートル）などと同様に利用される補助単位で、K（キロ）は約1,000倍、M（メガ）は約100万倍、G（ギガ）は約10億倍、T（テラ）は約1兆倍を表します。ただし、パソコンの世界では1024倍ごとに補助単位を変化させるため、厳密には1KB＝1,024B、1MB＝1,024KB＝1,024×1,024Bとなります。

●bps（ビー・ピー・エス）

bit per secondの頭文字で、直訳すると「1秒あたりのビット数」となります。bpsはデータ通信速度を示すときに使用される単位で、たとえば100Mbpsの場合、1秒間に100Mb（メガビット）のデータ通信を行えることになります。8b（ビット）＝1B（バイト）であることを考慮すると、100Mbpsは「1秒間に12.5MB（メガバイト）のデータ通信を行える」と同じ意味になります。

操作に関する用語

●開く／閉じる

パソコンの操作手順を説明するときに、「開く」や「閉じる」という言葉が使われる場合もあります。ここでいう「開く」とは、フォルダーの中身を画面に表示する、アプリケーションを起動してファイルの内容を表示する、といった意味を示しています。同様に「閉じる」は、フォルダーを非表示にする、アプリを終了する、といった意味を示しています。

●インストール／セットアップ

インターネットからのダウンロード、もしくは店舗で購入したアプリケーションを、実行可能な状態にする作業のことをインストール（またはセットアップ）といいます。この作業を行うと必要なプログラムがHDD（またはSSD）にコピーされ、そのアプリケーションをいつでも起動できるようになります。

03 Windows 10の起動と終了

それでは、さっそくパソコンの電源をONにしてWindows 10を起動してみましょう。まずは、Windows 10を起動させるときの操作手順と、Windows 10を終了するときの操作手順について解説します。

Windows 10の起動

Windows 10を起動させるときは、パソコンの電源ボタンを押します。続いて、以下の手順で操作を行うとWindows 10を起動できます。

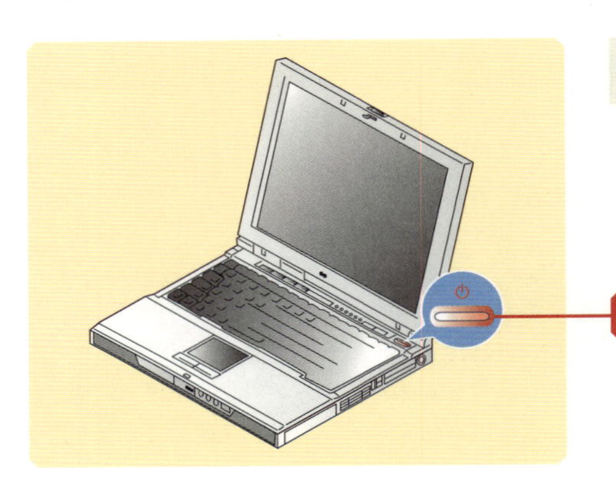

パソコンの電源ボタンを押します。

1 電源ボタンを押す

少し待つとロック画面が表示されます。画面上をクリックします。

2 クリック

Column

初めてWindows 10を起動した場合

パソコン購入後に初めてWindows 10を起動したときは、ユーザー名やパスワードを設定する画面が表示されます。ここでは、パソコンに付属する「はじめにお読みください」などの取扱説明書を参考に、画面の指示に従って作業を進めてください。

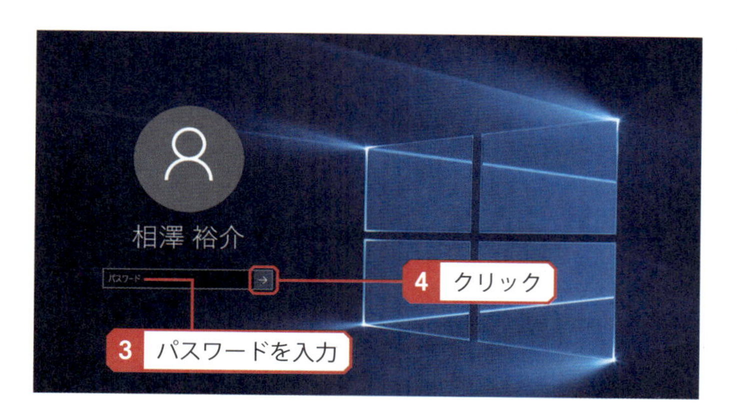

初回起動時に設定したパスワードを入力し、→をクリックします。

デスクトップ画面が表示され、Windows 10が起動します。

Windows 10が起動すると、デスクトップ画面にマウスポインタと呼ばれる矢印が表示されます。以降は、この矢印をマウスで動かして様々な操作を行っていきます。

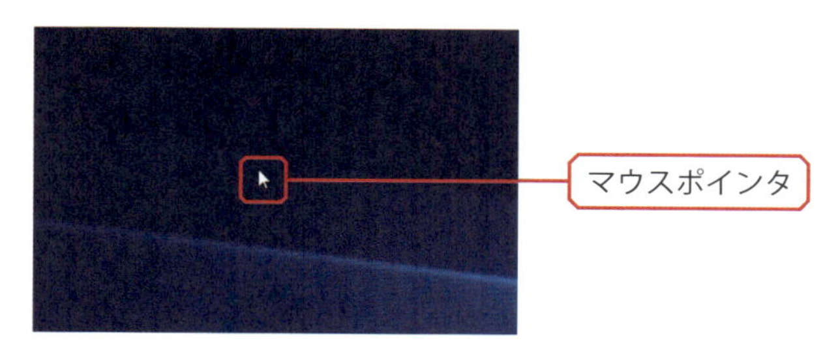

Column

マウスの使い方

マウスポインタはマウスを使って動かします。マウスの使い方がよくわからない方は、本書のP10～11を先に参照してください。

▶ Windows 10の終了

Windows 10を起動できたら、操作を色々と試す前にWindows 10の終了方法を覚えておきましょう。Windows 10を終了するときはスタートメニューを使用します。間違って電源ボタンを押してしまうと、最悪の場合、データが破損する恐れがあることに注意してください。

画面の左下にある［スタート］ボタンをクリックします。

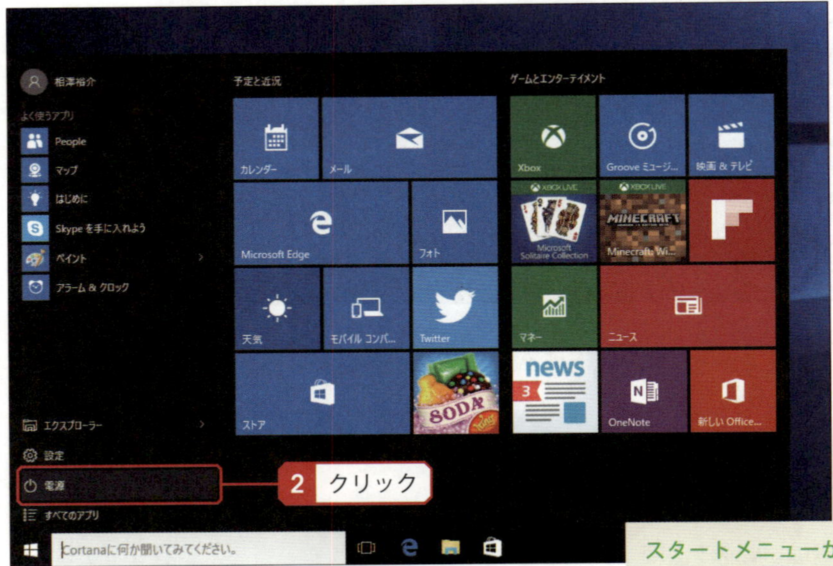

スタートメニューが表示されるので「電源」をクリックします。

このようなメニューが表示されるので、「シャットダウン」をクリックして選択すると、Windows 10を終了させる作業が始まり、パソコンの電源をOFFにすることができます。

Windows 10の終了（タブレットモード）

キーボードが着脱式のノートパソコンは、キーボードを外した状態でWindows 10を使用すると、タブレットモードで画面が表示される場合もあります。この場合は、以下のように操作してWindows 10を終了します。

画面左下にある［スタート］ボタンを指で押します（タップします）。

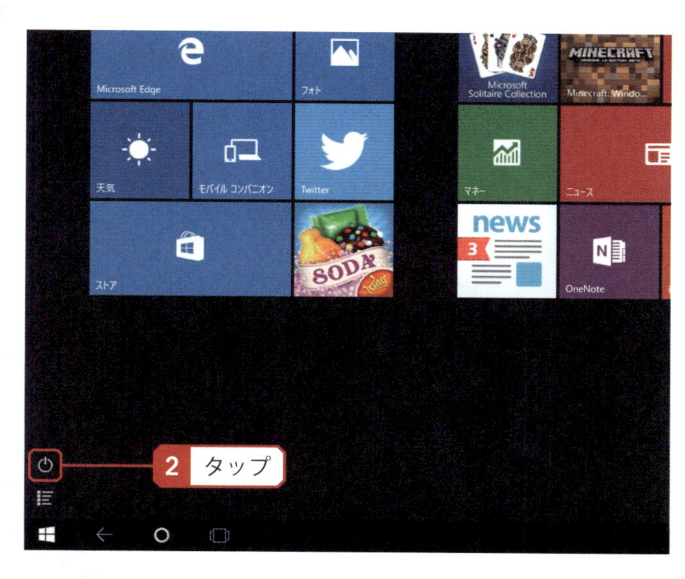

タブレットモードのスタートメニューが表示されるので、電源マークのアイコンをタップします。

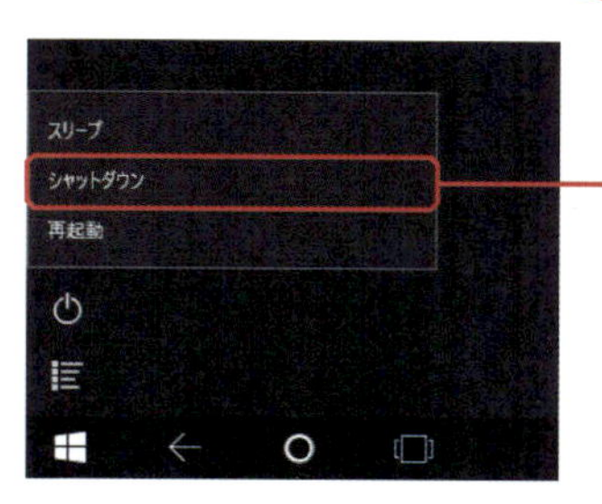

このようなメニューが表示されるので、「シャットダウン」をタップするとWindows 10を終了させることができます。

Column

スリープと再起動

「電源」をクリック（タップ）すると表示されるメニューには、「シャットダウン」のほかに「スリープ」や「再起動」といった項目が表示されています。

「再起動」は、いちど電源をOFFにし、もう一度Windows 10を起動しなおす作業となります。「スリープ」は少し休憩する場合などに活用できる機能で、パソコンを省電力状態にする機能となります（画面には何も表示されなくなります）。なお、スリープの状態から復帰するときは、キーボードのいずれかのキーを押します。

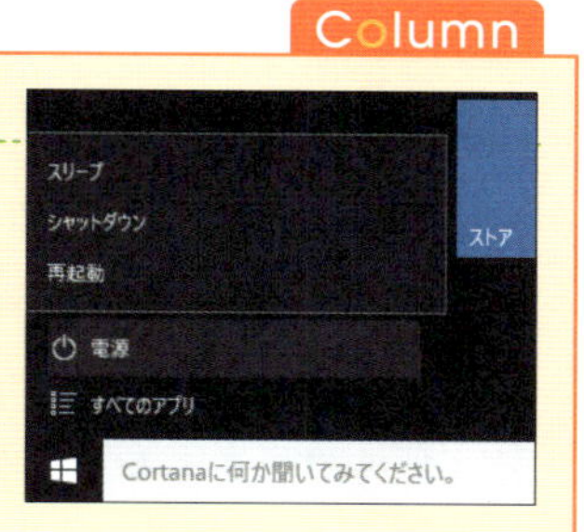

04 マウスの使い方

Windows 10では、画面に表示されている矢印（マウスポインタ）を使って様々な操作を行います。続いては、マウスの操作方法を解説しておきます。マウス操作に慣れていない方は、ここで基本操作を覚えておいてください。

ポインタの移動

Windows 10の画面に表示されているマウスポインタは、マウスと連動して動作する仕組みになっています。マウスを上下左右にスライドさせると、それに合わせてマウスポインタも画面上を上下左右に移動します。なお、マウスポインタのことを単にポインタと呼ぶ場合もあります。

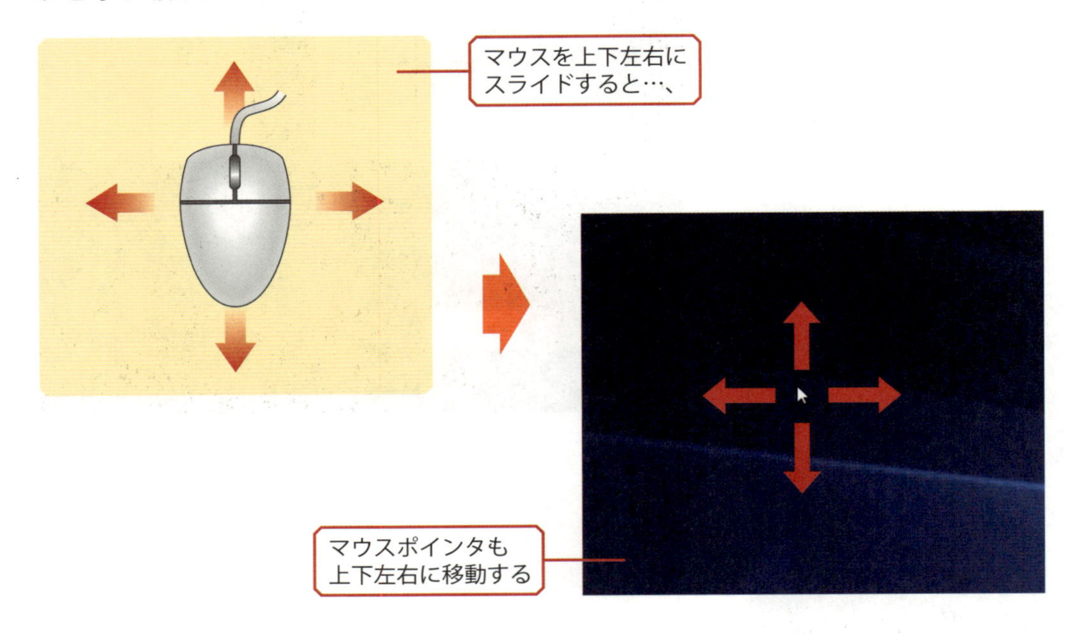

クリック、右クリック、ダブルクリック

マウスには2つのボタンが配置されています。これらのボタンを「カチッ」と押したあと、すぐに離す操作のことをクリックといいます。単純にクリックといった場合は、マウスの左ボタンを押して離す操作を示していると考えてください。一方、マウスの右ボタンを押して離す操作は右クリックと呼ばれています。

また、ダブルクリックという操作方法もあります。ダブルクリックとは、マウスの左ボタンを「カチッ、カチッ」と素早く2回クリックする操作で、ファイルやフォルダーを開く場合などに使用する操作方法となります。

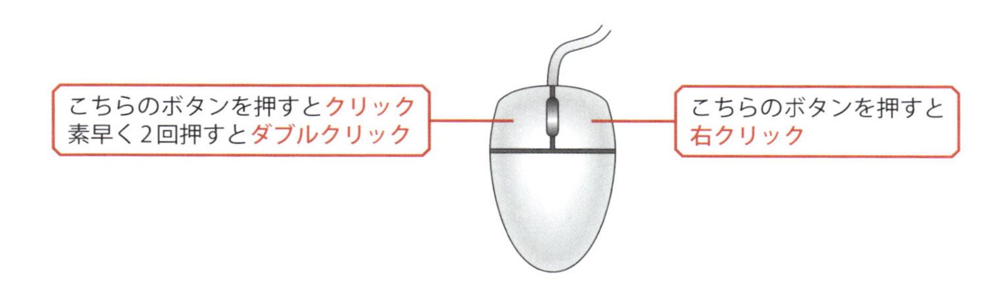

ドラッグ＆ドロップ

そのほか、ドラッグという操作方法もあります。これは、マウスの左ボタンを押したままマウスを上下左右にスライドさせる操作となります。その後、目的に位置までポインタが移動したときに左ボタンを離す操作のことをドラッグ＆ドロップと呼びます。これらの操作もパソコンを使用するに際に欠かせない操作となります。

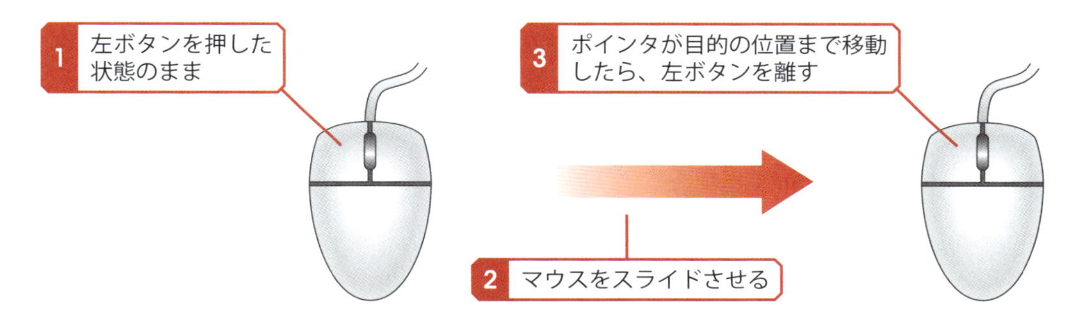

ホイール操作

左右ボタンの間にある円盤状の物体はホイールと呼ばれ、ウィンドウ内を上下にスクロールさせるときに使用します。たとえば、Webサイトを閲覧しているときにホイールを上下に回転させると、その方向に画面をスクロールさせることができます。そのほか、表示倍率の変更などにホイールを活用できる場合もあります。

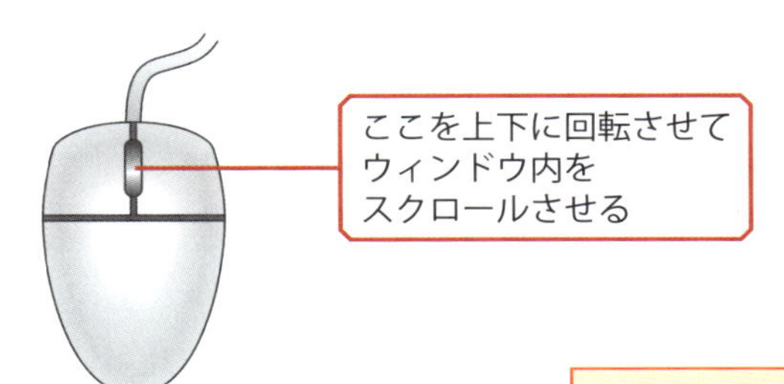

Column

ノートパソコンでマウスを使用

ノートパソコンでは、マウスの代わりにタッチパッドという装置を使ってポインタ操作を行います。このとき、パソコンにマウスを接続し、マウスでポインタを操作することも可能です。マウスとノートパソコンの接続には、USBインターフェースを利用するのが一般的です。

05 タッチパッドの使い方

ノートパソコンでは、マウスの代わりにタッチパッドという装置を利用してポインタの移動やクリックなどの操作を行います。続いては、タッチパッドの操作方法を紹介しておきます。

タッチパッドの構成

ノートパソコンは、キーボードの下部にタッチパッドと呼ばれる装置が配置されています。タッチパッドは以下のイラストのような構成になっており、長方形の平面部分はポインタの移動、左右2つのボタンはマウスの左右ボタンと同じ役割を担っています。

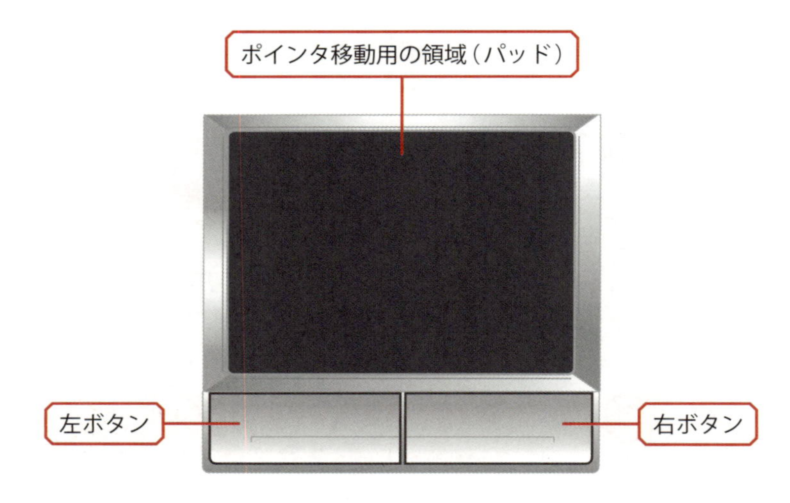

なお、ノートパソコンによっては、左右のボタンがないタッチパッドが搭載されている場合もあります。この場合は、タッチパッドの左下部分が左ボタン、右下部分が右ボタンとして機能します。このため、タッチパッドの下部を軽く押すことで、左右のボタンを押す操作を行えます。

タッチパッドの操作

タッチパッドにおける左右ボタンの操作方法は、マウスの左右ボタンと同じです。左ボタンを押して離せばクリック、右ボタンを押して離せば右クリックとなります。同様に、左ボタンを素早く2回押すとダブルクリックになります。

操作方法が異なるのはポインタを移動させる操作です。タッチパッドの場合は、パッドを指でこすってポインタを移動させます。マウスより少し操作が難しくなりますが、慣れてしまえば特に違和感なく操作できると思います。

ここを指でこすると、その方向へポインタが移動する

こちらのボタンを押すとクリック
素早く2回押すとダブルクリック

こちらのボタンを押すと右クリック

同様に、ドラッグ（ドラッグ＆ドロップ）の操作を行うときは、左ボタンを押したままパッドを指でこすり、目的の位置までポインタが移動したら左ボタンを離します。

タップ機能

タッチパッドには、タップと呼ばれる機能も用意されています。これはパッド部分を軽く「ポンッ」とたたく操作で、左ボタンをクリックするのと同じ結果を得ることができます。同様に、「ポンッ、ポンッ」と素早くパッドを2回たたいてダブルクリックの操作を行うことも可能です。

Column

タッチパッドの特殊機能

ほかにもタッチパッドに特別な機能が用意されている場合もあります。これらの機能や操作方法はパソコンの機種ごとに異なるので、詳しくは取扱説明書を参照してください。

06 タッチパネルの使い方

画面に直接指で触れて各種操作を行えるのもWindows 10の特長です。続いては、タッチ操作の基本を紹介しておきます。ただし、タッチパネルに対応していないパソコンは、タッチ操作を行えないことに注意してください。

タップ

まずは、マウスのクリックに相当する操作から解説していきます。アプリを起動したり、項目を選択したりするときは、その個所を軽く「ポンッ」とたたきます。この操作のことをタップと呼びます。

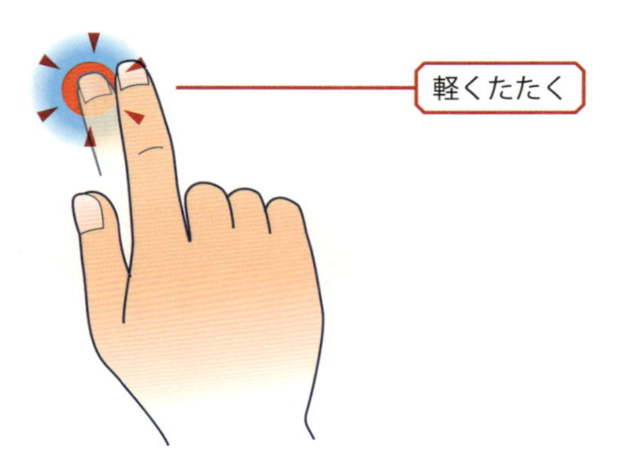

長押し

続いては、長押しという操作方法について解説します。タッチパネルで長押しの操作を行うときは、画面上を指で1～2秒ほど押し続けます。この操作はマウスの右クリックに相当するもので、その部分に関連するメニューを表示する場合などに活用できます。

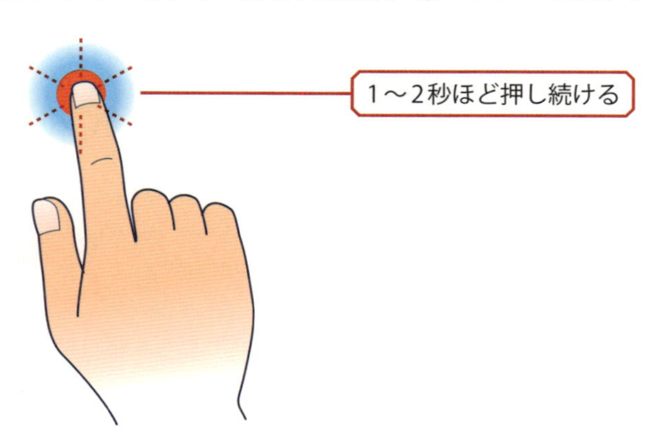

スライドとスワイプ

画面を上下左右にスクロールさせるときは、その方向へ画面上を指でなぞるように操作します。この操作のことをスライドと呼びます。この操作は、マウスにおけるドラッグやホイール操作に相当する操作となります。

似たような操作方法としてスワイプという操作も用意されています。操作の仕方はスライドと同じですが、スワイプの場合は短い距離をすばやく指で払うように操作します。

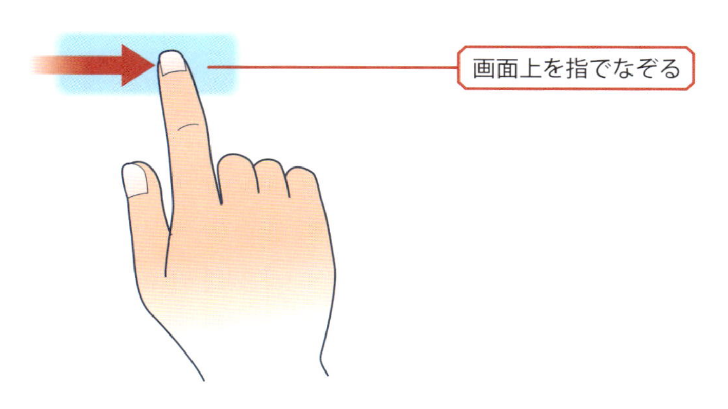

ピンチとストレッチ

画面表示を拡大／縮小するときには、2本の指を使って操作を行います。2本の指を互いに近づけていく操作はピンチと呼ばれ、画面表示を縮小する場合に使用します。これとは逆に、2本の指を互いに遠ざけていく操作はストレッチと呼ばれています。こちらは画面表示を拡大するときに使用します。

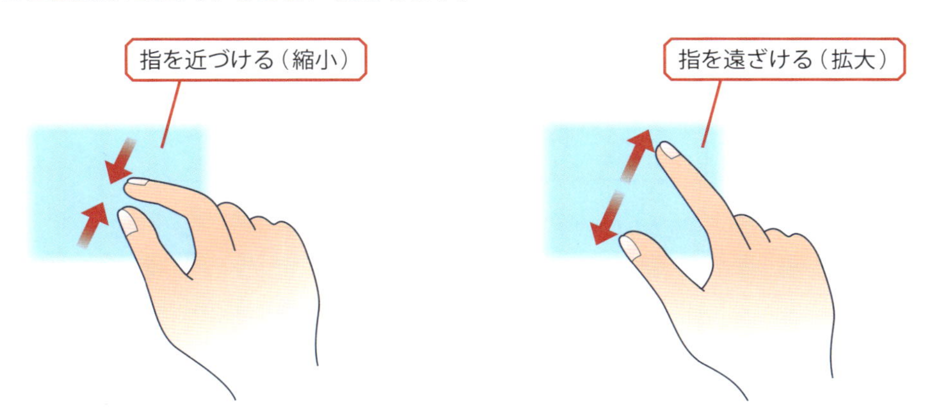

Column

回転の操作

アプリによっては、回転の操作をタッチパネルで行える場合もあります。この操作は、2本の指で円を描くように画面上をなぞると実行できます。使用可能な状況はあまり多くありませんが、念のため覚えておいてください。

07 キーボードの使い方

続いては、文字入力などに使用するキーボードの使い方を紹介します。パソコンのキーボードには文字キーのほかに、特別な役割を持つ特殊キーやファンクションキーなどが用意されています。

キーボードの構成

キーボードに配置されている各キーには、それぞれに名称がつけられています。まずは、各キーの配列と名称を覚えていきましょう。

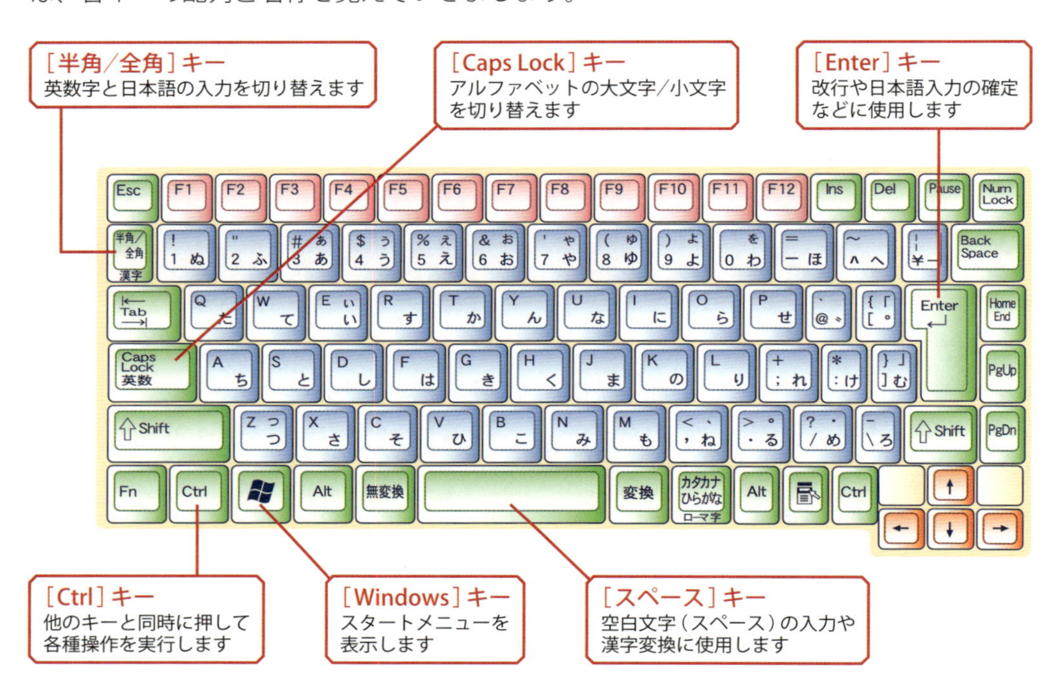

※キー配列はパソコンの機種により若干異なります。

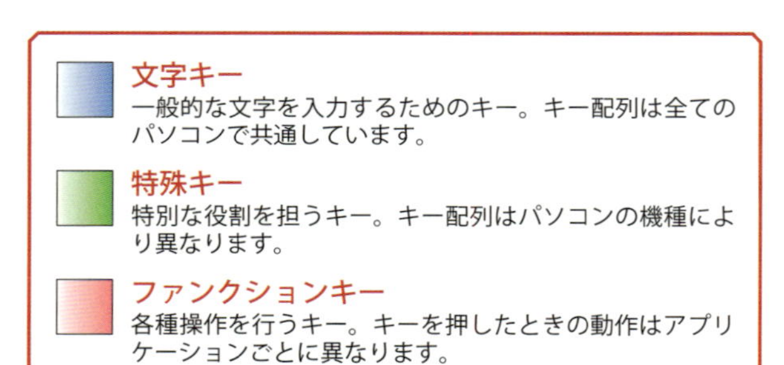

Column

テンキー

キーボードの右側に電卓のようにキーが並んでいるパソコンもあります。この部分はテンキーと呼ばれ、主に数字や演算記号の入力に使用します。

各キーの構成

文字キーには、1つのキーに2～4個の文字が記載されています。これでは各キーを押したときに、どの文字が入力されるのか区別できません。そこで、各キーを押したときに入力される文字について解説しておきましょう。

キーに記載されている文字のうち、左側にある文字は「通常時に入力される文字」です。右側にある文字は「かな入力モード」で利用する文字なので、とりあえずは無視しておいてください。上段と下段に文字が並ぶキーは、下段がそのままキーを押したとき、上段が[Shift]キーを押しながらキーを押したときに入力される文字となります。

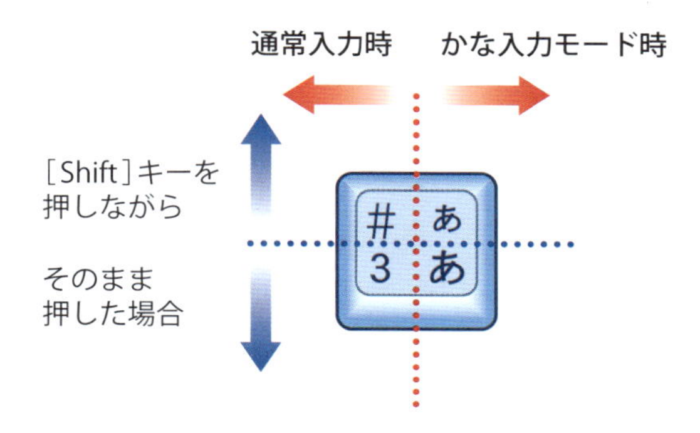

なお、A～Zのキーには左側下段の文字が何も記載されていませんが、この部分には小文字のアルファベットの記述が省略されていると考えてください。よって、そのままキーを押すと、小文字のアルファベットが入力されます。[Shift]キーを押しながら各キーを押すと、大文字のアルファベットが入力されます。

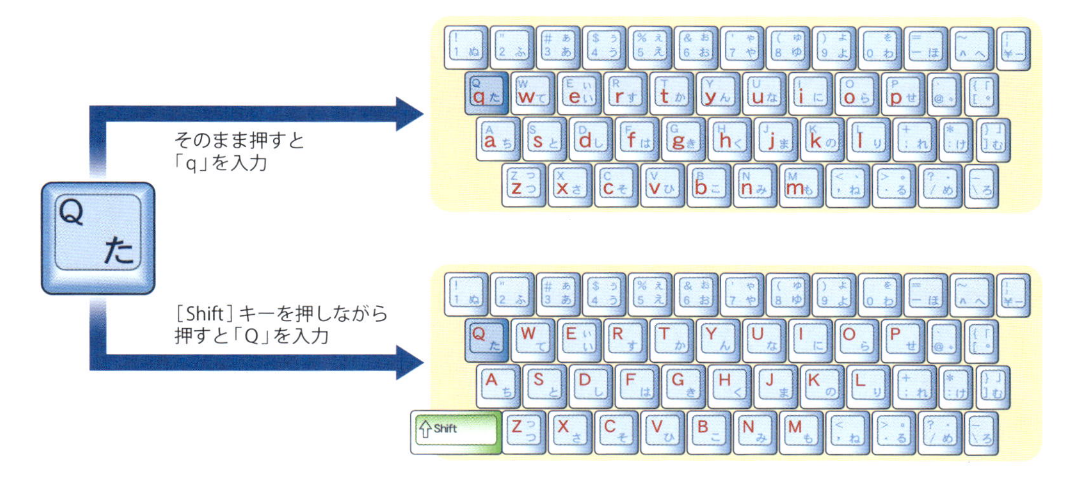

Column

[Caps Lock]キーの活用

アルファベットの大文字/小文字は、[Shift]+[Caps Lock]キーで切り替えることも可能です。[Shift]キーを押しながら[Caps Lock]キーを押すと、大文字と小文字の関係が入れ替わり、そのままキーを押すだけで大文字のアルファベットを入力できるようになります。もう一度[Shift]+[Caps Lock]キーを押すと元の状態に戻り、そのまま小文字を入力できるようになります。

▶[Back Space]キーと[Delete]キー

文字の入力を間違えたときは、[Back Space]キーまたは[Delete]キー([Del]キー)を押して文字を消去します。[Back Space]キーを押すと、カーソルの左にある文字を1文字消去できます。[Delete]キー([Del]キー)を押した場合は、カーソルの右にある文字を1文字消去できます。

▶特殊キーの役割

キーボードには、文字キー以外にもいくつかの特殊キーが用意されています。続いては、代表的な特殊キーの役割について簡単に紹介しておきます。

キーの名称	読み方	機能
[Alt]キー	オルトキー	文字キーや他の特殊キーと組み合わせて使用すると、各種操作が行えます。
[Insert]キー [Ins]キー	インサートキー	文字の入力方法(挿入または上書き)を切り替えます。
[Esc]キー	エスケープキー	処理を中断する場合などに使用します。 (アプリケーションにより機能が異なります)
[Tab]キー	タブキー	タブ文字を入力し、文字を特定の位置に揃えます。
[Num Lock]キー	ナンバーロックキー	テンキーの機能(数字入力または移動)を切り替えます。
[Fn]キー	エフエヌキー	ノートパソコンだけに用意されているキーです。他のキーと組み合わせて使用し、音量や画面の明るさ調整などを行います。

08 アプリケーションの起動と終了

パソコンには様々なアプリケーション（アプリ）が用意されています。続いては、アプリを起動したり、終了したりするときの操作手順を解説します。また、よく使用するアプリをタスクバーにピン留めする方法も紹介しておきます。

タイルからアプリを起動

［スタート］ボタンをクリックしてスタートメニューを開くと、右側にいくつかのアプリがタイルとして表示されます。ここに表示されているアプリは、タイルをクリックすると起動できます。

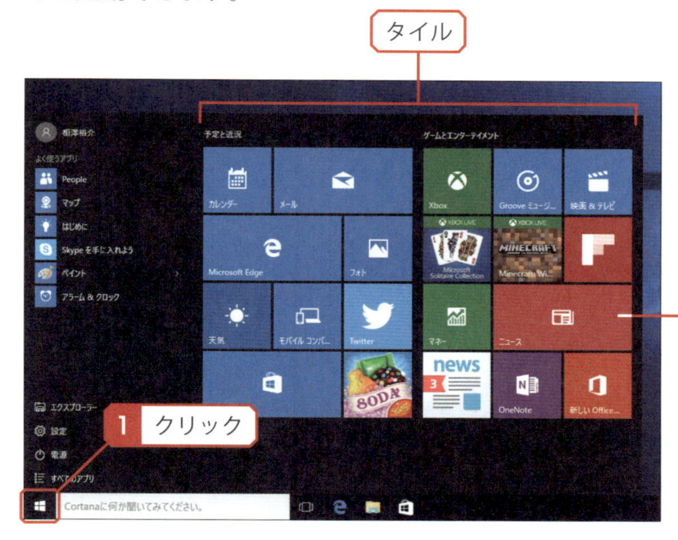

スタートメニューを表示し、起動するアプリのタイルをクリックします。

※タイルに表示されているアプリは、パソコンの機種ごとに異なります。

アプリケーションが起動し、デスクトップ画面に表示されます。

※アプリケーションを終了するときの操作手順はP22で解説しています。

▶「すべてのアプリ」からアプリを起動

タイルに表示されていないアプリを起動するときは、「すべてのアプリ」という項目を使用します。ここでは、Windows 10に用意されている「メモ帳」を起動する場合を例にして、アプリの起動手順を紹介します。

[スタート]ボタンをクリックしてスタートメニューを表示します。

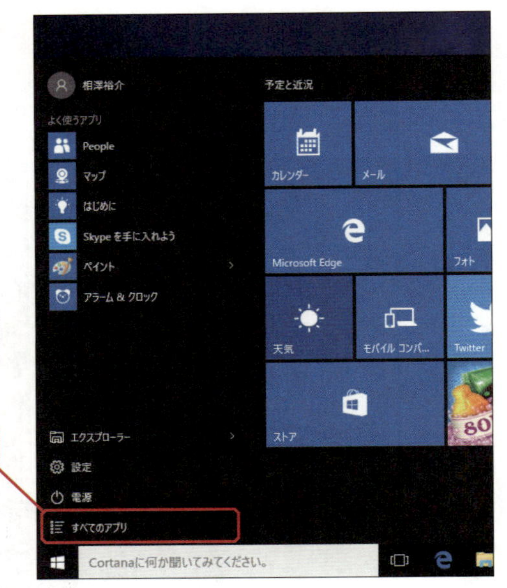

「すべてのアプリ」をクリックします。

2 クリック

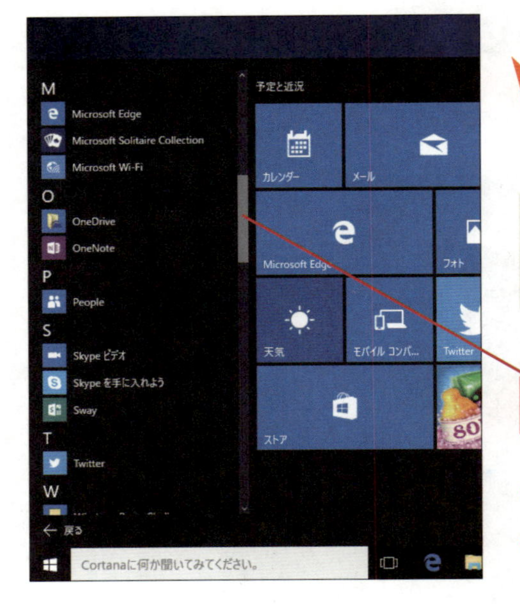

インストールされているアプリが一覧表示されるので、一覧を上下にスクロールして目的のアプリを探します。

3 上下にスクロールして目的のアプリを探す

※マウスのホイールを上下に回転させて、一覧をスクロールさせることも可能です。
※この一覧に表示されているアプリは、パソコンの機種ごとに異なります。

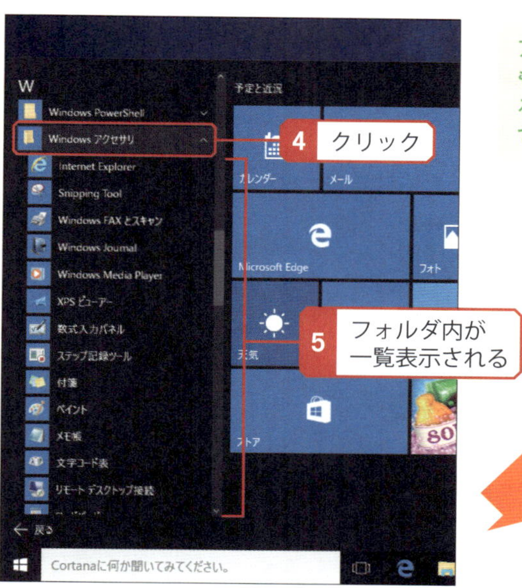

アプリがフォルダに分類して収録されている場合もあります。この場合は、フォルダをクリックすると、その中に収録されているアプリを一覧表示できます。

今回は「メモ帳」というアプリを起動するので、「メモ帳」をクリックします。

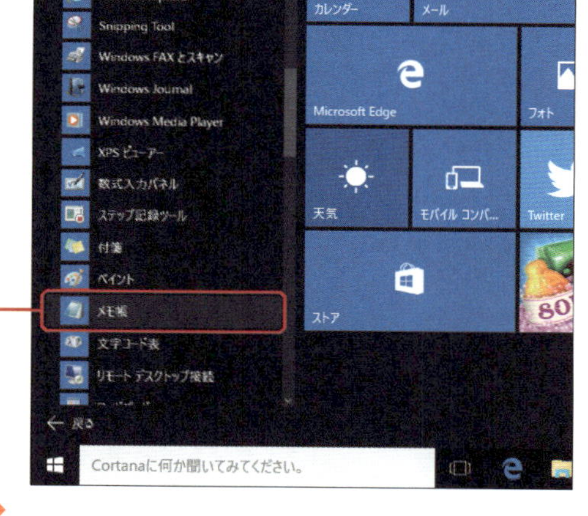

「メモ帳」のアプリが起動します。

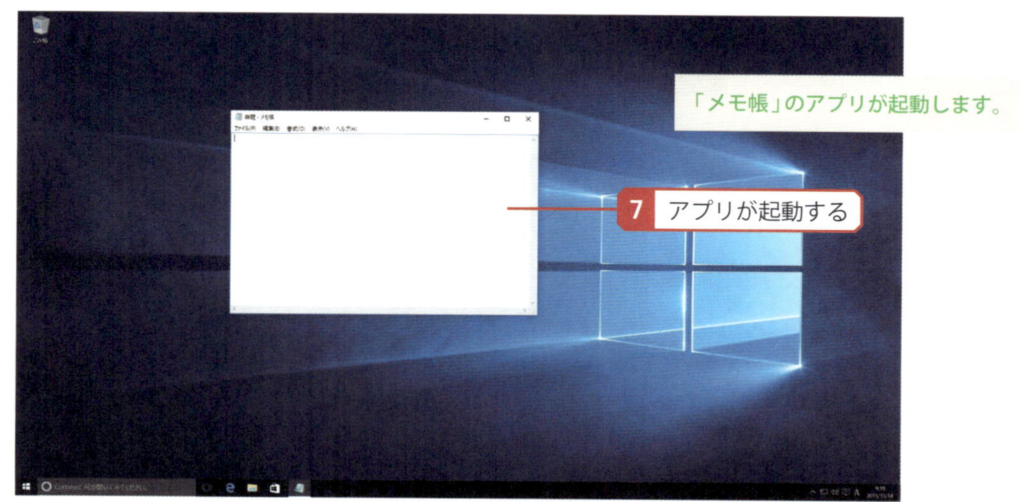

▶ タスクバーからアプリを起動

タスクバーに並んでいるアイコンをクリックしてアプリを起動する方法も用意されています。この場合は、アイコンをクリックするだけでアプリを即座に起動できます。

タスクバーに表示されているアイコンをクリックします。

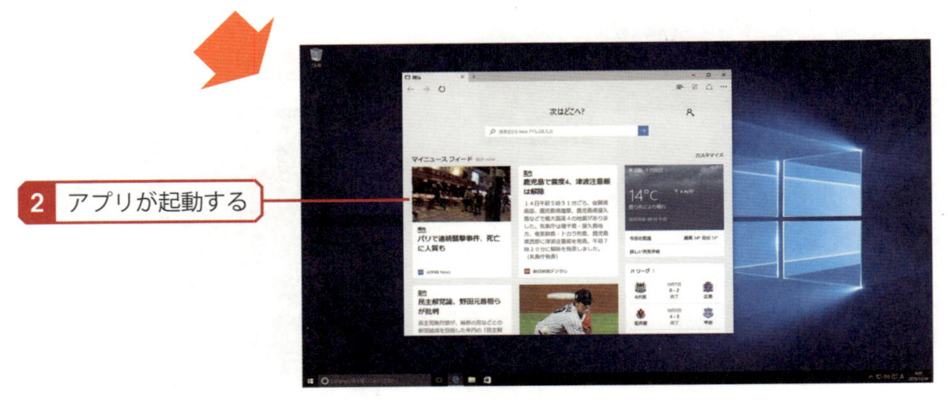

▶ アプリの終了

起動したアプリを終了するときは、各ウィンドウの右上にある × （閉じる）をクリックします。

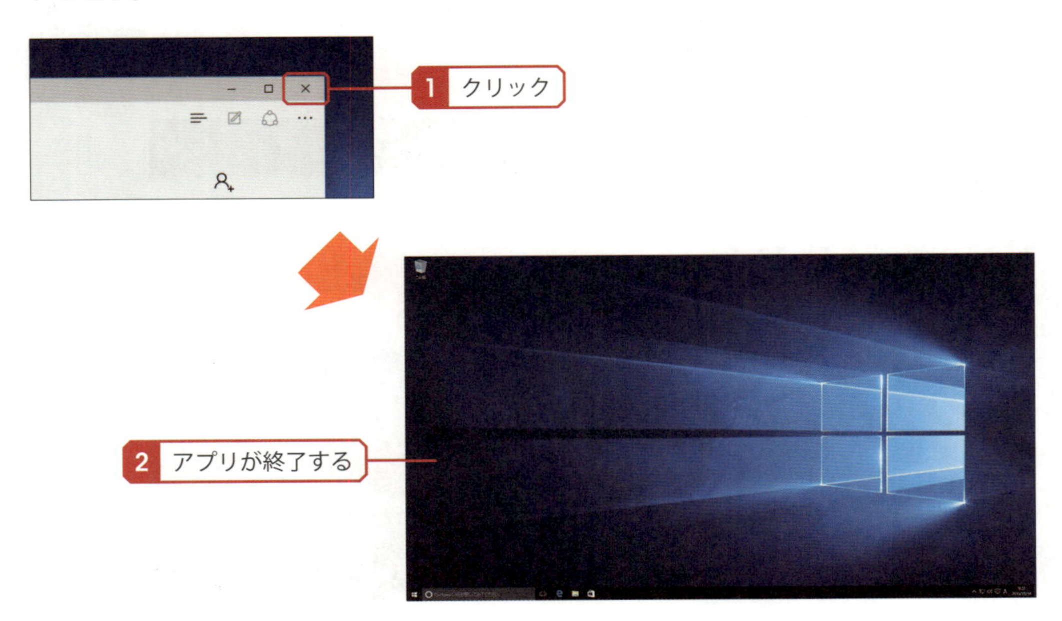

アプリをタスクバーにピン留めする

好きなアプリをタスクバーにピン留めしておくことも可能です。よく使用するアプリをタスクバーにピン留めしておくと、素早くアプリを起動できるようになります。

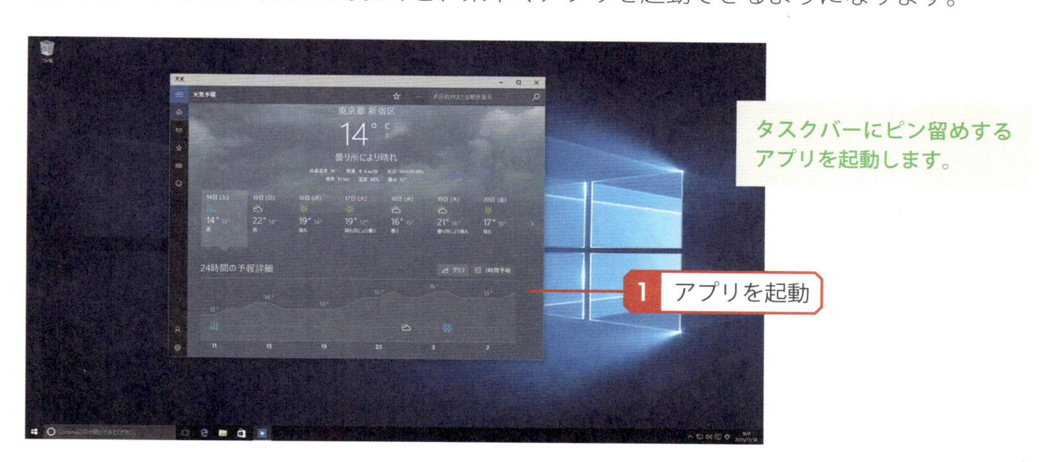

タスクバーにピン留めするアプリを起動します。

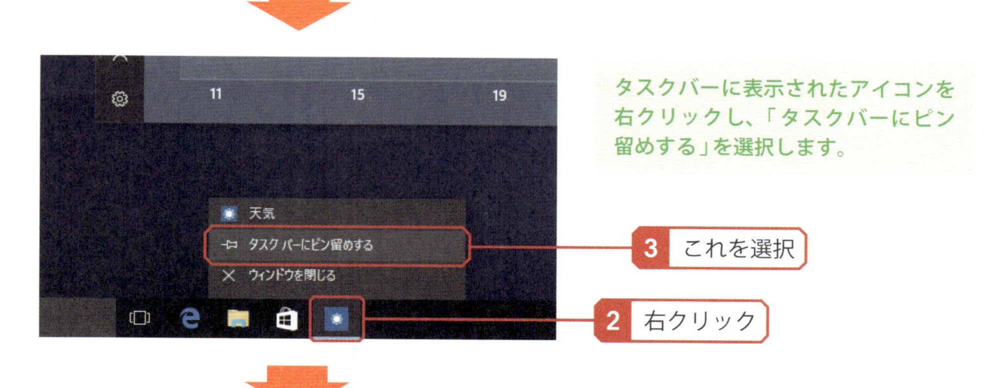

タスクバーに表示されたアイコンを右クリックし、「タスクバーにピン留めする」を選択します。

アプリの終了後もタスクバーにアイコンが表示され続けます。次回からは、このアイコンをクリックしてアプリを起動することも可能です。

Column

ピン留めの解除

ピン留めしたアプリをタスクバーから削除するときは、そのアイコンを右クリックし、「タスクバーからピン留めを外す」を選択します。

09 ウィンドウの操作

デスクトップ画面では、複数のウィンドウを同時に開いて作業を進めていくことが可能です。続いては、ウィンドウの操作方法とタスクバーを使ったアプリの切り替えについて解説します。

アクティブウィンドウについて

デスクトップ画面には、アプリやフォルダーなどがウィンドウで表示されます。このとき、以下の図のように複数のウィンドウを同時に開くことも可能です。

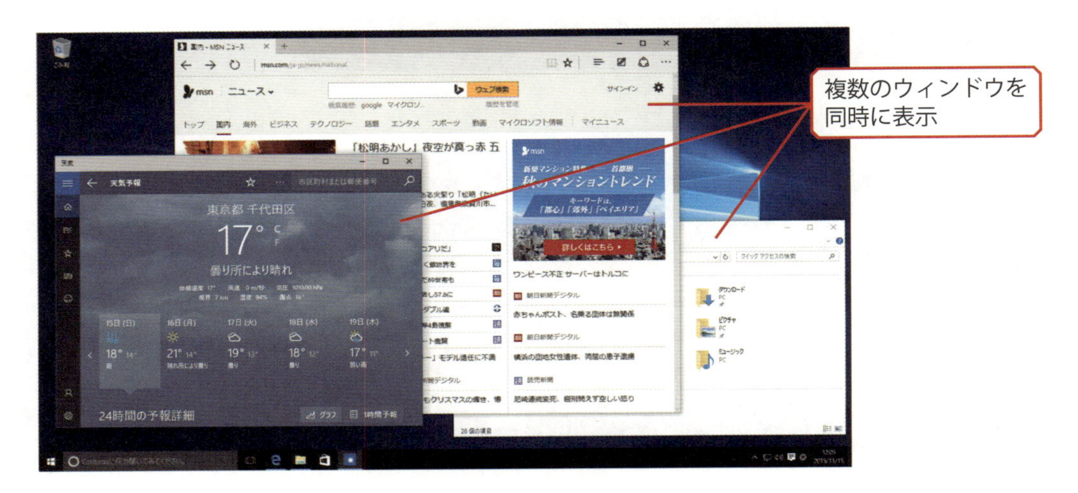

ただし、実際に操作できるウィンドウは1つだけです。基本的には、最前面に表示されているウィンドウが操作可能なウィンドウと考えてください。このウィンドウのことをアクティブウィンドウと呼びます。

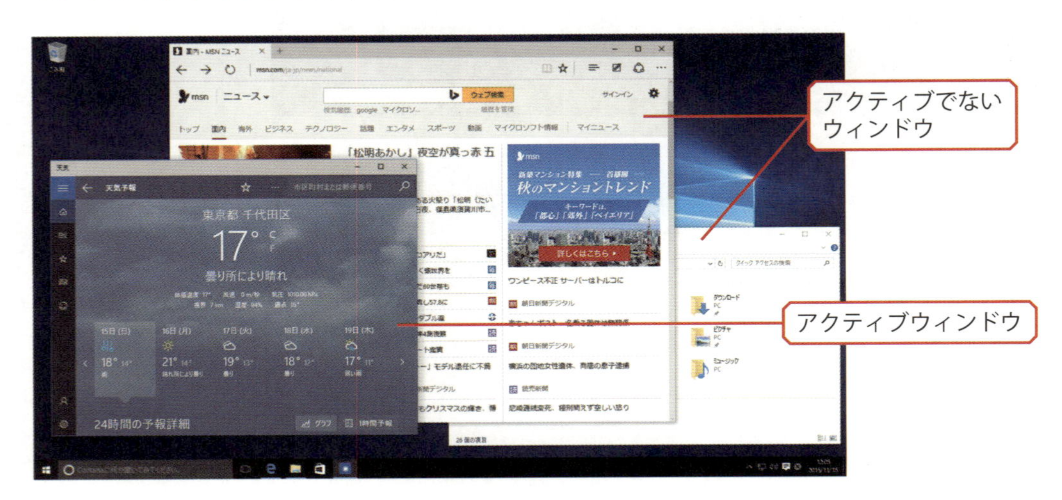

アクティブウィンドウの切り替え

アクティブウィンドウを切り替えるときは、操作したいウィンドウ内をマウスでクリックします。すると、そのウィンドウが最前面に表示され、操作可能な状態になります。

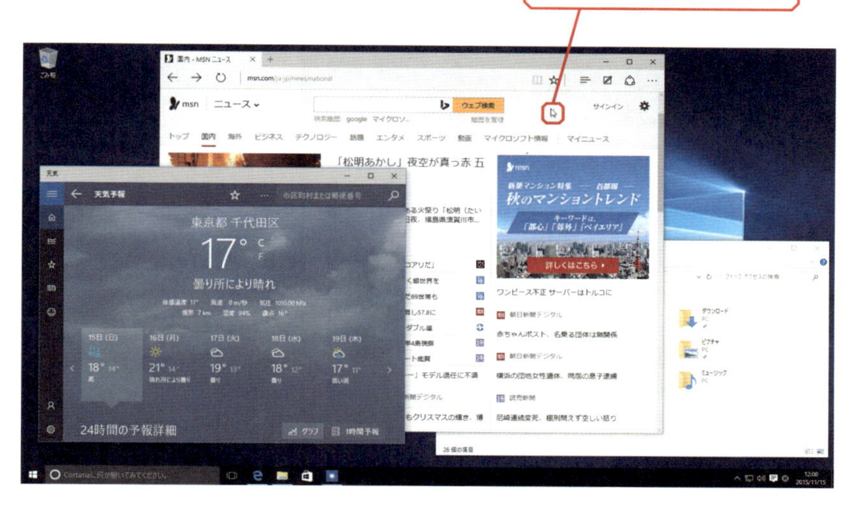

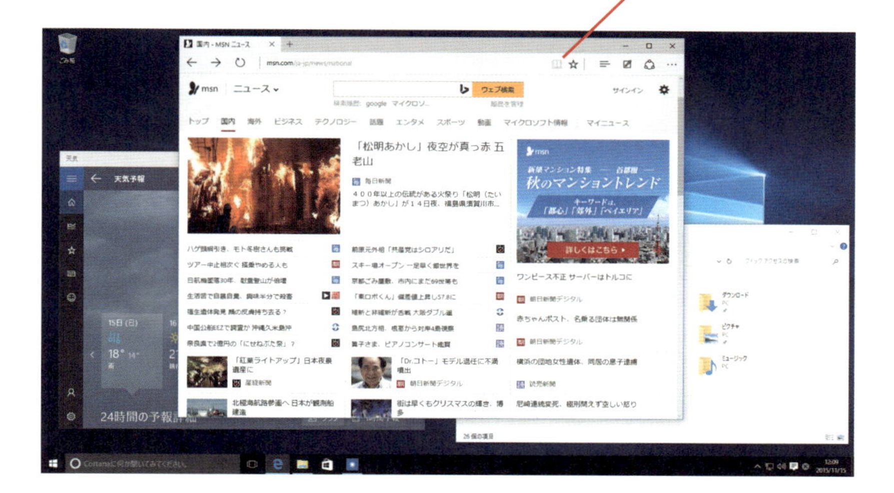

Column

[Alt]＋[Tab]キーの活用

キーボードの[Alt]キーを押しながら[Tab]キーを押すと、現在起動しているアプリやフォルダーを一覧表示できます（まだ[Alt]キーは離しません）。この状態のまま[Tab]キーを押していき、アクティブウィンドウを切り替える方法もあります。

Column

非アクティブウィンドウのスクロール

ウィンドウが他のウィンドウの背面に隠れている状態でも、画面をスクロールをさせる操作だけは実行できます。この場合は、背面にあるウィンドウ内にポインタを移動し（クリックはしません）、マウスのホイールを上下に回転させます。

タスクバーを使ったウィンドウ操作

タスクバーを使ってアクティブウィンドウを切り替える方法も用意されています。起動中のアプリは、タスクバーに下線付きのアイコンで表示されます。このアイコンをクリックすると、そのアプリをアクティブウィンドウに変更できます。

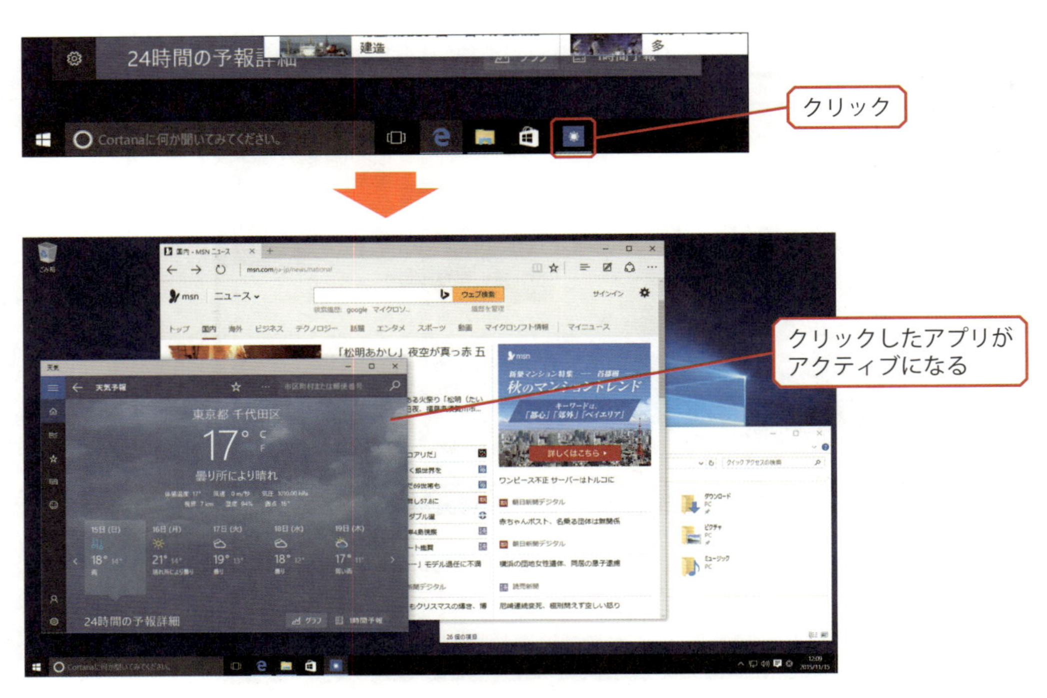

なお、同じアプリのウィンドウがいくつもある場合は、アイコンをクリックしたときに以下の図のような一覧が表示されます。この中からアクティブにするウィンドウを選択します。

同様に、フォルダーのウィンドウが複数あるときは、（エクスプローラー）のアイコンをクリックし、一覧からアクティブにするウィンドウを選択します。

ウィンドウの移動とサイズ変更

画面に表示されているウィンドウは、その位置とサイズを自由に変更できます。位置を移動するときは、ウィンドウの上部にあるタイトルバーをドラッグします。

ウィンドウのサイズを変更するときは、ウィンドウ枠の上へポインタを移動し、ポインタ表示を以下の図のように変化させます。この状態のままマウスを適当な位置までドラッグすると、ウィンドウを好きなサイズに変更できます。

左右の枠上に
ポインタを移動した場合
（幅を変更可能）

上下の枠上に
ポインタを移動した場合
（高さを変更可能）

四隅の枠上に
ポインタを移動した場合
（幅と高さを変更可能）

ウィンドウの最大化と最小化

各ウィンドウの右上には、ウィンドウの最小化や最大化を行うボタン、ならびにウィンドウを閉じるボタンが表示されています。続いては、これらのボタンの使い方を解説します。

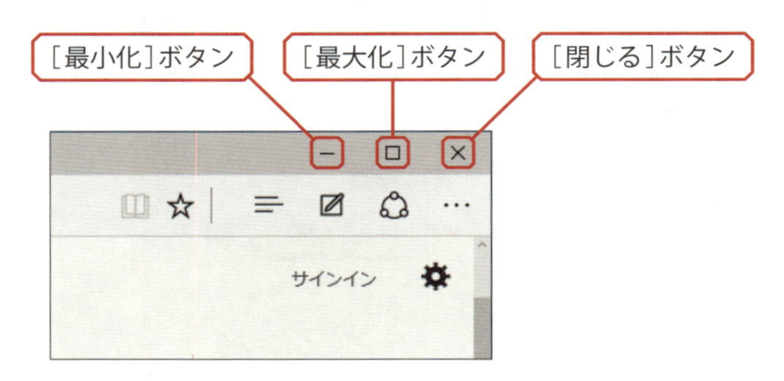

■ウィンドウを閉じる

ウィンドウを閉じるときは、[閉じる]ボタンをクリックします。ウィンドウがアプリであった場合は、この操作でアプリを終了することができます。

■ウィンドウの最大化

［最大化］ボタンは、ウィンドウを画面全体に表示するボタンです。最大化したウィンドウを元のサイズに戻すときは、［元に戻す（縮小）］ボタンをクリックします。

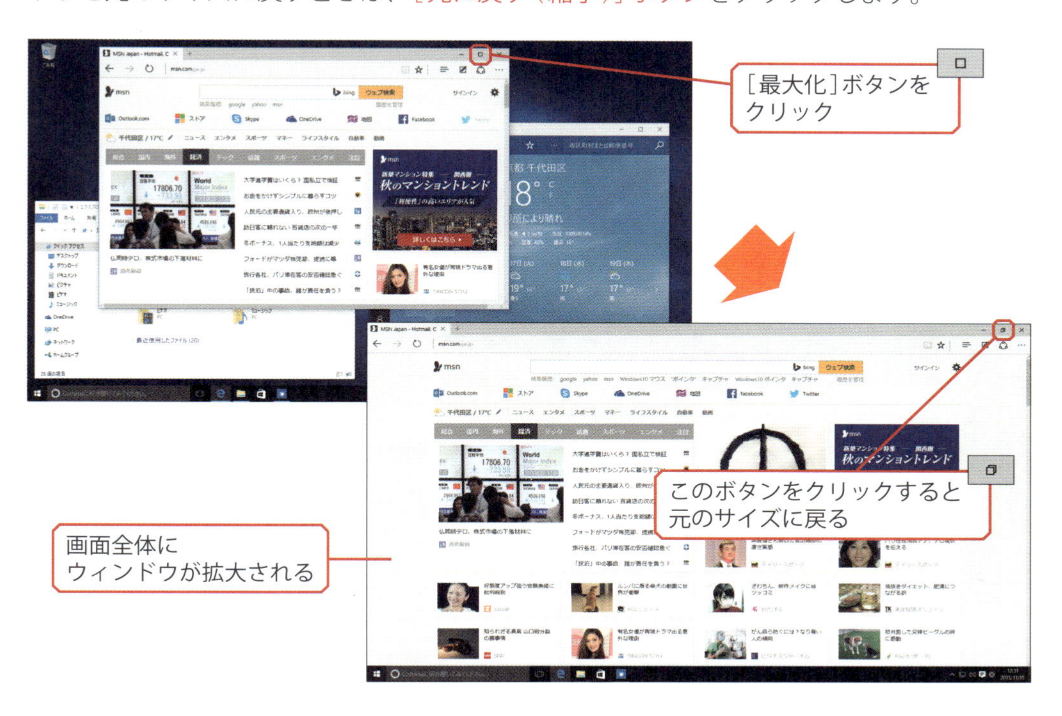

■ウィンドウの最小化

［最小化］ボタンをクリックすると、ウィンドウを一時的に非表示にすることができます。再びウィンドウを表示するときは、タスクバーにあるアイコンをクリックします。

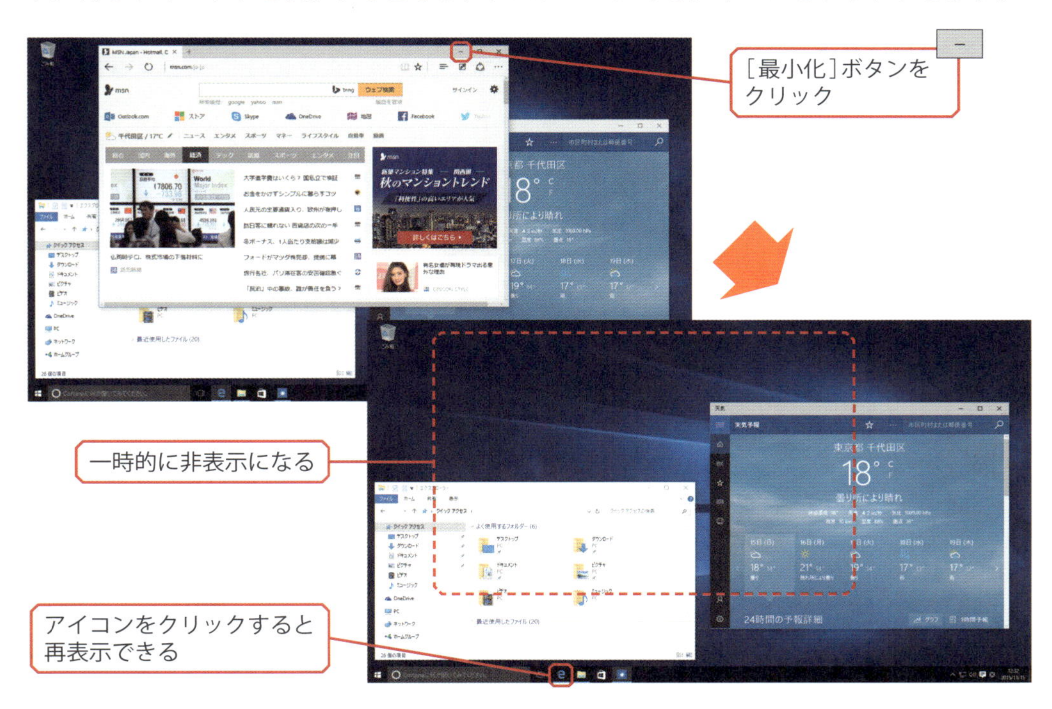

▶ スナップ機能

Windows 10には、ウィンドウのサイズを使いやすい大きさに素早く変更できる機能が用意されています。続いては、スナップ機能について紹介しておきます。

■ウィンドウの最大化

ウィンドウの上部にあるタイトルバーを画面の上端までドラッグすると、そのウィンドウを最大化することができます。また、最大化したウィンドウのタイトルバーを下方向へドラッグし、ウィンドウを元のサイズに戻すことも可能です。

■ウィンドウの高さを最大化

上のウィンドウ枠を画面の上端までドラッグすると、そのウィンドウの高さを画面全体に拡大できます。元のサイズに戻すときは、タイトルバーを下方向へドラッグします。

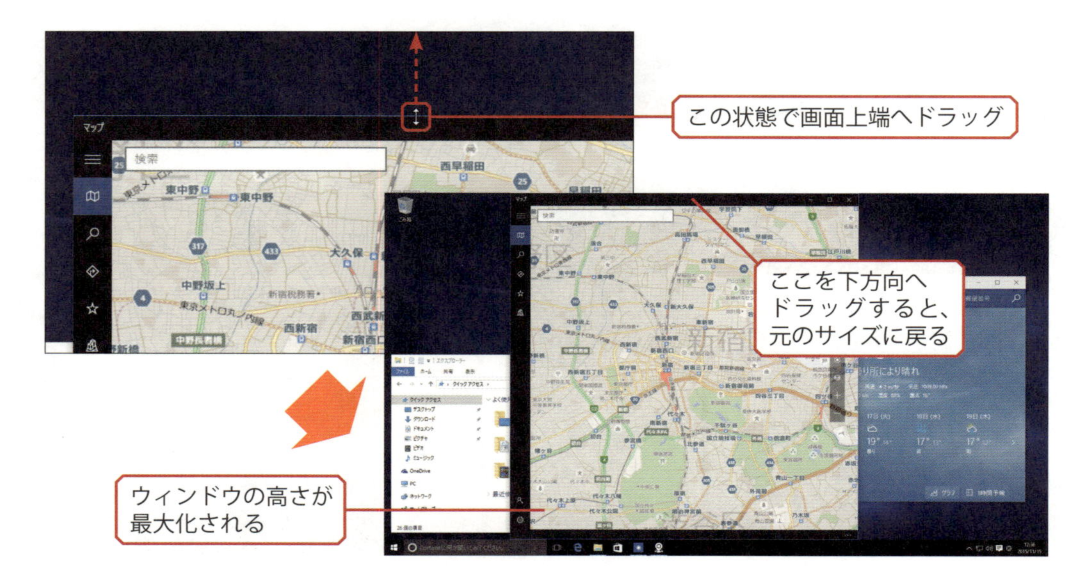

■左右にウィンドウを並べる

タイトルバーを画面の左端（または右端）までドラッグすると、ウィンドウを画面のちょうど半分のサイズに変更できます。この機能は、2つのウィンドウを左右に並べて配置したい場合に活用できます。

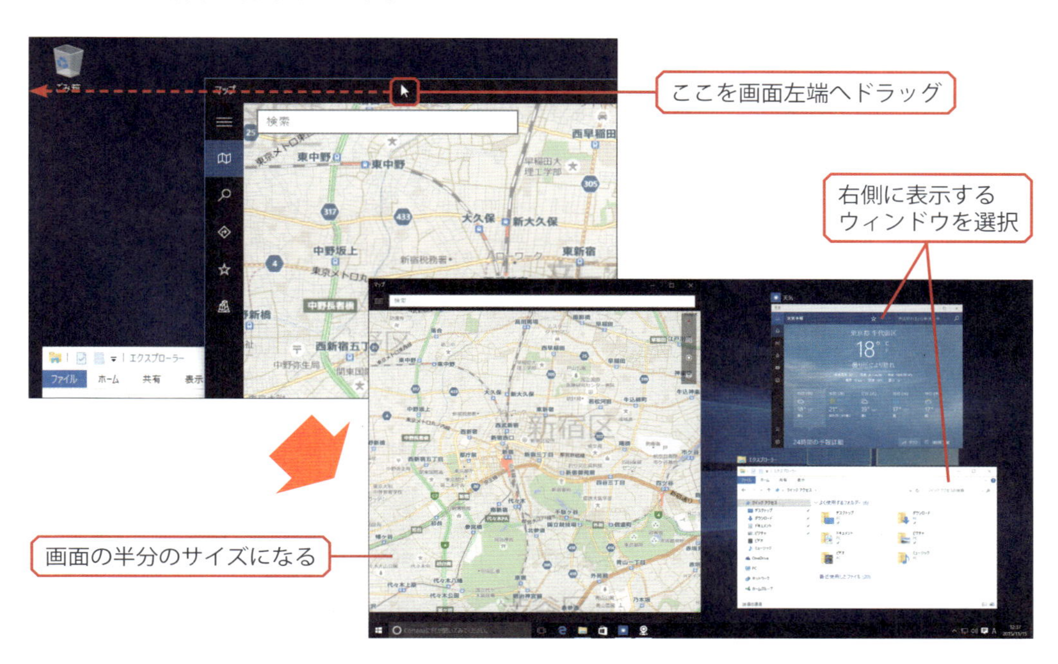

■Aeroシェイク

タイトルバーを素早く左右にドラッグすると、他のウィンドウを全て最小化することができます。この機能も便利に活用できるので、ぜひ覚えておいてください。

10 日本語の入力

パソコンを使用するにあたり、日本語の入力は欠かせない操作となります。漢字変換をスムーズに行えるように十分に練習しておく必要があるでしょう。続いては、Windows 10で日本語を入力する方法を解説します。

入力モードの切り替え

Windows 10には、半角入力モードと全角入力モードの2種類の入力モードが用意されています。それぞれの入力モードは、キーボードの左上にある［半角/全角］キーを押すと切り替えられます。現在の入力モードはタスクバーの右端を見ると確認できます。

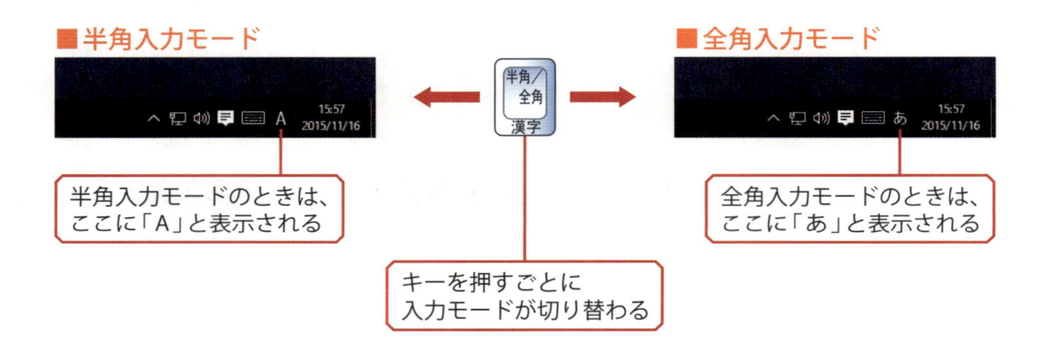

- 半角入力モード ………………… アルファベットや数字、記号などの半角文字を入力
- 全角入力モード ………………… ひらがなやカタカナ、漢字などの全角文字を入力（半角文字を入力することも可能）

Column

タッチキーボードの表示

キーボードを外してパソコンをタブレットのように扱うときは、画面にタッチキーボードを表示して文字を入力します（タッチキーボードの使い方はP39～40で詳しく解説します）。

ひらがなの入力

それでは、さっそく日本語の入力を練習していきましょう。全角入力モードの初期設定はローマ字入力になっているため、[A]キーを押すと「あ」の文字、[S]→[U]とキーと押すと「す」の文字を入力できます（本書の巻末にローマ字の一覧表があります）。

ここでは「メモ帳」というアプリを使って日本語入力を練習していきます。「メモ帳」の起動方法については、本書のP20～21を参照してください。

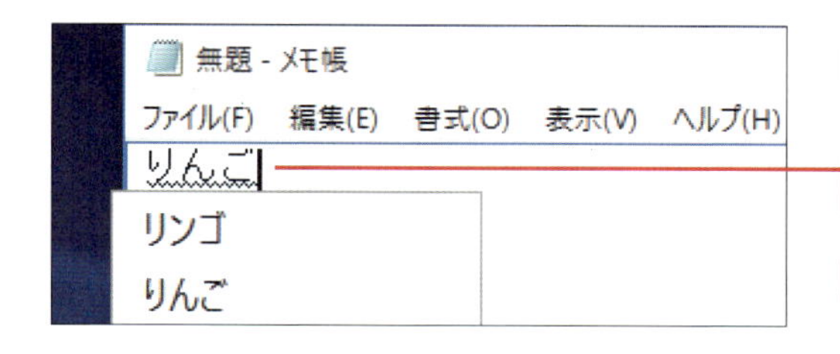

1 全角入力モードに切り替える

2 [R][I][N][N][G][O]とキーを押すと、「りんご」と入力される

3 [Enter]キーを押す

Column

「ん」の入力

ローマ字は「ん」を「n」で表記するのが一般的ですが、「kinen」のローマ字表記のように、「きねん」（記念）を表しているのか、「きんえん」（禁煙）を表しているのか区別できない場合もあります。そこで、パソコンのローマ字入力では、「ん」を入力するときに[N]キーを2回続けて押します。

- kinenn ▶ きねん
- kinnenn ▶ きんえん

漢字変換と確定

これで、ひらがなの入力方法は理解できたと思います。続いては、漢字を含む日本語の入力方法を解説していきます。

漢字の入力は、「読みの入力」→「変換」→「確定」という手順で行います。変換は[スペース]キー、確定は[Enter]キーを押すと実行できます。以下に、「歌学を学ぶ」と入力する場合を例に操作手順を紹介しておくので、これを参考に漢字の入力方法を学んでください。

1 全角入力モードに切り替える

2 [K][A][G][A][K][U][W][O][M][A][N][A][B][U]とキーを押す

入力した文字には波線のアンダーラインが表示されます。この状態で[スペース]キーを押すと、その読みに対応する漢字に変換できます。

3 [スペース]キーを押す

4 再度［スペース］キーを押す

5 変換候補の中から文字を選択

同音異字の漢字に変換された場合は、もう一度［スペース］キーを押して変換候補の一覧を表示し、この中から変換後の文字を選択します。

Column

変換候補の選択

一覧表示された変換候補の中から文字を選択する方法は、以下の4通りが用意されています。もちろん、どの操作方法を使用しても構いません。

- ［スペース］キーを押して、次の変換候補へ移動させる
- ［↑］キーや［↓］キーで変換候補を選択する
- 変換候補の左にある数字のキーを押す
- 変換候補をマウスでクリックする

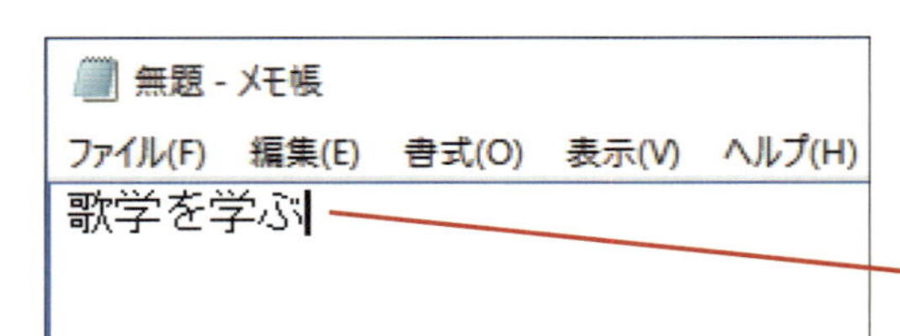

正しく漢字変換できたら、［Enter］キーを押して文字入力を確定します。

6 ［Enter］キーを押して確定

Column

変換対象の移動

上記の例では「まなぶ」が正しく変換されたため、「かがく」を正しく変換しなおすだけで変換作業を完了できました。しかし、そうでない場合もあります。このような場合は、［→］キー（または［←］キー）を押して変換対象を移動し、再変換を行う必要があります（変換対象を移動してから［スペース］キーを押します）。変換対象になっている部分は、アンダーラインが他より太く表示されます。

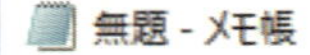

［→］キーを押すと、「学ぶ」が変換対象になる

区切り位置の変更

漢字変換の区切り位置はパソコンが自動的に判断してくれます。しかし、これが間違っている場合もあります。このような場合は、[Shift]＋[→]キーまたは[Shift]＋[←]キーを押して区切り位置を変更しなければいけません。ここでは「木の葉が木から……」と入力する場合を例に、その操作手順を紹介します。

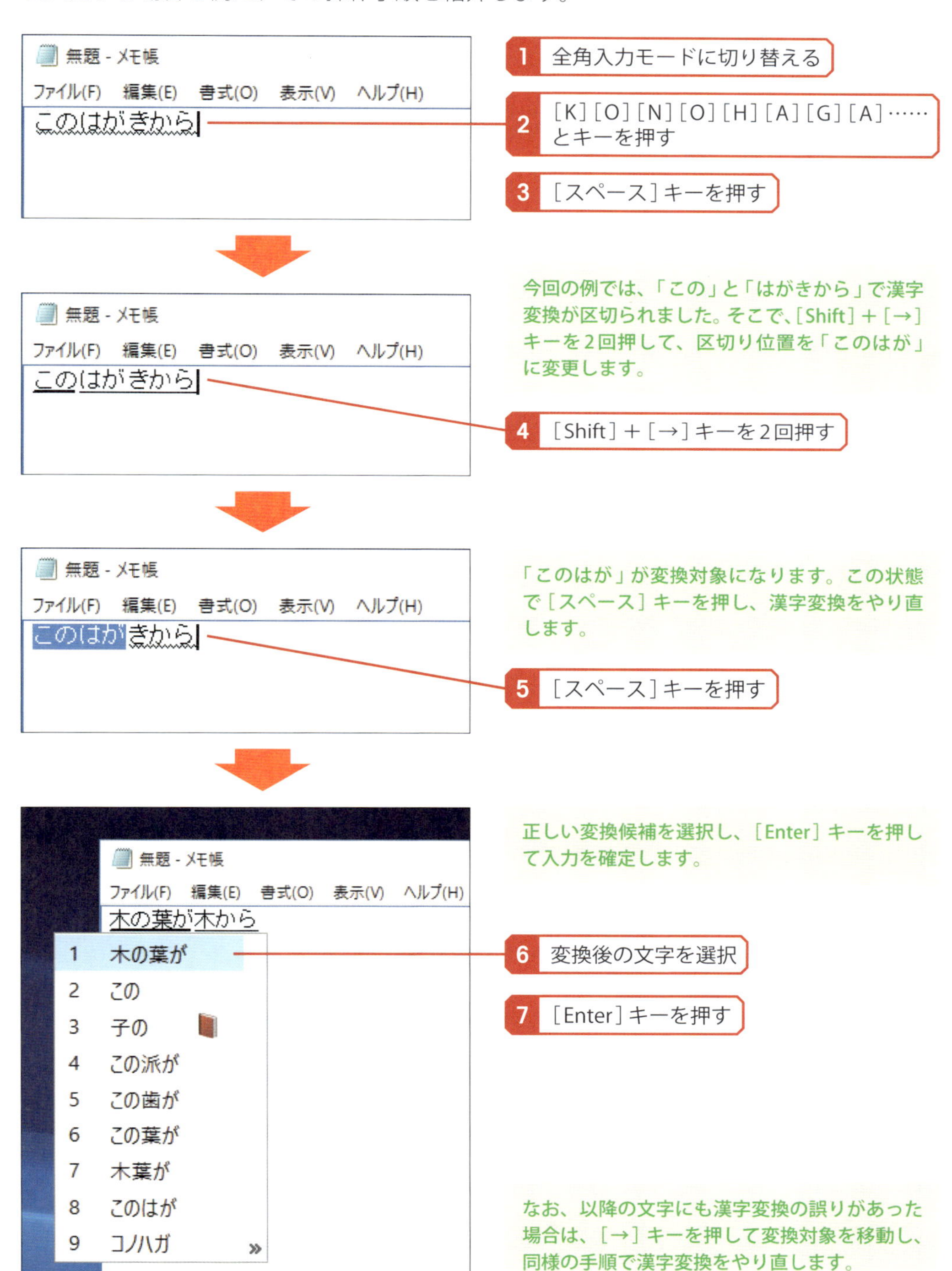

▶ 特殊なローマ字入力

通常の五十音であれば、ローマ字の入力方法に迷うことも少ないと思います。しかし、小さい「ぁ」のように入力方法が分かりにくい文字もあります。続いては、少し特殊な文字をローマ字入力を行う方法を紹介します。

■小さい文字の入力

「ゃ」「ゅ」「ょ」や「ぁ」「ぃ」「ぅ」「ぇ」「ぉ」といった小さい文字を入力するときは、[X]キーに続けてローマ字を入力します。もちろん、[S][Y][A]→「しゃ」のように普通にローマ字入力して、小さい「ゃ」「ゅ」「ょ」を入力することも可能です。

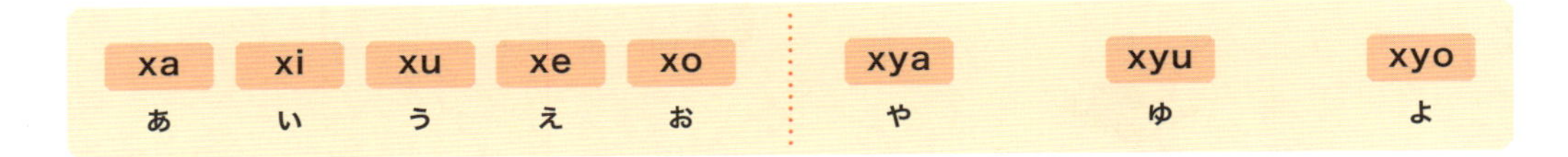

xa	xi	xu	xe	xo	xya	xyu	xyo
ぁ	ぃ	ぅ	ぇ	ぉ	ゃ	ゅ	ょ

■小さい「っ」の入力

「にっぽん」のように小さい「っ」を入力するときは、その後に続く子音を2回続けて押します。これは一般的なローマ字表記のルールと同じです。

nipponn ▶ にっぽん

■アルファベットの読みを基準にした入力

そのほか、アルファベットの読みを基準にした入力も可能です。一般的なローマ字のほかに、以下のような入力が行えます。

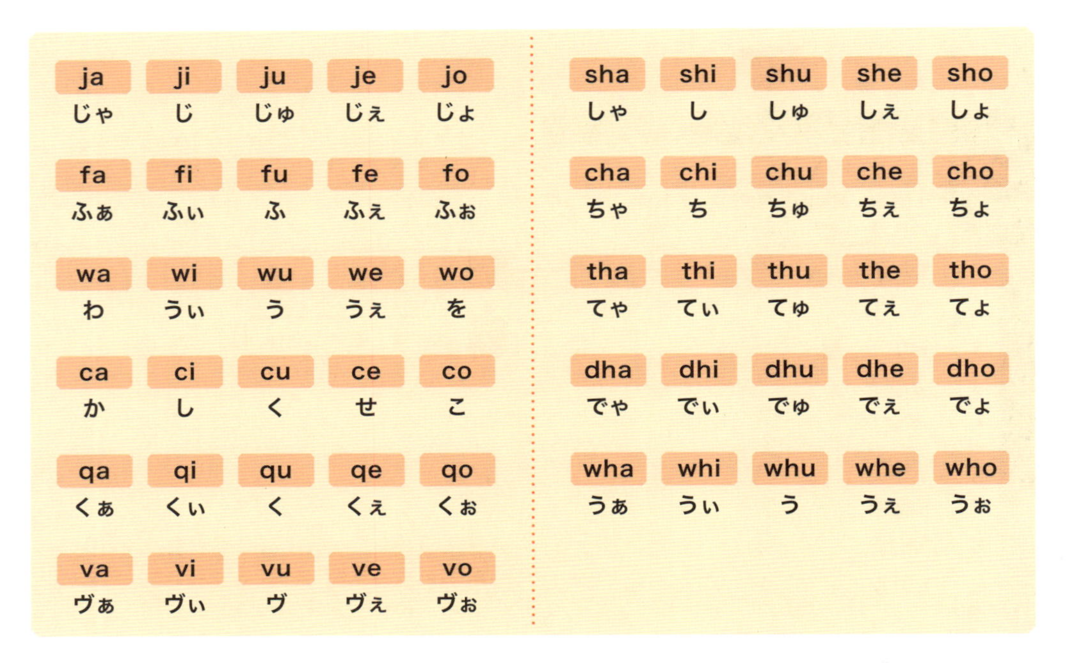

ja	ji	ju	je	jo
じゃ	じ	じゅ	じぇ	じょ
fa	**fi**	**fu**	**fe**	**fo**
ふぁ	ふぃ	ふ	ふぇ	ふぉ
wa	**wi**	**wu**	**we**	**wo**
わ	うぃ	う	うぇ	を
ca	**ci**	**cu**	**ce**	**co**
か	し	く	せ	こ
qa	**qi**	**qu**	**qe**	**qo**
くぁ	くぃ	く	くぇ	くぉ
va	**vi**	**vu**	**ve**	**vo**
ヴぁ	ヴぃ	ヴ	ヴぇ	ヴぉ

sha	shi	shu	she	sho
しゃ	し	しゅ	しぇ	しょ
cha	**chi**	**chu**	**che**	**cho**
ちゃ	ち	ちゅ	ちぇ	ちょ
tha	**thi**	**thu**	**the**	**tho**
てゃ	てぃ	てゅ	てぇ	てょ
dha	**dhi**	**dhu**	**dhe**	**dho**
でゃ	でぃ	でゅ	でぇ	でょ
wha	**whi**	**whu**	**whe**	**who**
うぁ	うぃ	う	うぇ	うぉ

カタカナの入力

全角のカタカナを入力する場合も漢字変換を利用します。この場合は、カタカナをそのままひらがなで入力し、[スペース]キーを押してカタカナに変換します。

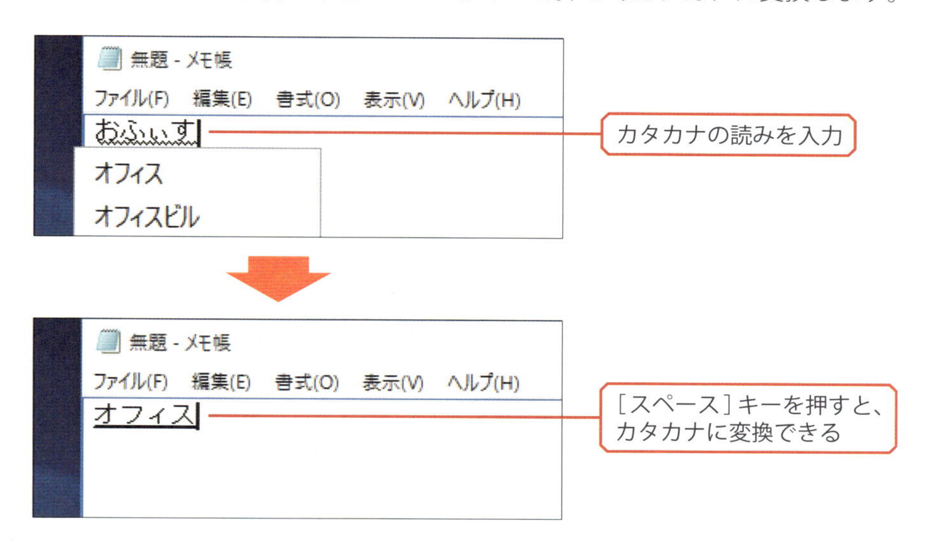

ファンクションキーの活用

[Enter]キーで入力を確定する前にファンクションキーを押すと、様々な変換が行えます。初期設定では、各ファンクションキーに以下の機能が割り当てられています。

- F6 ………… 全角ひらがなに変換（無変換）
- F7 ………… 全角カタカナに変換
- F8 ………… 半角（半角カタカナ）に変換
- F9 ………… 全角英数字に変換
- F10 ………… 半角英数字に変換

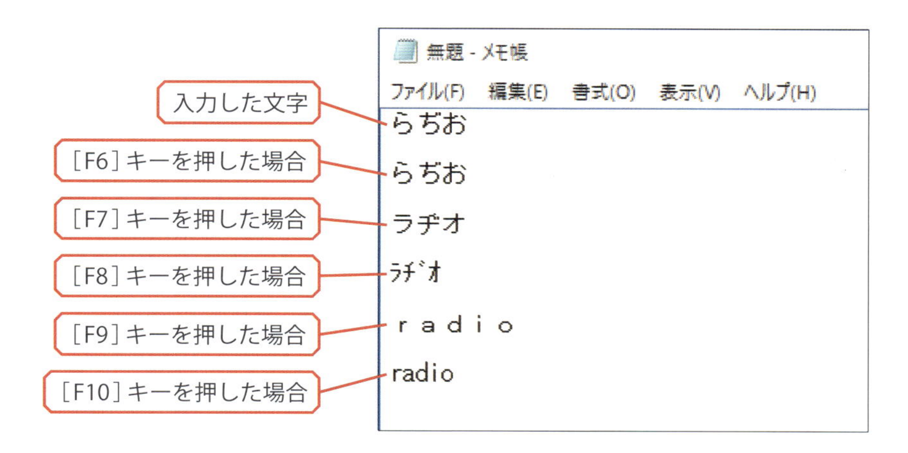

▶ その他、便利な機能

ほかにも、覚えておくと便利な入力機能が用意されています。以下に代表的な機能を紹介しておくので参考にしてください。

■郵便番号から住所を入力

7桁の郵便番号（ハイフンあり）を入力して［スペース］キーを押すと、その郵便番号に該当する住所に変換できます。

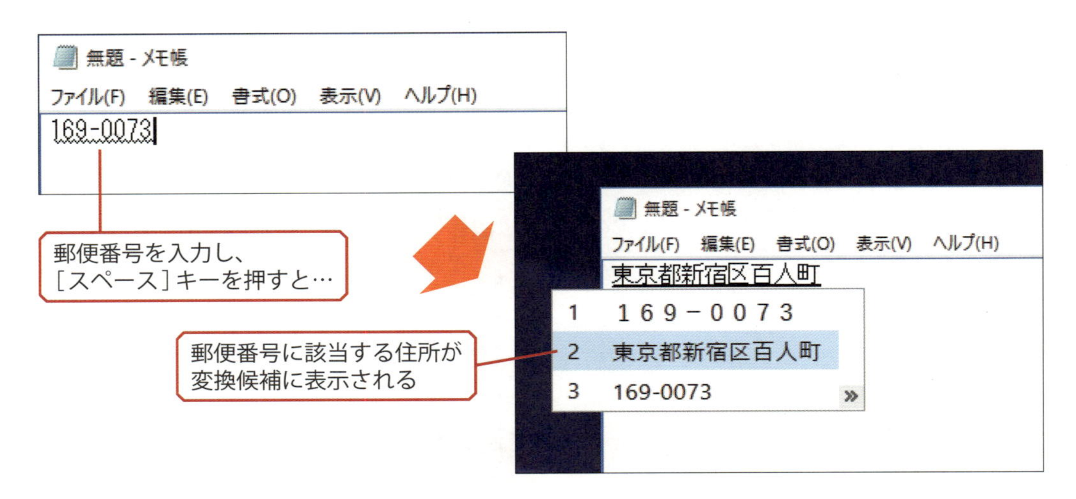

■手書き入力

読み方が不明な漢字や記号などを入力する場合は、マウスを使った手書き入力を行うと便利です。この場合は、以下の手順で操作を行います。

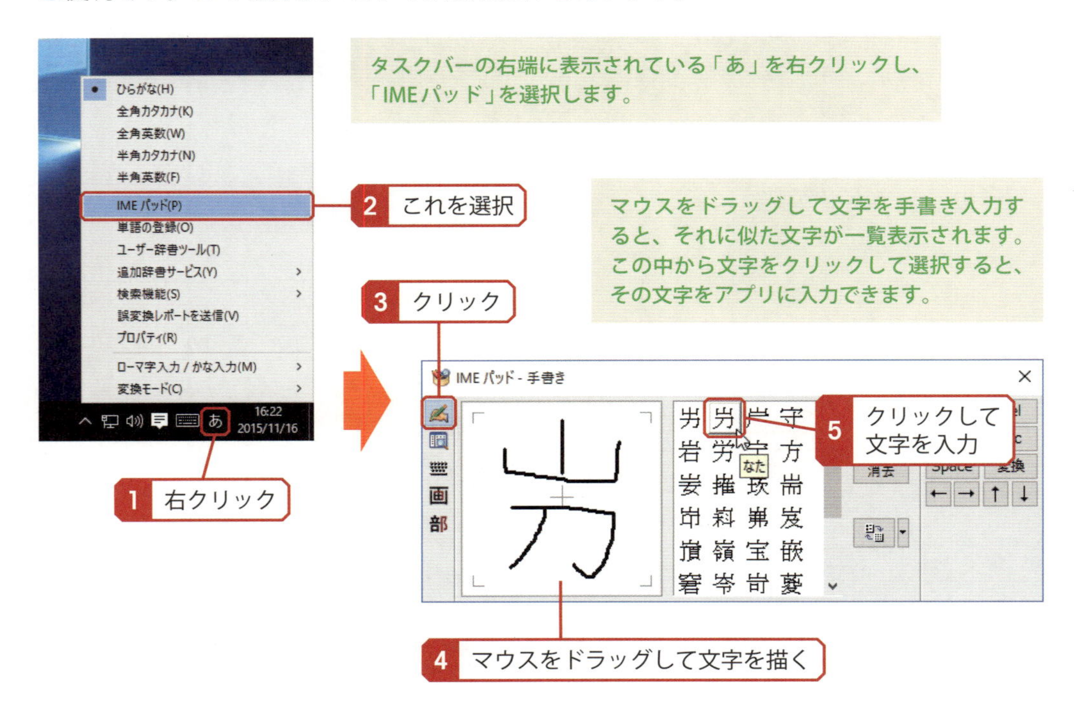

▶ タッチキーボードを使った文字入力

キーボードを取り外してタブレットのように使用するときは、タッチキーボードを使って文字入力を行います。タッチキーボードを表示するときは、タスクバーの右端の方に表示されている⌨をタップ（クリック）します。

Column

⌨が表示されていない場合は…？

タスクバーに⌨が表示されていない場合は、タスクバーを長押し（または右クリック）して「タッチ キーボード ボタンを表示」を選択します。すると、タスクバーに⌨を表示できます。

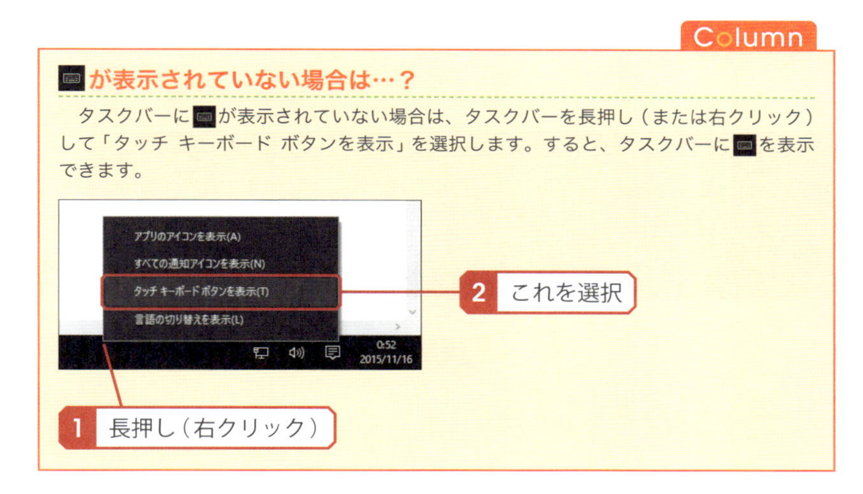

■日本語の入力手順

タッチキーボードには予測変換機能が装備されています。このため、スマートフォンで文字を入力するときと同じような感覚で文字入力が行えます。

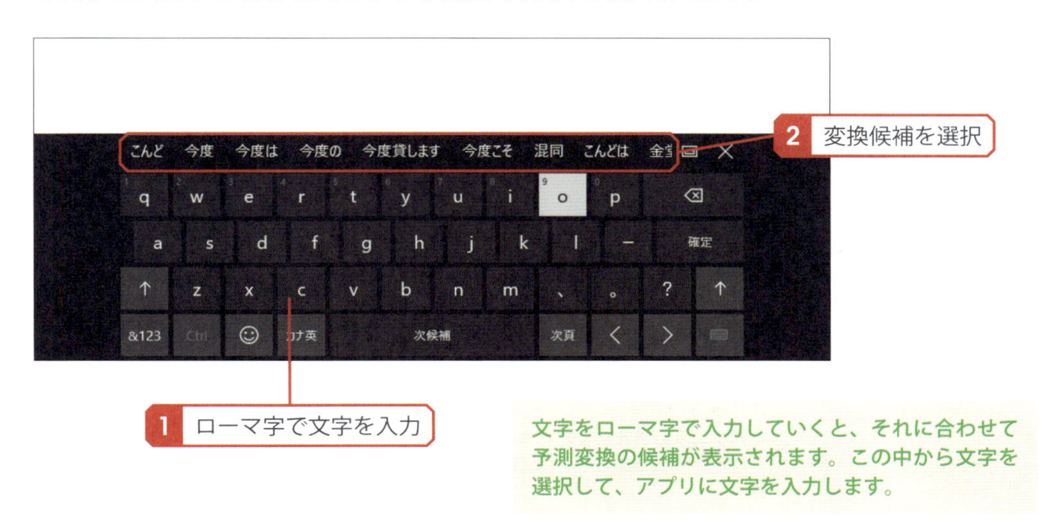

文字をローマ字で入力していくと、それに合わせて予測変換の候補が表示されます。この中から文字を選択して、アプリに文字を入力します。

■数字、記号の入力

数字や記号を入力するときは、&123をタップしてタッチキーボードの表示を切り替えます。元の表示に戻すときは、再度&123をタップします。

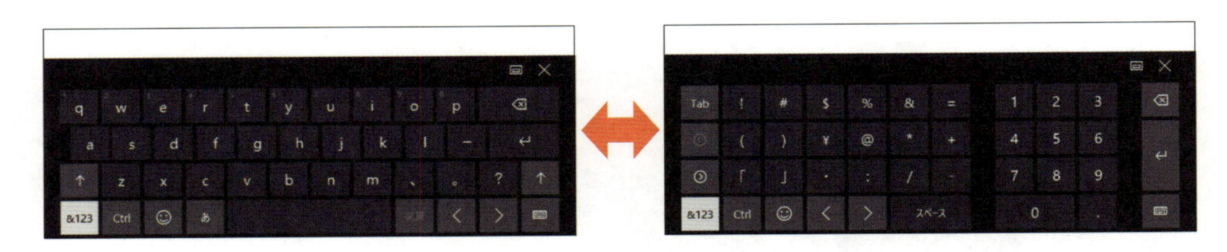

■手書き入力

画面上を指でなぞって文字を手書き入力することも可能です。この場合は以下のように操作を行います。

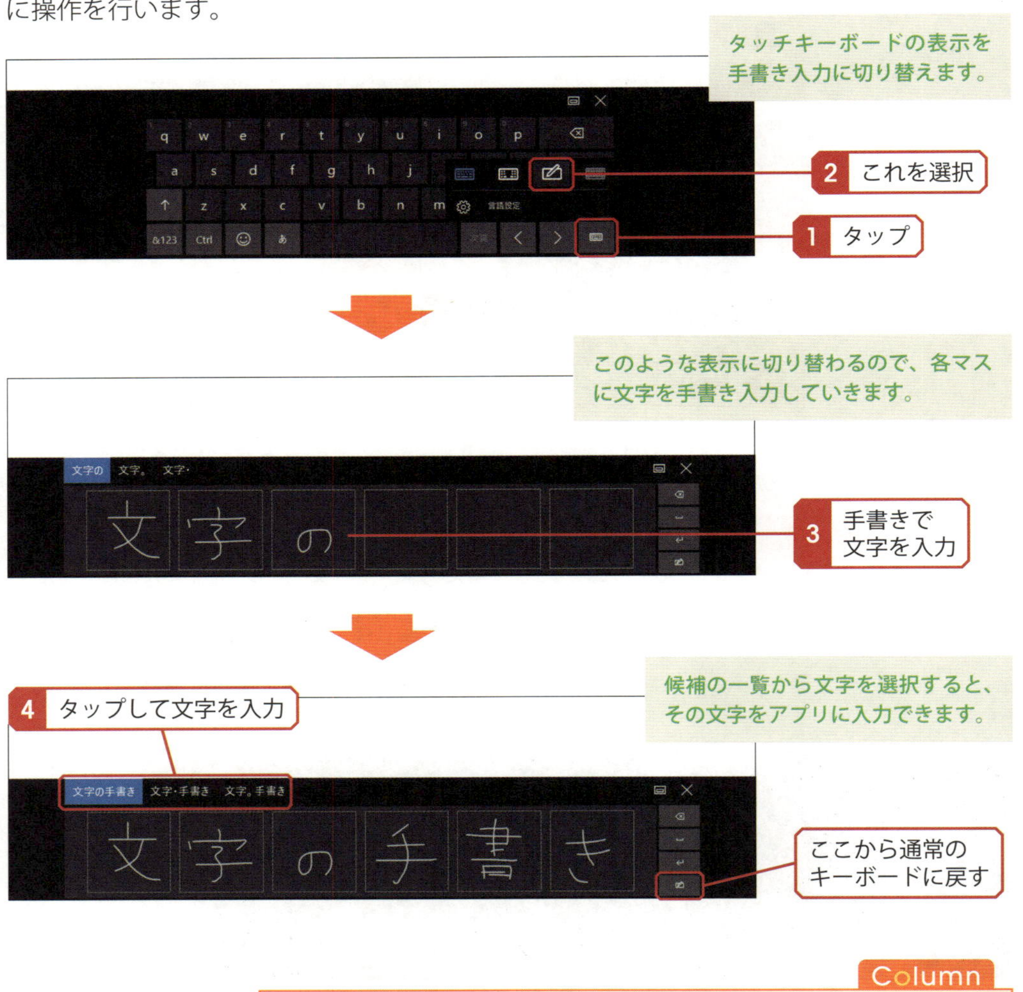

Column

「メモ帳」の終了について

日本語入力の練習を終えるときは、× をクリックして「メモ帳」を終了します。このとき、「無題への変更内容を保存しますか？」と尋ねられた場合は、[保存しない]ボタンをクリックしてください。

11 文章の編集とマウス操作

続いては、文章を編集するときに覚えておくと便利な操作方法を紹介します。文章を編集するときは、キーボードだけでなくマウスも利用すると効率よく作業を進められます。

文字の選択

入力した文字をマウスでドラッグすると、その範囲が反転して表示されます。このように文字を反転表示させることを文字を選択するといいます。

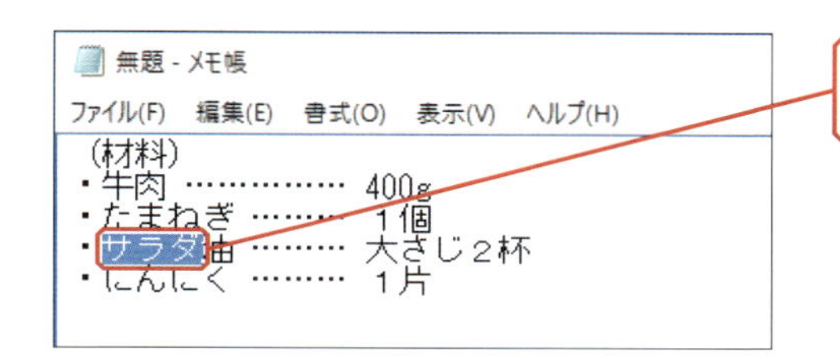

マウスをドラッグすると
文字が反転表示される

Column

キーボードを使った文字の選択

［Shift］キーを押しながら［矢印］キーを押して、文字を選択することも可能です。

選択した文字の編集

文字を選択した状態で［Delelte］キー（［Del］キー）または［Back Space］キーを押すと、選択していた文字を削除できます。また、文字を選択した状態でキーボードから文字を入力すると、その文字を「入力した文字」に置き換えることができます。

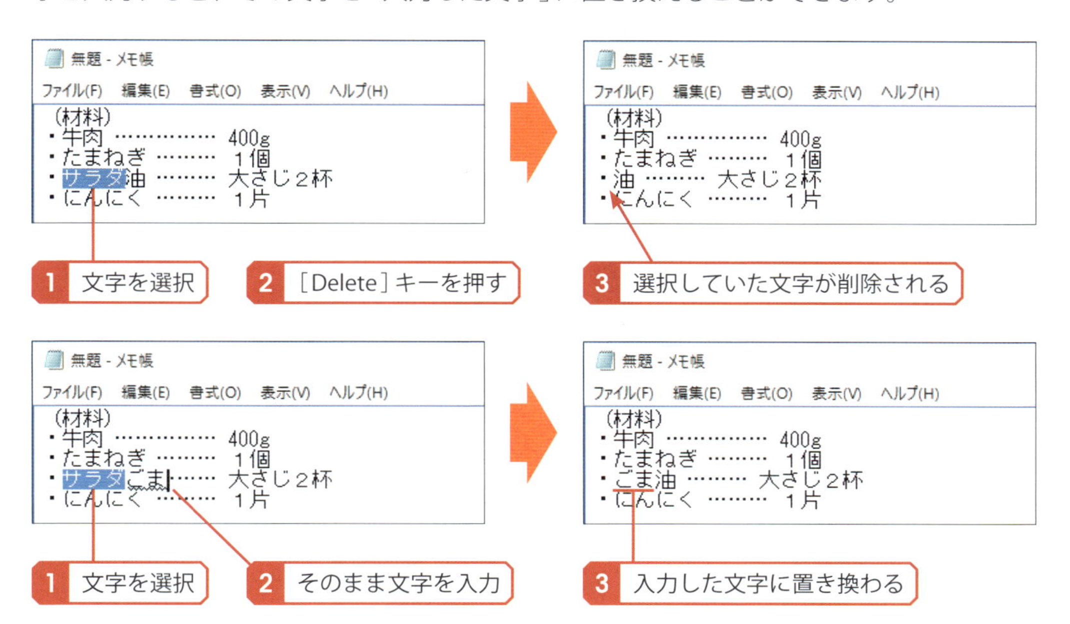

12 Webの閲覧

続いては、Web（ホームページ）を閲覧する方法を紹介します。Windows 10には「Microsoft Edge」というブラウザが付属しています。このアプリを起動すると、Webを閲覧することができます。

「Microsoft Edge」の起動

Webを閲覧するときは、ブラウザと呼ばれるアプリを起動します。Windows 10には、「Microsoft Edge」というブラウザが付属しています。このアプリを起動するときは、タスクバーまたはスタートメニューを以下のように操作します。

タスクバーにある「Microsoft Edge」のアイコンをクリックするか、もしくはスタートメニューにある「Microsoft Edge」のタイルをクリックします。

「Microsoft Edge」が起動し、「次はどこへ？」の画面が表示されます。

※「Microsoft Edge」を起動したときに、PCメーカーのWebページなどが表示される場合もあります。

Column

インターネットへの接続

Webを閲覧するには、パソコンをインターネットに接続しておく必要があります。インターネット接続の詳しい手順は、契約した接続業者（プロバイダ）や無線ルータの取扱説明書などを参照してください。

▶ URLを入力してWebを閲覧

それでは、「Microsoft Edge」を使ってWebを閲覧する方法を紹介していきましょう。まずは、URLを入力してWebサイトを閲覧するときの操作手順から解説します。

「次はどこへ?」の画面にある入力欄にURLを入力し、[Enter]キーを押します。

指定したURLのWebページが表示されます。

あとは、Webページ内にあるリンクをクリックしてページを移動していくだけです。通常、リンクが設置されている部分は、マウスポインタが以下の図に示した形状で表示されます。

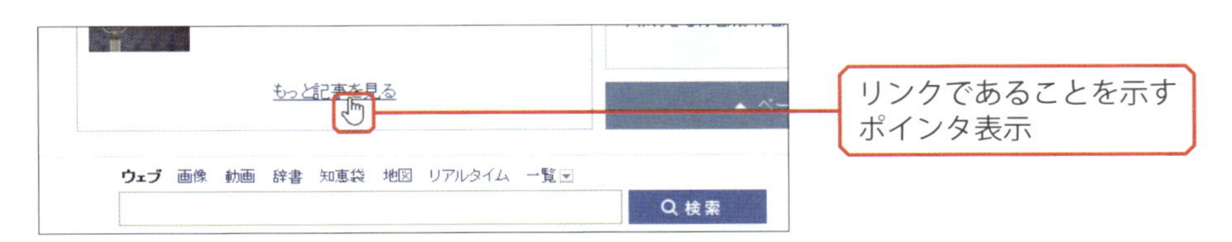

▶ キーワード検索を使ったWebの閲覧

「次はどこへ？」の画面にある入力欄は、Webのキーワード検索にも対応しています。続いては、キーワード検索を使って目的のWebページを探し出すときの操作手順を解説します。

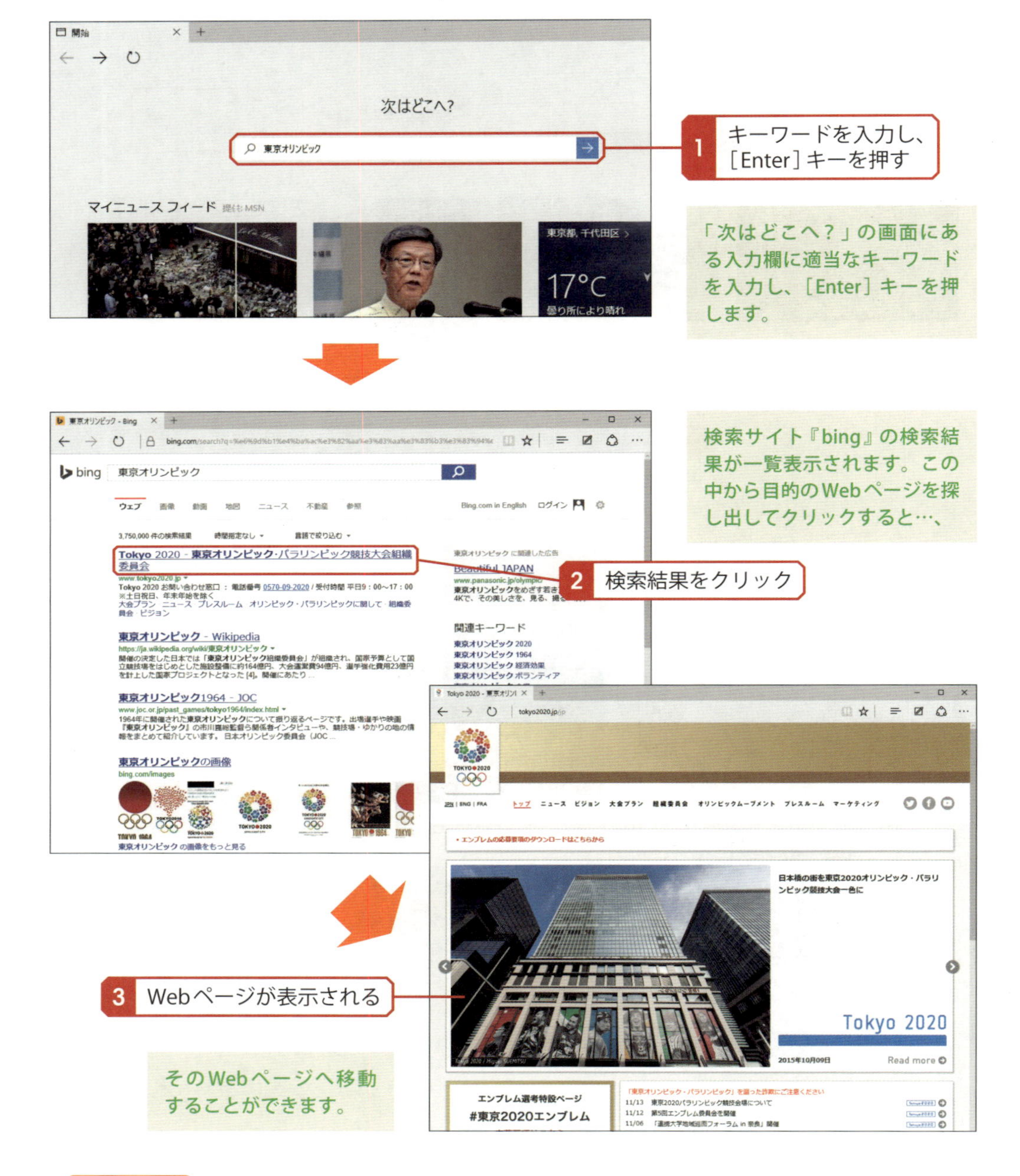

Column

検索サイトの活用

『Google』や『Yahoo! JAPAN』などの検索サイトを表示し、ページ内にある検索欄にキーワードを入力して検索を行うことも可能です。

▶［戻る］、［進む］ボタンとアドレスバー

続いては、Webを閲覧しているときの「Microsoft Edge」の画面構成について解説します。リンクをクリックして次のページへ移動したあと、1つ前のページへ戻りたくなったときは［戻る］ボタンをクリックします。［進む］ボタンは、［戻る］の操作を取り消して元のページを再表示させる場合に使用します。そのほか、Webページの再読み込みを行う［最新の情報に更新］ボタンも用意されています。

アドレスバーには、「http://」や「http://www.」を省いた形で、現在のWebページのURLが表示されています。ここにURLを入力して［Enter］キーを押すと、入力したURLのWebページへ移動できます。

また、アドレスバーを検索欄として使用することも可能です。この場合は、アドレスバーに適当なキーワードを入力し、［Enter］キーを押します。

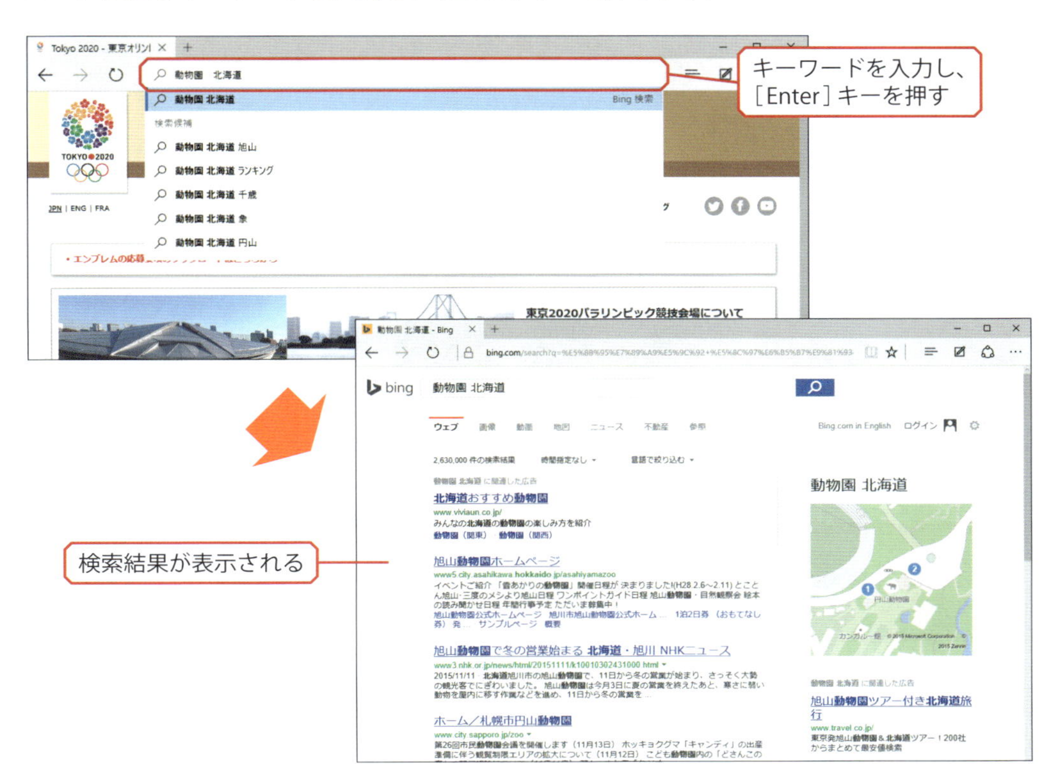

▶ タブを使って複数のWebページを同時に開く

タブを使って、複数のWebページを同時に開くことも可能です。続いては、「Microsoft Edge」に用意されているタブ機能の使い方を解説します。

■新しいタブの作成

現在、閲覧しているWebページを残したまま、別のWebページを閲覧したい場合は、以下のように操作して新しいタブを作成します。

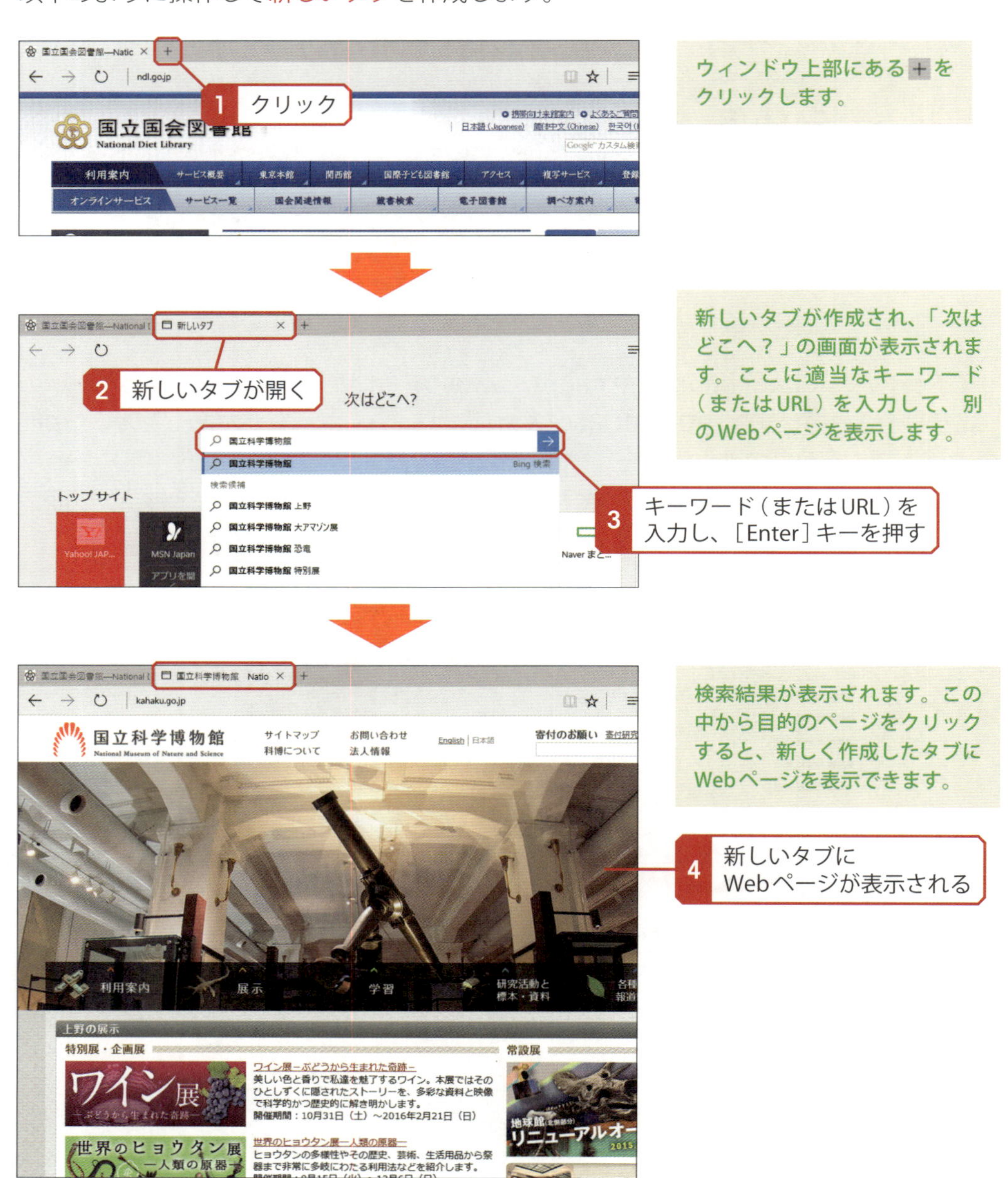

もちろん、同様の操作を繰り返して、3つ以上のWebページ（タブ）を同時に開くことも可能です。

■タブの切り替え

「Microsoft Edge」の各タブは、それぞれが独立した存在として扱われるため、リンクをクリックしてページを移動しても他のタブに影響を与えることはありません。よって、一時的に別のWebページを閲覧する場合などに活用できます。

表示するWebページを切り替えるときは、それぞれのタブをクリックします。

■タブの削除

Webページの閲覧が終了し、タブが不要になったときは、各タブの右端に表示されている × をクリックします。いつまでもタブを残しておくと紛らわしいので、不要になった時点で速やかに削除しておくとよいでしょう。

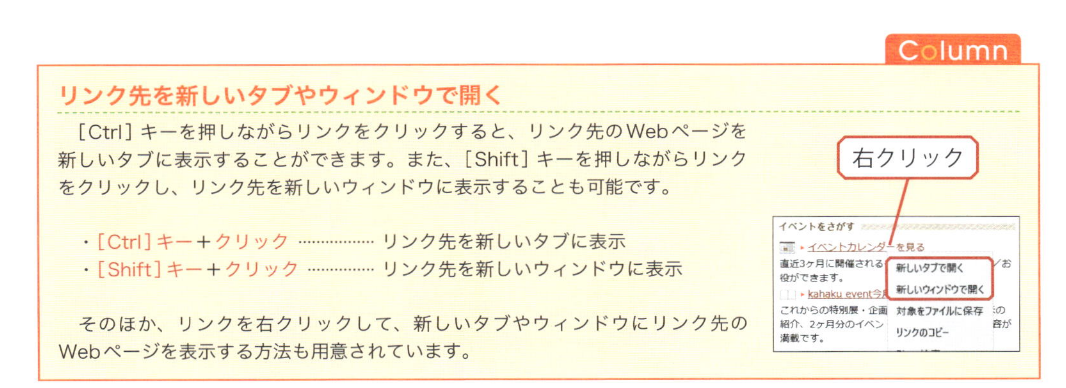

Column

リンク先を新しいタブやウィンドウで開く

［Ctrl］キーを押しながらリンクをクリックすると、リンク先のWebページを新しいタブに表示することができます。また、［Shift］キーを押しながらリンクをクリックし、リンク先を新しいウィンドウに表示することも可能です。

- ［Ctrl］キー＋クリック ……………… リンク先を新しいタブに表示
- ［Shift］キー＋クリック …………… リンク先を新しいウィンドウに表示

そのほか、リンクを右クリックして、新しいタブやウィンドウにリンク先のWebページを表示する方法も用意されています。

▶「お気に入り」の活用

「Microsoft Edge」には、よく見るWebページを登録しておくことができる「お気に入り」（ブックマーク）という機能が用意されています。続いては、「お気に入り」の使い方を解説します。

■よく見るWebページを「お気に入り」に登録

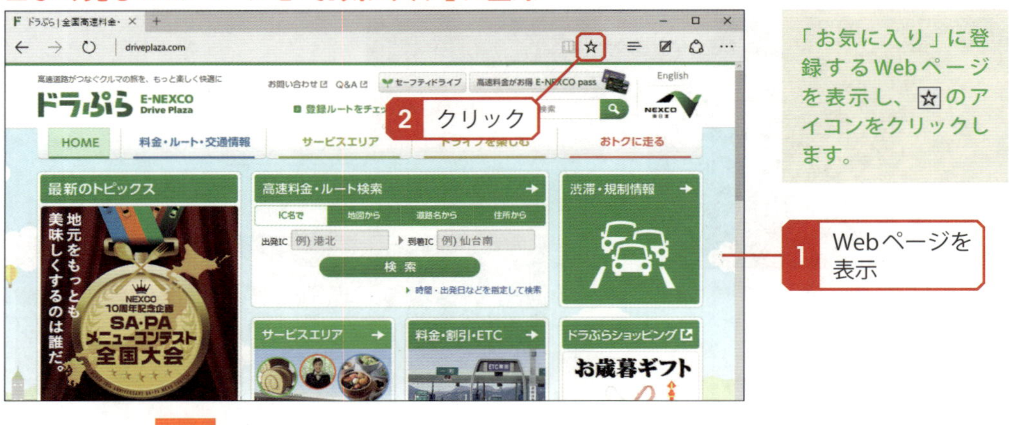

「お気に入り」に登録するWebページを表示し、☆のアイコンをクリックします。

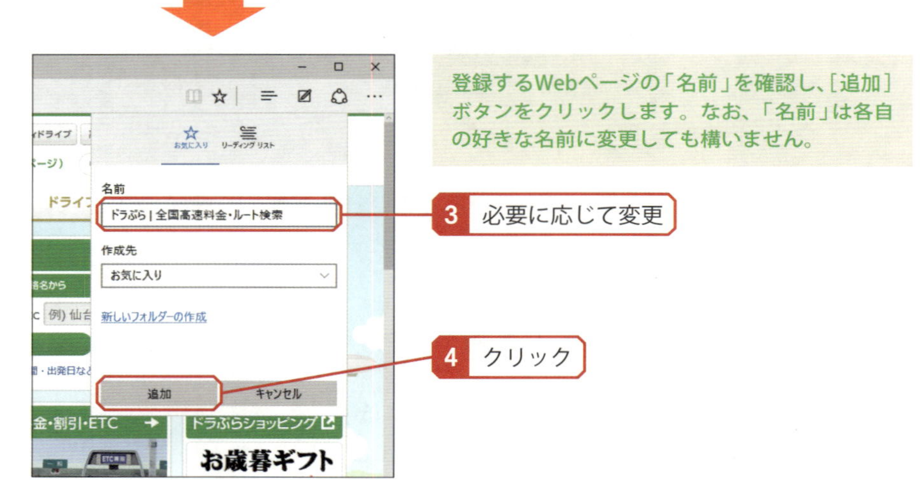

登録するWebページの「名前」を確認し、[追加]ボタンをクリックします。なお、「名前」は各自の好きな名前に変更しても構いません。

■「お気に入り」に登録したWebページへ移動

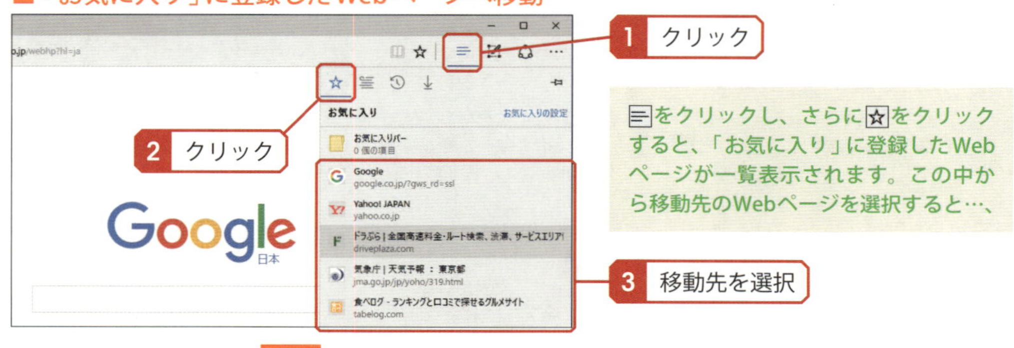

≡をクリックし、さらに☆をクリックすると、「お気に入り」に登録したWebページが一覧表示されます。この中から移動先のWebページを選択すると…、

そのWebページへ移動することができます。

■「お気に入り」からWebページを削除

「お気に入り」に登録したWebページが不要になった場合や、間違って「お気に入り」に登録してしまったWebページを削除するときは、以下のように操作します。

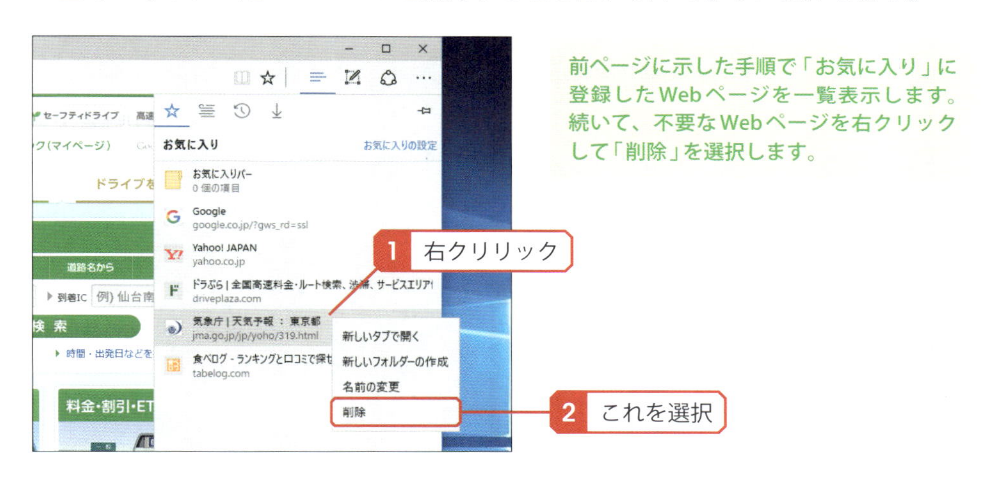

前ページに示した手順で「お気に入り」に登録したWebページを一覧表示します。続いて、不要なWebページを右クリックして「削除」を選択します。

Column

履歴の活用

ここ数日の間に閲覧したWebページを再訪問するときは、「履歴」という機能を活用すると便利です。この場合は、右図のように操作して閲覧履歴を表示し、この中から移動先のWebページを選択します。

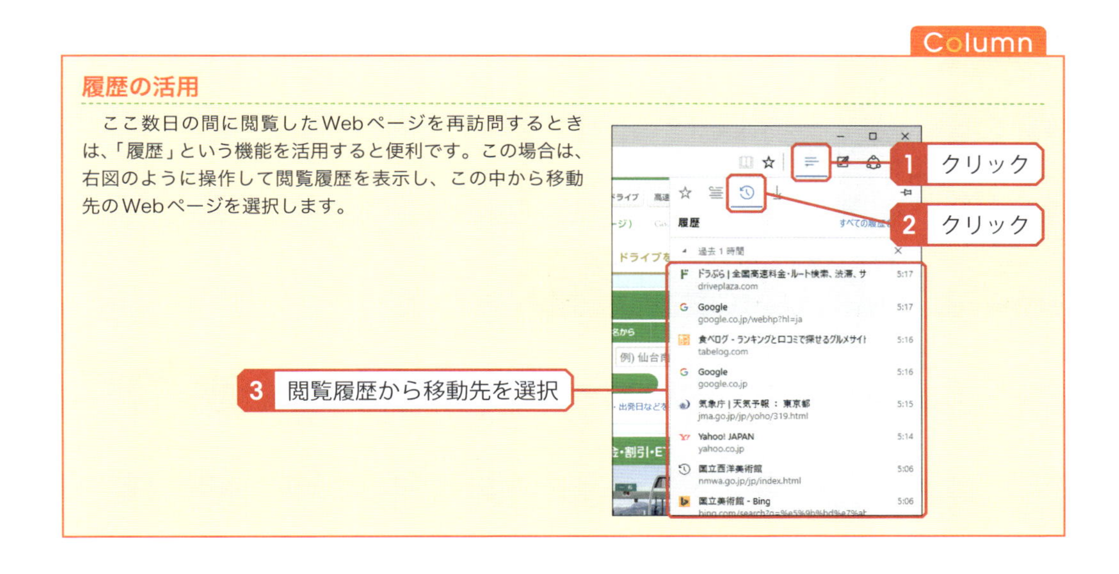

Webページの印刷

閲覧しているWebページをプリンターで印刷したい場合もあると思います。この場合は、以下のように操作して印刷を実行します。

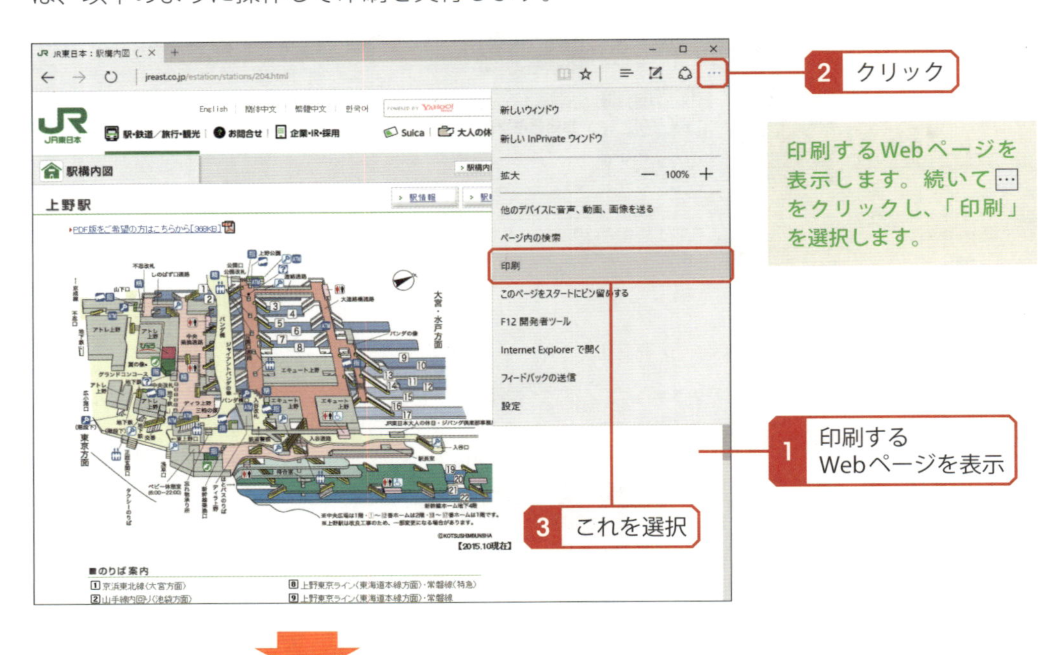

印刷するWebページを表示します。続いて…をクリックし、「印刷」を選択します。

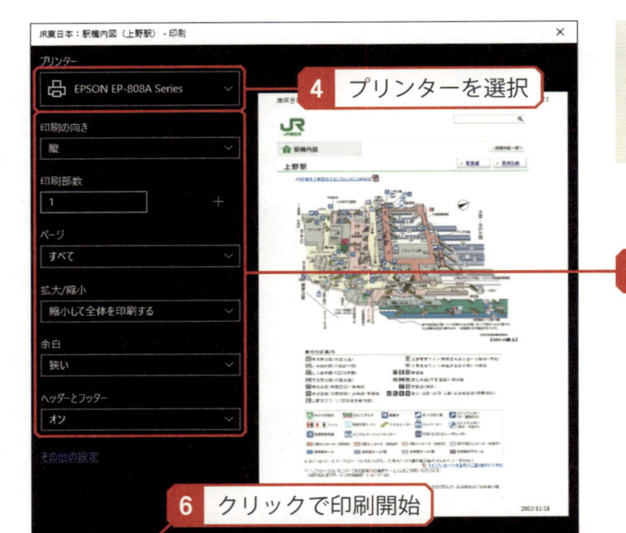

印刷プレビューが表示されるので、プリンターの選択と印刷設定を行います。その後、［印刷］ボタンをクリックすると印刷が開始されます。

Column

プリンターのセットアップ

印刷を行うには、あらかじめプリンターのセットアップ（ドライバのインストール）を済ませておく必要があります。この操作手順については、購入したプリンターの取扱説明書などを参照してください。

▶ ファイルのダウンロードについて

アプリなどを配布しているWebページには、ダウンロード用のリンクが設置されています。このリンクをクリックすると、パソコンにファイルをダウンロードすることができます。以下にファイルをダウンロードするときの操作手順を紹介しておくので、ファイルをダウンロードするときの参考にしてください。

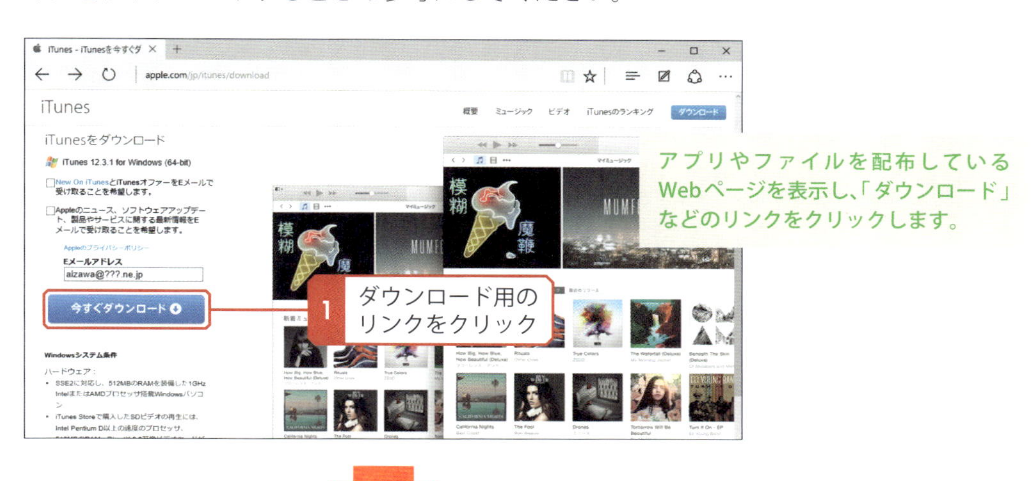

アプリやファイルを配布しているWebページを表示し、「ダウンロード」などのリンクをクリックします。

ウィンドウ下部にダウンロード状況が表示されるので、表示が100%になるまで待ちます。

ダウンロードが完了すると、ウィンドウ下部の表示がこのように変化します。［フォルダーを開く］ボタンをクリックすると…、

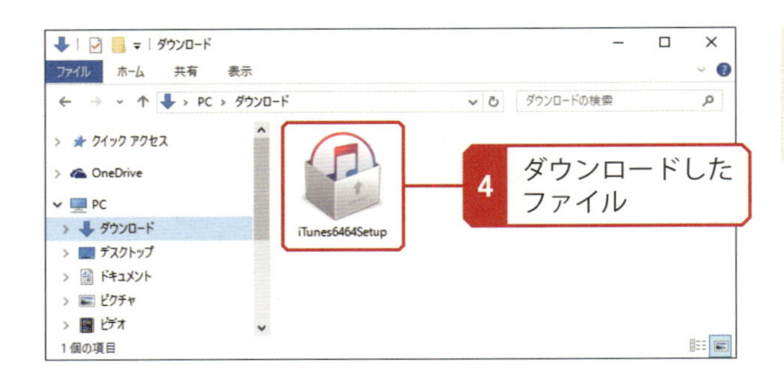

「ダウンロード」フォルダが表示され、ダウンロードしたファイルを確認できます。

Column

アプリのインストール

Webページからアプリをダウンロードした場合は、インストール用のファイルがダウンロードされます。このファイルをダブルクリックすると、アプリのインストールを開始できます。なお、以降の操作手順はアプリごとに異なるので、画面の指示に従って作業を進めるようにしてください。たいていの場合、[次へ]ボタンをクリックしていくと、アプリのインストールを完了できます。

起動時に表示するページの変更

「Microsoft Edge」を起動したときに表示されるページを、自分の好きなWebページに変更することも可能です。起動時に表示するページを変更するときは、以下のように操作します。

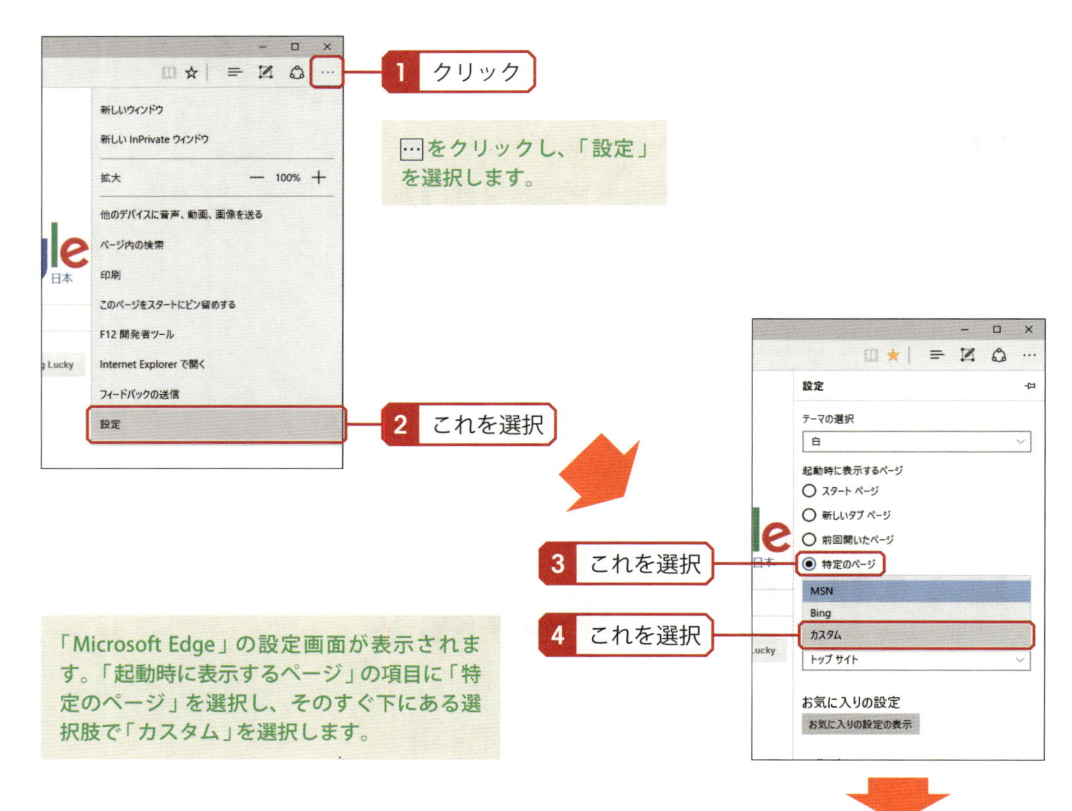

…をクリックし、「設定」を選択します。

「Microsoft Edge」の設定画面が表示されます。「起動時に表示するページ」の項目に「特定のページ」を選択し、そのすぐ下にある選択肢で「カスタム」を選択します。

起動時に表示するWebページのURLを入力し、+をクリックします。

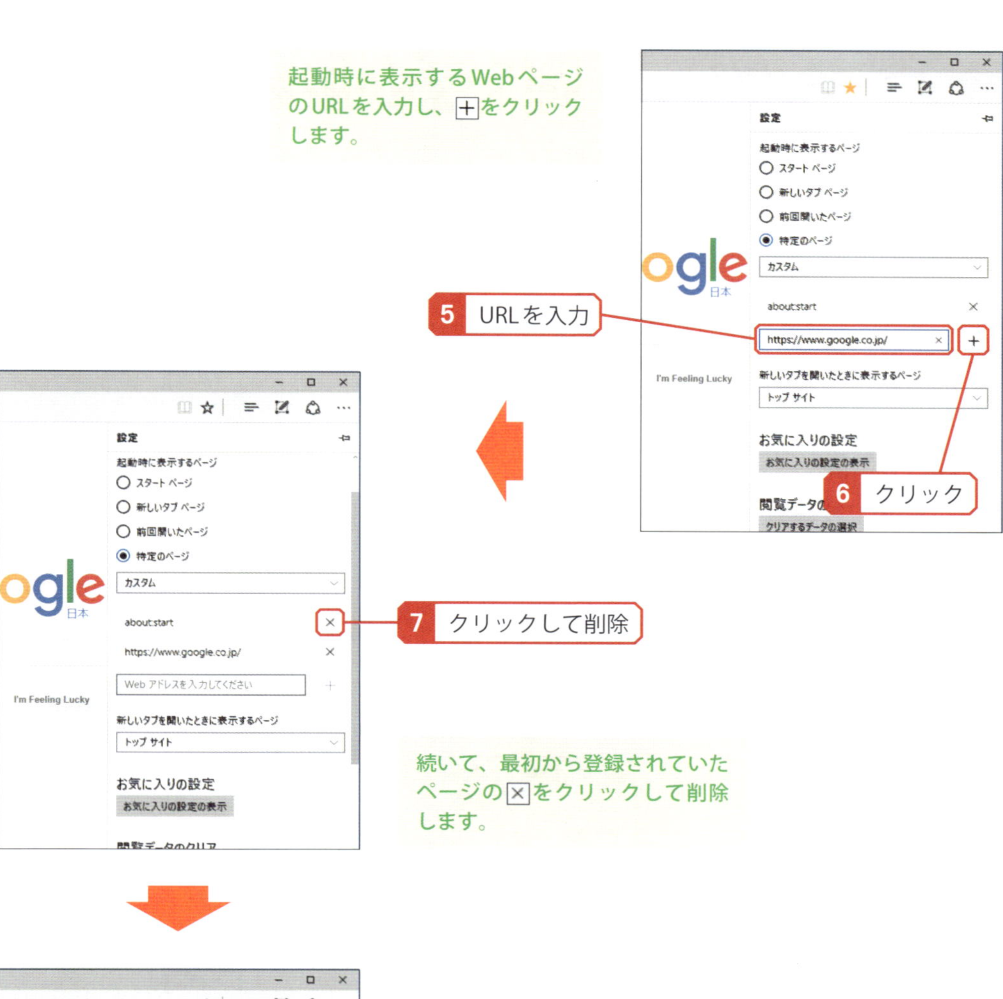

続いて、最初から登録されていたページの×をクリックして削除します。

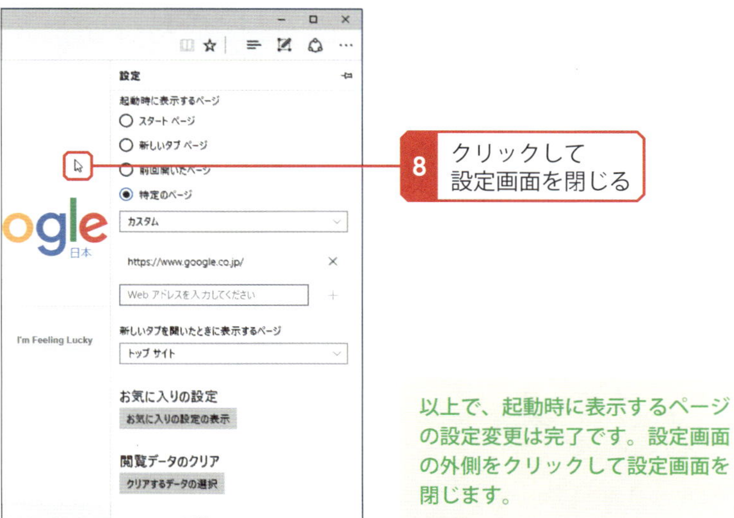

以上で、起動時に表示するページの設定変更は完了です。設定画面の外側をクリックして設定画面を閉じます。

Column

元の設定に戻す場合

起動時に表示するページを初期設定に戻すときは、前ページの手順3で「スタートページ」を選択し、設定画面を閉じます。

▶ アドレスバーで使用する検索サイト

アドレスバーを検索欄として使用するときに、『bing』以外の検索サイトを使用することも可能です。この場合は、以下のように操作して設定を変更します。

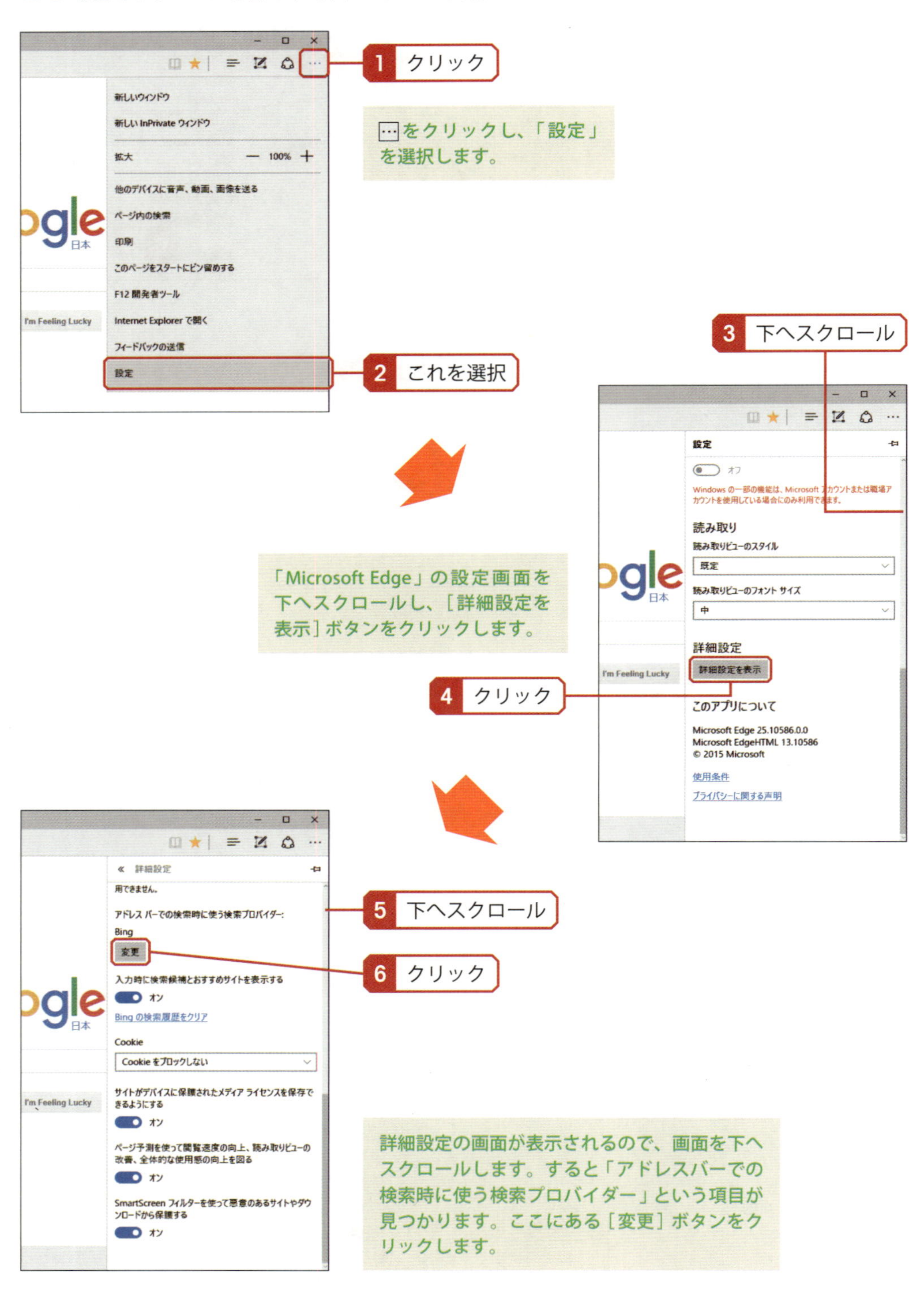

以降は、指定した検索サイトでキーワード検索が行われるようになります。今回の例では『Google』を指定したので、『Google』の検索結果が表示されるようになります。

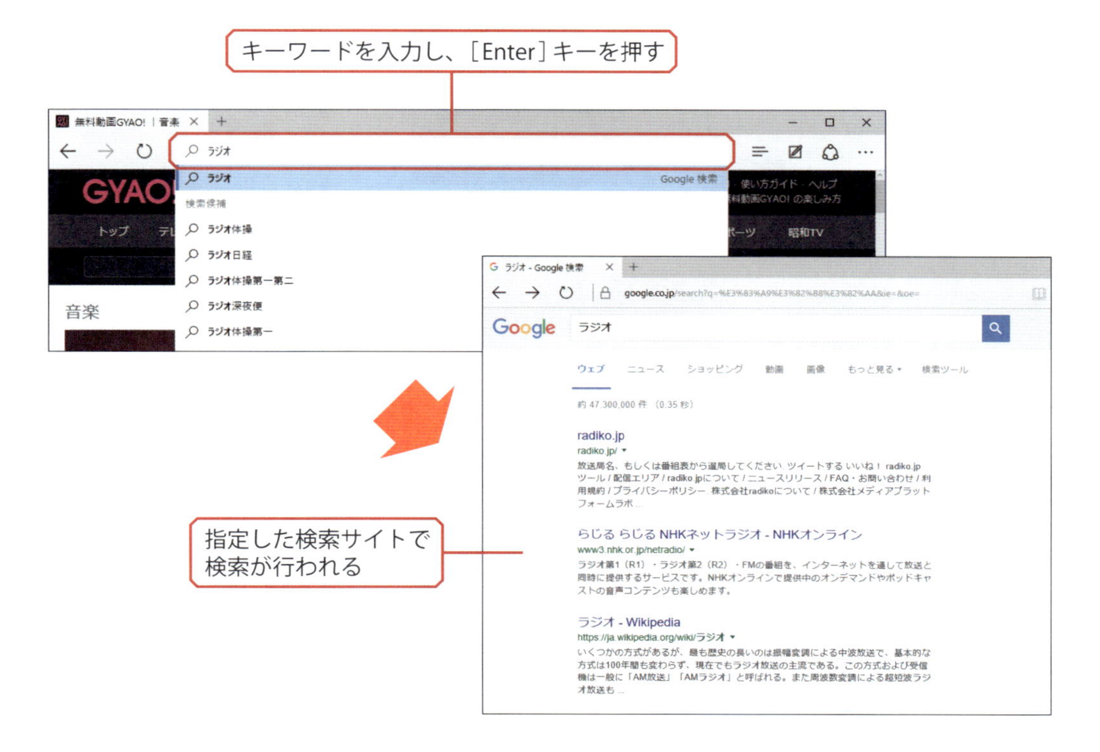

13 メールの送受信

Windows 10には「メール」というアプリが付属しています。続いては、このアプリを使ってメールを送受信するときの操作方法を紹介します。パソコンでもメールを使用できるように、基本的な操作方法を覚えておいてください。

「メール」の起動

メールの送受信を行うときは、メールアプリを使用します。ここでは、Windows 10に付属する「メール」というアプリを使って、メールを送受信する方法を紹介していきます。「メール」は以下のように操作すると起動できます。

スタートメニューにある「メール」のタイルをクリックするか、もしくは「すべてのアプリ」から「メール」のアプリを選択します。

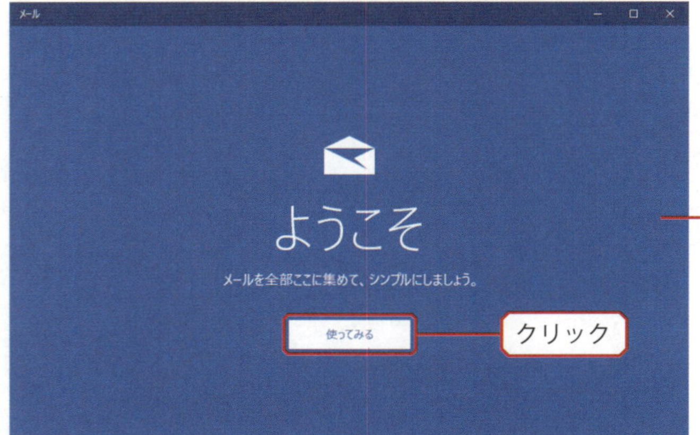

「メール」が起動します。「ようこそ」の画面が表示された場合は、［使ってみる］ボタンをクリックします。

メールアカウントの設定

メールの送受信を行うには、各自が所有しているメールアドレスの情報をメールアカウントとして登録しなければいけません。すでに『Gmail』や『iCloud』、『Outlook.com』、『Live.com』、『Hotmail』『MSN』といったメールアドレスを使用している場合は、以下のように操作するとメールアカウントを登録できます。

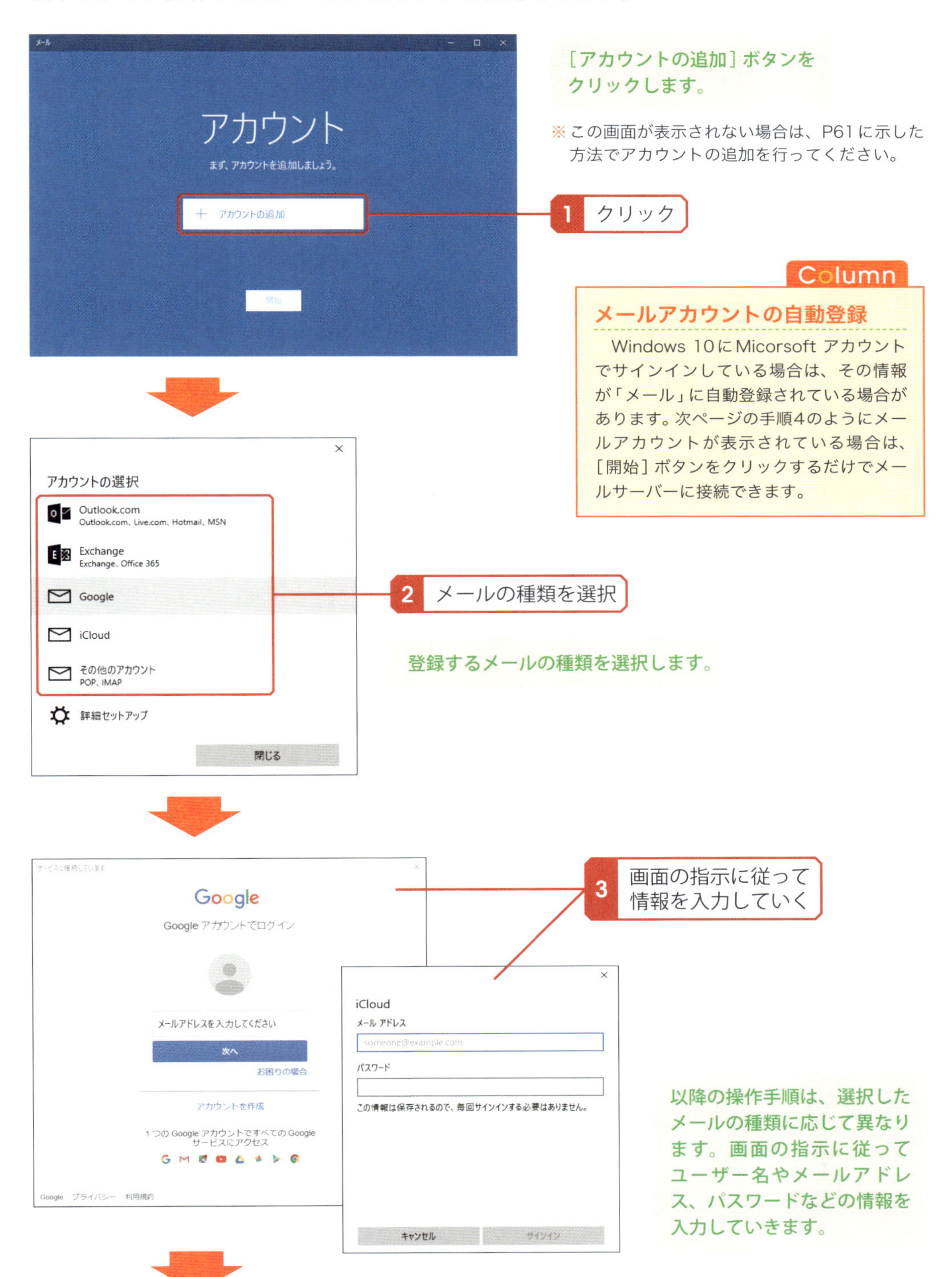

Column

メールアカウントの自動登録

Windows 10にMicorsoft アカウントでサインインしている場合は、その情報が「メール」に自動登録されている場合があります。次ページの手順4のようにメールアカウントが表示されている場合は、［開始］ボタンをクリックするだけでメールサーバーに接続できます。

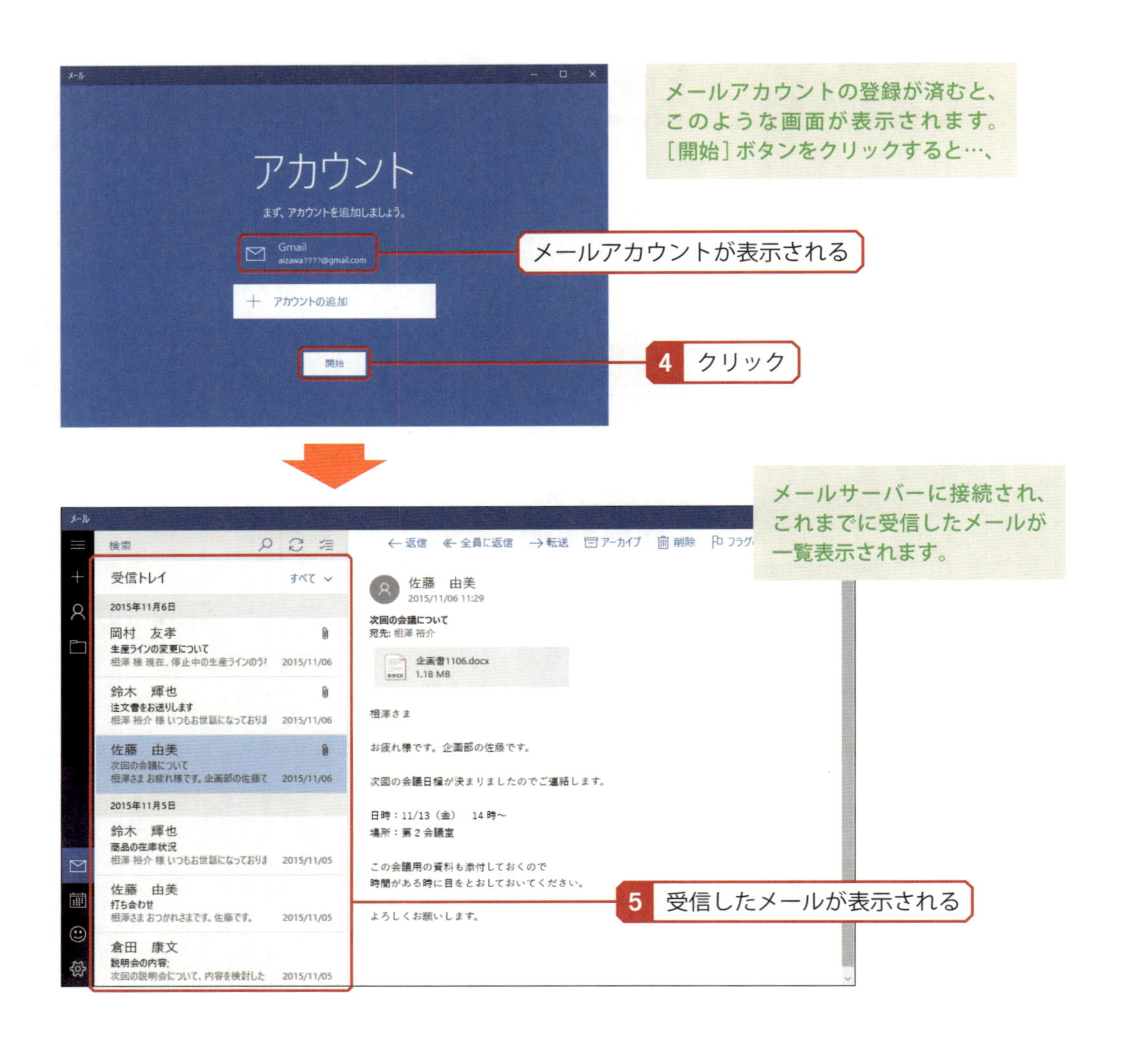

▶ メールの詳細セットアップ

先ほど示した手順でメールアカウントを登録できなかった場合は、詳細セットアップを使ってメール情報を登録しなければいけません。プロバイダや学校、企業などから配布された資料をもとに、以下の手順で必要な情報を入力してください。

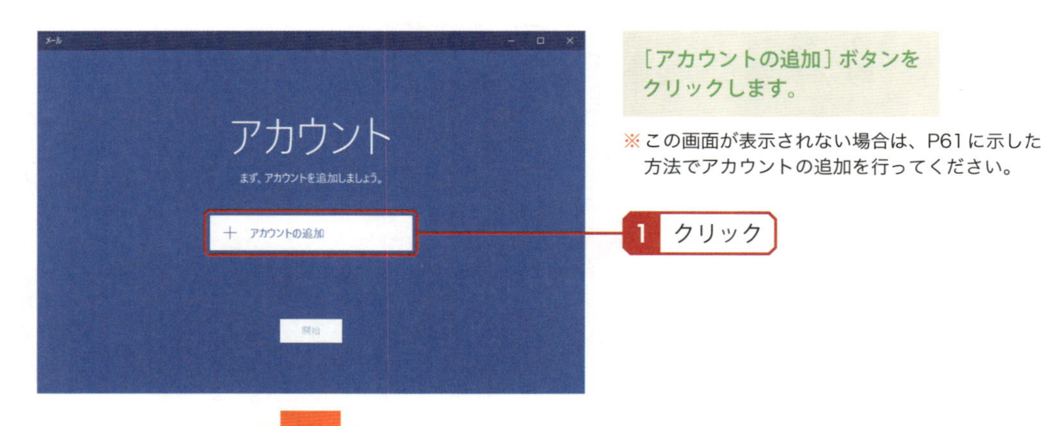

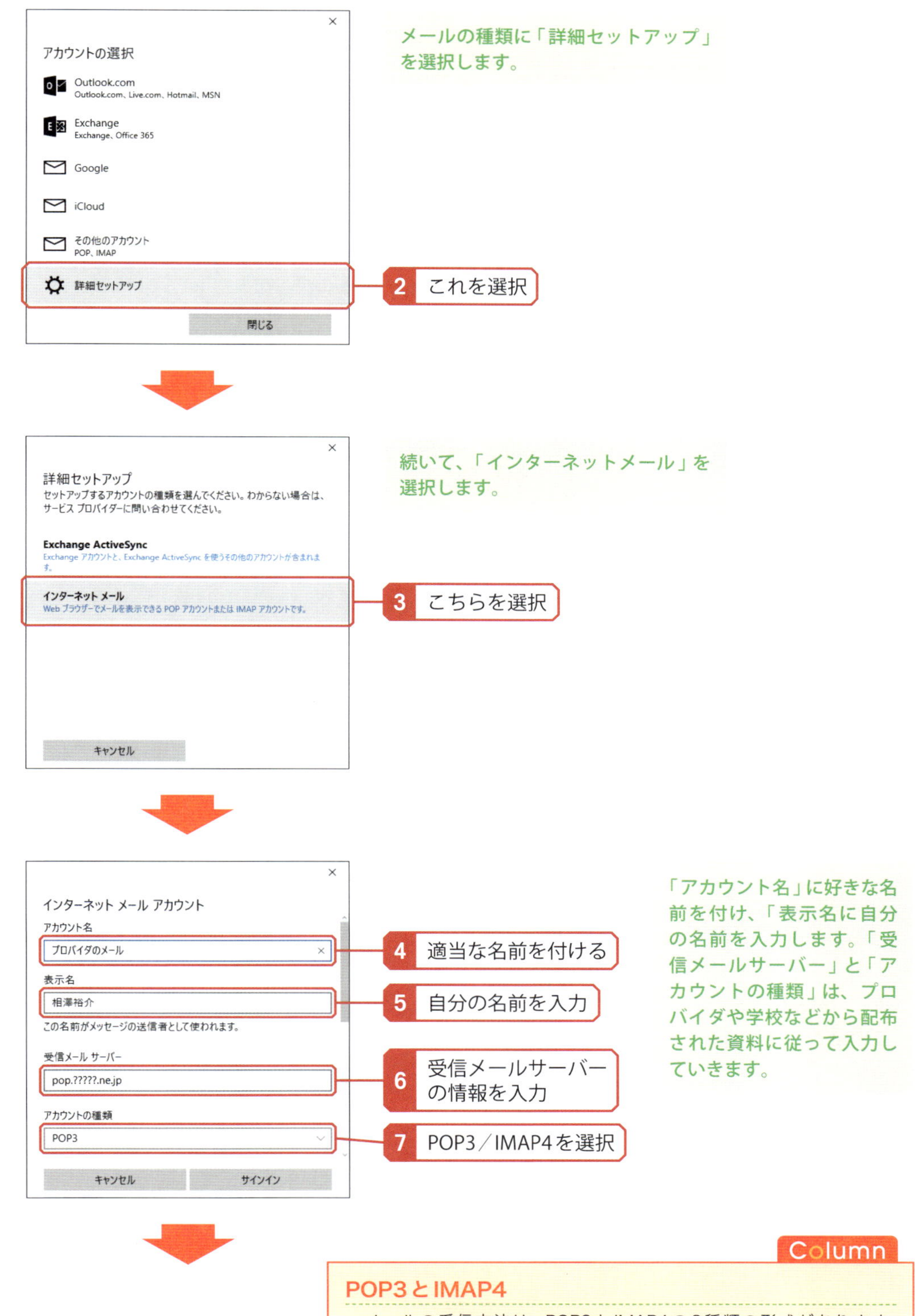

メールの種類に「詳細セットアップ」を選択します。

続いて、「インターネットメール」を選択します。

「アカウント名」に好きな名前を付け、「表示名に自分の名前を入力します。「受信メールサーバー」と「アカウントの種類」は、プロバイダや学校などから配布された資料に従って入力していきます。

Column

POP3とIMAP4

メールの受信方法は、POP3とIMAP4の2種類の形式があります。POP3はメールをダウンロードして受信する方法で、メールデータをパソコン上で保管するのが基本となります。一方、IMAP4は全てのメールデータをサーバー上に保管する仕組みになっています。メールアドレスの提供者ごとに対応する形式は異なるので、プロバイダや学校などから配布された資料に従ってPOP3またはIMAP4を選択するようにしてください。

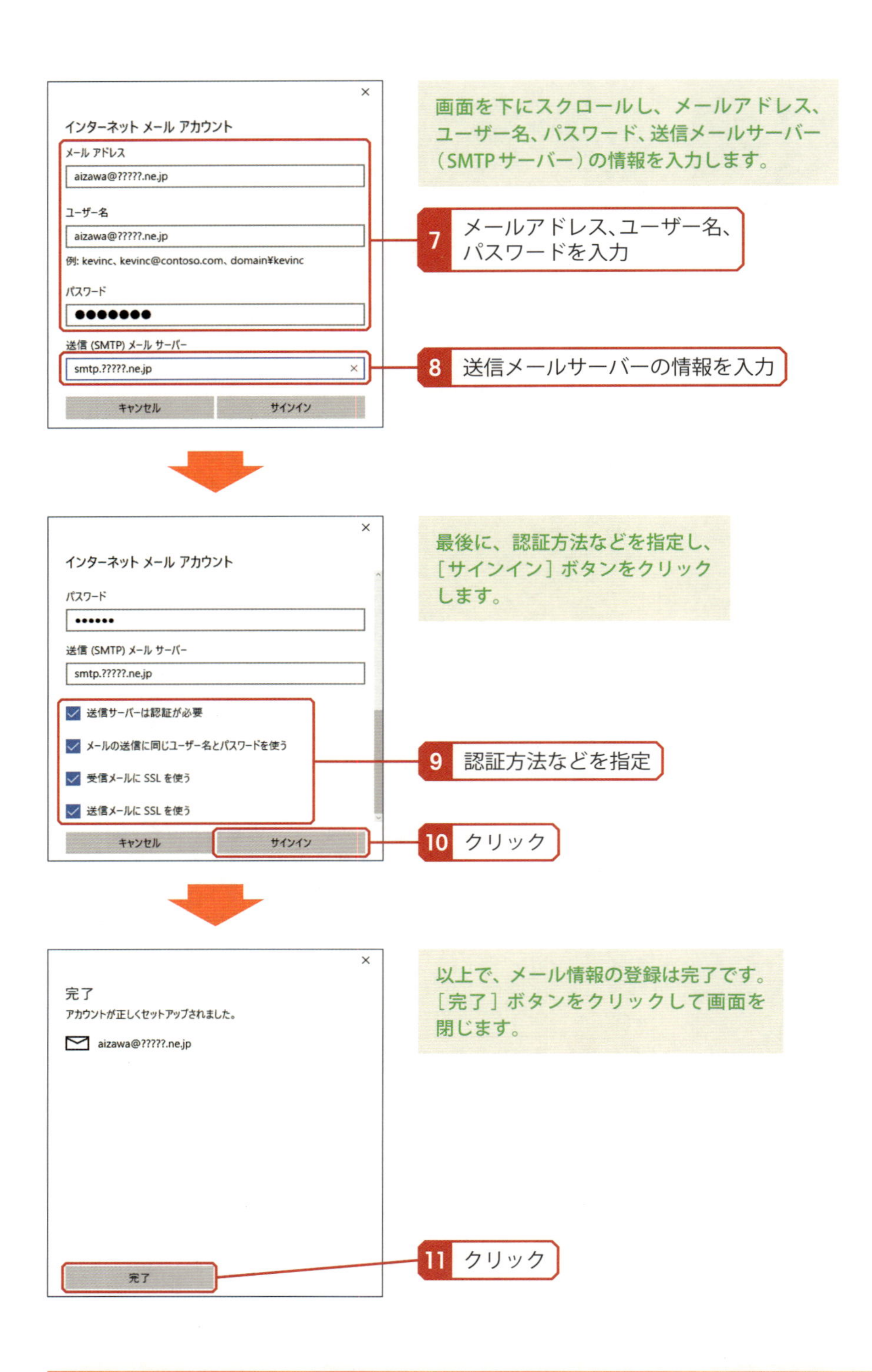

メールアカウントの管理

念のため、登録したメールアカウントを管理したり、新たにメールアカウントを追加するときの操作手順を解説しておきましょう。メールアカウントを管理するときは、⚙（設定）をクリックし、「アカウント」を選択します。

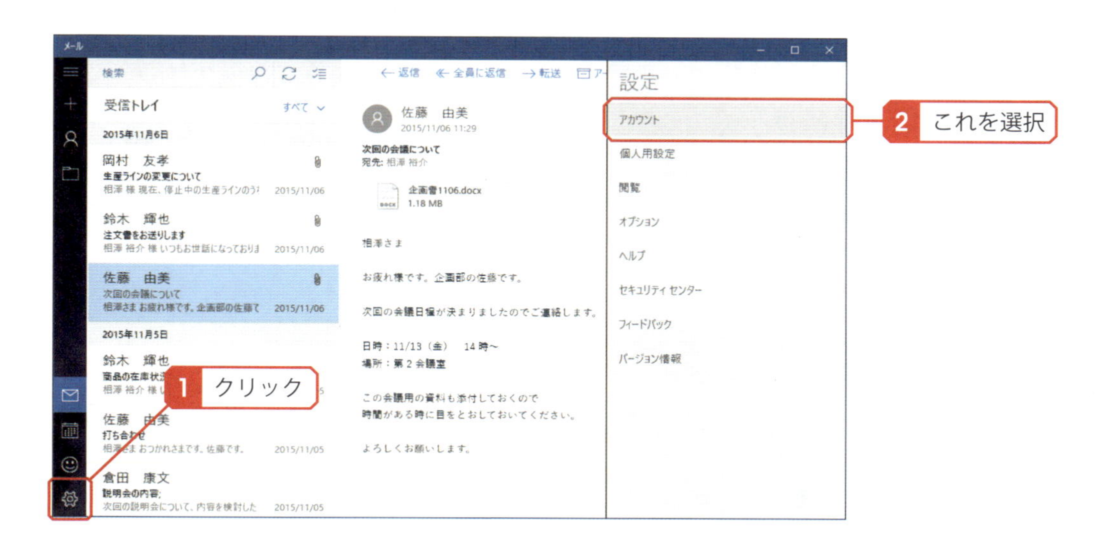

すると、登録済みのメールアカウントが一覧表示されます。新たに別のメールアカウントを追加するときは、「アカウントの追加」をクリックします。それぞれのメールアカウントをクリックすると、左下に示した画面が表示され、メールボックスの同期間隔などを変更できるようになります。なお、登録したメールアカウントを削除するときは、この画面にある「アカウントの削除」をクリックします。

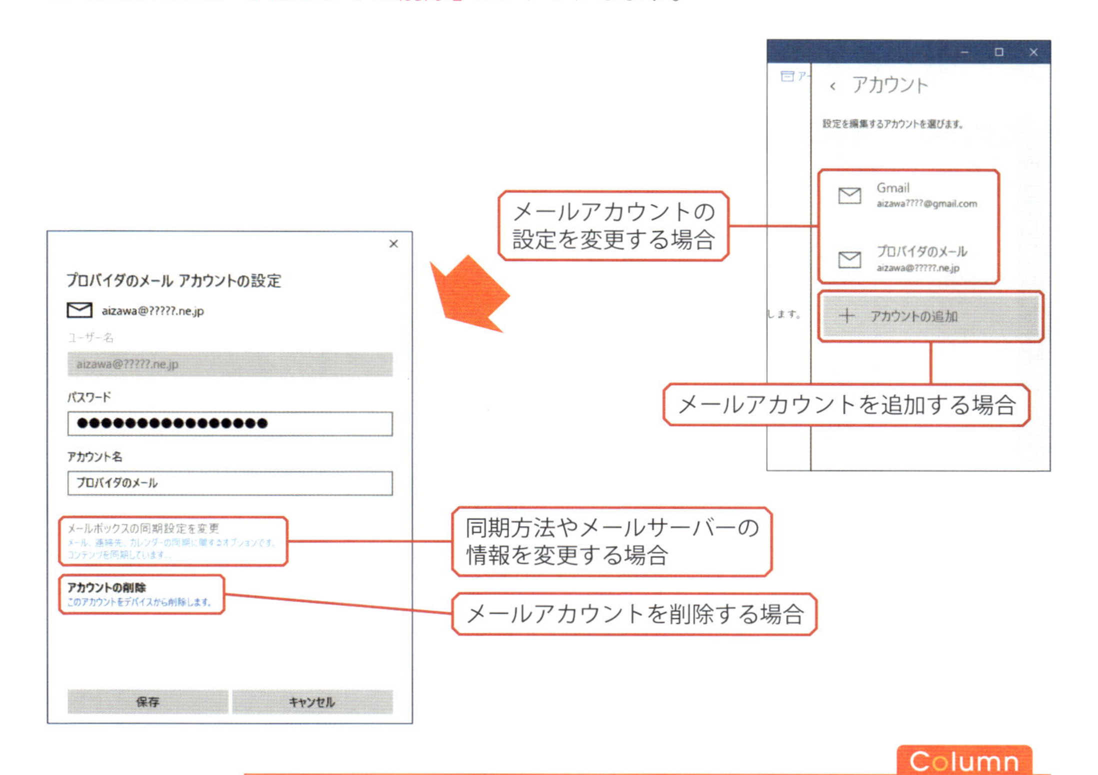

Column

メールサーバーに接続できない場合は…？

メールの送受信が行えない場合は、登録したメールアカウントを削除し、「アカウントの追加」をクリックして、もういちどメールアカウントの登録をやり直します。よく分からない場合は、プロバイダのヘルプやFAQなども参照してみるとよいでしょう。

▶ 使用するメールアカウントの切り替え

「メール」に複数のメールアカウントを登録している場合は、画面左端にある（すべてのアカウント）をクリックして、使用するメールアカウント（メールアドレス）を切り替えます。なお、メールアカウントを1つしか登録していない場合は、この作業を行う必要はありません。

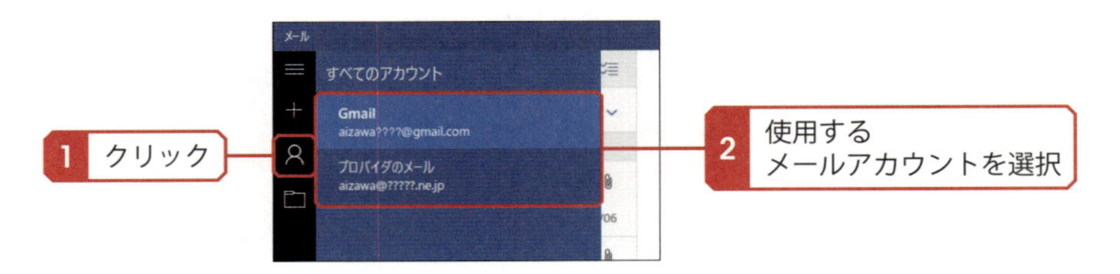

▶ メールの送信

これでメールの送受信を行うための準備が整いました。さっそくメールを送信してみましょう。メールを送信するときは（新規メール）をクリックし、宛先、件名、本文を入力します。続いて［送信］をクリックするとメールを送信できます。最初は、送受信のテストも兼ねて自分宛てにメールを送信してみるとよいでしょう。

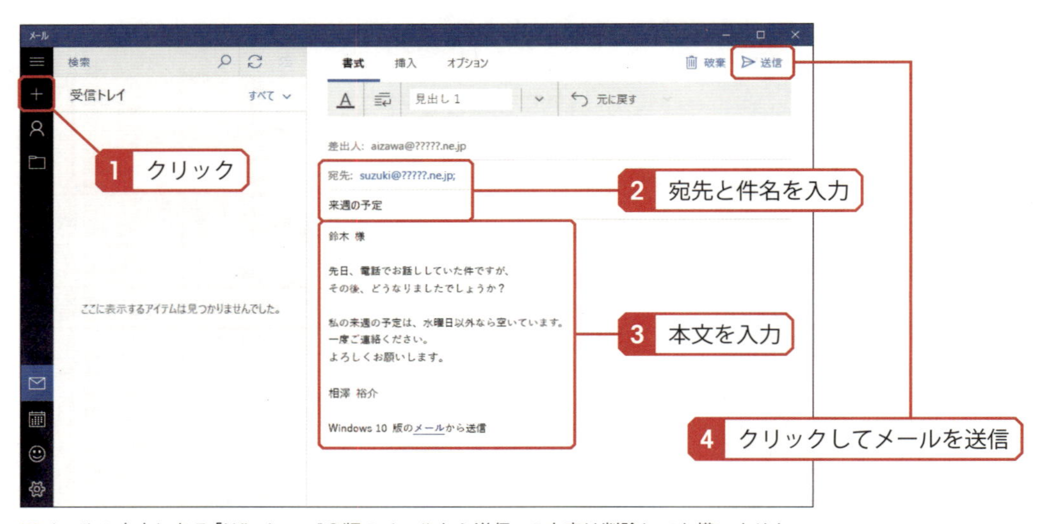

※メールの本文にある「Windows 10版のメールから送信」の文字は削除しても構いません。

Column

添付ファイルの挿入

添付ファイルを付けてメールを送信するとも可能です。この場合は、「挿入」メニューを選択し、「ファイルの添付」をクリックして添付ファイルを指定します。

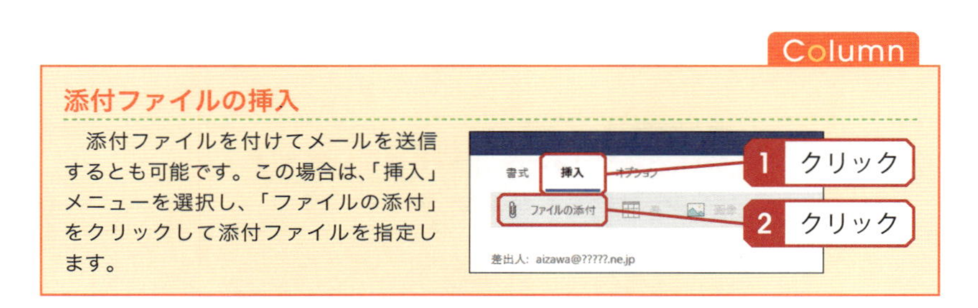

メールの受信

自分宛て届いたメールを確認するときは、(このビューを同期)をクリックして新着メールを確認します。続いて、受信トレイにあるメールをクリックして選択すると、そのメールの内容を表示できます。

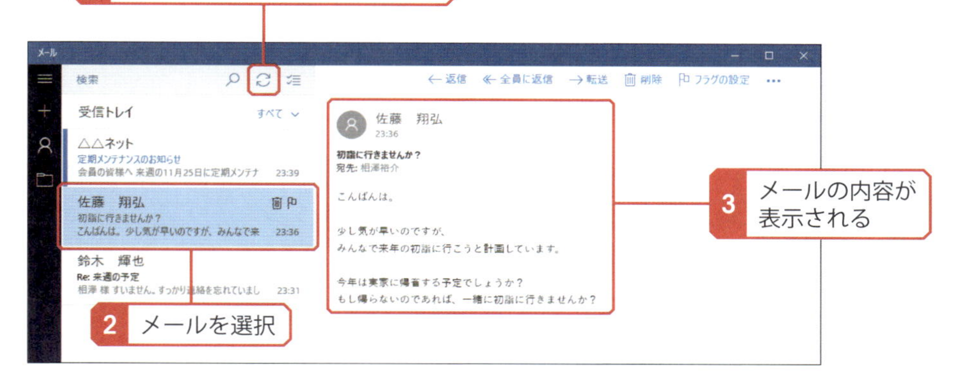

なお、受信トレイに表示されているメールのうち、左端に青色の線が表示されているメールは未読のメールとなります。

返信メールの送信

受信したメールに対して返信メールを送るときは、「←返信」をクリックし、メールの本文を入力します。続いて 送信 をクリックすると、メールを返信することができます。

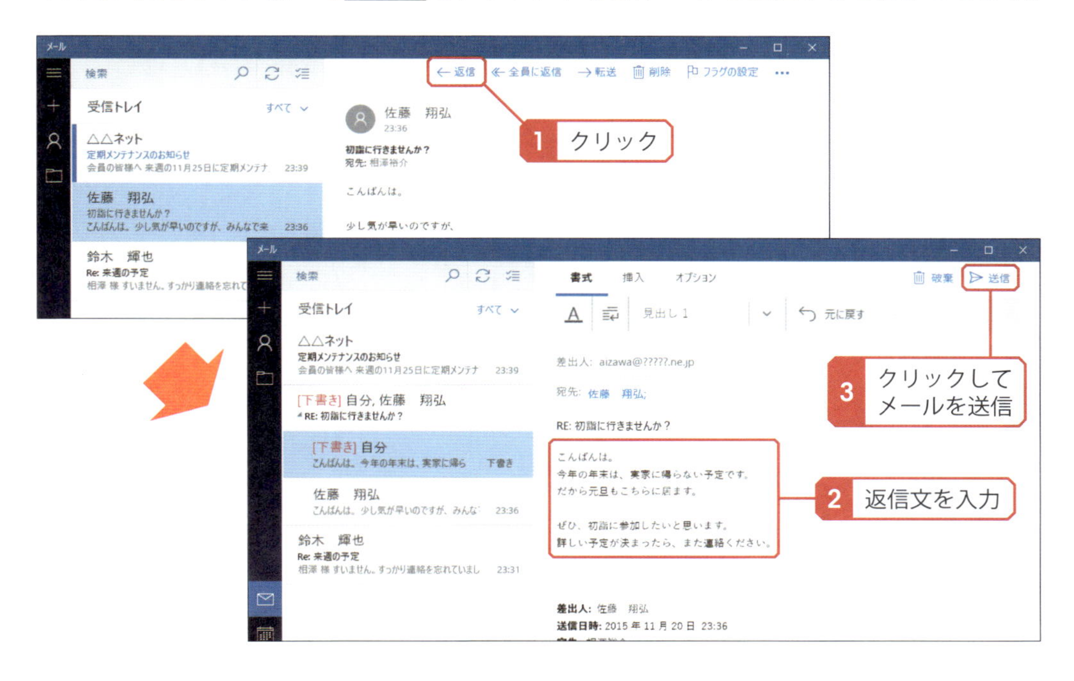

表示するフォルダーの変更

「受信トレイ」以外のフォルダーを画面に表示するときは、■（すべてのフォルダー）をクリックし、一覧からフォルダーを選択します。なお、ここに表示されるフォルダーは、使用しているメールの種類により変化します。

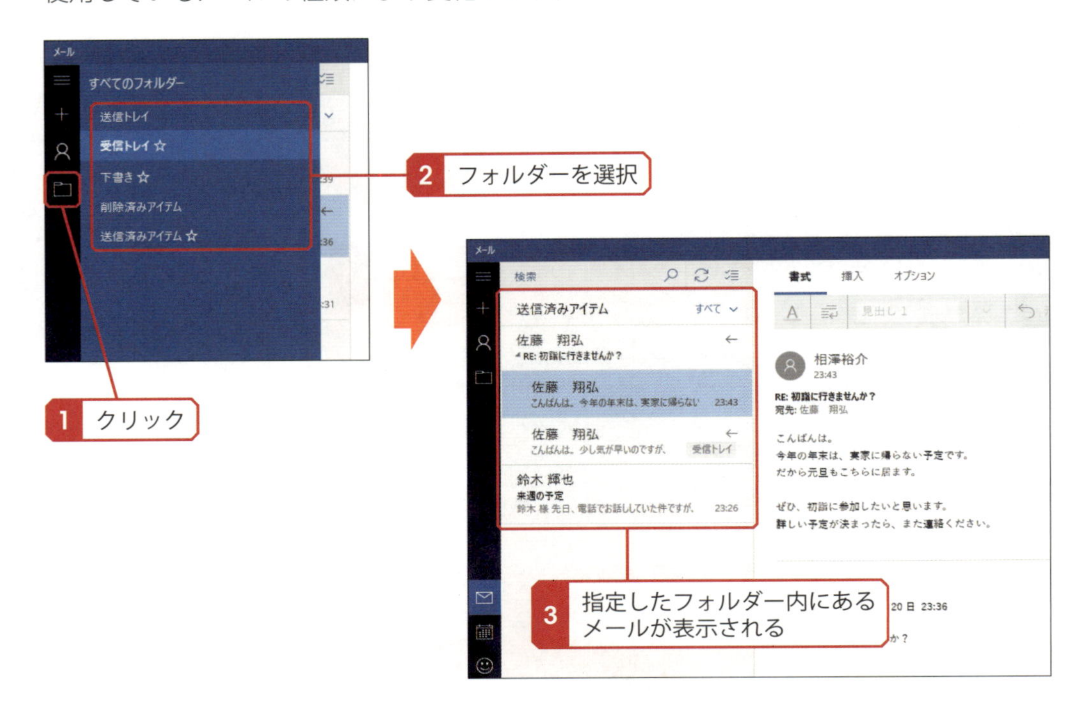

メールの削除

送受信したメールを削除するときは、そのメールの上へマウスポインタを移動し、■のアイコンをクリックします。

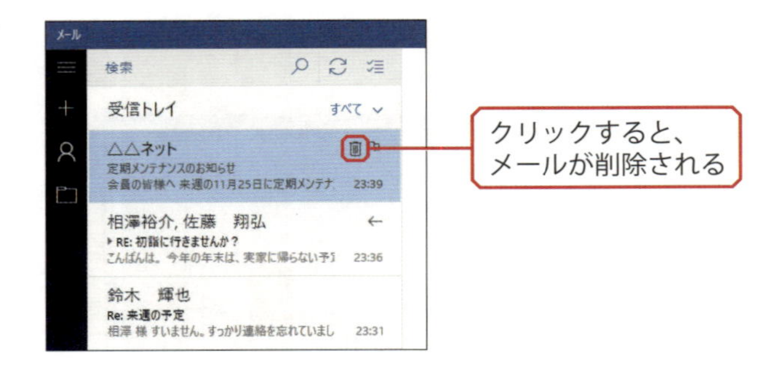

削除したメールは、削除済みアイテム（ゴミ箱）へ移動されるのが一般的です。このフォルダーを選択し、さらに■をクリックすると、メールを完全に削除できます。

※「削除済みアイテム」（ゴミ箱）にあるメールは、一定期間後に自動的に削除される場合もあります。詳しくは、メールアドレスを提供しているサービスのヘルプなどを参照してください。

「メール」のアドレス帳機能

「メール」には、アドレス帳の機能も用意されています。宛先にメールアドレス（または名前）を1～2文字入力すると、宛先候補の一覧が表示されます。この中から送信相手を選択して宛先を入力しても構いません。

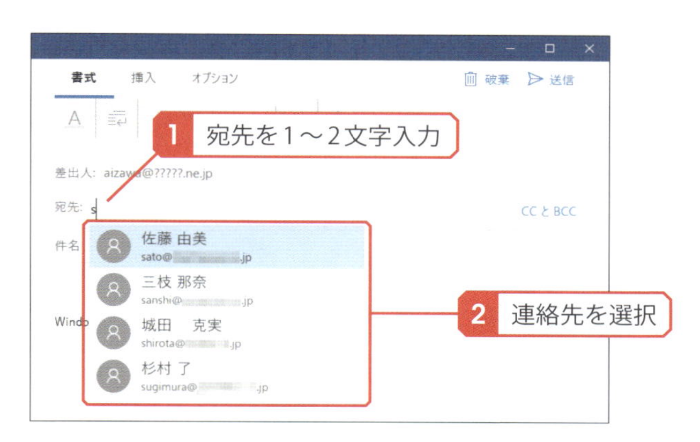

ちなみに、このアドレス帳は「People」というアプリで管理されています。「People」を起動すると、新しい連絡先を追加したり、登録されている連絡先を編集したりできるようになります。念のため、覚えておいてください。

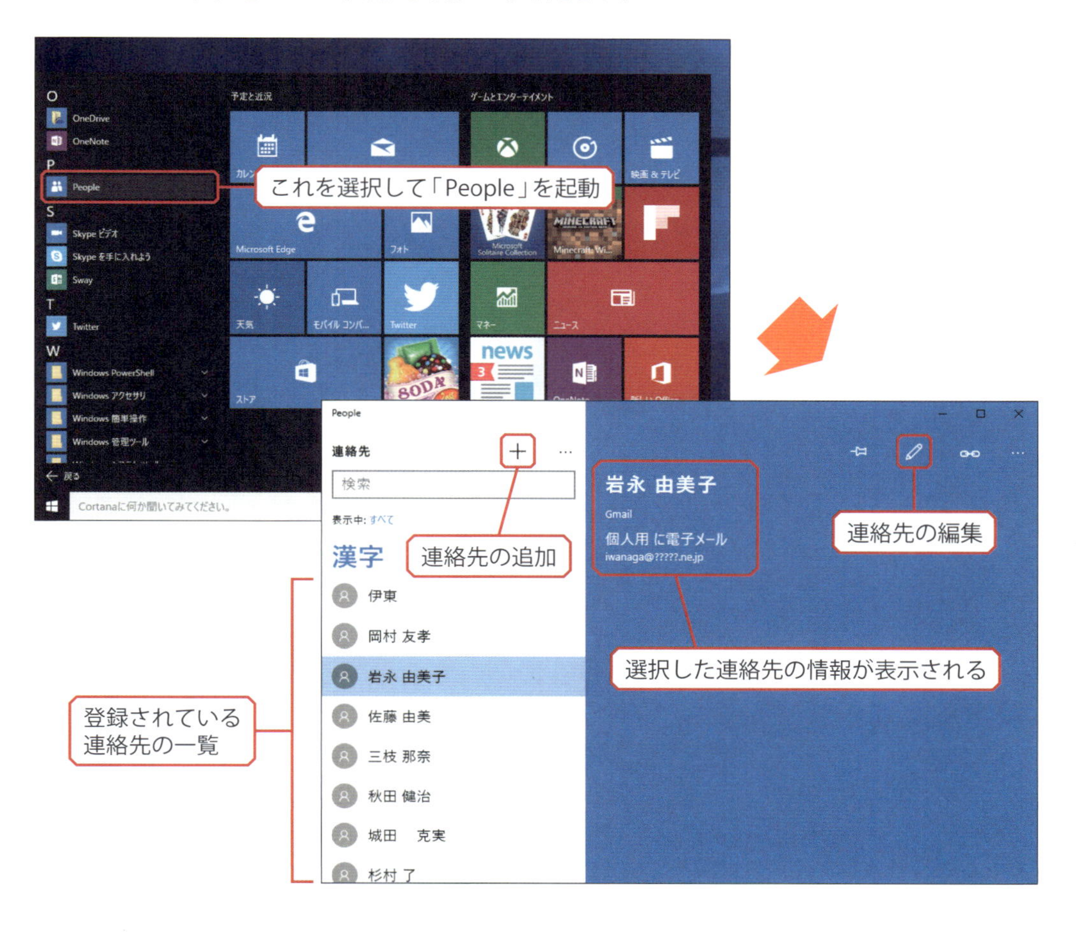

14 個人用フォルダーとPCウィンドウ

Windows 10のパソコンには、各ユーザーのデータ保存用に「個人用フォルダー」が用意されています。続いては、「個人用フォルダー」ならびに「PC」ウィンドウの使い方を紹介しておきます。

個人用フォルダー

Windows 10には、各個人のデータを保存するためのフォルダーが用意されています。本書では、このフォルダーのことを個人用フォルダーと呼びます。個人用フォルダーを開くときは、タスクバーにある（エクスプローラー）をクリックしてフォルダーを開き、以下のように操作します。

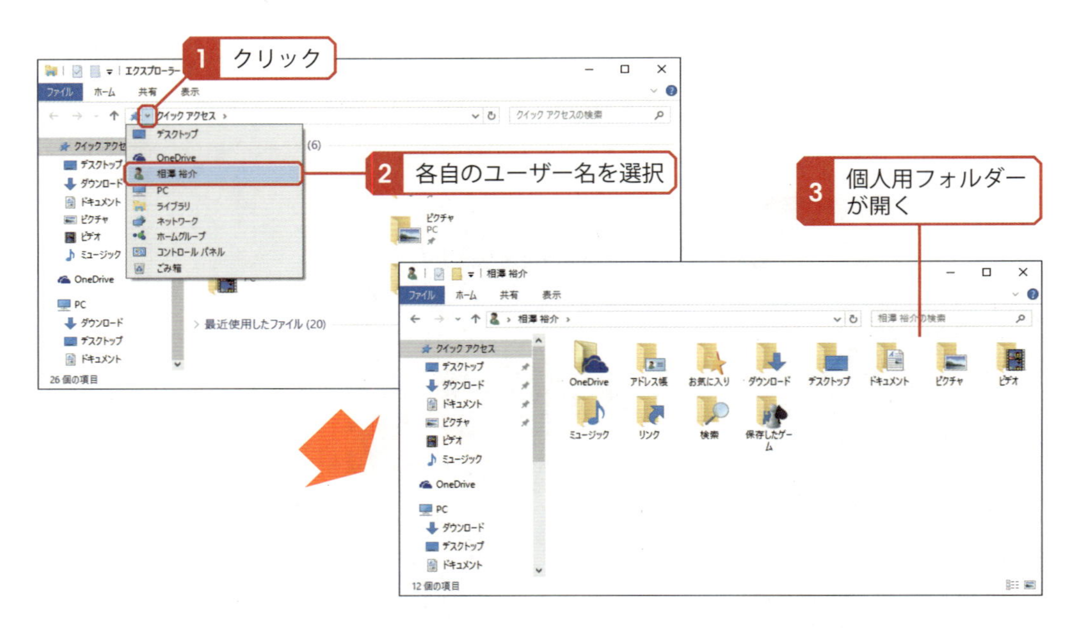

個人用フォルダーの中には、「ドキュメント」や「ピクチャ」「ビデオ」「ミュージック」などのフォルダーが用意されています。各自が作成したデータは、これらのフォルダーに分類して保存するのが一般的です。以下に、よく使用するフォルダーの用途を示しておくのでファイルを保存・管理するときの参考としてください。

- ドキュメント ……………… 文書や一般的なファイルを保存します。
- ピクチャ ……………………… 写真などの画像ファイルを保存します。
- ミュージック ……………… 音楽ファイルを保存します。
- ビデオ ……………………………… 動画ファイルを保存します。
- ダウンロード ……………… Webからダウンロードしたファイルが保存されます。

Column

その他のフォルダーについて

個人用フォルダーには、前ページに示したフォルダーのほかにも、いくつかのフォルダーが用意されています。これらはWindows 10やアプリが管理用に使用するフォルダーとなるため、用途がよくわからない場合は触らないようにしてください。

「PC」ウィンドウ

個人用フォルダー以外の場所に保存されているファイルを扱うときは、ウィンドウの左側で「PC」を選択し、「PC」ウィンドウを開きます。すると、ハードディスクや光学ドライブ（CD／DVD／BDドライブ）などのアイコンを表示できます。そのほか、パソコンに接続したUSBメモリやメモリーカードのアイコンも「PC」ウィンドウに表示されます。

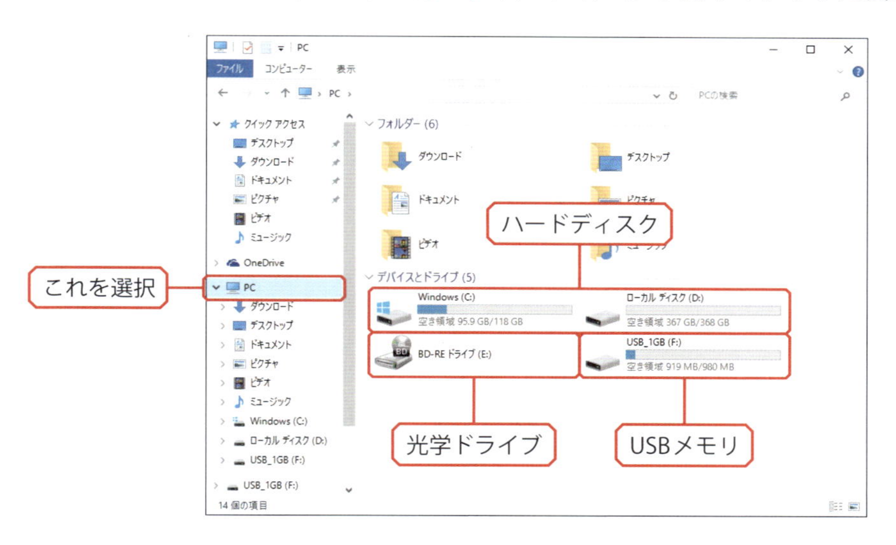

「PC」ウィンドウで各アイコンをダブルクリックすると、その機器に保存されているファイルやフォルダーを画面に表示できます。

Column

ドライブレター

各機器の名前の最後に付いている(C:)などのアルファベットはドライブレターと呼ばれ、各機器を区別するための名称として使用されます。たとえば、「Windows (C:)」と表示されている機器（ハードディスク）のことを「Cドライブ」と呼ぶ場合もあります。ドライブレターは、Cから順番にD、E、F、……と付けられるのが一般的です。

Column

Dドライブのハードディスク

パソコンによっては、ハードディスクが複数に分割されている場合もあります。この場合は、「Dドライブ」などをデータの保存場所として活用しても構いません。

15 フォルダーの操作

Windows 10を使うには、フォルダーの操作方法を学んでおく必要があります。続いては、フォルダーを開く、アイコンの表示方法を変更する、新しいフォルダーを作成する、といったフォルダーに関連する操作方法を解説します。

フォルダーを開く

まずは、フォルダーを開く操作、すなわち「フォルダーの中身を画面に表示させる」ときの操作手順を解説します。この操作は、アイコン表示されているフォルダーをダブルクリックすると実行できます。

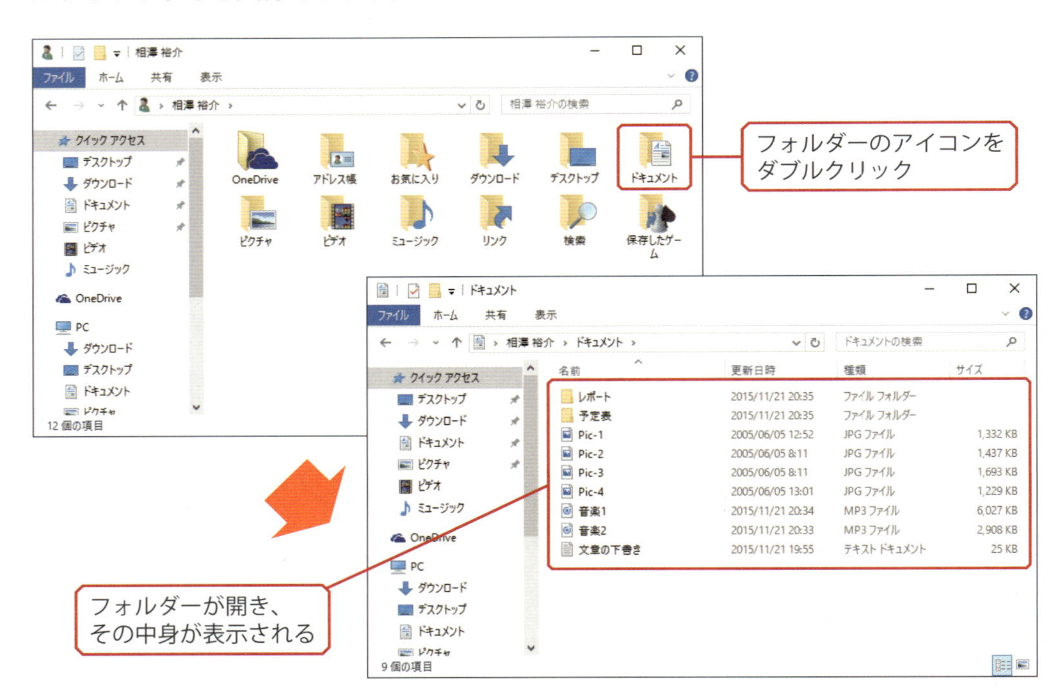

Column フォルダーを新しいウィンドウで開く

元のウィンドウを維持したまま、新しいウィンドウにフォルダーを開くことも可能です。この場合は、[Ctrl]キーを押しながらフォルダーのアイコンをダブルクリックします。

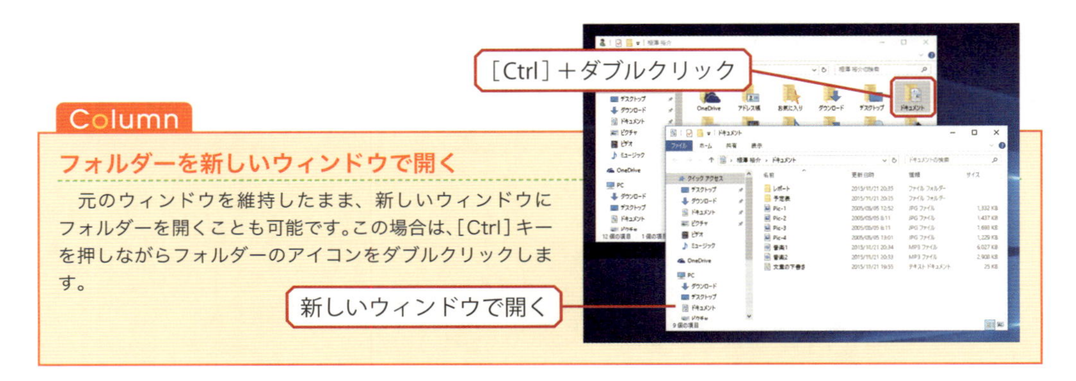

フォルダーの階層構造

フォルダー内にフォルダーを作成し、ファイルを階層的に管理することも可能です。たとえば、「ピクチャ」フォルダー内に「旅行」や「料理」といったジャンル別のフォルダーを作成しておくと、写真（画像ファイル）を効率よく分類して管理できます。

■個人用フォルダー

■「ピクチャ」フォルダー

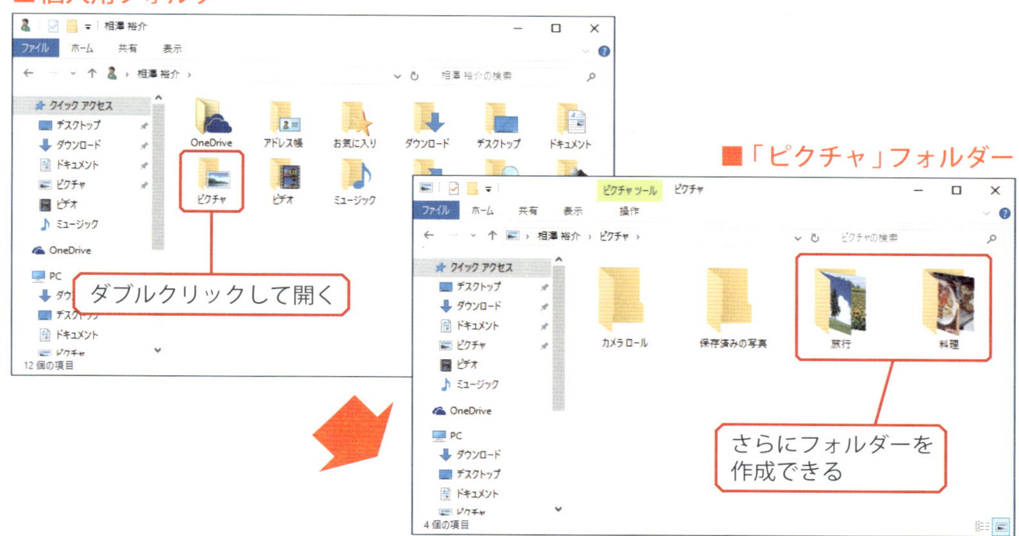

※「ピクチャー」フォルダーには、「カメラロール」と「保存済みの写真」というフォルダーが作成されています。これらはWindows 10に付属するアプリが使用するフォルダーとなります。

これをイメージ図で示すと、フォルダーの構造は以下のようになります。

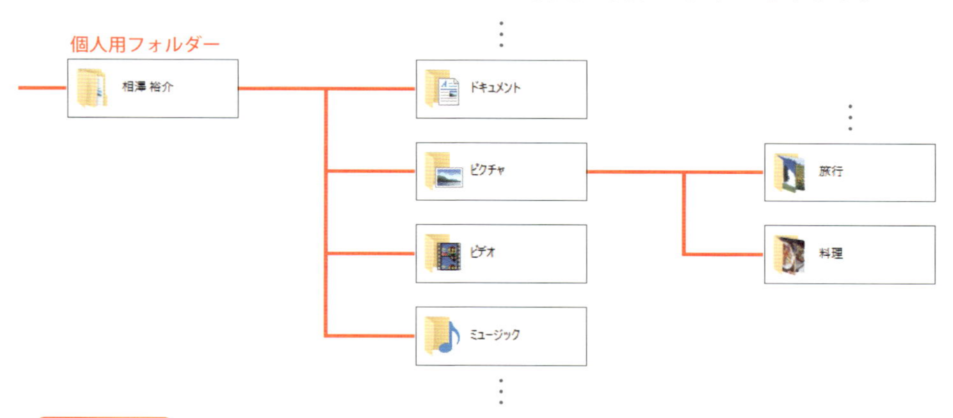

Column

個人用フォルダーの場所

個人用フォルダーは、Cドライブ（ハードディスク）の「ユーザー」フォルダー内に配置されています。つまり、「Cドライブ」→「ユーザー」→「個人用フォルダー」という構成になっており、さらにその中に「ドキュメント」や「ピクチャ」などのフォルダーが配置されています。

▶1つ上の階層へ戻る

現在のフォルダーより1つ上の階層にあるフォルダーを表示したい場合もあると思います。この場合は↑をクリックすると、1つ上の階層に戻ることができます。

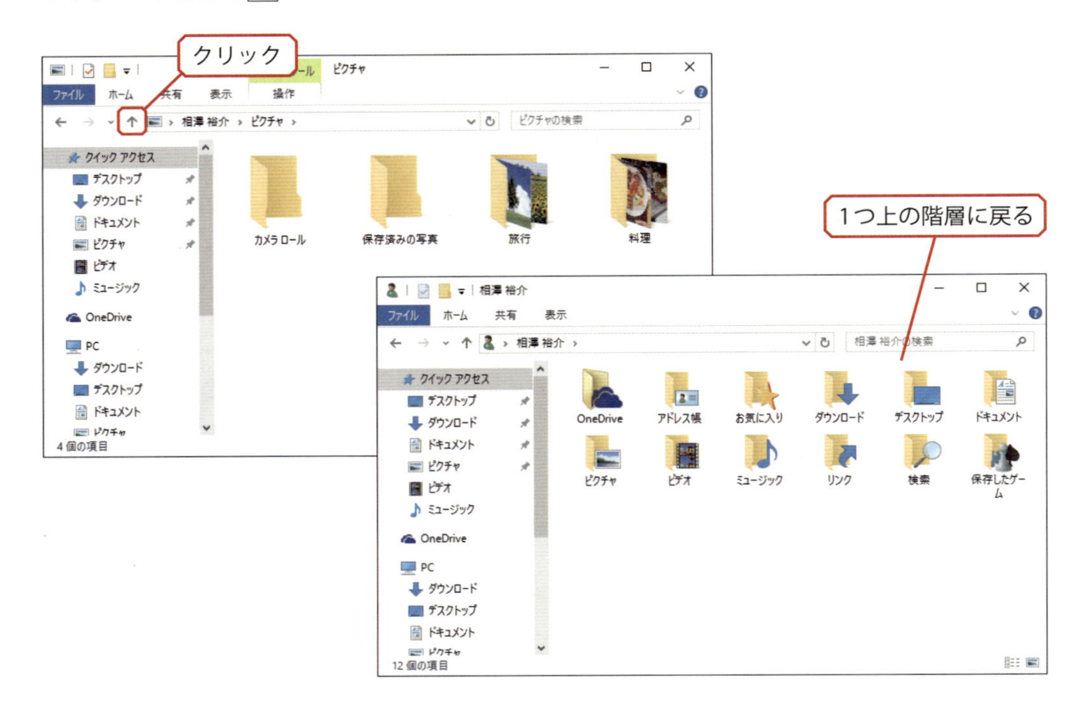

■アドレスバーの活用

アドレスバーは、現在表示されているフォルダーの場所（階層）を示す情報欄です。上の階層にあるフォルダーを表示するときに、アドレスバーにあるフォルダー名をクリックしても構いません。また、各フォルダー名の右側にある›をクリックし、別のフォルダーへ移動することも可能です。

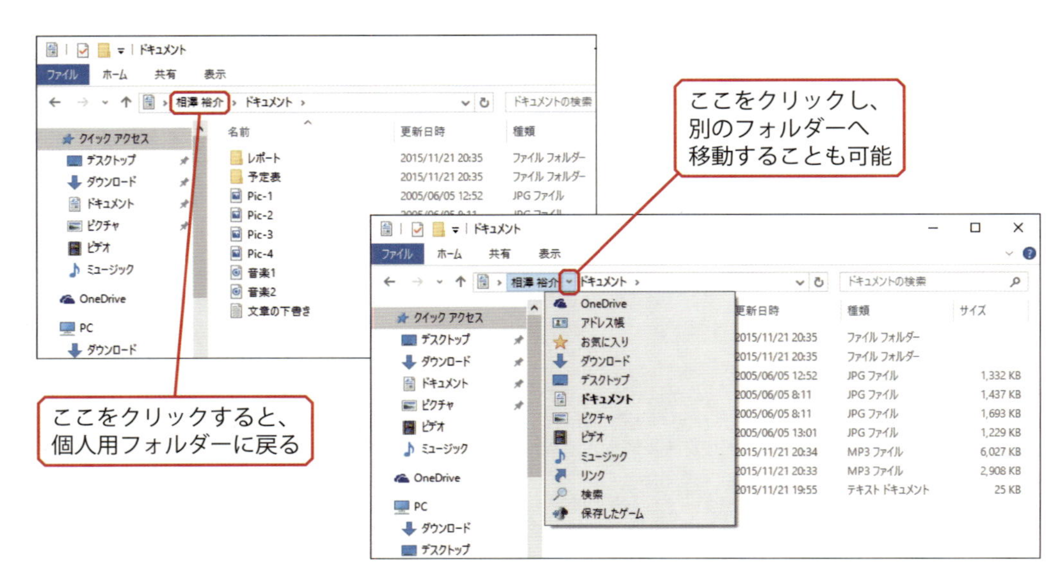

アイコンの表示方法

フォルダーのウィンドウでは、アイコンの表示方法を詳細または大アイコンのいずれかに指定することが可能です。アイコンの表示方法を変更するときは、ウィンドウの右下にある（詳細）または（大アイコン）をクリックします。

■詳細

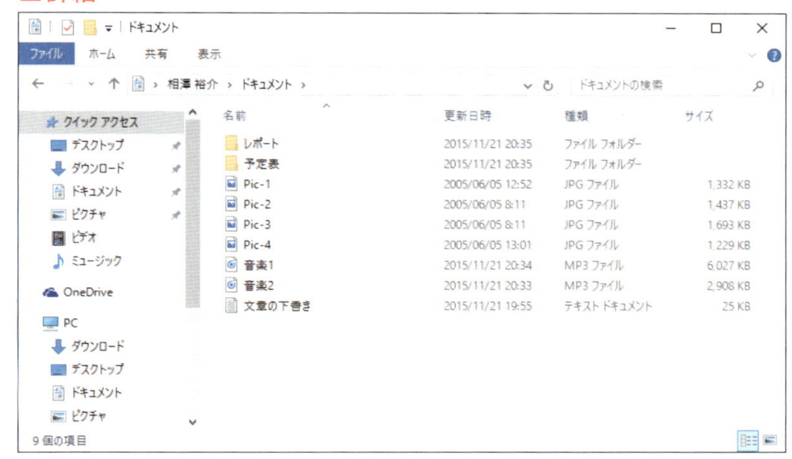

各ファイルの詳しい情報が一覧形式で表示されます。ファイル情報を効率よく表示したい場合に向いています。

■大アイコン

アイコンが「大」のサイズで表示されます。画像ファイルの内容を確認しやすいため、写真などを保存するフォルダーに向いています。

そのほか、［表示］タブのリボンを使ってアイコンの表示方法を変更することも可能です。この場合は、合計8種類の中からアイコンの表示方法を選択できます。次ページにそれぞれの表示例を示しておくので参考にしてください。

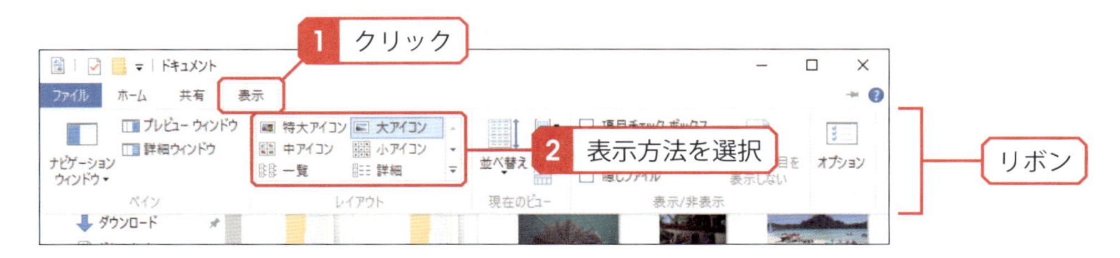

■特大アイコン

アイコンが「特大」のサイズで表示されます。画像ファイルの内容を確認しやすいのが利点ですが、アイコン表示が大きすぎるため画像ファイル以外の表示には向きません。

■中アイコン

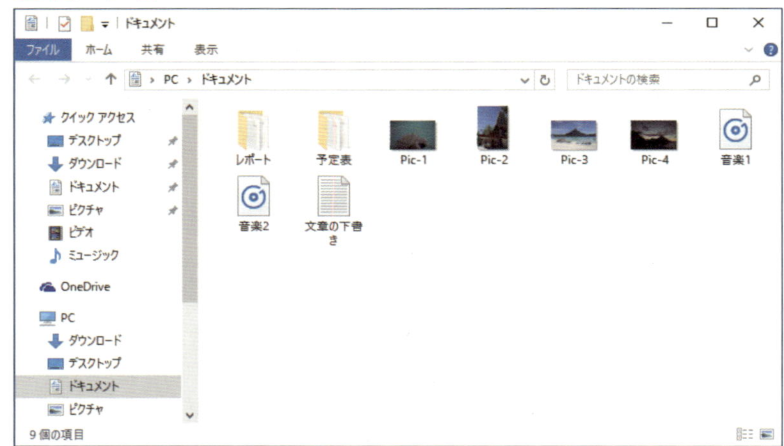

アイコンが「中」のサイズで表示されます。画像ファイルの内容を確認できると同時に、ある程度の数のファイルを一覧表示できるのが利点です。

■小アイコン

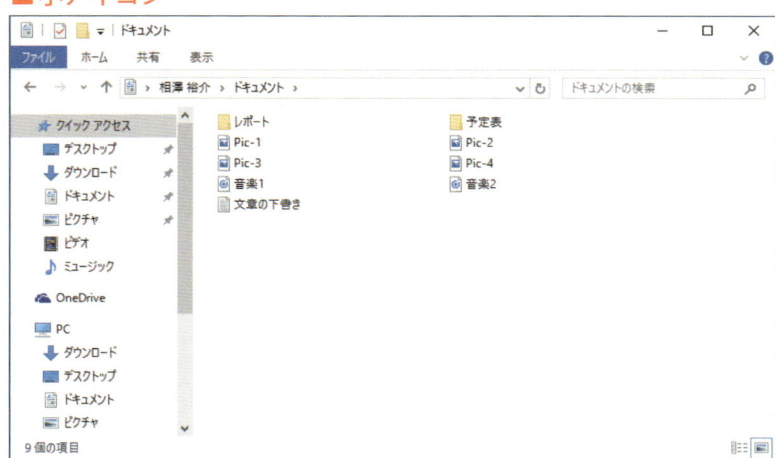

アイコンが「小」のサイズで表示されます。ファイルの内容を確認するには不向きですが、多くのファイルを一覧表示できるのが利点となります。

■一覧

「小アイコン」とよく似ていますが、こちらはファイルやフォルダーが縦方向に並べて表示されます。ファイルの数が多いフォルダーを表示する場合に向いています。

■並べて表示

アイコンの右側にファイル名やフォルダー名が表示され、その下にファイルの種類や容量が表示されます。機能的で使いやすい表示方法といえます。

■コンテンツ

ファイルやフォルダーが縦に並べて表示されます。各ファイルの右側には、ファイル容量や撮影日時、再生時間などの情報が表示されます。

Column

リボンの固定

［表示］タブなどのリボンを常に画面に表示させておくことも可能です。この場合は、［ホーム］、［共有］、［表示］などをダブルクリックしてタブを開きます。なお、リボンを非表示の状態に戻すときは、現在表示されているタブを再度ダブルクリックします。

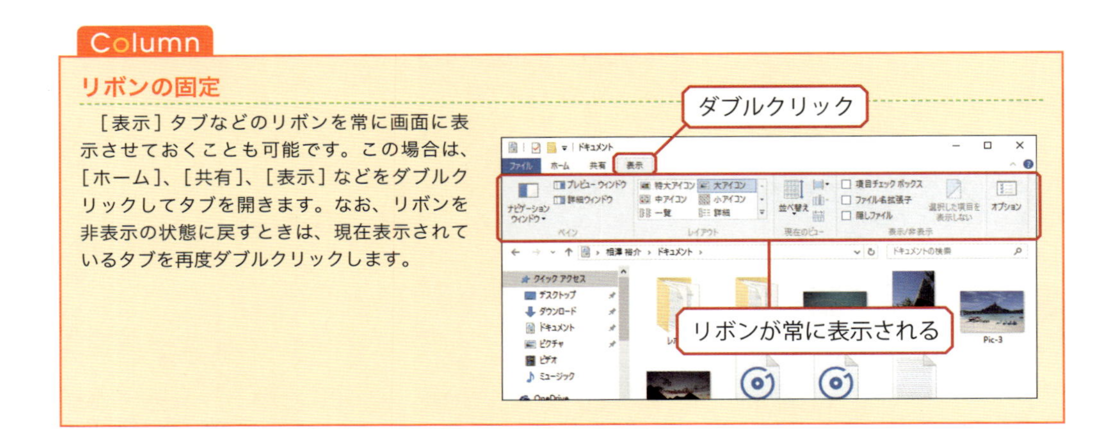

▶ 並び順の変更

フォルダー内に表示されているファイルやフォルダーは、その並び順を変更することが可能です。並び順を変更するときは、［表示］タブを開き、「並べ替え」をクリックします。たとえば、ファイル容量の大きい順に並べ替えるときは、この一覧から「サイズ」を選択します。

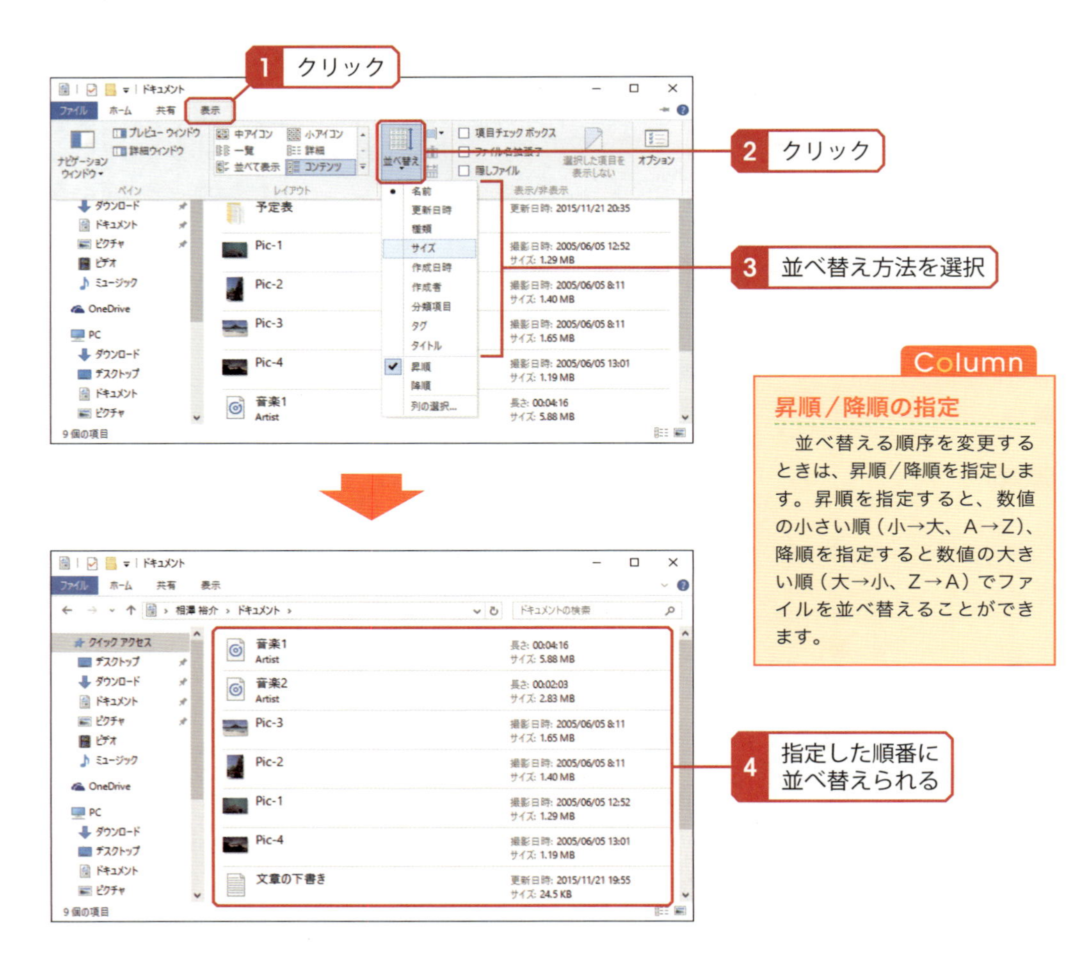

Column

昇順／降順の指定

並べ替える順序を変更するときは、昇順／降順を指定します。昇順を指定すると、数値の小さい順（小→大、A→Z）、降順を指定すると数値の大きい順（大→小、Z→A）でファイルを並べ替えることができます。

新しいフォルダーの作成

続いては、新しいフォルダーを作成する方法を解説します。ファイルを効率よく分類できるように、フォルダーの作成方法を必ず覚えておいてください。

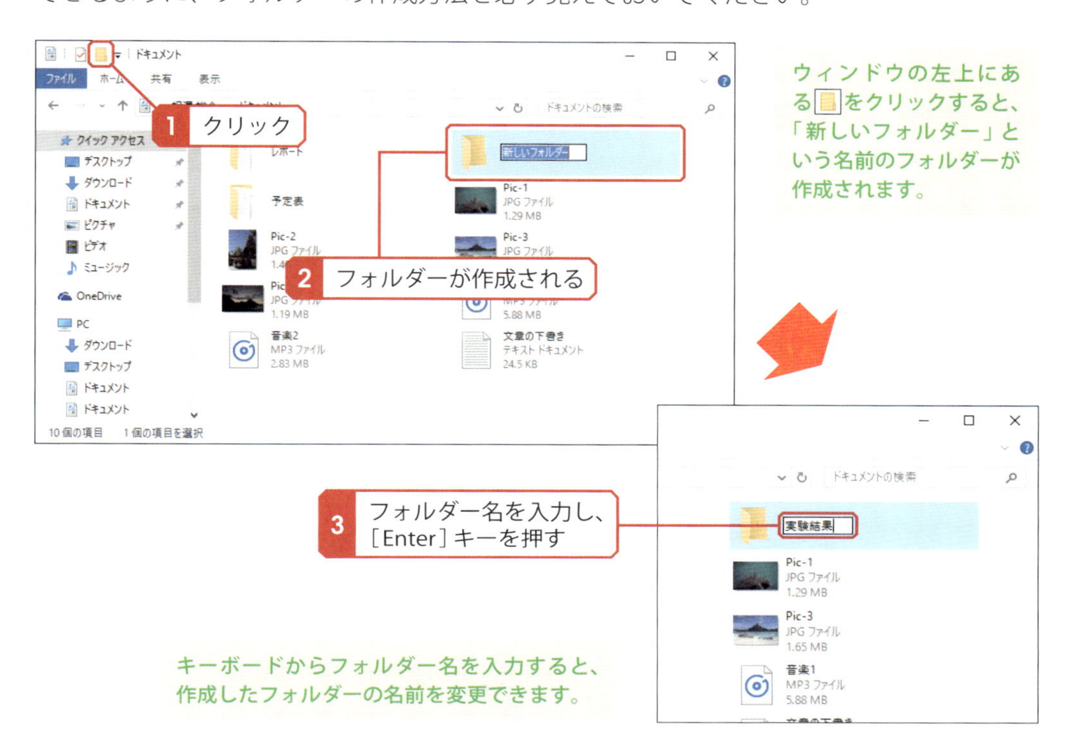

フォルダー名の変更

自分で作成したフォルダーは、その名前をいつでも変更できます。フォルダー名を変更するときは以下のように操作します。

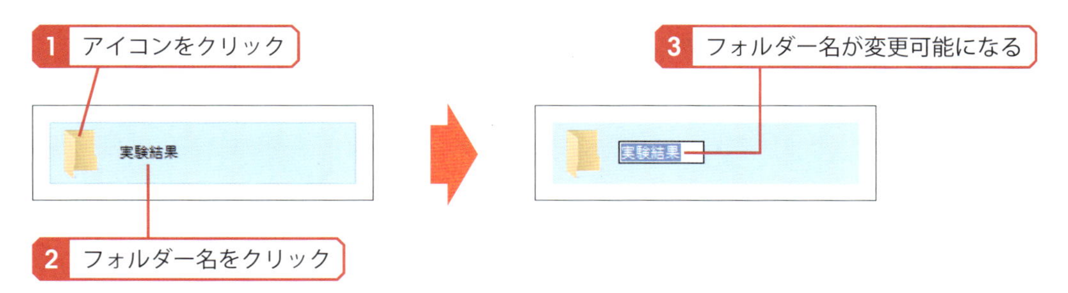

Column

既存フォルダーの名前について

Windows 10に初めから用意されているフォルダーは、その名前を絶対に変更してはいけません。自分で作成したフォルダーは自由に名前を変更できますが、初めから用意されているフォルダーの名前を変更すると、パソコンが正しく動作しなくなる恐れがあります。注意するようにしてください。

16 ファイルの保存

アプリで作成、編集したデータを保管するときは「保存」という操作を行います。続いては、データをファイルに保存するときの操作手順を紹介します。また、「上書き保存」と「名前を付けて保存」の違いについても解説しておきます。

基本的なファイルの保存手順

アプリを使って作成したデータは、保存という操作を行わないと、アプリの終了と同時に消去されてしまいます。大切なデータは必ずファイルに保存するようにしてください。

ここでは、Windows 10に付属する「メモ帳」を例にファイルの保存手順を紹介します。他のアプリの場合も、似たような手順でデータをファイルに保存することが可能です。

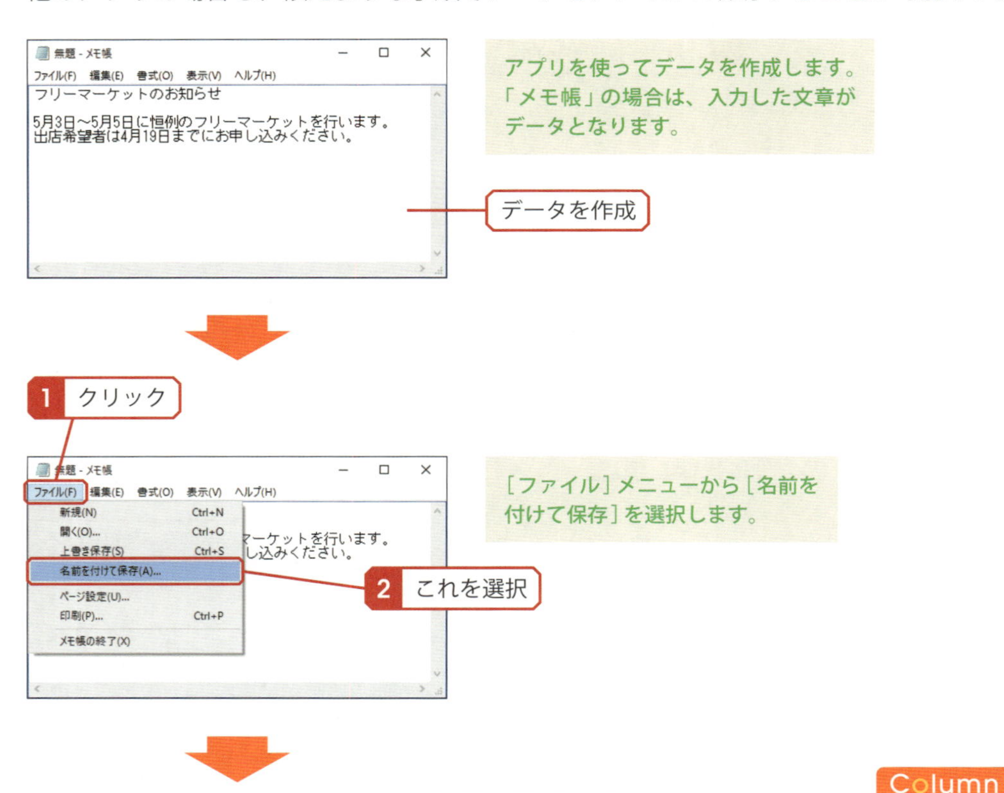

Column

保存のショートカットキー

アプリで作成したデータを保存するときに、[Ctrl]+[S]キーを押して保存することも可能です。たいていの場合、[Ctrl]+[S]キーは「上書き保存」を実行する操作となりますが、初めて保存を実行する場合に限り、「名前を付けて保存」と同じ操作になります。このため、[Ctrl]+[S]キーでファイルを作成することも可能です。

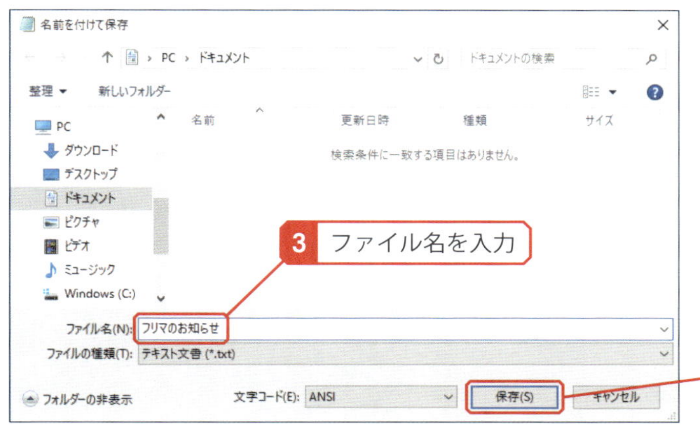

ファイル名を入力して［保存］ボタンをクリックすると、データがファイルに保存されます。「メモ帳」の場合、保存先には「ドキュメント」フォルダーが初期設定されています。

保存先（「ドキュメント」フォルダー）を開くと、ファイルが保存されているのを確認できます。

フォルダーを指定してファイルを保存

「ドキュメント」フォルダー内に作成したサブフォルダーにファイルを保存したい場合もあると思います。この場合は以下のように操作して保存先フォルダーを変更します。

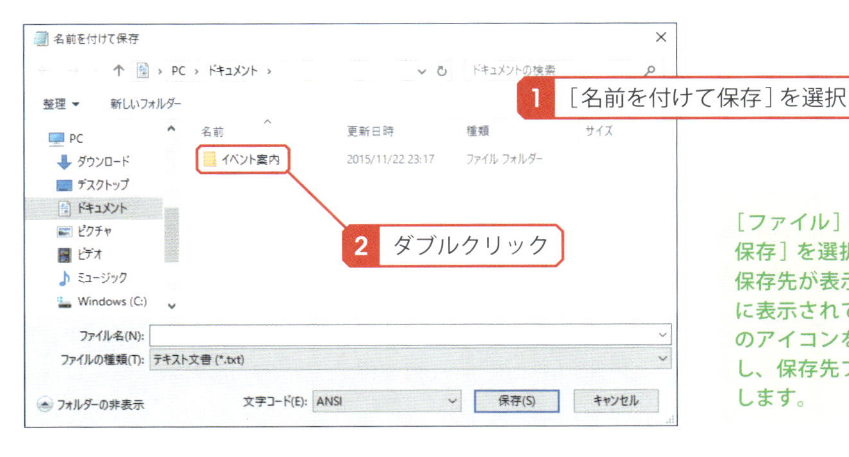

［ファイル］－［名前を付けて保存］を選択すると、現在の保存先が表示されます。ここに表示されているフォルダーのアイコンをダブルクリックし、保存先フォルダーを変更します。

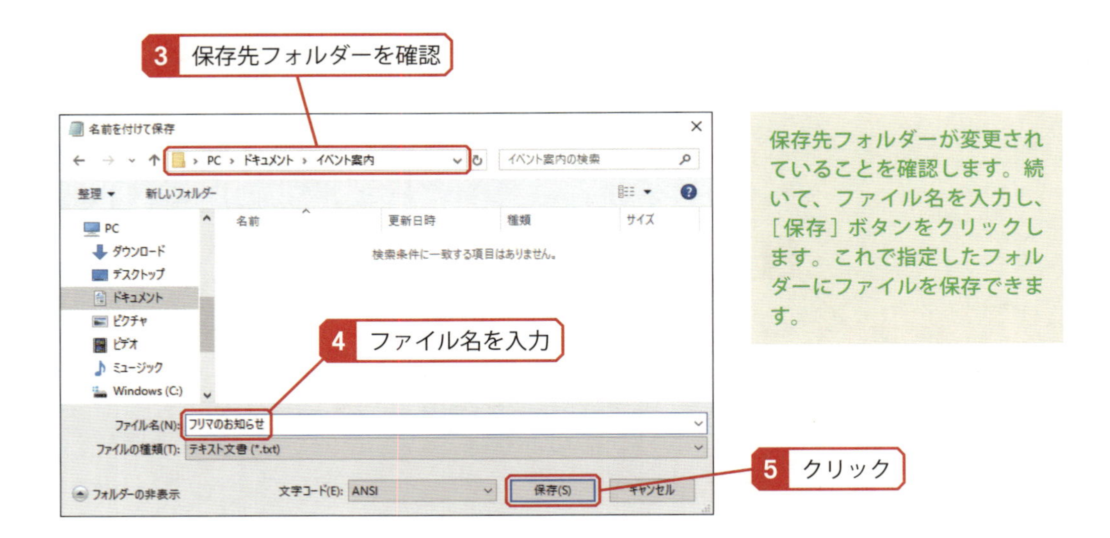

保存先フォルダーが変更されていることを確認します。続いて、ファイル名を入力し、［保存］ボタンをクリックします。これで指定したフォルダーにファイルを保存できます。

もちろん、「ドキュメント」フォルダー以外の場所にファイルを保存しても構いません。この場合は、ナビゲーション ウィンドウやアドレスバーを使って保存先を指定します。

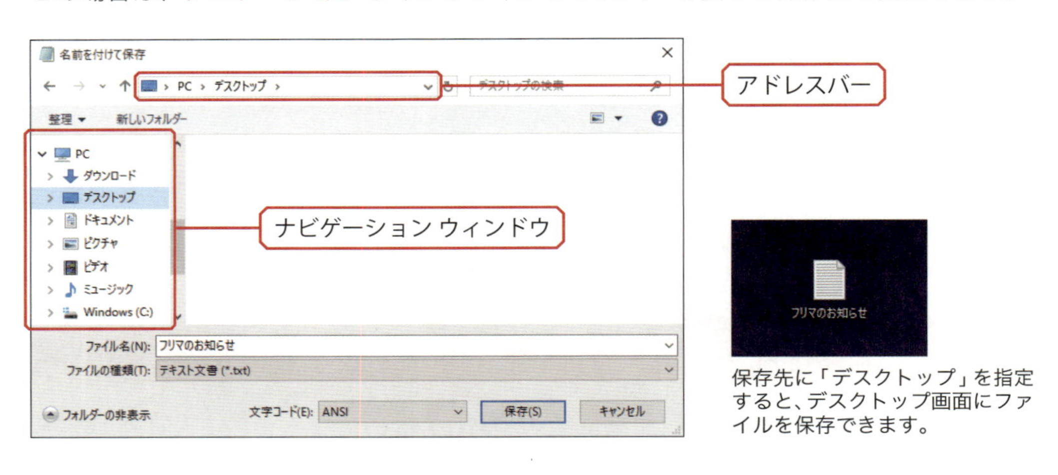

保存先に「デスクトップ」を指定すると、デスクトップ画面にファイルを保存できます。

Column

Cドライブ以外にファイルを保存

USBメモリなど、Cドライブ以外の場所にファイルを保存するときは、ナビゲーション ウィンドウで「PC」を選択します。その後、保存先にするドライブやフォルダーをダブルクリックで指定していきます。ハードディスクが複数に分割されているパソコンで、Dドライブ（ハードディスク）にファイルを保存する場合も、この手順でファイルの保存先フォルダーを指定します。

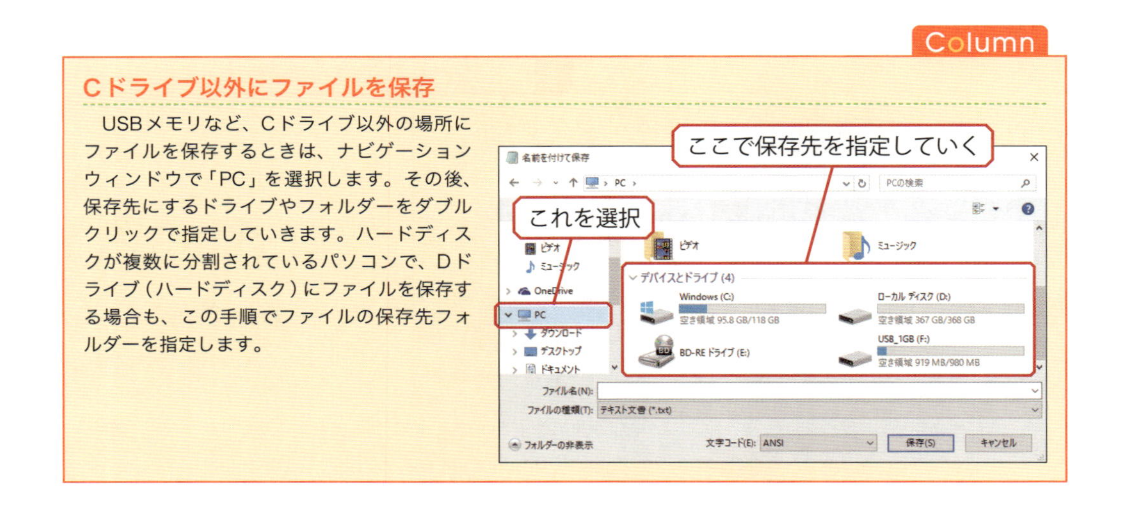

「上書き保存」と「名前を付けて保存」

すでにデータをファイルに保存してある場合は、［ファイル］メニューから［上書き保存］を選択してデータをファイルに保存するのが基本です。この場合、すでに保存されているファイルが新しいファイルに書き換えられるため、保存先やファイル名を指定する必要はありません。［上書き保存］を選択するだけで即座に保存を実行できます。

■先ほどの例に文章を追加した場合

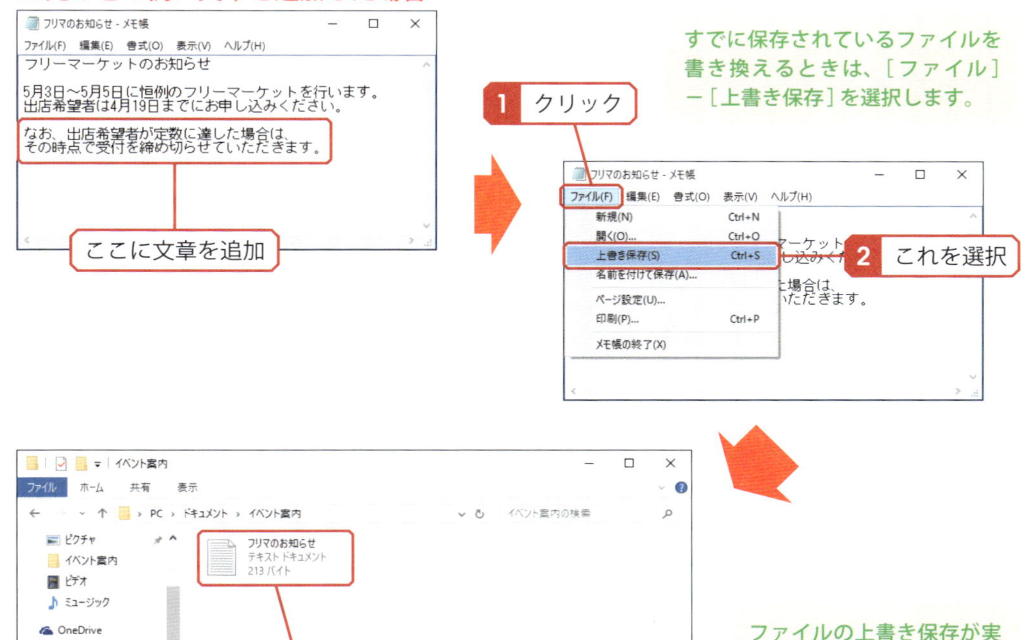

このとき、［上書き保存］ではなく［名前を付けて保存］を選択すると、保存先やファイル名を指定する画面が表示されます。ここで別の保存先やファイル名を指定して保存を実行すると、現在のデータを別のファイルに保存することができます。この保存方法は、すでに保存されているファイルを残したまま、別のファイルにデータを保存したい場合などに活用できます。

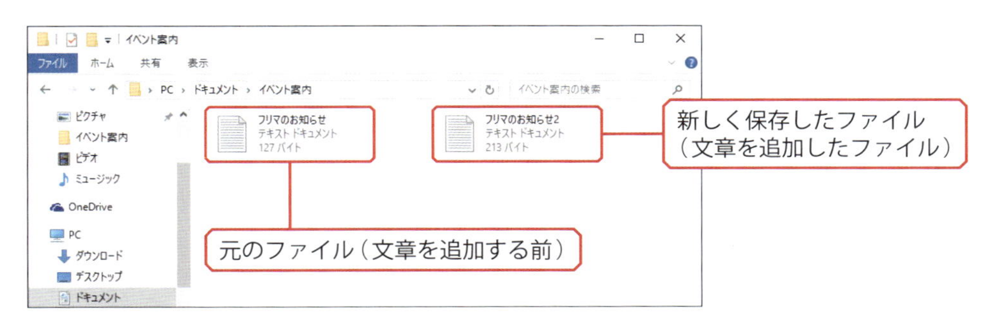

17 ファイルをアプリで開く

続いては、パソコンに保存されているファイルをアプリで開くときの操作手順を解説します。このとき、「既定のアプリ」ではなく、好きなアプリを選択してファイルを開くことも可能です。合わせて覚えておくようにしてください。

ダブルクリックでファイルを開く

ファイルをアプリで開くときは、そのアイコンをダブルクリックします。すると、そのファイルを扱えるアプリが自動的に起動し、ファイルの内容が画面に表示されます。

■テキストファイルの場合

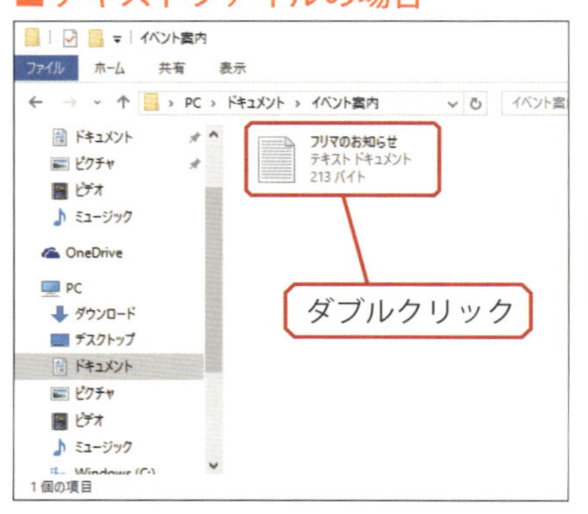

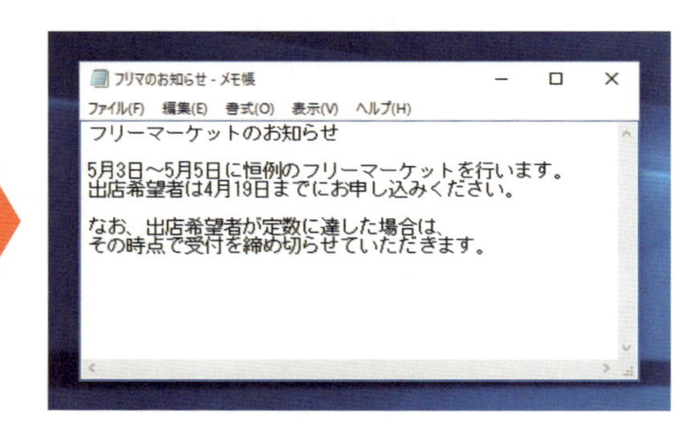

■画像ファイルの場合

Column

起動するアプリ（規定のアプリ）

ファイルをダブルクリックしたときに起動するアプリ（既定のアプリ）は、パソコンによって異なります。このため、上記とは異なるアプリが起動する場合もあります。

アプリを指定してファイルを開く

アイコンをダブルクリックしたときに起動するアプリのことを規定のアプリと呼びます。これとは別のアプリでファイルを開きたい場合もあると思います。この場合は、アイコンを右クリックし、「プログラムから開く」の中から起動するアプリを選択します。

アプリからファイルを開く

アプリに［開く］のメニューが用意されている場合は、アプリからファイルを開くことも可能です。

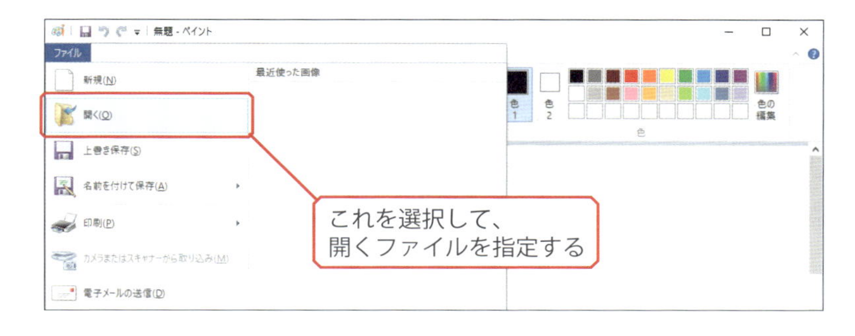

18 ジャンプリスト

Windows 10には、最近使用したファイルやフォルダーを手軽に開くことができるジャンプリストが用意されています。この機能は、フォルダーのウィンドウを2つ以上同時に開く場合にも活用できます。

▶ ジャンプリストからファイルを開く

タスクバーにアプリのアイコンが表示されている（アプリを起動している）場合は、このアイコンを右クリックし、ジャンプリストからファイルを開くことも可能です。

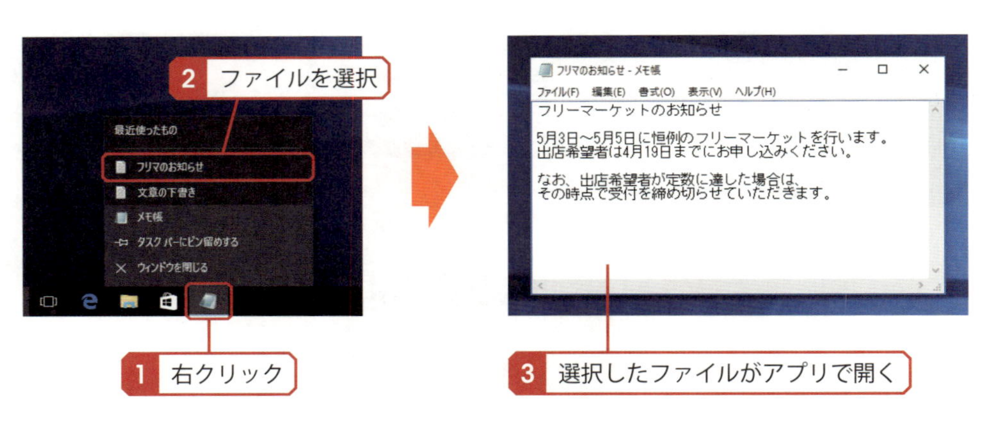

▶ ジャンプリストからフォルダーを開く

よく使用するフォルダーをジャンプリストから開くことも可能です。この操作方法は、フォルダーのウィンドウを2つ以上開く場合にも活用できます。

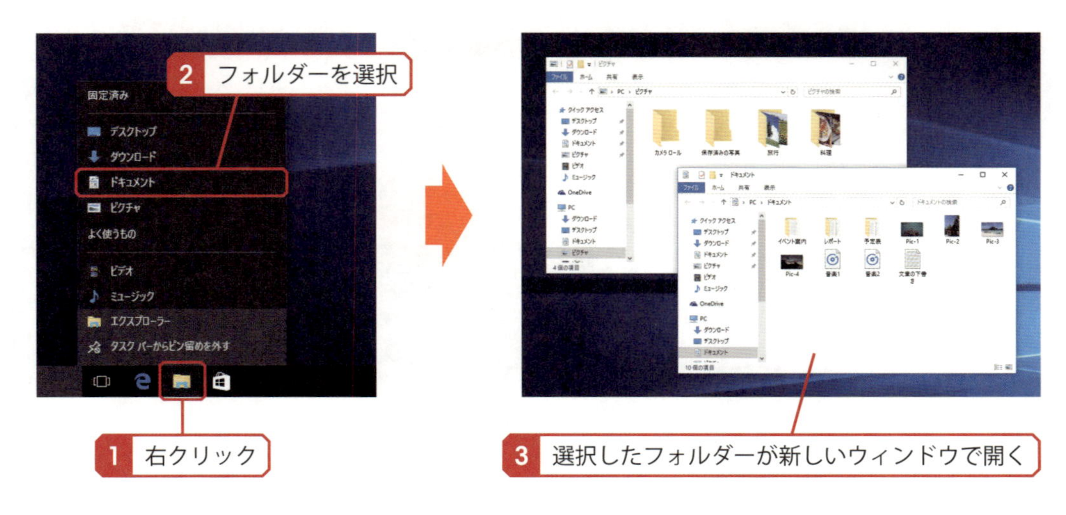

19 ファイルの操作

続いては、ファイル名を変更したり、ファイルの移動やコピーを行ったりするときの操作方法を解説します。いずれもWindows 10の基本操作となるので、よく操作方法を覚えておいてください。

ファイル名の変更

パソコンに保存したファイルの名前はいつでも変更できます。この操作手順は、フォルダー名を変更する場合と基本的に同じです。

ファイルの移動

ファイルの保存場所（フォルダー）はファイルの保存時に指定しますが、これを後から変更することも可能です。ファイルを別の場所へ移動するときは、そのアイコンを移動先フォルダーのウィンドウ内へドラッグ＆ドロップします。

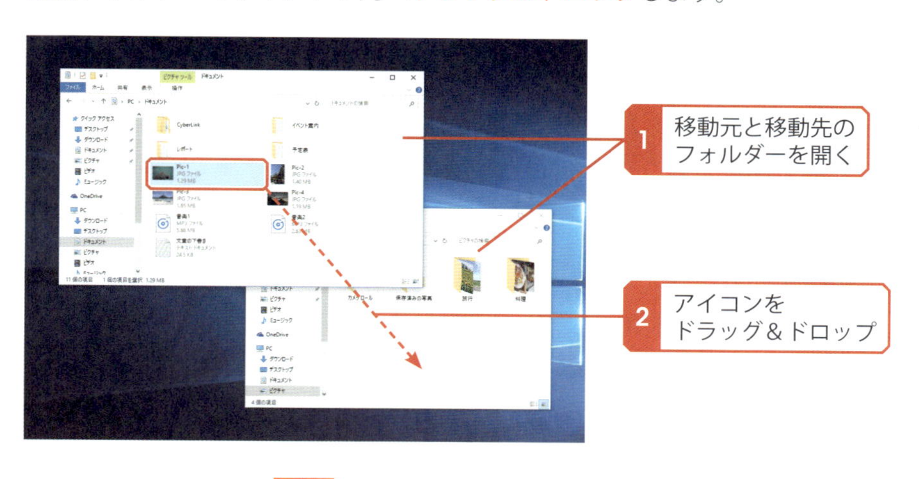

■サブフォルダーへファイルを移動

「移動先のフォルダー」が同じフォルダー内にある場合は、フォルダーのアイコン上へファイルをドラッグ＆ドロップしてファイルを移動するこも可能です。

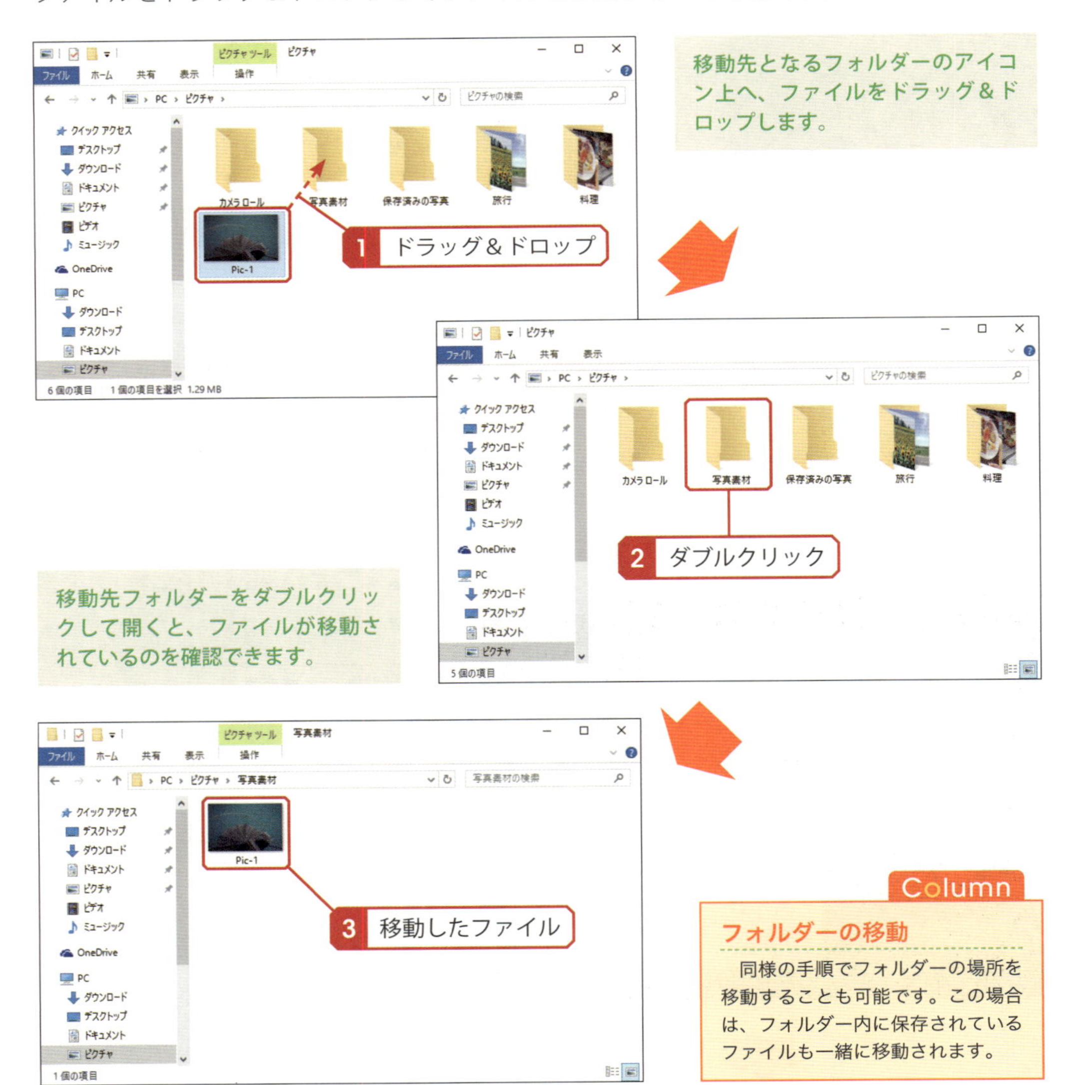

Column

フォルダーの移動

同様の手順でフォルダーの場所を移動することも可能です。この場合は、フォルダー内に保存されているファイルも一緒に移動されます。

ファイルのコピー

移動元と移動先が別のドライブであった場合、ドラッグ＆ドロップの操作は「ファイルの移動」ではなく、ファイルのコピーとなります。たとえば、ハードディスク（Cドライブ）からUSBメモリへアイコンをドラッグ＆ドロップすると、そのファイルをUSBメモリにコピーできます。

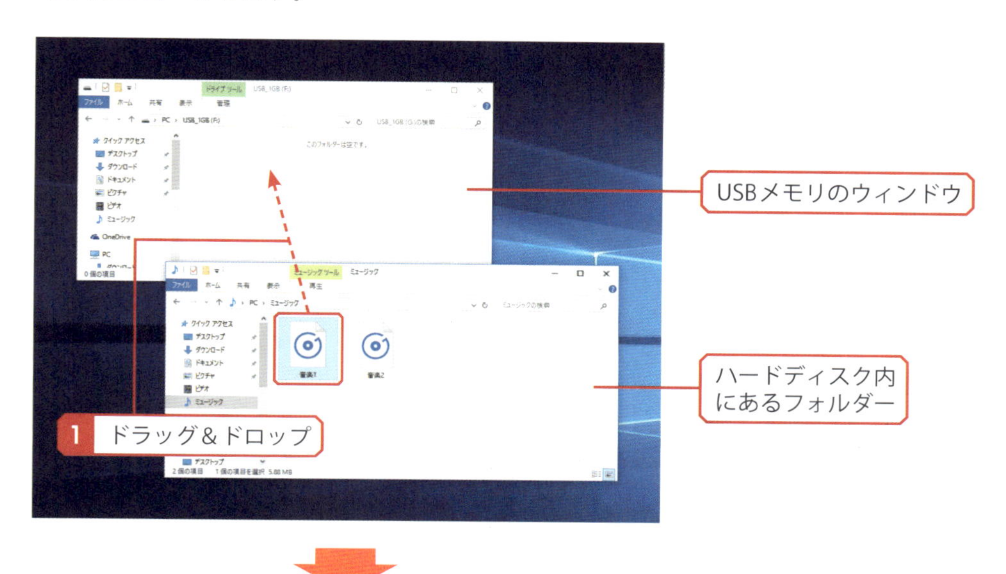

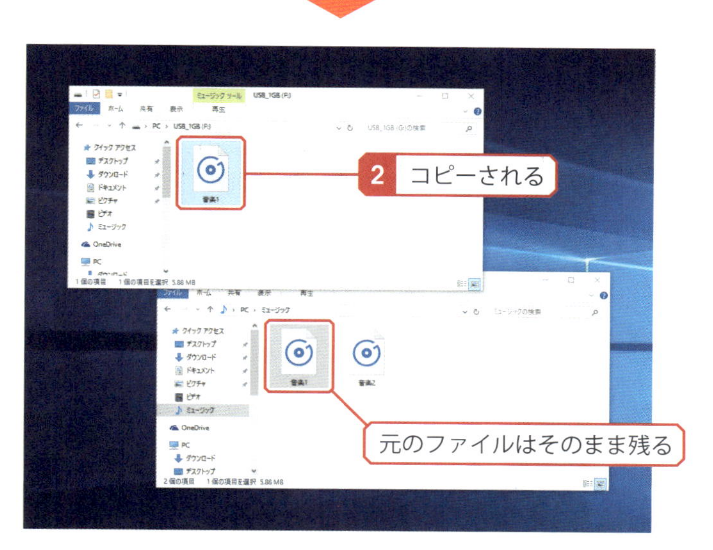

Column

同じドライブ内でファイルをコピー

「ドキュメント」と「ピクチャ」のように、同じドライブ（Cドライブ）にあるフォルダー同士でファイルをコピーしたい場合は、[Ctrl] キーを押しながらアイコンをドラッグ＆ドロップします。

Column

フォルダーのコピー

同様の手順でフォルダーをコピーすることも可能です。この場合は、フォルダー内に保存されているファイルも一緒にコピーされます。

20 ファイルやフォルダーの削除

不要になったファイルやフォルダーをいつまでも残しておくと、混乱の原因になる場合があります。速やかに削除しておくとよいでしょう。続いては、ファイルやフォルダーを削除するときの操作手順を解説します。

ファイルやフォルダーの削除

不要になったファイルやフォルダーを削除するときは、そのアイコンをデスクトップ上にある「ごみ箱」へドラッグ＆ドロップします。同様の手順でフォルダーを削除することも可能です。この場合は、フォルダー内にあるファイルも全て削除されます。

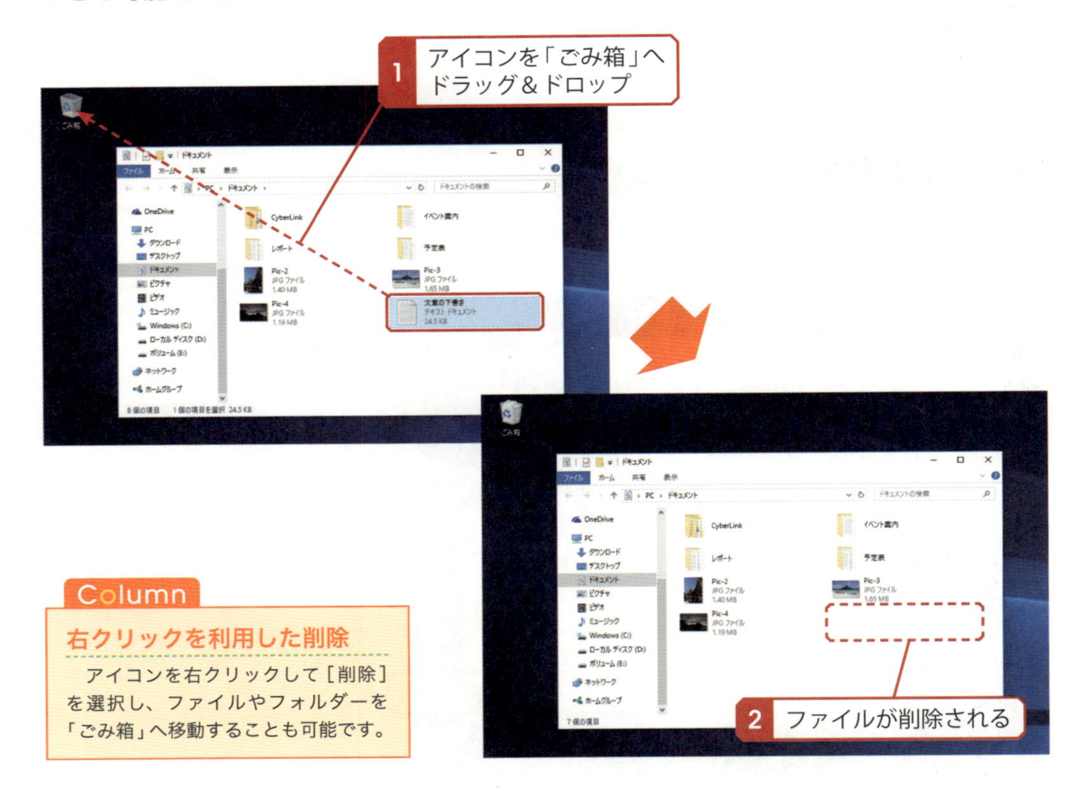

Column

右クリックを利用した削除

アイコンを右クリックして［削除］を選択し、ファイルやフォルダーを「ごみ箱」へ移動することも可能です。

「ごみ箱」を空にする

ファイルを「ごみ箱」へ移動しただけでは、ファイルは完全に削除されません。ファイルを完全に削除するには「ごみ箱を空にする」という操作を行う必要があります。これはフォルダーを削除する場合も同様です。ごみ箱を空にするときは、次ページのように操作します。

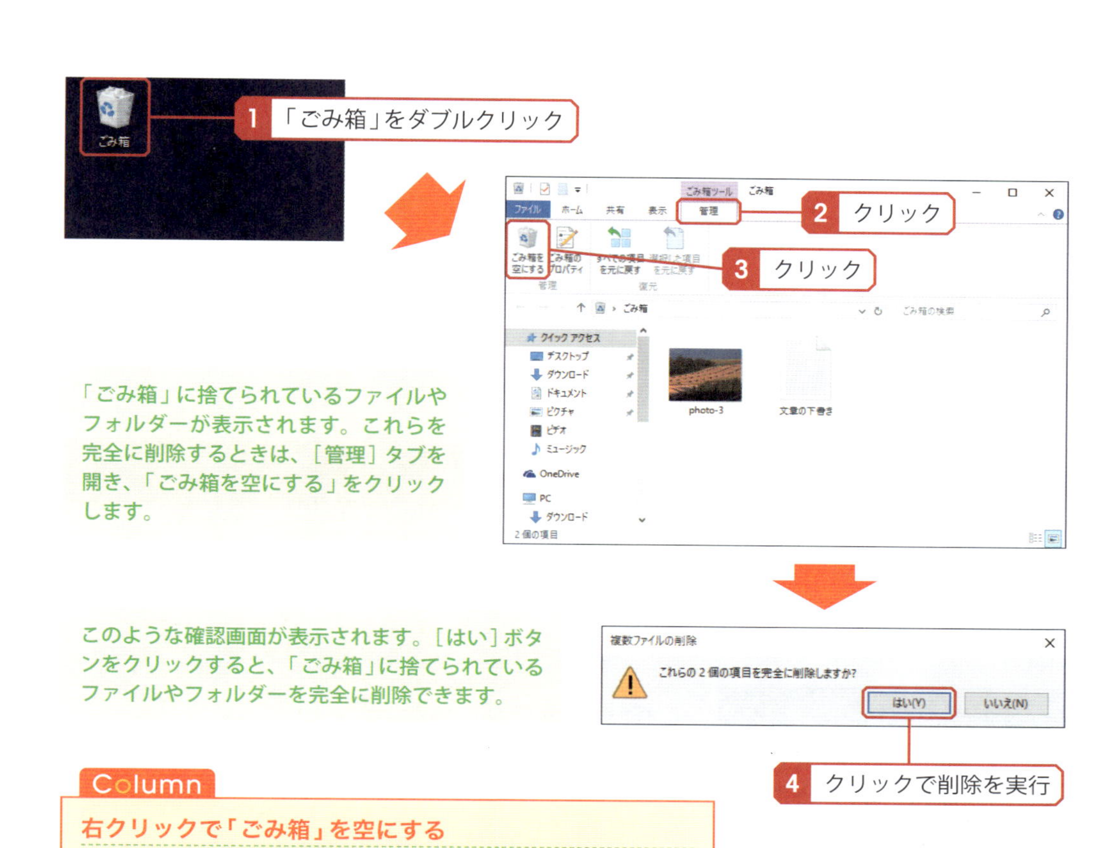

「ごみ箱」に捨てられているファイルやフォルダーが表示されます。これらを完全に削除するときは、［管理］タブを開き、「ごみ箱を空にする」をクリックします。

このような確認画面が表示されます。［はい］ボタンをクリックすると、「ごみ箱」に捨てられているファイルやフォルダーを完全に削除できます。

Column

右クリックで「ごみ箱」を空にする

「ごみ箱」のアイコンを右クリックして「ごみ箱を空にする」を選択し、ごみ箱を空にすることも可能です。

「ごみ箱」に捨てたファイルの救出

ごみ箱を空にする前であれば、いちど捨てたファイルやフォルダーを救い出すことも可能です。この場合は、「ごみ箱」ウィンドウから復帰先のフォルダー（またはデスクトップ）へアイコンをドラッグ＆ドロップします。

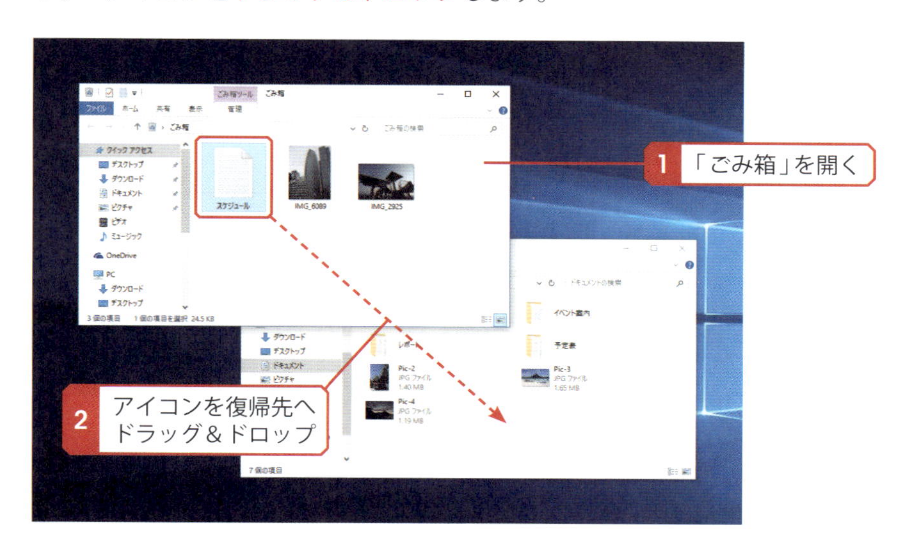

21 USBメモリの活用

外出先にデータを携帯するときは、USBメモリを使用すると便利です。続いては、USBメモリの使い方を紹介します。なお、USBメモリを取り外す際は少しだけ操作が必要になります。データを破損しないためにも必ず覚えておいてください。

USBメモリの使用手順

USBメモリは手軽にデータを携帯できる記録メディアです。最近は、数GBの大容量USBメモリも安価で購入できるので、1つ用意しておくと重宝するでしょう。初めてUSBメモリを使用するときは、以下のように操作してUSBメモリの内容を表示します。

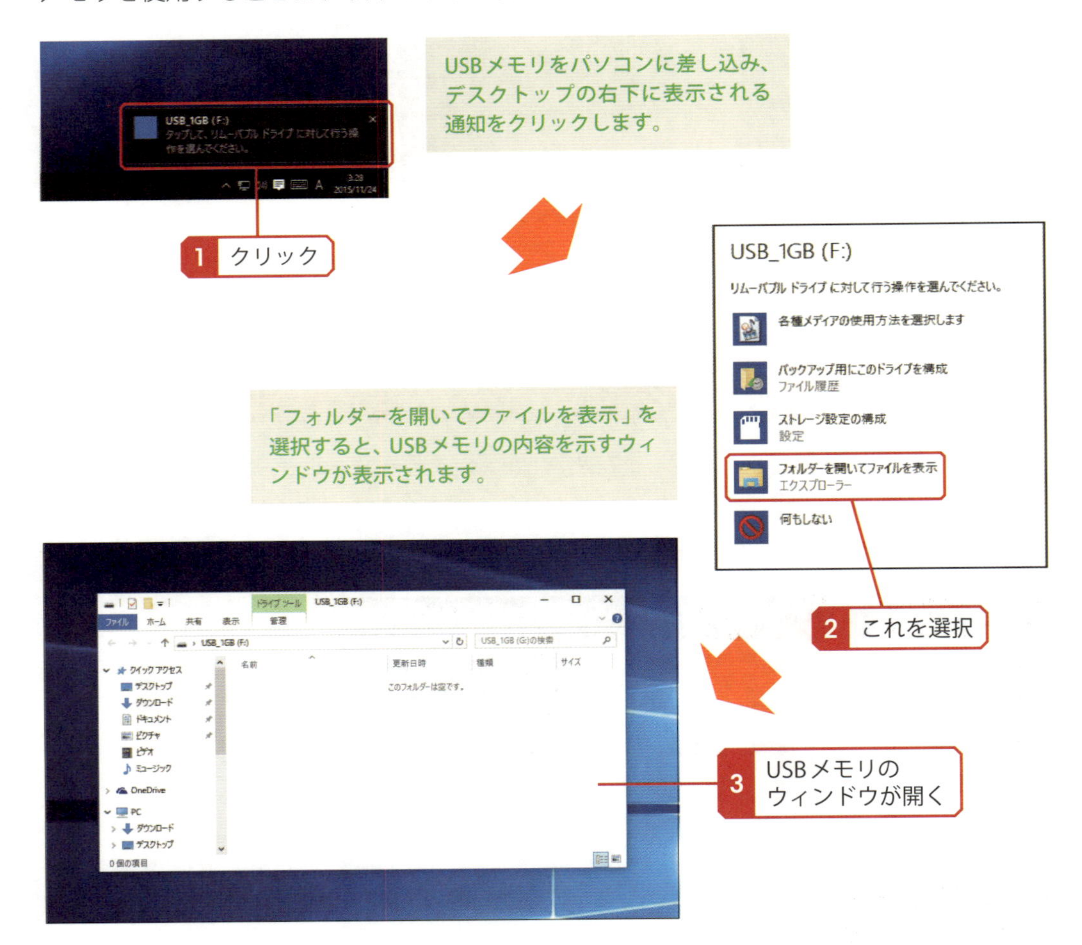

なお、次回からはUSBメモリをパソコンに差し込むだけで、USBメモリの内容を示すウィンドウが自動的に表示されます。

※ここで選択した設定（自動再生）を元に戻す方法については、P131～133を参照してください。

Column

「PC」ウィンドウからUSBメモリを開く

USBメモリのウィンドウが表示されない場合は、「PC」ウィンドウ（P67参照）を開き、USBメモリのアイコンをダブルクリックすると、USBメモリのウィンドウを開くことができます。

ファイルやフォルダーのコピー

USBメモリの操作方法は基本的に通常のフォルダーと同じです。ファイルやフォルダーをコピーするときは、そのアイコンをドラッグ＆ドロップします。

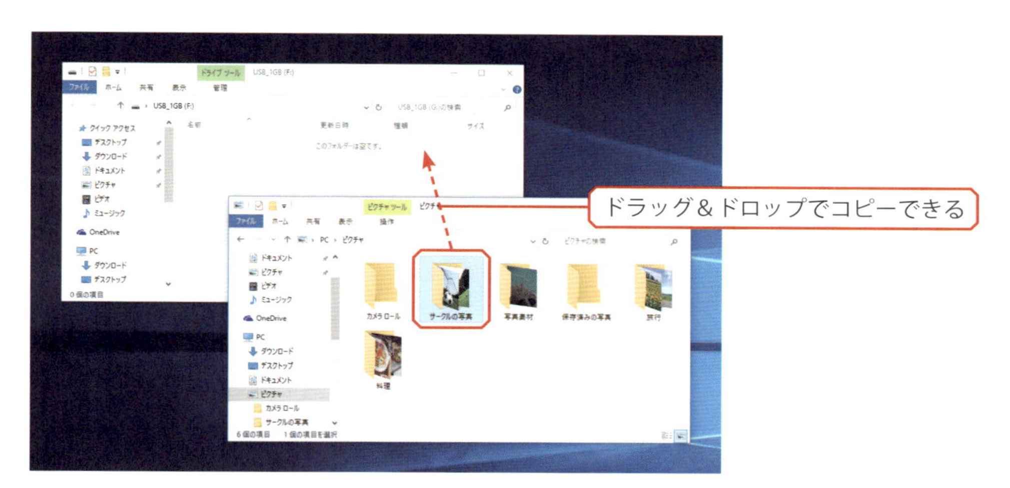

USBメモリの取り外し

USBメモリにデータを記録している最中にUSBメモリを取り外すと、USBメモリのデータが破損してしまう恐れがあります。USBメモリを取り外すときは、以下に示した操作を行ってからUSBメモリを取り外すのが基本です。忘れないようにしてください。

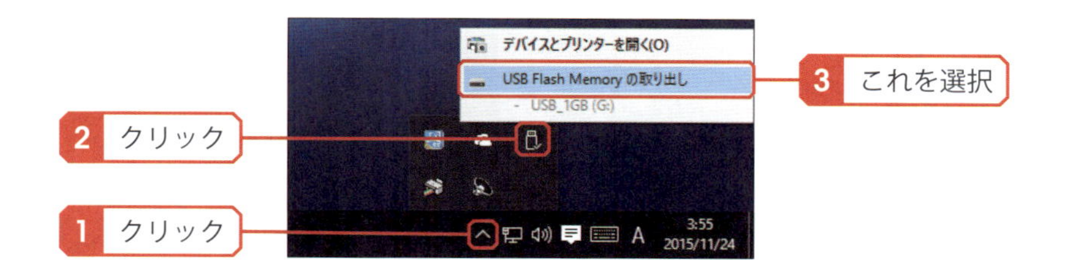

Column

USBメモリのデータを削除

USBメモリに保存されているファイルやフォルダーを削除するときは、アイコンを「ごみ箱」へドラッグ＆ドロップします。続いて、［はい］ボタンをクリックすると、USBメモリからデータを削除できます。なお、USBメモリの場合は、ファイルやフォルダーが「ごみ箱」へ移動されるのではなく、即座にデータが削除されることに注意してください。

22 CD、DVD、BDにファイルを記録

書き込みに対応した光学ドライブがある場合は、CD-RやDVD-Rなどにデータを記録するして保管することも可能です。続いては、ファイルやフォルダーをCD／DVD／BDに記録するときの操作手順を解説します。

▶ CD、DVD、BDの種類

まずは、パソコンで利用できるCD／DVD／BDの種類について解説します。それぞれの特徴をよく理解し、最適なメディアを利用するようにしてください。一般的にデータを保存用として記録するときは、CD-RやDVD-Rがよく利用されています。

種類	容量	記録回数	主な用途
CD-ROM	650MB	記録不可	（データの記録はできません）
CD-R	700MB	1回のみ	安価で汎用性が高いため、データの保管用や交換用によく利用されています。
CD-RW	650MB	約1000回	データを一時的に記録しておく場合などに利用されています。
DVD-ROM	4.7GB	記録不可	（データの記録はできません）
DVD-R／DVD+R		1回のみ	動画ファイルなど、サイズが大きいデータの記録用として利用されています。
DVD-RW／DVD+RW		約1000回	サイズが大きいデータを一時的に記録しておく場合などに利用されています。
DVD-RAM		約10万回	
DVD-R DL／DVD+R DL	8.5GB	1回のみ	4.7GB以上のデータを1枚のディスクに記録する場合などに利用されています。
BD-ROM（1層）	25GB	記録不可	（データの記録はできません）
BD-ROM（2層）	50GB		
BD-R（1層）	25GB	1回のみ	HD動画など、サイズが大きいデータの記録用として利用されています。
BD-R（2層）	50GB		
BD-RE（1層）	25GB	約1000回	サイズが大きいデータを一時的に記録しておく場合などに利用されています。
BD-RE（2層）	50GB		

※容量が100GB（3層）や128GB（4層）のBlu-ray Discもあります。

Column

光学ドライブの確認

データをCD／DVD／BDに記録するには、書き込みに対応した光学ドライブが必要となります。また、それぞれの光学ドライブで対応するCD／DVD／BDの種類が異なることに注意してください。光学ドライブの詳細については、パソコンや周辺機器のカタログ、取扱説明書などで確認できます。

CD、DVD、BDにデータを記録する手順

それでは、CD／DVD／BDにデータを記録するときの操作手順を解説していきましょう。CD-RやDVD-Rなどにデータを記録するときは、以下のように操作します。

データが記録されていないCD-Rなどをパソコンにセットし、デスクトップの右下に表示される案内をクリックします。

このような画面が表示されるので、「ファイルをディスクに書き込む」を選択します。

※ここで選択した設定（自動再生）を元に戻す方法については、P131～133を参照してください。

記録方法を選択する画面が表示されるので、「CD／DVDプレーヤーで使用する」を選択し、［次へ］ボタンをクリックします。

CD／DVD／BDの内容を示すウィンドウが表示されます。

このウィンドウ内へファイルやフォルダーをドラッグ＆ドロップし、記録するデータを指定します。

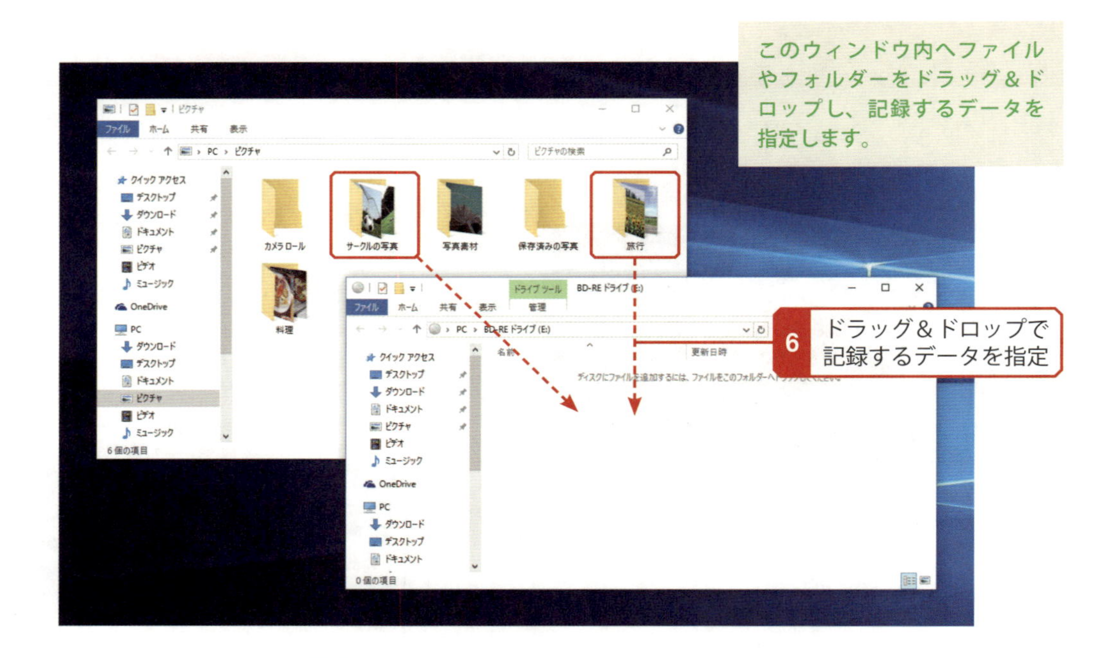

記録するデータを指定できたら、CD／DVD／BDのウィンドウで［管理］タブを開き、「書き込みを完了する」をクリックします。

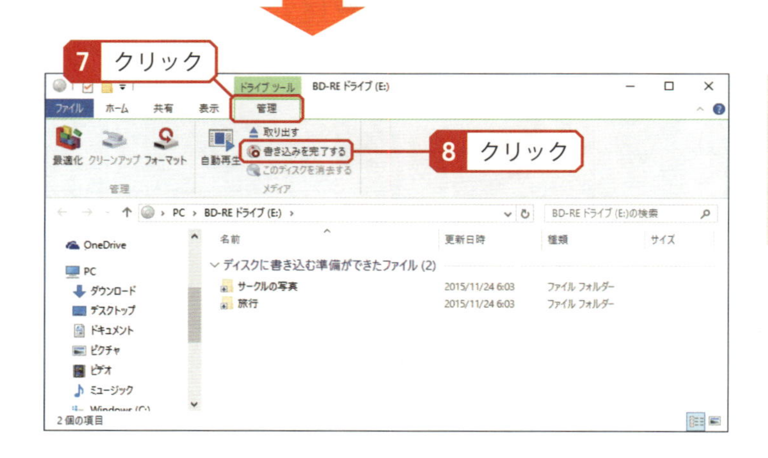

CD／DVD／BDに適当な名前を付け、［次へ］ボタンをクリックします。

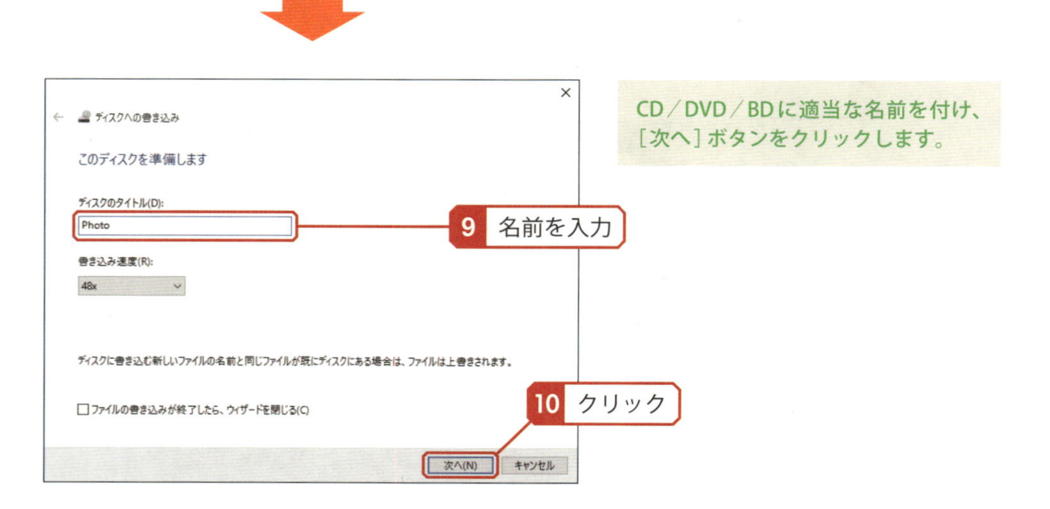

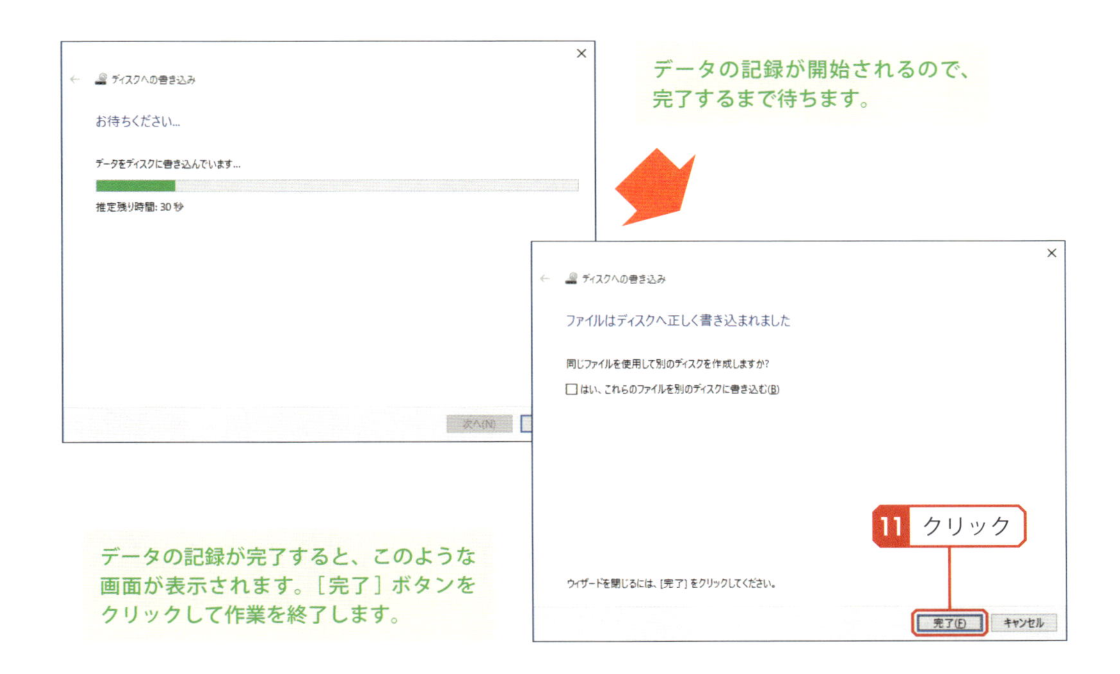

Column

CD／DVD／BDをUSBメモリのように使う

P91の手順3で「USBフラッシュドライブと同じように使用する」を選択すると、CD-RやDVD-R、BD-RをUSBメモリのように利用できます。通常、CD-R／DVD-R／BD-Rは1回しかデータを記録できませんが、この場合は何回でもデータの記録（書き換え）が行えるようになります。ただし、他のパソコンでCD／DVD／BDを読み込めない可能性があるため、他人にデータを渡す場合は、この記録方法を選択しないのが基本です。

記録したCD、DVD、BDの確認

データの記録が完了したら、念のため内容を確認しておきます。先ほどのCD／DVD／BDをパソコンにセットすると、その内容を示すウィンドウが自動的に表示されます。

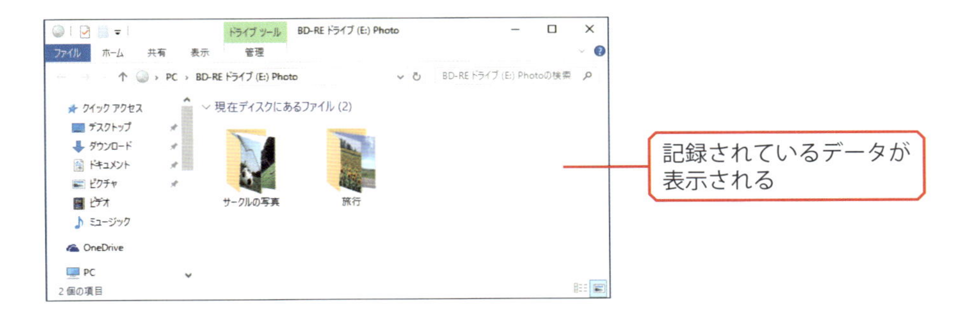

なお、CD／DVD／BDのウィンドウが表示されない場合は、「PC」ウィンドウを開き、光学ドライブのアイコンをダブルクリックすると、CD／DVD／BDのウィンドウを表示できます。

23 コピーと貼り付け

Windows 10には、文字やファイルなどを一時的に記憶できるクリップボードが用意されています。クリップボードを上手に活用すると、文章の編集作業などを効率よく進められます。

クリップボードとは…？

クリップボードは、文字／画像／ファイルなどのデータを一時的に記憶させておくことができる領域です。このクリップボードにデータを記憶させる操作のことをコピーといいます。逆に、クリップボードに記憶されているデータを呼び出す操作のことを貼り付けといいます。

ただし、クリップボードは画面に表示されないため、クリップボードの内容を直接目で見て確認することはできません。また、記憶されるデータは1つだけで、新たにコピーを行うと、古いデータがクリップボードから消去されてしまいます。同様に、パソコンの電源をOFFにしたときも、クリップボードに記憶されているデータは消去されます。

コピーと貼り付けの操作

クリップボードにデータを記憶させるときは、記憶させたいデータを選択し、［Ctrl］＋［C］キーを押します。逆に、クリップボードに記憶されているデータを呼び出すときは［Ctrl］＋［V］キーを押します。

Ctrl ＋ C ……………… コピー　　Ctrl ＋ V ……………… 貼り付け

また、アプリの［編集］メニューに用意されている［コピー］や［貼り付け］を選択して「コピー」や「貼り付け」の操作を実行することも可能です。そのほか、右クリックメニューに［コピー］や［貼り付け］の項目が用意されている場合があります。

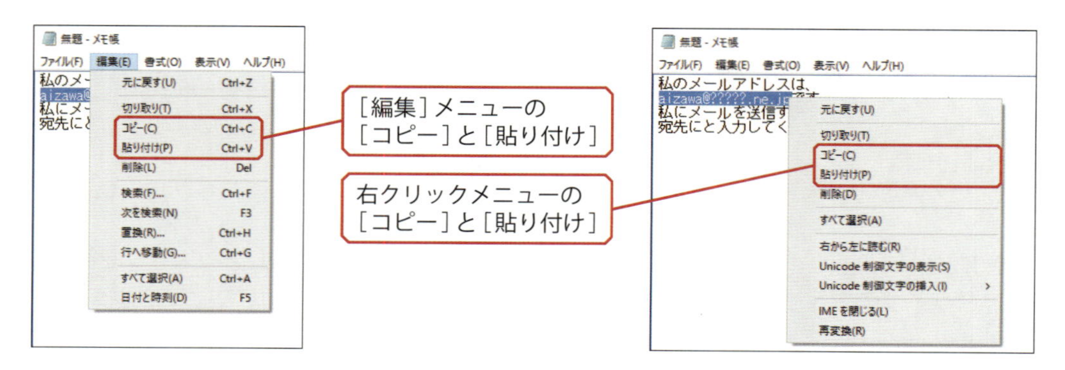

文字のコピー

それでは、具体的な例で「コピー」と「貼り付け」の活用方法を紹介していきましょう。まずは、文字を複製するときの操作手順を示します。

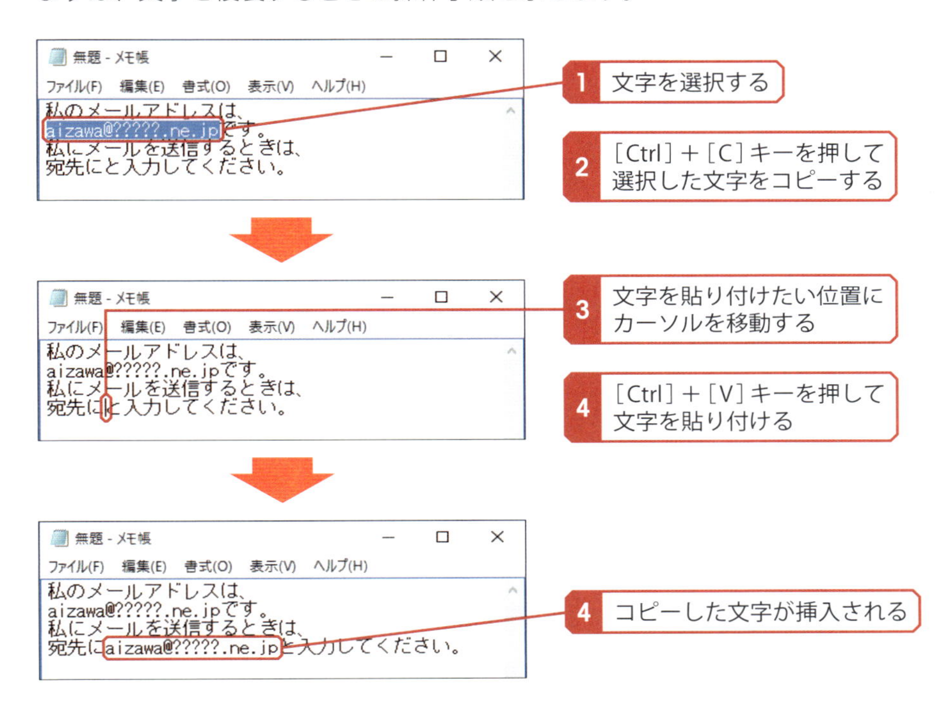

ファイルのコピー

「コピー」や「貼り付け」をファイルに対して実行することも可能です。この場合は、ファイルをコピー（複製）することができます。

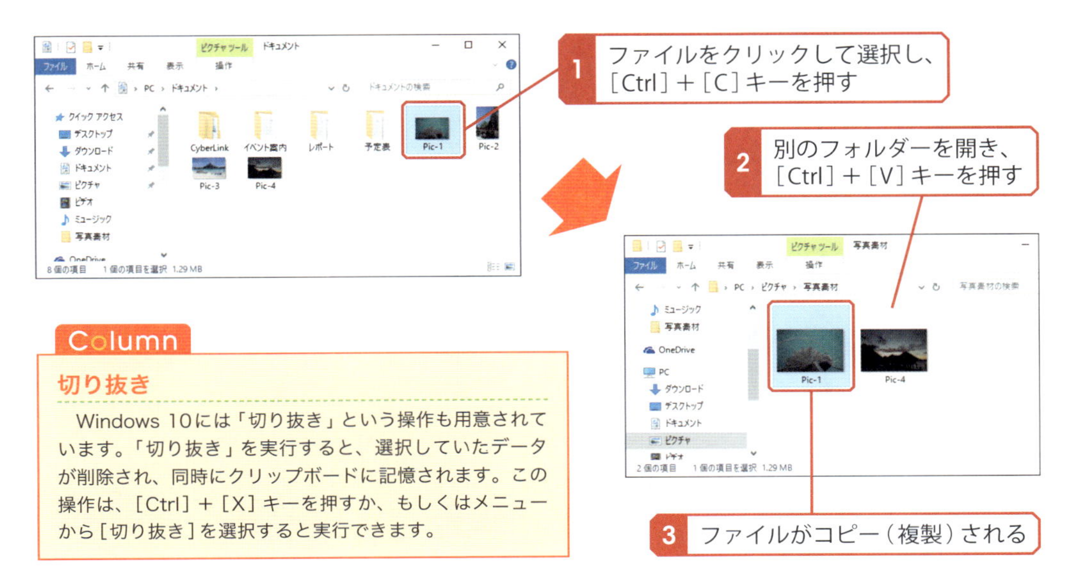

Column

切り抜き

Windows 10には「切り抜き」という操作も用意されています。「切り抜き」を実行すると、選択していたデータが削除され、同時にクリップボードに記憶されます。この操作は、[Ctrl]＋[X]キーを押すか、もしくはメニューから[切り抜き]を選択すると実行できます。

24 ファイル情報と拡張子

続いては、各ファイルの情報を確認する方法、ならびに拡張子について解説します。パソコンの仕組みを知る上で重要なポイントとなるので、よく理解しておくようにしてください。

ファイル情報の確認

メールにファイルを添付する場合やファイルをCD-Rに記録する場合など、ファイルのサイズ（容量）が重要なポイントになる場面は多々あります。そこで、ファイルの容量を確認する方法から解説していきます。

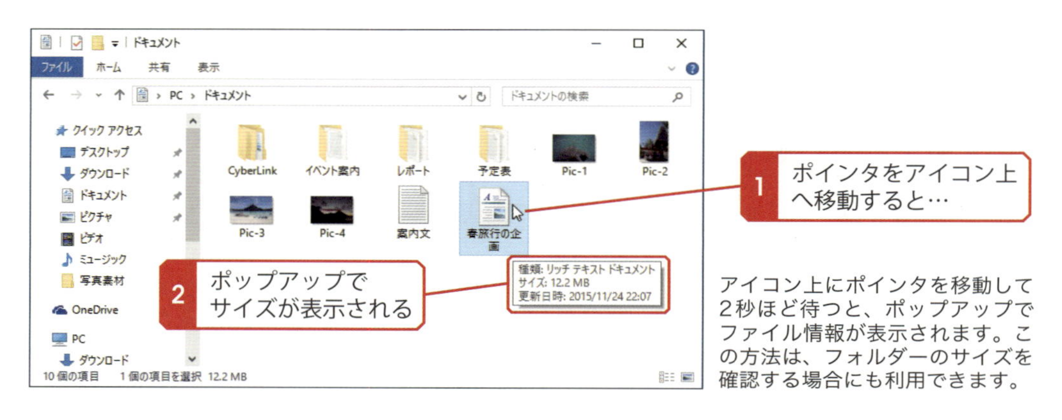

アイコン上にポインタを移動して2秒ほど待つと、ポップアップでファイル情報が表示されます。この方法は、フォルダーのサイズを確認する場合にも利用できます。

そのほか、ファイルやフォルダーのアイコンを右クリックして「プロパティ」を選択し、詳細な情報を確認する方法も用意されています。

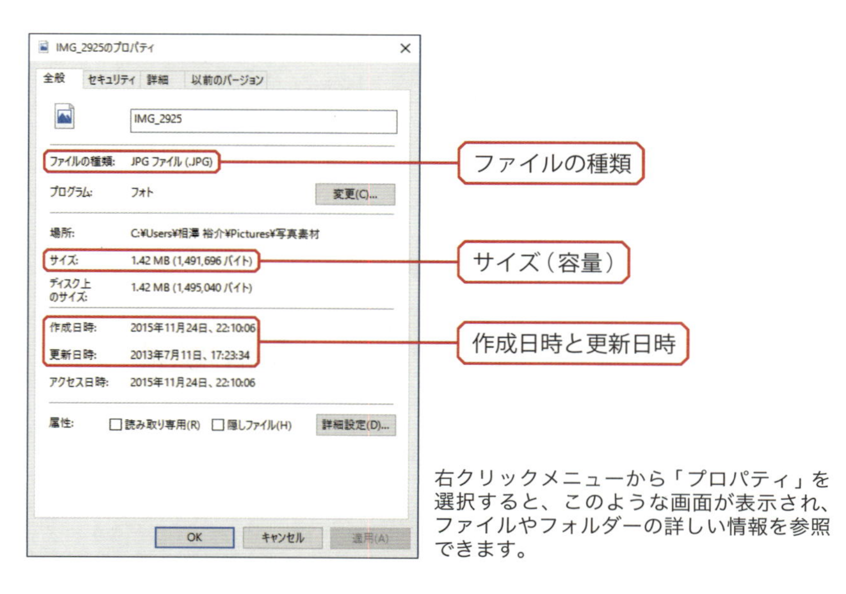

右クリックメニューから「プロパティ」を選択すると、このような画面が表示され、ファイルやフォルダーの詳しい情報を参照できます。

拡張子とは…？

拡張子はファイルの種類を識別するための記号で、ファイル名の末尾に3～4文字のアルファベットで記述されています。ただし、最初は拡張子を表示しないように初期設定されているため、画面に拡張子は表示されません。

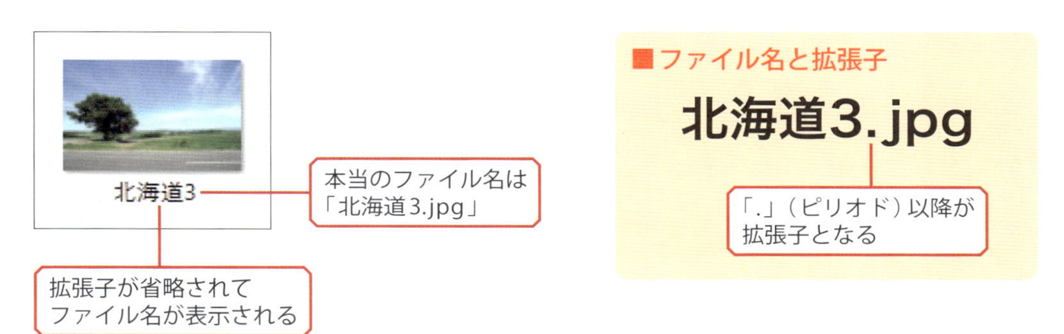

このような初期設定になっている理由は、拡張子を変更してしまう操作ミスを防ぐためです。拡張子を変更すると、そのファイルを開けなくなるので注意してください。なお、拡張子はファイルの保存時に自動補完される仕組みになっています。このため、自分で拡張子を入力する必要はありません。

■主な拡張子

拡張子	ファイルの種類
.exe	アプリなどのプログラム
.txt	文字だけで構成される文章ファイル
.html（.htm）	ホームページの内容を記したファイル
.jpg .gif .png .bmp .tif（.tiff）	画像ファイル ※ 保存形式に応じて、いくつかの種類があります。 ※ 保存時にファイル形式を選択できるのが一般的です。
.wav .mp3 .wma .mp4（.m4a）	音楽ファイル（音声ファイル） ※ 保存形式に応じて、いくつかの種類があります。 ※ 拡張子により再生できるアプリが異なります。
.mpg（.mpeg） .avi .wmv .mov	動画ファイル ※ 保存形式に応じて、いくつかの種類があります。 ※ 拡張子により再生できるアプリが異なります。
.docx .doc	「Word」で作成した文書ファイル ※ .docは「Word 2003」以前の拡張子
.xlsx .xls	「Excel」で作成した表計算ファイル ※ .xlsは「Excel 2003」以前の拡張子
.pptx .ppt	「PowerPoint」で作成したプレゼンテーションファイル ※ .pptは「PowerPoint 2003」以前の拡張子

▶ 拡張子の表示

何らかの理由により拡張子を表示させたい場合は、以下のように操作してフォルダー表示の設定を変更します。ただし、通常時は拡張子を表示させる必要はありません。特に初心者の方は、間違って拡張子を変更してしまわないように、拡張子を表示しない設定のままWindows 10を使用することをお勧めします。

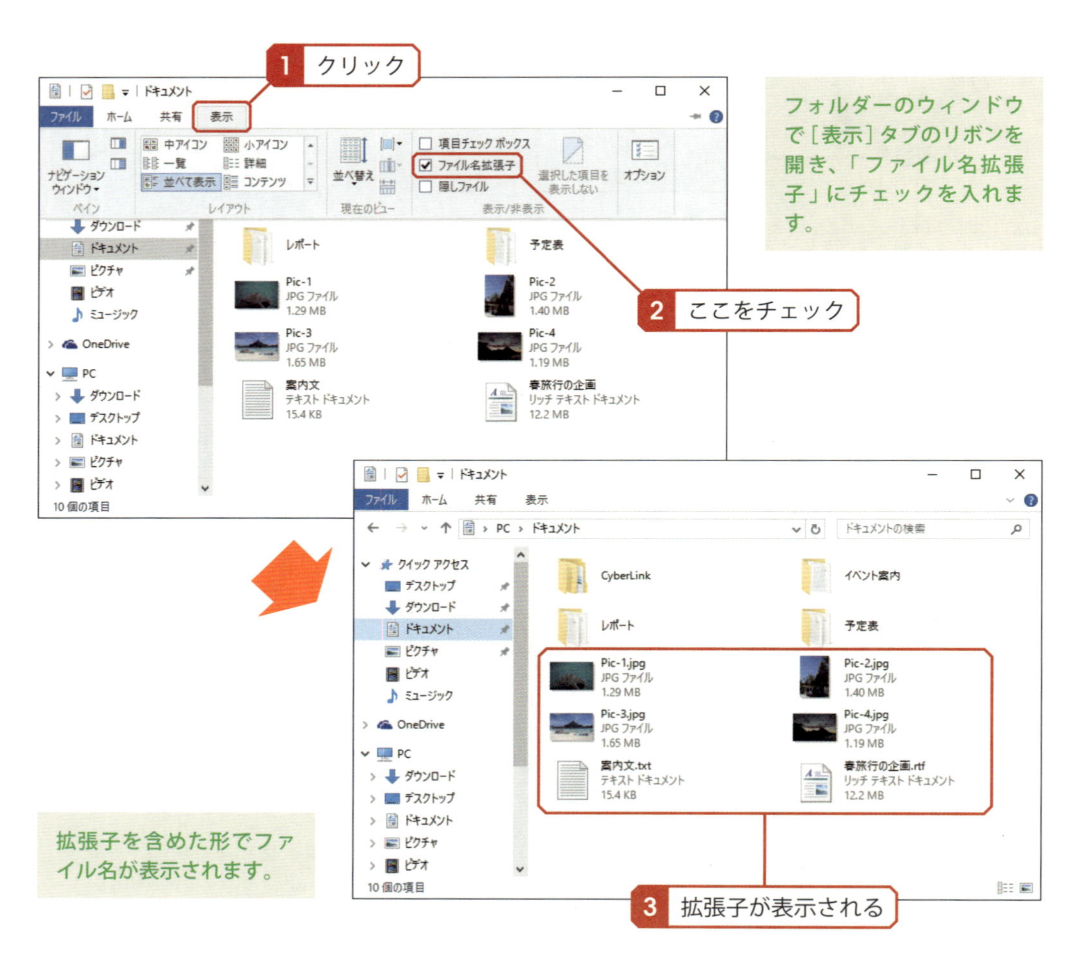

フォルダーのウィンドウで[表示]タブのリボンを開き、「ファイル名拡張子」にチェックを入れます。

拡張子を含めた形でファイル名が表示されます。

Column 元の設定に戻す

拡張子を表示しない設定に戻すときは、フォルダーのウィンドウで[表示]タブのリボンを開き、「ファイル名拡張子」のチェックを外します。

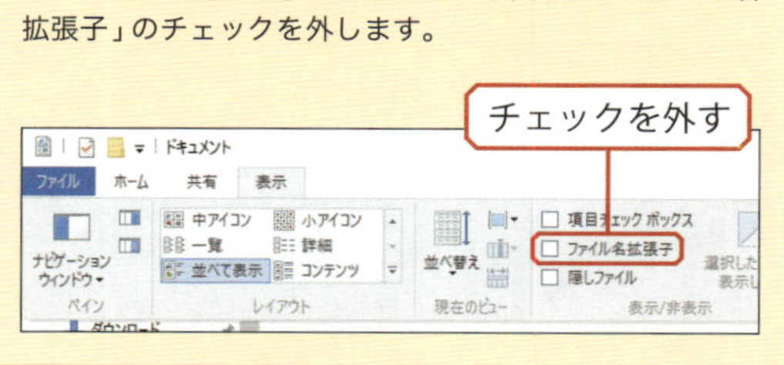

Column 大文字と小文字の拡張子

Windowsでは、拡張子として使用されるアルファベットの大文字と小文字を区別しない仕組みになっています。このため「.jpg」と「.JPG」は、いずれもジェイペグ形式の画像ファイルとして扱われます。なお、Linuxのように拡張子の大文字/小文字を区別するOSもあります。

25 ファイルの圧縮と解凍

続いては、ファイルを圧縮したり、圧縮ファイルを解凍（展開）したりする方法について解説します。ファイルをメールに添付して送受信する場合などによく使用されるので、使い方を覚えておいてください。

圧縮ファイルとは…？

メールで添付ファイルを送信する場合などに、添付するファイルのサイズ（容量）を小さくしてから送信することもあります。このファイルサイズを小さくする作業のことを圧縮といいます。また、圧縮されたファイルのことを圧縮ファイルと呼びます。

ファイルを圧縮する最大の目的は、ファイルサイズを小さくして通信時間を短くすることです。また、複数のファイルを1つのファイルにまとめる目的で圧縮ファイルが利用される場合もあります。

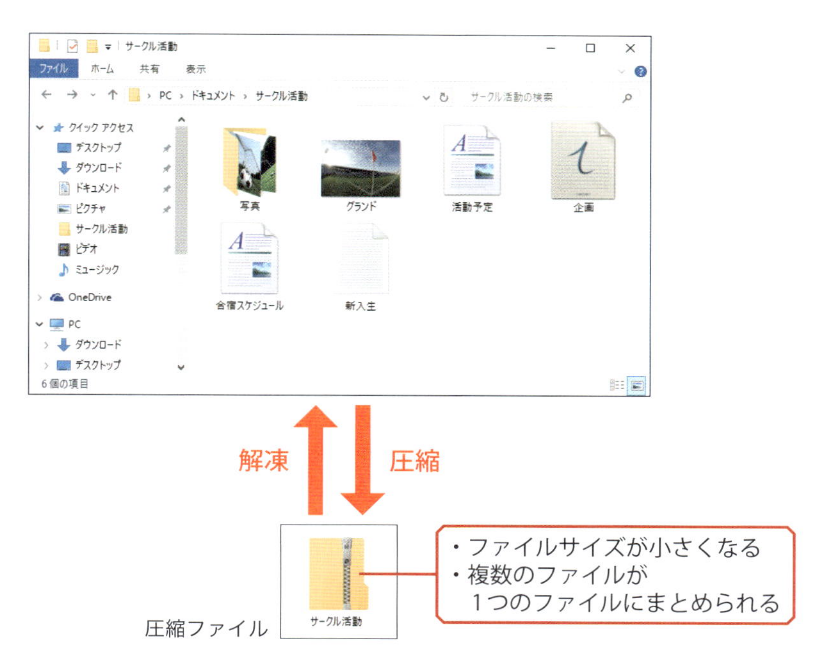

なお、圧縮ファイルを受け取った人は、最初に解凍（展開）という作業を行う必要があります。解凍とは、圧縮されたファイルを元の状態に戻す作業となります。

Column

圧縮ファイルのアイコン表示

パソコンに圧縮・解凍用のアプリがインストールされている場合は、上記とは異なるアイコンで圧縮ファイルが表示される場合もあります。

ファイルの圧縮

Windows 10には**zip形式**でファイルを圧縮する機能が標準装備されています。この機能を使ってファイルを圧縮するときは、以下のように操作します。

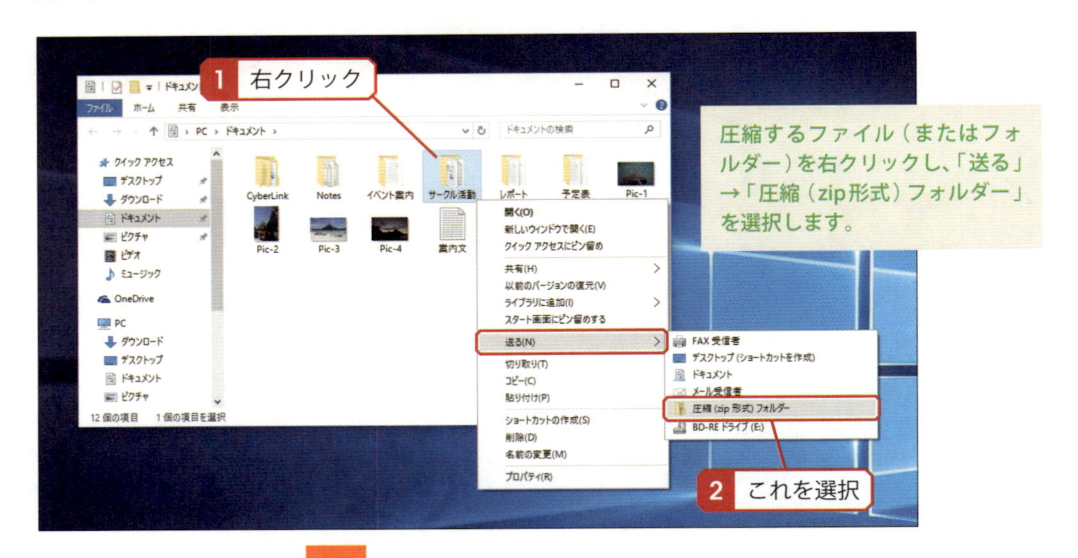

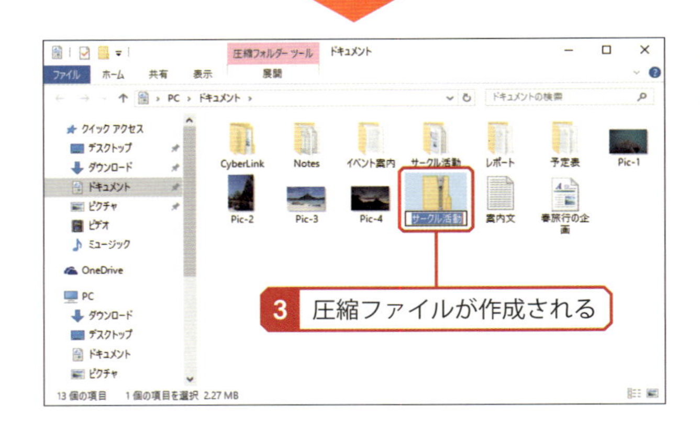

同じフォルダー内に圧縮ファイルが作成されるので、必要に応じて圧縮ファイルの名前を変更します。

以上で、圧縮ファイルの作成作業は完了です。「サイズが大きいファイル」や「複数のファイル」をメールに添付して送信するときは、上記の手順で圧縮ファイルを作成し、この圧縮ファイルをメールの添付ファイルに指定しても構いません。念のため、覚えておいてください。

ファイルの解凍（展開）

続いては、圧縮ファイルを解凍（展開）するときの操作手順を解説します。メールに圧縮ファイルが添付されていた場合は、圧縮ファイルをフォルダーに保存してから、次ページに示す手順で解凍を行います。同様の手順で、Webページからダウンロードした圧縮ファイルを解凍することも可能です。

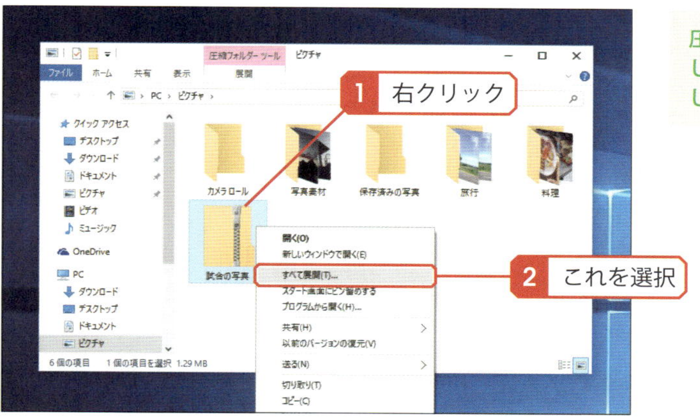

圧縮ファイルを右クリックし、「すべて展開」を選択します。

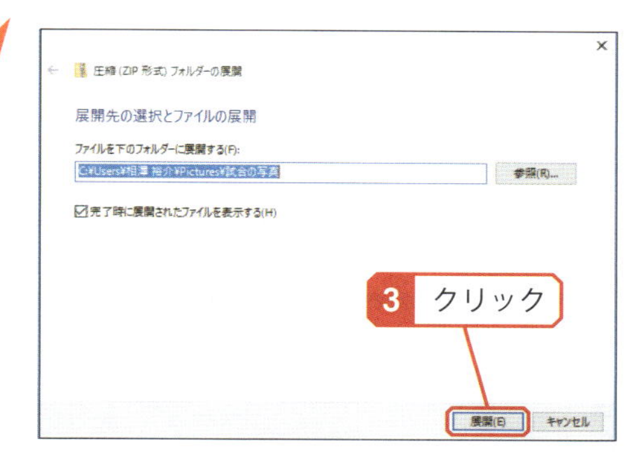

解凍先のフォルダーを指定する画面が表示されるので、そのまま［展開］ボタンをクリックします。

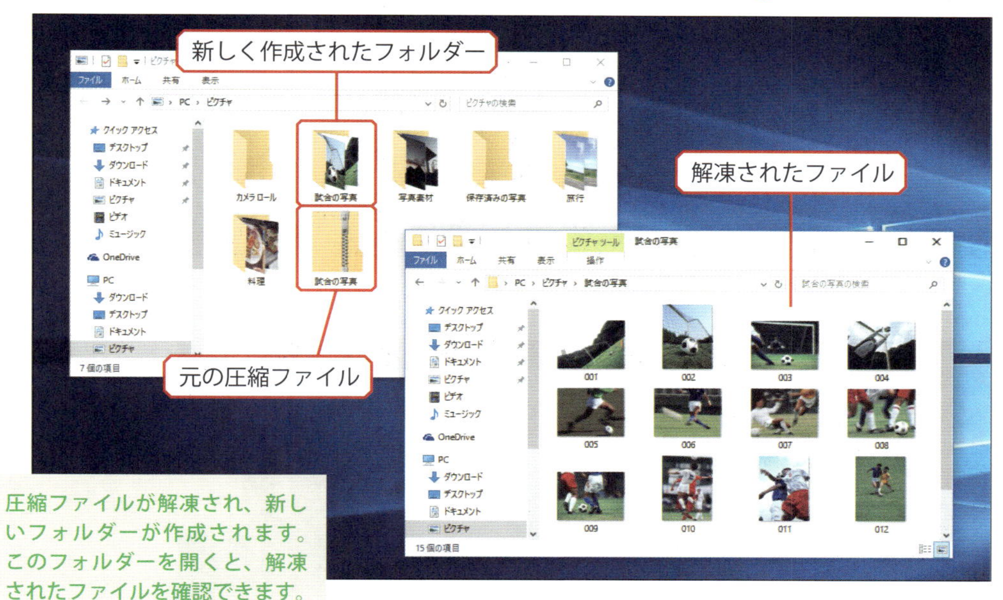

圧縮ファイルが解凍され、新しいフォルダーが作成されます。このフォルダーを開くと、解凍されたファイルを確認できます。

Column

圧縮ファイルの削除

圧縮ファイルを解凍しても、元の圧縮ファイルはそのまま維持されます。いつまでも残しておくと紛らわしいので、解凍後は圧縮ファイルを削除しておくとよいでしょう。同様に、自分で作成した圧縮ファイルも、メールを送信した後などに削除しておくことをお勧めします。

26 仮想デスクトップ

通常、Windows 10のデスクトップ画面は1つしかありませんが、ここに仮想デスクトップを追加すると、2つ以上のデスクトップ画面を切り替えながら作業を進められるようになります。続いては、仮想デスクトップの使い方を紹介します。

▶ デスクトップ画面の追加

ウィンドウをいくつも開いているときに、『デスクトップ画面が狭くて使いづらい…』と感じる場合もあると思います。このような場合は、仮想デスクトップを追加すると、複数のデスクトップ画面を切り替えて使用することが可能となります。まずは、デスクトップ画面を追加するときの操作手順から解説します。

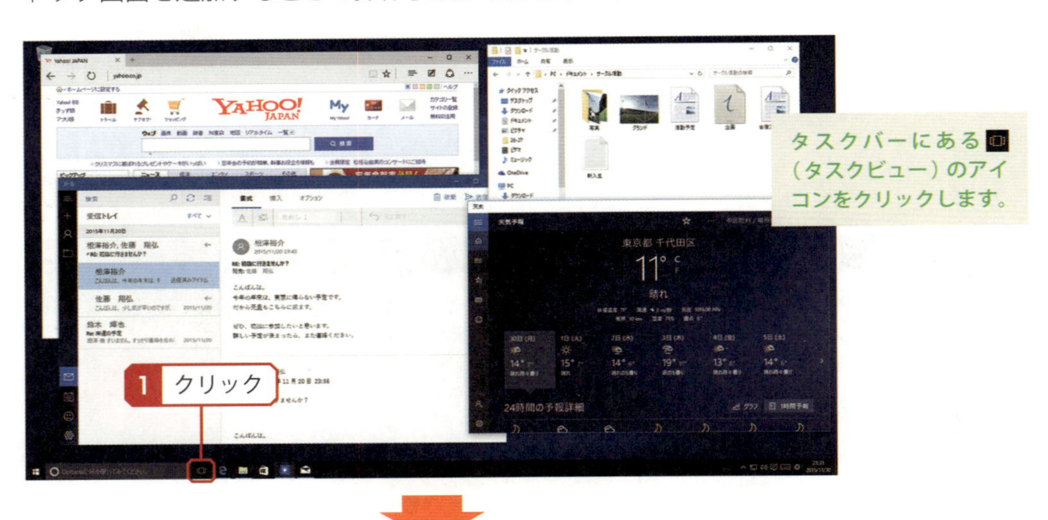

タスクバーにある（タスクビュー）のアイコンをクリックします。

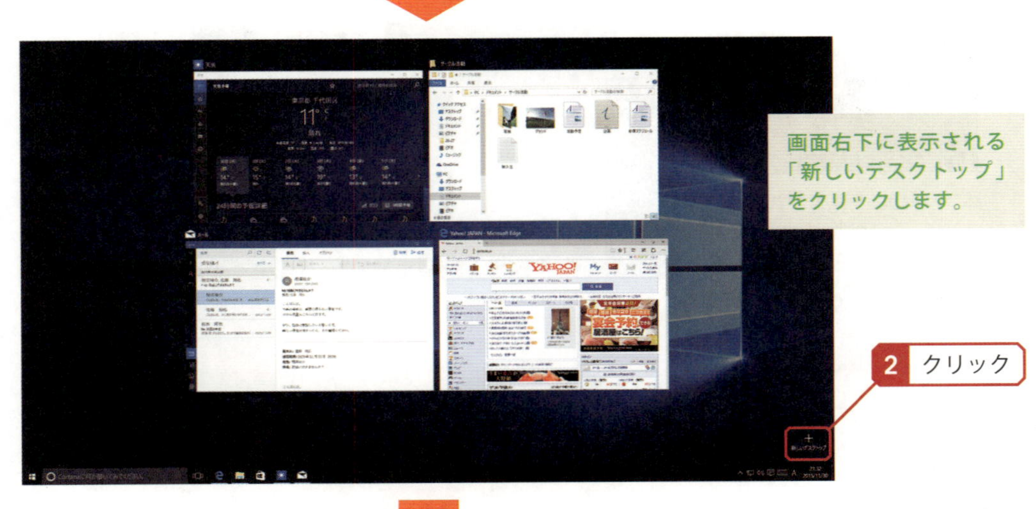

画面右下に表示される「新しいデスクトップ」をクリックします。

もちろん、「新しく作成したデスクトップ画面」も「通常のデスクトップ画面」と同じように使用できます。さらに同様の操作を繰り返して、3つ以上のデスクトップ画面を作成しても構いません。

デスクトップ画面の切り替えと削除

2つ以上のデスクトップ画面がある場合は、（タスクビュー）をクリックすると、表示するデスクトップ画面を切り替えられます。なお、不要になったデスクトップ画面を削除するときは、デスクトップ画面のアイコン表示にある☒をクリックします。

■デスクトップ画面の切り替え

■デスクトップ画面の削除

27 タブレットモード

キーボードを取り外して、タブレットのように使用できるノートパソコンもあります。この場合は「タブレットモード」に切り替えると、パソコンを操作しやすくなります。続いては、Windows 10のタブレットモードについて紹介します。

タブレットーモードへの切り替え

Windows 10には、タブレットモードと呼ばれる表示方法が用意されています。この表示方法は、タッチスクリーン機能を搭載したパソコンをタブレットのように使用する場合に活用できます。画面表示をタブレットモードに切り替えるときは、以下のように操作します。

※タッチスクリーンに対応していないノートパソコンやデスクトップパソコンでも、タブレットモードを使用することが可能です。この場合は「タップ」の操作を「クリック」に置き換えて操作を進めてください。

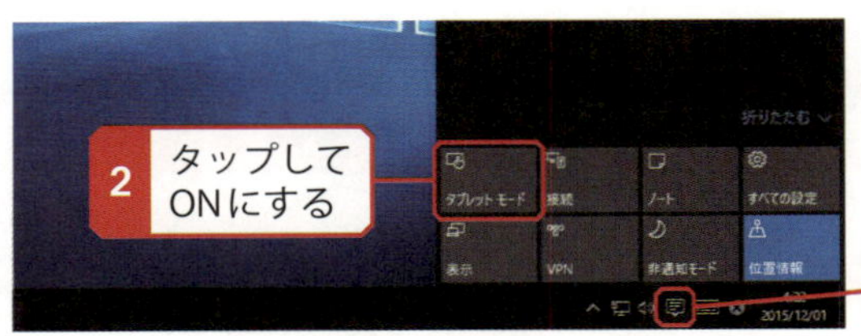

タスクバーの右端の方にある（アクションセンター）をタップし、「タブレットモード」をタップしてONにします。

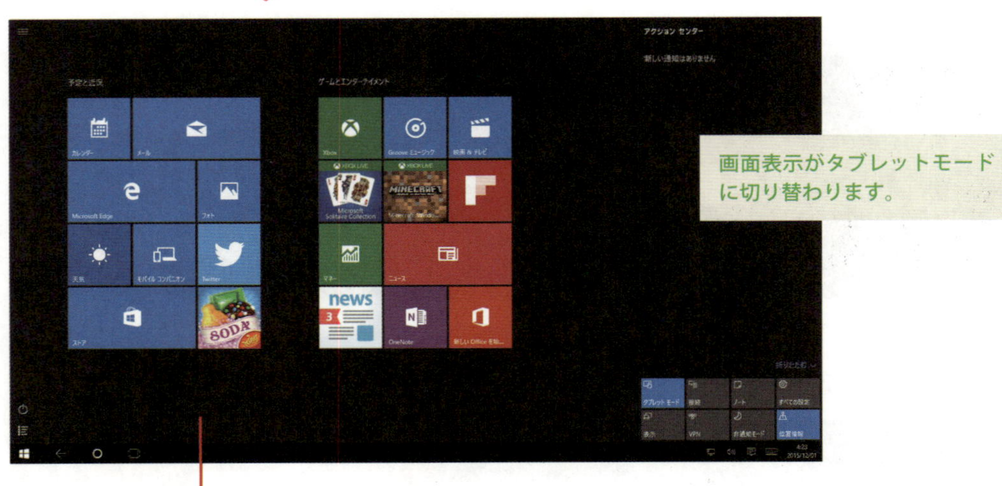

画面表示がタブレットモードに切り替わります。

Column

タブレットモードの終了

タブレットモードを終了するときはをタップし、「タブレットモード」を再度タップしてOFFにします。

タブレットモードにおけるアプリの表示

タブレットモードに切り替えると、アプリやフォルダーのウィンドウ表示が解除され、画面全体にアプリ（またはフォルダー）が1つだけ表示されるようになります。

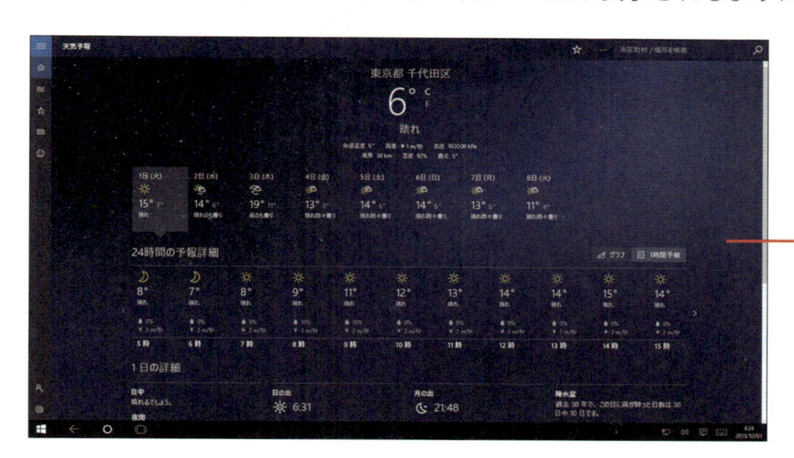

アプリが画面全体に表示される

そのほか、タスクバーなどもタッチ操作に最適化された表示になります。このため、タブレットモードならではの操作方法も覚えておく必要があります。以降に、基本的な操作手順を紹介しておくので、タブレットモードで使用するときの参考にしてください。

アプリの起動

まずは、タブレットモードでアプリを起動するときの操作手順から解説します。

1 タップ

［スタート］ボタンをタップします。

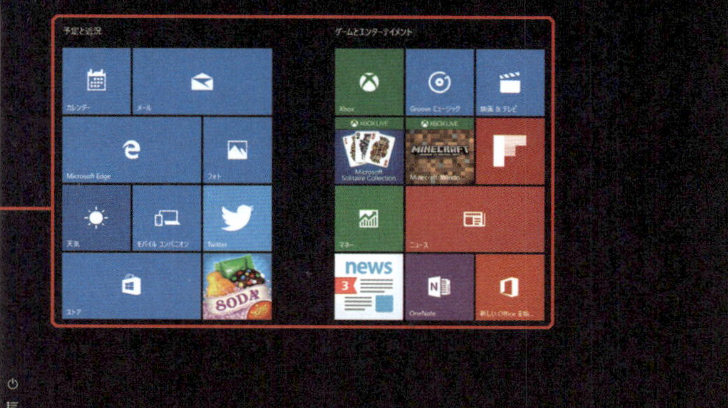

2 起動するアプリをタップ

スタートメニューと同様のタイルが表示されるので、このタイルをタップしてアプリを起動します。

なお、起動したいアプリがタイルとして表示されていなかった場合は、続けて以下のように操作し、「すべてのアプリ」からアプリを起動します。

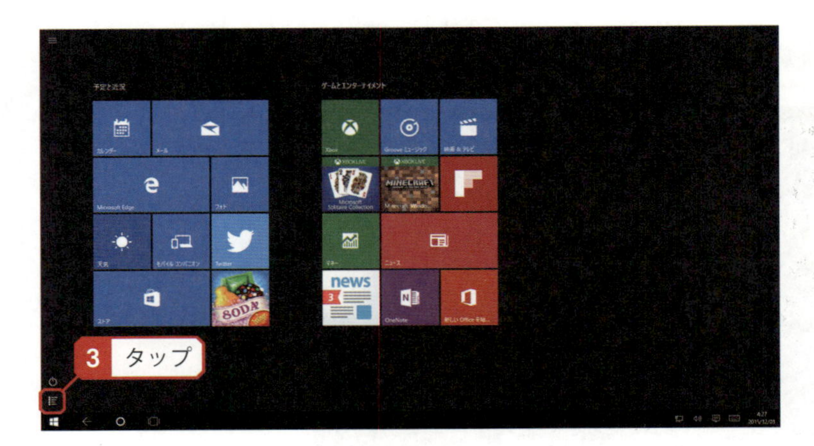

画面左下に表示されている☰をタップします。

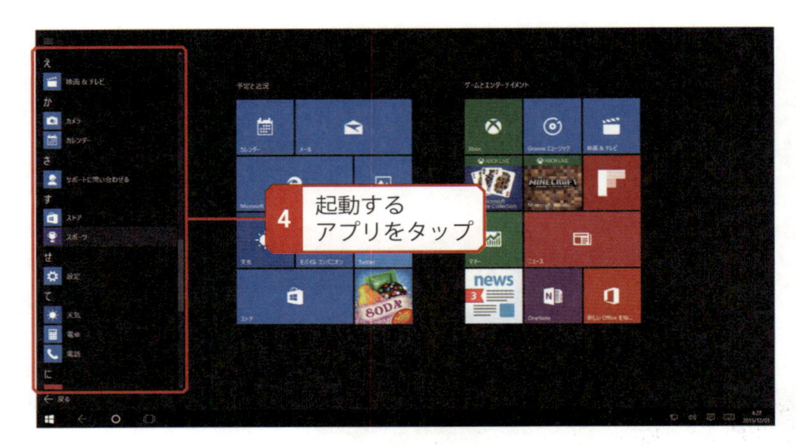

インストールされているアプリが一覧表示されるので、この中から起動するアプリをタップします。

タップしたアプリが起動します。

画面に表示するアプリの切り替え

タブレットモードでは、各アプリが画面全体に表示される仕組みになっています。続いては、画面に表示するアプリを切り替えるときの操作手順を解説します。

タスクバーにある ▢（タスクビュー）をタップします。

1 タップ

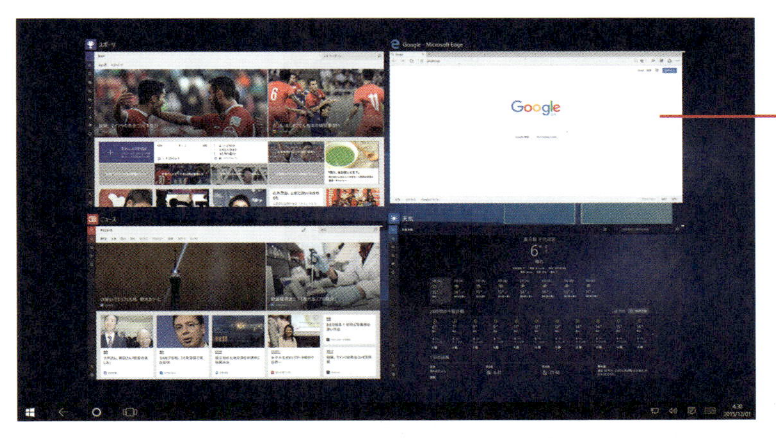

2 使用するアプリをタップ

起動しているアプリが一覧表示されるので、使用するアプリをタップして選択します。

タップしたアプリが画面全体に表示されます。

3 アプリの表示が切り替わる

▶ アプリの終了

続いては、アプリを終了するときの操作手順を解説します。タブレットモードでアプリを終了するときは、アプリの最上部を指で押さえ、そのまま画面の最下部までスワイプします。

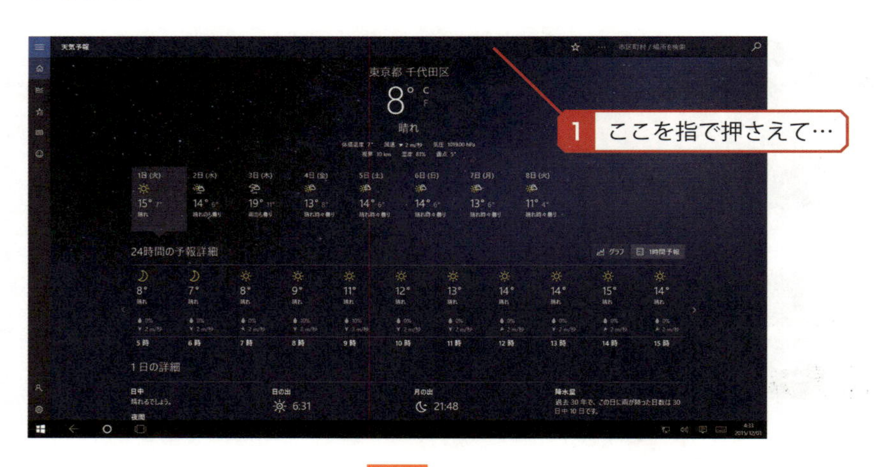

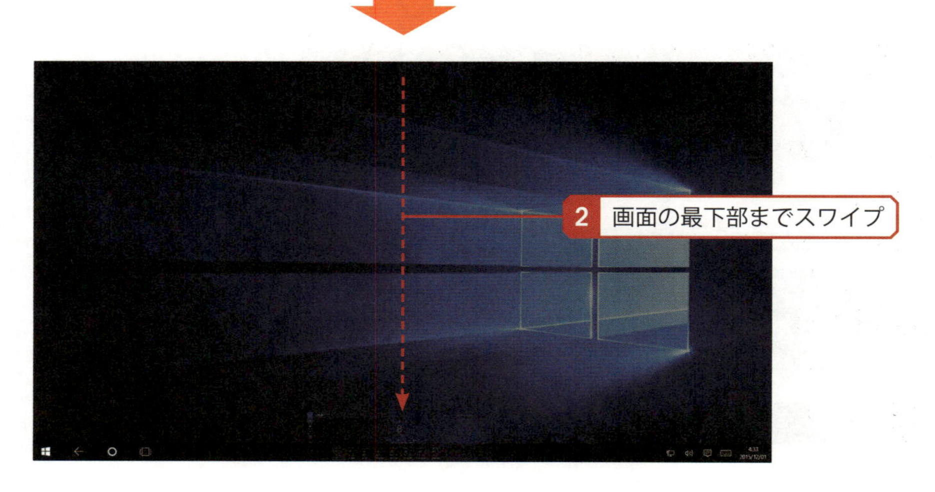

Column

マウス操作でアプリを終了する場合は…？

タッチスクリーンに対応していないパソコンでは、マウスで同様の操作を行います（スワイプの代わりにドラッグの操作を行います）。そのほか、マウスポインタを画面最上部へ移動し、☒をクリックしてアプリを終了しても構いません。

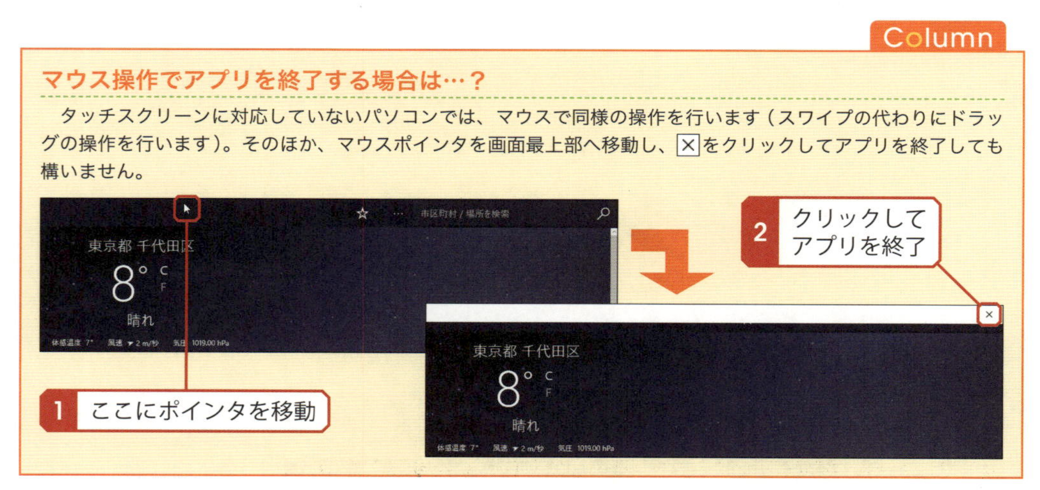

画面を2分割して表示

画面を左右に2分割して、2つのアプリを同時に表示することも可能です。この場合は、アプリの最上部を指で押さえ、そのまま画面の左端までアプリをスワイプします。

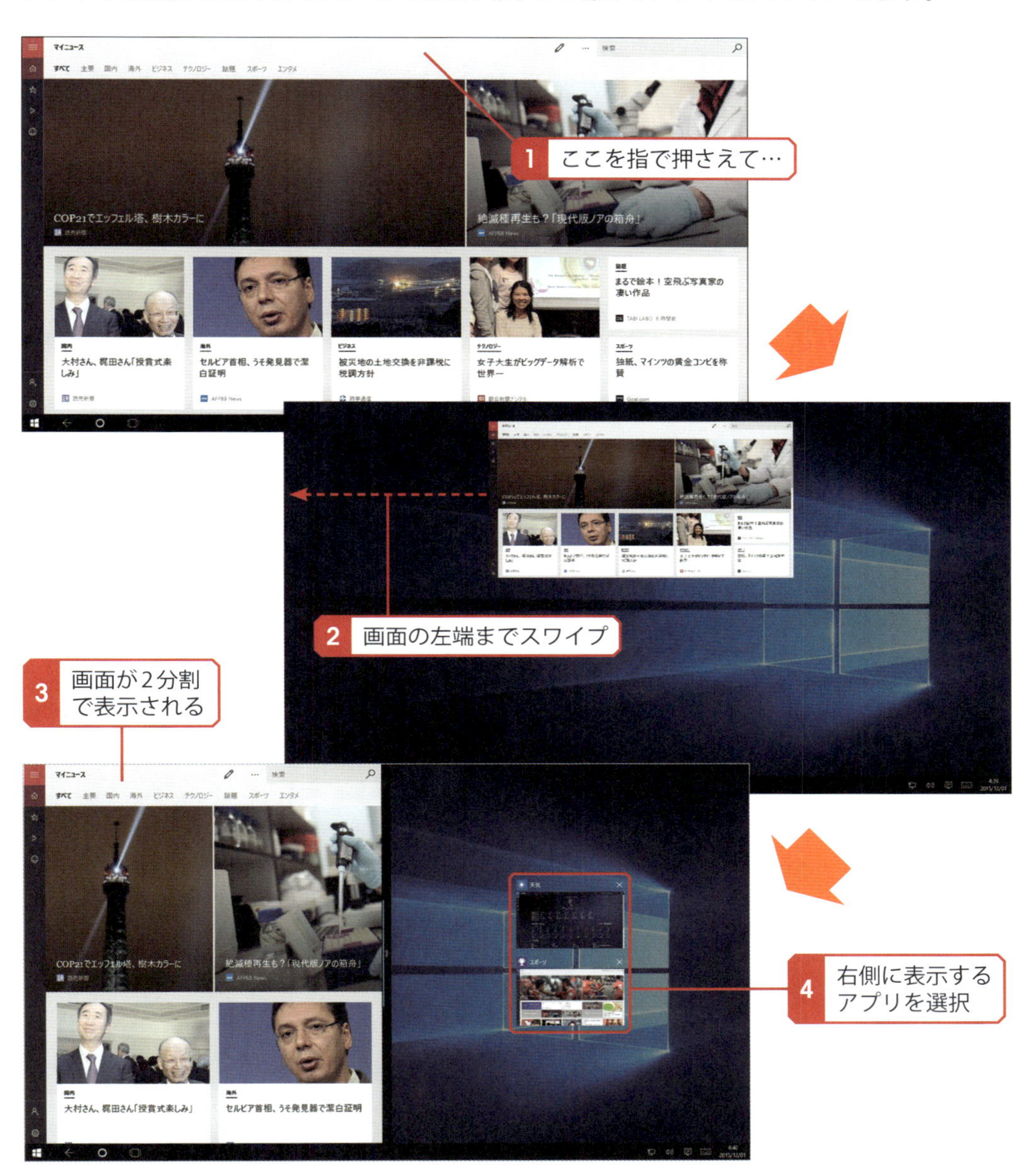

Column

画面サイズの変更と分割の解除

画面を2分割したあと「区切り線」を左右にスワイプすると、各画面のサイズを変更することができます。また、画面の2分割を終了し、通常のタブレットモードに戻すときは、「区切り線」を画面の左端（または右端）までスワイプします。

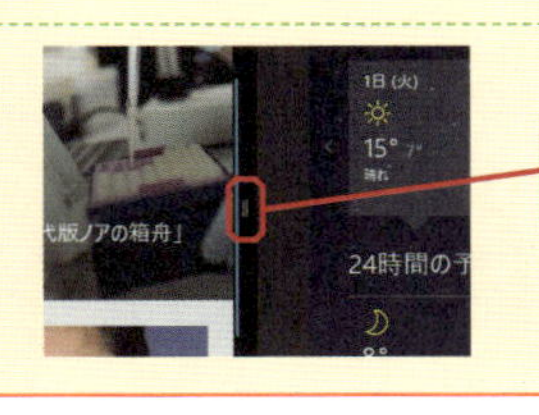

※画面の端までスワイプすると、2分割表示が終了します。

28 タイルのカスタマイズ

ここからは、Windows 10の設定を変更する方法を紹介していきます。まずは、スタートメニューにある「タイル」をカスタマイズする方法を解説します。タイルの配置などを調整しておくと、パソコンをより快適に使用できるようになります。

ライブ タイルの設定

「天気」や「ニュース」などのアプリには、ライブ タイルという機能が装備されています。この機能をONにすると、最新情報がタイル上にリアルタイムで表示されるようになります。

※各アプリのライブ タイルはONに初期設定されています。

■ライブ タイルがOFFの場合

アプリの内容を示すアイコンがタイルに表示されます。

■ライブ タイルがONの場合

最新のニュースや天気予報などがタイル上に次々と表示されていきます。

もちろん、ライブ タイルのON／OFFを変更することも可能です。この場合は、各タイルを右クリックし、「その他」の項目内でライブ タイルのON／OFFを指定します。

▶ タイルの移動とサイズ変更

各タイルの位置は自由に移動できます。各自の好みに合わせて、タイルの位置をカスタマイズしておくとよいでしょう。タイルを移動するときは、タイルを移動先までドラッグ＆ドロップします。

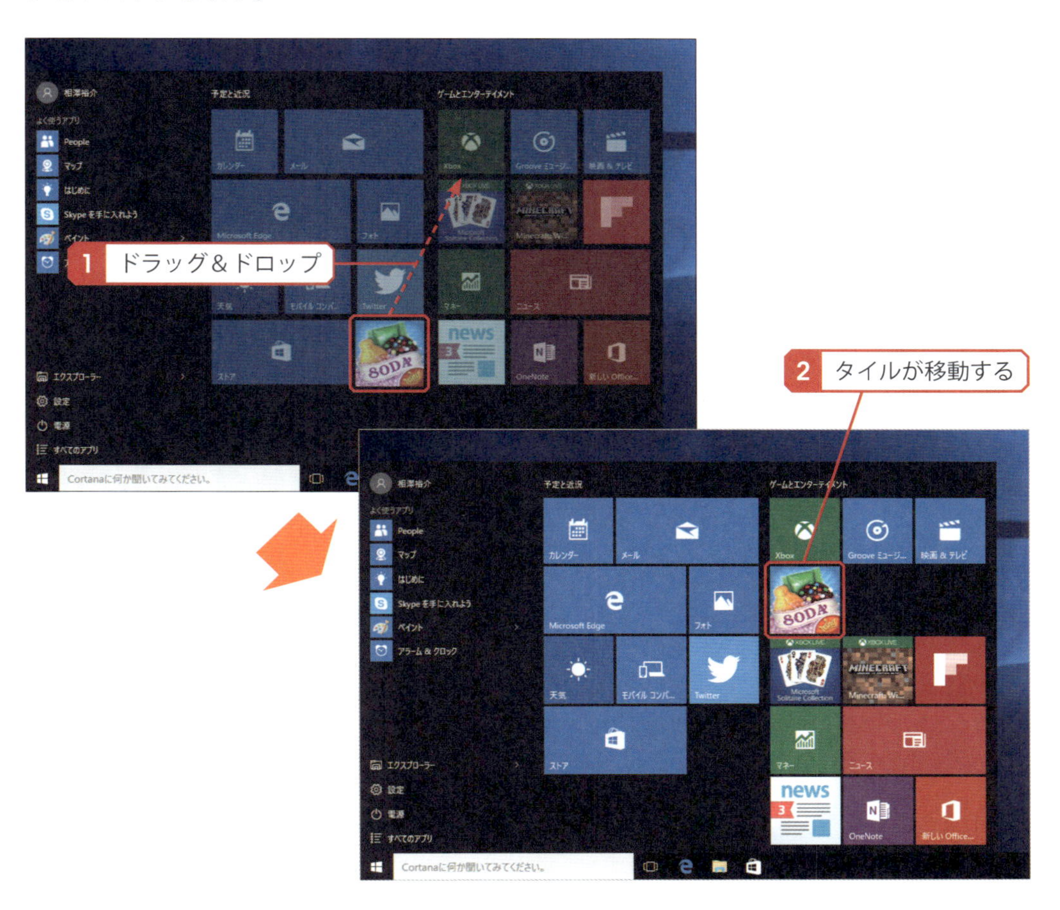

また、タイルのサイズを変更することも可能となっています。この場合は、タイルを右クリックし、「サイズ変更」の中からサイズを選択します。

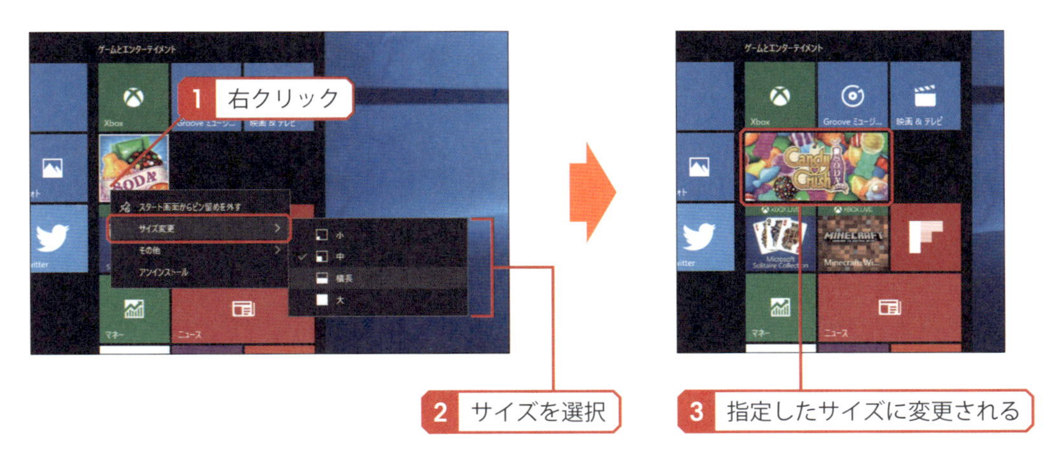

タイルの追加（アプリ）

よく使用するアプリのタイルをスタートメニューに追加することも可能です。この場合は、以下のように操作します。

「すべてのアプリ」をクリックしてアプリの一覧を表示します。続いて、タイルに登録するアプリを右クリックし、「スタート画面にピン留めする」を選択します。

スタートメニューにアプリのタイルが追加されます。

タイルの追加（Webページ）

Windows 10には、Webページをタイルとして登録する方法も用意されています。よく見るWebページは、タイルとしてスタートメニューに追加しておくとよいでしょう。Webページをタイルに追加するときは、以下のように操作します。

「Microsoft Edge」を起動し、タイルとして登録するWebページを開きます。続いて、…をクリックし、「このページをスタートにピン留めする」を選択します。

スタートメニューにWebページのタイルが追加されます。以降は、このタイルをクリックするだけで即座にWebページを閲覧できるようになります。

Column

タイルの削除

不要になったタイルをスタートメニューから削除するときは、タイルを右クリックし、「スタート画面からピン留めを外す」を選択します。

グループ名の指定

スタートメニューに表示されているタイルは、グループに分けて配置される仕組みになっています。各グループの名前を変更するときは、グループ名をクリックします。

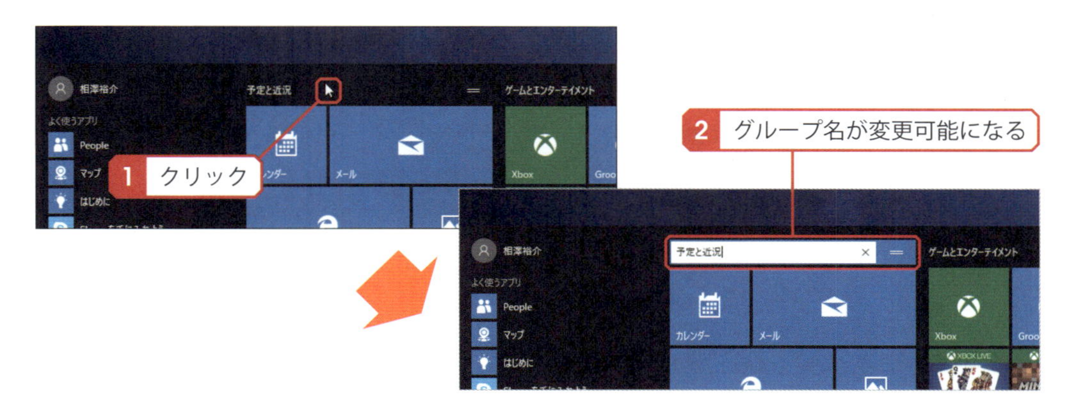

Column

新しいグループの作成とグループ名

P112～113に示した手順でアプリやWebページのタイルを追加すると、新しいグループにタイルが追加されます。このグループに名前を付けるときは、余白部分にポインタを移動し、「グループに名前を付ける」の文字をクリックします。

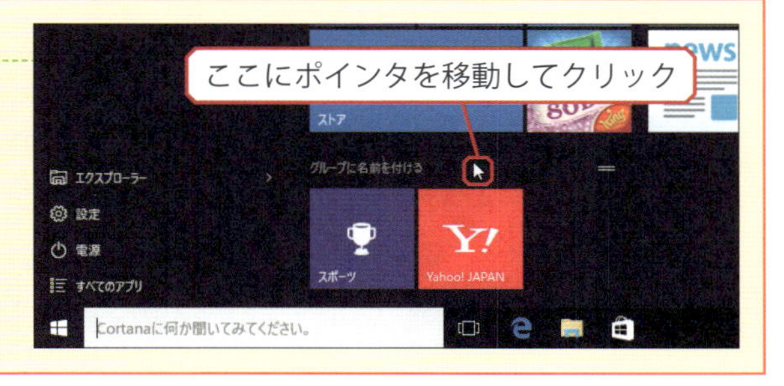

29 Microsoftアカウントの利用

Windows 10には、Microsoftアカウントが必要となる操作やアプリも含まれています。パソコンの全機能を使えるように、この機会にMicrosoftアカウントを登録しておくとよいでしょう。

Microsoftアカウントの登録手順

「OneDrive」を利用したり、「ストア」からアプリを入手したりするときは、Microsoftアカウントが必要になります。Windows 10の全機能を使えるように、この機会にMicrosoftアカウントを登録しておくとよいでしょう。まずは、Microsoftアカウントを登録するときの操作手順を解説します。

スタートメニューを開きます。続いて、ユーザー名をクリックし、「アカウント設定の変更」を選択します。

ユーザーアカウントの設定画面が表示されるので、「Microsoftアカウントでのサインインに切り替える」をクリックします。

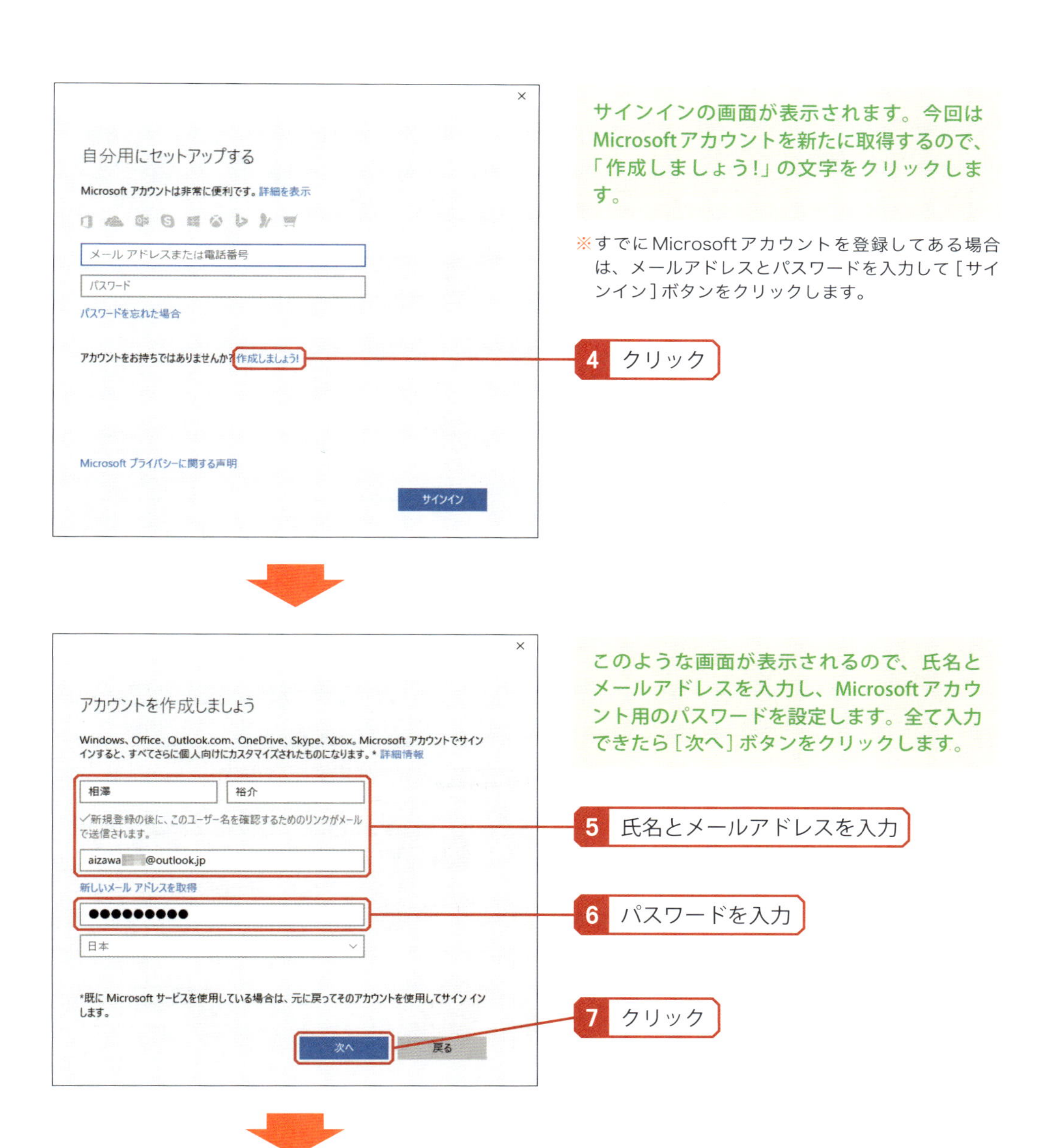

サインインの画面が表示されます。今回はMicrosoftアカウントを新たに取得するので、「作成しましょう!」の文字をクリックします。

※すでにMicrosoftアカウントを登録してある場合は、メールアドレスとパスワードを入力して［サインイン］ボタンをクリックします。

このような画面が表示されるので、氏名とメールアドレスを入力し、Microsoftアカウント用のパスワードを設定します。全て入力できたら［次へ］ボタンをクリックします。

Column

新しいメールアドレスの取得

先ほどの画面で「新しいメールアドレスを取得」をクリックし、outlook.jpのメールアドレスを取得することも可能です。この場合は、希望するメールアドレス（@outlook.jpより前の部分）を入力してから［次へ］ボタンをクリックし、次の画面でパスワードをリセットする際に使用する電話番号を入力します。

希望する
メールアドレスを入力

電話番号を入力

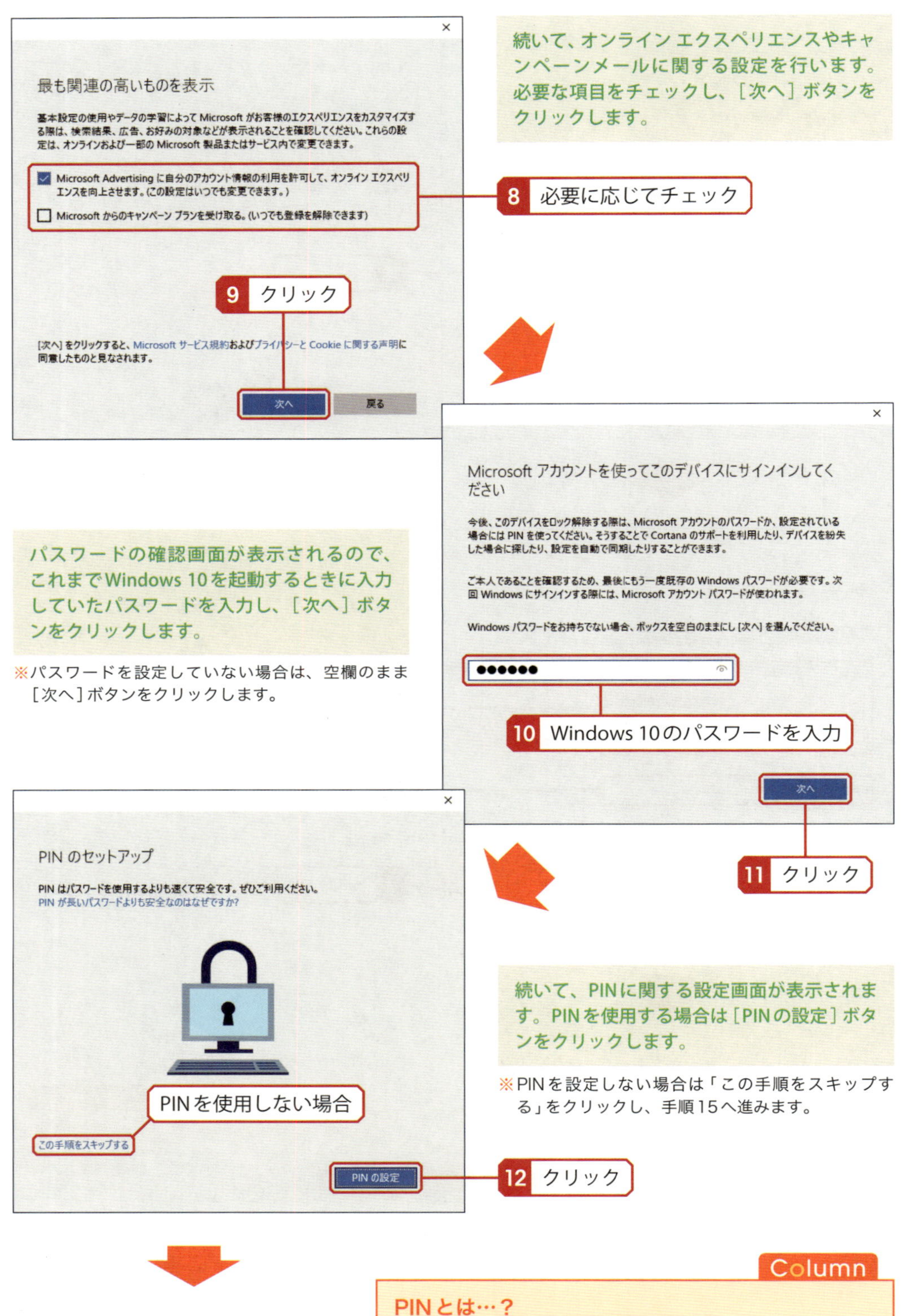

続いて、オンライン エクスペリエンスやキャンペーンメールに関する設定を行います。必要な項目をチェックし、［次へ］ボタンをクリックします。

パスワードの確認画面が表示されるので、これまでWindows 10を起動するときに入力していたパスワードを入力し、［次へ］ボタンをクリックします。

※パスワードを設定していない場合は、空欄のまま［次へ］ボタンをクリックします。

続いて、PINに関する設定画面が表示されます。PINを使用する場合は［PINの設定］ボタンをクリックします。

※PINを設定しない場合は「この手順をスキップする」をクリックし、手順15へ進みます。

Column

PINとは…？

パスワードの代わりに「4桁の数字」でWindows 10にサインインする方法です。PINはパソコン本体と関連付けられているため、万が一「4桁の数字」を盗み見られても、貴方のMicrosoftアカウントを他人に悪用される心配はありません。「4桁の数字」は、PINを設定したパソコンでのみ有効に機能します。

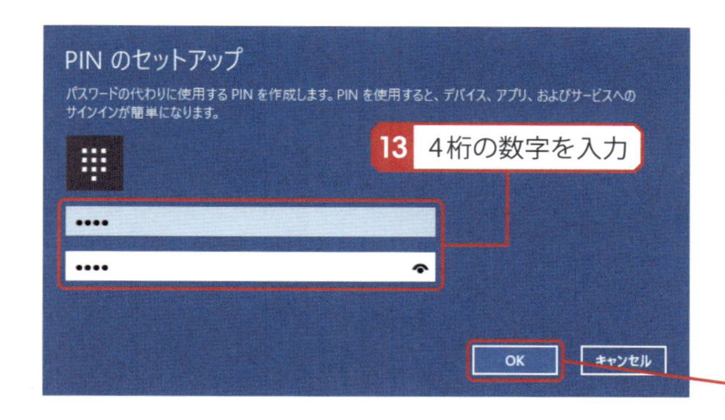

PINは「4桁の数字」で設定します。自分の好きな「4桁の数字」を2回入力し、［OK］ボタンをクリックします。

※この数字を忘れてしまうと、パソコンを起動できなくなる恐れがあります。ここで入力した「4桁の数字」は絶対に忘れないようにしてください。

以上で、Microsoftアカウントの取得は完了です。［×］をクリックしてユーザーアカウントの設定画面を閉じます。

Microsoftアカウントでサインイン

次回からは、パソコンの起動時にPIN（またはMicrosoftアカウントのパスワード）を入力してWindows 10にサインインします。このとき、テンキーを使ってPINを入力する場合は、最初に［NumLock］キーを押しておく必要があります。この操作を忘れると、テンキーで数字を入力できない場合があることに注意してください。

※パスワードでサインインする場合は「サインイン オプション」をクリックし、サインイン方法を切り替えてからパスワードを入力します。

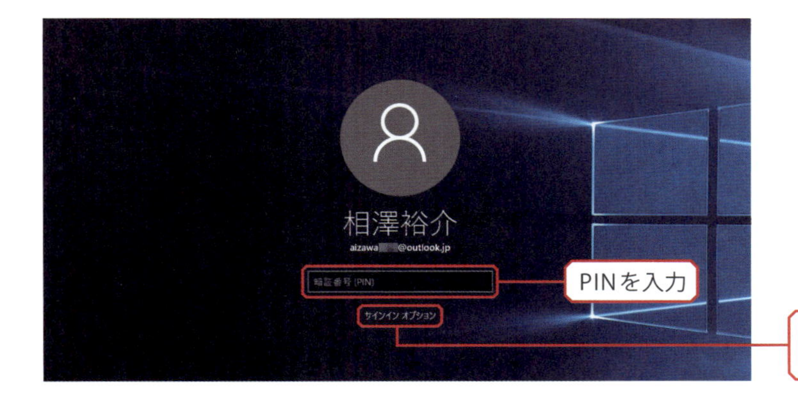

ローカル アカウントに戻すには…？

Windows 10の起動時にMicrosoftアカウントでサインインしない場合は、設定をローカル アカウントに戻しておく必要があります。以下にその手順を紹介しておくので、ローカル アカウントに戻すときの参考にしてください。

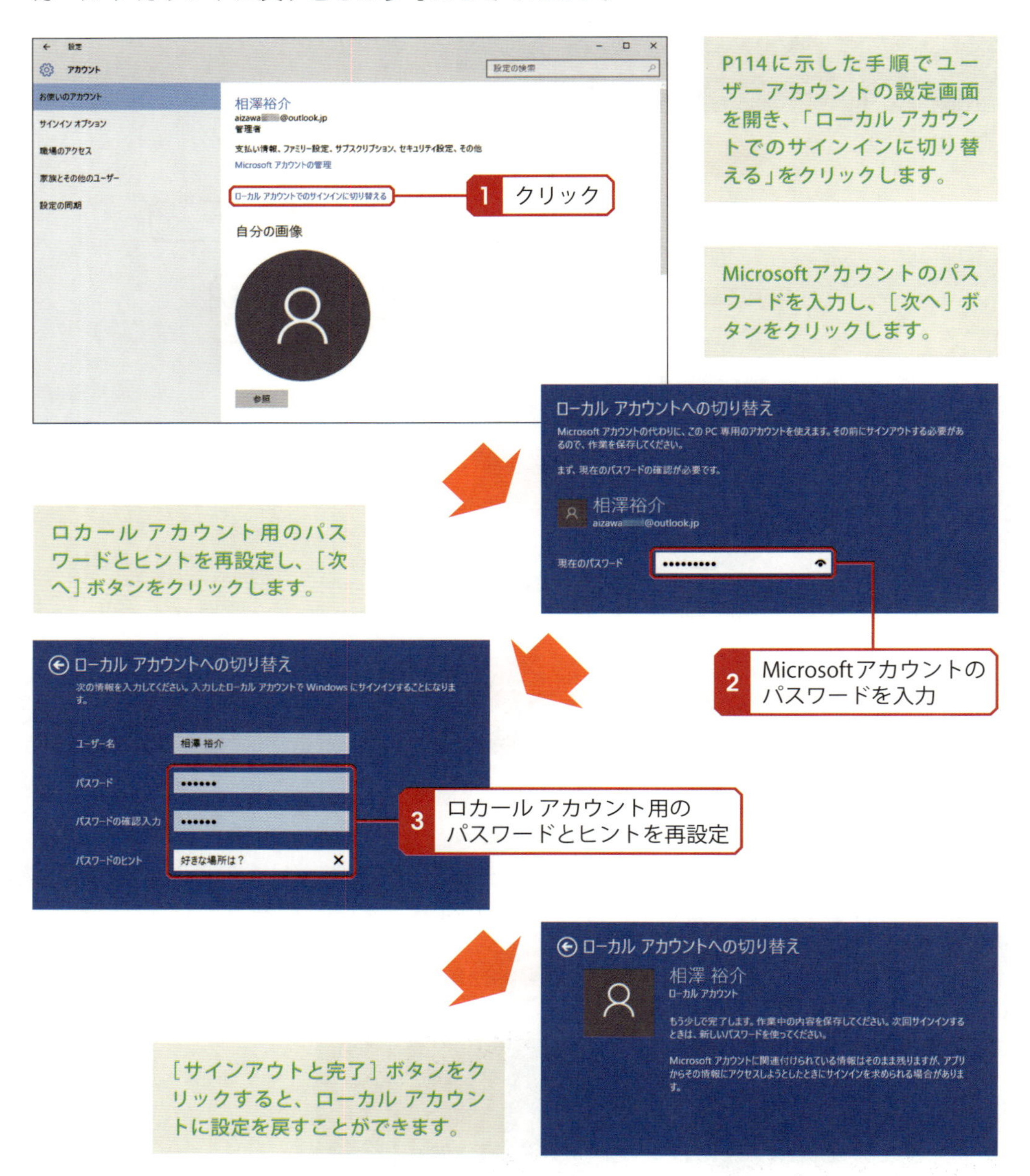

Column

再びMicrosoftアカウントに切り替えるときは…？

ローカル アカウントに戻した後も、P114～117で登録したMicrosoftアカウントの情報は保持されています。よって、Microsoftアカウントを再登録する必要はありません。P114の手順1～3のように操作し、画面の指示に従ってメールアドレスとパスワードを入力するだけでMicrosoftアカウントに切り替えることができます。

30 OneDrive

Microsoftアカウントを登録すると「OneDrive」を使用できるようになります。自宅のパソコンで作成したファイルを、学校（または職場）にあるパソコンでも使用する場合などに便利に活用できるので、ぜひ使い方を覚えておいてください。

OneDriveとは…？

OneDriveはマイクロソフトが提供するWebサービスの一つで、インターネット上に「自分専用のファイル置き場」を確保できるサービスとなります。OneDriveに保存（アップロード）したファイルは他のパソコンからも利用できるため、自宅と学校（または職場）でファイルを共有して使いたい場合などに便利に活用できます。

OneDriveの初期設定

それでは、OneDriveの使い方を解説していきましょう。まずは、OneDriveの初期設定、ならびに「OneDrive」フォルダーを開くときの操作手順を解説します。

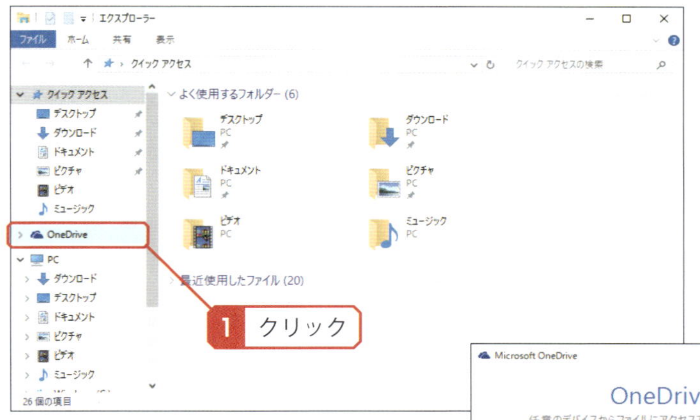

フォルダーのウィンドウを開き、ナビゲーション ウィンドウに表示されている「OneDrive」をクリックします。

初めてOneDriveを使用するときは、このような画面が表示されます。［サインイン］ボタンをクリックします。

※この画面が表示されなかった場合は、P121の手順8へ進みます。

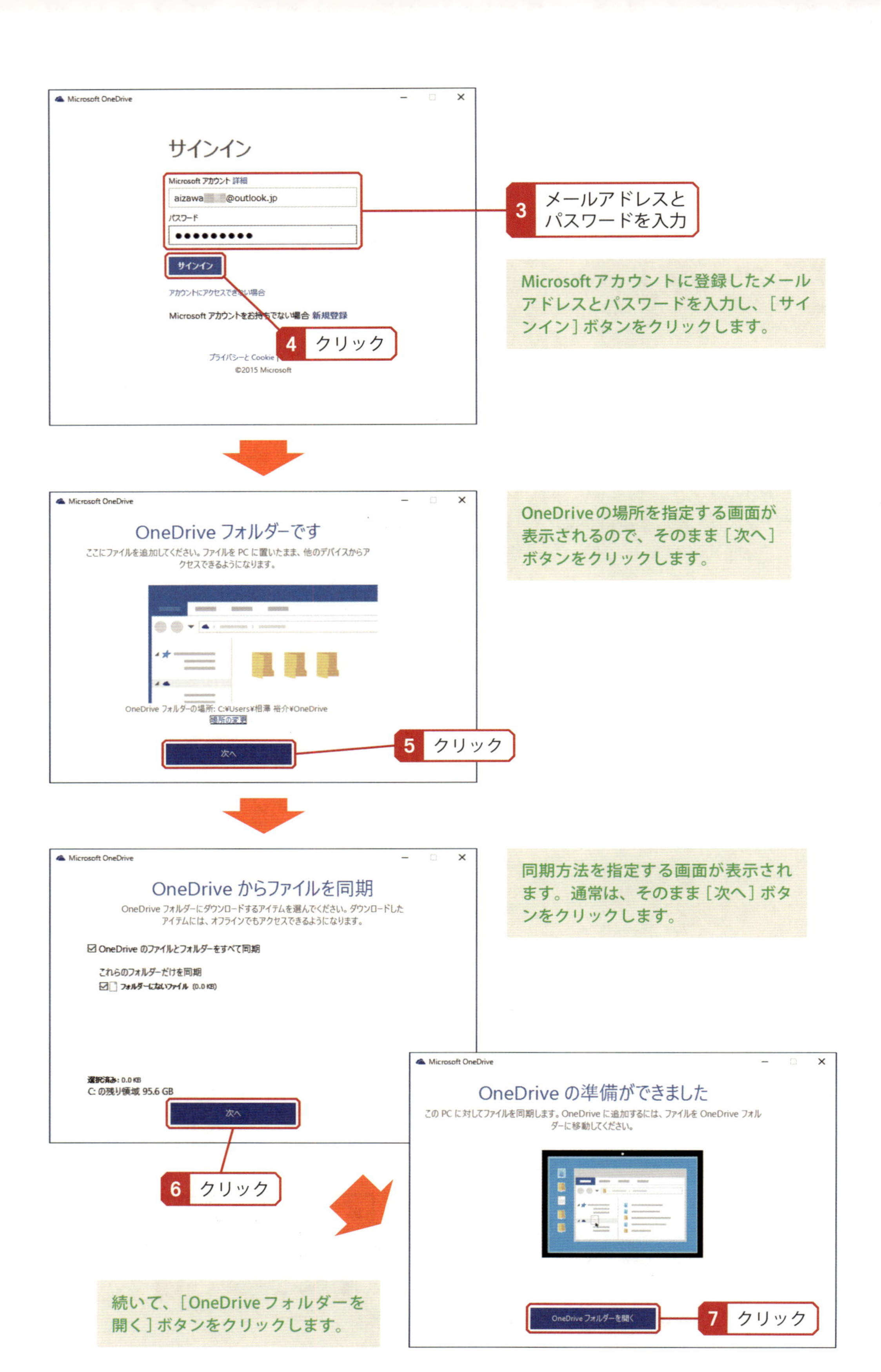
Microsoft OneDrive
サインイン
Microsoft アカウント 詳細
aizawa　@outlook.jp
パスワード
サインイン
アカウントにアクセスできない場合
Microsoft アカウントをお持ちでない場合 新規登録
プライバシーと Cookie
©2015 Microsoft
3 メールアドレスとパスワードを入力
4 クリック
Microsoftアカウントに登録したメールアドレスとパスワードを入力し、［サインイン］ボタンをクリックします。
OneDrive フォルダーです
ここにファイルを追加してください。ファイルを PC に置いたまま、他のデバイスからアクセスできるようになります。
OneDrive フォルダーの場所: C:¥Users¥相澤 裕介¥OneDrive
場所の変更
次へ
5 クリック
OneDriveの場所を指定する画面が表示されるので、そのまま［次へ］ボタンをクリックします。
OneDrive からファイルを同期
OneDrive フォルダーにダウンロードするアイテムを選んでください。ダウンロードしたアイテムには、オフラインでもアクセスできるようになります。
OneDrive のファイルとフォルダーをすべて同期
これらのフォルダーだけを同期
フォルダーにないファイル (0.0 KB)
選択済み: 0.0 KB
C: の残り領域 95.6 GB
次へ
6 クリック
同期方法を指定する画面が表示されます。通常は、そのまま［次へ］ボタンをクリックします。
OneDrive の準備ができました
この PC に対してファイルを同期します。OneDrive に追加するには、ファイルを OneDrive フォルダーに移動してください。
OneDrive フォルダーを開く
7 クリック
続いて、［OneDriveフォルダーを開く］ボタンをクリックします。

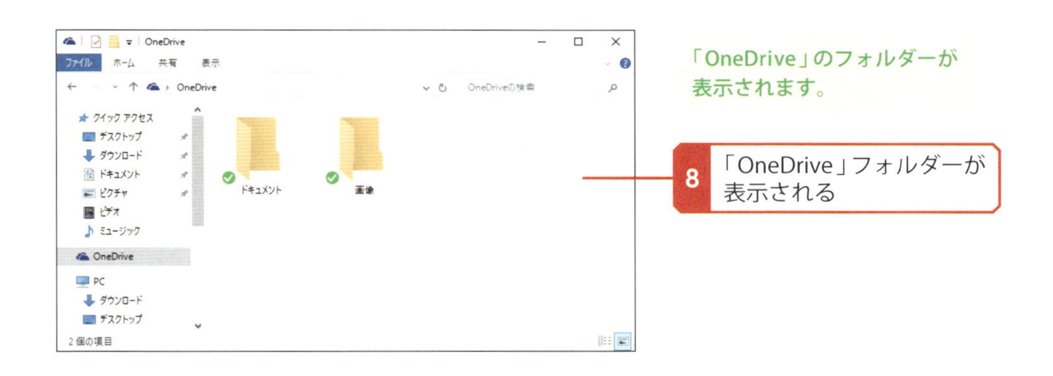

以上で、OneDriveの初期設定は完了です。次回からは、ナビゲーション ウィンドウにある「OneDrive」をクリックするだけで、「OneDrive」フォルダーを開くことができます。

OneDriveにファイルを保存

「OneDrive」フォルダーは、通常のフォルダーと同じように扱うことが可能です。この中にファイルをコピーすると、自動的に同期が行われ、インターネット上にあるOneDriveにもファイルがコピー（アップロード）されます。

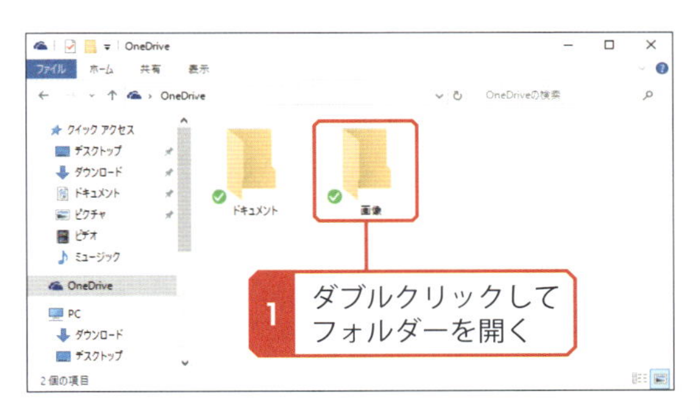

「OneDrive」フォルダーを開き、ファイルを保存するフォルダーをダブルクリックして開きます。

※ここに新しいフォルダーを作成することも可能です。フォルダーの作成手順はP75を参照してください。

OneDrive内にファイルをコピーします。

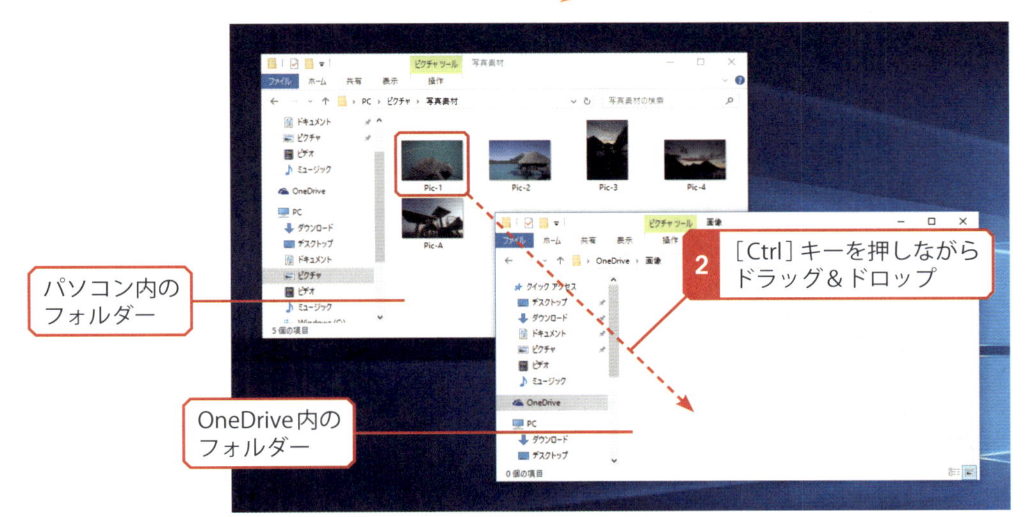

すると、自動的に同期処理が行われ、コピーしたファイルが「インターネット上にあるOneDrive」にも保存（アップロード）されます。なお、各ファイルの状態は、アイコンの左下に表示されているマークを見ると確認できます。

Column

OneDriveからファイルを削除

「OneDrive」フォルダー内にあるファイルを削除すると、インターネット上にあるOneDriveからもファイルが削除されます。

▶ 他のパソコンからOneDriveを使用

OneDriveに保存（アップロード）したファイルを、学校や職場にあるパソコンで使用することも可能です。この場合は、ブラウザを使って『OneDrive』のWebサイトにアクセスし、ファイルのダウンロードを行います。

『OneDrive』のWebサイトを開き、「サインイン」をクリックしてMicrosoftアカウントのメールアドレスとパスワードを入力します。

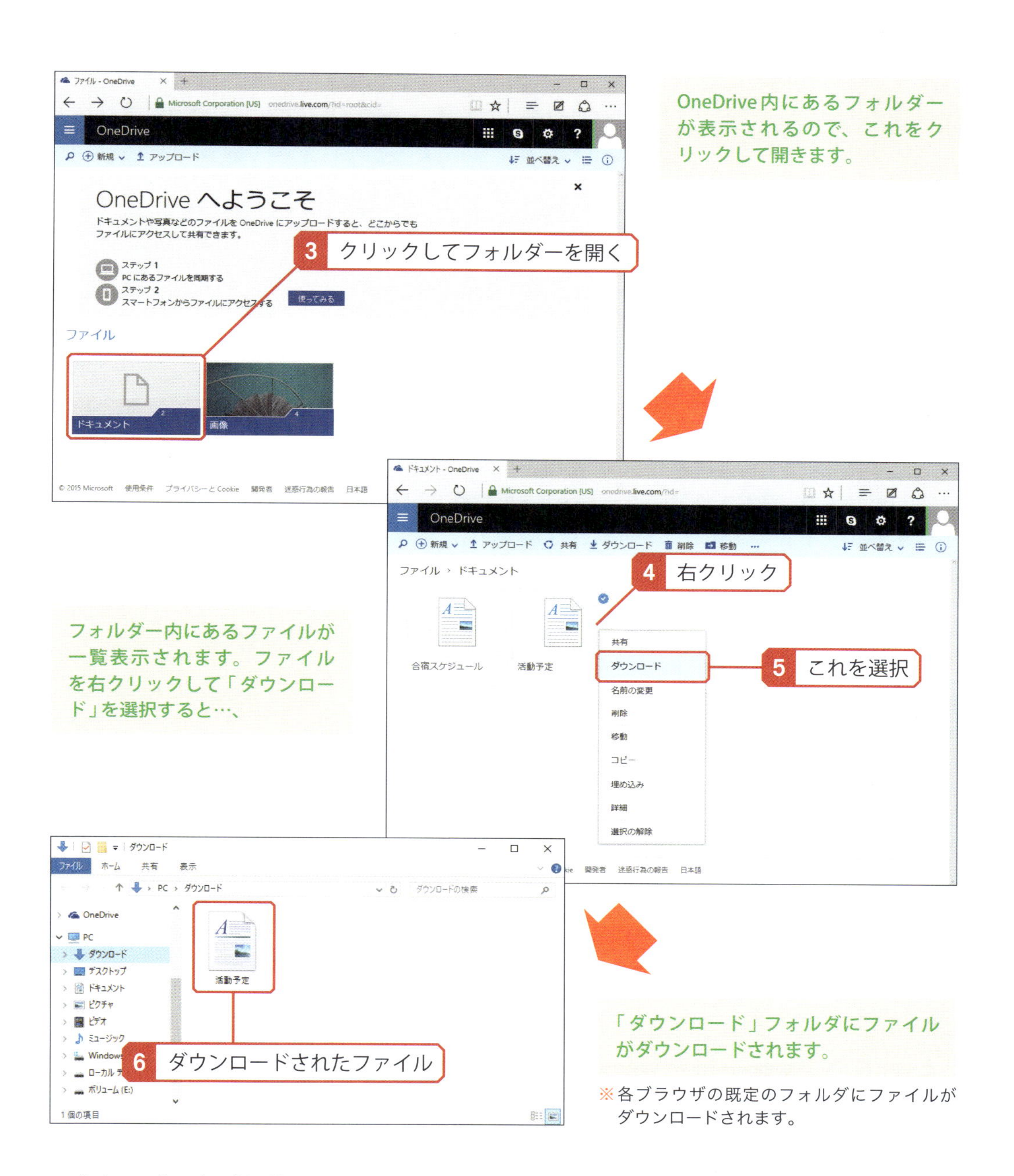

また、ブラウザを使ってOneDriveにファイルをアップロードすることも可能です。この場合は、「アップロード」のメニューをクリックし、アップロードするファイルを指定します。

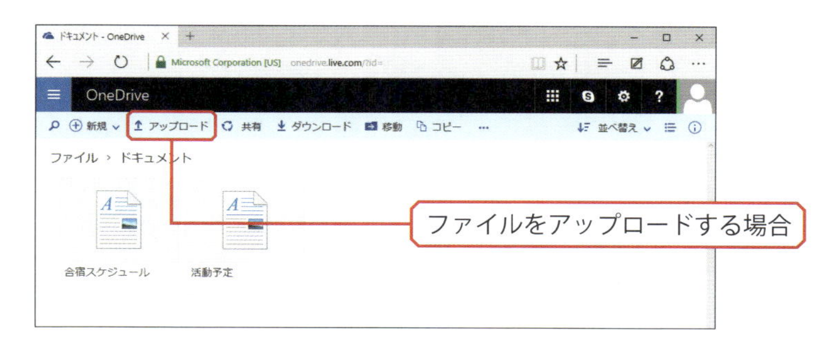

31 ストアを使ったアプリのインストール

Windows 10には、アプリを手軽にインストールできる「ストア」が用意されています。続いては、「ストア」を使ってパソコンにアプリを追加したり、パソコンからアプリを削除したりするときの操作手順を解説します。

▶ アプリのインストール手順

Windows 10に用意されている「ストア」を使うと、パソコンに新しいアプリを追加（インストール）することができます。幅広いカテゴリに数多くのアプリが配布されているので、気になる方は試してみるとよいでしょう。

※「ストア」を使用するには、Microsoftアカウントで Windows 10にサインインしておく必要があります。

スタートメニューにある「ストア」のタイルをクリックするか、もしくはタスクバーにある「ストア」アイコンをクリックします。

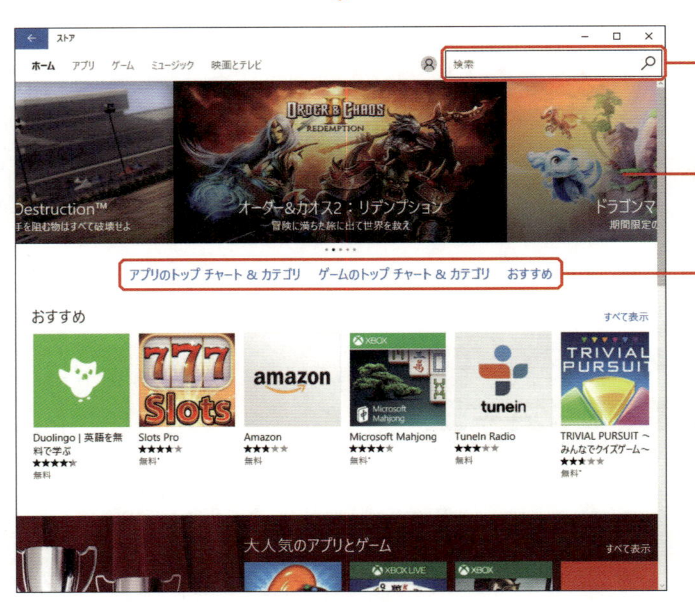

「ストア」のトップページが表示されるので、カテゴリやキーワードでアプリを検索します。

該当するアプリが一覧表示されます。気になるアプリが見つかったら、そのアイコンをクリックします。

アプリの詳細が表示されるので、内容をよく確認してから［無料］ボタン（または［インストール］ボタン）をクリックします。

Column

有料のアプリ

「ストア」は有料のアプリも配布しています。アプリの料金を示すボタンが表示された場合は、画面の指示に従って代金支払の操作を進めてください（代金の支払方法にはクレジットカードやPayPalなどを指定できます）。

なお、［無料評価版］ボタンが用意されているアプリは、購入前にアプリの動作を試すことが可能です。アプリの内容がよく分からない場合は、いちど試用してから購入するとよいでしょう。

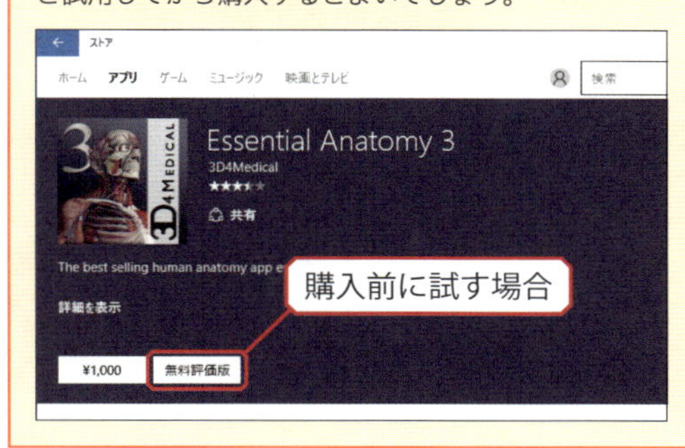

Column

生年月日の登録

［無料］ボタンや［無料評価版］ボタンをクリックした後に、生年月日の入力を求められる場合もあります。この場合は、自分の生年月日を入力してから［次へ］ボタンをクリックします。

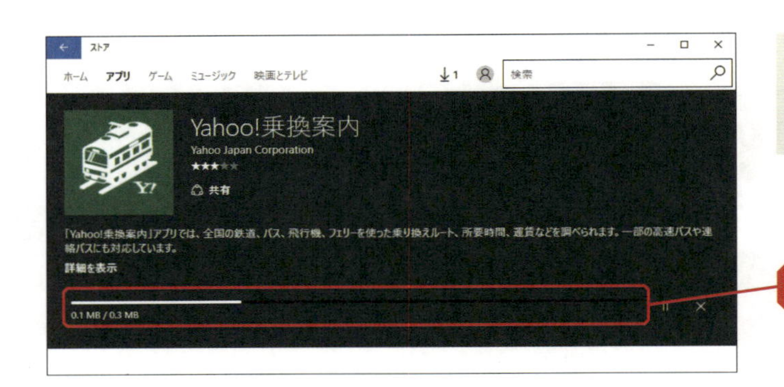

自動的にアプリのインストールが開始され、進行状況が画面に表示されます。

Column

ローカル アカウントを使用している場合

Windows 10にローカル アカウントでサインインしている場合は、Microsoftアカウントでサインインするための画面が表示されます。この画面にメールアドレスとパスワードを入力すると、アプリのインストールが開始されます。

このような画面が表示されれば、アプリのインストールは完了です。×をクリックして「ストア」を終了します。

スタートメニューを開いて「すべてのアプリ」をクリックすると、一覧にアプリが追加されているのを確認できます。これをクリックしてアプリを起動します。

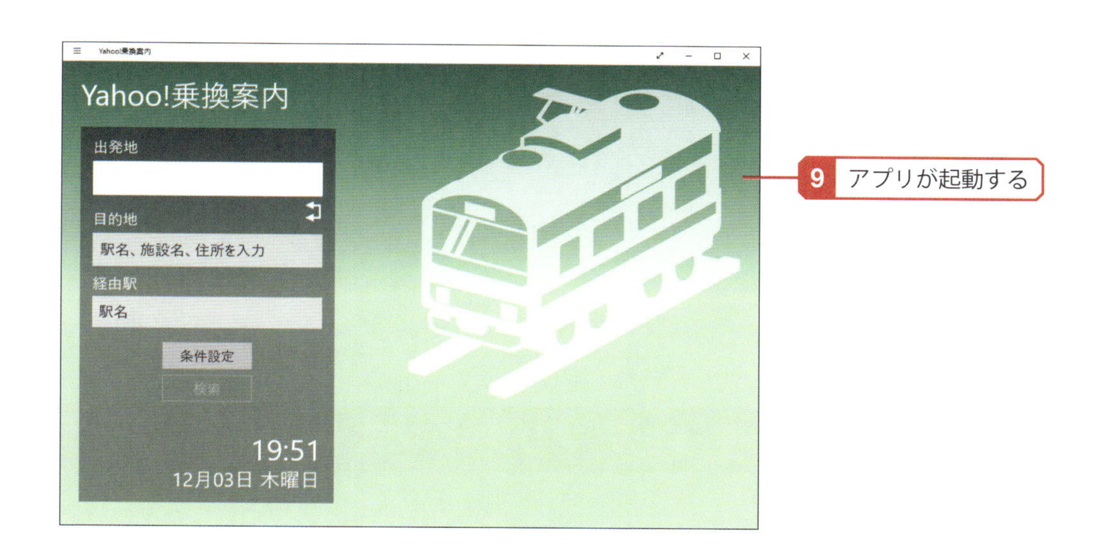

アプリのアンインストール

インストールしたアプリが不要になった場合は、パソコンからアプリを削除します。この作業のことをアンインストールと呼びます。アプリをアンインストールするときは以下のように操作します。

スタートメニューを開き、「すべてのアプリ」をクリックします。続いて、不要なアプリを右クリックし、「アンインストール」を選択します。

このような確認画面が表示されます。［アンインストール］ボタンをクリックすると、アプリの削除が実行されます。

32 ダウンロードしたアプリのインストール

Webサイトからアプリをダウンロードして使用する場合もあると思います。こういったアプリをパソコンにインストールするときは「インストーラ」というプログラムを使用するのが一般的です。

インストーラを使ったアプリのインストール

Webサイトからダウンロードしたアプリは、インストーラというプログラムを使ってインストールします。この操作手順はアプリごとに異なりますが、たいていの場合、ダウンロードしたファイルをダブルクリックし、画面の指示に従って操作を進めていくと、アプリのインストールを完了できます。

ダウンロードしたファイルをダブルクリックします。

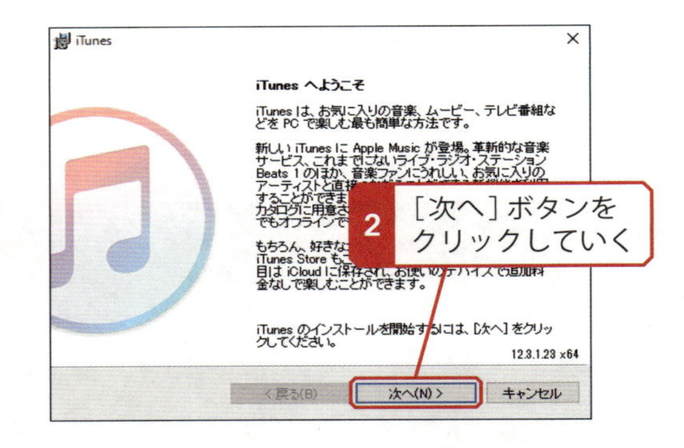

インストーラが起動するので、［次へ］ボタンなどをクリックしてインストール作業を進めていきます。

※この操作手順はアプリごとに異なります。詳しくは、各アプリのWebサイトにあるヘルプなどを参照してください。

Column 警告画面の確認

インストール作業の途中で「このアプリがPCに変更を加えることを許可しますか？」という警告画面が表示される場合もあります。この場合は、［はい］ボタンをクリックすると作業を続行できます。

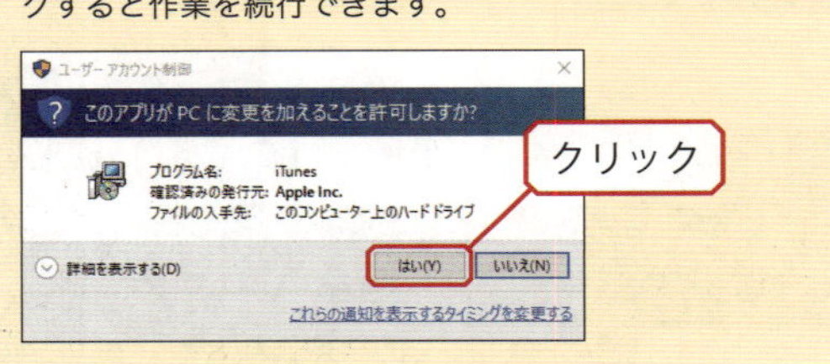

Column インストーラの削除

インストール完了後は、ダウンロードしたファイル（手順1のファイル）を削除しても構いません。いつまでも残しておくと紛らわしいので、速やかに削除しておくとよいでしょう。

インストールしたアプリの起動

インストールしたアプリは、スタートメニューにある「すべてのアプリ」から起動することができます。また、デスクトップにショートカットアイコンが作成された場合は、このアイコンをダブルクリックしてアプリを起動することも可能です。

アプリのアンインストール

アプリをアンインストールするときの操作手順は、P127に示した手順と同じです。続いて「プログラムと機能」の画面が表示された場合は、以下のように操作するとアプリのアンインストールを実行できます。

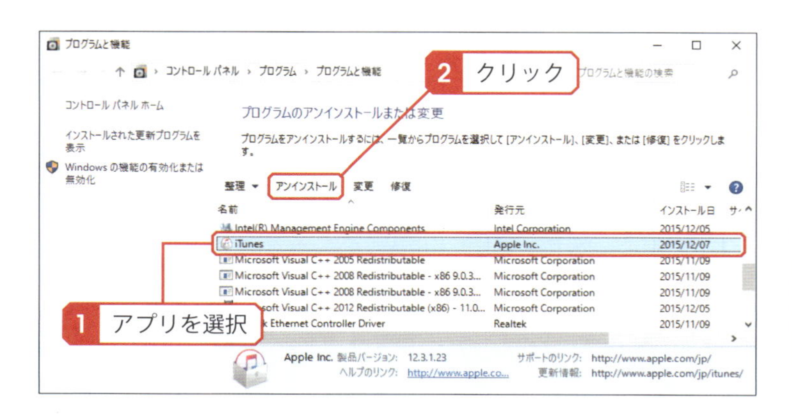

この画面が表示された場合は、一覧から削除するアプリを選択し、「アンインストール」をクリックします。

33 Windows 10の設定画面

Windows 10の設定を変更するときは、設定画面もしくはコントロール パネルを使用します。続いては、Windows 10の設定画面とコントロール パネルについて簡単に紹介しておきます。

設定画面の表示

Windows 10の設定画面を開くときは、以下のように操作します。

スタートメニューを開き、「設定」をクリックします。

Windows 10の設定画面が表示されます。

この画面に表示されているアイコンをクリックすると、その項目に関連する設定画面を表示できます。たとえば、「パーソナル設定」のアイコンをクリックすると、次ページに示した設定画面が表示されます。

パーソナル設定(背景)

パーソナル設定(色)

これらの設定画面は、デスクトップの背景画像を変更したり、Windows 10のテーマカラーを変更したりするときに使用します。ただし、設定内容がよく分からない状態のまま操作を進めていくと、予想外の結果を招いてしまう恐れがあります。パソコンに十分に慣れてから使用するようにしてください。

コントロール パネルの表示

コントロール パネルを使ってWindows 10の設定を変更することも可能です。コントロール パネルを開くときは、以下のように操作します。

コントロール パネルを使って設定を変更する場合も、アイコンをクリックして設定する項目を絞り込んでいきます。たとえば、USBメモリや空のCDをセットしたときの動作について設定を変更するときは、以下のように操作します。

コントロール パネルを開き、「ハードウェアとサウンド」のアイコンをクリックします。

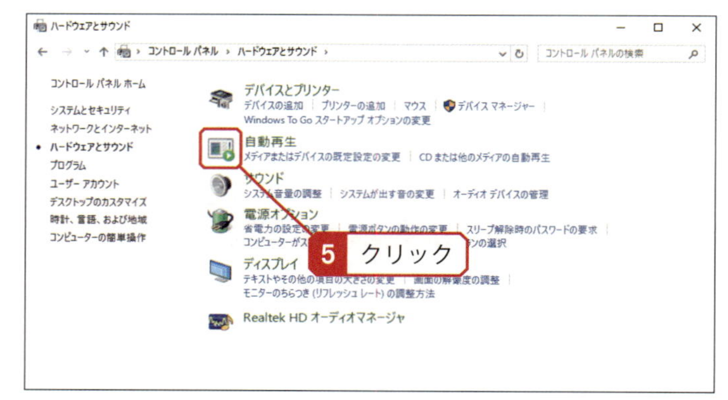

続いて、「自動再生」のアイコンをクリックします。

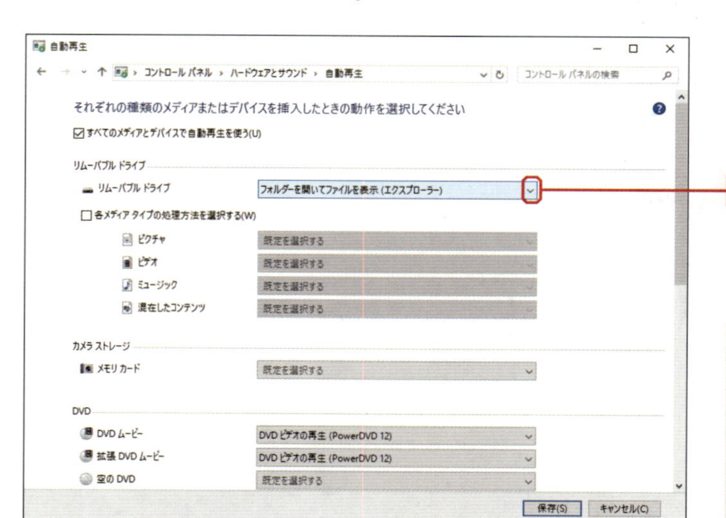

「自動再生」の設定画面が表示されます。USBメモリをセットしたときの動作を変更するときは、「リムーバブル ドライブ」の項目にある ∨ をクリックします。

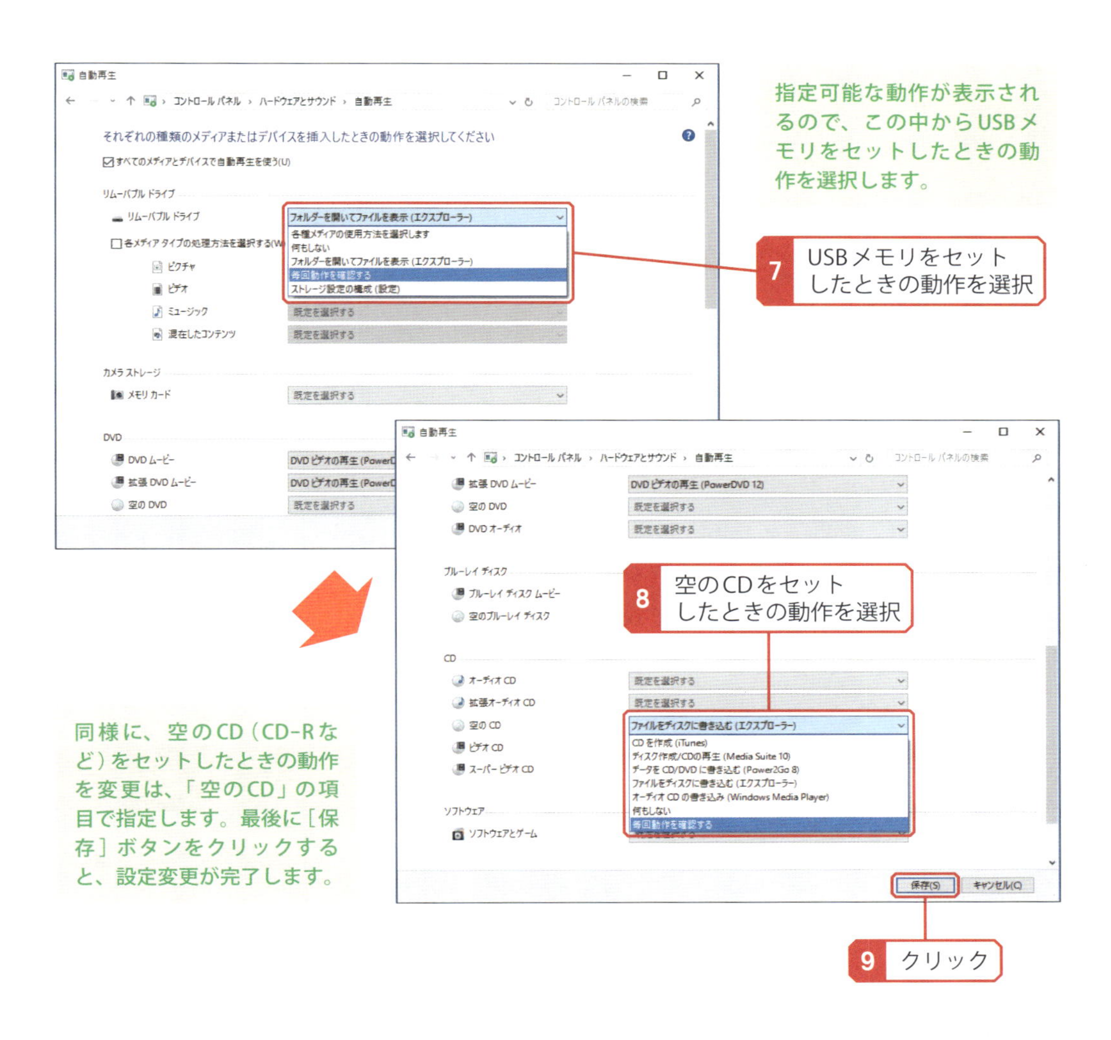

各項目に「毎回動作を確認する」を指定すると、USBメモリなどをセットしたときに「動作の選択画面」を表示できるようになります（P88、P91参照）。

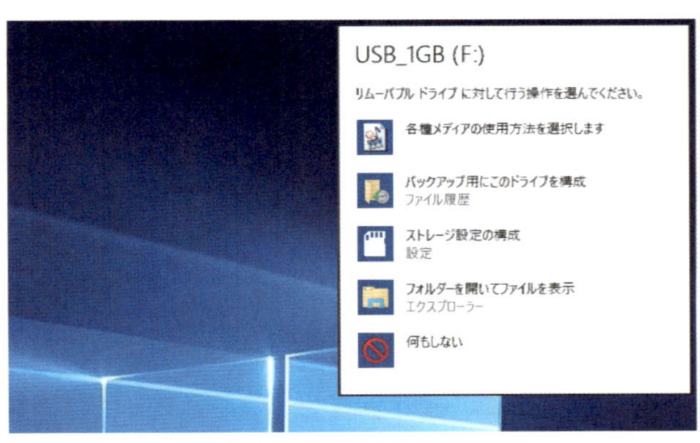

USBメモリをセットしたときの「動作の選択画面」

このように、コントロール パネルを使ってWindows 10の設定を変更することも可能です。ただし、少し上級者向けの内容となるため、パソコンに十分に慣れてから使用するようにしてください。よく分からない場合は、むやみに設定を変更してはいけません。

34 Windows Update

Windows Updateは、Windows 10のセキュリティを向上させたり、不具合を解消したりする機能です。インターネットに接続している状態であれば、誰でも無料でWindows Updateを利用できます。

Windows Updateとは…？

Windows 10に不具合やセキュリティ上の問題が発見されると、それを修正する更新プログラムが公開されます。この更新プログラムをダウンロードし、Windows 10を常に最新の状態に修正してくれる機能がWindows Updateとなります。パソコンを安全に使用していくためにも、必ずWindows Updateを実行するようにしてください。

自動更新の確認

Windows 10には、Windows Updateを自動的に実行してくれる自動更新という機能が用意されています。この機能は有効に初期設定されているため、通常はあらためて自分でWindows Updateを実行する必要はありません。なお、自動更新の設定は以下のように操作すると確認できます。

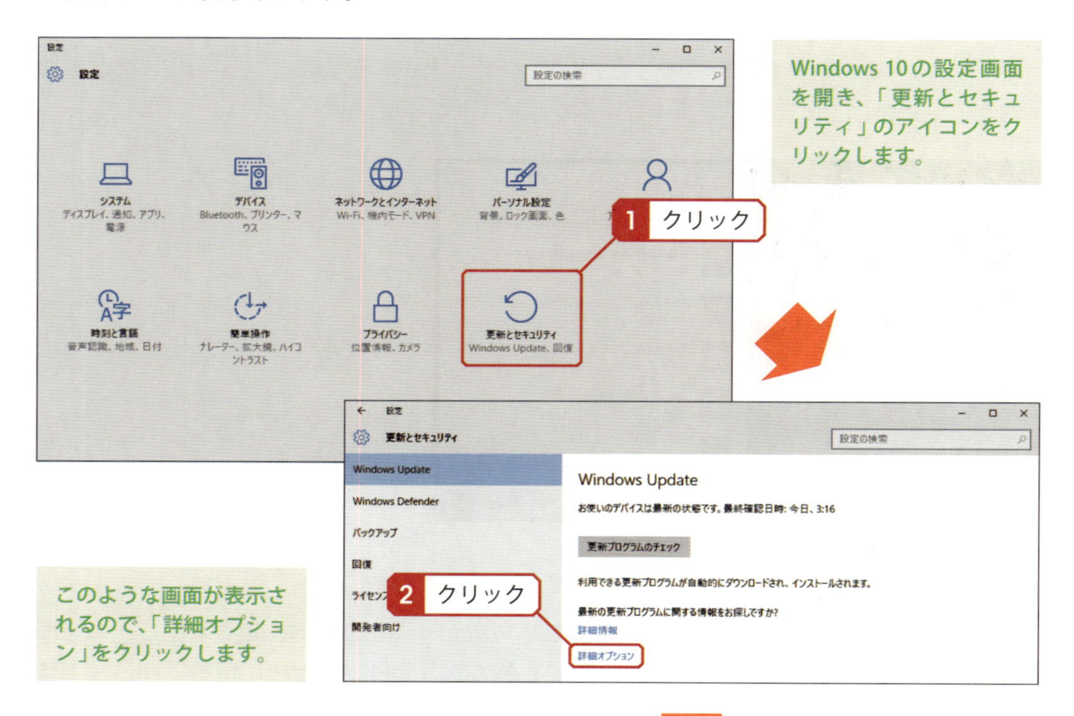

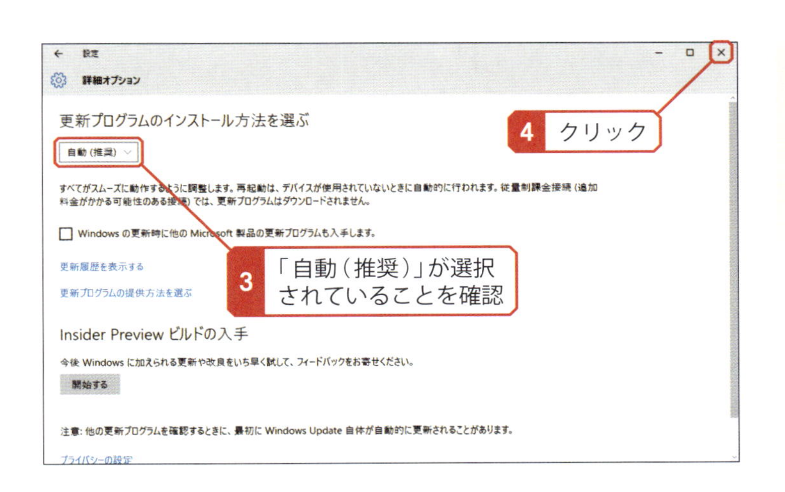

更新プログラムのインストール方法に「自動（推奨）」が選択されていれば、自動更新は有効です。× をクリックして設定画面を閉じます。

Windows Updateを手動で実行

Windows Updateを手動で実行することも可能です。この場合は、以下のように操作します。

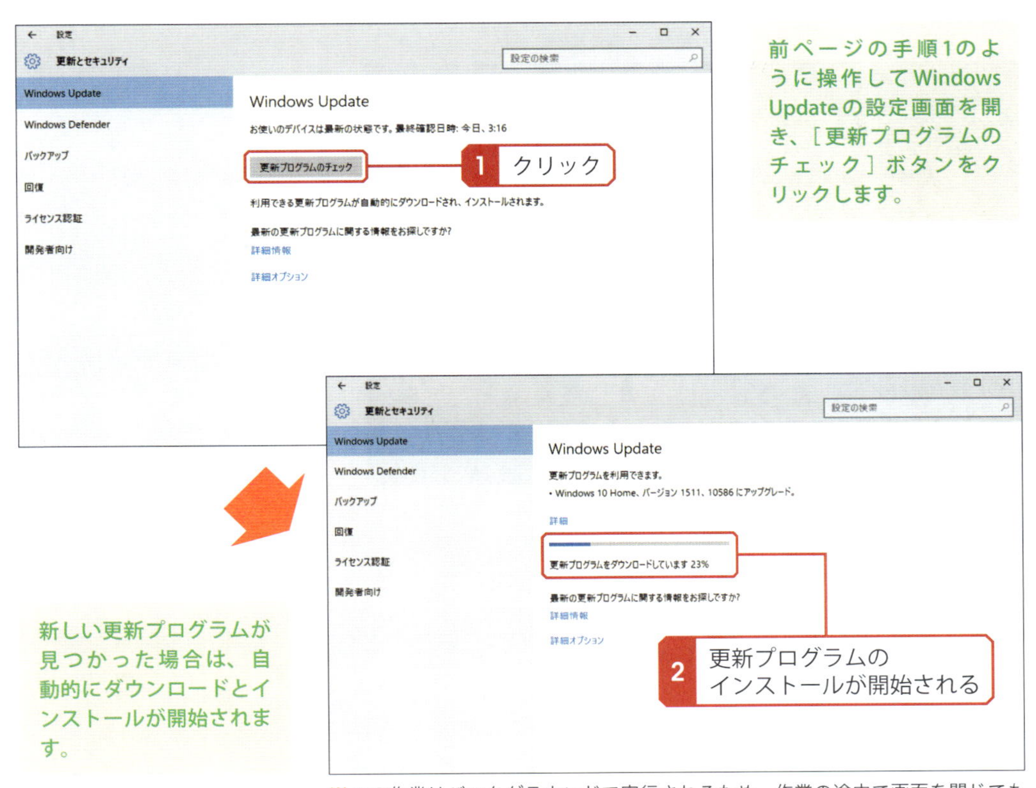

前ページの手順1のように操作してWindows Updateの設定画面を開き、［更新プログラムのチェック］ボタンをクリックします。

新しい更新プログラムが見つかった場合は、自動的にダウンロードとインストールが開始されます。

※この作業はバックグラウンドで実行されるため、作業の途中で画面を閉じても問題ありません。

なお、重要な更新プログラムが見つからなかった場合は、最終確認日時が現在の日時に変更され、「お使いのデバイスは最新の状態です。」と表示されます。

35 複数のユーザーでパソコンを共有

Windows 10のパソコンを他人と共有する場合は、ユーザー アカウントを追加しておくと、各自のプライバシーを守ることができます。最後に、ユーザー アカウントの設定方法を解説しておきます。

ユーザー アカウントの作成

パソコンを使用する人の数だけユーザー アカウントを作成しておくと、各自が自分専用の環境でパソコンを使用できるようになります。デスクトップ画面、メールの送受信、「Microsoft Edge」の「お気に入り」、「個人用」フォルダーなども個別に管理されるため、各自のプライバシーを守りながらパソコンを共有することが可能となります。

まずは、パソコンにユーザー アカウントを追加する方法から解説していきます。今回は、ローカル アカウントのユーザーを新たに追加する場合を例に、その操作手順を解説します。

スタートメニューを開き、「設定」をクリックします。

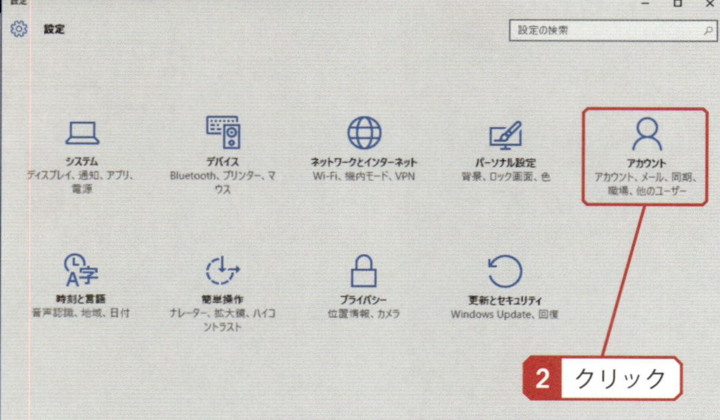

Windows 10の設定画面が表示されるので、「アカウント」のアイコンをクリックします。

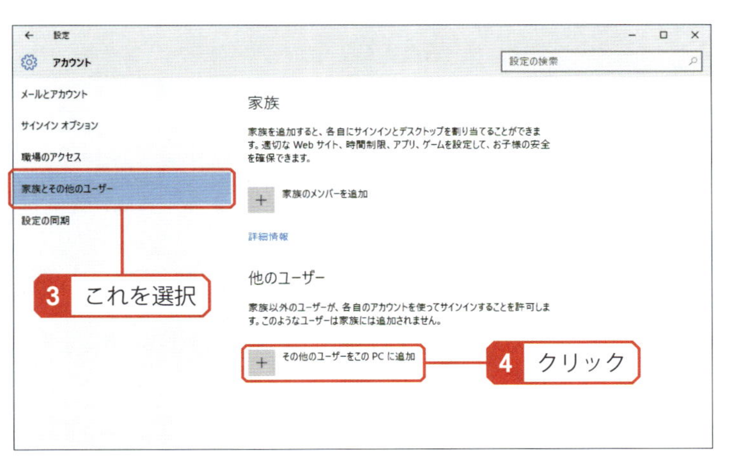

「家族とその他のユーザー」を選択し、「その他のユーザーをこのPCに追加」をクリックします。

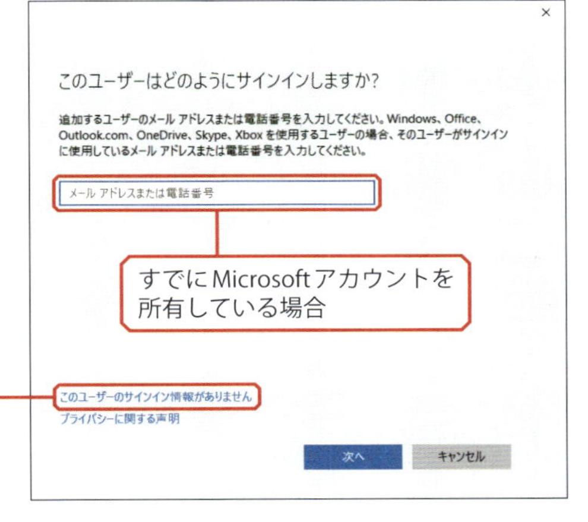

今回はローカル アカウントのユーザーを追加するので、「このユーザーのサインイン情報がありません」をクリックします。

※追加するユーザーがすでにMicrosoftアカウントを所有している場合は、そのメールアドレスをこの画面に入力して、ユーザーアカウントを作成します。

新たにMicrosoftアカウントを登録する場合

アカウントを作成しましょう

Windows、Office、Outlook.com、OneDrive、Skype、Xbox。Microsoft アカウントでサインインすると、すべてさらに個人向けにカスタマイズされたものになります。* 詳細情報

姓 (例: 田中) / 名 (例: 太郎) / someone@example.com / 新しいメール アドレスを取得 / パスワード / 日本

*既に Microsoft サービスを使用している場合は、元に戻ってそのアカウントを使用してサイン インします。

Microsoft アカウントを持たないユーザーを追加する

次へ　戻る

6 クリック

続いて、このような画面が表示されます。ローカル アカウントでユーザーを追加する場合は、「Microsoft アカウントを持たないユーザーを追加する」をクリックします。

※Microsoftアカウントの登録も同時に行う場合は、この画面に氏名とメールアドレスを入力し、パスワードを設定します。

Column

Microsoftアカウントの登録

とりあえずローカル アカウントでユーザーを追加しておき、後からMicrosoftアカウントに変更することも可能です。この場合は「追加したユーザー」でWindows 10にサインインし、P114～117で解説した手順でMicrosoftアカウントを登録します。

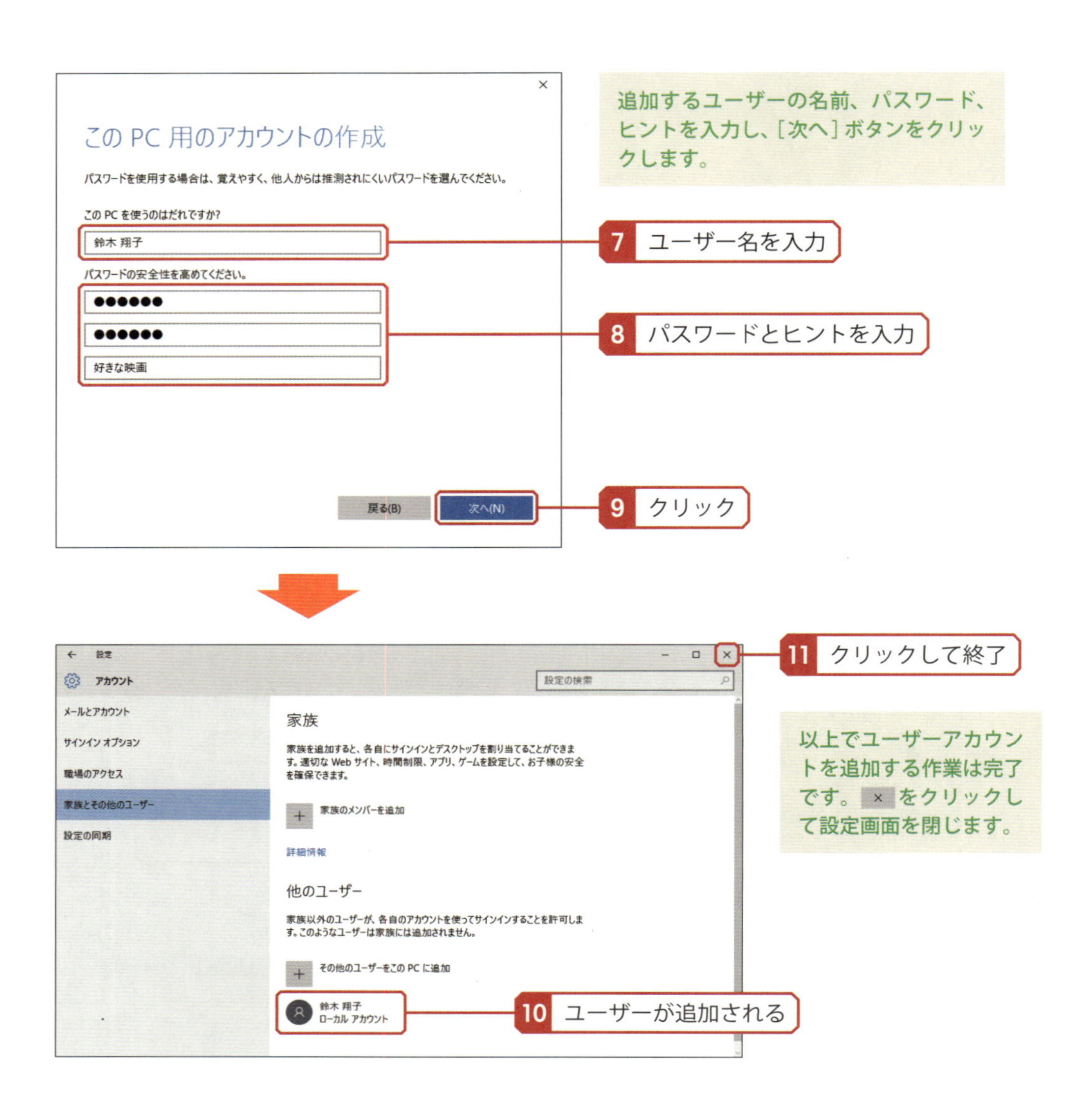

追加するユーザーの名前、パスワード、ヒントを入力し、[次へ]ボタンをクリックします。

以上でユーザーアカウントを追加する作業は完了です。 × をクリックして設定画面を閉じます。

▶ ユーザーを選択してサインイン

複数のユーザー アカウントを作成した場合は、Windows 10の起動時にユーザーを選択してからサインインを行う必要があります。

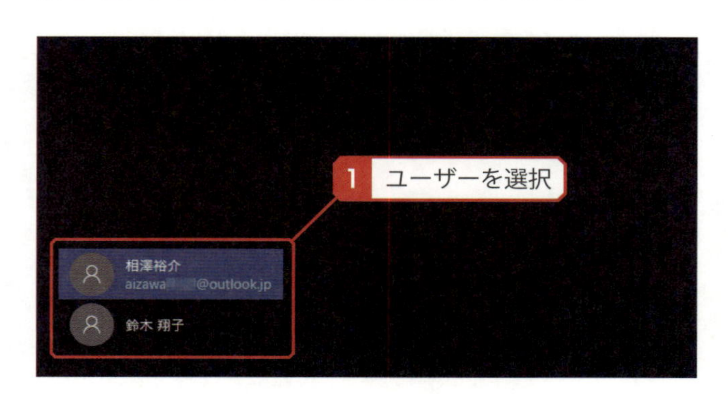

サインイン画面の左下に、登録されているユーザーの一覧が表示されます。ここでパソコンを使用するユーザーを選択します。

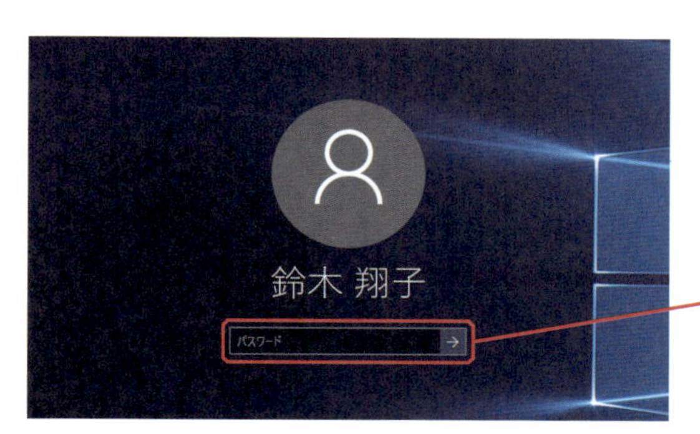

画面表示が選択したユーザーに切り替わります。パスワード（またはPIN）を入力してサインインします。

そのユーザー専用の環境でWindows 10が起動します。

なお、新たに追加したユーザー アカウントで初めてサインインしたときは、初期設定が行われるため、サインイン完了までに数分の時間を要します。作業が完了するまで、そのまま待つようにしてください。

ユーザーの切り替え

Windows 10にサインインした後、一時的に別のユーザーに切り替えてパソコンを使用することも可能です。この場合は、スタートメニューにあるユーザー名をクリックし、これから操作を始める人のユーザー アカウントを選択します。

また、ここでサインアウトを選択すると、現在のユーザー アカウントでの作業を終了し、サインインの画面に戻すことができます。

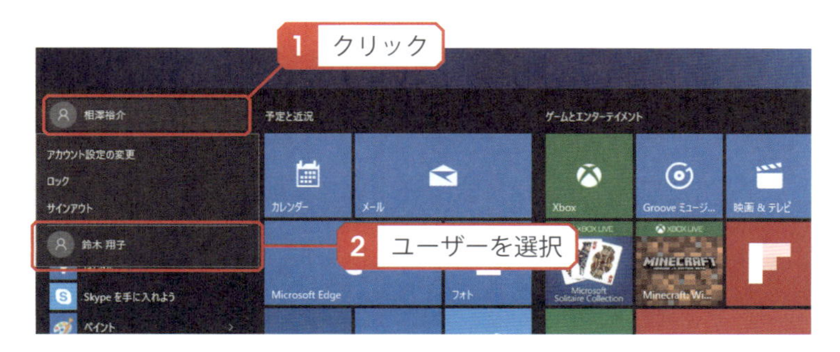

▶ ユーザー アカウントの管理

各ユーザーのパスワードやPINを後から変更することも可能です。この場合は、パスワード（またはPIN）を変更するユーザー アカウントでサインインし、以下に示した画面で設定変更を行います。

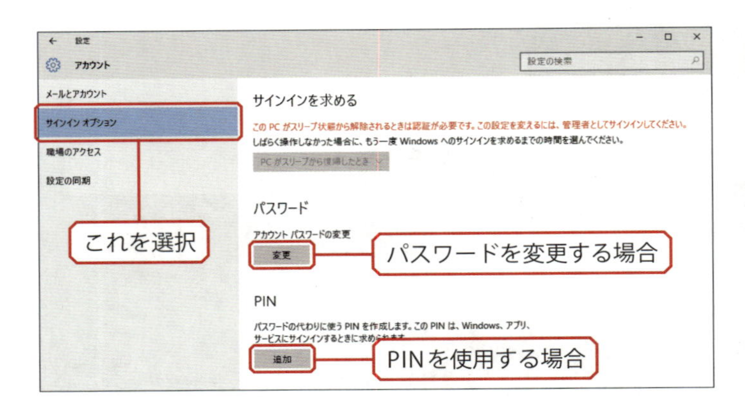

ユーザー アカウントの設定画面を開き、「サインイン オプション」を選択します。続いて、各項目にある［変更］ボタンなどをクリックし、設定を変更します。

※ユーザー アカウントの設定画面は、P136～137の手順1～2の操作で開くことができます。

また、Windows 10には、「管理者」と「標準ユーザー」の2種類のユーザーアカウントがあることも覚えておく必要があります。「管理者」は全ての操作を実行できますが、「標準ユーザー」はパソコンの基幹に関わる操作を実行できません。通常、新たに追加したユーザーは「標準ユーザー」としてアカウントが作成される仕組みになっています。これを「管理者」に変更するときは以下のように操作します。

※この設定変更は「管理者」だけが実行できる操作となります。よって、「管理者」のユーザー アカウントでサインインしてから操作を行わなければいけません。

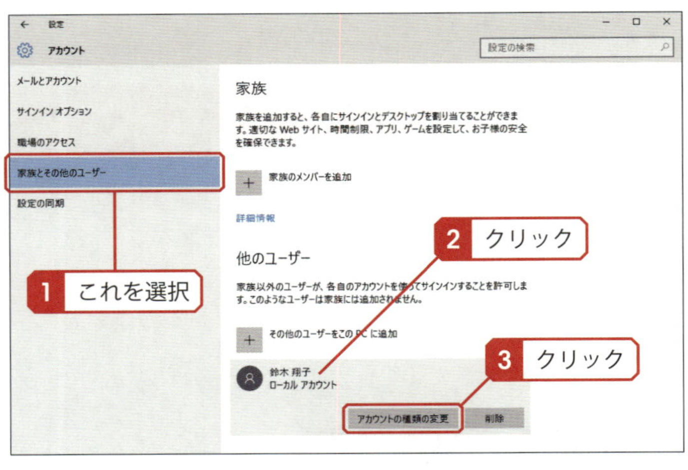

ユーザー アカウントの設定画面を開き、アカウントの種類を変更するユーザーをクリックします。続いて、［アカウントの種類の変更］ボタンをクリックします。

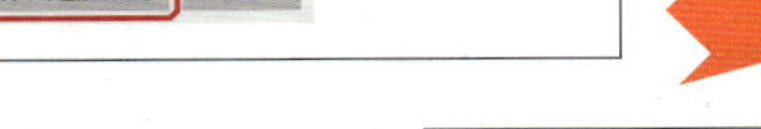

アカウントの種類を「管理者」に変更し、［OK］ボタンをクリックします。

Word 2016

「Word」は論文やレポートをはじめ、仕事で使う書類、掲示物、広告など、あらゆる文書の作成に使用できるアプリです。ここからは「Word」の使用方法を解説していきます。

01 Wordの起動と終了

まずは「Word」の概要を簡単に紹介しておきます。また「Word」を起動したり、終了したりするときの操作手順についても解説します。最も基本的な操作なので必ず覚えておいてください。

▶ Wordの概要

「Word 2016」（以下「Word」）は、マイクロソフトの「Office 2016」を構成するアプリの一つで、様々な文書の作成に使用できる文書作成アプリとして活用できます。単なる文章の作成であれば「メモ帳」でも十分に行えますが、「メモ帳」はデザインやレイアウトを指定できないため、見た目に美しい文書を作成することはできません。一方、「Word」を使って文書を作成した場合は、文字の書式（フォント、文字サイズ、文字色など）を指定したり、写真や表などを挿入したりすることが可能となります。このため、レイアウトの整った、分かりやすい文書に仕上げることができます。

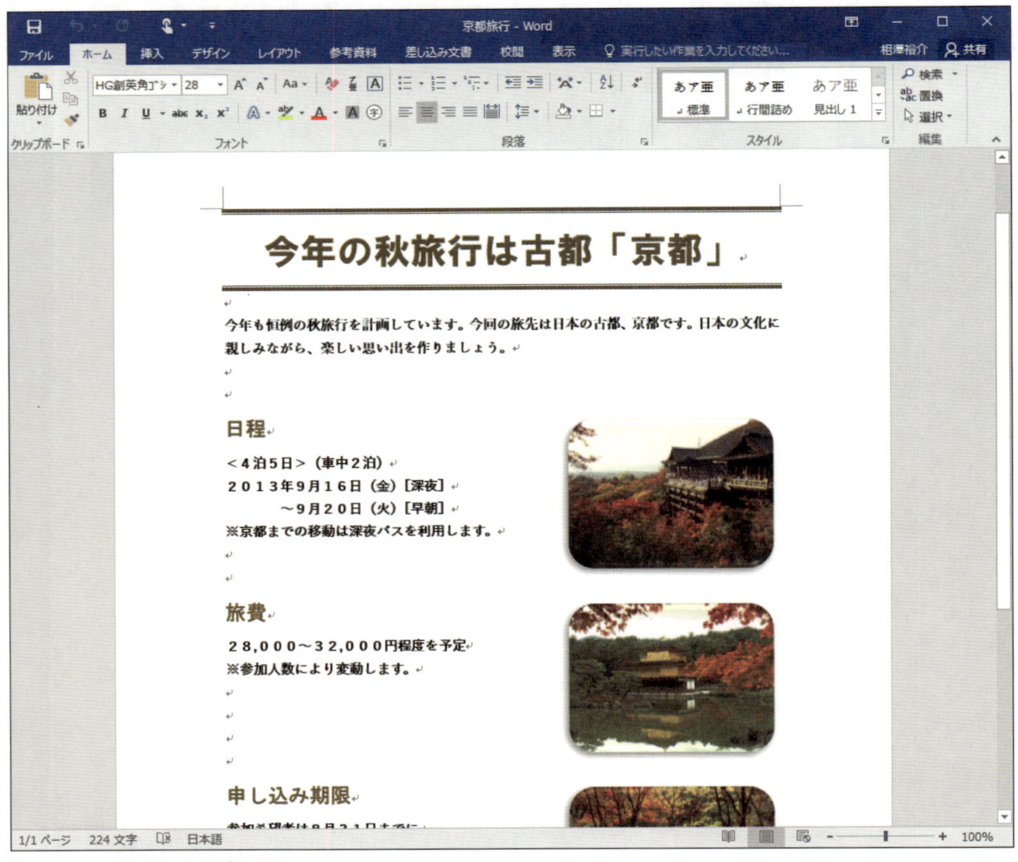

「Word」で作成した文書の例

Wordの起動

それでは、さっそく「Word」を起動してみましょう。「Word」を起動するときは、スタートメニューにある「すべてのアプリ」をクリックし、「Word 2016」を選択します。

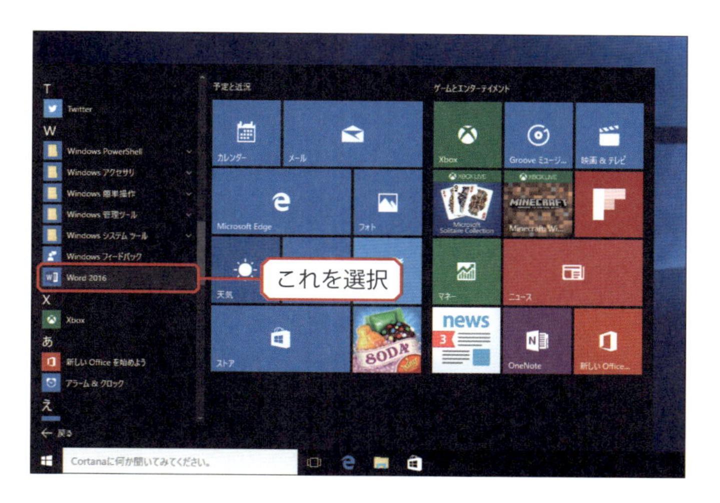

Column

Wordのタイルを作成

頻繁に「Word」を使用する方は、P112に示した手順で「Word 2016」のタイルをスタートメニューに追加しておくとよいでしょう。

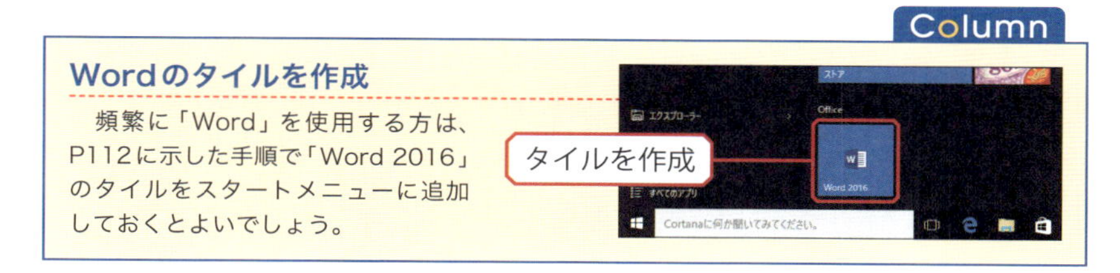

「Word」を起動すると、最初に以下のような画面が表示されます。ここで「白紙の文書」をクリックすると、何も入力されていない白紙の文書を作成することができます。

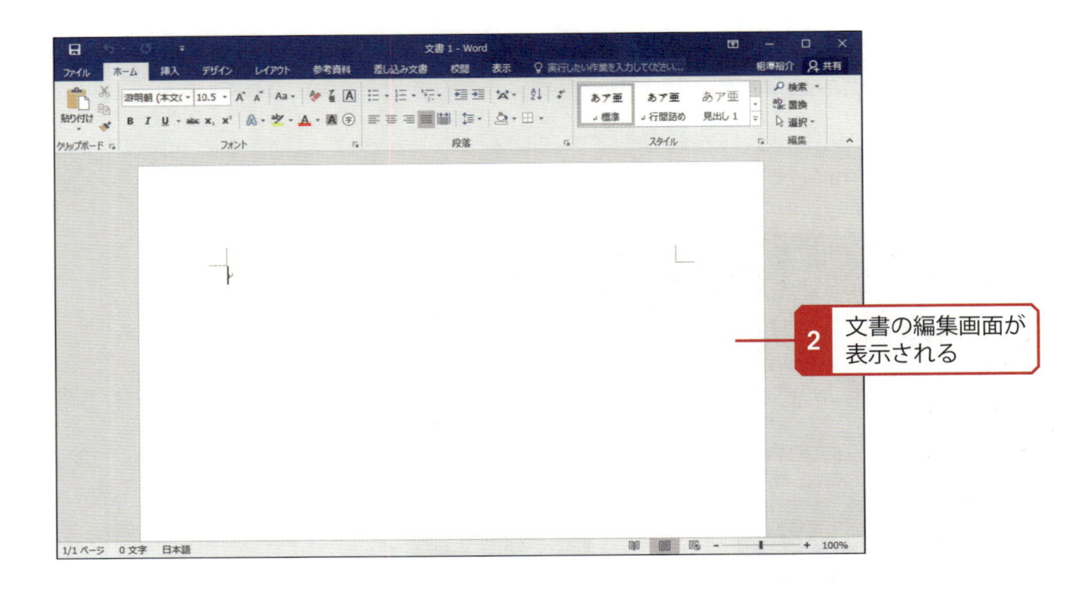

なお、手順1で「白紙の文書」以外をクリックした場合は、あらかじめデザインが施された文書が作成されます。

Wordの終了

続いては、「Word」を終了させるときの操作手順を解説しておきます。「Word」を終了させるときは以下のように操作します。

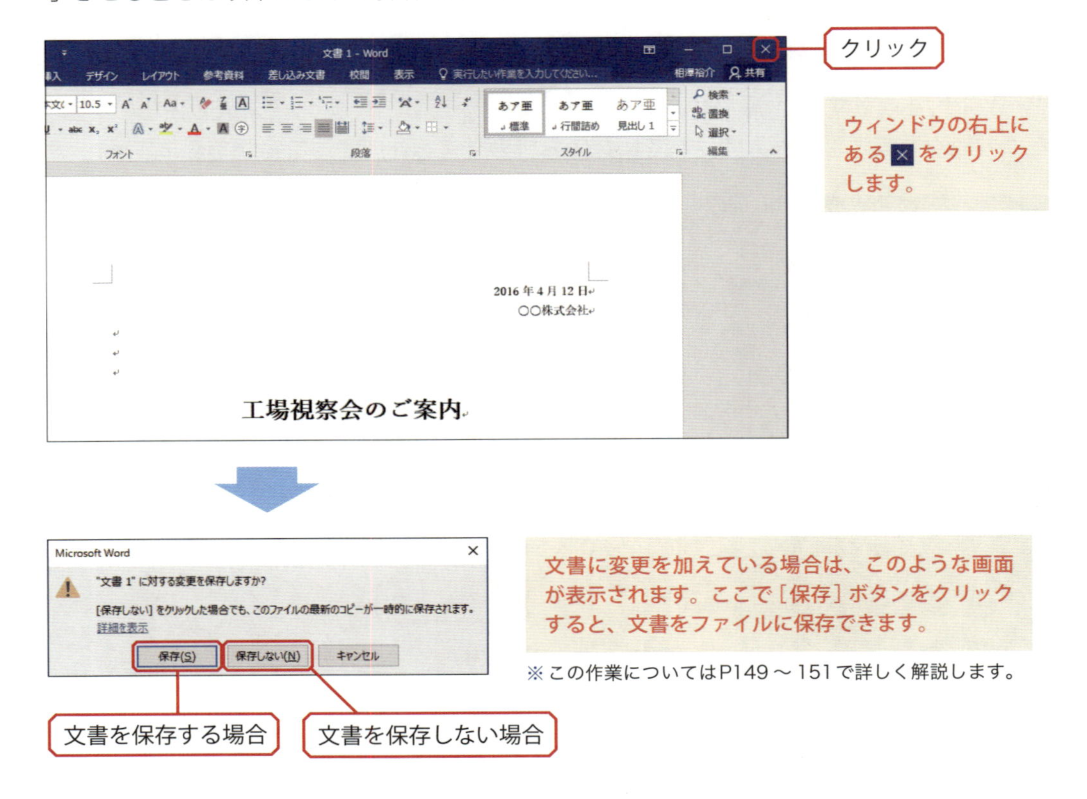

※この作業についてはP149～151で詳しく解説します。

02 各部の名称と表示倍率の変更

続いては、「Word」のウィンドウを構成する各部の名称と役割について解説します。また、ウィンドウ内に表示されている文書を拡大／縮小して表示する方法も紹介しておきます。

タブとリボン

「Word」のウィンドウ上部にはタブとリボンが表示されています。まずは、この部分について解説します。

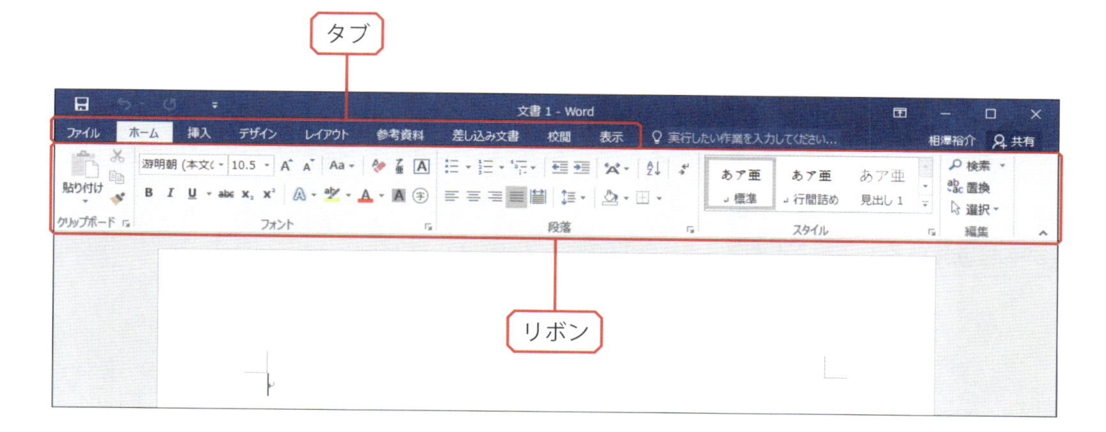

■タブ

最初に、ここで大まかな操作を指定します。選択したタブに応じてリボンの表示が切り替わります。

■リボン

操作コマンドの一覧がアイコンなどで表示されます。表示されるコマンドは選択したタブに応じて変化します。たとえば［挿入］タブを選択すると、リボンの表示は以下のように変化します。

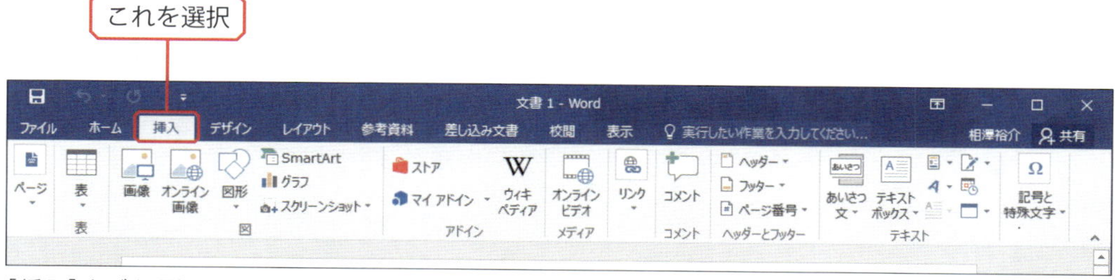

［挿入］タブを選択したときのリボンの表示

Column

ウィンドウ幅とリボンの表示

各タブのリボンは、ウィンドウ幅に応じてアイコンの配置が変化する仕組みになっています。このため、前ページの図とは異なる配置でアイコンが表示される場合もあります。各種操作を行うときは、位置ではなく図柄や文字で操作すべきアイコンを探し出すようにしてください。

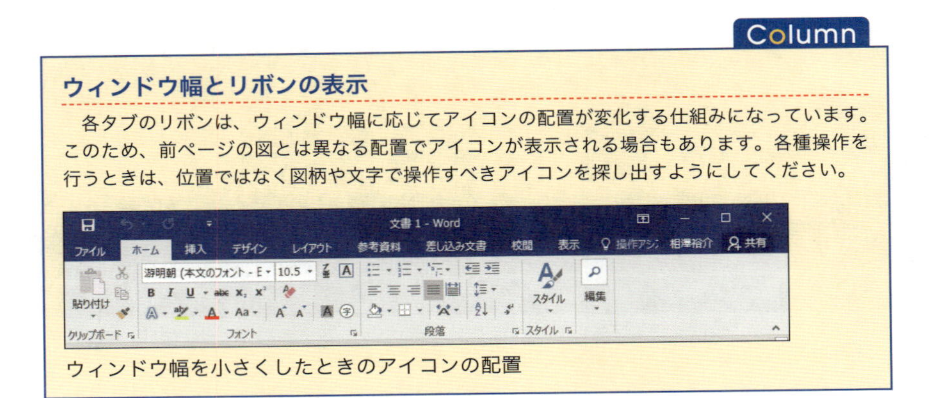
ウィンドウ幅を小さくしたときのアイコンの配置

[ファイル] タブについて

[ファイル] タブを選択した場合は、リボンではなく以下の図のような画面が表示されます。この画面はファイルの保存や文書の印刷などを行う場合に利用します。これらの操作については、P149〜150ならびにP180〜181で詳しく解説します。

クイックアクセス ツールバー

ウィンドウ上部にはクイックアクセス ツールバーが配置されています。ここには「上書き保存」や「元に戻す」などのアイコンが並んでいます。この右端にある ▾ をクリックすると、クイックアクセス ツールバーに表示するアイコンを変更できます。

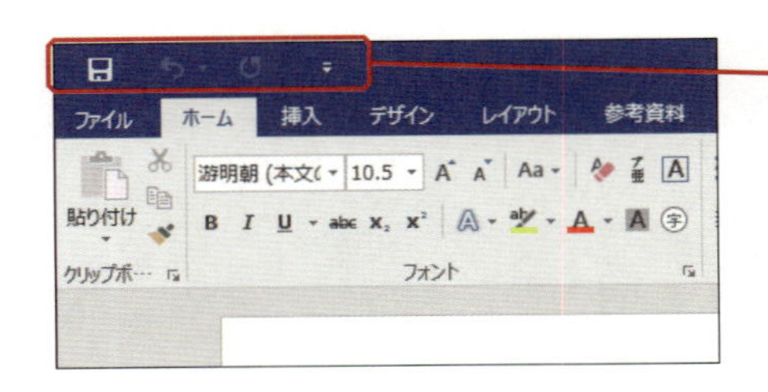

タッチ操作用のリボン表示

タッチ操作で文書を編集するときは、リボンのアイコン表示を大きくして操作します。リボンの表示をタッチ操作用に切り替えるときは、以下のように操作します。

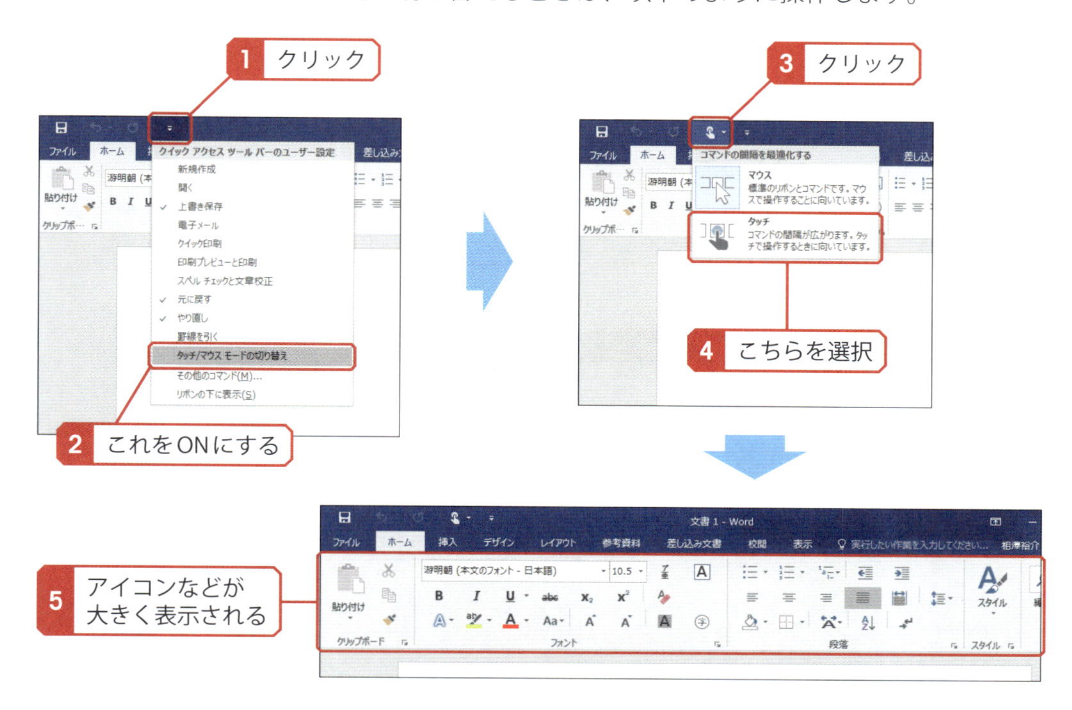

リボンを一時的に非表示

リボンを一時的に消去し、文書をウィンドウ内に広く表示させることも可能です。リボンの表示/非表示は、タブのダブルクリックで切り替えます。

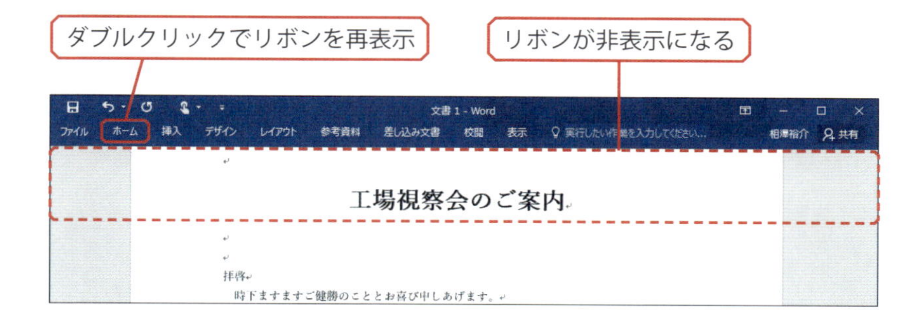

Column

[Ctrl]+[F1]キーの利用

[Ctrl]キーを押しながら[F1]キーを押してリボンの表示/非表示を切り換えることも可能です。

Column

リボンが非表示の場合の操作

リボンを消去した状態のまま各種操作を行うことも可能です。この場合は、タブをクリックしたときだけリボンが表示され、操作の完了と同時にリボンは自動的に消去されます。

▶ 表示倍率の変更

ウィンドウ内に表示されている文書の表示倍率を変更する機能も用意されています。細かい部分を編集するときは拡大表示、全体のバランスを確認するときは縮小表示、と状況に応じて最適な倍率を指定するとよいでしょう。

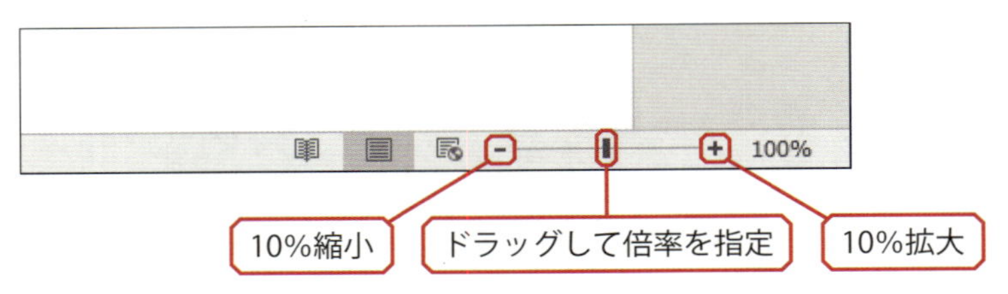

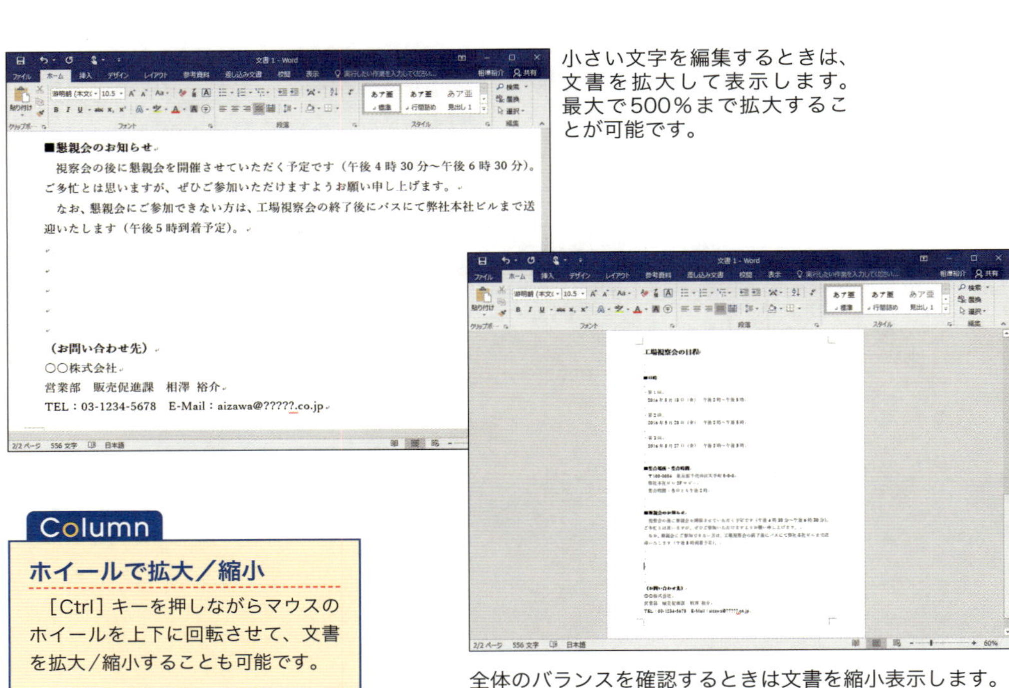

小さい文字を編集するときは、文書を拡大して表示します。最大で500％まで拡大することが可能です。

全体のバランスを確認するときは文書を縮小表示します。

Column

ホイールで拡大／縮小

[Ctrl]キーを押しながらマウスのホイールを上下に回転させて、文書を拡大／縮小することも可能です。

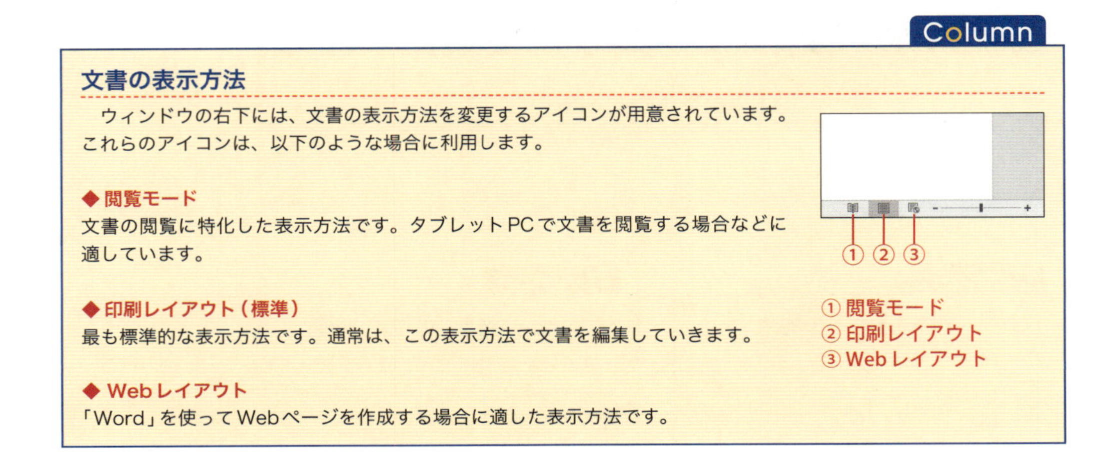

Column

文書の表示方法

ウィンドウの右下には、文書の表示方法を変更するアイコンが用意されています。これらのアイコンは、以下のような場合に利用します。

◆ 閲覧モード
文書の閲覧に特化した表示方法です。タブレットPCで文書を閲覧する場合などに適しています。

◆ 印刷レイアウト（標準）
最も標準的な表示方法です。通常は、この表示方法で文書を編集していきます。

◆ Webレイアウト
「Word」を使ってWebページを作成する場合に適した表示方法です。

① 閲覧モード
② 印刷レイアウト
③ Webレイアウト

03 ファイル操作

「Word」で作成した文書は、パソコン内にあるハードディスク、もしくはOneDriveに保存するのが一般的です。続いては、作成した文書をファイルに保存したり、保存した文書を開いたりするときの操作手順を解説します。

文書ファイルの新規保存

「Word」で作成した文書は、ファイルに保存して管理するのが基本です。保存せずに「Word」を終了すると、作成した文書が消去されてしまうことに注意してください。せっかく作成した文書を確実に残しておくためにも、必ず保存を行う習慣を付けておきましょう。文書をファイルに保存するときは、以下のように操作します。

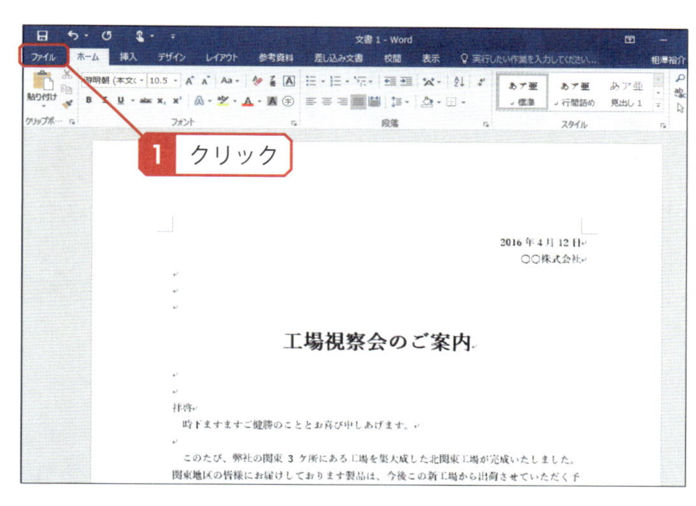

［ファイル］タブをクリックして選択します。

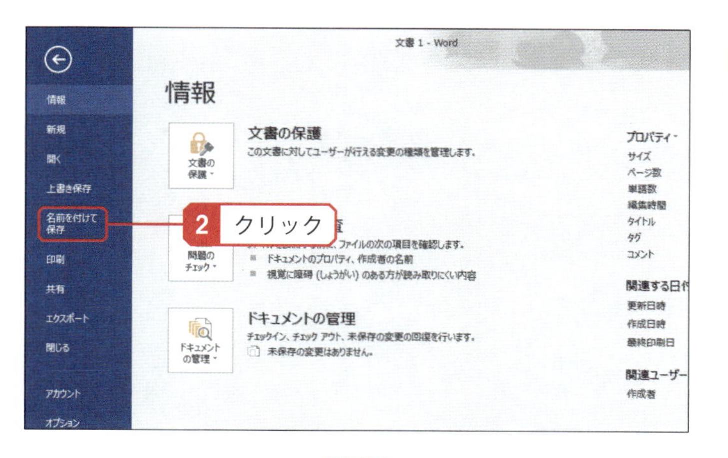

「名前を付けて保存」または「上書き保存」をクリックします。

続いて、ファイルの保存先を指定します。保存先に「OneDrive」を指定すると、自宅にあるパソコンだけでなく、会社や学校などにあるパソコンでも文書の閲覧や編集を行えるようになります（P119～123参照）。

※OneDriveを使用するときは、Microsoftアカウントでサインインしておく必要があります。

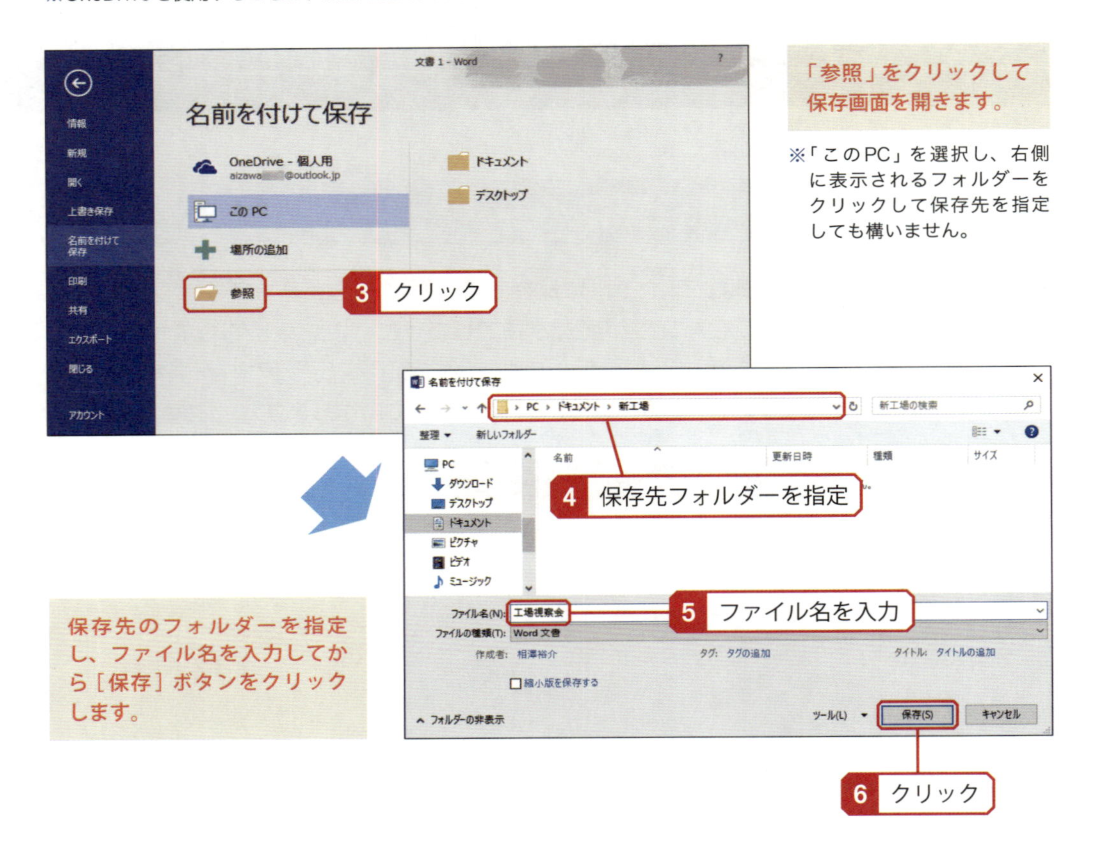

「参照」をクリックして保存画面を開きます。

※「このPC」を選択し、右側に表示されるフォルダーをクリックして保存先を指定しても構いません。

保存先のフォルダーを指定し、ファイル名を入力してから［保存］ボタンをクリックします。

▶ 文書ファイルを開く

ファイルに保存した文書を開くときは、文書ファイルのアイコンをダブルクリックします。すると「Word」が起動し、ウィンドウ内に文書が表示されます。

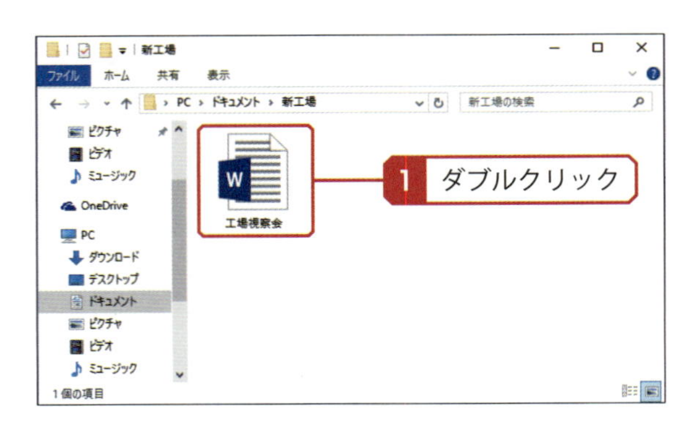

文書ファイルが保存されているフォルダーを開き、文書ファイルのアイコンをダブルクリックします。

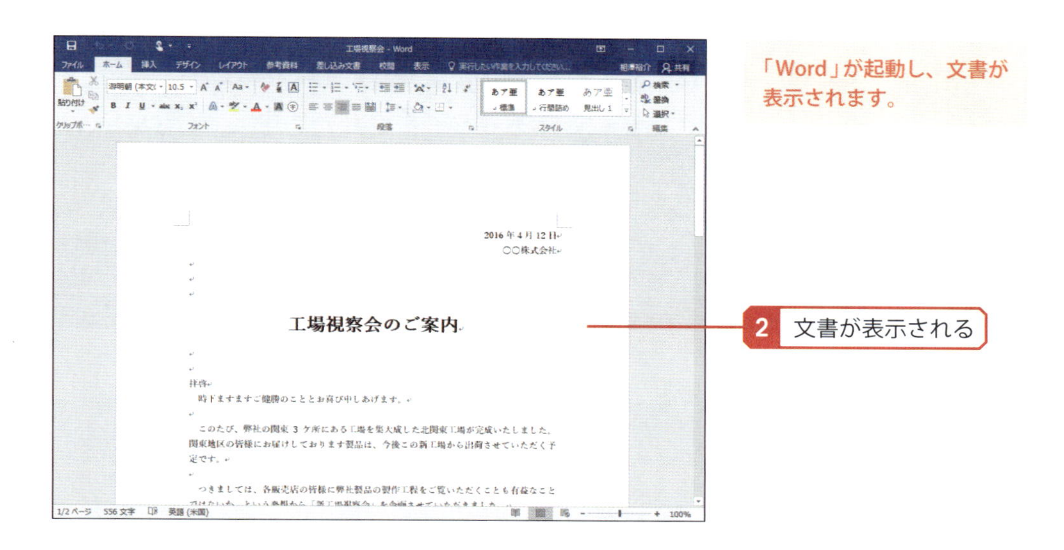

文書ファイルの上書き保存

すでに保存されている文書に変更を加えたときは上書き保存を実行し、文書ファイルの内容を更新しておく必要があります。この操作は、クイックアクセス ツールバーにある🖫（上書き保存）をクリックすると実行できます。

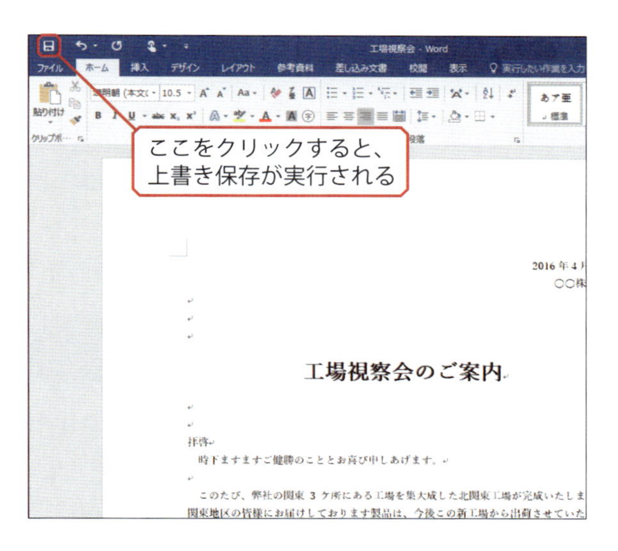

Column

[Ctrl]＋[S]キーの活用

キーボードの[Ctrl]キーを押しながら[S]キーを押して上書き保存を行うことも可能です。こちらのほうが素早く操作できるので、[Ctrl]＋[S]キーの操作方法もぜひ覚えておいてください。

なお、上書き保存を行わずに「Word」を終了させた場合は、今回の変更が破棄され、前回保存したときの状態のまま文書ファイルが維持されます。

Column

文書ファイルを別名で保存

前回保存したときの状態を維持したまま、別のファイルに文書を保存したい場合は、[ファイル]タブにある「名前を付けて保存」を選択します。続いて、保存先とファイル名を指定すると、新しいファイルに文書を保存できます。この場合、元の文書ファイルの内容が変更されることはありません。

04 文字の書式

ここからは「Word」で実際に文書を作成するときの操作手順について解説していきます。まずは、フォント、文字サイズ、文字色など、文字の書式を指定する方法を解説します。

文字の入力

文書を作成するには文字の入力が必須となりますが、この操作について特筆すべき点はありません。本書のP32～41やP94～95で解説した方法で、文字の入力、漢字変換、コピー＆貼り付けなどを行います。

「Word」を起動した直後は、入力モードが全角入力モードになっています。このため、そのままキーを押していくだけで日本語を入力できます。半角の英数字を入力するときは、［半角／全角］キーを押して入力モードを切り替えます。

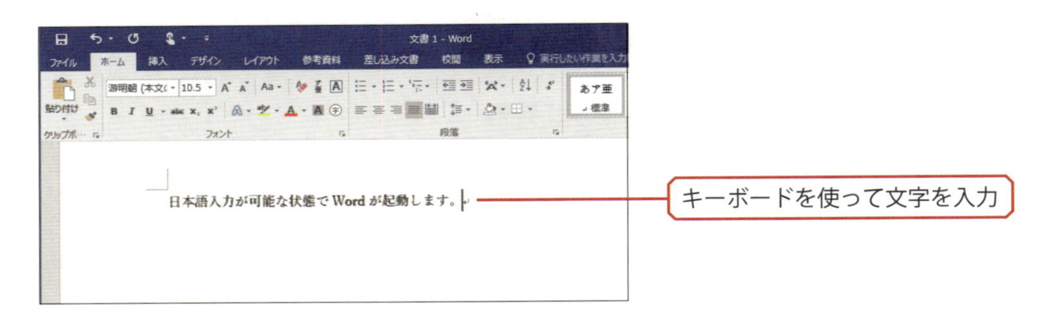

文字の書式指定

続いて、フォントや文字サイズなどの書式を指定するときの大まかな操作手順を解説します。この手順は大きく分けて2通りあります。1つ目は、先に書式を指定してから文字を入力する方法です。この場合は、あらかじめ指定しておいた書式で文字が入力されます。

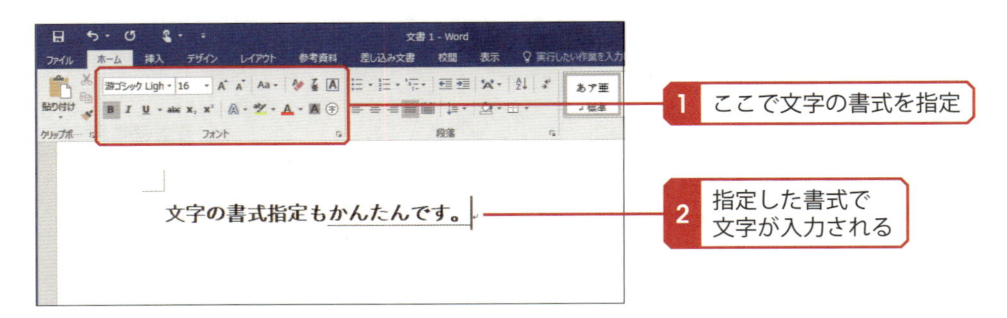

2つ目は、すでに入力されている文字の書式を変更する方法です。この場合は、文字を選択してから書式を指定します。すると、選択していた文字が指定した書式に変更されます。

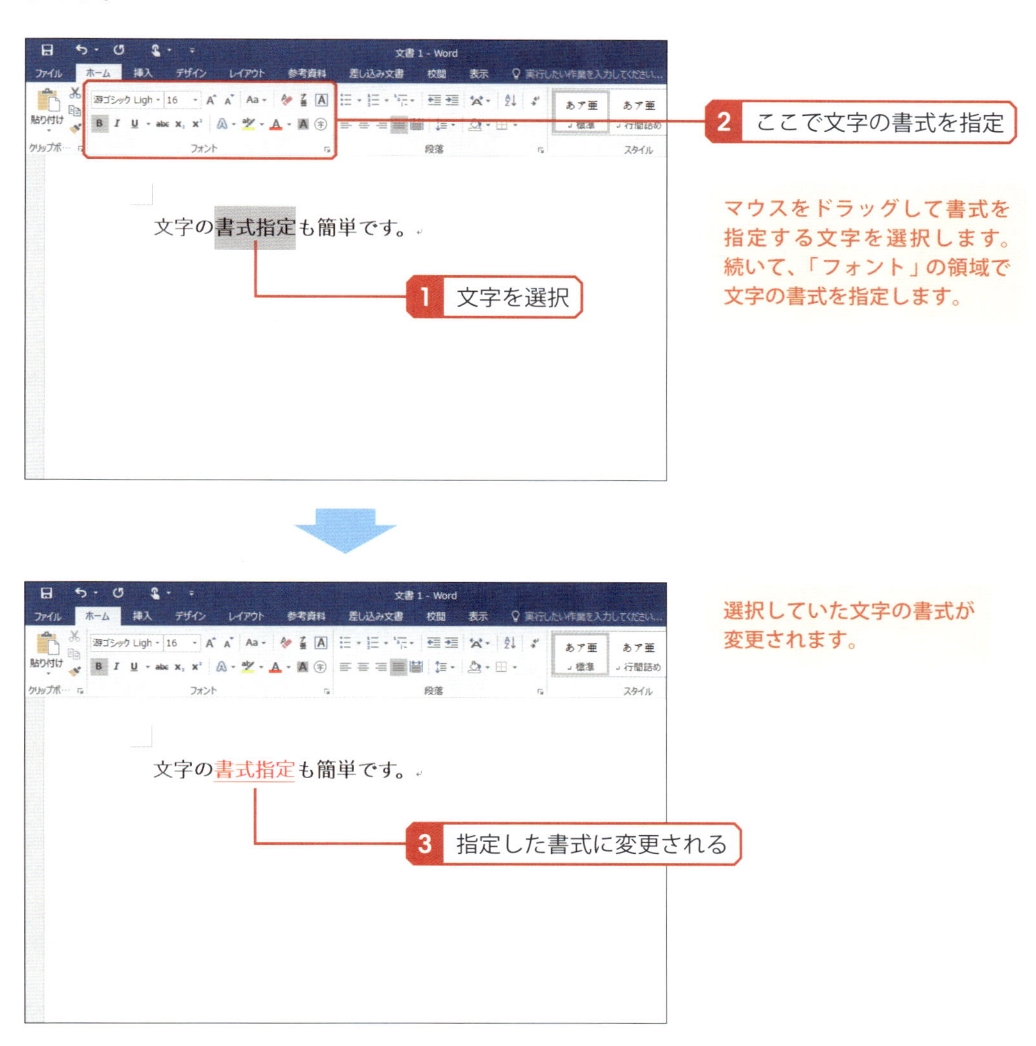

マウスをドラッグして書式を指定する文字を選択します。続いて、「フォント」の領域で文字の書式を指定します。

選択していた文字の書式が変更されます。

このとき、［ホーム］タブのリボンの代わりにミニツールバーを利用しても構いません。ミニツールバーの方がマウスを動かす距離を小さくできるので、素早く操作を完了できます。

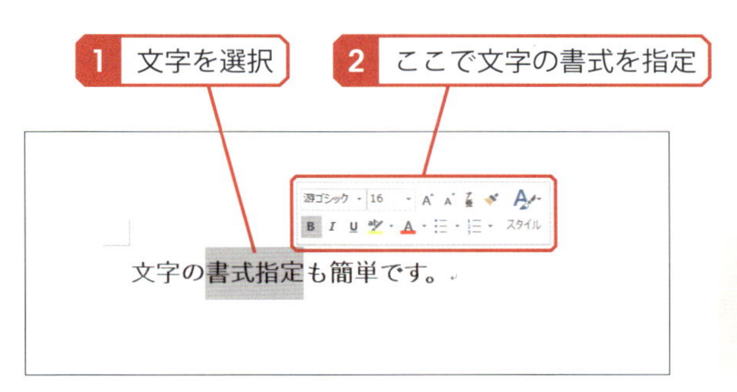

文字を選択するとミニツールバーが画面に表示されます。ここで文字の書式を指定することも可能です。

フォントの指定

Windowsには、明朝体やゴシック体など、数多くのフォントが標準装備されています。これら全てのフォントを「Word」で利用することが可能です。フォントを指定するときは、「フォント」の▾をクリックし、一覧からフォントを選択します。

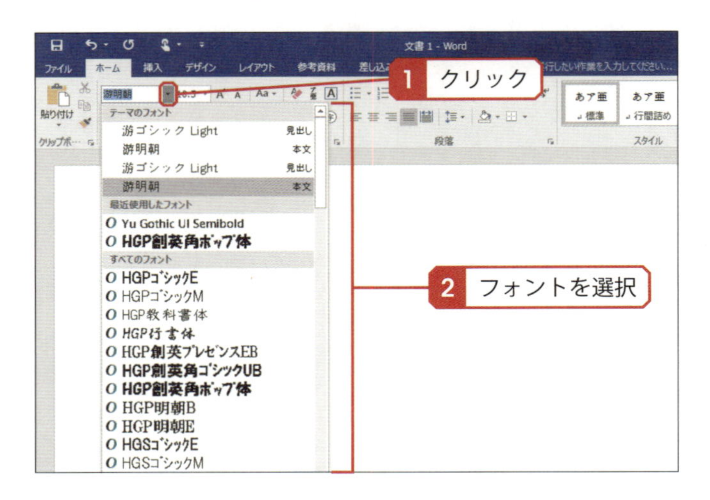

■代表的なフォント

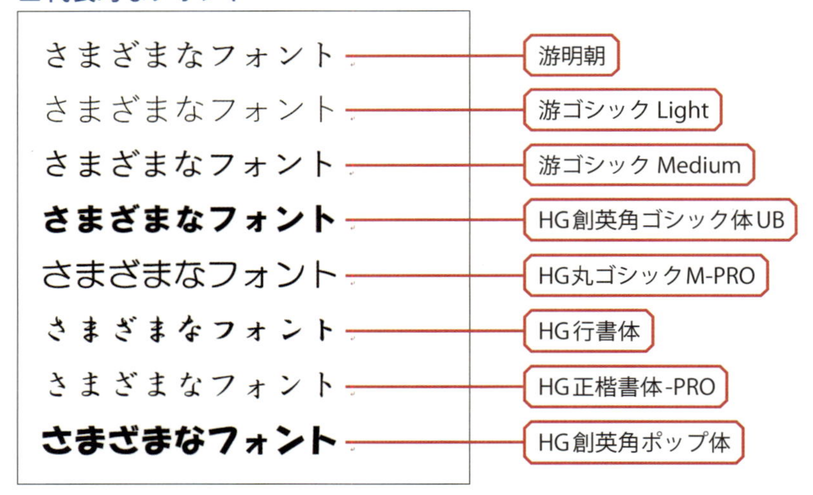

Column

日本語フォントと欧文フォント

フォントは「日本語フォント」と「欧文フォント」の2種類があります。このうち「欧文フォント」は、半角文字だけに対応するフォントとなります。このため、漢字やひらがななどの全角文字に「欧文フォント」指定すると、その操作は無視されます。

フォントの一覧（すべてのフォント）には「日本語フォント」→「欧文フォント」の順番で、それぞれフォントがABC順（50音順）に並べられています。この並び順を見ると、各フォントの種類を見分けられます。

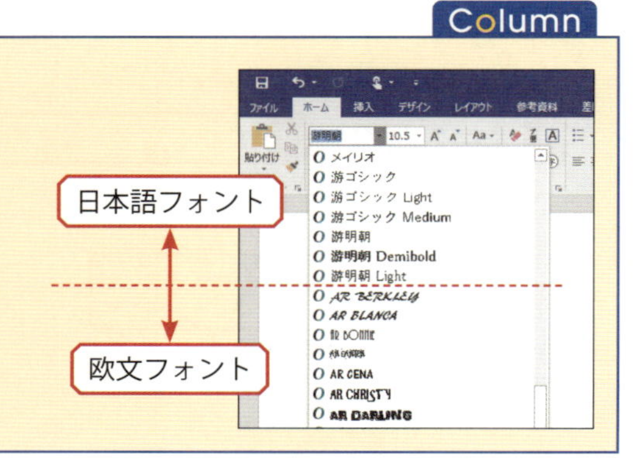

▶ 文字サイズの指定

文字サイズは、フォントの右隣にある「フォント サイズ」の▾をクリックして指定します。大きい数値を指定するほど文字サイズは大きくなります。

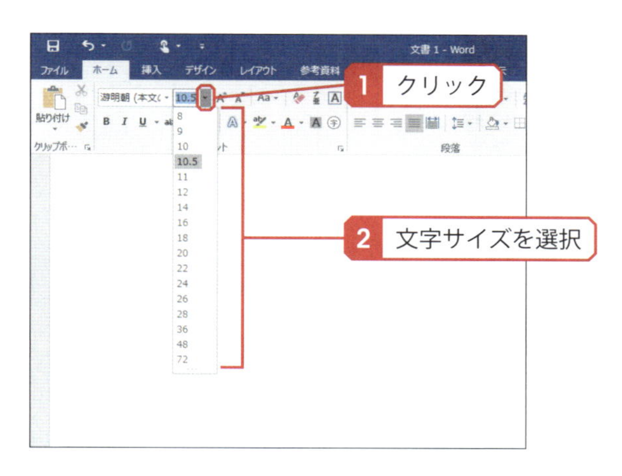

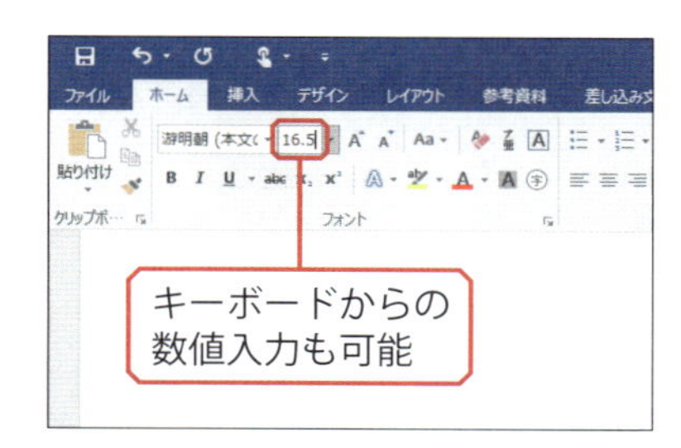

ボックス内に数値を入力して文字サイズを指定することも可能です。この場合に指定できる数値は、0.5単位となります。

■文字サイズの例

文字サイズも自由自在

文字サイズも自由自在

文字サイズも自由自在

文字サイズも自由自在

Column

フォントサイズの単位

文字サイズは、ポイント（pt）という単位で指定するのが一般的です。1ポイントは1/72インチで、メートル法に直すと約0.35277mmとなります。このため、12ポイントの文字は約4.23mm四方の文字サイズとなります。

▶ 文字色の指定

文字の色を指定するときは、A（フォントの色）の▾をクリックし、一覧から色を選択します。なお、ここに表示される色は、配色（P219参照）に応じて変化します。指定したい色が一覧に表示されていなかった場合は、「その他の色」を選択すると自由に色を指定できます。

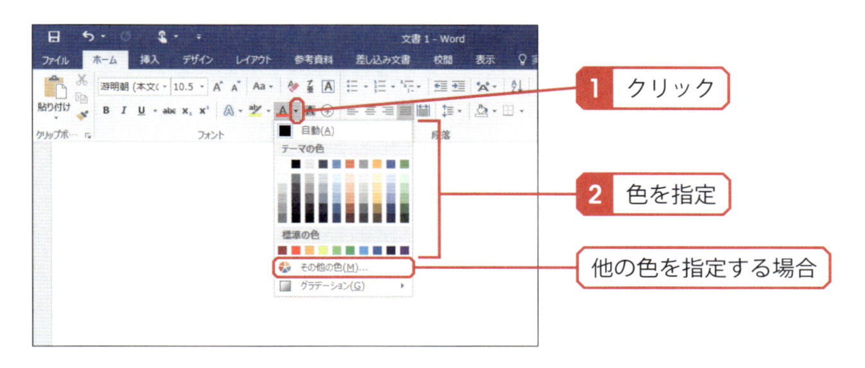

「その他の色」を選択すると、このようなウィンドウが表示されます。自由に色を指定するときは［ユーザー設定］タブを利用します。

太字、斜体、下線などの指定

太字や斜体、下線などを指定するアイコンも用意されています。これらのアイコンは、クリックするごとに有効／無効が切り替わります。

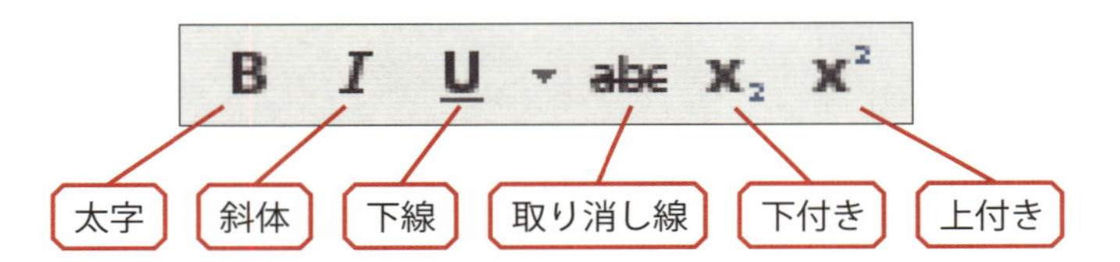

■文字サイズの例

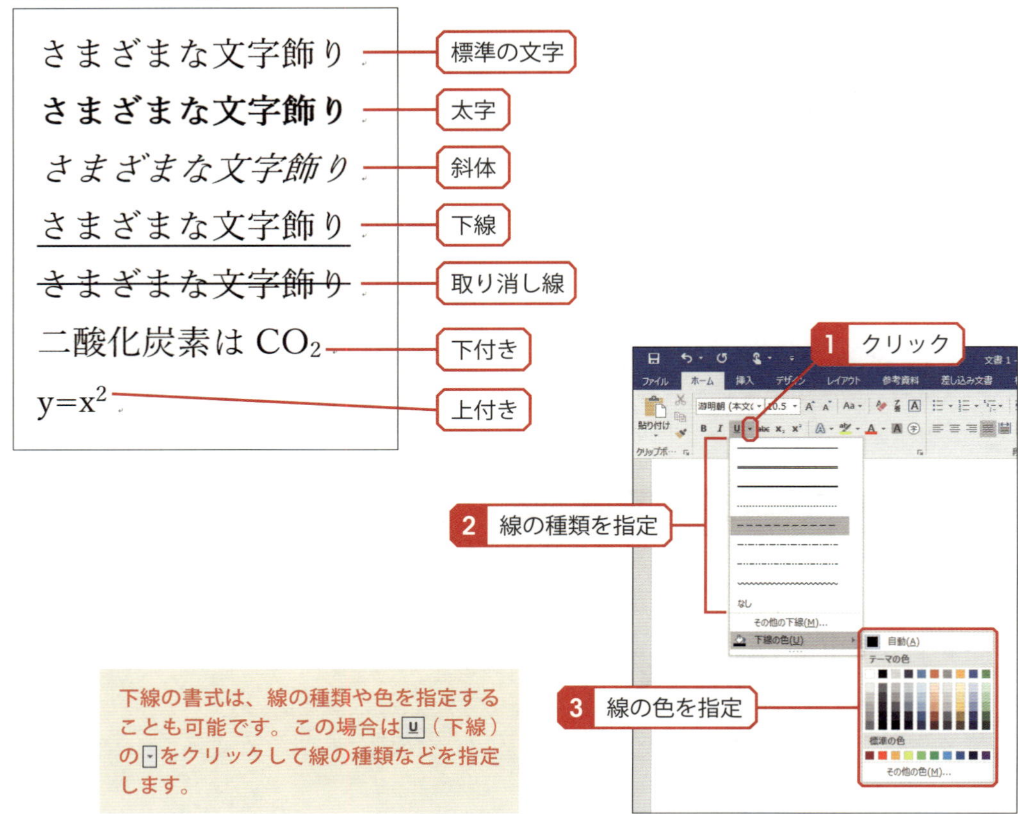

下線の書式は、線の種類や色を指定することも可能です。この場合は［U］（下線）の［▾］をクリックして線の種類などを指定します。

蛍光ペンの指定

蛍光ペンでなぞったように文字に色を付けることも可能です。この場合は［蛍光ペンの色］（蛍光ペンの色）の▼をクリックし、一覧から色を指定します。

■蛍光ペンの例

提出期限は 4 月 20 日です。

Column

文字の網掛け

文書を白黒で印刷する場合は、［A］（文字の網掛け）を利用しても構いません。蛍光ペンとほぼ同様の効果を得られます。

文字の効果

［A］（文字の効果と体裁）の▼をクリックして一覧から効果を選択すると、文字に影を付けたり、文字を縁取り加工したりする書式を指定できます。タイトル文字や強調したい文字などに利用するとよいでしょう。文字の輪郭、影、反射、光彩を個別に指定することも可能です。

■文字の効果の例

4 月 10 日に春の音楽祭を開催します。

▶ その他の文字の書式

そのほか、漢字にルビ（ふりがな）を付けたり、文字を囲ったりする書式も用意されています。これらの書式は、それぞれ以下のアイコンで指定します。

■ルビ／囲み線／囲み文字の例

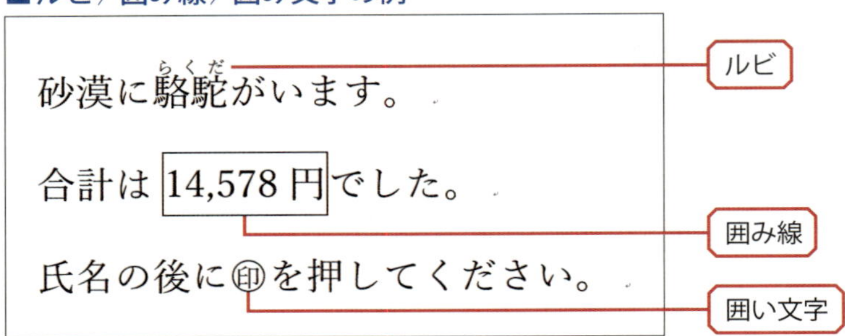

■ （ルビ）

アイコンをクリックすると以下のようなウィンドウが表示され、ルビ（ふりがな）を指定できます。

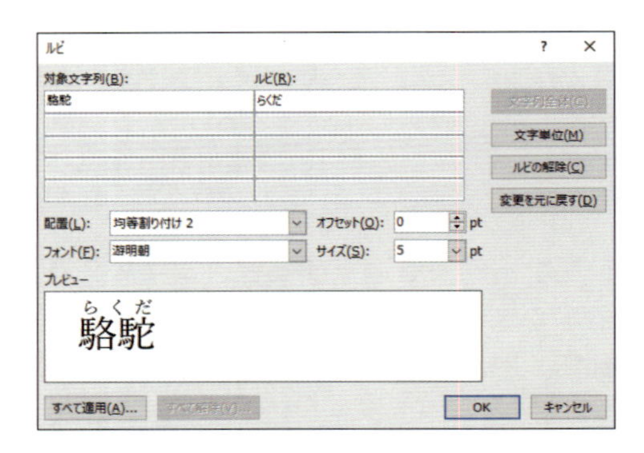

■ （囲み線）

文字を四角く線で囲むことができます。

■ （囲い文字）

㊞のように、○、□、△、◇で囲った文字を作成できます。アイコンをクリックすると以下のウィンドウが表示されるので、ここで囲い文字の種類などを指定します。

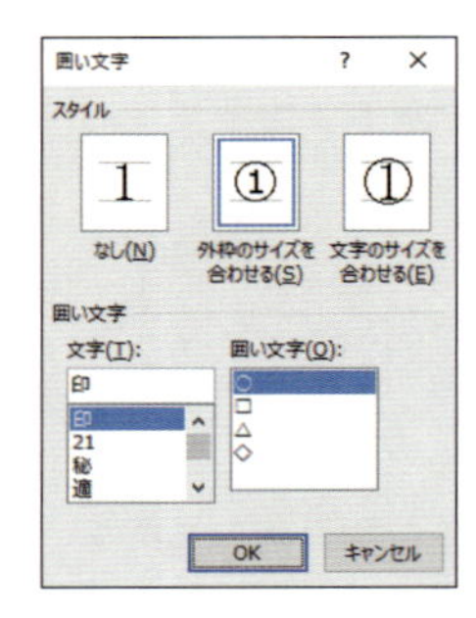

Column

書式のクリア

指定した書式を全て取り消す場合は、文字を選択した状態で（すべての書式をクリア）をクリックします。すると、選択していた文字の書式指定が解除され、標準の状態に戻ります。

「フォント」ウィンドウ

これまでに紹介した書式の多くは「フォント」ウィンドウでも指定できます。「フォント」ウィンドウにしか用意されていない書式もあるので、文字の書式を細かく指定したい場合などに利用するとよいでしょう。「フォント」ウィンドウを表示するときは、リボンの「フォント」の領域にあるをクリックします。

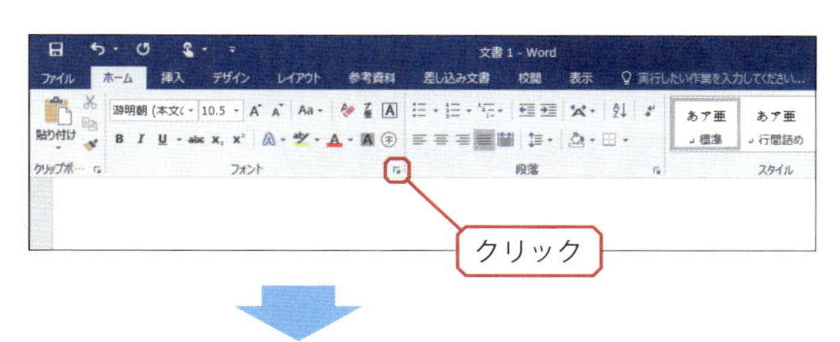

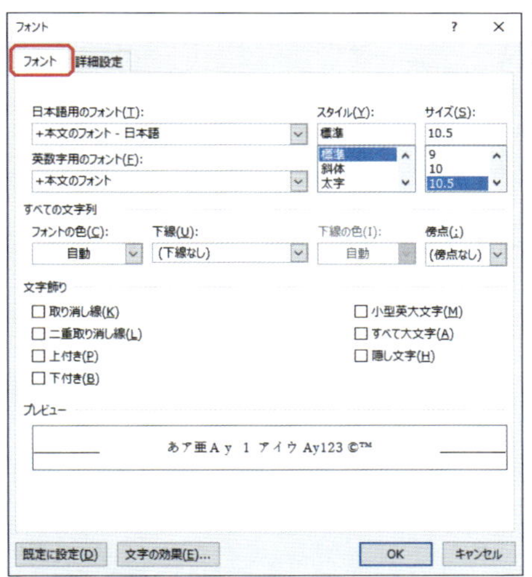

［フォント］タブでは、フォント、文字サイズ、文字色、太字／斜体／下線などの書式を指定できます。二重取り消し線、小型英大文字など、リボンに用意されていない書式もあります。

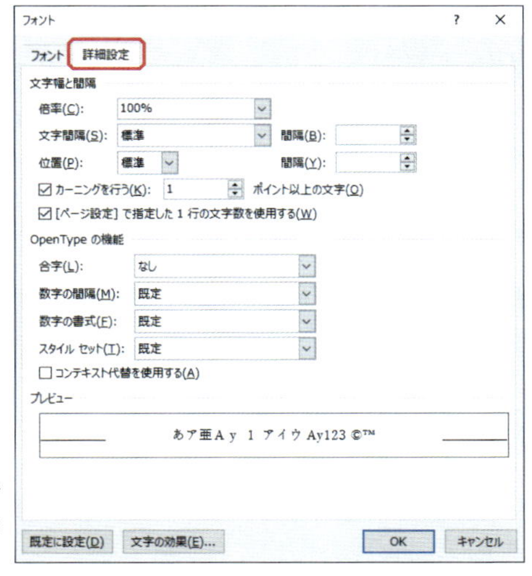

文字の縦横比や、文字と文字の間隔などを変更したいときは、［詳細設定］タブを利用します。

05 段落の書式

「Word」には、段落に対して指定する書式も用意されています。行揃えや行間などの書式は、文字単位ではなく段落単位で指定しなければいけません。続いては、よく使用する段落書式の指定方法を解説します。

段落とは…？

「Word」は、文章の始まりから改行までを1つの段落とみなします。つまり、[Enter]キーの入力が段落の区切りとなる訳です。この考え方は一般的な段落と大差がないため、すぐに仕組みを理解できると思います。ただし、「1行だけの文章」や「見出し」なども1つの段落として扱われることに注意してください。

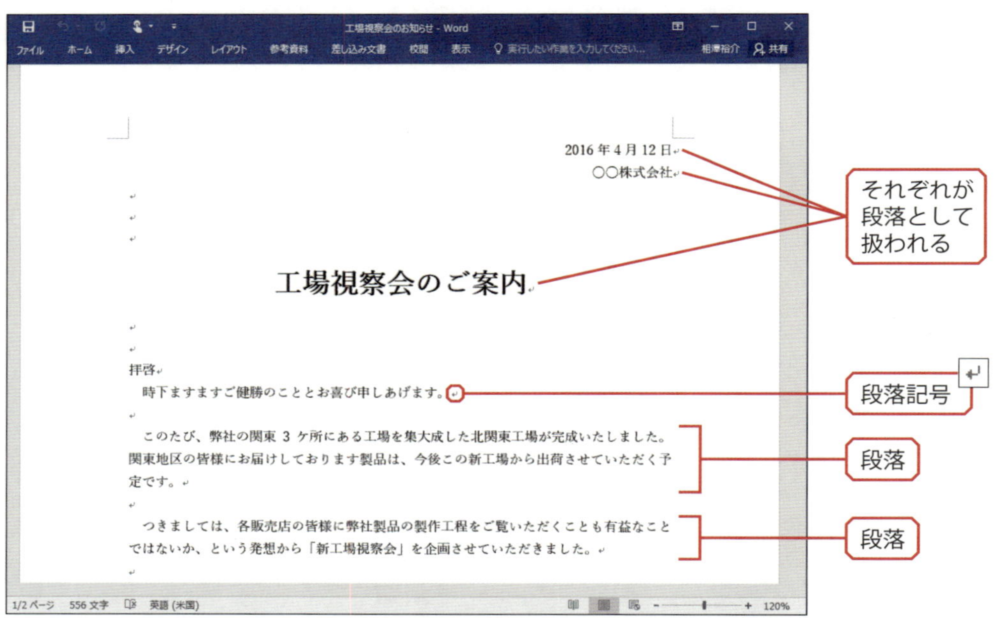

[Enter]キーを入力した位置に段落記号が表示されます。これを段落の区切りと考えるのが基本です。

段落の書式指定

段落の書式を指定するときは、その段落内にある文字を選択した状態でリボンを操作します。このときに、必ずしも段落全体を選択する必要はありません。段落内にある文字の一部を選択するだけで十分です。また、段落内にカーソルを移動した状態でも、その段落の書式を指定できます。

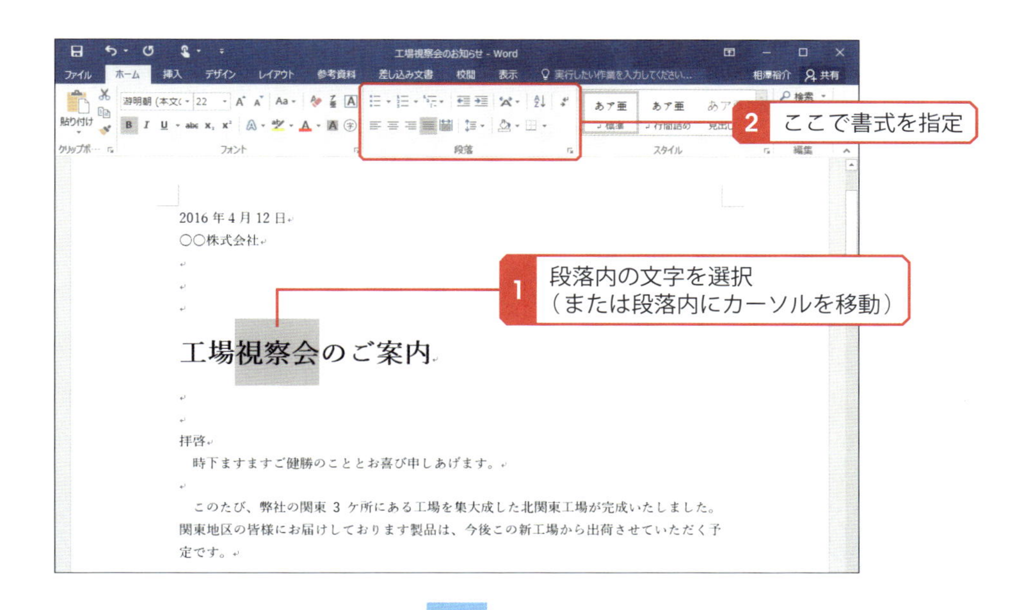

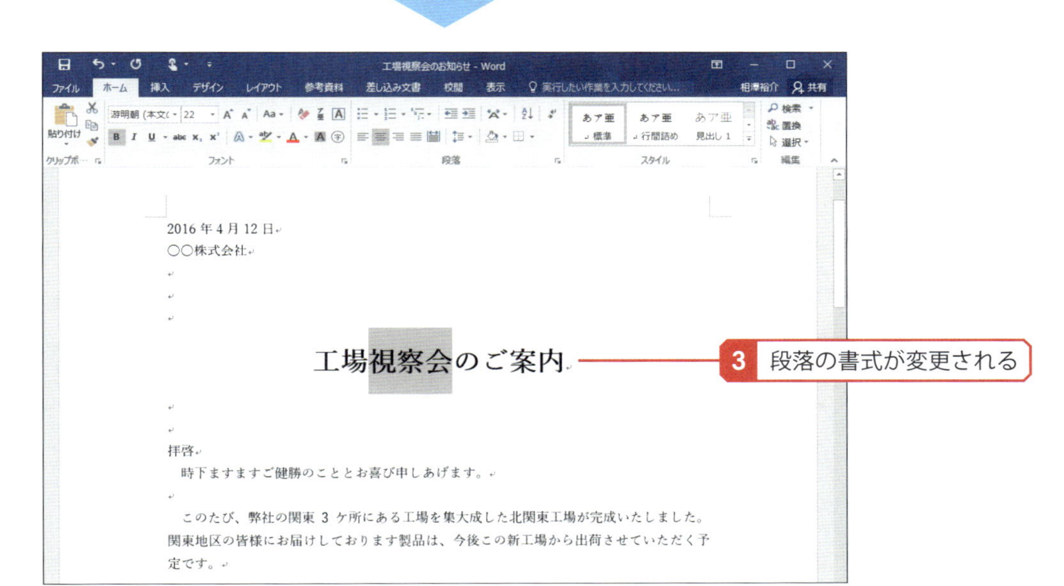

▶ 行揃えの指定

それでは、段落の書式を紹介していきましょう。まずは、各行を揃える位置を指定する行揃えから解説します。「Word」には、以下の5種類の行揃えが用意されています。この書式の初期設定には「両端揃え」が指定されています。

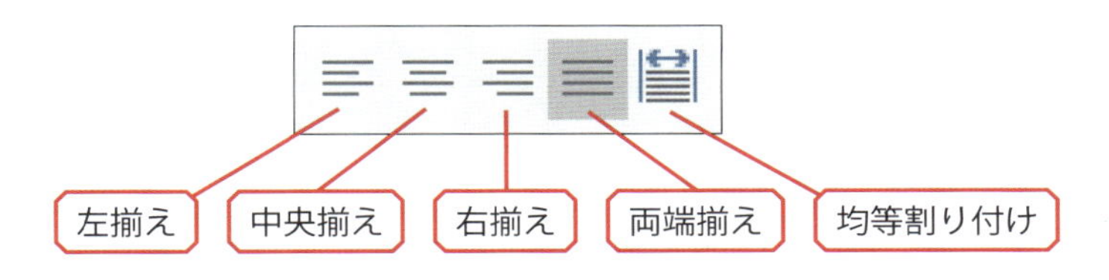

これらのうち、一般的によく利用されるのは「両端揃え」「中央揃え」「右揃え」の3種類です。それぞれの配置は以下のようになります。

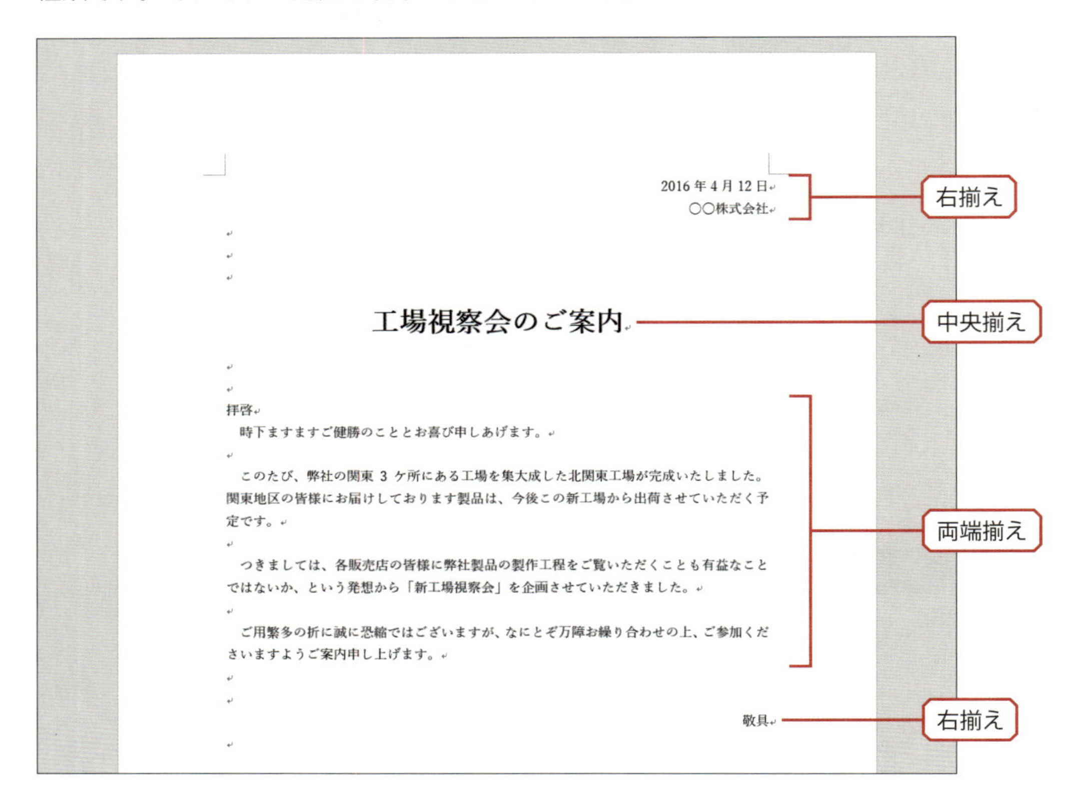

「左揃え」と「両端揃え」はよく似ていますが、右端の処理方法が異なります。「両端揃え」の場合は、文字と文字の間隔が微調整され、文章の左端だけでなく右端でも文字が揃うように配置されます。一方、「左揃え」は文字間隔を微調整しないで文字を並べていくため、段落内の各行で右端が揃わない場合があります。

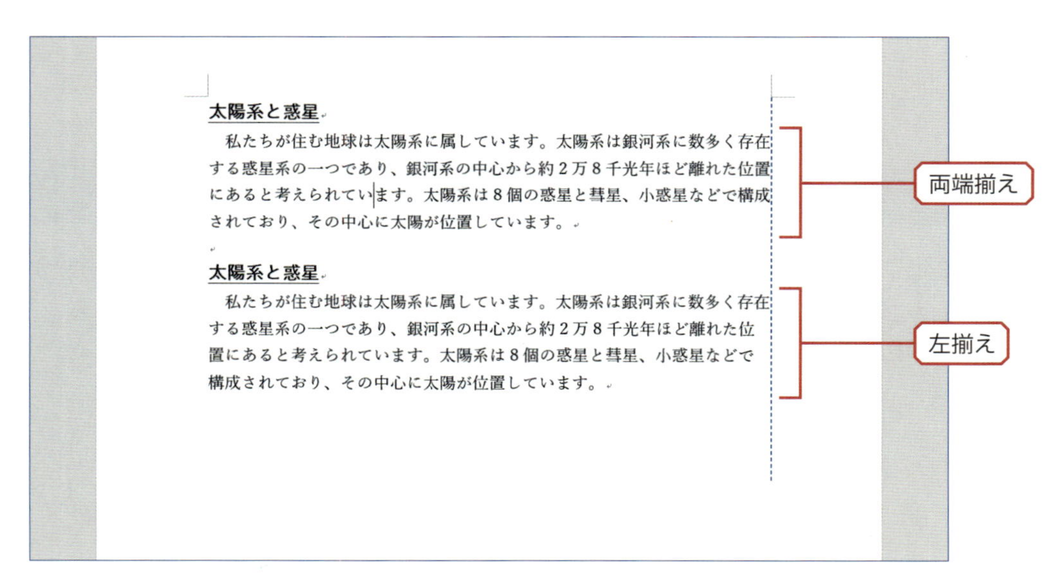

「均等割り付け」は、見出しなどの段落に指定する書式です。「均等割り付け」を指定すると、文字数に関係なく文書の幅いっぱいに文字が等間隔で配置されます。

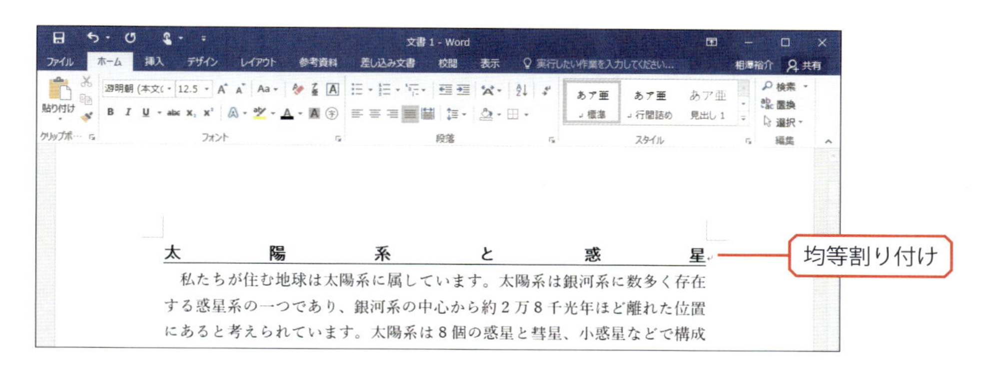

▶ 行間の考え方とグリッド線の表示

続いては、段落内の行間を指定する方法を解説します。ただし、行間を思いどおりに指定するのは少々難しいので、先に基本的な考え方を示しておきます。

行間を指定するときは、画面にグリッド線を表示させると状況が分かりやすくなります。グリッド線は以下のように操作すると表示できます。

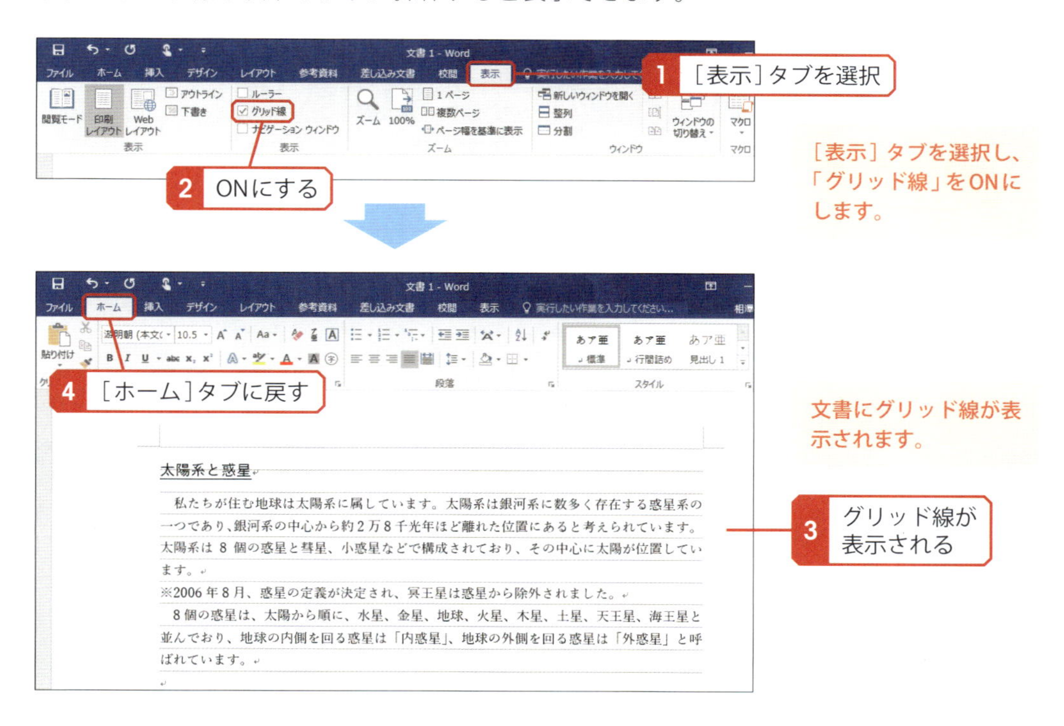

Column

グリッド線の消去

グリッド線を非表示の状態に戻すときは[表示]タブを選択し、「グリッド線」をOFFにします。

「Word」における行間は「1行の高さ」を基本単位とします。この「1行の高さ」を示すのがグリッド線です。初期状態では文字がグリッド線の中央に配置されていますが、文字サイズを変更した場合はその限りではありません。たとえば、11ポイント以上の文字を指定すると、文字が「1行の高さ」に収まらなくなるため、自動的に2行分の行間が確保されます（游明朝の場合）。このため、急に行間が広くなったように感じます。

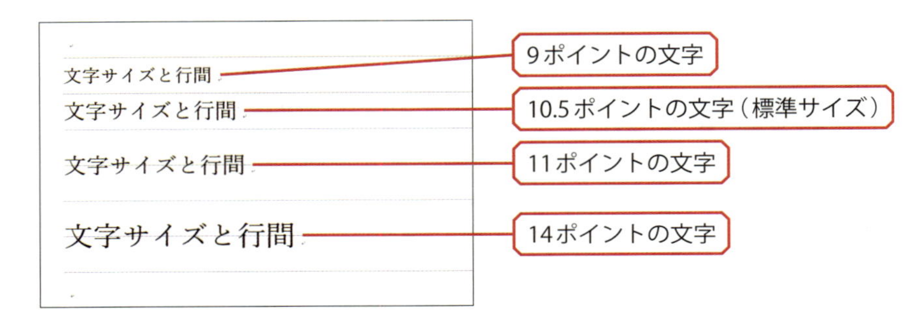

▶ 行間の指定

行間を変更するときは（行間）をクリックし、一覧から行間を選択します。この一覧に表示されている数値の単位は「1行の高さ」となります。たとえば「2.0」を選択すると、その段落の行間を2行分に指定できます。

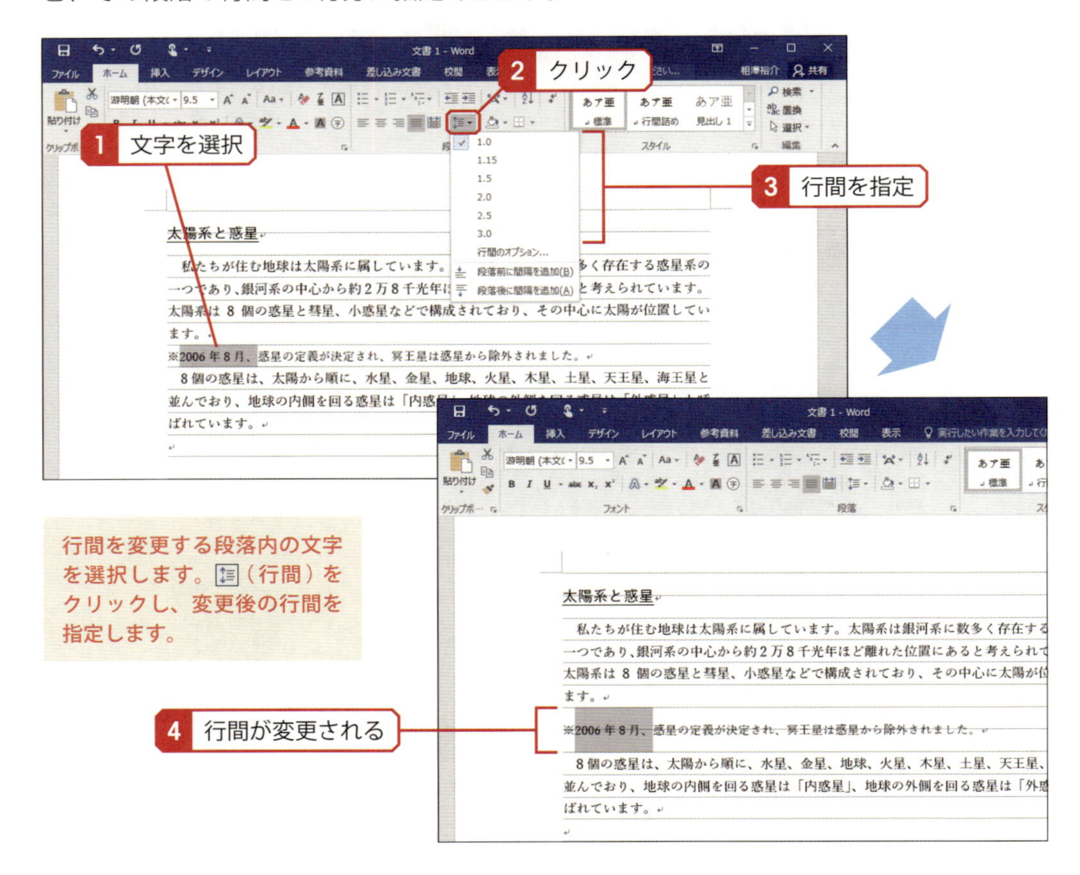

行間を変更する段落内の文字を選択します。（行間）をクリックし、変更後の行間を指定します。

ただし、この方法では行間を細かく指定することができません。また「1行の高さ」より狭い行間も指定できません。このような場合は「段落」ウィンドウを利用し、以下の手順で行間を指定します。

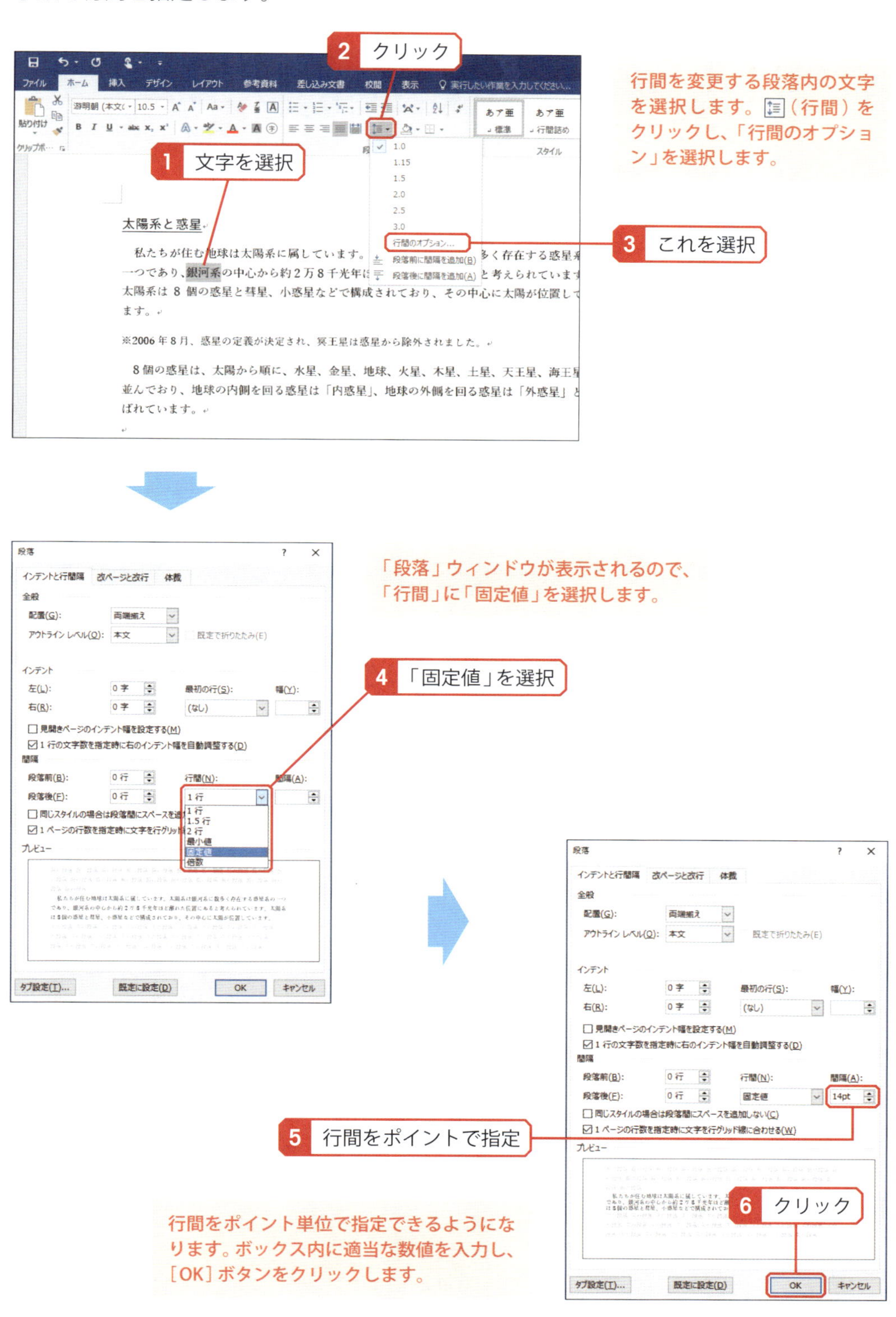

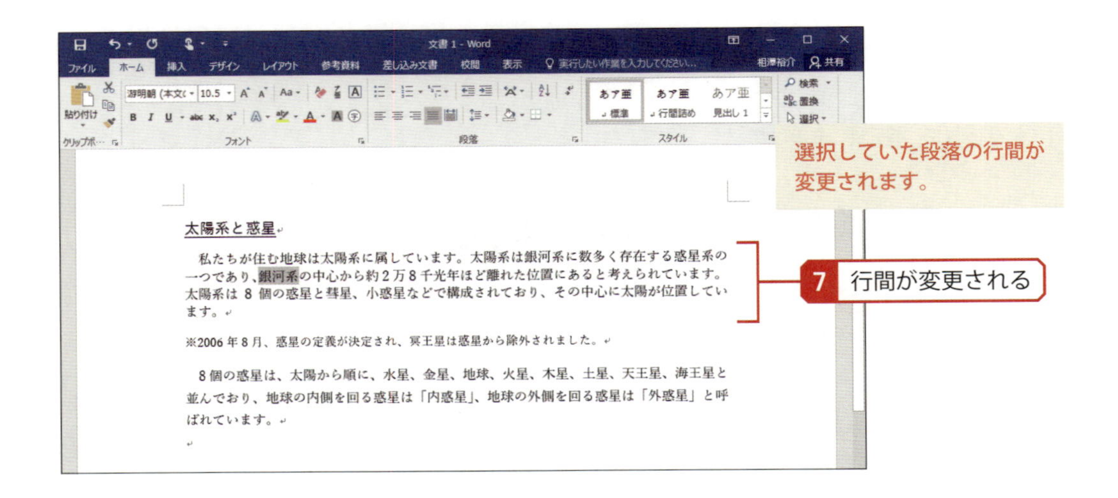

Column

段落前後の間隔

段落内の行間を指定するのではなく、段落の前に間隔を追加したい場合は、をクリックして「段落前に間隔を追加」を選択します。同様に、「段落後に間隔を追加」を選択すると、その段落の後に間隔を追加できます。

インデント

段落の左側に余白を設けるときはインデントを利用します。（インデントを増やす）をクリックすると、1文字分（10.5ポイント）の余白が左側に設けられます。さらにをクリックしていくと、2文字分、3文字分……の余白を設けることができます。

逆に指定したインデントを解除する場合は、（インデントを減らす）をクリックします。この場合も1回クリックするごとに1文字分ずつ余白が解除されていきます。

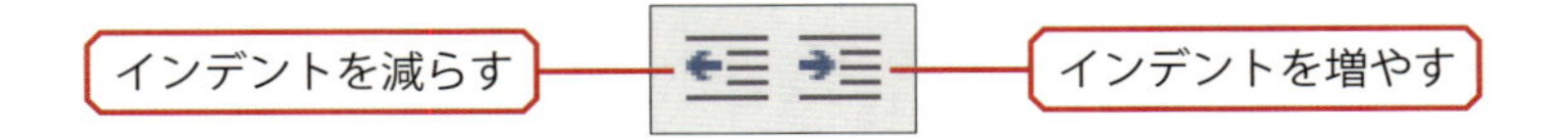

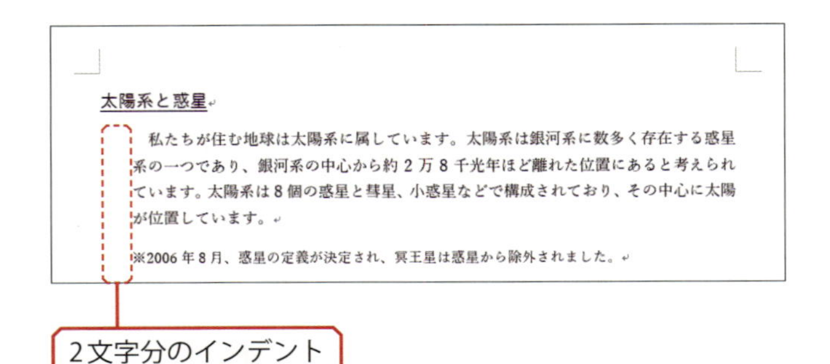

Column

右インデント

段落の右側に余白を設けることも可能です。この場合は「段落」ウィンドウを利用してインデントを指定します。

▶「段落」ウィンドウ

段落に関わる様々な書式を「段落」ウィンドウで指定することも可能です。「段落」ウィンドウは、「段落」の領域にある をクリックすると表示できます。

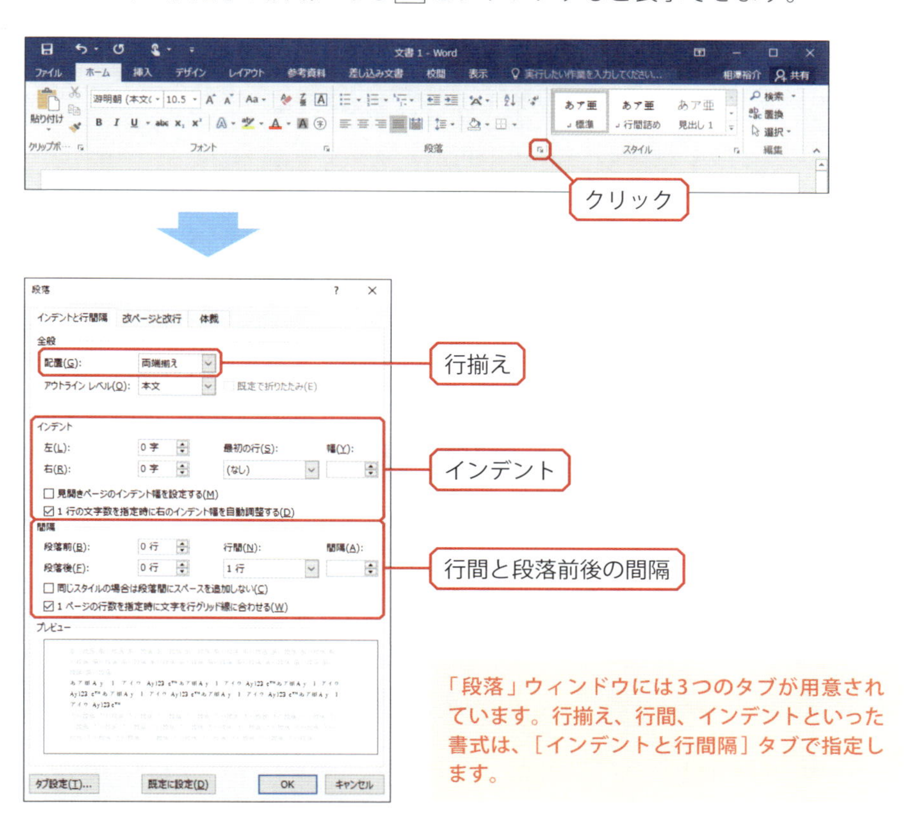

「段落」ウィンドウには3つのタブが用意されています。行揃え、行間、インデントといった書式は、［インデントと行間隔］タブで指定します。

他のタブでは、段落がページをまたぐときの処理方法や禁則処理などを指定できます。

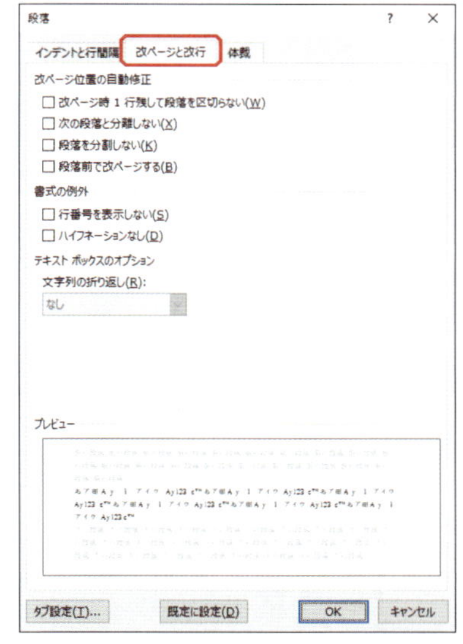

［改ページと改行］タブでは、段落がページをまたぐときの処理方法などを指定できます。

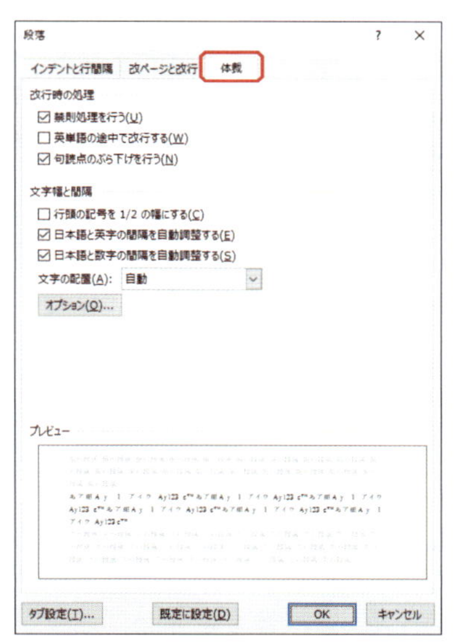

［体裁］タブでは、禁則処理や日本語と英字の間隔などを指定できます。

06 段落の罫線と網かけ

続いては、段落の周囲に罫線を描画したり、段落の背景に色を付けたりする方法を解説します。あまり一般的でない書式ですが、活用できる場面は多いので、ぜひ使い方を覚えておいてください。

段落の罫線の描画

「Word」には、段落の周囲に罫線を描画する書式が用意されています。この書式は、囲み記事を作成したり、見出しの下に線を引いたりする場合に活用できます。たとえば、段落の下に罫線を描画するときは以下のように操作します。

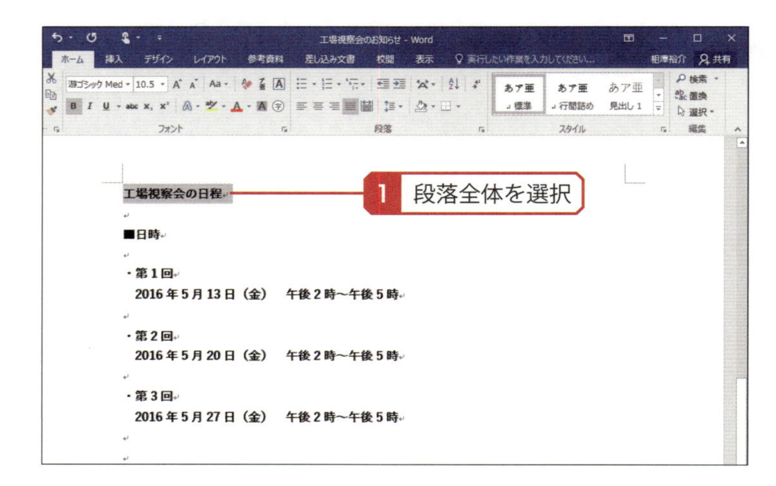

マウスをドラッグして段落全体を選択します。

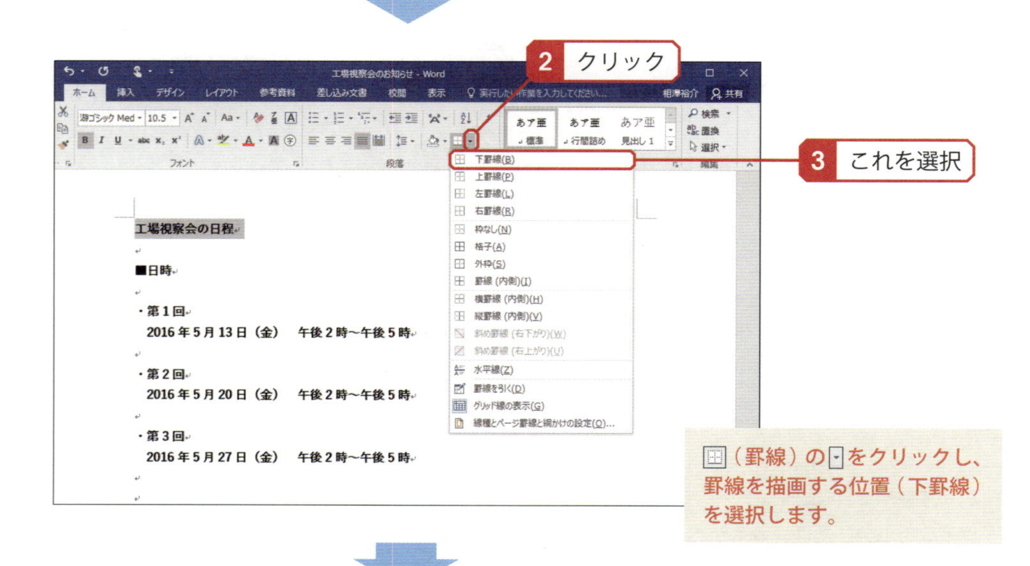

（罫線）のをクリックし、罫線を描画する位置（下罫線）を選択します。

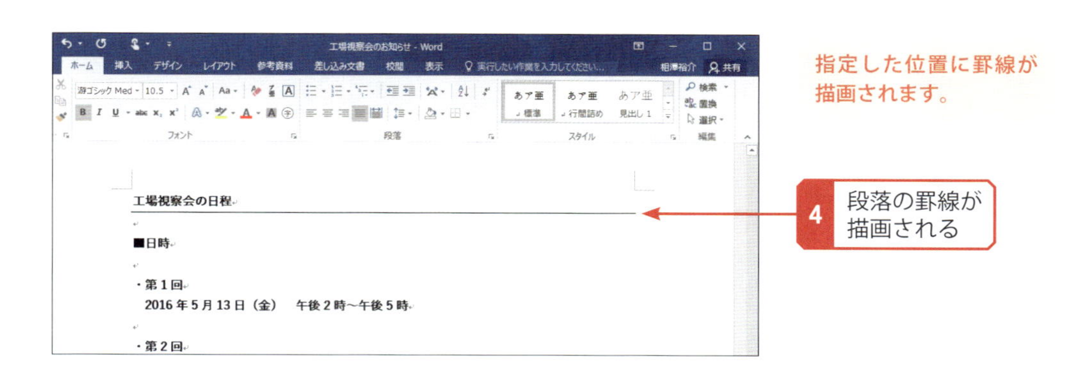

指定した位置に罫線が描画されます。

Column

文字と罫線の間隔

文字と罫線の間隔は、行間に合わせて変化します。文字と罫線の間隔が空きすぎている場合は、P165～166に示した手順で行間に適当な数値（18ptなど）を指定すると、文字と罫線の間隔を調整できます。

このとき、複数の段落を選択した状態で罫線を指定することも可能です。たとえば、選択した範囲全体を四角く罫線で囲むときは以下のように操作します。

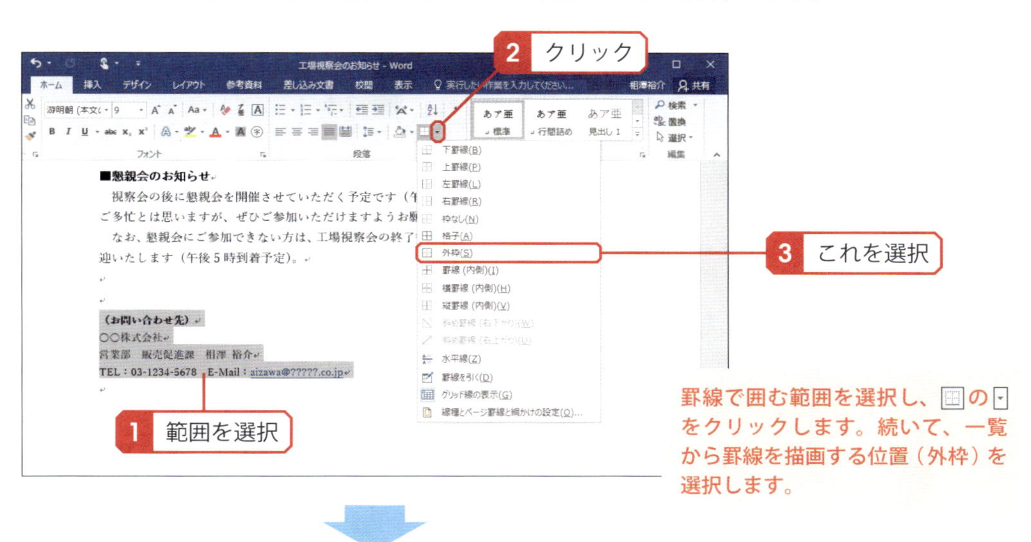

罫線で囲む範囲を選択し、田の▾をクリックします。続いて、一覧から罫線を描画する位置（外枠）を選択します。

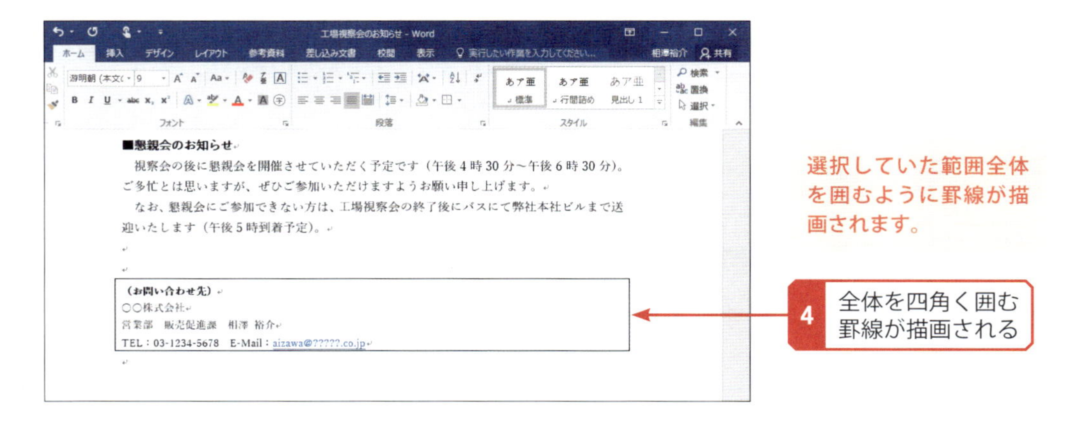

選択していた範囲全体を囲むように罫線が描画されます。

なお、段落内の一部の文字だけを選択した状態で前ページの操作を行うと、その文字を囲む罫線が描画されます。この場合、上下左右の罫線を個別に指定することはできません。いずれの方向を指定した場合も、文字を四角く囲むように罫線が描画されます。

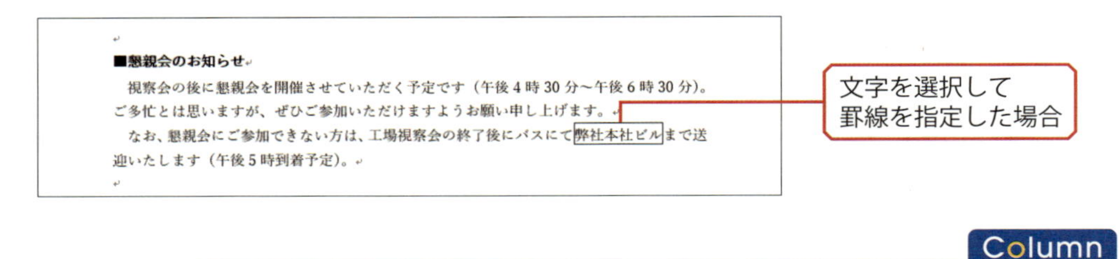

Column

罫線の消去

描画した罫線を消去するときは、その範囲を選択し、⊞（罫線）から「枠なし」を選択します。

▶ 罫線の詳細な指定

線種や色、太さを指定して罫線を描画することも可能です。この場合は⊞（罫線）から「線種とページ罫線と網かけの設定」を選択し、書式を細かく指定します。

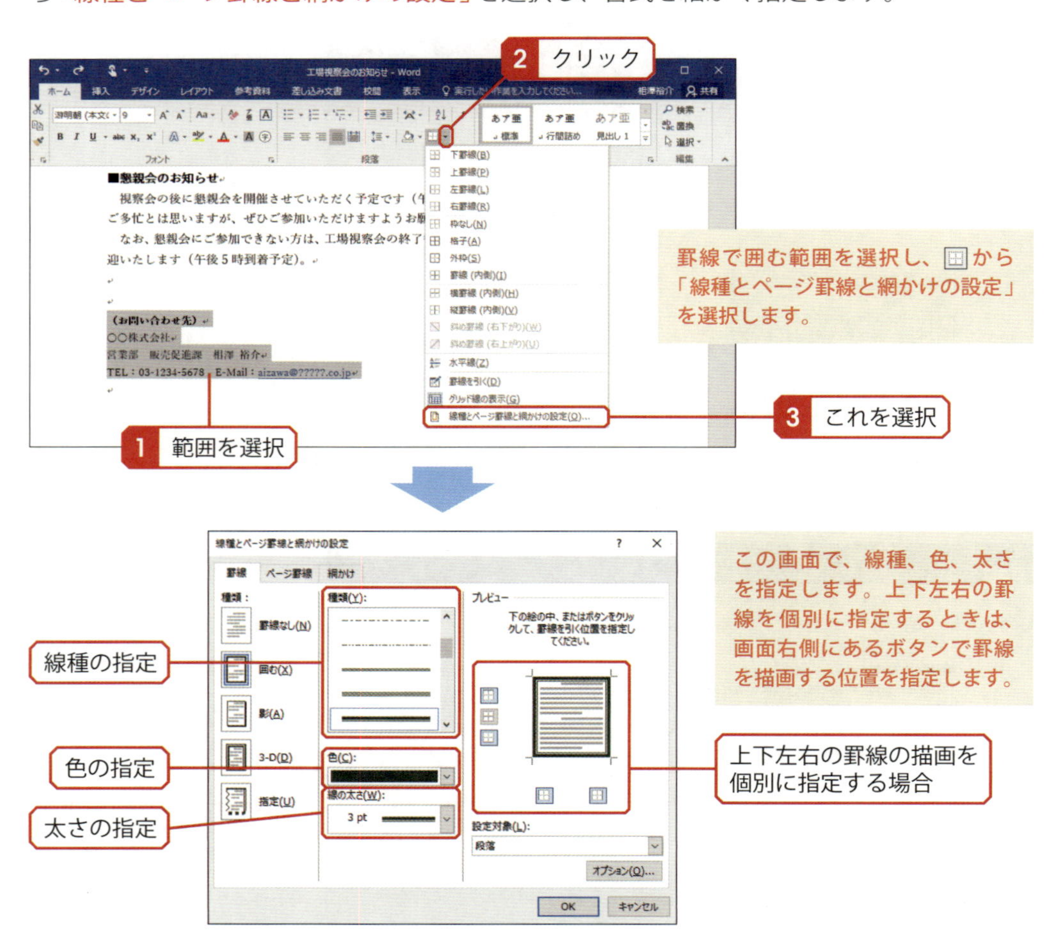

この方法で罫線を指定すると、以下の図のような罫線を描画できます。囲み記事を作成する方法として覚えておくとよいでしょう。

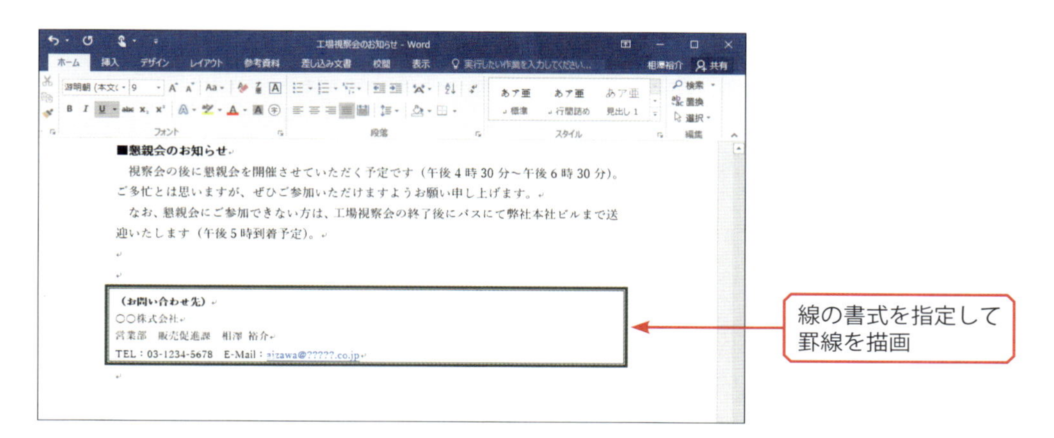

Column

罫線と文字の間隔

罫線と文字の間隔を調整したい場合は、「線種とページ罫線と網かけの設定」の画面で［オプション］ボタンをクリックします。続いて、右図の画面で上下左右の間隔を指定すると、罫線と文字の間隔を調整できます。

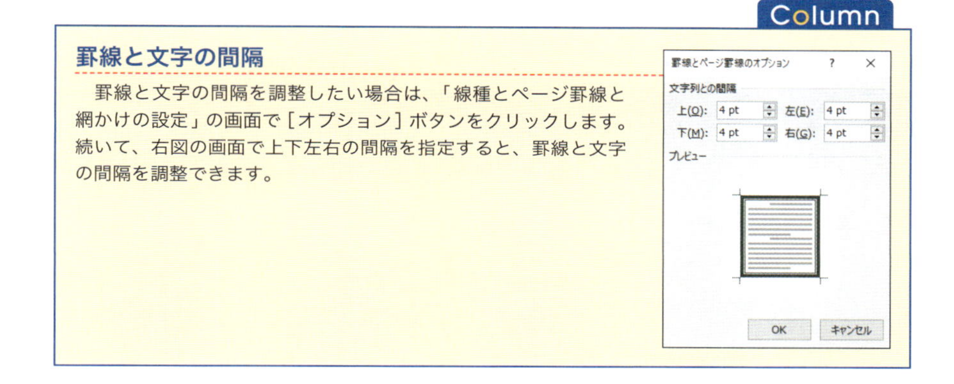

段落の網掛けの指定

［ホーム］タブのリボンには、背景色を指定できる（塗りつぶし）も用意されています。この書式を使って背景色を指定するときは、以下のように操作します。

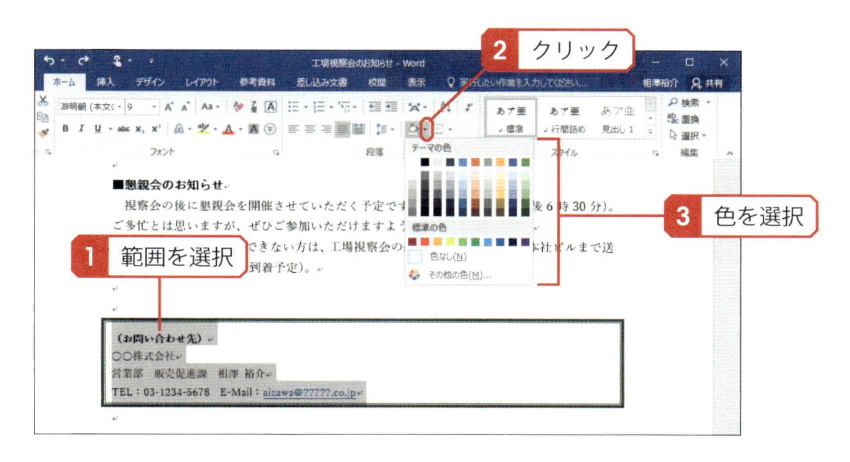

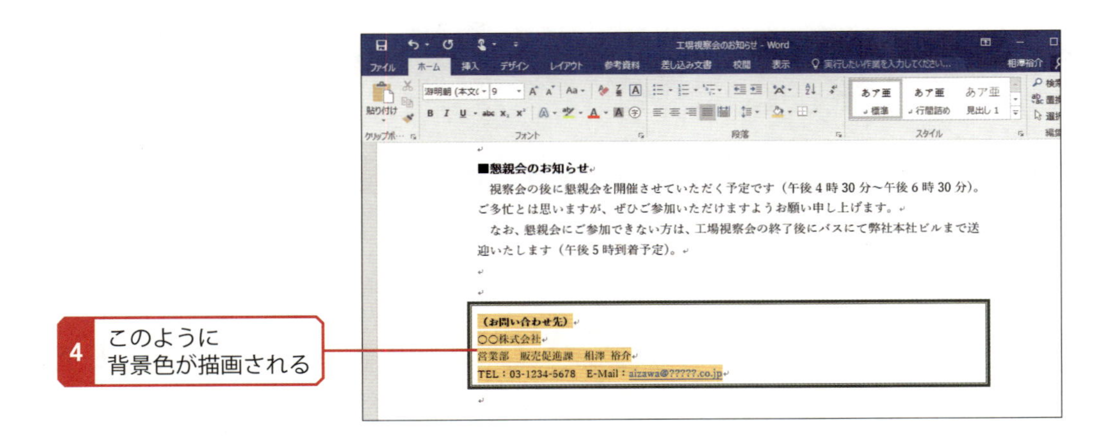

この例のように（塗りつぶし）で背景色を指定した場合は、文字部分だけに背景色が描画されます。段落全体を色で塗りつぶしたい場合は、（罫線）の「線種とページ罫線と網かけの設定」で背景色を指定しなければいけません。以下に操作手順を示しておくので参考にしてください。

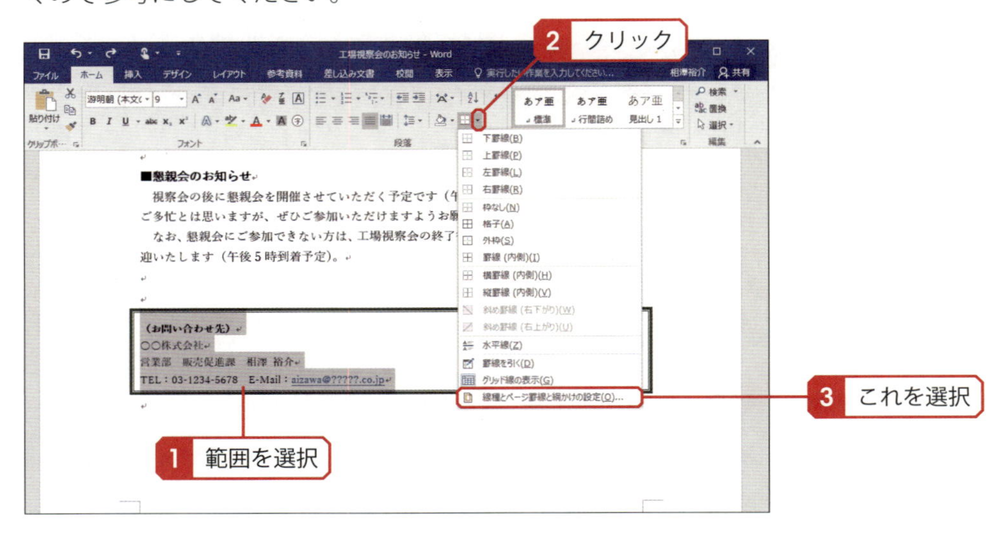

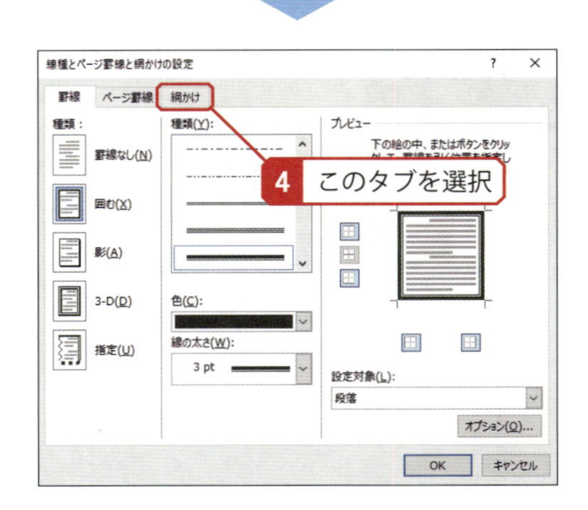

罫線を指定する画面が表示されます。背景色を指定するときは［網かけ］タブを選択します。

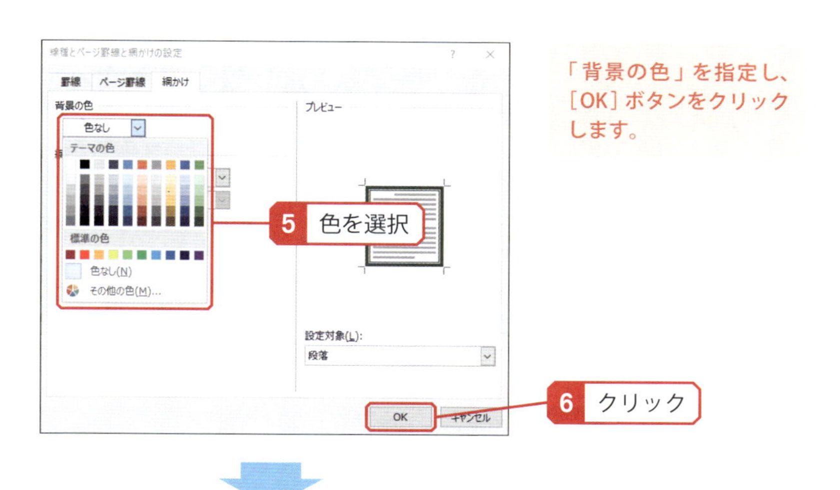

「背景の色」を指定し、[OK]ボタンをクリックします。

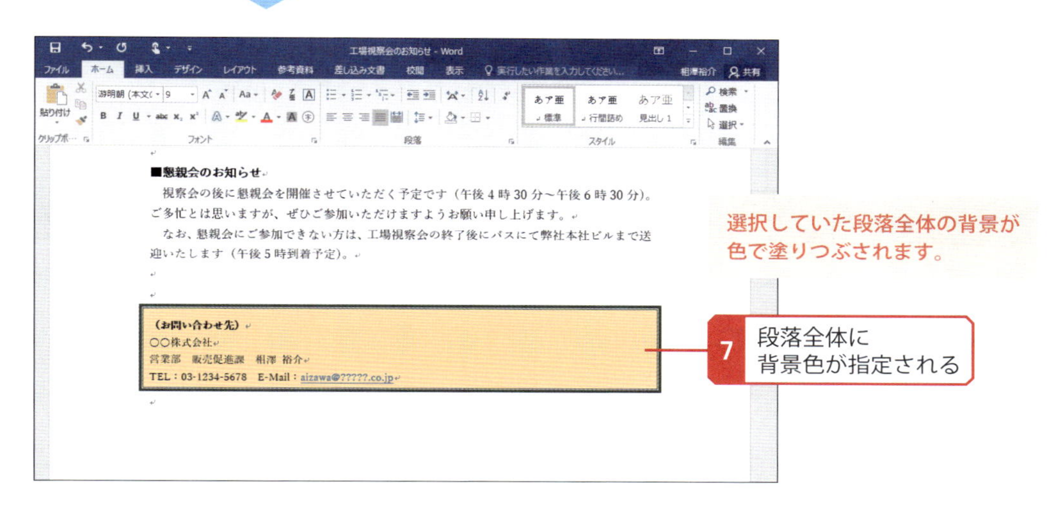

選択していた段落全体の背景が色で塗りつぶされます。

Column

ページ罫線

「線種とページ罫線と網かけの設定」で[ページ罫線]タブを選択すると、ページ全体を囲む罫線を指定できます。ページデザインの一つとして活用するとよいでしょう。ページ罫線の指定手順は、段落の罫線を指定する場合と基本的に同じです。

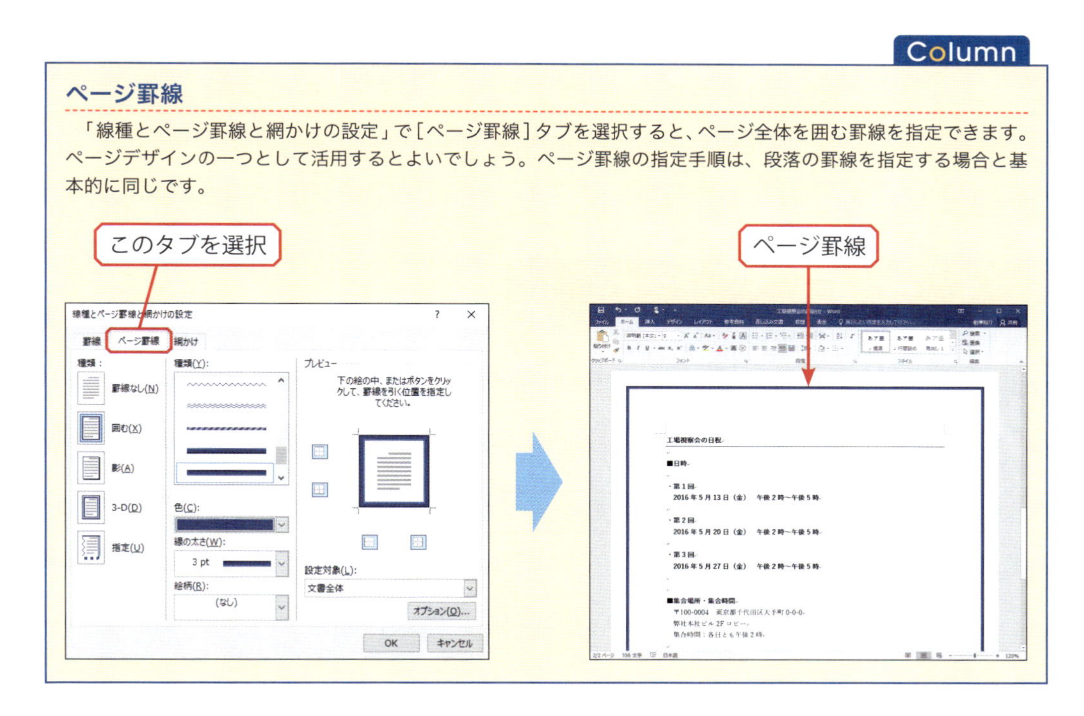

07 ページ設定

これまで文字や段落の書式指定について解説してきましたが、実際に文書を作成するときは、最初に用紙サイズや余白などを指定しておくのが基本です。続いては、文書全体に関わる書式指定について解説します。

[レイアウト]タブの選択

文書全体に関わる書式は［レイアウト］タブで指定します。以降に解説する書式を指定するときは、最初に［レイアウト］タブを選択してください。

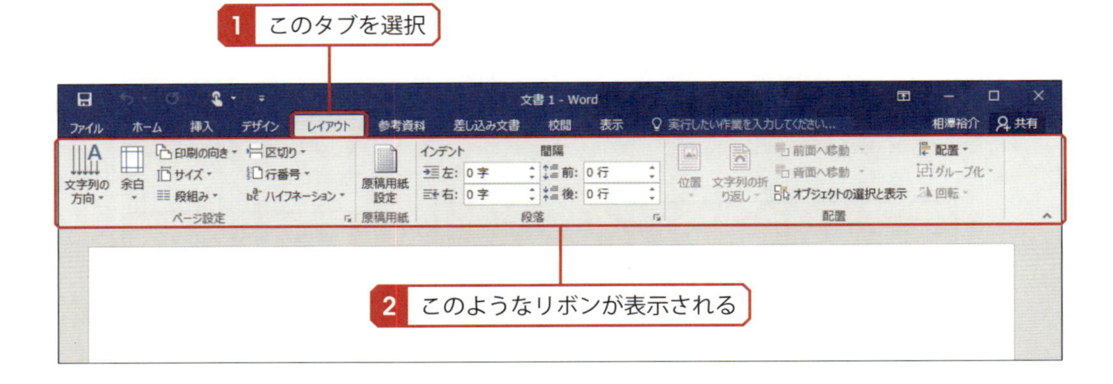

用紙サイズと向きの指定

「Word」はA4（縦）の用紙サイズで文書を作成するように初期設定されています。これを別の用紙サイズに変更するときは、「サイズ」を操作します。

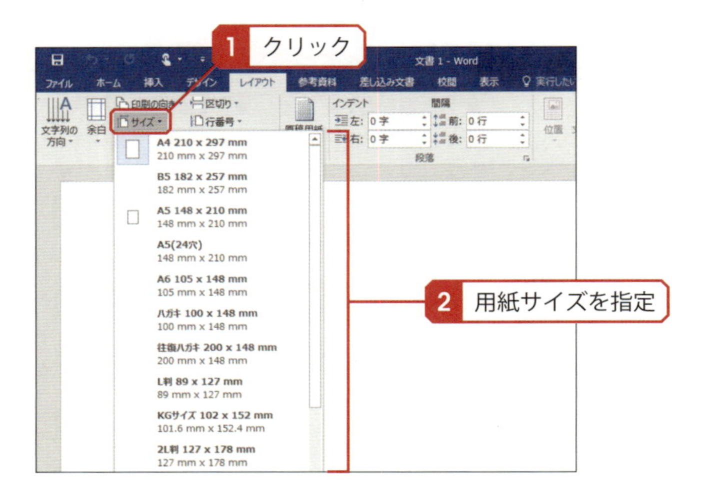

また、用紙の向きを変更するときは「印刷の向き」で縦／横を指定します。

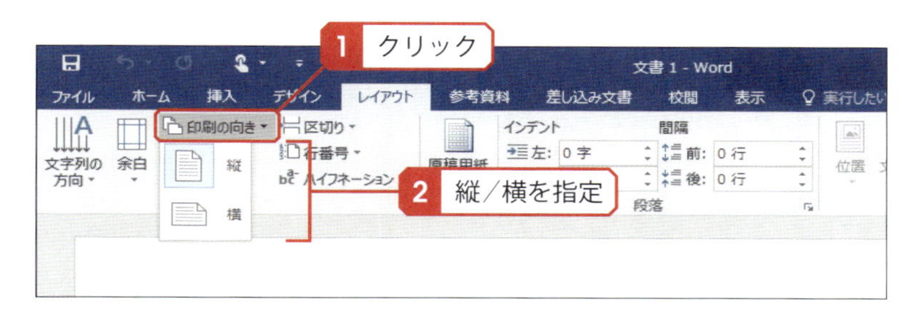

余白の指定

ページの上下左右に設けられている余白のサイズを変更することも可能です。この設定は、［レイアウト］タブの「余白」で指定します。

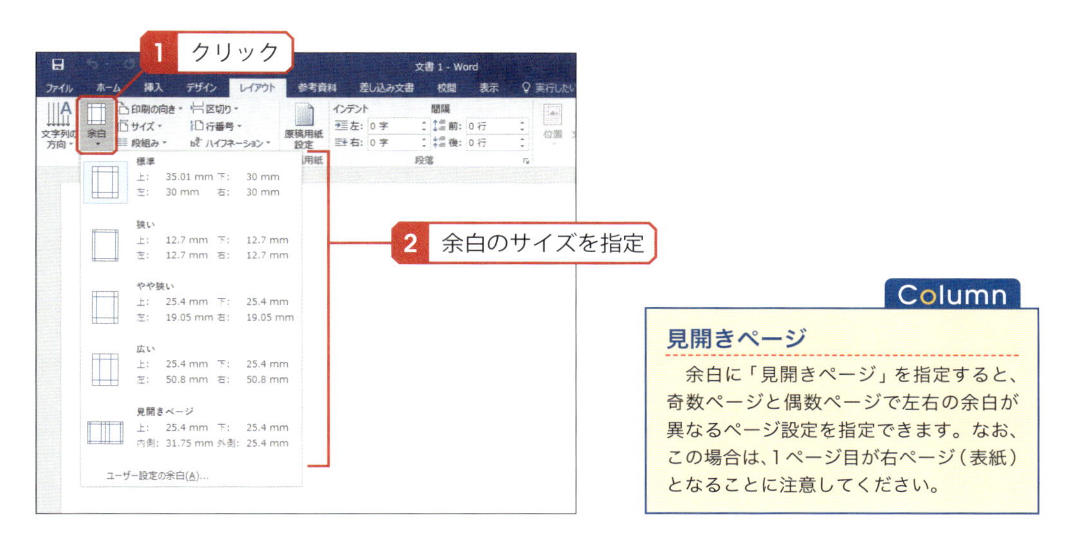

Column

見開きページ

余白に「見開きページ」を指定すると、奇数ページと偶数ページで左右の余白が異なるページ設定を指定できます。なお、この場合は、1ページ目が右ページ（表紙）となることに注意してください。

縦書きの文書

縦書きの文書を作成することも可能です。「文字列の方向」で「縦書き」を選択すると、文書全体を縦書きに変更できます。

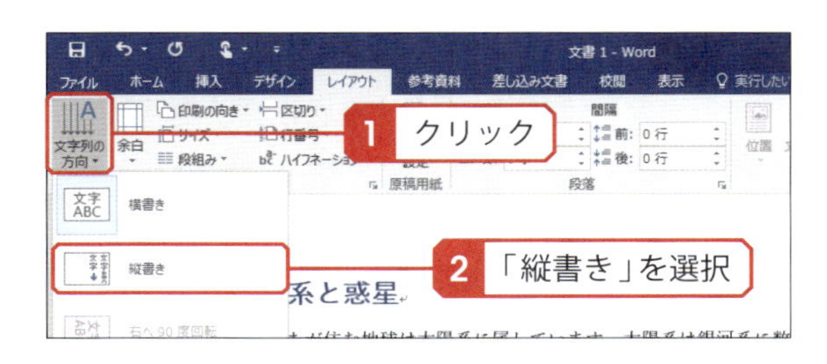

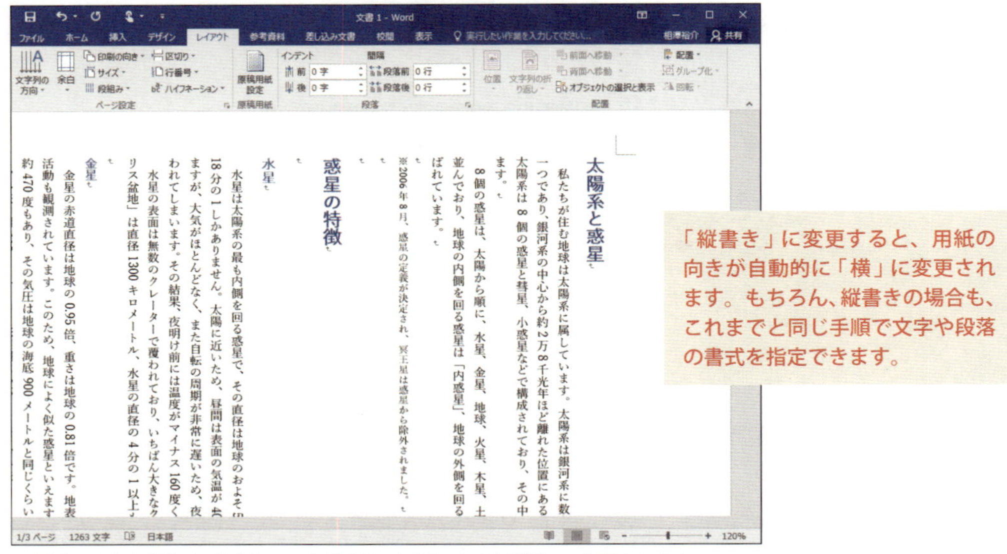

※用紙の向きを「横」に指定していた場合は、用紙の向きが「縦」に変更されます。

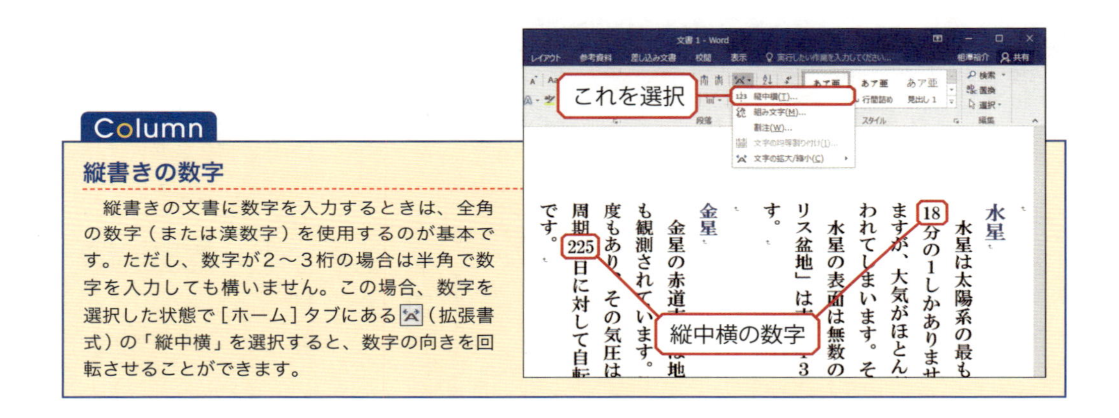

Column

縦書きの数字

縦書きの文書に数字を入力するときは、全角の数字（または漢数字）を使用するのが基本です。ただし、数字が2～3桁の場合は半角で数字を入力しても構いません。この場合、数字を選択した状態で［ホーム］タブにある（拡張書式）の「縦中横」を選択すると、数字の向きを回転させることができます。

▶ 段組みの指定

1枚の用紙を2段、3段、……に分けて文書を作成する書式も用意されています。この場合は、「段組み」で段数を指定します。もちろん、縦書きの文書にも段組みを指定できます。

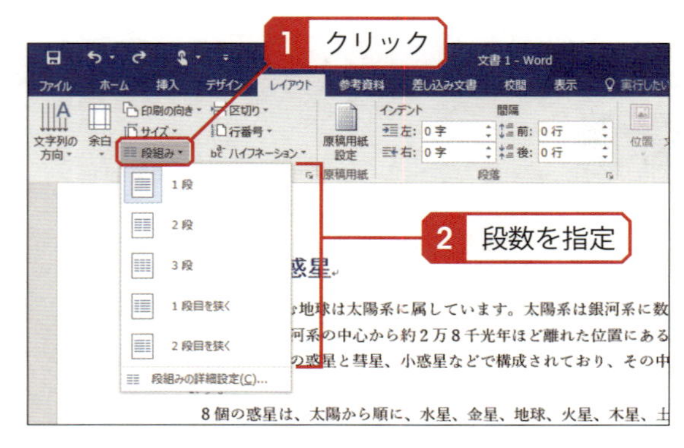

■ 2段組みの文書（横書き）

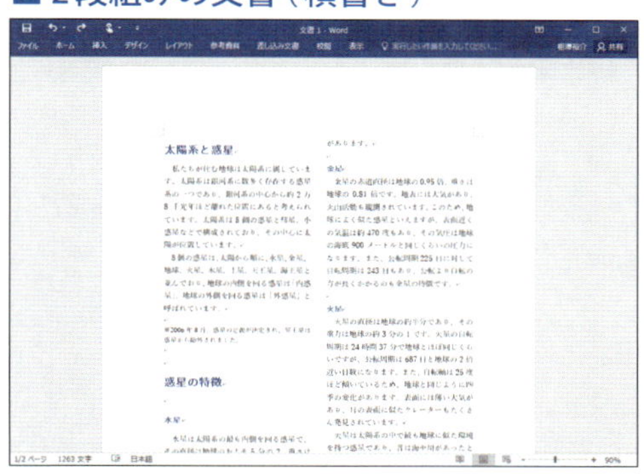

■ 2段組みの文書（縦書き）

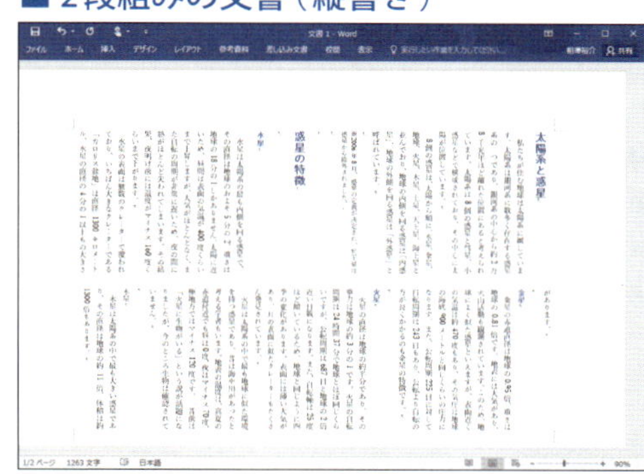

Column

「1段組み」と「2段組み」が混在した文書

同じ文書内に「1段」と「2段」の段組みを混在させたい場合は、範囲を選択した状態で「段組み」の指定を行います。

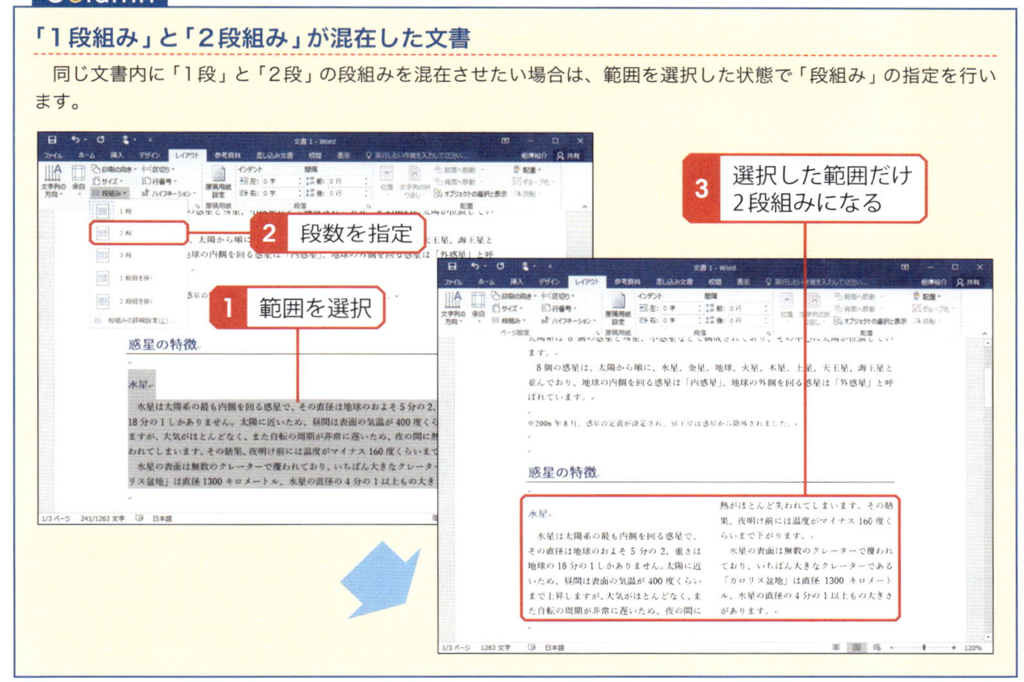

「ページ設定」ウィンドウ

文書全体に関わる書式は「ページ設定」ウィンドウでも指定できます。「ページ設定」ウィンドウにしか用意されていない書式もあるので、以降に示す書式の指定方法も覚えておいてください。

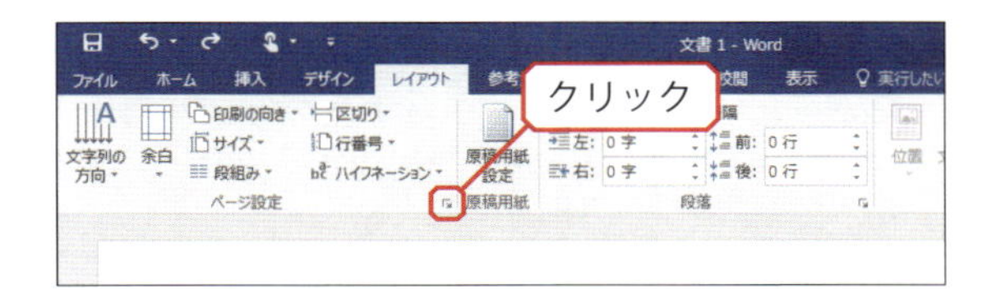

「ページ設定」の領域にある をクリックすると、「ページ設定」ウィンドウを表示できます。

「ページ設定」ウィンドウには4つのタブが用意されています。それぞれのタブでは、以下の書式を指定できます。

■［文字数と行数］タブ

縦書き／横書き、段数、1ページあたりの行数などを指定します。行間の基準となる「1行の高さ」は、ここで指定した行数に応じて自動的に変化します（P163～164参照）。

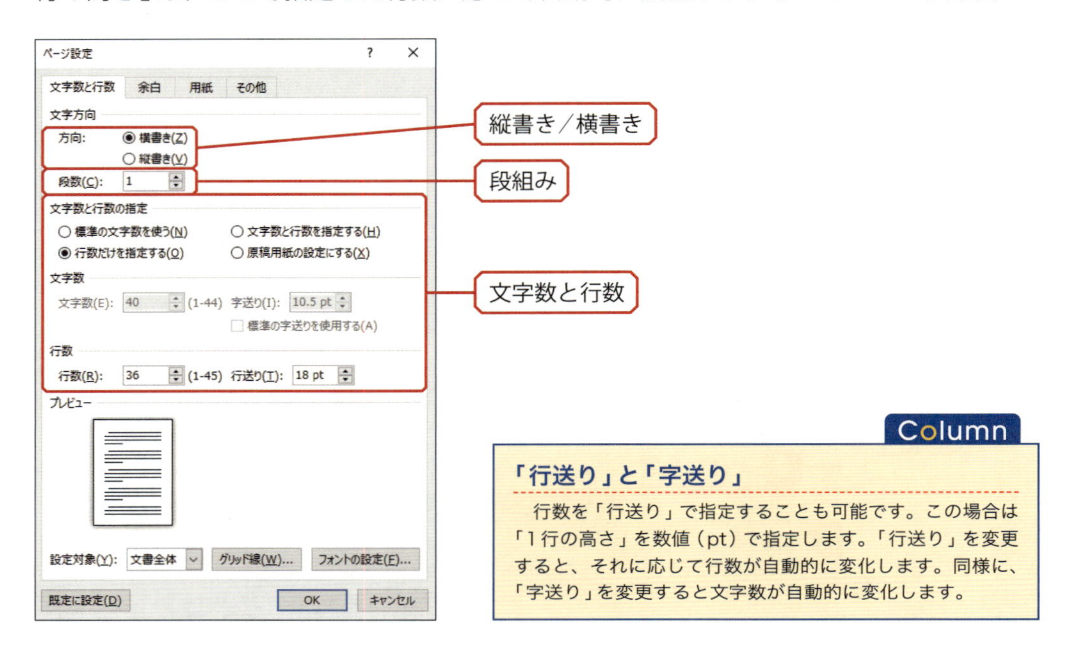

Column

「行送り」と「字送り」

行数を「行送り」で指定することも可能です。この場合は「1行の高さ」を数値（pt）で指定します。「行送り」を変更すると、それに応じて行数が自動的に変化します。同様に、「字送り」を変更すると文字数が自動的に変化します。

■［余白］タブ

上下左右の余白を数値で指定できます。用紙の向きもここで指定します。

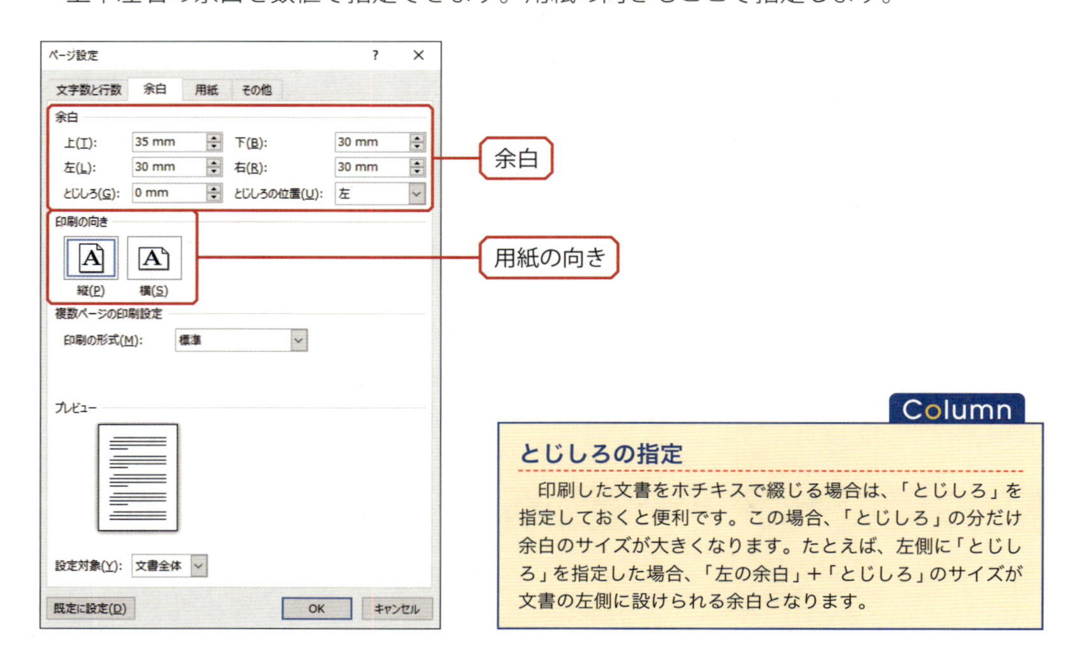

Column

とじしろの指定

印刷した文書をホチキスで綴じる場合は、「とじしろ」を指定しておくと便利です。この場合、「とじしろ」の分だけ余白のサイズが大きくなります。たとえば、左側に「とじしろ」を指定した場合、「左の余白」+「とじしろ」のサイズが文書の左側に設けられる余白となります。

■［用紙］タブ

用紙サイズを指定します。「幅」と「高さ」の数値を自分で入力して、既定のサイズではない用紙サイズを指定することも可能です。

用紙サイズ

■［その他］タブ

ヘッダー・フッターの位置などを指定できます。ヘッダーとフッターについては、P210～215で詳しく解説します。

ヘッダー・フッターの位置

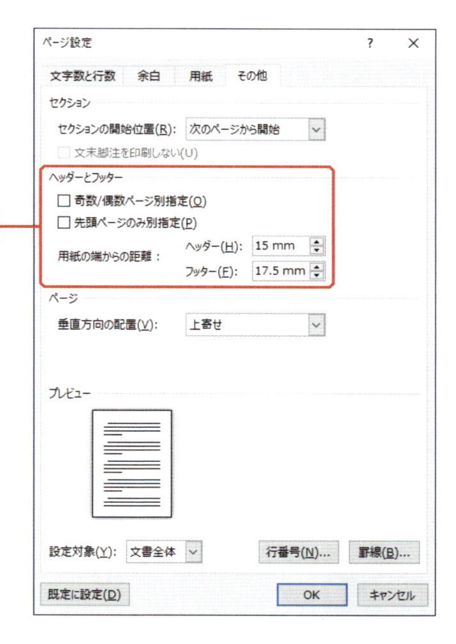

Column

改ページの挿入

［レイアウト］タブにある「区切り」は、改ページを挿入する場合などに利用します。改ページは、現在のカーソル位置より後にある文章を強制的に次ページから開始させる機能です。特定の見出しを必ずページの先頭に配置したい場合などに活用できます。

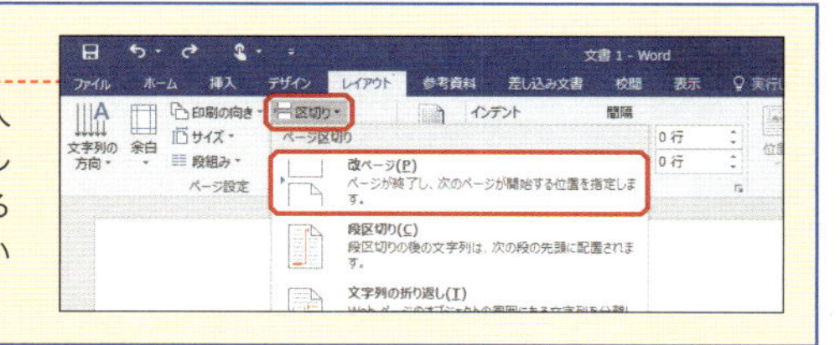

08 文書の印刷

「Word」で作成した文書を“紙の書類”にするときは、プリンターを使って文書の印刷を行います。続いては、文書を印刷するときの操作手順と印刷設定について解説します。

▶ 印刷プレビューの確認

文書を印刷するときは、あらかじめ印刷プレビューで印刷イメージを確認しておくのが基本です。印刷プレビューを表示するときは、以下のように操作します。

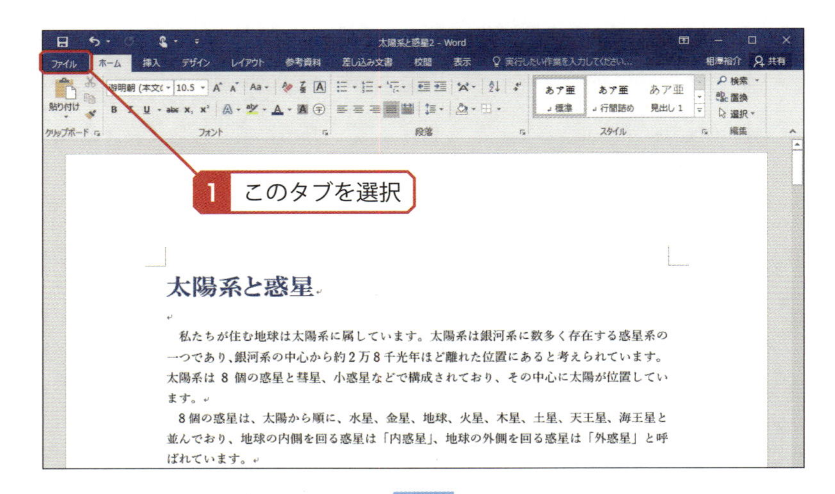

［ファイル］タブを選択します。

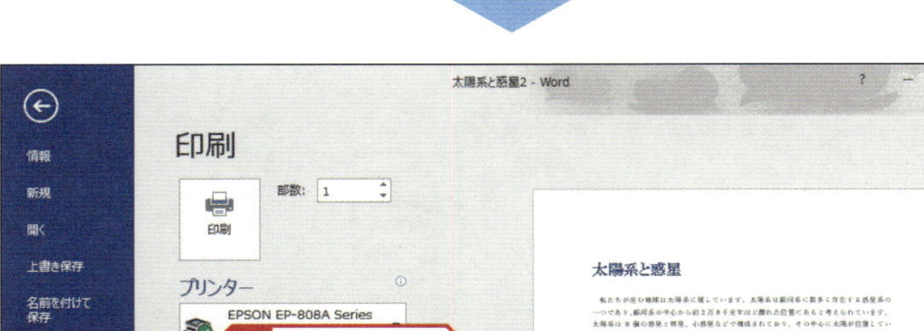

「印刷」の項目を選択すると、画面の右側に印刷プレビューが表示されます。ここで印刷のイメージを確認します。

▶ 印刷の設定と実行

印刷プレビューの左側には、印刷に関連する設定項目が並んでいます。ここで印刷の設定を行い、［印刷］ボタンをクリックすると印刷を実行できます。

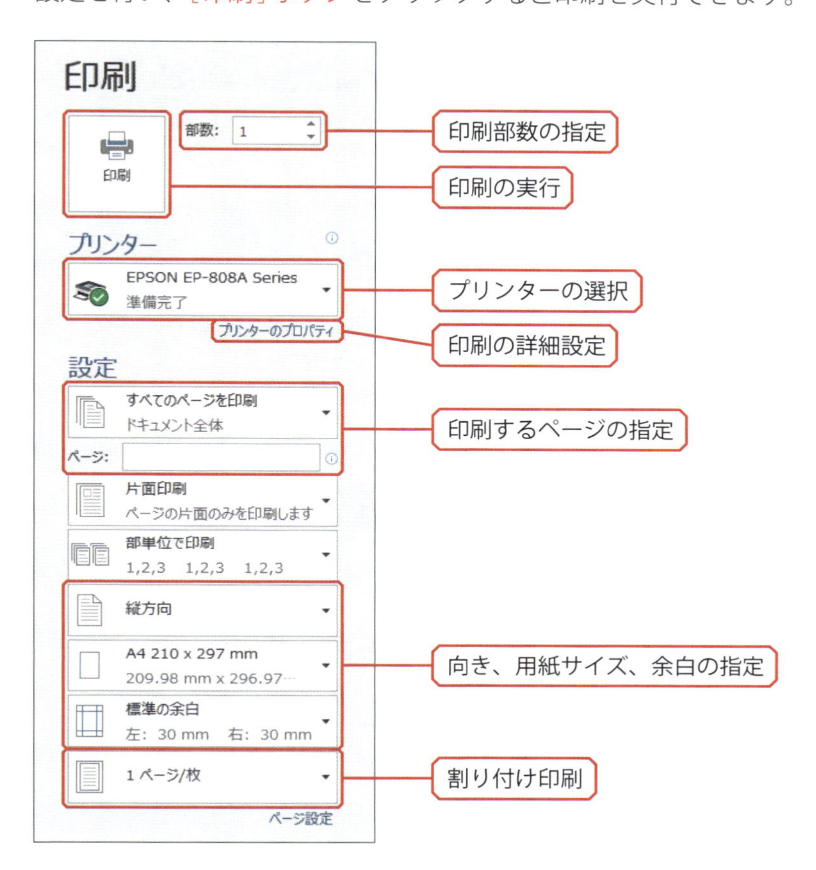

■プリンターのプロパティ

ここをクリックすると、印刷品質やカラー／モノクロなどを指定できる設定画面が表示されます。この設定画面はプリンターごとに異なるので、詳しくはプリンターの取扱説明書を参照してください。

■印刷するページの指定

印刷するページの範囲を指定できます。特定のページだけを印刷する場合は、ハイフン（-）やカンマ（,）を使って印刷するページ番号を指定します。

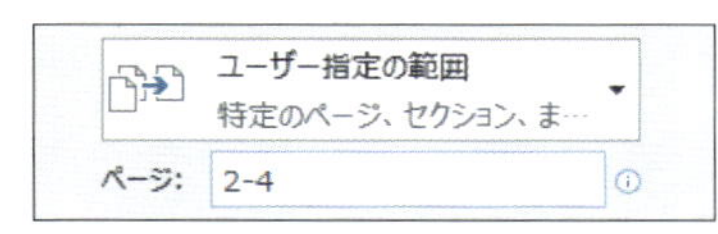

2～4ページを印刷する場合

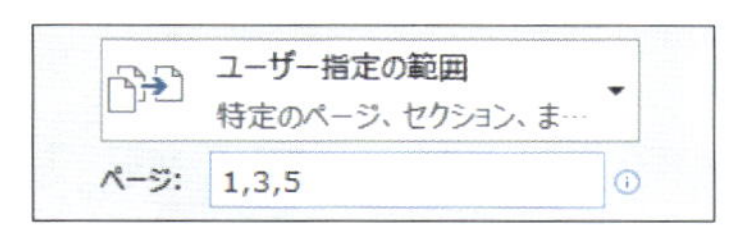

1、3、5ページを印刷する場合

■割り付け印刷

1枚の用紙に複数のページを印刷する場合に利用します。

09 画像の挿入と編集

文書を作成するときに、デジタルカメラで撮影した写真などを掲載する場合もあると思います。続いては、文書に画像を挿入したり、文書に挿入した画像を加工したりする方法について解説します。

画像の挿入

まずは、文書に画像を挿入する方法から解説していきます。文書に画像を挿入するときは、以下のように操作します。

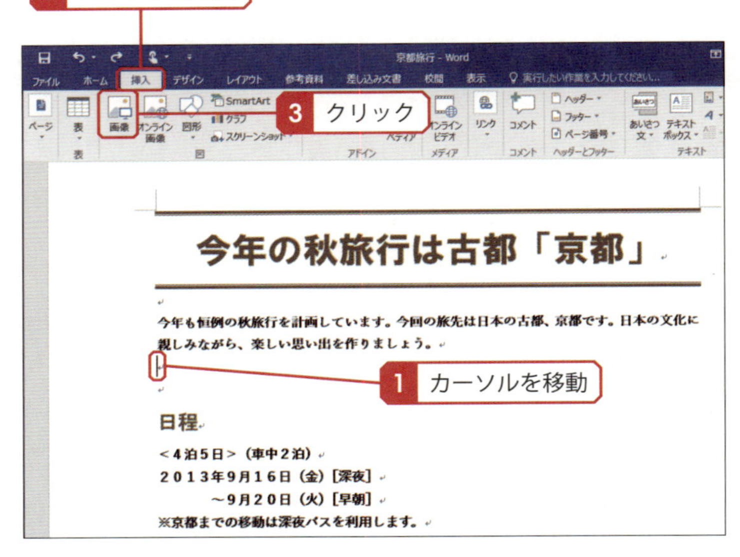

画像を挿入する位置にカーソルを移動します。続いて、［挿入］タブを選択し、「画像」をクリックします。

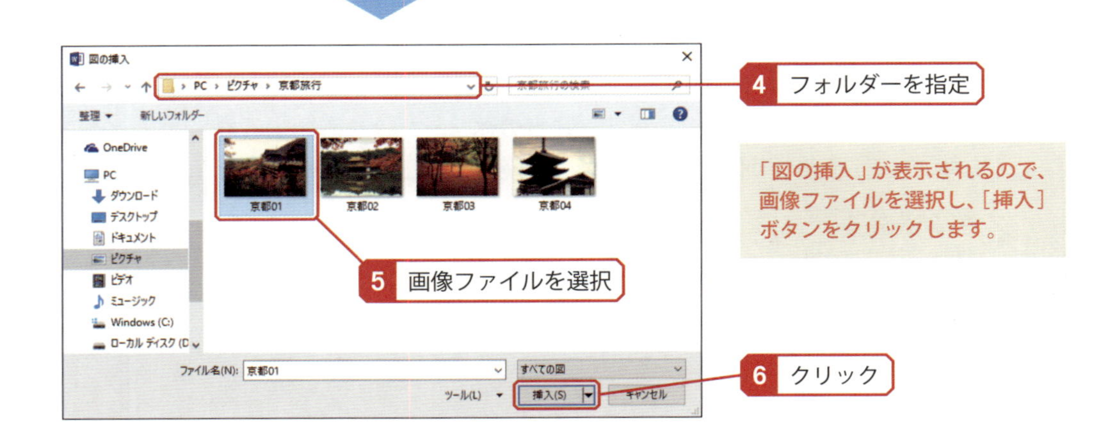

「図の挿入」が表示されるので、画像ファイルを選択し、［挿入］ボタンをクリックします。

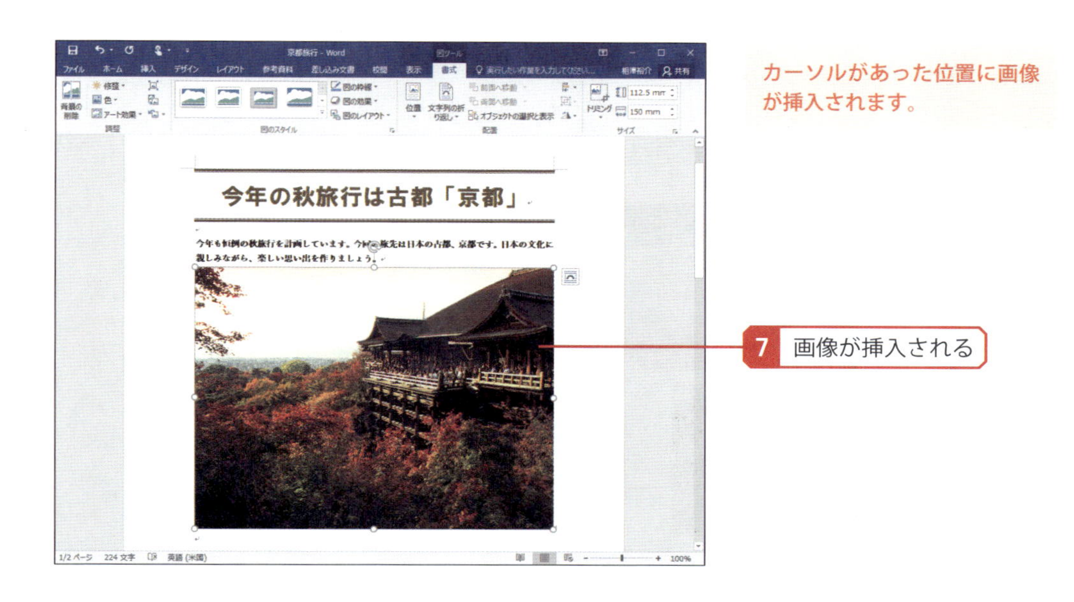

カーソルがあった位置に画像が挿入されます。

画像サイズの変更

文書に挿入した画像は、四隅にある（ハンドル）をドラッグすることでサイズを自由に変更できます。

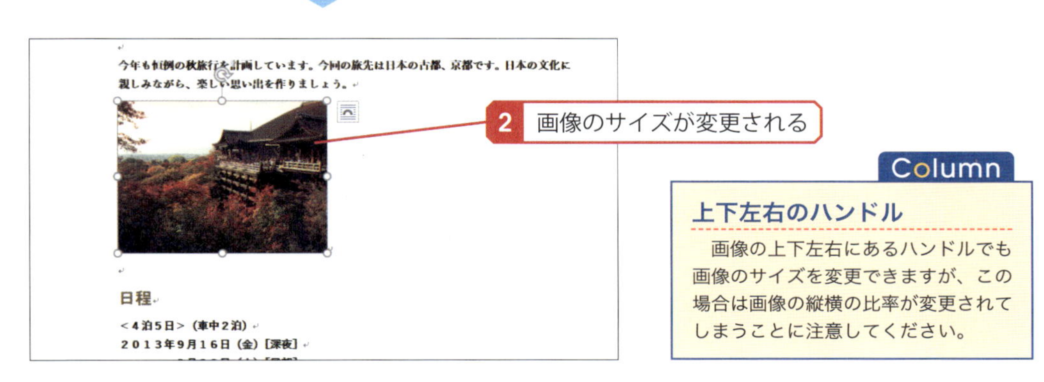

Column

上下左右のハンドル

画像の上下左右にあるハンドルでも画像のサイズを変更できますが、この場合は画像の縦横の比率が変更されてしまうことに注意してください。

また、数値で画像のサイズを指定する方法も用意されています。この場合は、［書式］タブを選択し、リボンの右端にある「サイズ」に数値を入力して画像のサイズを指定します。たとえば、画像の幅を数値で指定するときは以下のように操作します。

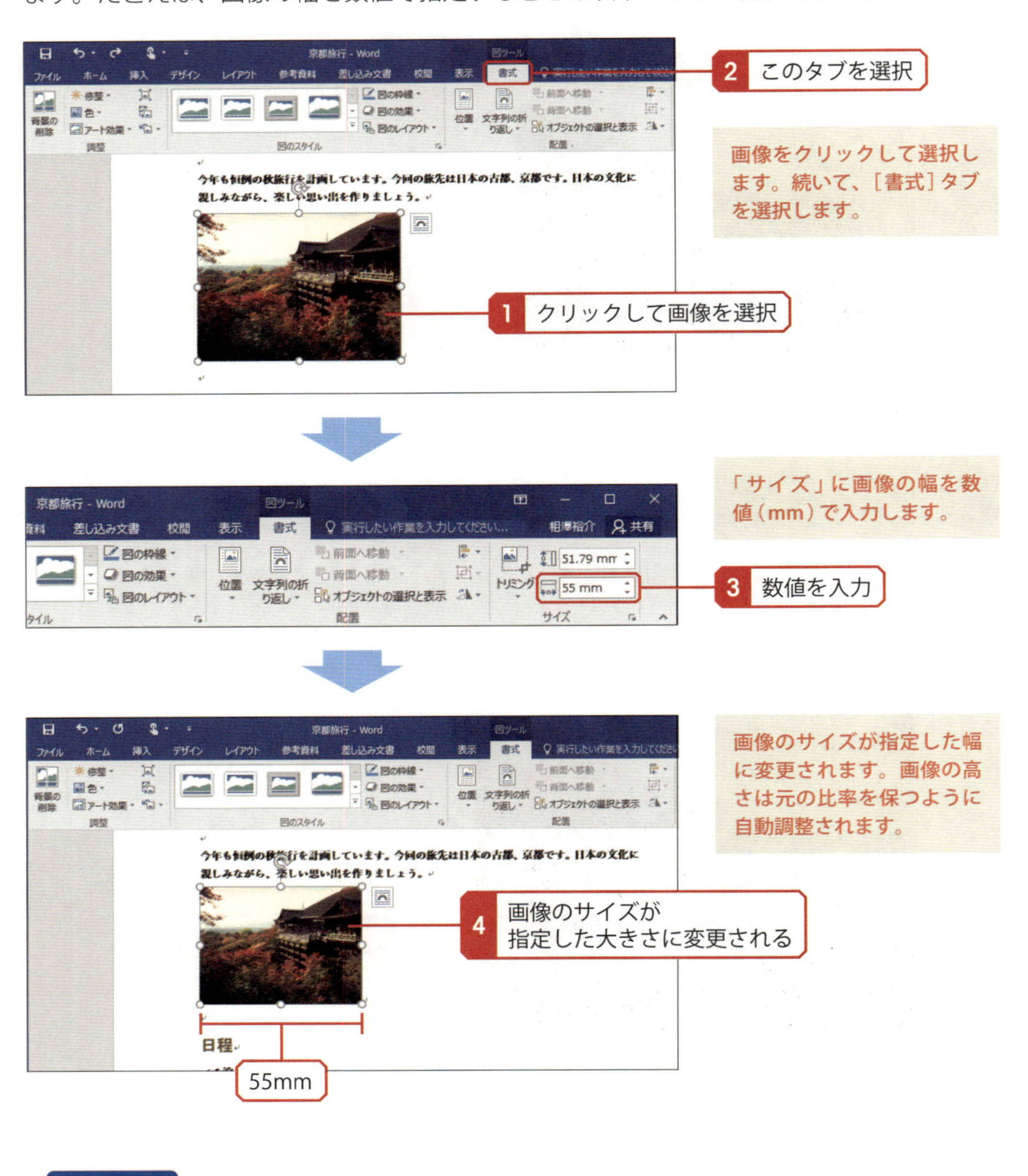

Column

画像の回転

画像の上にある（回転ハンドル）を左右にドラッグすると、文書に挿入した画像を回転させることができます。このとき［Shift］キーを押しながらドラッグすると、15度きざみで画像を回転できます。

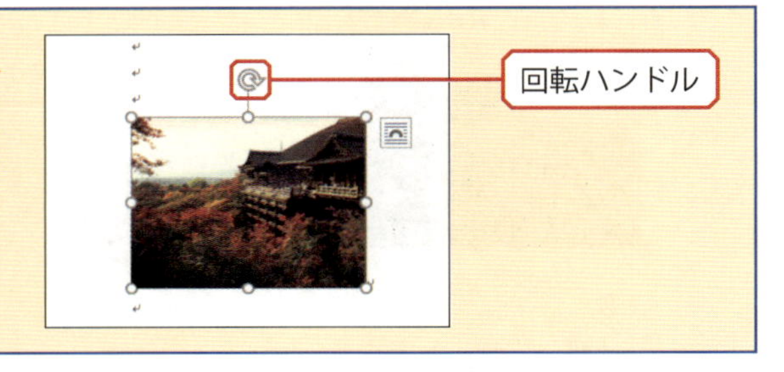

画像の移動と配置方法

文書に挿入した画像は、その位置を自由に変更することが可能です。画像を移動するときは、画像を移動先へドラッグします。

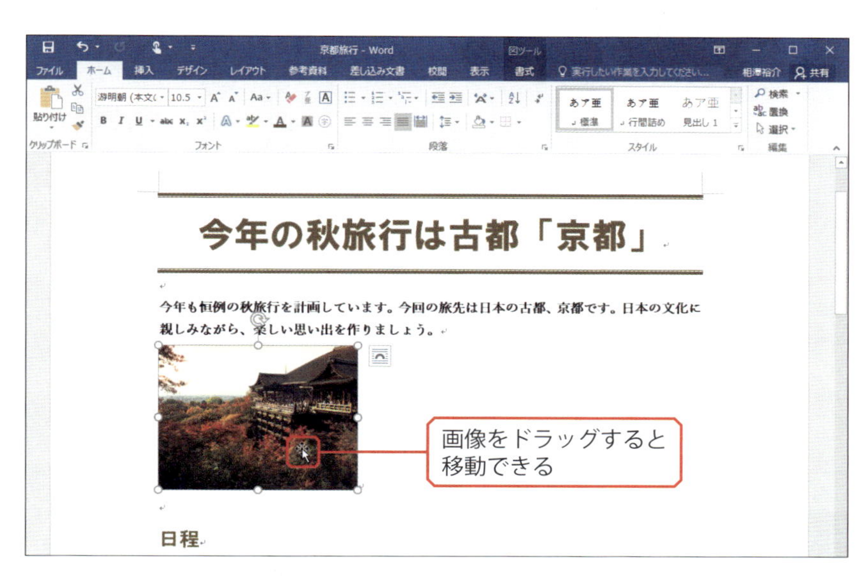

ただし、段落の途中に画像を移動させると、その行間が大きく変化してしまうことに注意してください。これは画像の配置方法に「行内」が指定されていることが原因です。「行内」の配置方法は、画像を「1つの巨大な文字」として扱います。このため、画像の高さに合わせて行間が大きくなります。

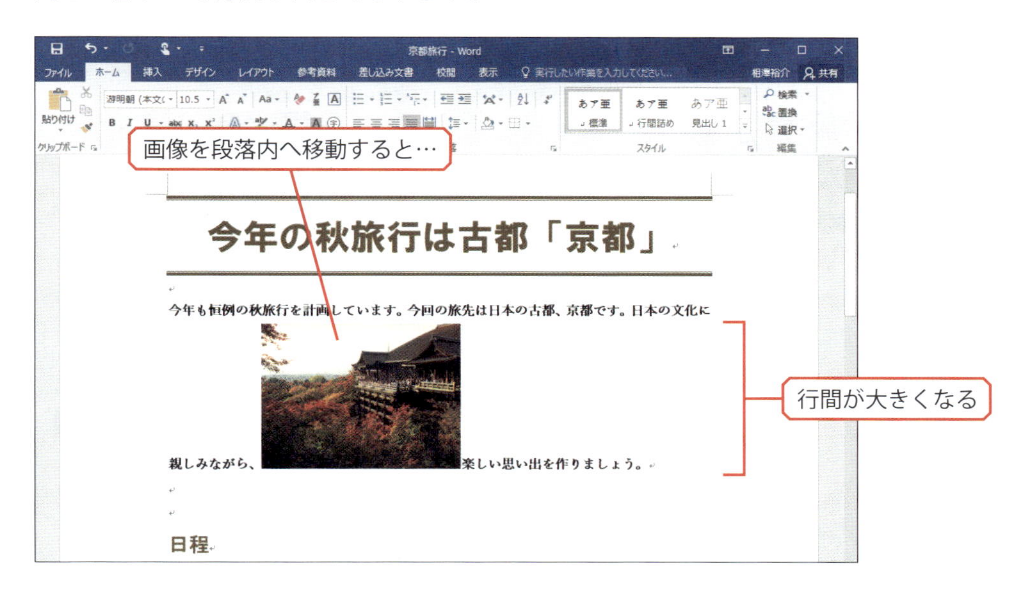

このような不具合を解消するには、画像の配置方法を変更しなければいけません。画像をクリックして選択すると、右上に（レイアウト オプション）のアイコンが表示されます。これをクリックすると、画像の配置方法を変更できます。

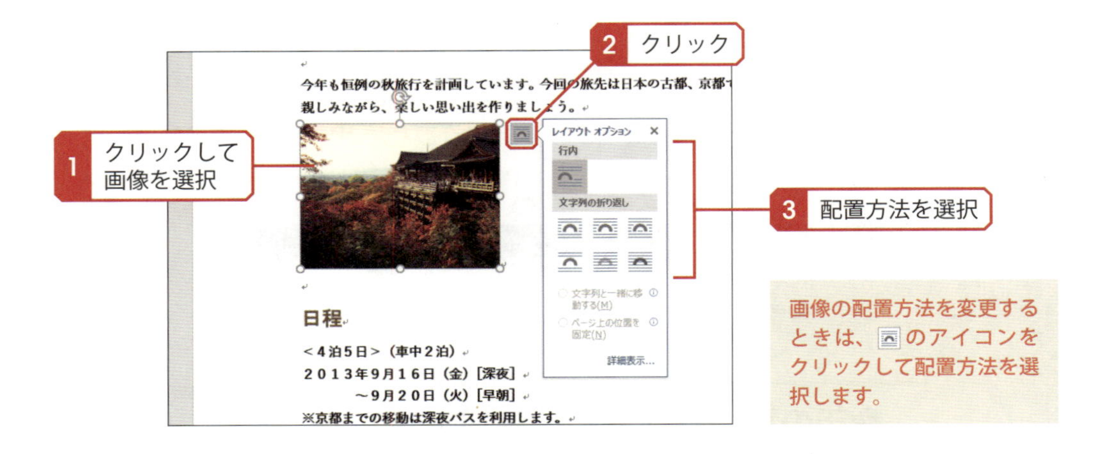

画像の配置方法を変更するときは、のアイコンをクリックして配置方法を選択します。

ここには7種類の配置方法が用意されていますが、一般的によく利用される配置方法は以下の4種類です。

■四角形（）

画像と文字の配置

画像には７種類の配置方法が用意されており、最初は「行内」の配置
ます。この配置方法は、　画像を「巨大な
組みになっています。　このため、画像
と、画像の高さに合わ　せて行間が広く
画像の周囲に文字を　回り込ませて配
像の配置方法に「四角　形」を指定しま
の手前に画像を重ねて　配置する「前面
像を重ねて配置する「背面」などの配置方法が用意されています。

画像の周囲に文字が回り込んで配置されます。

■背面（）

画像と文字の配置

画像には７種類の配置方法が用意されており、最初は「行内」の配置
ます。この配置方法は、画像を「巨大な文字」として扱う仕組みになって
画像を段落内に移動すると、画像の高さに合わせて行間が広くなります
画像の周囲に文字を回　　　　場合は、画像の配置方法
します。そのほか、文書の手前　　　る「前面」、文章
て配置する「背面」など　　　す。

文字の背面に画像が配置されます。

■上下（）

画像と文字の配置

画像には７種類の配置方法が用意されており、最初は「行内」の配置

ます。この配置方法は、画像を「巨大な文字」として扱う仕組みになって
画像を段落内に移動すると、画像の高さに合わせて行間が広くなります

画像の上下だけに文字が配置されます。「行内」とよく似ていますが、この配置方法は画像の位置を自由に移動できるのが利点となります。

■前面（）

画像と文字の配置

画像には７種類の配置方法が用意されており、最初は「行内」の配置
ます。この配置方法は、画　　　う仕組みになって
画像を段落内に移動する　　　間が広くなります
画像の周囲に文字を回　　　、画像の配置方法
します。そのほか、文書　　　る「前面」、文章
て配置する「背面」など　　　す。

文字の前面に画像が重ねて配置されます。このため、画像の背後にある文字は読めなくなります。

Column

位置コマンド

画像をページの四隅または中央に配置したいときは、［書式］タブにある「位置」を利用すると便利です。なお、「位置」コマンドで画像を移動させると、画像の配置方法は「四角形」に変更されます。

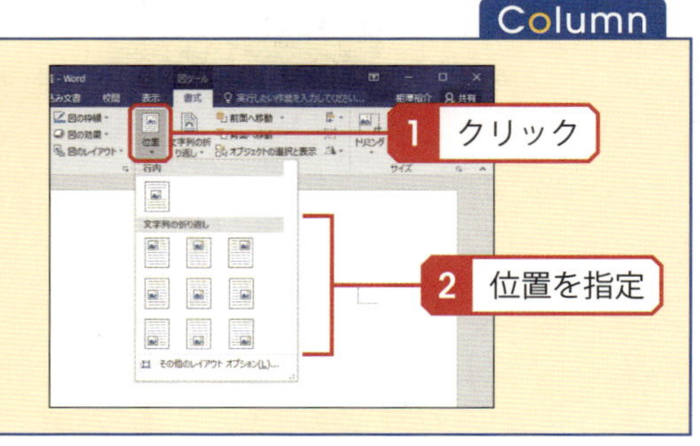

▶色調の調整と画像の加工

「Word」には、文書に挿入した画像を加工する機能が用意されています。このため、撮影に失敗した写真を「Word」で補正することも可能です。画像の色調を補正したり、画像に特殊効果を加えたりするときは、[書式]タブにある以下のコマンドを使用します。

■修正（ ）

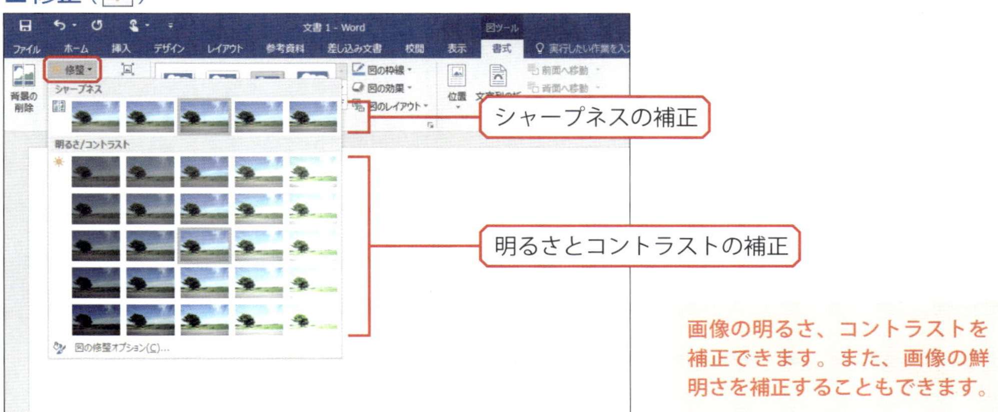

画像の明るさ、コントラストを補正できます。また、画像の鮮明さを補正することもできます。

■色（ ）

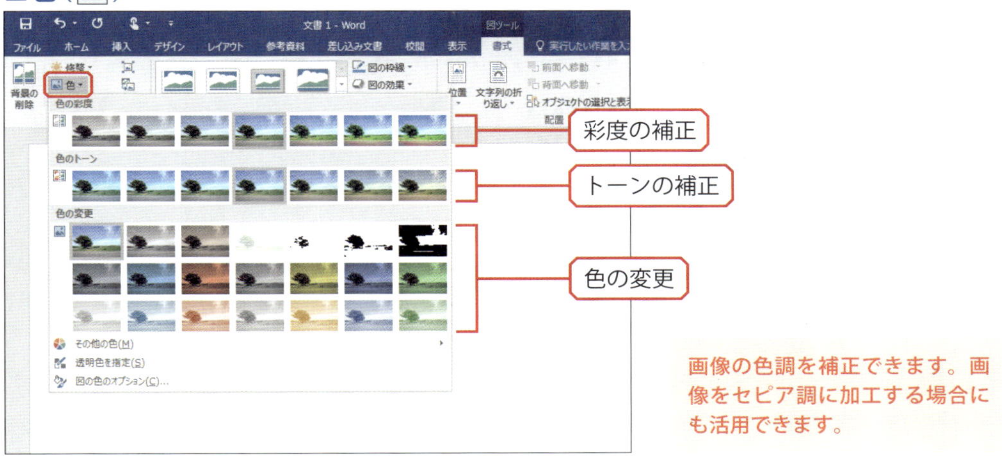

画像の色調を補正できます。画像をセピア調に加工する場合にも活用できます。

■アート効果（ ）

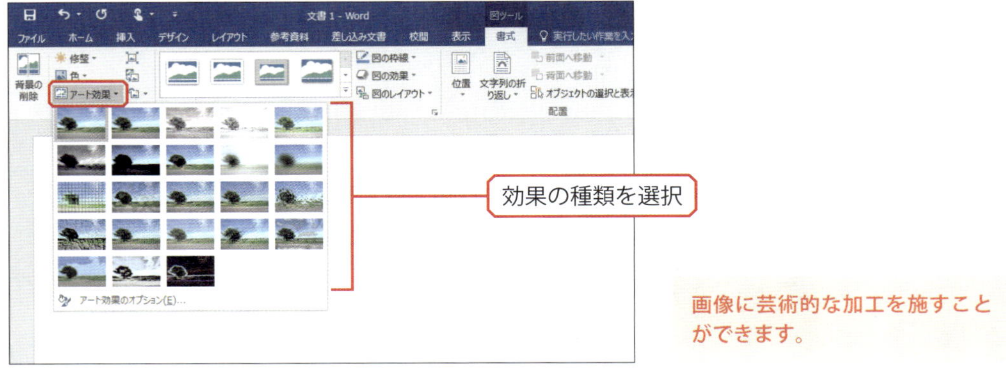

画像に芸術的な加工を施すことができます。

■図の効果（ ）

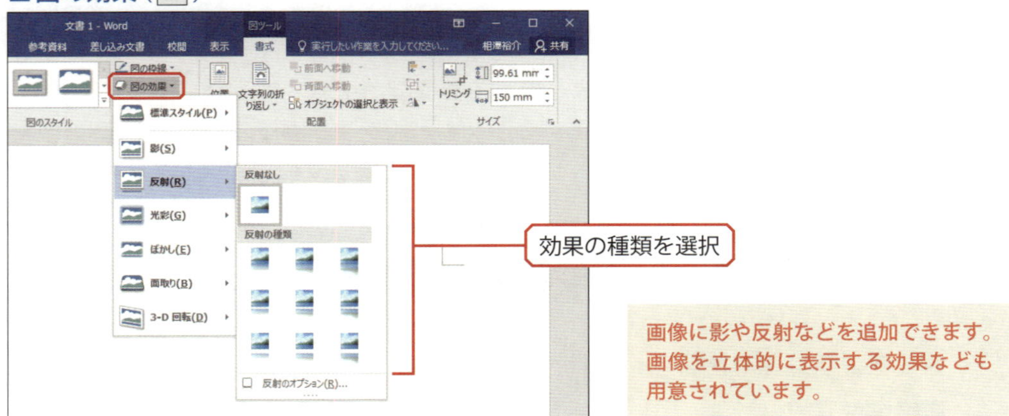

画像に影や反射などを追加できます。画像を立体的に表示する効果なども用意されています。

▶ 枠線の指定

文書に挿入した画像の周囲を枠線で囲むことも可能です。画像の周囲を枠線で囲むときは、［書式］タブにある （図の枠線）で線の種類、太さ、色を指定します。

▶ トリミングと形状変更

画像の一部分だけを切り抜いて掲載したい場合もあると思います。この場合は、[書式]タブにある「トリミング」を利用して以下のように操作します。

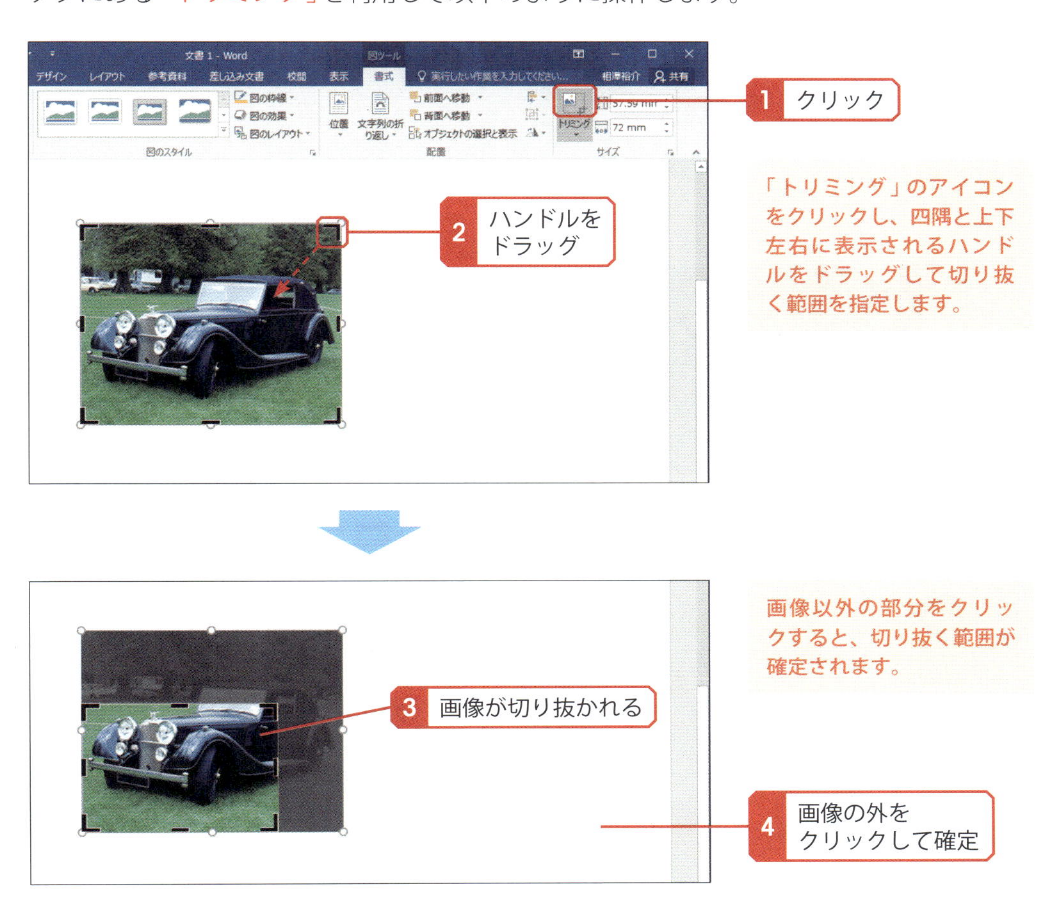

また、「トリミング」には画像の形状を変化させる機能も用意されています。

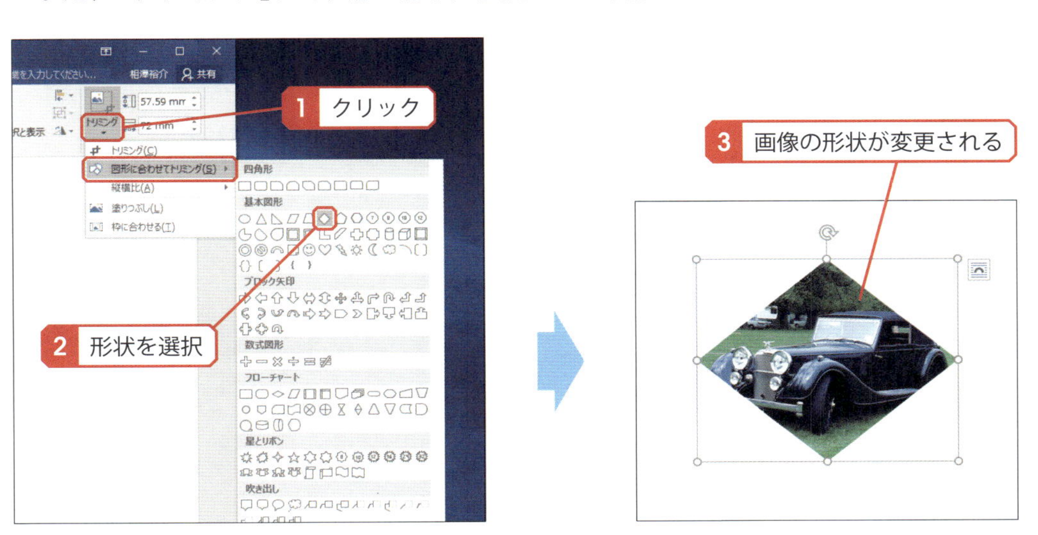

▶ 図のスタイル

［書式］タブにある「図のスタイル」を使って画像を加工することも可能です。ここには、枠線、形状、効果などを組み合わせた画像加工が28種類用意されています。これらを適用すると、デザイン性に優れた加工を簡単に指定できます。

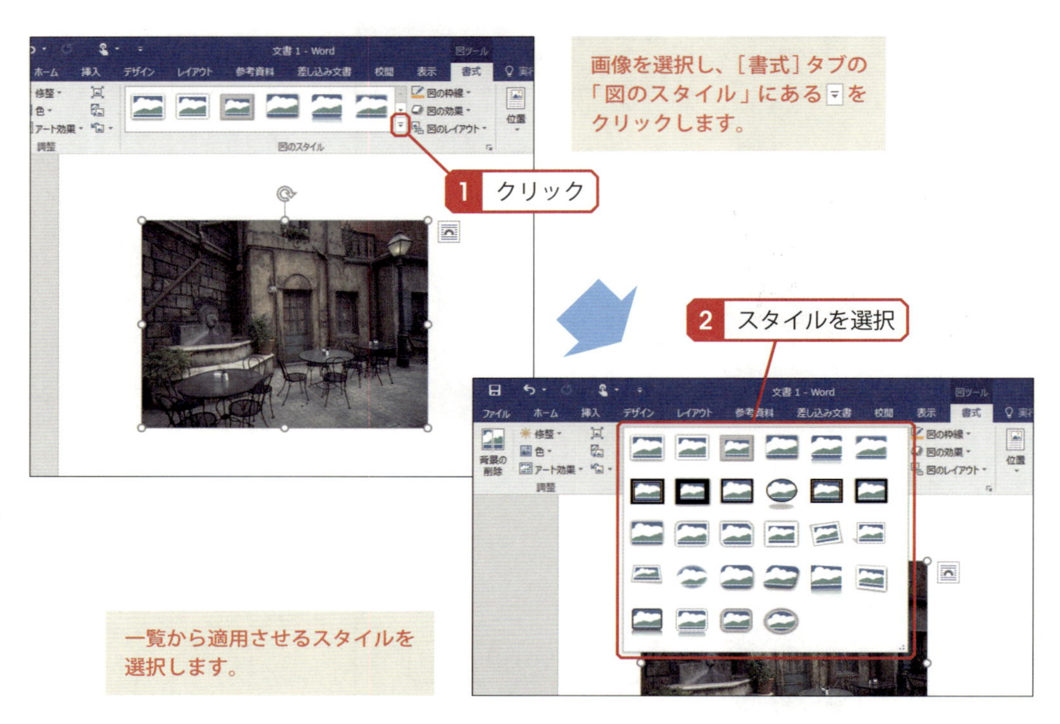

「図のスタイル」を適用した例を以下に紹介しておくので参考にしてください。

■メタル フレーム

■対角を丸めた四角形、白

■四角形、面取り

Column

図のリセット

画像の編集を最初からやり直したい場合は、［書式］タブにある（図のリセット）を利用します。すると、全ての画像編集が取り消され、画像を最初の状態に戻すことができます。

▶ 画像の整列

文書内に複数の画像を挿入したときに、それぞれの画像を整列させて配置したい場合もあると思います。このような場合は、［書式］タブにある（オブジェクトの配置）を使うと、簡単に画像を整列させることができます。

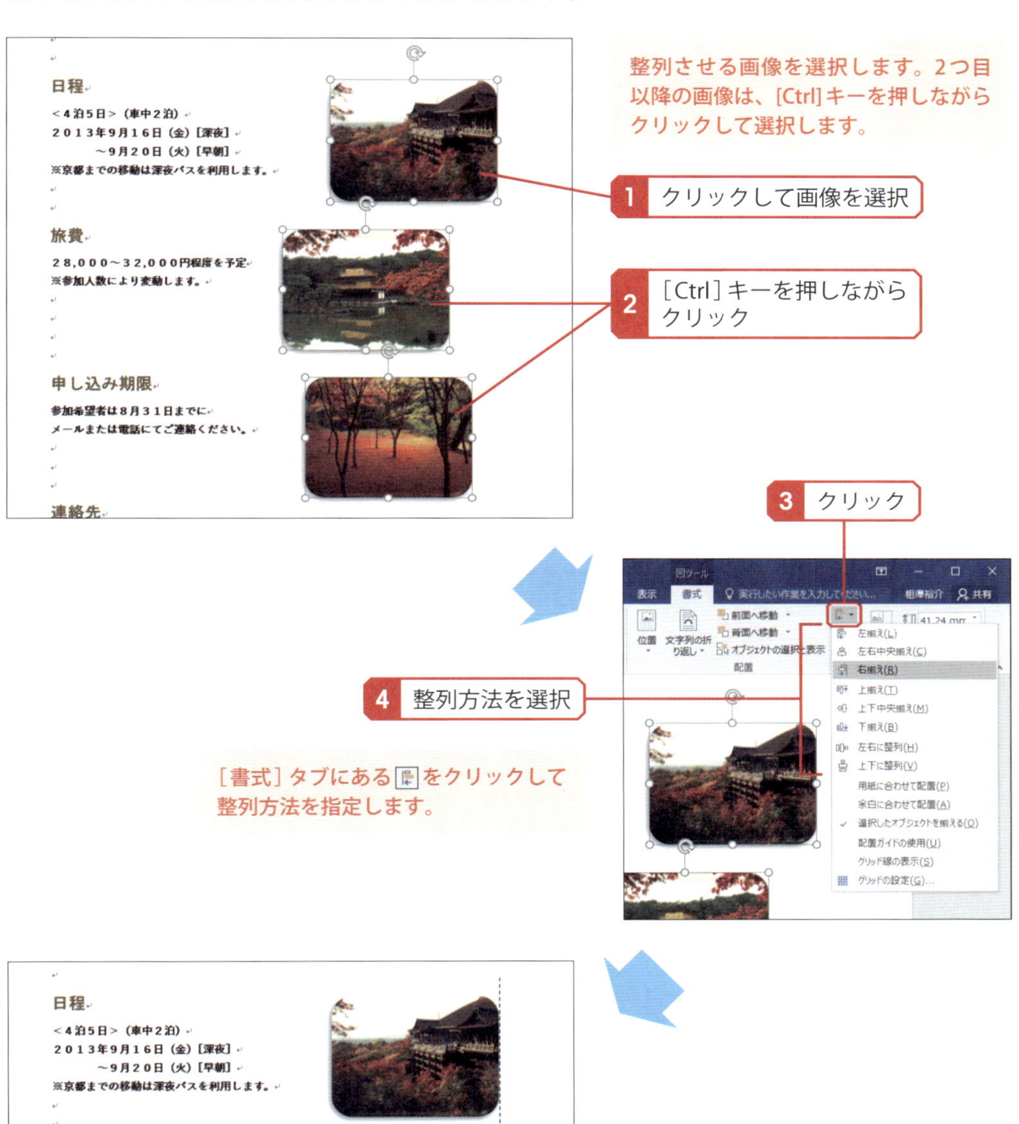

10 ワードアート

「Word」には、装飾されたタイトル文字を手軽に作成できるワードアートという機能が用意されています。ワードアートは文字で作成された図版の一種と考えることができます。続いては、ワードアートの利用方法を解説します。

ワードアートの挿入

ワードアートを文書に挿入するときは、以下のように操作します。

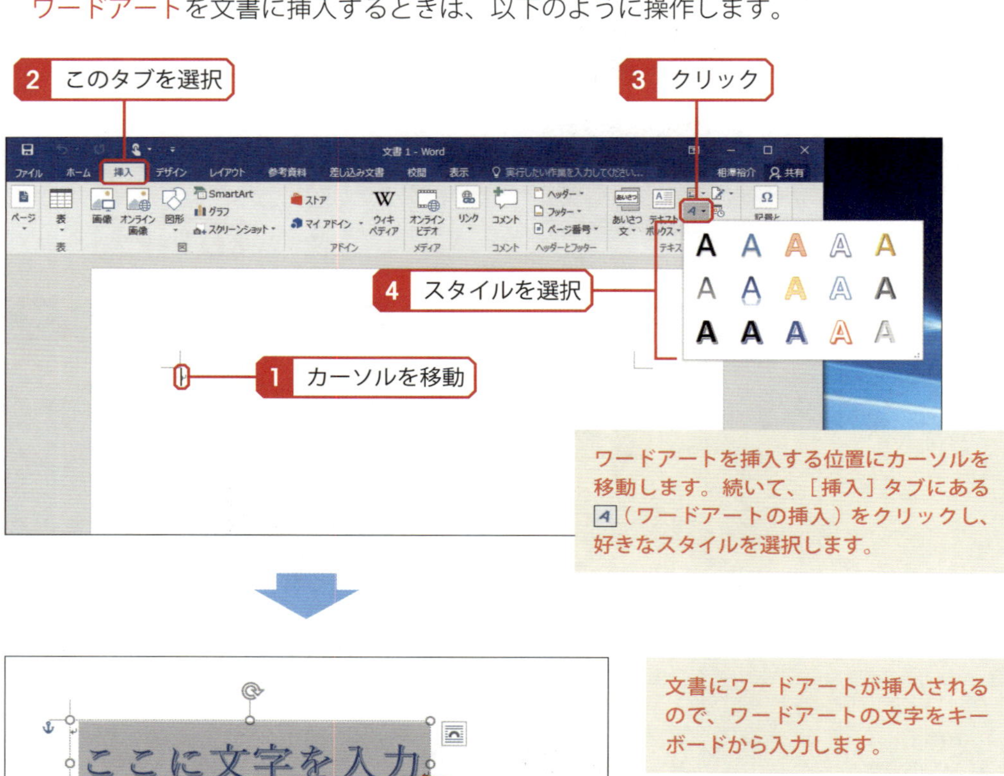

ワードアートを挿入する位置にカーソルを移動します。続いて、［挿入］タブにある（ワードアートの挿入）をクリックし、好きなスタイルを選択します。

文書にワードアートが挿入されるので、ワードアートの文字をキーボードから入力します。

以上で、ワードアートの基本的な作成作業は完了です。

サイズ変更と配置

挿入したワードアートは、そのサイズや位置を自由に変更できます。なお、ワードアートの配置方法は「前面」が初期設定されています（P185 ～ 186参照）。

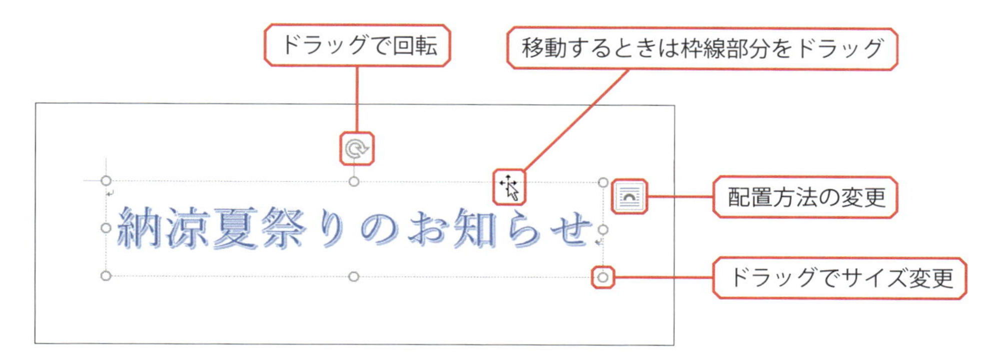

ワードアートの編集

ワードアートをクリックして選択すると、［書式］タブを利用できるようになります。そのほか、［ホーム］タブでフォントや文字サイズなどの書式を指定することも可能です。

※ワードアートを編集するときは、ワードアート内の文字をドラッグして選択してから各種操作を行うのが基本です。

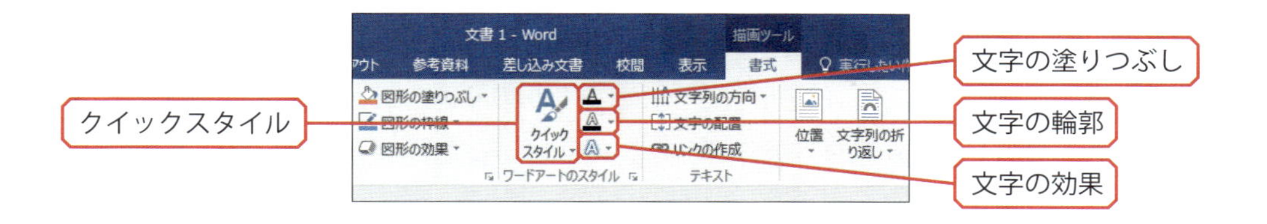

■クイックスタイル

ワードアートのスタイルを後から変更することができます。

■文字の塗りつぶし／文字の輪郭

文字を塗りつぶす色や、文字の周囲を縁取る線の色、太さ、種類を指定できます。

■文字の効果

影、反射、光彩など、ワードアートの飾りを変更できます。

「変形」→「大波１」を指定した場合

「3-D回転」→「透視投影強調（左）」を指定した場合

11 図形とテキストボックス

「Word」には、四角形や三角形、星型、矢印などの図形を描画する機能が用意されています。描画した図形は、文書内の好きな位置に文字を配置できるテキストボックスとしても活用できます。

図形の描画

「Word」には、一般的によく使われる図形や直線、曲線などを描画できる機能が用意されています。この機能を使って図形を描画するときは以下のように操作します。

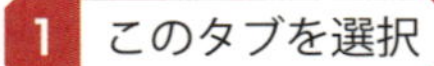

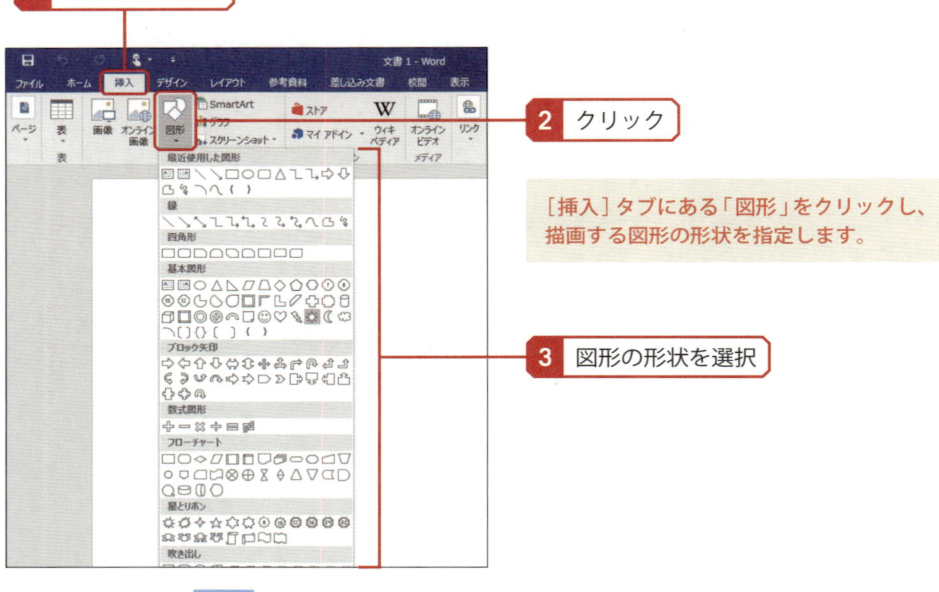

［挿入］タブにある「図形」をクリックし、描画する図形の形状を指定します。

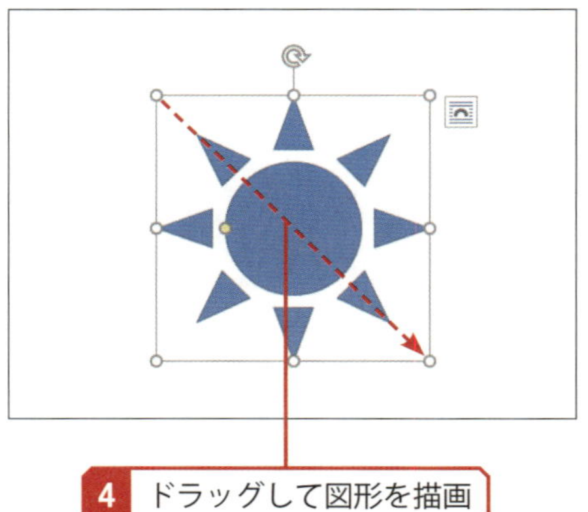

ポインタの表示が＋になります。この状態で文書上をドラッグして図形を描画します。

Column

縦横の比率が等しい図形

［Shift］キーを押しながらマウスをドラッグすると、縦横の比率が等しい図形を描画できます。正方形や正円を描画する場合などに活用してください。

サイズ変更と配置

描画した図形のサイズを後から変更することも可能です。ただし、図形の場合は、四隅のハンドルをドラッグしても縦横の比率が維持されないことに注意してください。

図形の配置方法には「前面」が初期設定されています。もちろん、のアイコンをクリックして配置方法を変更することも可能です（P185～186参照）。

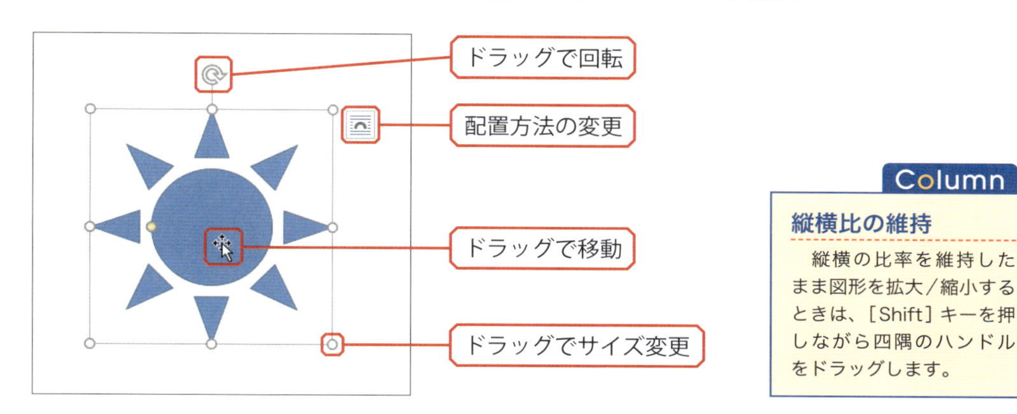

Column

縦横比の維持

縦横の比率を維持したまま図形を拡大／縮小するときは、[Shift] キーを押しながら四隅のハンドルをドラッグします。

そのほか、図形によっては（調整ハンドル）が表示されている場合もあります。調整ハンドルは、図形の形状を変化させる場合に利用します。

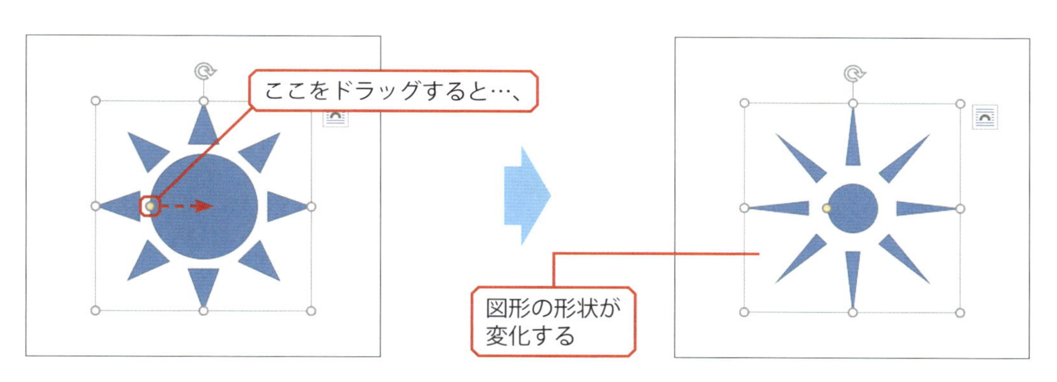

図形の書式

図形をクリックして選択すると、[書式] タブを利用できるようになります。このタブには、図形の色や枠線などを指定するコマンドが用意されています。

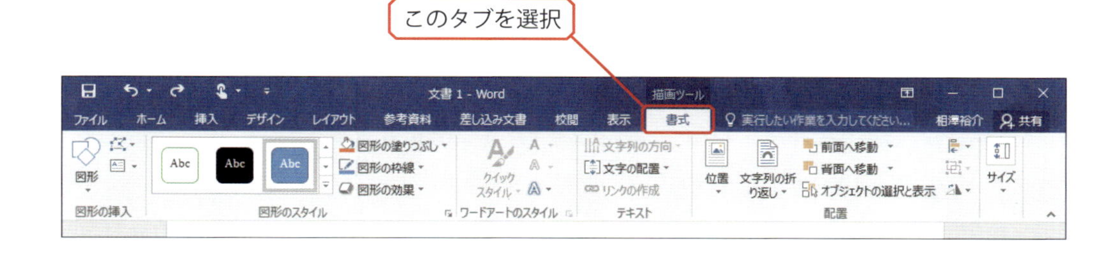

■図形の塗りつぶし（ ）

図形の内部を塗りつぶす色を変更できます。

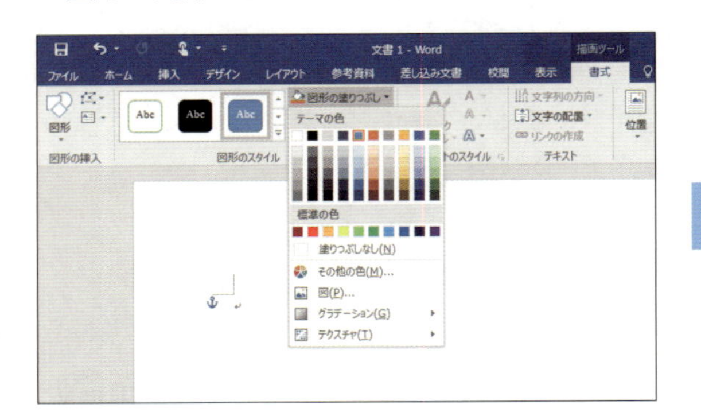

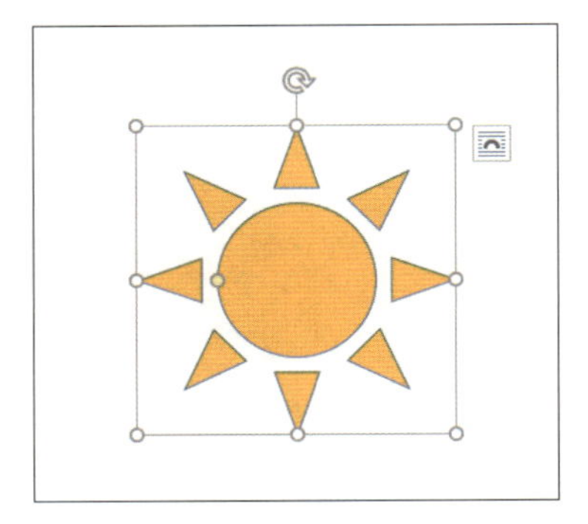

■図形の枠線（ ）

図形を囲む枠線の色、太さ、線種を変更できます。

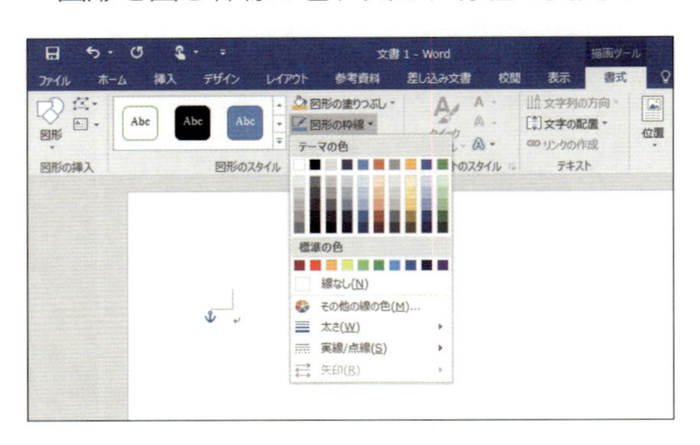

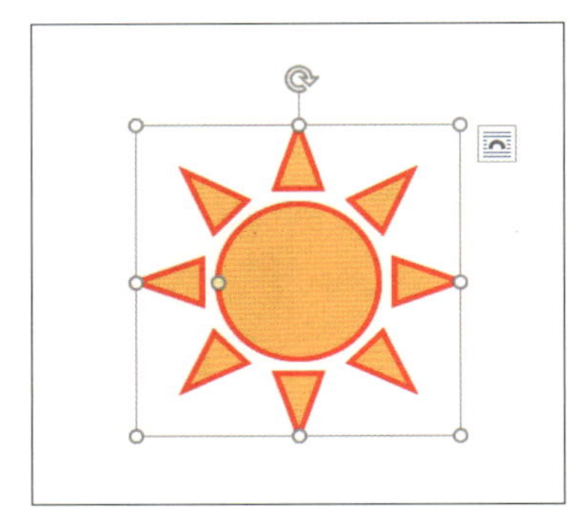

■図形の効果（ ）

図形に影や反射を付けたり、図形を立体化したりできます。

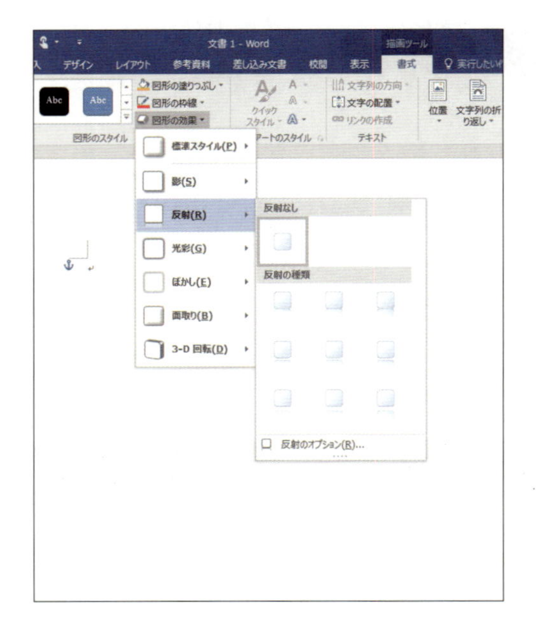

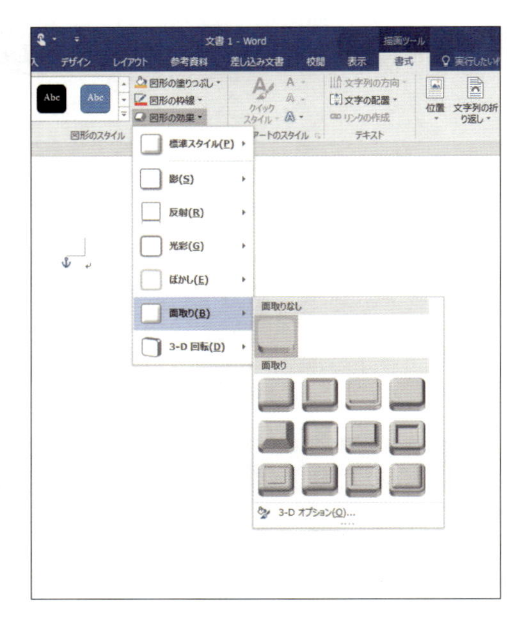

「影」→「オフセット（斜め左上）」を指定した場合

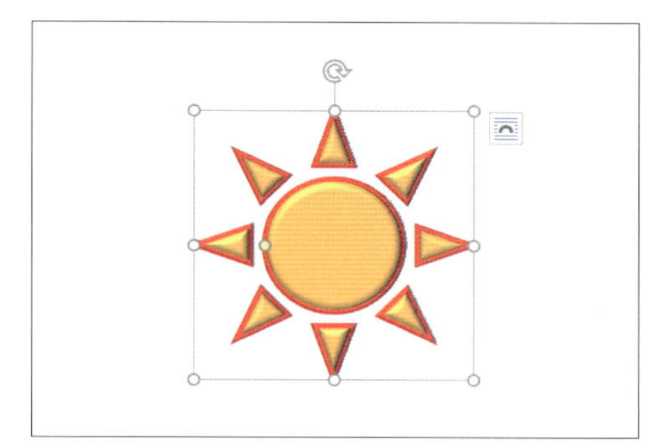

「面取り」→「アール デコ」を指定した場合

▶ 図形のスタイル

図形の塗りつぶし、枠線、効果の書式を組み合わせたスタイルも用意されています。スタイルの一覧は「図形のスタイル」にある をクリックすると表示できます。

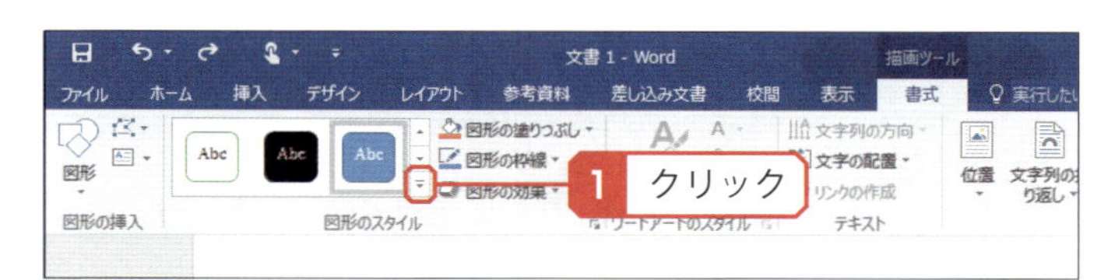

図形を選択し、［書式］タブにある「図形のスタイル」の をクリックします。

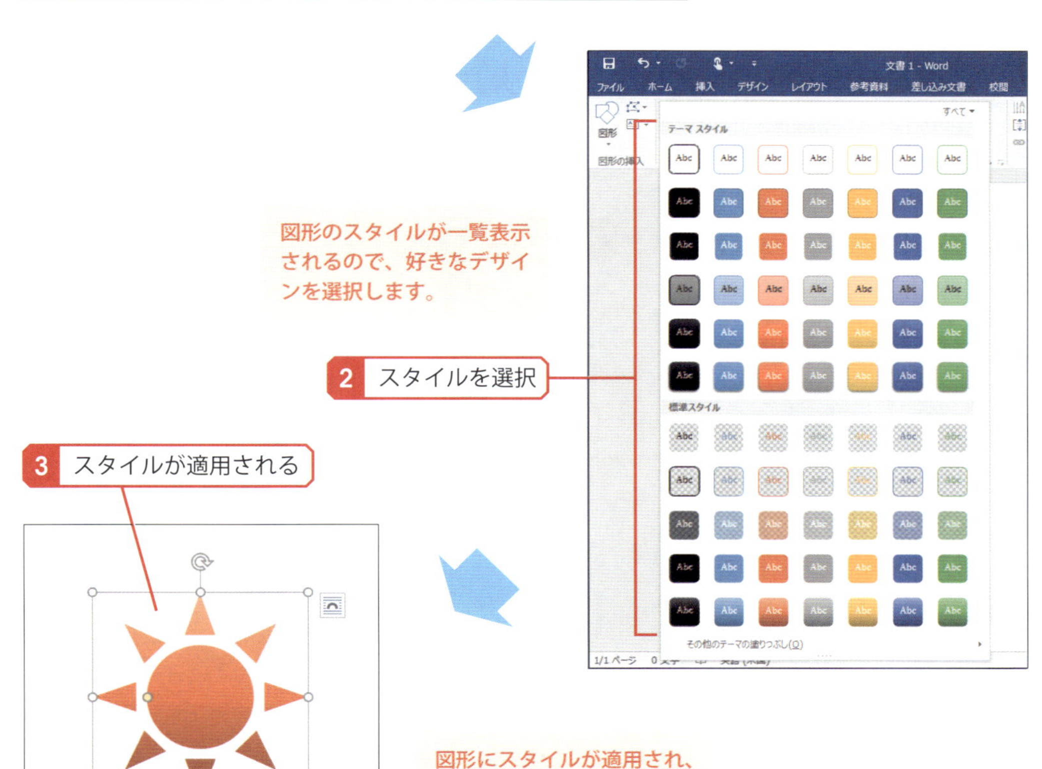

図形のスタイルが一覧表示されるので、好きなデザインを選択します。

図形にスタイルが適用され、塗りつぶし、枠線、効果の書式が変更されます。

▶ テキストボックスとは…？

テキストボックスは内部に文字を入力できる図形で、コラムや画像の説明文を作成する場合などに活用できます。もちろん、塗りつぶしの色や枠線の書式なども自由に指定できます。

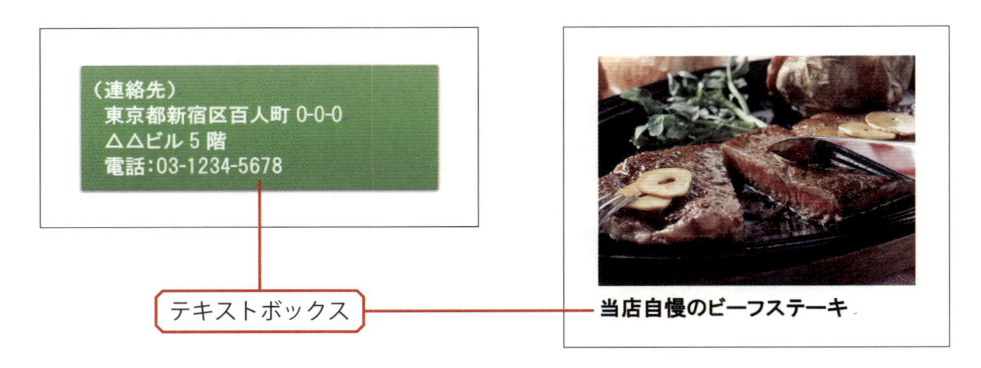

▶ テキストボックスの描画

テキストボックスを描画するときは、▤や▥の図形を選択します。

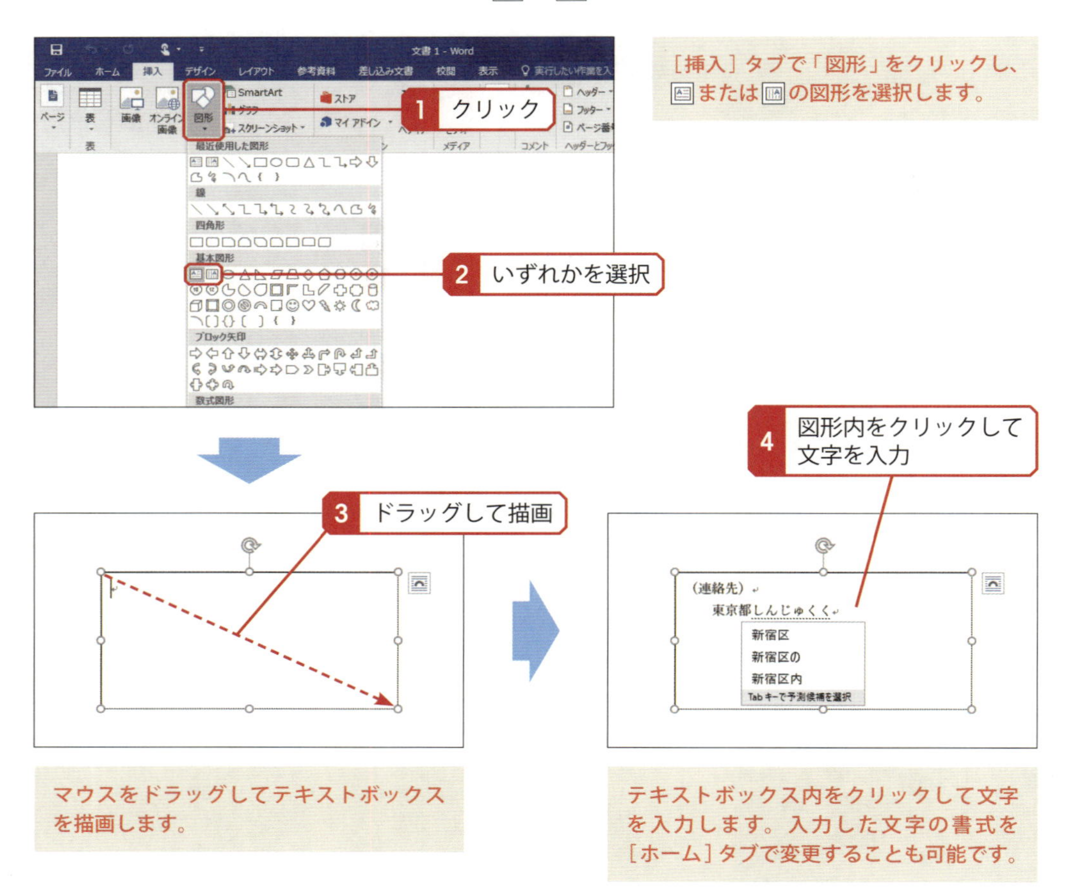

［挿入］タブで「図形」をクリックし、▤または▥の図形を選択します。

マウスをドラッグしてテキストボックスを描画します。

テキストボックス内をクリックして文字を入力します。入力した文字の書式を［ホーム］タブで変更することも可能です。

図形内に文字を入力

テキストボックスではない通常の図形も、その内部に文字を入力することが可能です。この場合は、図形を選択した状態でキーボードから文字を入力します。入力した文字の書式は［ホーム］タブで指定します。

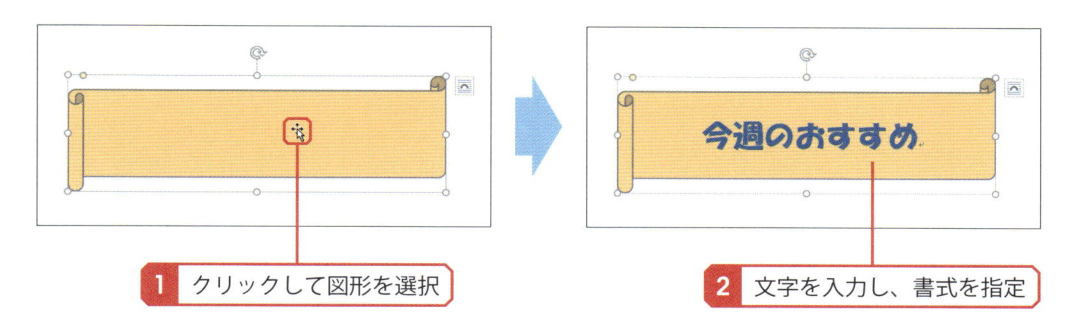

図形内の文字の配置

図形内に入力した文字の「上下方向の配置」や「上下左右の余白」を調整したい場合は、「図形の書式設定」を呼び出して設定を変更します。

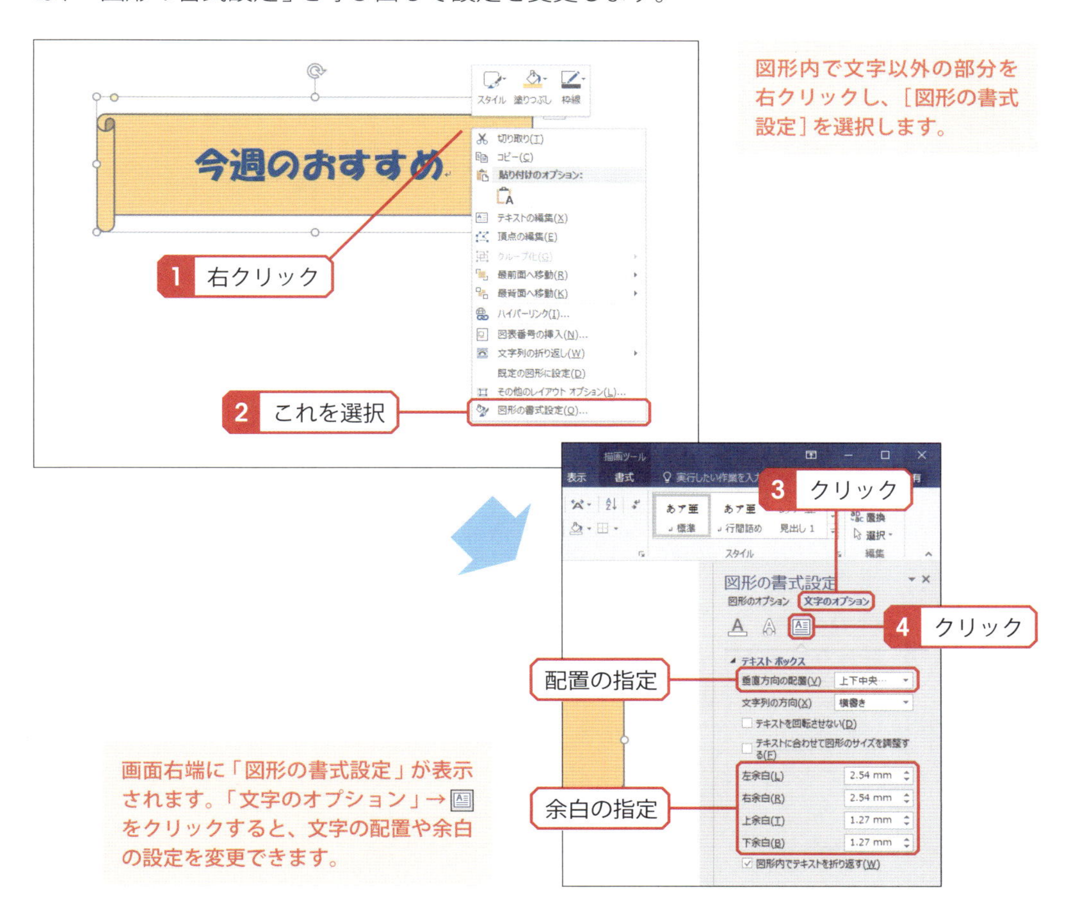

12 表の作成と編集

「Word」には、表を手軽に作成できる機能が用意されています。続いては、この機能を使って表を作成したり、作成した表をカスタマイズしたりする方法について解説します。

表の挿入

文書内に表を作成するときは、「Word」に用意されている機能を使って以下のように操作します。

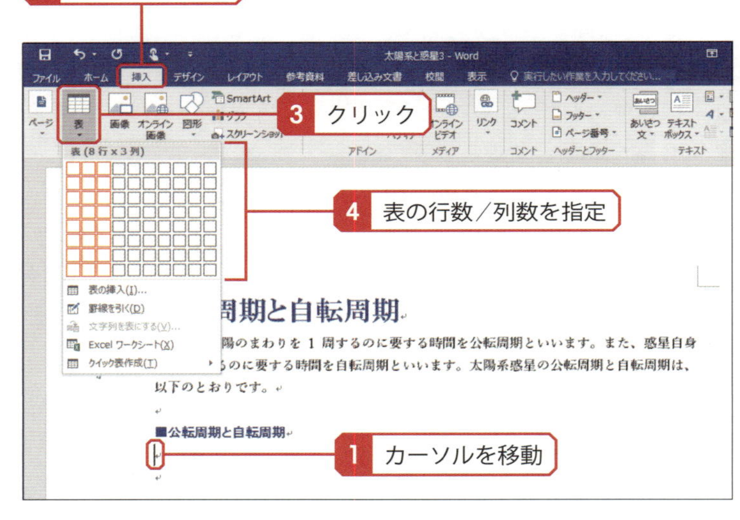

表を挿入する位置にカーソルを移動し、［挿入］タブを選択します。続いて「表」をクリックし、挿入する表の行数／列数を指定します。

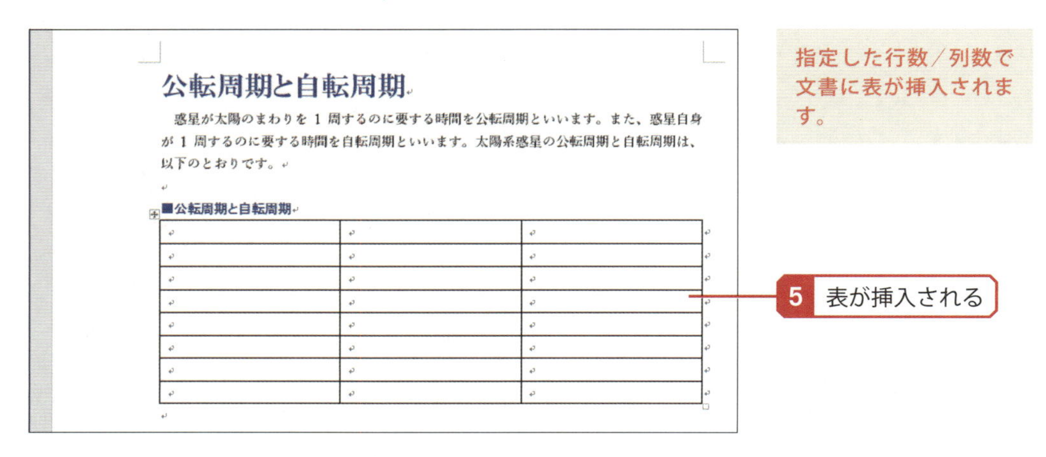

指定した行数／列数で文書に表が挿入されます。

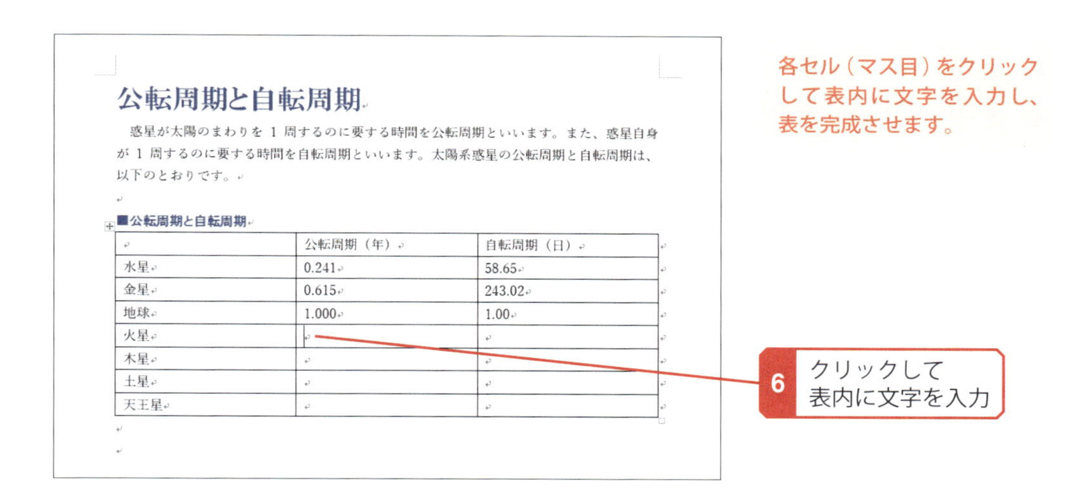

	公転周期（年）	自転周期（日）
水星	0.241	58.65
金星	0.615	243.02
地球	1.000	1.00
火星		
木星		
土星		
天王星		

各セル（マス目）をクリックして表内に文字を入力し、表を完成させます。

▶ 文字の配置

セルをクリックして表内にカーソルを移動させると、表ツールの［デザイン］タブと［レイアウト］タブを利用できるようになります。各セルに入力した文字の配置を変更するときは、［レイアウト］タブにある「配置」のアイコンを操作します。

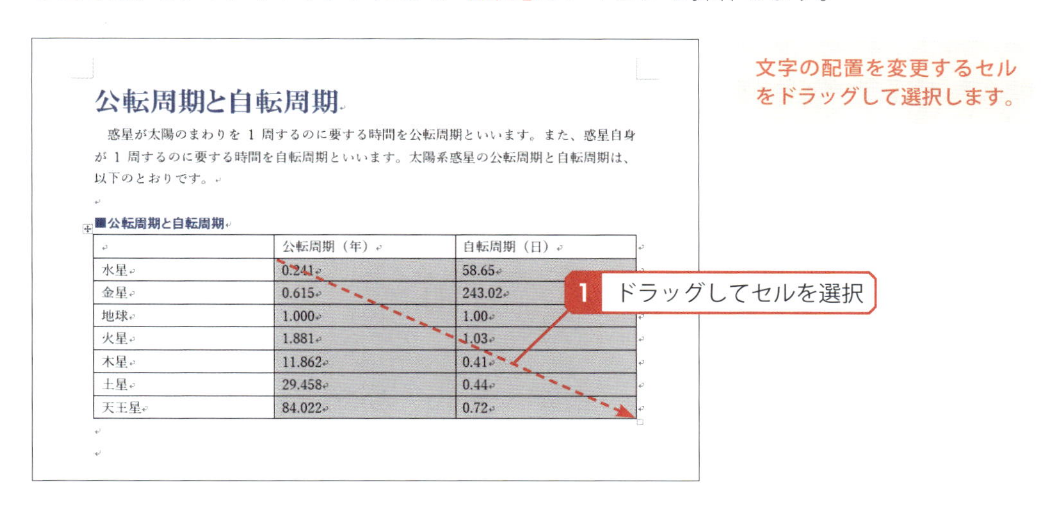

	公転周期（年）	自転周期（日）
水星	0.241	58.65
金星	0.615	243.02
地球	1.000	1.00
火星	1.881	1.03
木星	11.862	0.41
土星	29.458	0.44
天王星	84.022	0.72

文字の配置を変更するセルをドラッグして選択します。

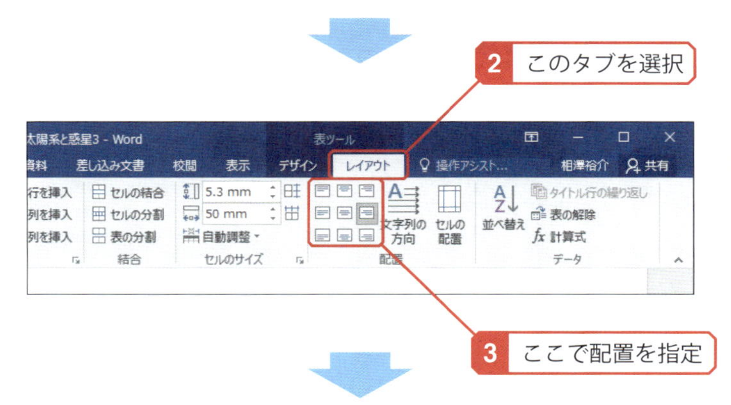

表ツールの［レイアウト］タブを選択し、「配置」にある9個のアイコンで縦／横の配置を指定します。

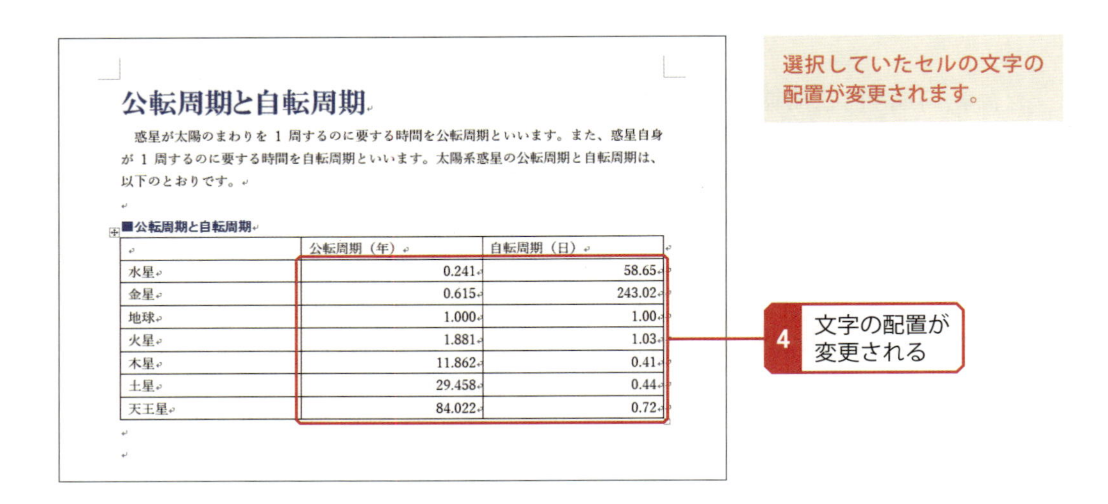

選択していたセルの文字の配置が変更されます。

▶ 文字の書式

表内に入力した文字の書式を変更することも可能です。この操作は、通常の文字の書式を指定する場合と基本的に同じです。

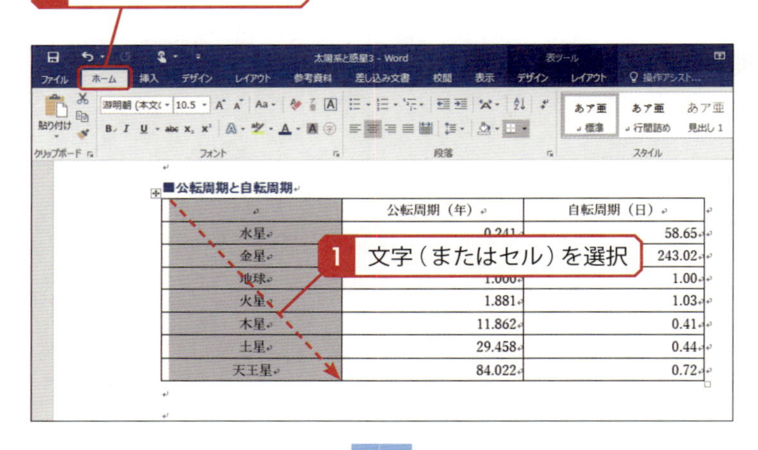

書式を変更する文字（またはセル）をドラッグして選択します。続いて［ホーム］タブを選択します。

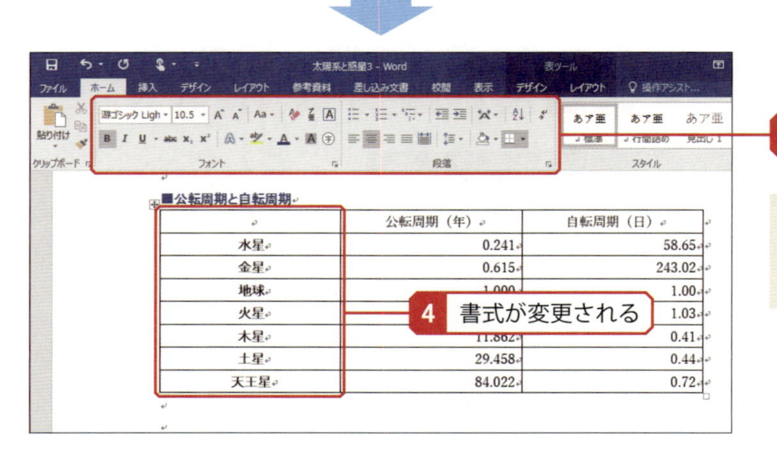

リボンでフォントや文字サイズなどの書式を指定します。

▶ 塗りつぶしの色

各セルの背景色を変更するときは、表ツールの［デザイン］タブにある「塗りつぶし」を操作します。セルの背景色は、表を見やすくする場合などに活用できます。

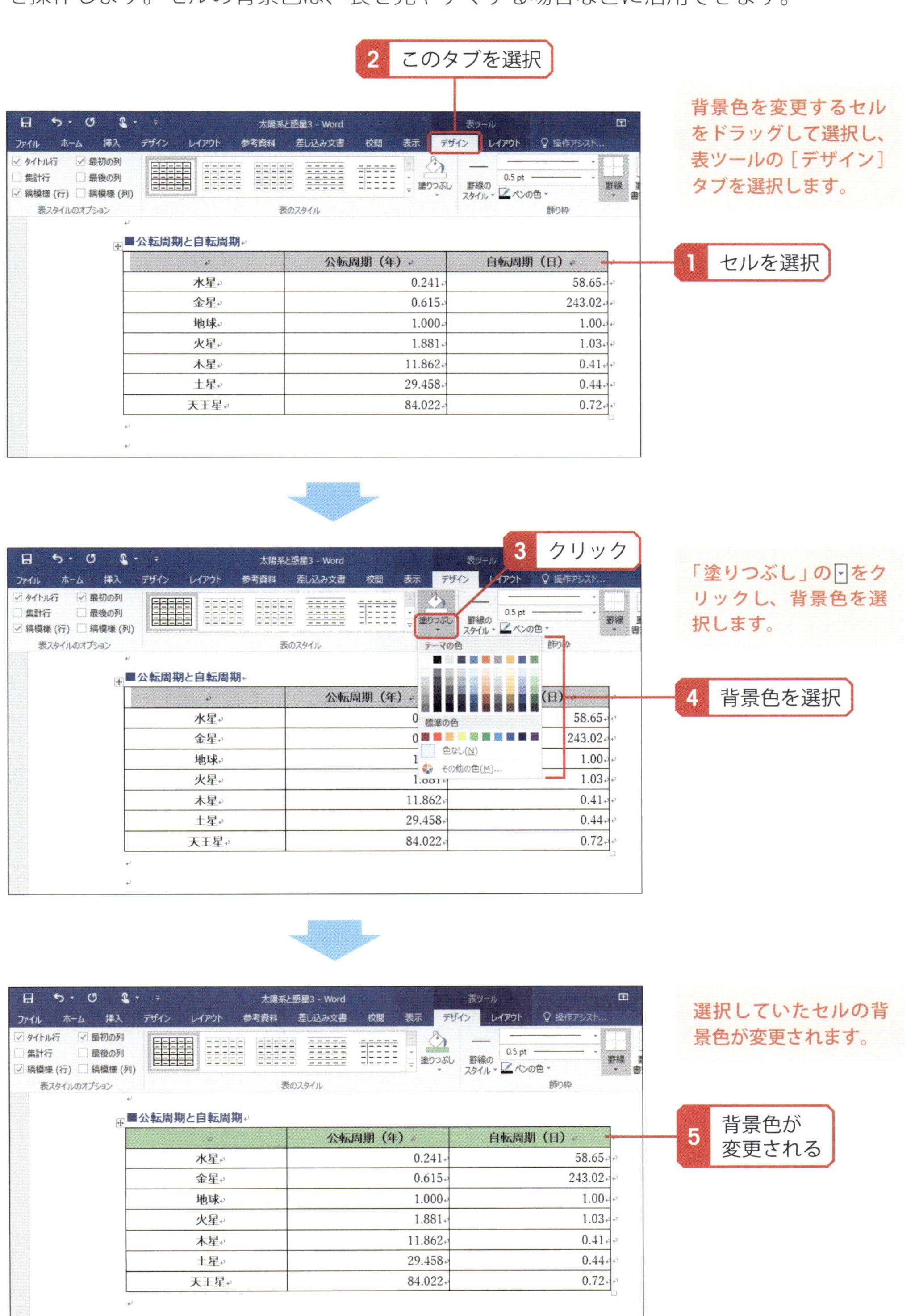

▶ 罫線の書式指定

表内の各セルを区切る罫線の書式を変更することも可能です。罫線の書式を変更するときは、以下のように操作します。

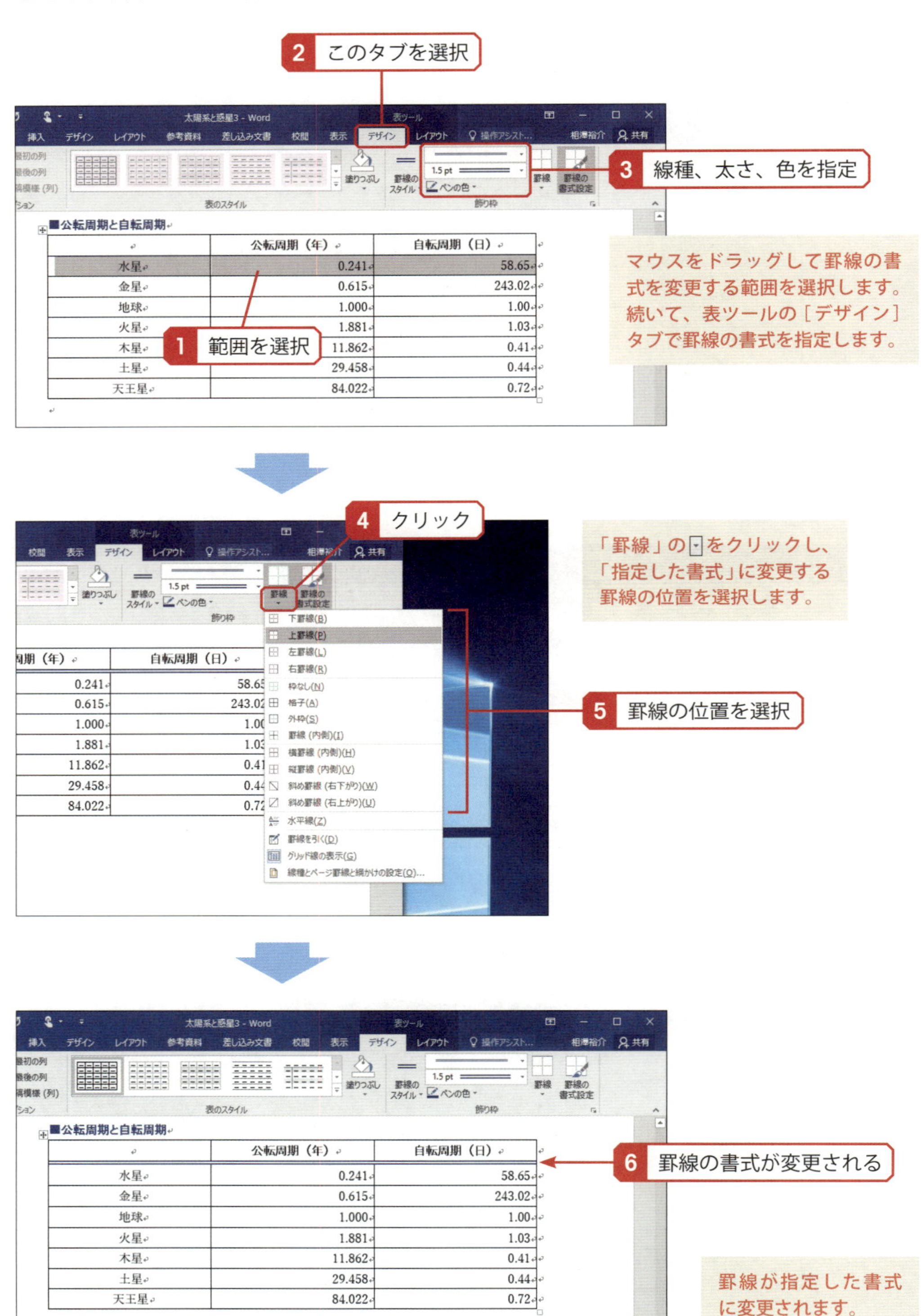

また、マウスのドラッグにより罫線の書式を指定する方法も用意されています。この方法で罫線の書式を指定するときは、以下のように操作します。

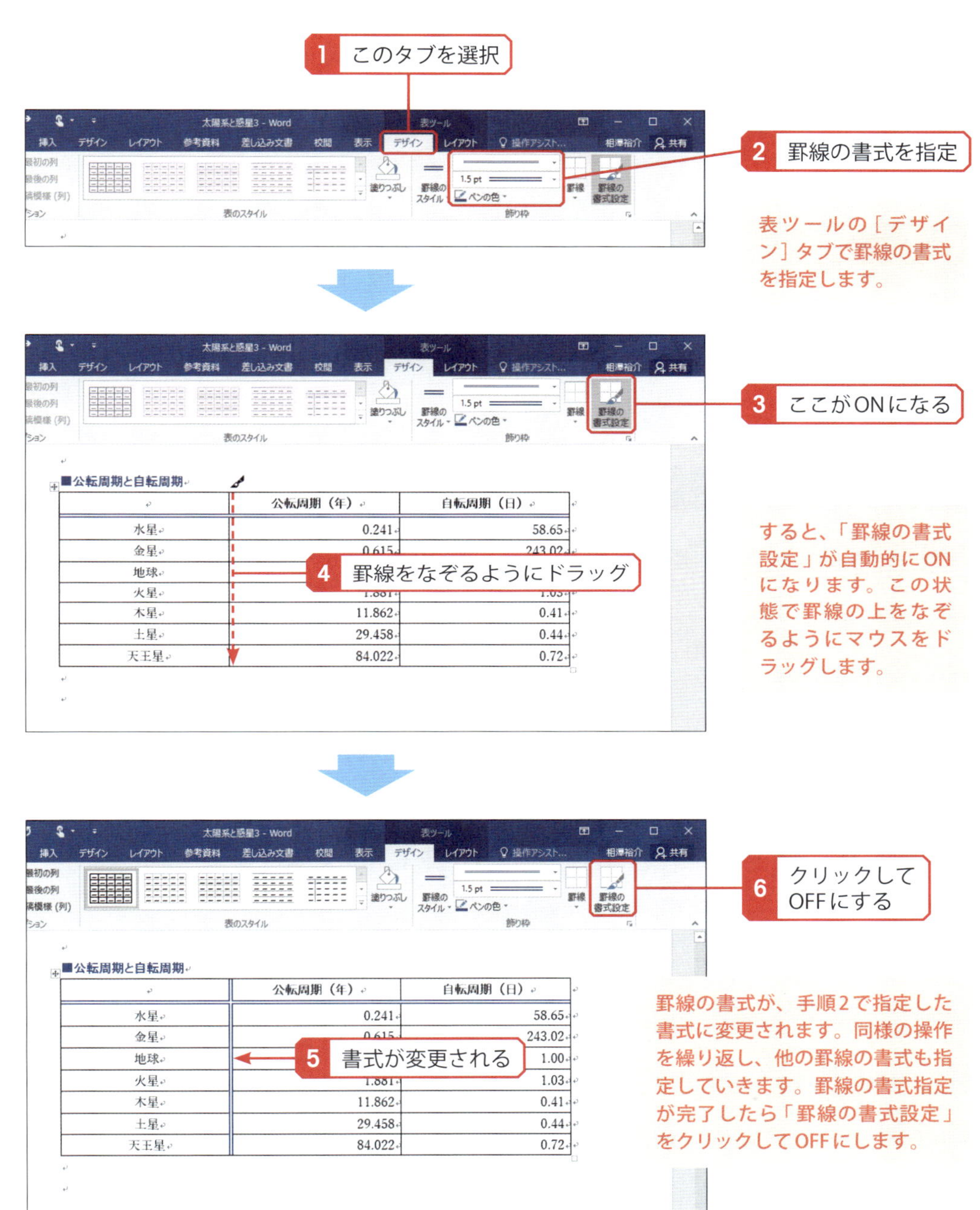

Column

罫線の削除

各セルを区切る罫線を削除するときは、セルの範囲を選択し、「罫線」コマンドから「枠なし」を選択します。また、線種に「罫線なし」を指定した状態で罫線上をマウスでドラッグし、罫線を削除することも可能です。

▶ 表のスタイル

「Word」には、表のデザインを一括指定できる「表のスタイル」も用意されています。この機能を利用すると、文字の書式、背景色、罫線などを個別に指定しなくても簡単に表をデザインできます。「表のスタイル」を利用するときは、以下のように操作します。

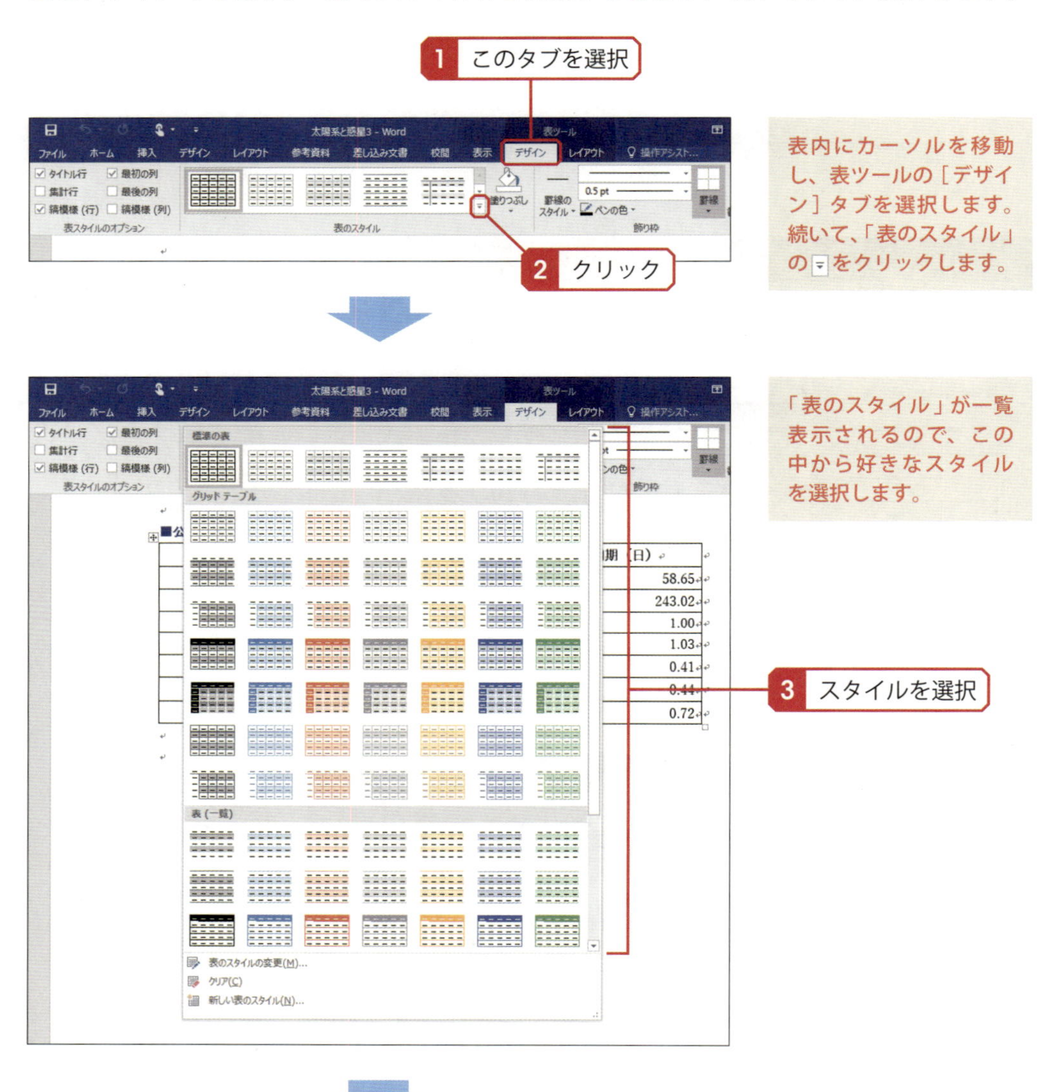

表内にカーソルを移動し、表ツールの［デザイン］タブを選択します。続いて、「表のスタイル」の ▿ をクリックします。

「表のスタイル」が一覧表示されるので、この中から好きなスタイルを選択します。

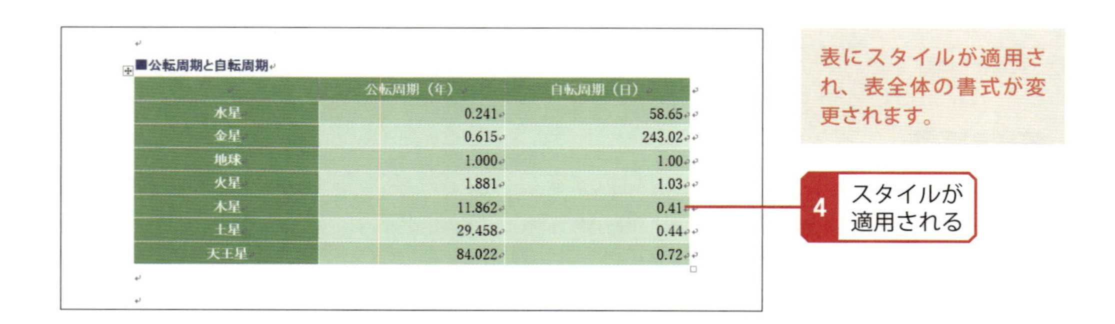

■公転周期と自転周期

	公転周期（年）	自転周期（日）
水星	0.241	58.65
金星	0.615	243.02
地球	1.000	1.00
火星	1.881	1.03
木星	11.862	0.41
土星	29.458	0.44
天王星	84.022	0.72

表にスタイルが適用され、表全体の書式が変更されます。

▶ 行、列の挿入と削除

作成した表に新しい項目を追加するときは、表の左端付近（または上端付近）にマウスを移動します。すると、⊕のアイコンが表示されます。このアイコンをクリックすると、その位置に空白の行（または列）を挿入できます。

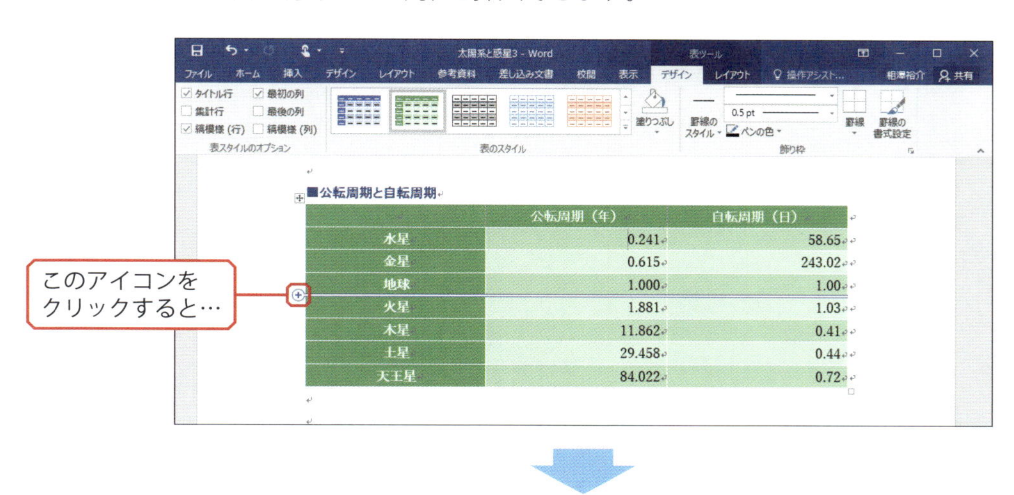

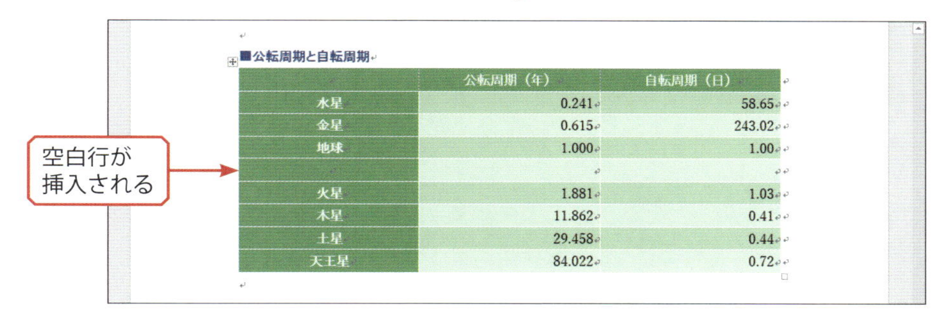

これとは逆に、不要な行（または列）を表から削除するときは、表ツールの［レイアウト］タブにある「削除」をクリックします。続いて、削除する内容を選択すると、カーソルがある行（または列）を表から削除できます。

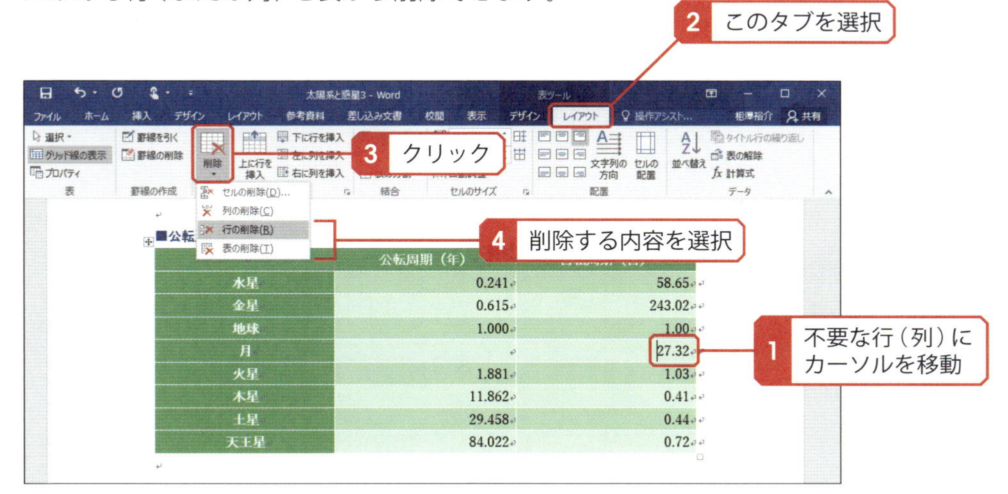

▶ サイズの変更

作成した表の「列の幅」を変更したい場合は、それぞれの列を区切る罫線をマウスで左右にドラッグします。

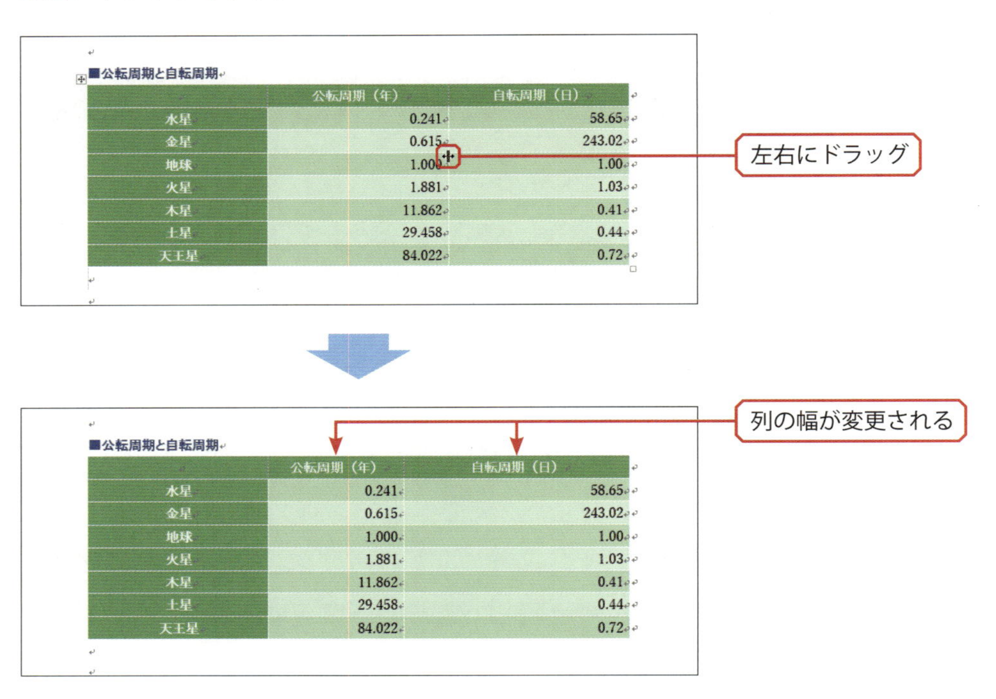

■公転周期と自転周期

	公転周期（年）	自転周期（日）
水星	0.241	58.65
金星	0.615	243.02
地球	1.000	1.00
火星	1.881	1.03
木星	11.862	0.41
土星	29.458	0.44
天王星	84.022	0.72

また、「表全体の幅」を変更することも可能です。この場合は、表内にカーソルを移動し、表の右下に表示される□を左右にドラッグします。

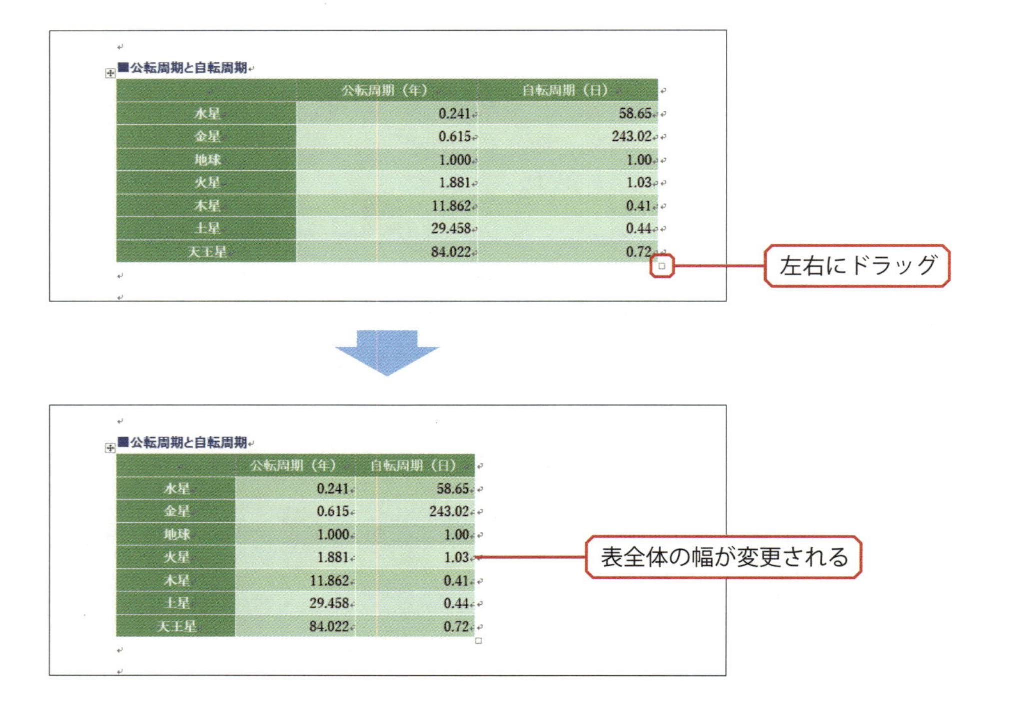

■公転周期と自転周期

	公転周期（年）	自転周期（日）
水星	0.241	58.65
金星	0.615	243.02
地球	1.000	1.00
火星	1.881	1.03
木星	11.862	0.41
土星	29.458	0.44
天王星	84.022	0.72

Column

高さの変更

同様の手順で「行の高さ」や「表全体の高さ」を変更することも可能です。ただし、高さを初期状態より小さくすることはできません。高さを小さくするには、行間の設定を小さくする必要があります(P164～166参照)。

Column

幅や高さを揃える

各列の幅を同じサイズに揃えたい場合は、その範囲をドラッグして選択し、[レイアウト]タブにある田(幅を揃える)をクリックします。すると、選択していた範囲の「列の幅」を等分割することができます。同様に、田(高さを揃える)で「行の高さ」を揃えることも可能です。

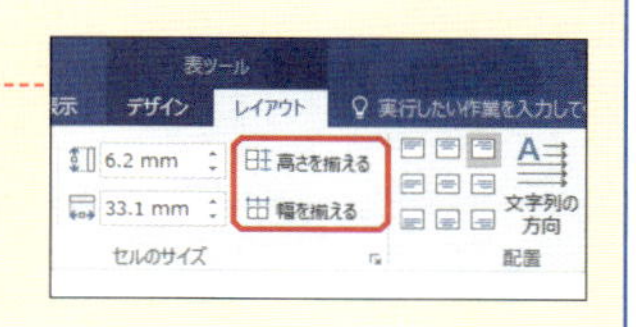

表の移動

表内にカーソルを移動させると、表の左上に田が表示されます。表の位置を移動させるときは、この田をドラッグします。なお、段落中に表を移動させた場合は、文字が表の周囲に回り込むように配置されます。

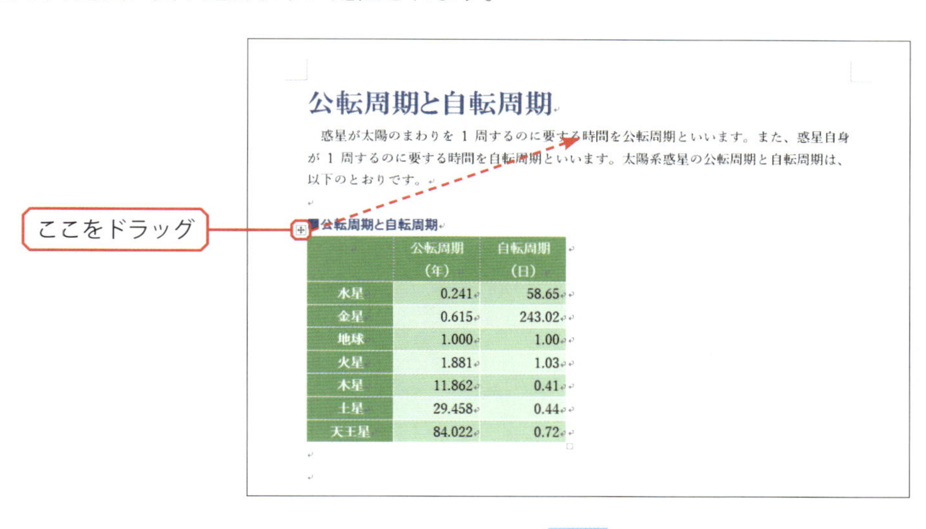

	公転周期(年)	自転周期(日)
水星	0.241	58.65
金星	0.615	243.02
地球	1.000	1.00
火星	1.881	1.03
木星	11.862	0.41
土星	29.458	0.44
天王星	84.022	0.72

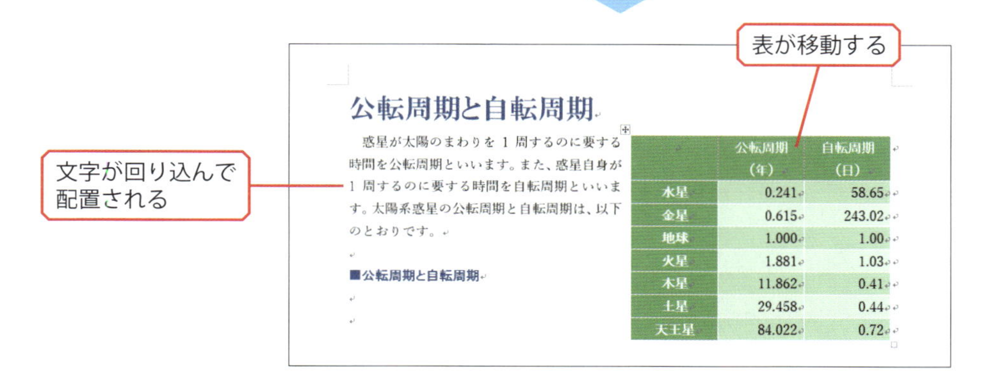

	公転周期(年)	自転周期(日)
水星	0.241	58.65
金星	0.615	243.02
地球	1.000	1.00
火星	1.881	1.03
木星	11.862	0.41
土星	29.458	0.44
天王星	84.022	0.72

13 ヘッダーとフッター

文書にヘッダー・フッターを指定しておくと、印刷した文書を整理しやすくなります。また、ヘッダー・フッターは文書のデザインにも活用できます。続いては、ヘッダーとフッターの指定方法を解説します。

ヘッダー・フッターとは…？

文書の上部にある余白部分にはヘッダーと呼ばれる領域が用意されています。この領域は、文書の表題や作成日などを記載する場所として利用するのが一般的です。同様に、文書の下部にはフッターと呼ばれる領域があります。こちらは、文書の作成者やページ番号などを記す場所として利用するのが一般的です。

また、ヘッダー・フッターを文書のデザインとして利用することも可能です。「Word」にはデザインが施されたヘッダー・フッターがいくつか用意されているため、簡単に見栄えのよいヘッダー・フッターを作成できます。

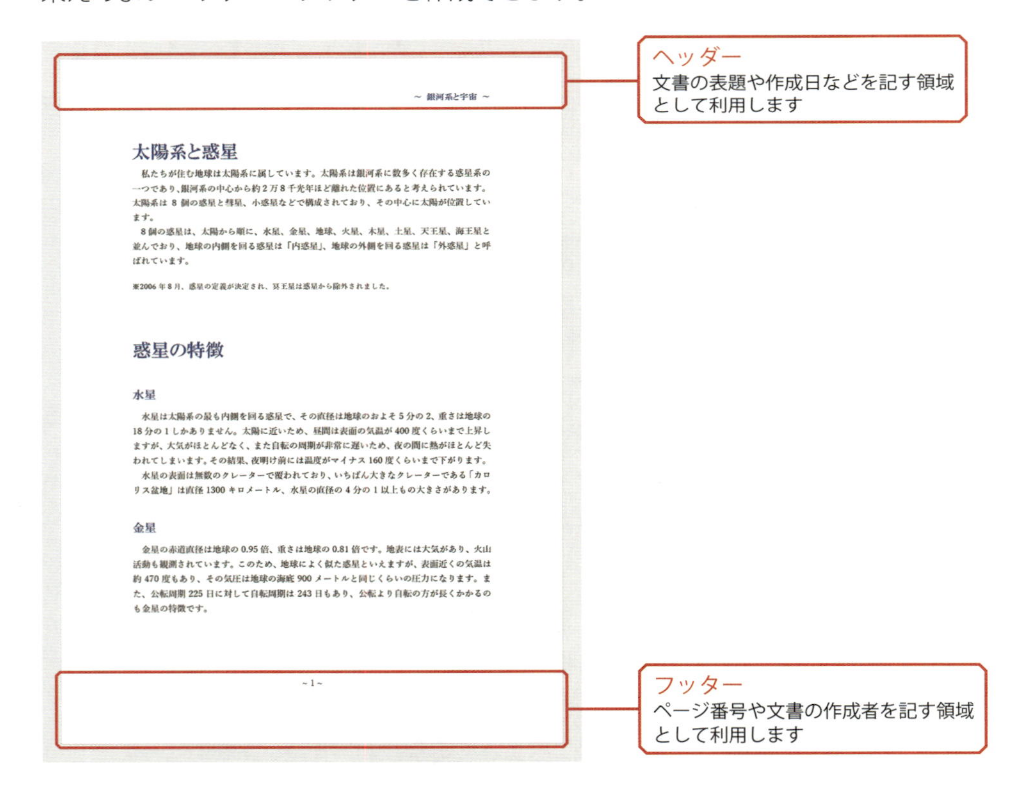
～ 銀河系と宇宙 ～

太陽系と惑星

私たちが住む地球は太陽系に属しています。太陽系は銀河系に数多く存在する惑星系の一つであり、銀河系の中心から約2万8千光年ほど離れた位置にあると考えられています。太陽系は 8 個の惑星と彗星、小惑星などで構成されており、その中心に太陽が位置しています。

8個の惑星は、太陽から順に、水星、金星、地球、火星、木星、土星、天王星、海王星と並んでおり、地球の内側を回る惑星は「内惑星」、地球の外側を回る惑星は「外惑星」と呼ばれています。

※2006 年 8 月、惑星の定義が決定され、冥王星は惑星から除外されました。

惑星の特徴

水星

水星は太陽系の最も内側を回る惑星で、その直径は地球のおよそ 5 分の 2、重さは地球の 18 分の 1 しかありません。太陽に近いため、昼間は表面の気温が 400 度くらいまで上昇しますが、大気がほとんどなく、また自転の周期が非常に遅いため、夜の間に熱がほとんど失われてしまいます。その結果、夜明け前には温度がマイナス 160 度くらいまで下がります。

水星の表面は無数のクレーターで覆われており、いちばん大きなクレーターである「カロリス盆地」は直径 1300 キロメートル、水星の直径の 4 分の 1 以上もの大きさがあります。

金星

金星の赤道直径は地球の 0.95 倍、重さは地球の 0.81 倍です。地表には大気があり、火山活動も観測されています。このため、地球によく似た惑星といえますが、表面近くの気温は約 470 度もあり、その気圧は地球の海底 900 メートルと同じくらいの圧力になります。また、公転周期 225 日に対して自転周期は 243 日もあり、公転より自転の方が長くかかるのも金星の特徴です。

~ 1 ~

ヘッダー・フッターは各ページに指定するものではなく、文書全体に対して指定するものとなります。このため、あるページでヘッダー・フッターを指定すると、文書内の他のページにも同じヘッダー・フッターが指定されます。

ヘッダーの挿入

それでは、ヘッダー・フッターの指定手順を解説していきましょう。文書にヘッダーを指定するときは、以下のように操作します。

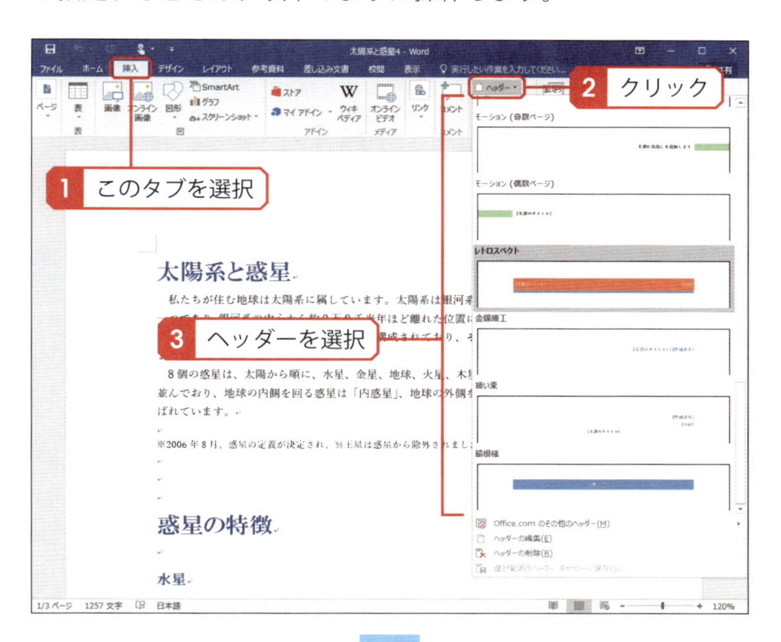

［挿入］タブを選択します。続いて「ヘッダー」をクリックし、一覧から好きなデザインのヘッダーを選択します。

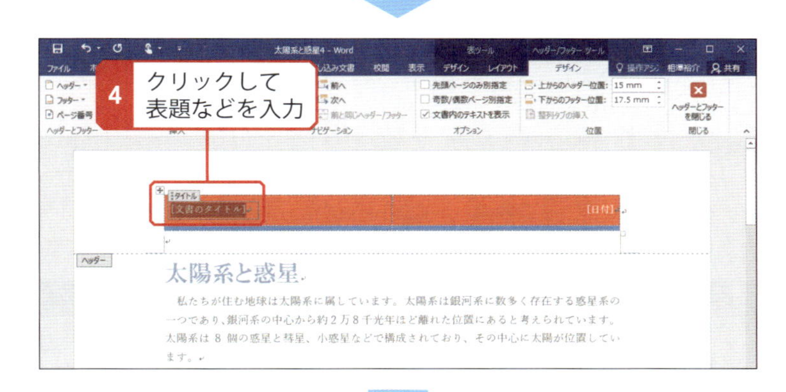

選択したヘッダーが挿入されます。タイトルなどの入力欄が用意されている場合は、その部分をクリックし、キーボードから文字を入力します。

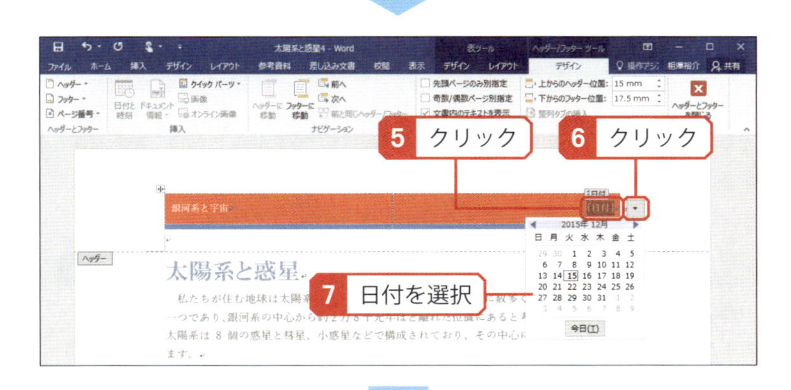

「日付」と表示されている部分がある場合は、カレンダーを使って日付を指定します。この部分には、文書の作成日や発表日などを指定するのが一般的です。

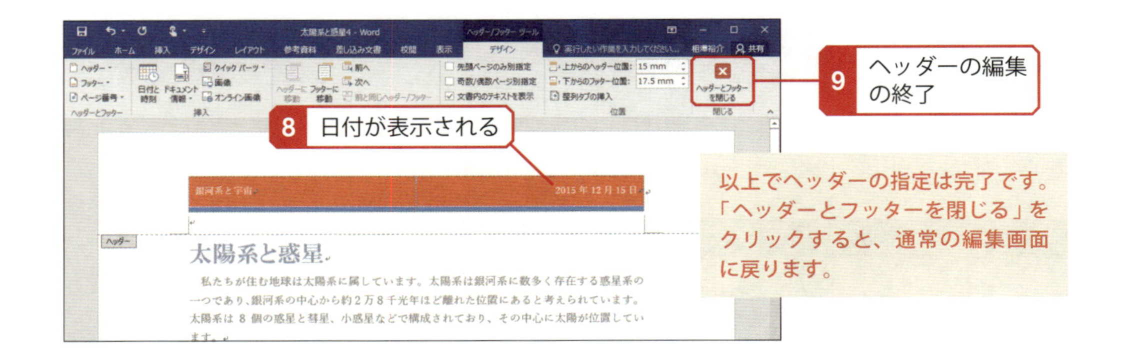

以上でヘッダーの指定は完了です。「ヘッダーとフッターを閉じる」をクリックすると、通常の編集画面に戻ります。

フッターの挿入

文書にフッターを指定する場合も基本的な操作手順は同じです。以下に、フッターの指定するときの操作手順を示しておきます。

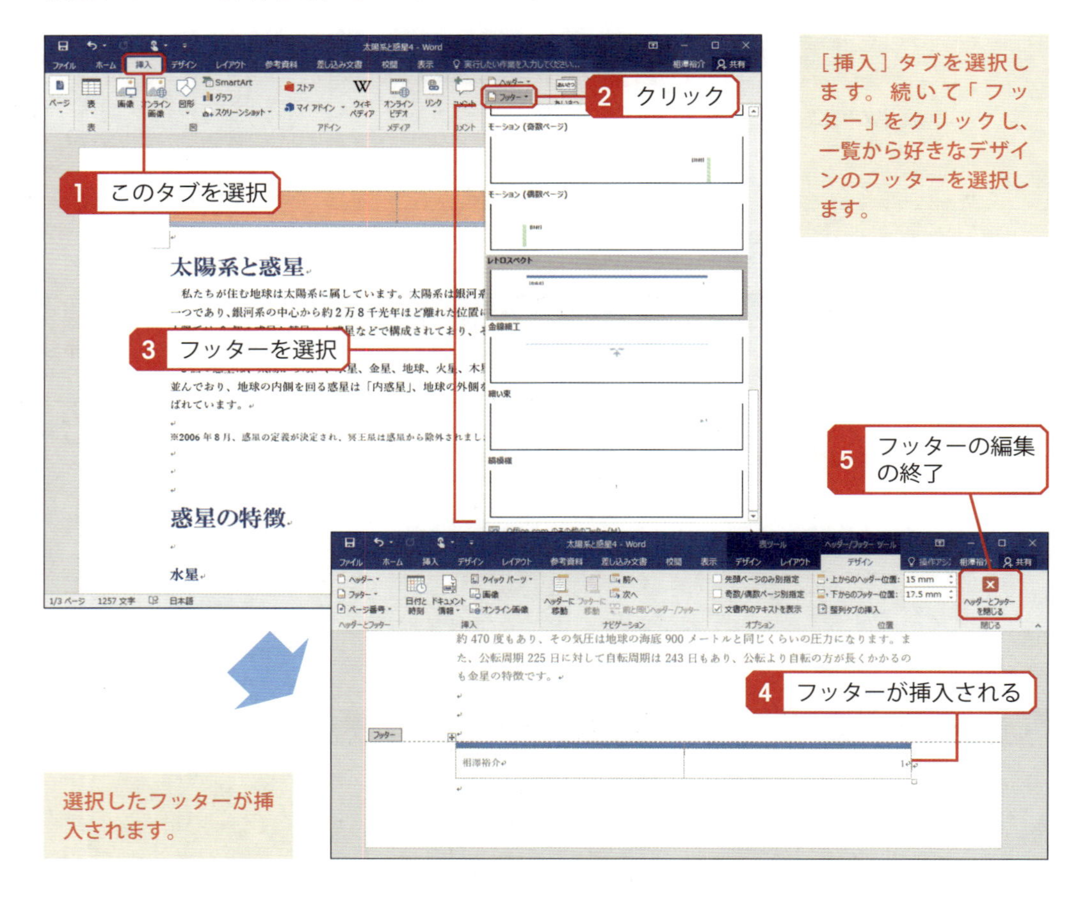

［挿入］タブを選択します。続いて「フッター」をクリックし、一覧から好きなデザインのフッターを選択します。

選択したフッターが挿入されます。

Column

ヘッダー・フッターの再編集

ヘッダーの編集をやり直すときは、ヘッダー領域をダブルクリックします。すると、ヘッダーの編集画面を表示できます。同様に、フッター領域をダブルクリックしてフッターを再編集することも可能です。

Column

ヘッダー・フッターの削除

挿入したヘッダーを削除するときは、[挿入]タブにある「ヘッダー」をクリックし、「ヘッダーの削除」を選択します。同様にフッターを削除するときは、[挿入]タブにある「フッター」をクリックし、「フッターの削除」を選択します。

ヘッダー・フッターを自分で入力

あらかじめ用意されているヘッダー・フッターを利用するのではなく、自分で文字を入力してヘッダー・フッターを作成することも可能です。この場合は、以下のように操作します。

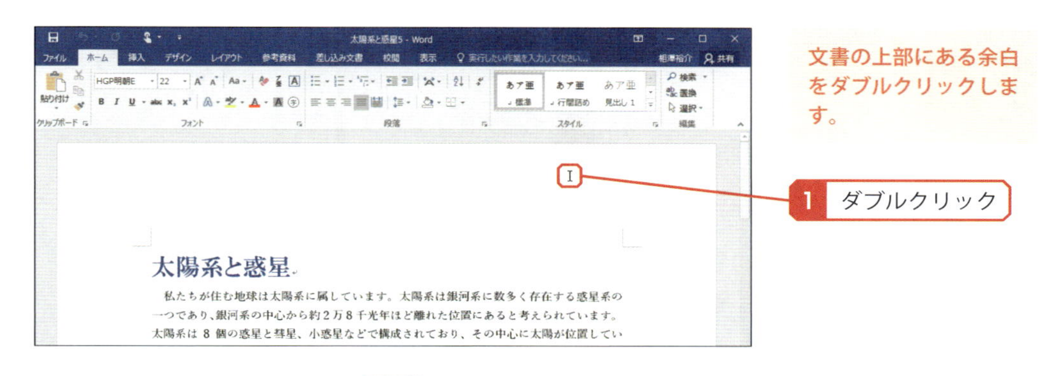

文書の上部にある余白をダブルクリックします。

ヘッダーの編集画面に切り替わるので、キーボードを使って表題などの文字を入力します。

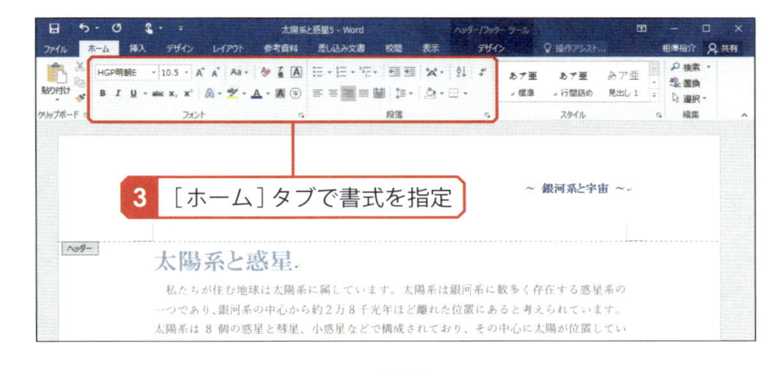

文字の書式を変更するときは、[ホーム]タブを選択し、リボンで書式を指定します。

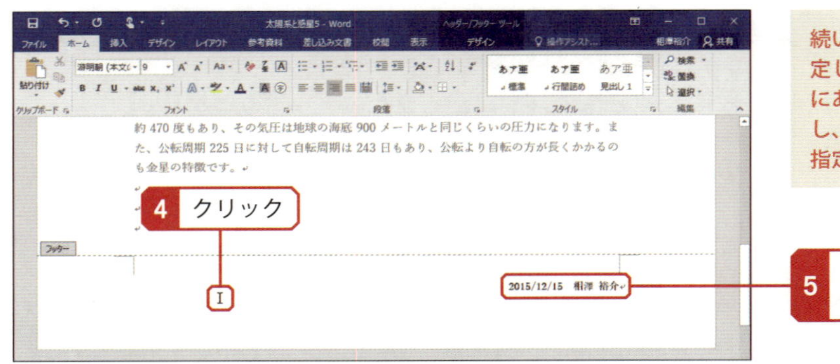

続いて、フッターを指定します。文書の下部にある余白をクリックし、文字の入力と書式指定を行います。

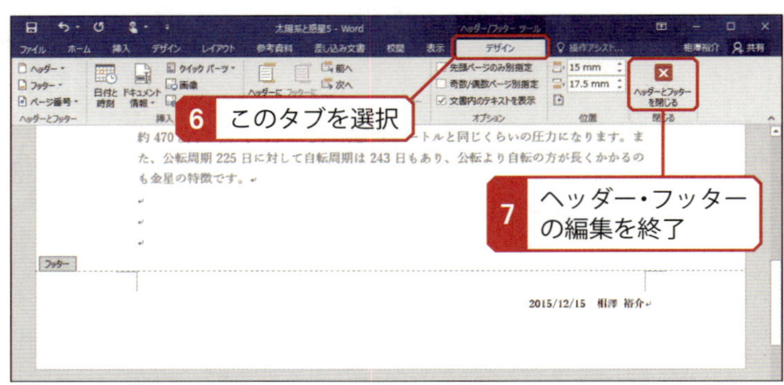

ヘッダー・フッターの編集を終えるときは、ヘッダー／フッターツールの［デザイン］タブを選択し、☒をクリックします。

※本文の領域をダブルクリックして、ヘッダー・フッターの編集を終了しても構いません。

▶ ヘッダー・フッター編集用のタブ

ヘッダーまたはフッターの領域をダブルクリックすると、ヘッダー／フッター ツールの［デザイン］タブを利用できるようになります。このタブは、ヘッダー・フッターを編集するときに利用します。

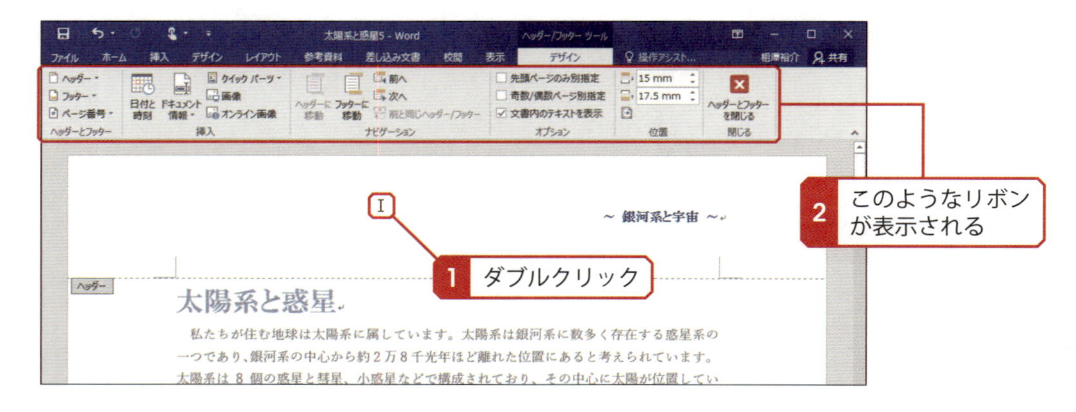

Column

奇数／偶数ページを個別に指定

このリボンにある「奇数／偶数ページ別指定」をチェックすると、奇数ページと偶数ページで異なるヘッダー・フッターを指定できるようになります。

ページ番号の挿入

ヘッダー・フッターにページ番号を記載するときは、ヘッダー／フッター ツールの［デザイン］タブにある「ページ番号」を利用します。すると、「1、2、3、……」と自動的に変化していくページ番号を文書の全ページに指定できます。

なお、同様の作業を行う際に、キーボードを使ってヘッダー・フッターに直接数字を入力すると、全ページに同じ数字が表示されてしまいます。ページ番号を正しく指定するには、上記の手順でページ番号を挿入する必要があることに注意してください。

Column

ページ番号の表示について

上記の手順3で選択した「ページ番号」のように、プレビューが正しく表示されない「ページ番号」もあります。この場合は、プレビューに「PAGE」と表示されます。こういった「ページ番号」は名称で表示内容を判断するか、もしくは試しに選択してみることで「ページ番号」の表示内容を確認してください。その後、［Ctrl］+［Z］キーを押すと、直前の操作（ページ番号の挿入）を取り消すことができます。

なお、上記の手順で挿入した「ページ番号」も、［ホーム］タブを使って文字の書式を変更することが可能です。

14 スタイルと文書のデザイン

何ページにも及ぶ長い文書を作成するときは、スタイルという機能を使って書式を指定するのが一般的です。文書を効率よく作成できるように、スタイルの仕組みをよく理解しておいてください。

スタイルとは…？

論文などの長い文書は、（章見出し）→（節見出し）→（本文）のように文書を階層化して作成するのが一般的です。このとき、それぞれの書式を文書内で統一しておく必要があります。たとえば、ある見出しに「游ゴシック Medium、14ポイント、太字」の書式を指定した場合は、他の見出しにも同じ書式を指定するのが基本です。

このように同じ組み合わせの書式を何回も指定するときは、スタイルを活用すると効率よく作業を進められます。スタイルは、文字や段落の書式を一括指定できる機能で、フォントや文字サイズなどの書式をまとめて指定することが可能です。

スタイルの指定

それでは、具体的な例でスタイルの使用方法を学んでいきましょう。まずは、「Word」に初めから用意されているスタイルを使って書式を指定する方法を解説します。

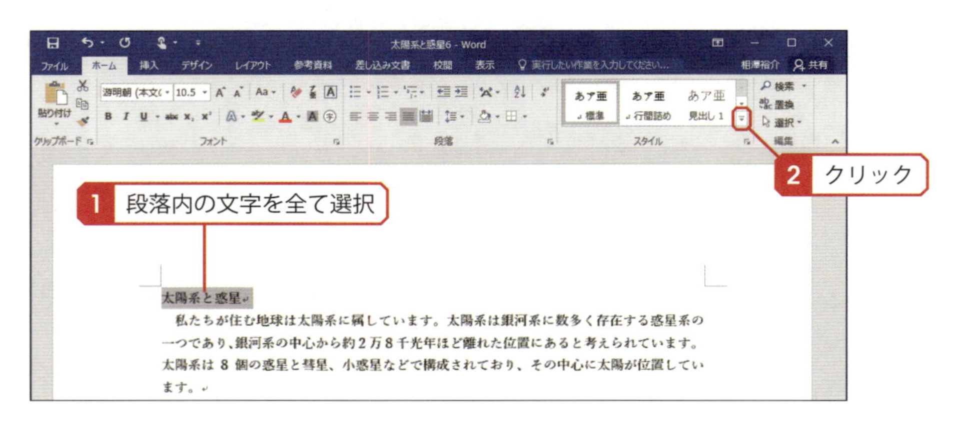

スタイルを適用する段落全体を選択します。続いて、［ホーム］タブにある「スタイル」の▼をクリックします。

Column

選択する文字

段落内の一部の文字だけを選択した場合は、その文字にだけスタイルが適用されます。段落全体にスタイルを適用するときは、段落内の文字を全て選択するか、もしくは段落内にカーソルを移動した状態にしておく必要があります。

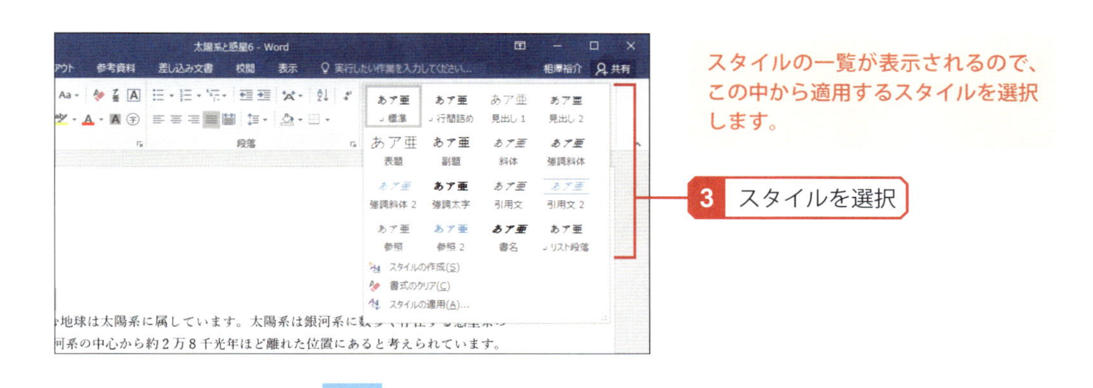

スタイルの一覧が表示されるので、この中から適用するスタイルを選択します。

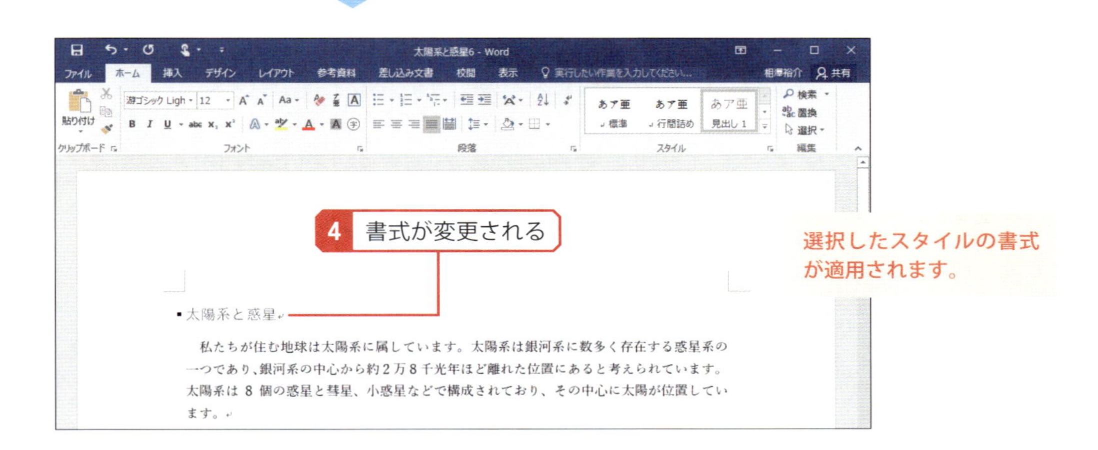

選択したスタイルの書式が適用されます。

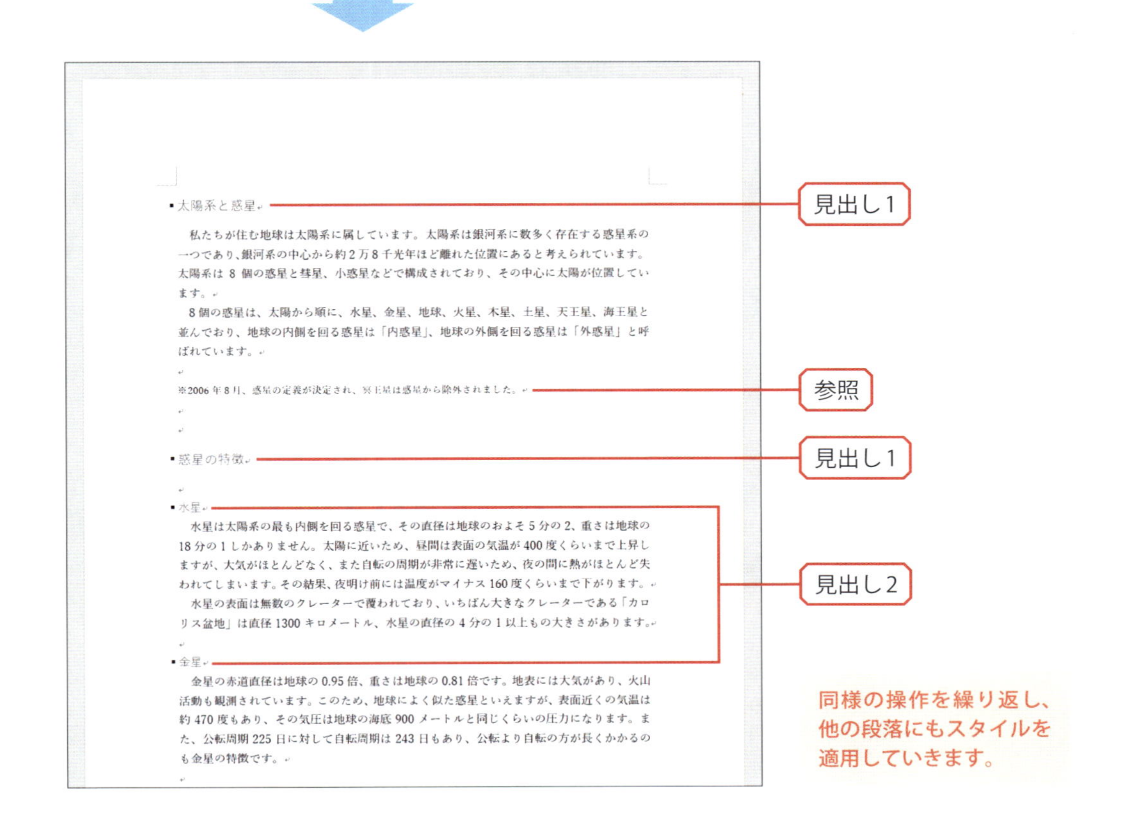

同様の操作を繰り返し、他の段落にもスタイルを適用していきます。

▶ 文書全体のデザイン

前ページに示した手順で各段落に適切なスタイルを指定した場合は、文書全体のデザインを手軽に変更できるようになります。［デザイン］タブにある「ドキュメントの書式設定」を使って文書のデザインを指定するときは、以下のように操作します。

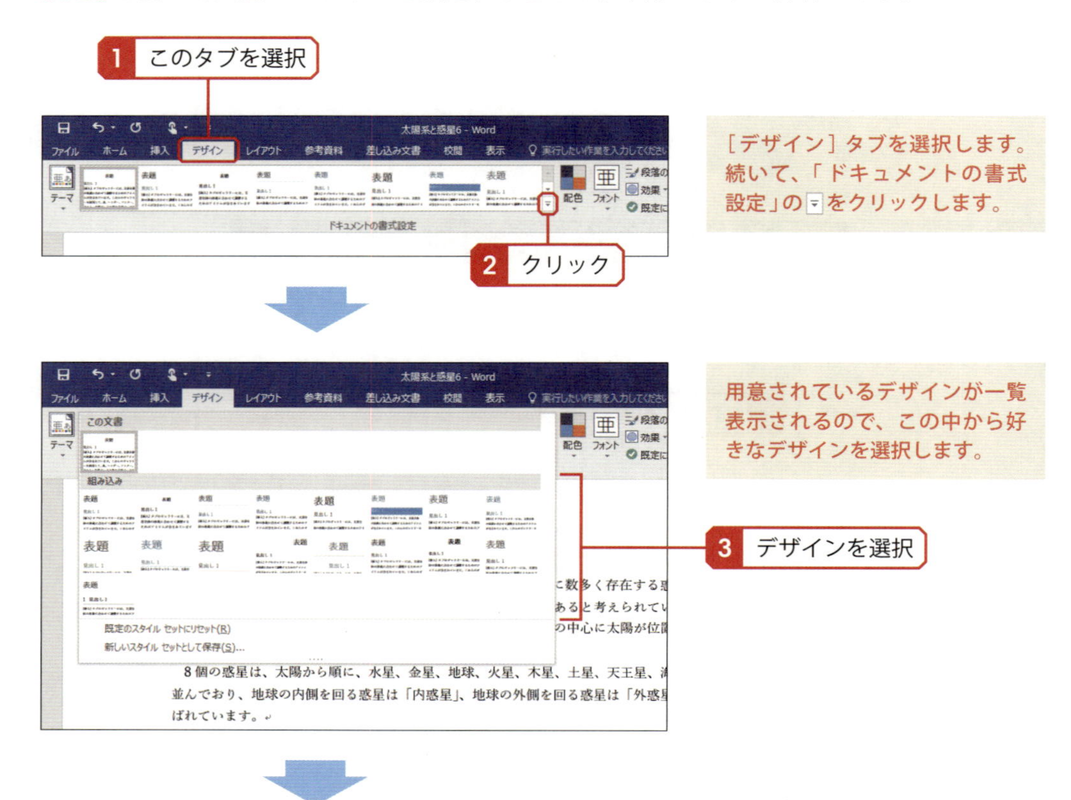

［デザイン］タブを選択します。続いて、「ドキュメントの書式設定」の ▽ をクリックします。

用意されているデザインが一覧表示されるので、この中から好きなデザインを選択します。

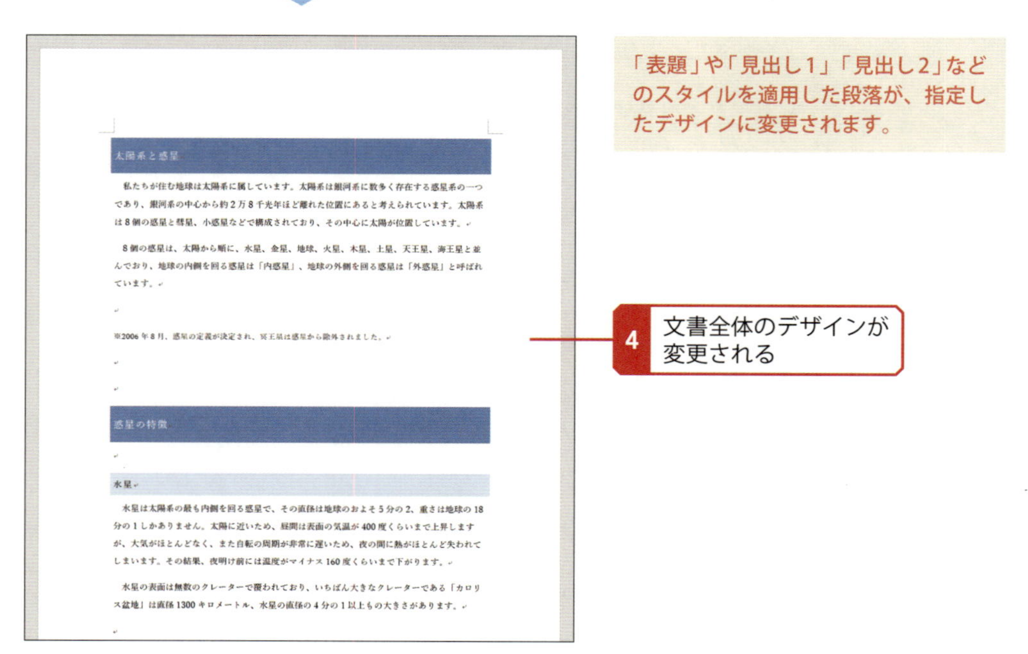

「表題」や「見出し1」「見出し2」などのスタイルを適用した段落が、指定したデザインに変更されます。

文書全体の配色

文書のデザインを指定した後に、文書全体の配色を変更することも可能です。この場合は、「配色」から好きな色の組み合わせを選択します。

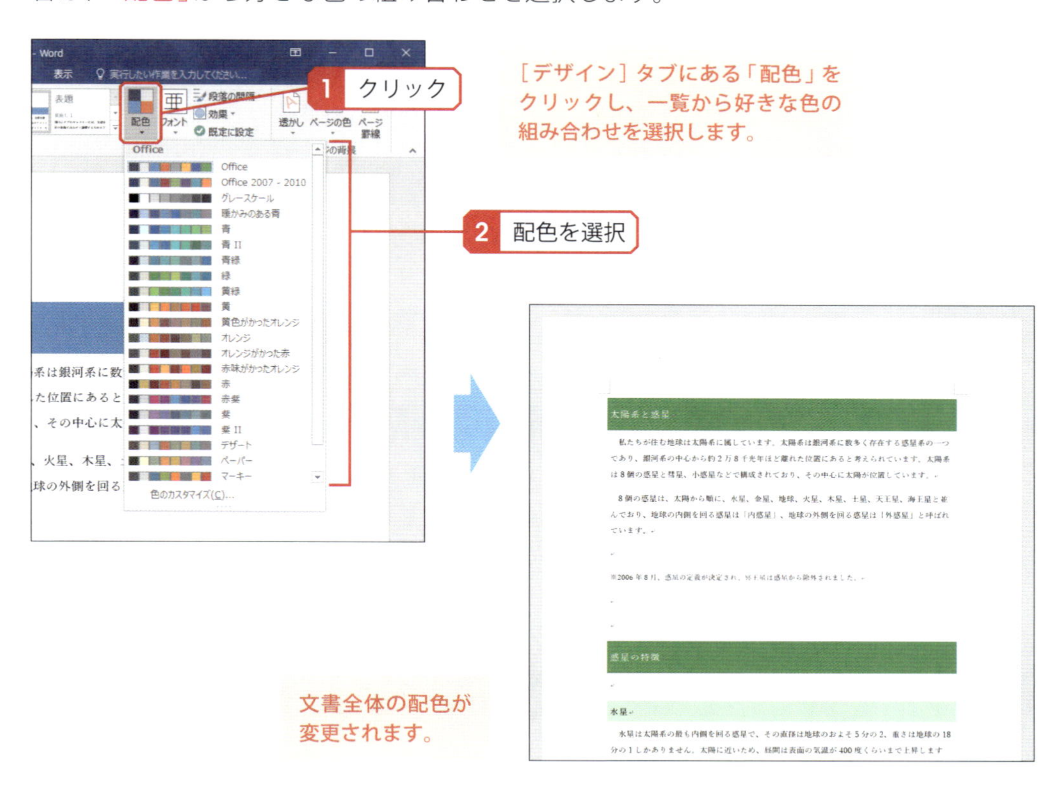

文書全体のフォント

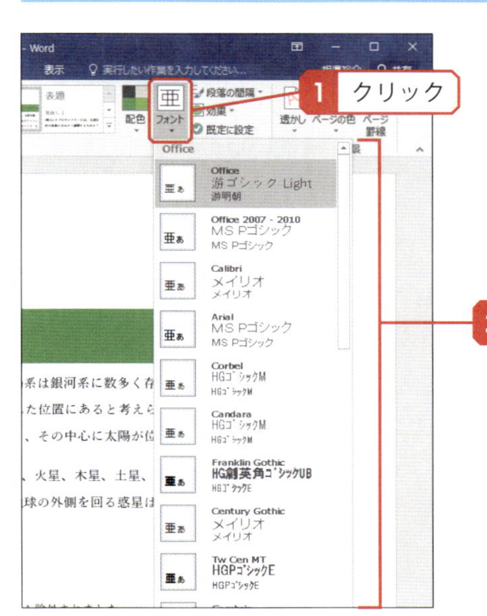

［デザイン］タブには、文書内のフォントを一括変更できる「フォント」コマンドも用意されています。フォントを変更するだけでも文書の雰囲気を一変できるので、気になる方は試してみてください。

Column

変更されるフォント

この機能は「見出し」と「本文」のフォントを変更する機能です。他のフォントを指定してある文字は、この機能によりフォントが変更されることはありません。

▶ スタイルの作成

P218で紹介したように、Wordには文書のデザインを手軽に指定できる機能が用意されています。しかし、使い勝手のよいデザインは意外と少なく、自分でデザインを作成しなければならないケースがほとんどです。このような場合は、自分で作成した見出しのデザインをスタイルに追加して利用します。独自のデザインで文書を作成するときは、以下の手順でスタイルを追加しておくと、後の作業を効率よく進められます。

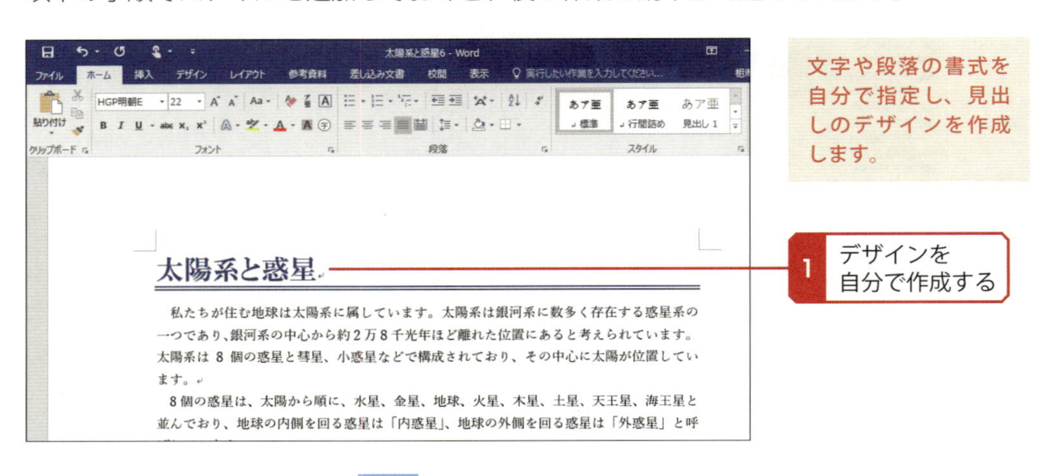

文字や段落の書式を自分で指定し、見出しのデザインを作成します。

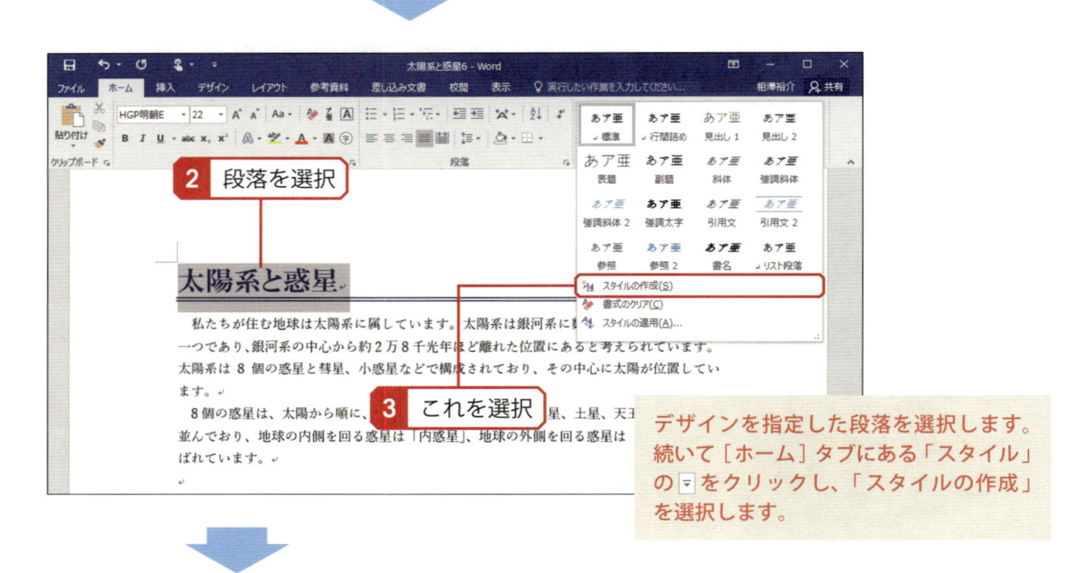

デザインを指定した段落を選択します。続いて［ホーム］タブにある「スタイル」の をクリックし、「スタイルの作成」を選択します。

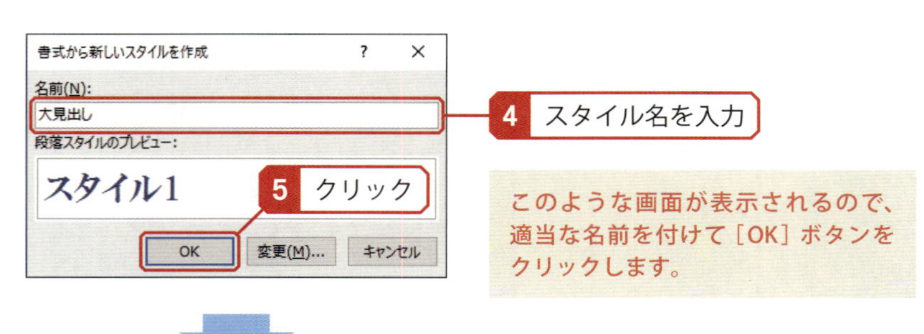

このような画面が表示されるので、適当な名前を付けて［OK］ボタンをクリックします。

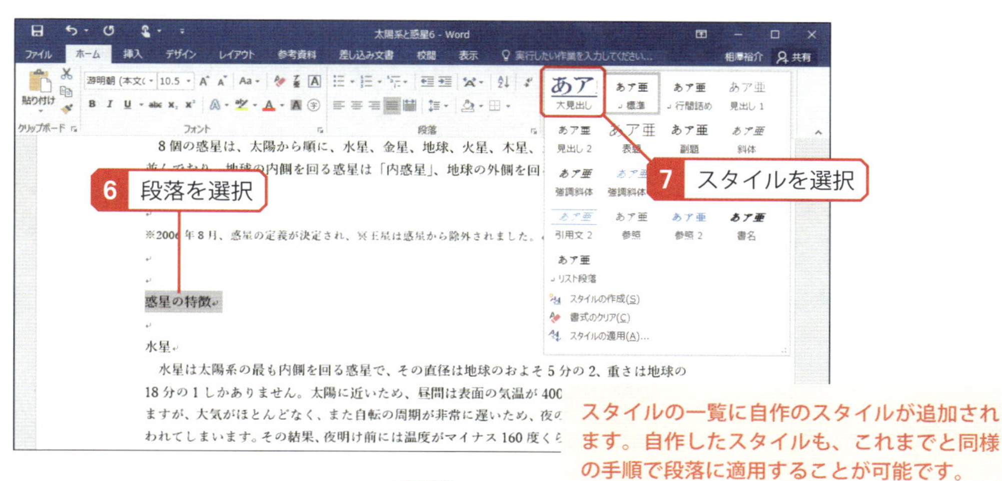

スタイルの一覧に自作のスタイルが追加されます。自作したスタイルも、これまでと同様の手順で段落に適用することが可能です。

惑星の特徴

水星

水星は太陽系の最も内側を回る惑星で、その直径は地球のおよそ5分の2、重さは地球の18分の1しかありません。太陽に近いため、昼間は表面の気温が400度くらいまで上昇しますが、大気がほとんどなく、また自転の周期が非常に遅いため、夜の間に熱がほとんど失

8 スタイルが適用され、書式が変更される

段落にスタイルが適用され、手順1と同じ書式を簡単に指定することができます。

Column

自作スタイルの保存場所

自作したスタイルは、それぞれの「文書ファイル」に保存される仕組みになっています。このため、他の文書に影響を与えることはありません。他の文書では、「Word」に初めから用意されているスタイルだけが一覧表示されます。

Column

スタイルの書式変更

自作したスタイルの書式を後から変更することも可能です。この場合、そのスタイルが適用されている段落の書式も一緒に変更されるため、文書全体のデザインを手軽に修正できます。これもスタイルを利用する一つの利点といえるでしょう。スタイルの書式を変更するときは、以下のように操作します。

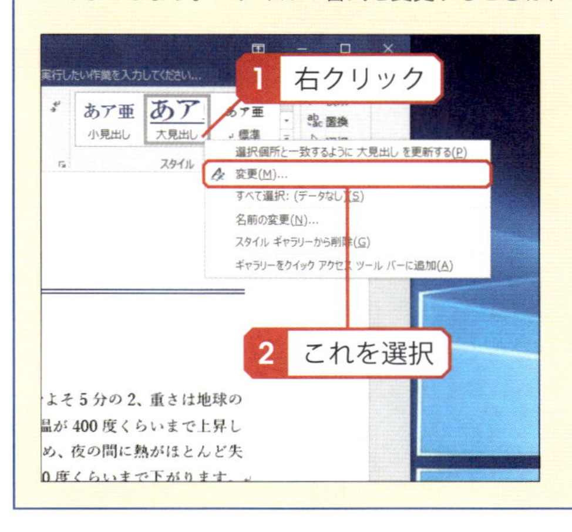

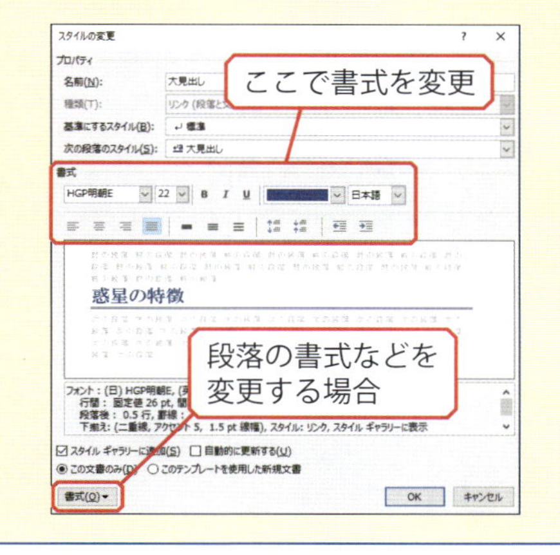

15 アウトライン レベル

見出しの段落に「アウトライン レベル」を指定しておくと、目次を自動作成したり、ナビゲーション ウィンドウを利用したりすることが可能となります。続いては、「アウトライン レベル」の使い方を解説します。

アウトライン レベルとは…？

見出しとなる段落は、文字サイズを大きくしたり、太字の書式を指定したりするのが一般的です。ただし、これらは“見た目の変化”を指定する書式であり、“段落の役割”を示すものではありません。「Word」の立場からすると、『たとえ文字サイズが大きくても、その段落が見出しであるかどうかを勝手に判断できない……』となります。そこで、各段落の役割をアウトライン レベルで明確に示しておく必要があります。

アウトラインレベルには「本文」と「レベル1」～「レベル9」の10種類の値が用意されており、その初期値には「本文」が指定されています。このため、特に意識することなく文書を作成していくと、すべての段落が「本文」として扱われます。

アウトライン レベルの指定

見出しの段落を「Word」に正しく認識させるには、アウトライン レベルに「レベル1」～「レベル9」のいずれかを指定しなければいけません。たとえば、（大見出し）→（小見出し）という階層構造で文書を作成する場合は、（大見出し）の段落に「レベル1」、（小見出し）の段落に「レベル2」のアウトライン レベルを指定します。アウトライン レベルを指定するときの操作手順は以下のとおりです。

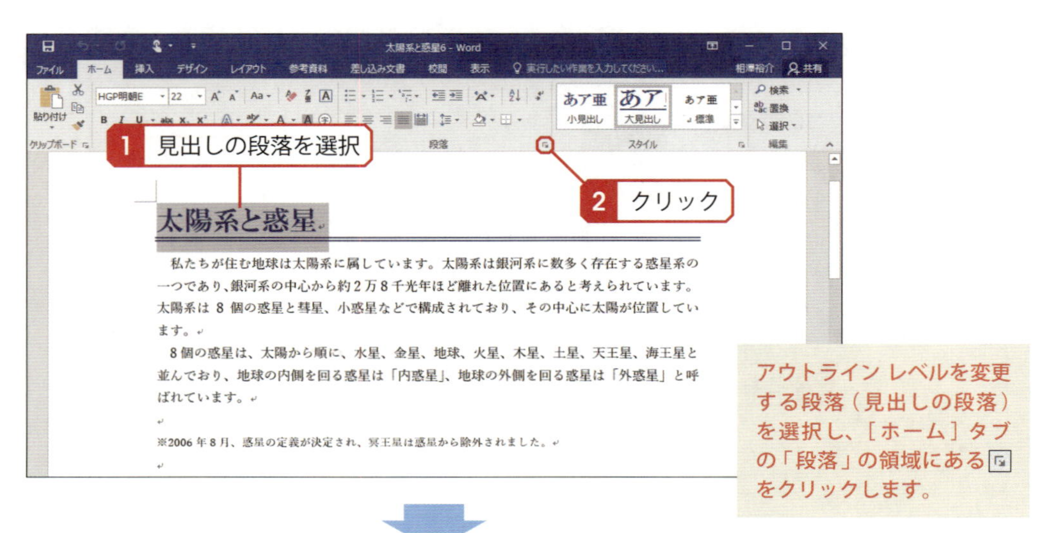

アウトライン レベルを変更する段落（見出しの段落）を選択し、［ホーム］タブの「段落」の領域にある⧉をクリックします。

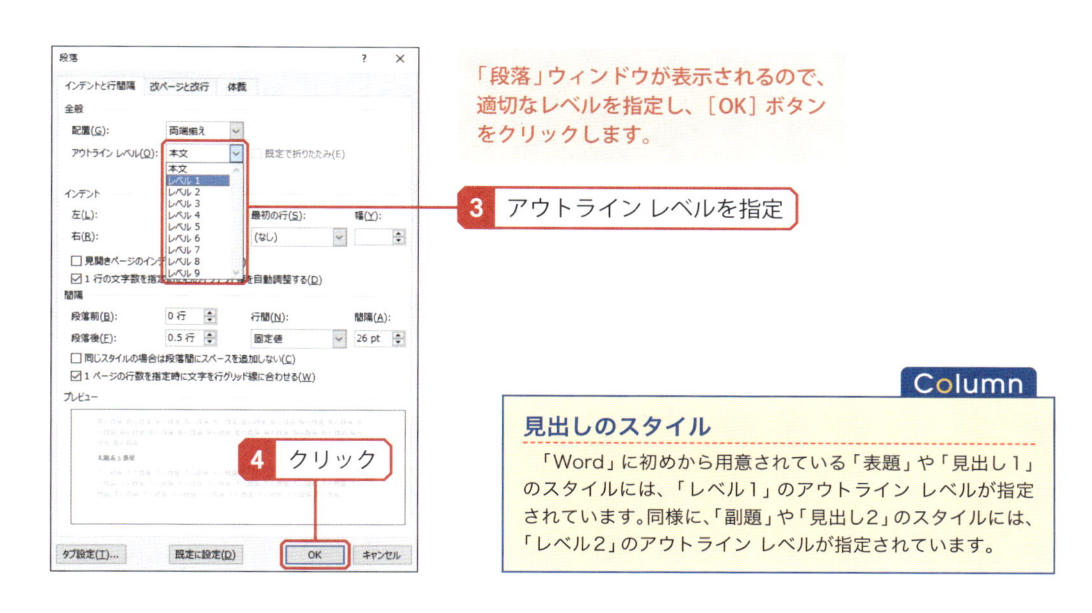

Column

見出しのスタイル

「Word」に初めから用意されている「表題」や「見出し1」のスタイルには、「レベル1」のアウトライン レベルが指定されています。同様に、「副題」や「見出し2」のスタイルには、「レベル2」のアウトライン レベルが指定されています。

アウトライン レベルを指定しても、文書の見た目は何も変化しません。この指定は、目次を自動作成したり、ナビゲーション ウィンドウを利用したりするときに役に立ちます。これについては、本書のP224～229で詳しく解説します。

スタイルのアウトライン レベルの指定

スタイルを利用して各段落の書式を指定している場合は、スタイルの書式にアウトライン レベルの指定を含めておくと、そのつどアウトライン レベルを指定する手間を省くことができます。自作したスタイルにアウトライン レベルの指定を追加するときは、以下のように操作して「段落」ウィンドウを開きます。

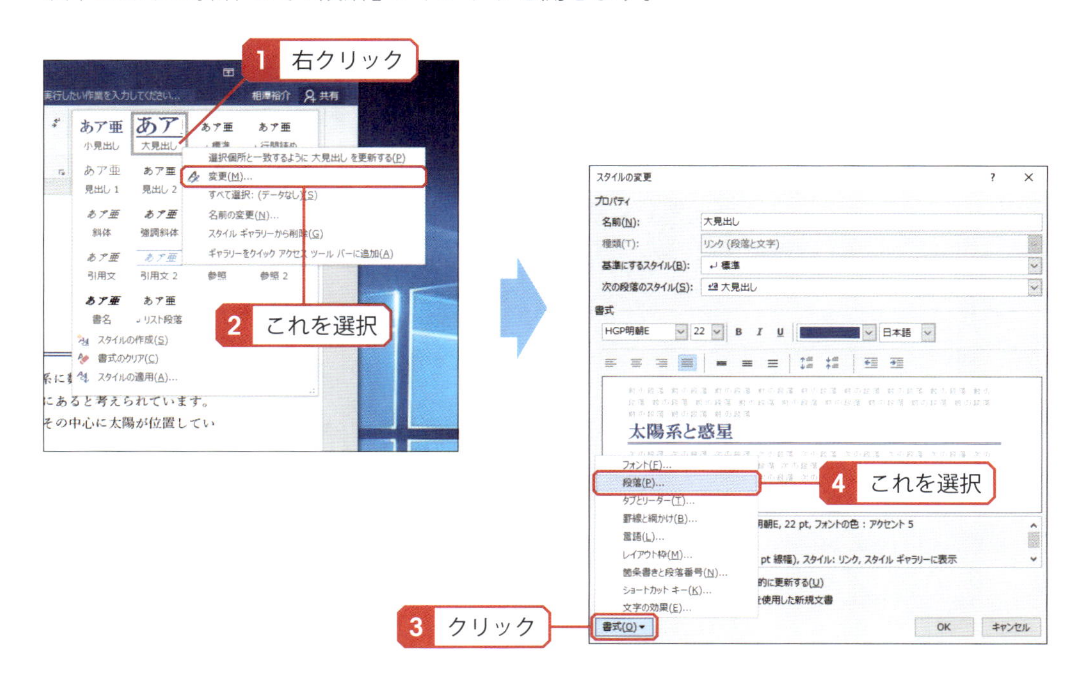

16 表紙と目次の作成

「Word」には、文書の表紙を作成したり、アウトライン レベルの設定をもとに目次を自動作成したりする機能が用意されています。続いては、表紙や目次の作成について解説します。

表紙の作成

文書の最初のページを表紙にする場合は、表紙の作成機能を使用すると便利です。この機能を使って表紙を作成するときは、以下のように操作します。

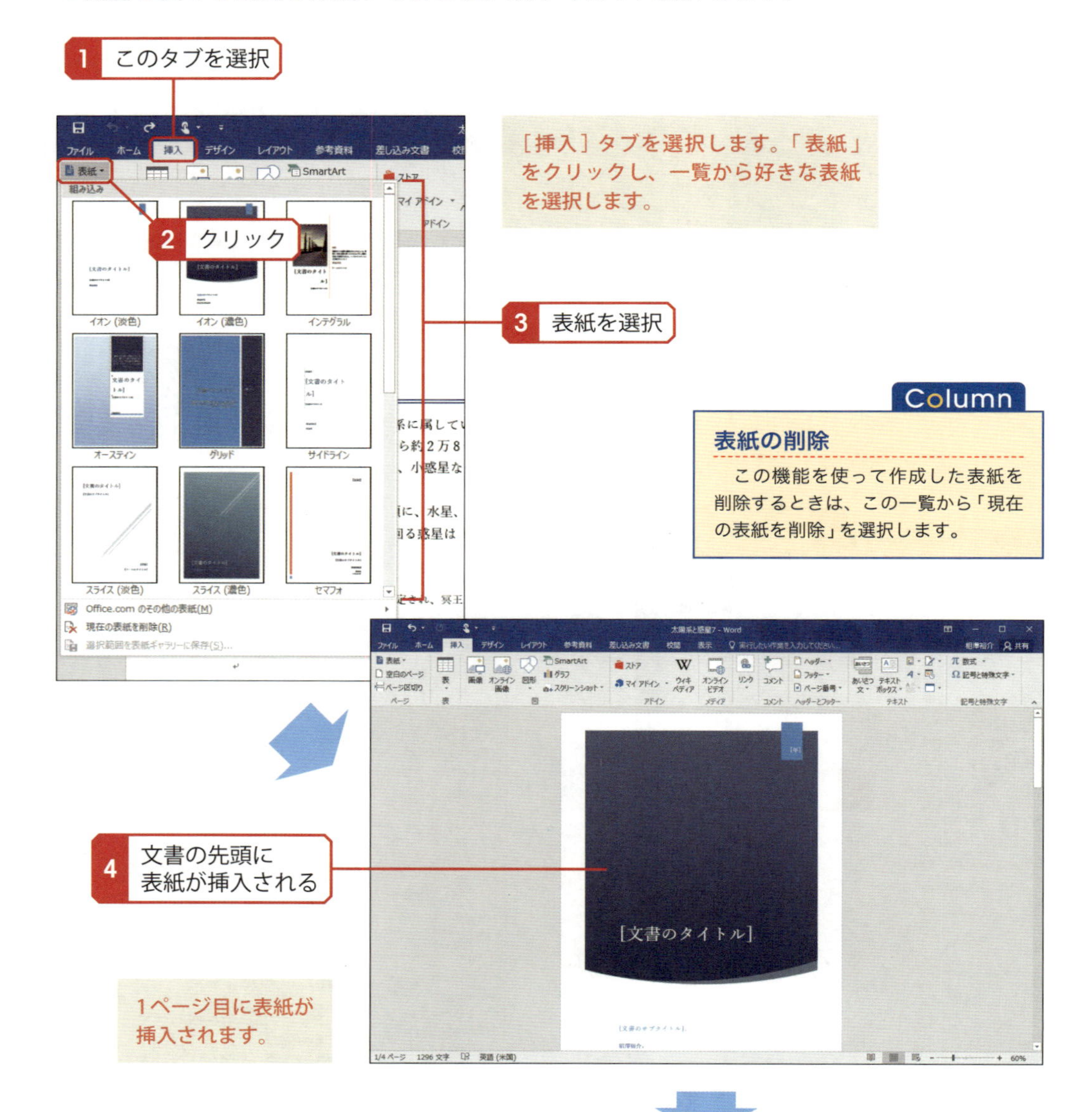

［挿入］タブを選択します。「表紙」をクリックし、一覧から好きな表紙を選択します。

1ページ目に表紙が挿入されます。

Column

表紙の削除

この機能を使って作成した表紙を削除するときは、この一覧から「現在の表紙を削除」を選択します。

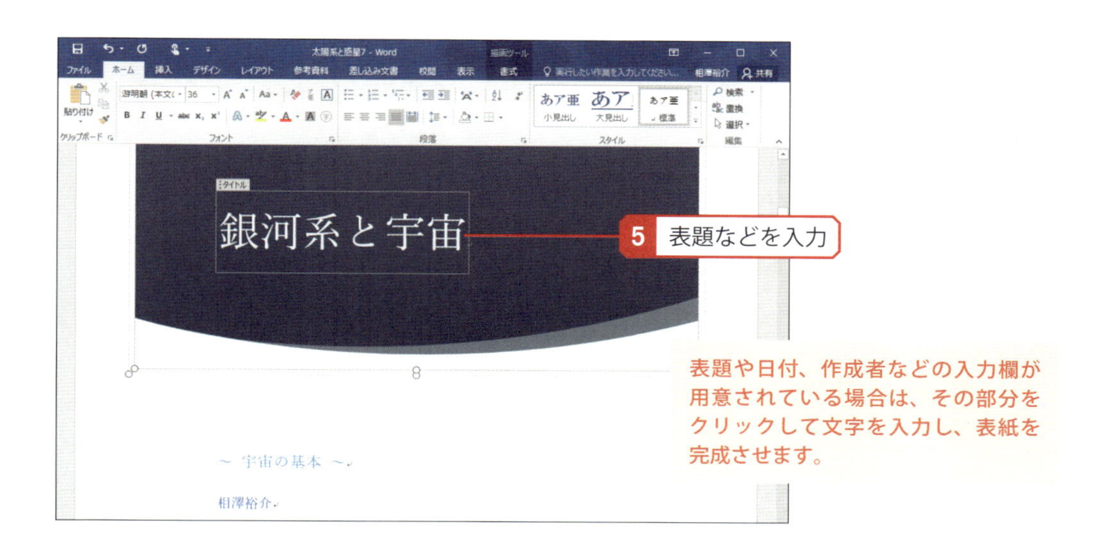

表題や日付、作成者などの入力欄が用意されている場合は、その部分をクリックして文字を入力し、表紙を完成させます。

目次の作成

「見出し1」や「見出し2」などのスタイルを指定してある場合、もしくはアウトラインレベル（P222～223参照）を指定してある場合は、文書の目次を自動作成することが可能です。目次を自動作成するときは、以下のように操作します。

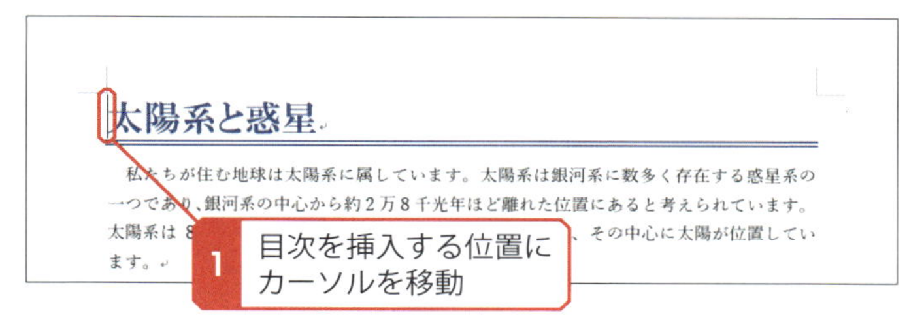

目次を挿入する位置にカーソルを移動します。通常は、表紙の直後（本文の最初）にカーソルを移動させます。

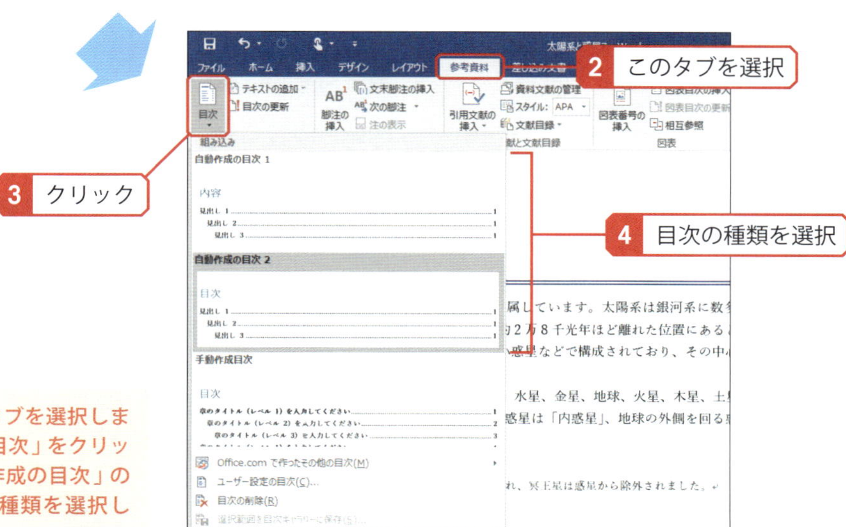

［参考資料］タブを選択します。続いて「目次」をクリックし、「自動作成の目次」の中から目次の種類を選択します。

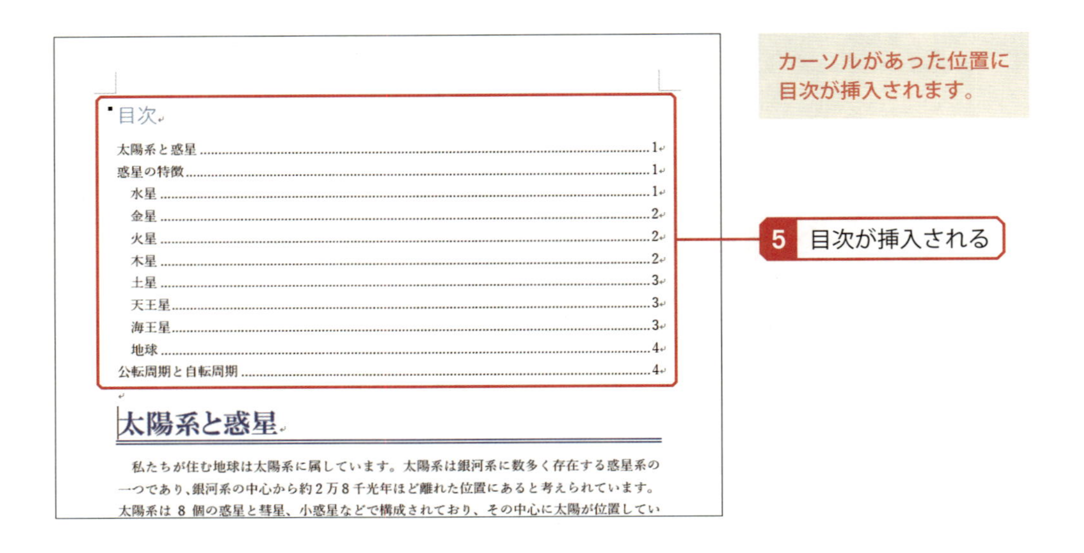

ページ区切りの挿入

前述した方法で目次を作成した場合、目次の直後から本文が開始されます。ただし、文書によっては、目次と本文のページを分けたい場合もあるでしょう。このような場合は本文の先頭に「ページ区切り」を挿入すると、目次だけのページに変更できます。

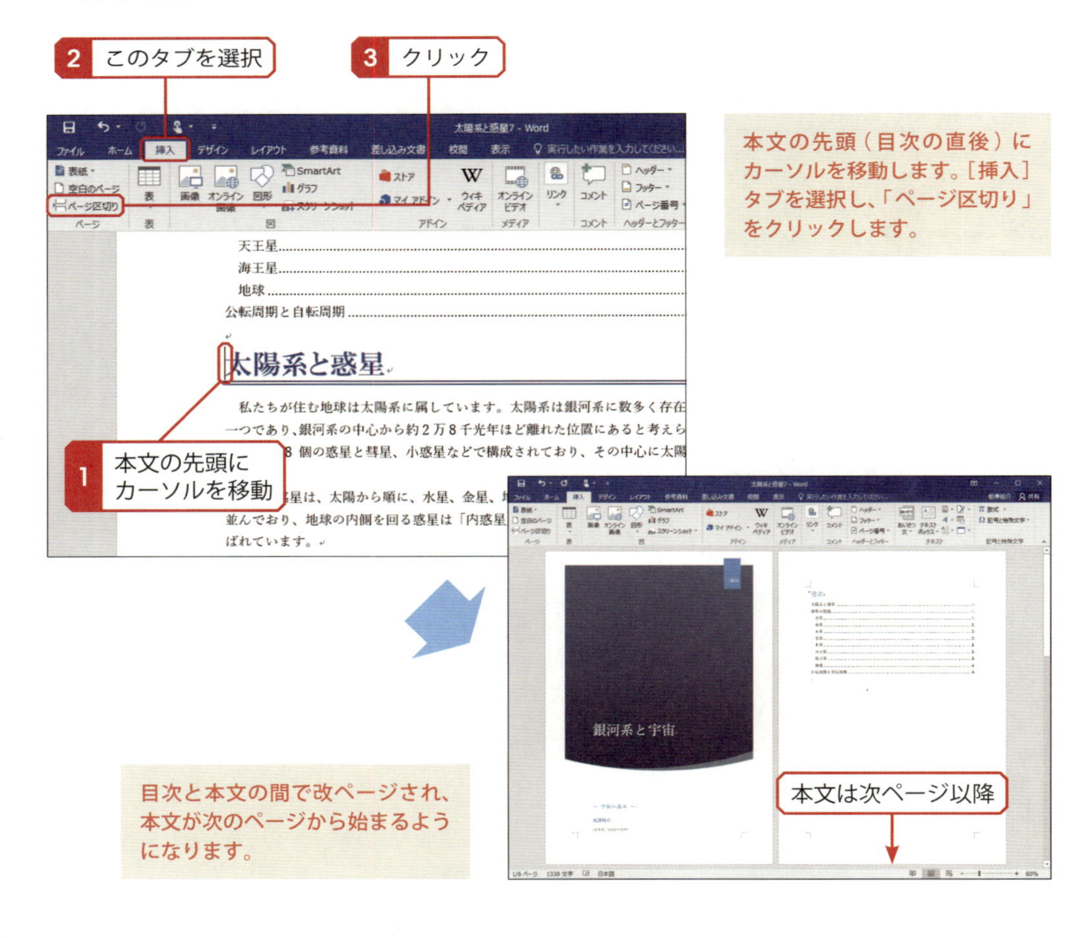

▶ 目次の更新

P225～226の方法で作成した目次は、自動更新されないことに注意しなければいけません。見出しの文字を変更したり、文章の増減によりページ番号が変化したりしても、目次の内容は作成時の状態が維持されます。たとえば、前ページのように「ページ区切り」を挿入しても、目次のページ番号は修正されていません。これを最新の状態に修正するには、以下の手順で目次を更新する必要があります。

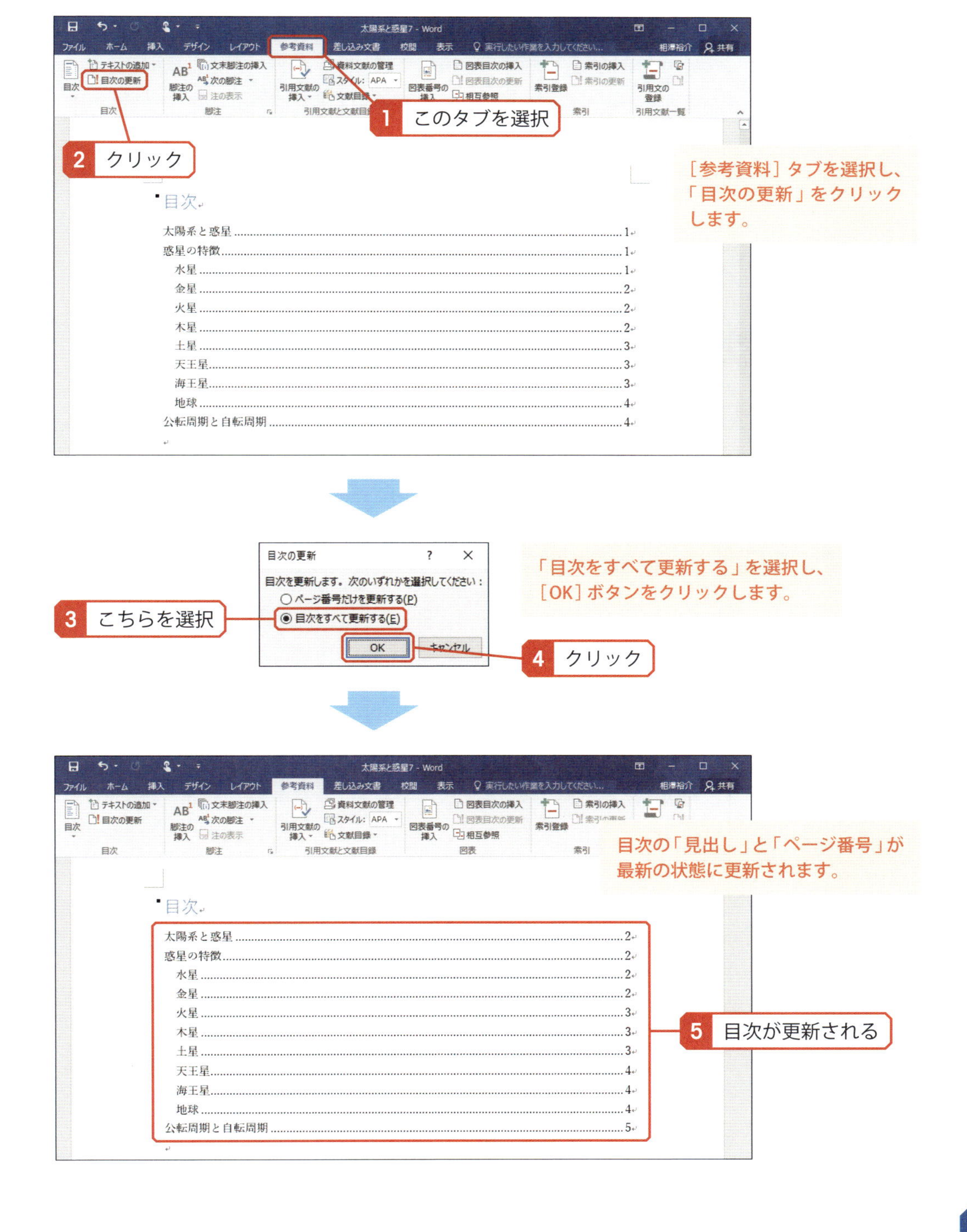

17 ナビゲーション ウィンドウ

「ナビゲーション ウィンドウ」は、何ページにも及ぶ文書を編集するときに活用できる機能です。この機能を使うと、文書内の任意の位置へ即座に移動したり、文章の並び順を手軽に変更したりできるようになります。

ナビゲーション ウィンドウの表示

文書の構成を確認しながら作業を進めていきたい場合は、ナビゲーション ウィンドウを表示させると便利です。ナビゲーション ウィンドウは以下のように操作すると表示できます。

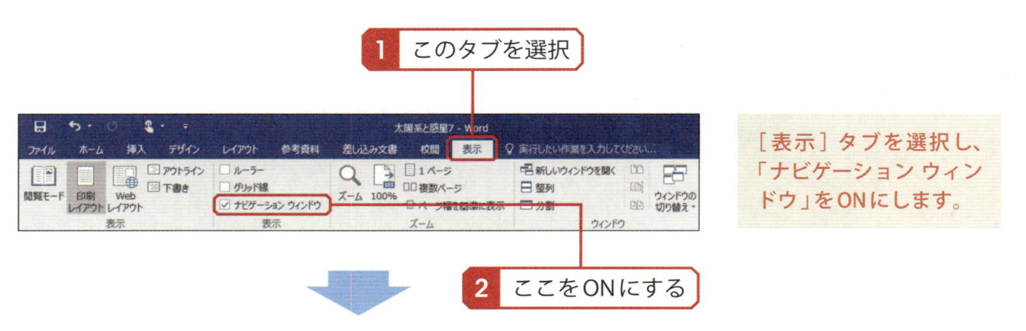

［表示］タブを選択し、「ナビゲーション ウィンドウ」をONにします。

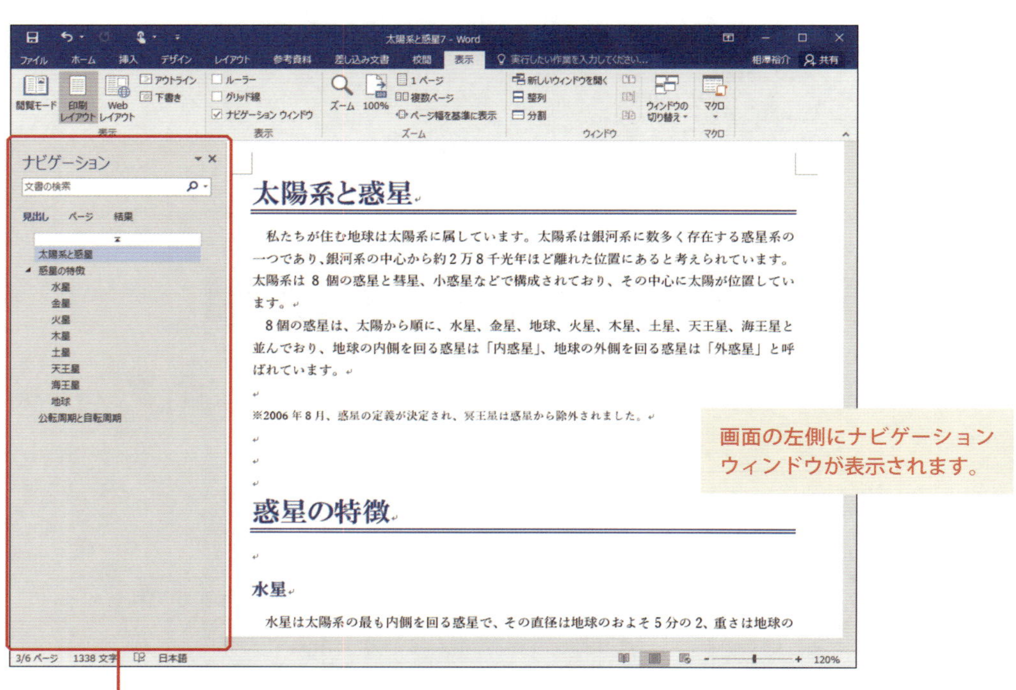

画面の左側にナビゲーション ウィンドウが表示されます。

指定箇所の表示

ナビゲーション ウィンドウには、「レベル1」～「レベル9」のアウトライン レベルを指定した段落（見出し）が一覧表示されます。この一覧にある見出しをクリックすると、その位置へ即座に移動できます。

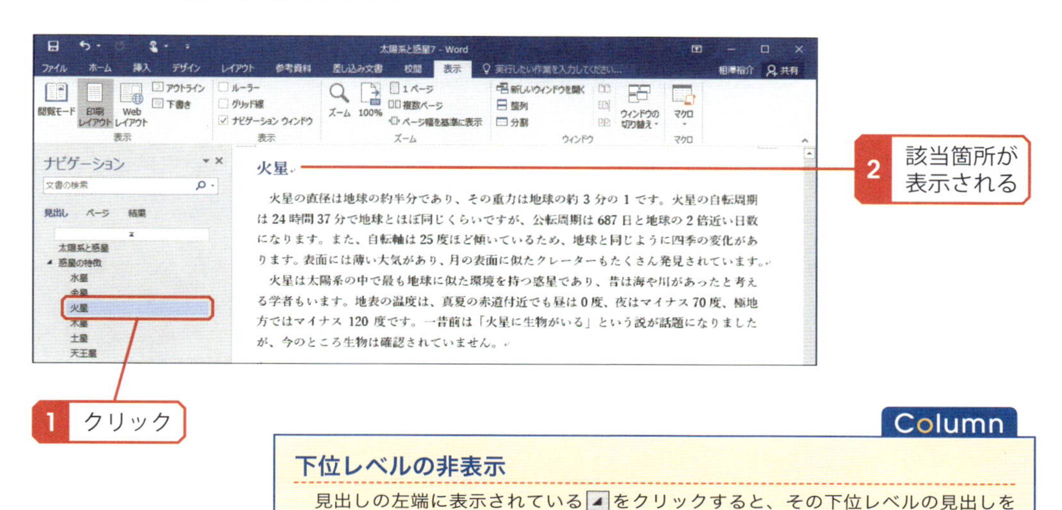

Column

下位レベルの非表示

見出しの左端に表示されている◢をクリックすると、その下位レベルの見出しを非表示にできます。見出しの数が多くて操作しづらい場合に活用してください。

文章の移動

文書の構成を構築しなおす場合にもナビゲーション ウィンドウが活用できます。ナビゲーション ウィンドウで「見出し」を上下にドラッグすると、文章の並び順を自由に入れ替えることができます。

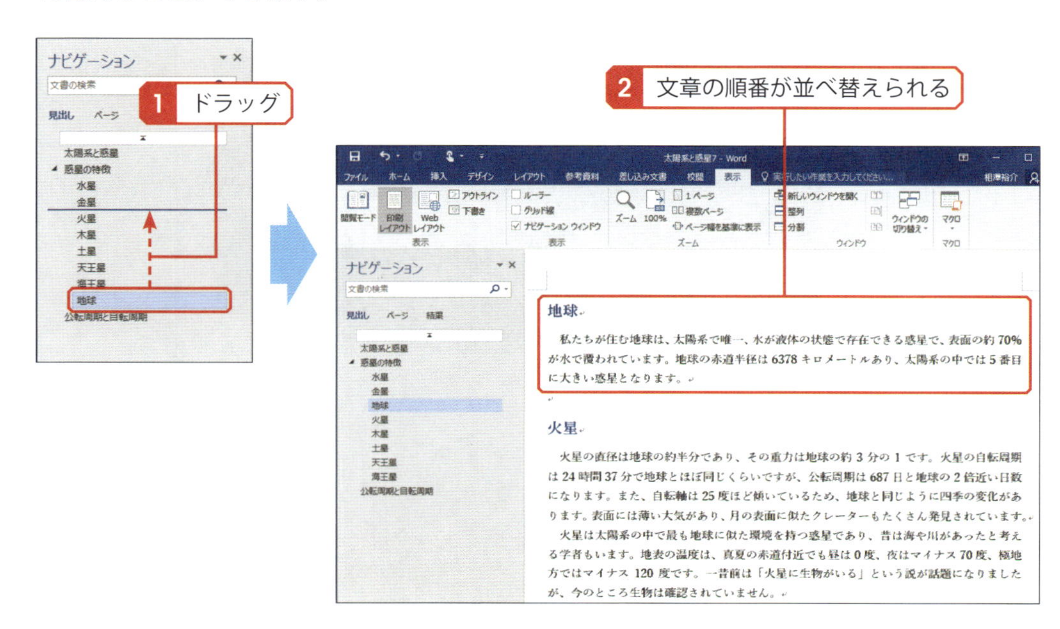

18 検索と置換

文書から特定の語句を探し出したいときは、検索機能を利用すると便利です。また、検索した語句を他の語句に置き換えたり、語句を統一したりする場合は置換機能が便利に活用できます。

検索の実行手順

特定の語句が記載されている個所を素早く見つけ出したいときは、検索という機能を使用します。検索機能を使用するときは以下のように操作します。

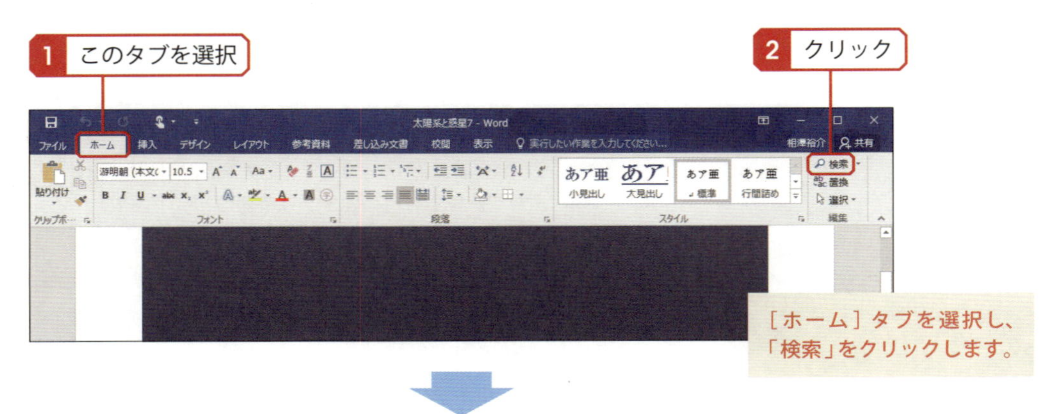

［ホーム］タブを選択し、「検索」をクリックします。

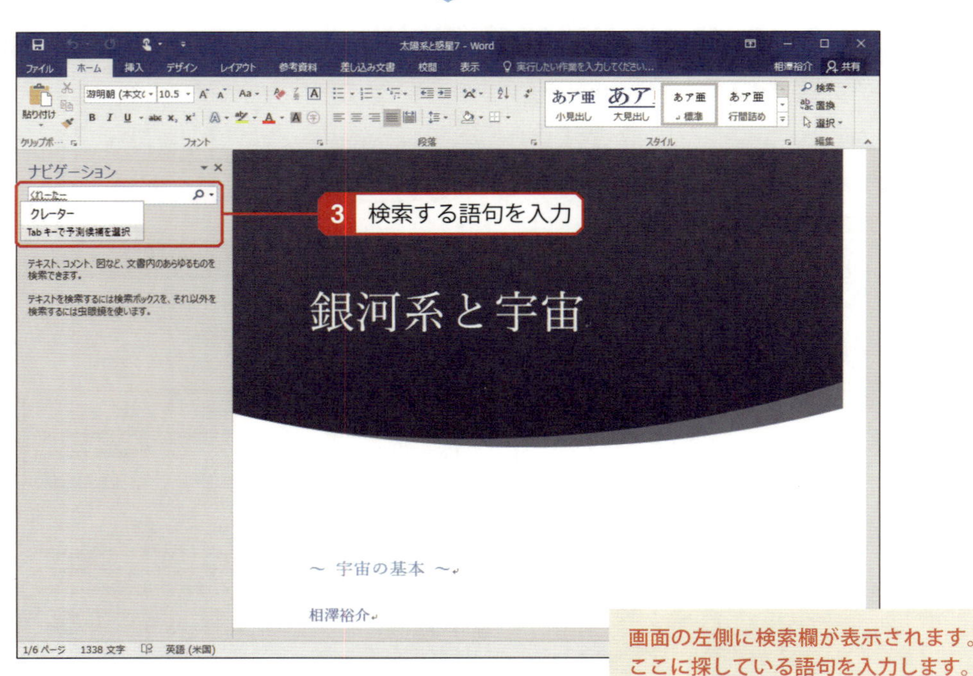

画面の左側に検索欄が表示されます。ここに探している語句を入力します。

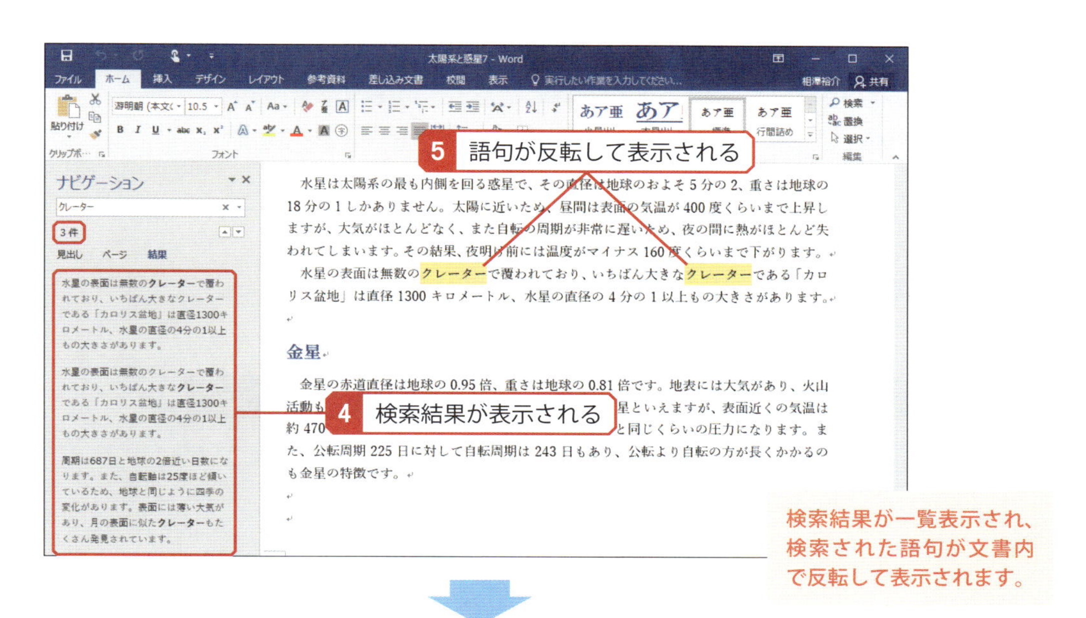

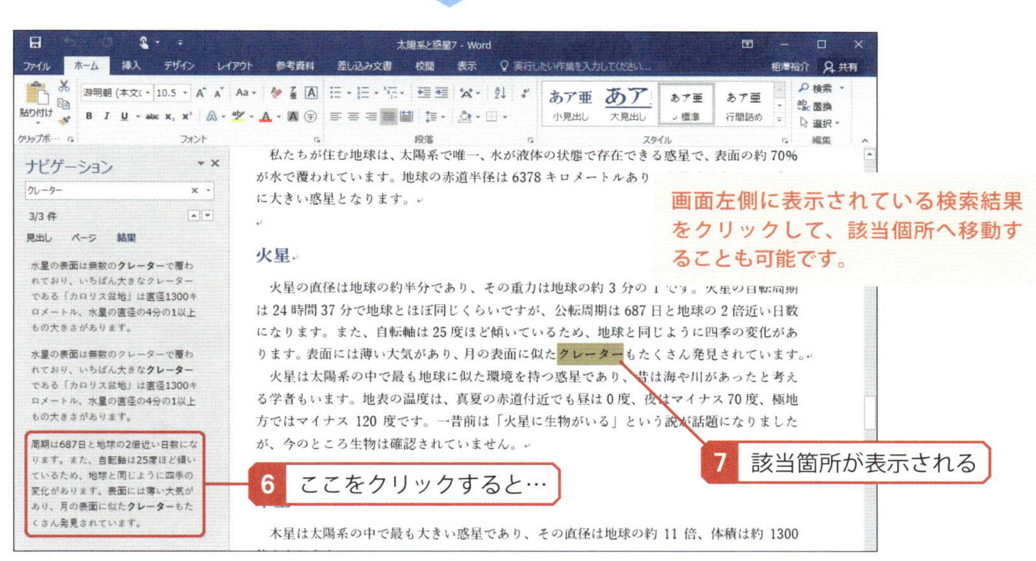

▶ 置換の実行手順

「特定の語句」を「他の語句」に置き換えるときは置換という機能を使用します。この機能は、文書内の語句を統一する場合にも活用できます。

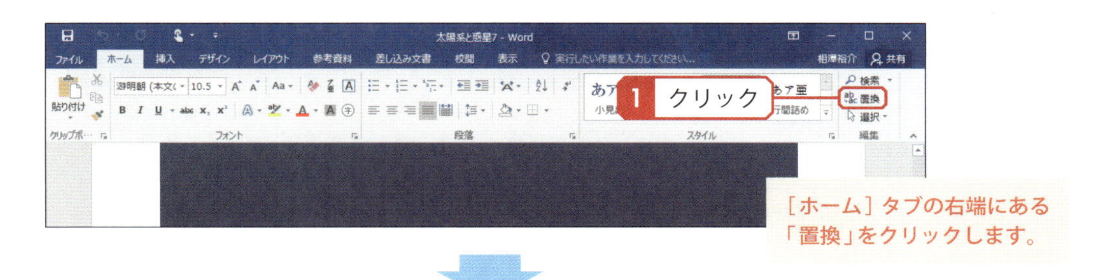

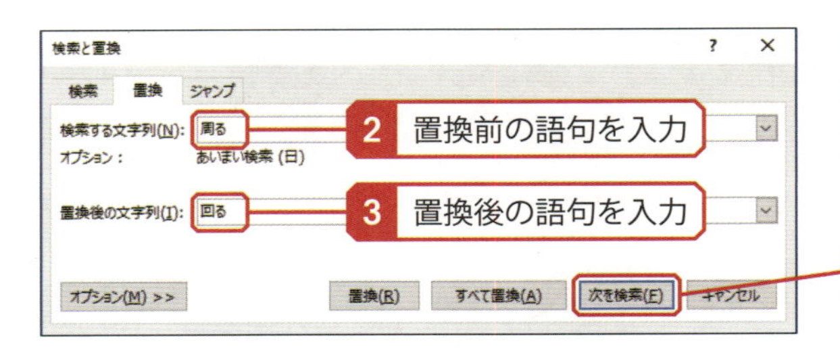

「検索する文字列」と「置換後の文字列」を入力し、［次を検索］ボタンをクリックします。

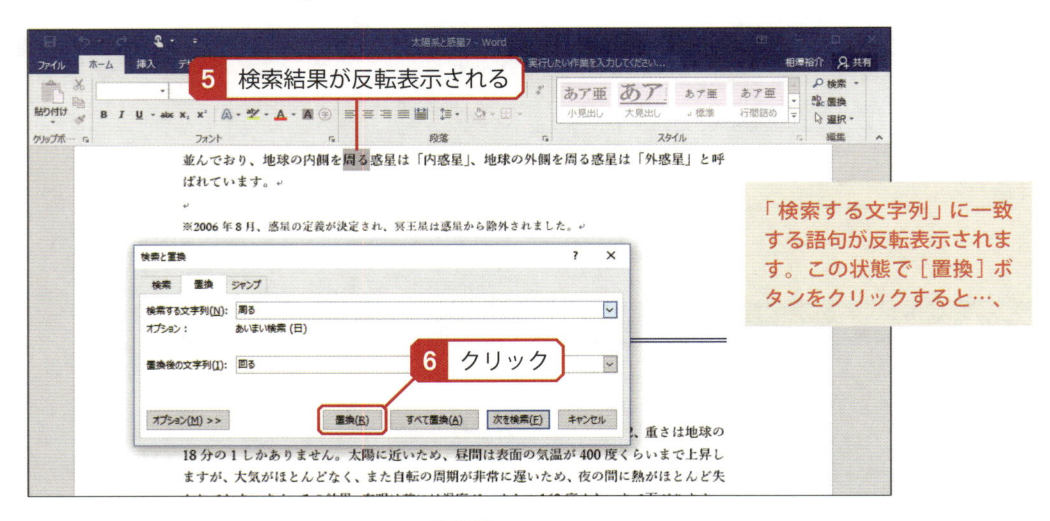

「検索する文字列」に一致する語句が反転表示されます。この状態で［置換］ボタンをクリックすると…、

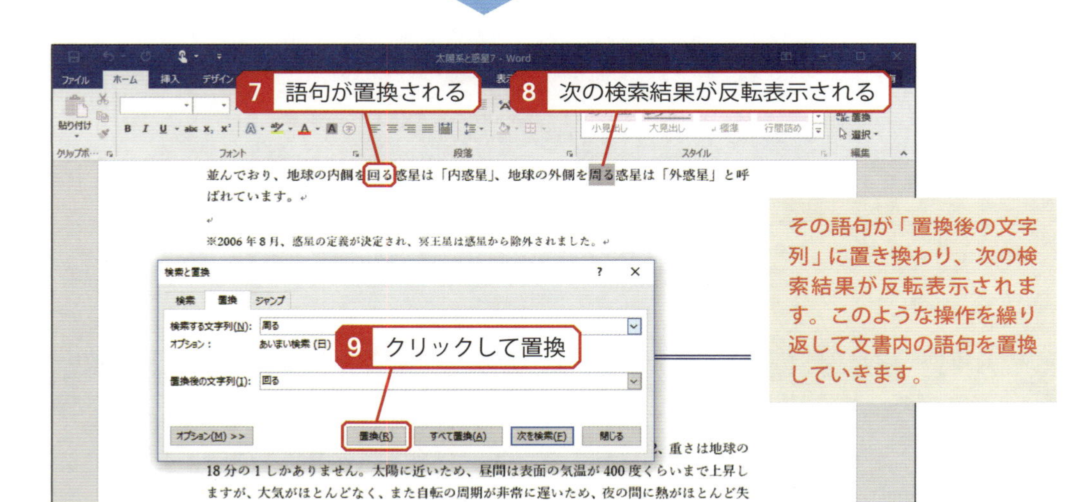

その語句が「置換後の文字列」に置き換わり、次の検索結果が反転表示されます。このような操作を繰り返して文書内の語句を置換していきます。

Column

すべて置換

［すべて置換］ボタンをクリックすると、該当する全ての検索結果を一度に置換できます。ただし、この場合は置換される語句を１つずつ確認できないため、予想外の結果になってしまう危険性があります。［すべて置換］ボタンは、置換機能の使い方に十分慣れてから使用するようにしてください。

19 文書の校正

「Word」には、誤字脱字などをチェックできる校正機能が用意されています。人間のように完璧な校正はできませんが、ケアレスミスなどを発見できる場合もあるので、使い方を覚えておくとよいでしょう。

校正の実行手順

ここでは、「スペル チェックと文章校正」の基本的な使い方を解説します。文書の校正を行うときは、以下のように操作します。

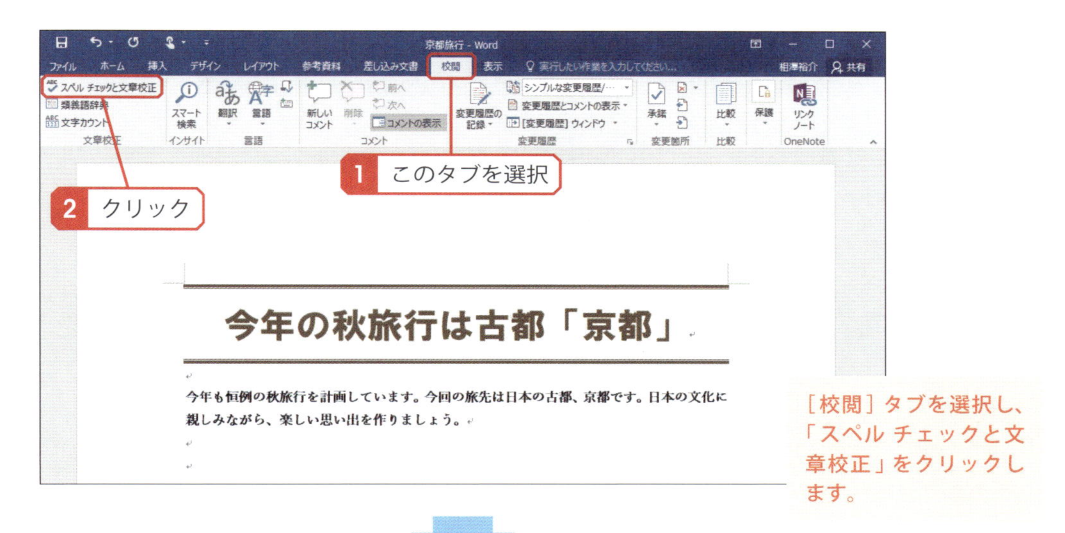

［校閲］タブを選択し、「スペル チェックと文章校正」をクリックします。

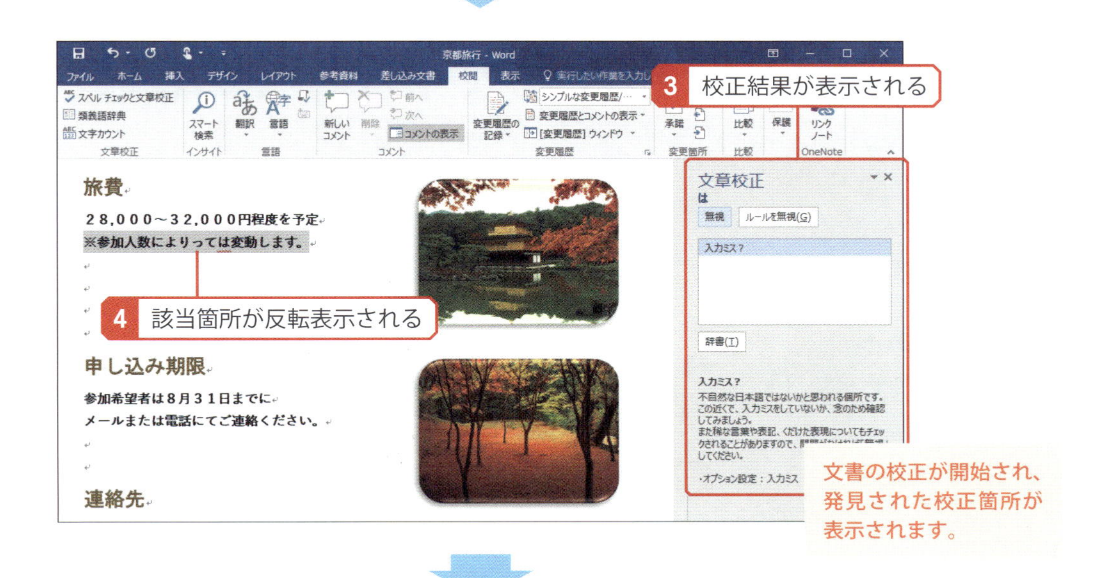

文書の校正が開始され、発見された校正箇所が表示されます。

誤字脱字などがあった場合は文章を正しく修正します。続いて、［再開］ボタンをクリックします。

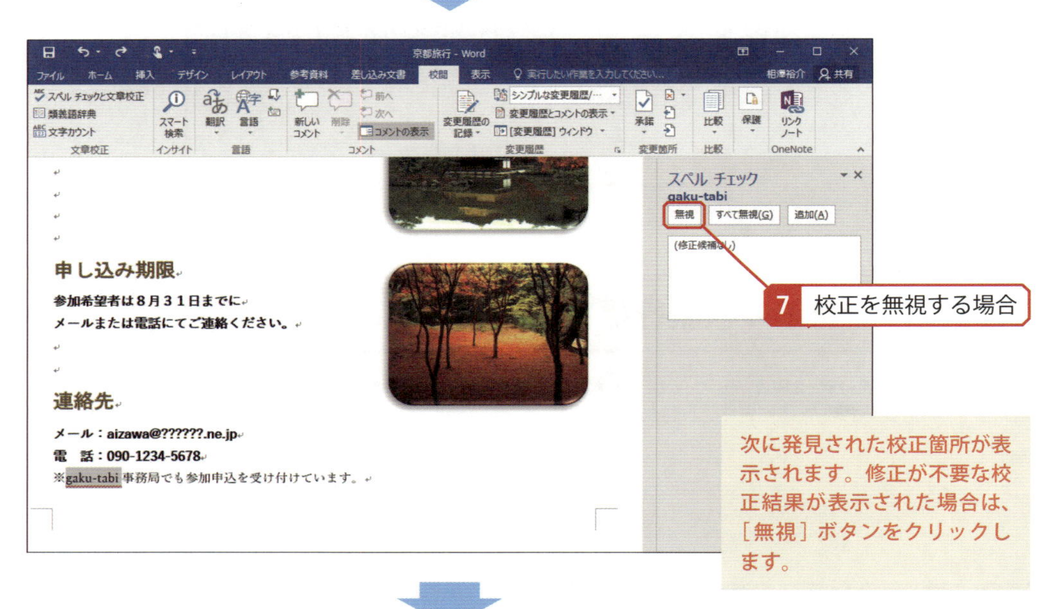

次に発見された校正箇所が表示されます。修正が不要な校正結果が表示された場合は、［無視］ボタンをクリックします。

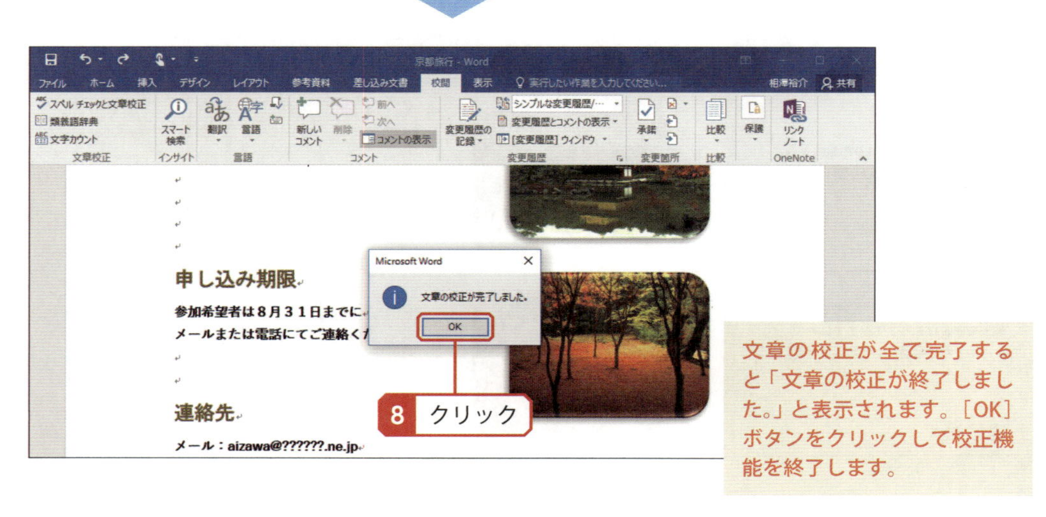

文章の校正が全て完了すると「文章の校正が終了しました。」と表示されます。［OK］ボタンをクリックして校正機能を終了します。

20 数式の入力

理系の論文などでは、複雑な数式の入力が必要になる場合もあります。このような場合は、「Word」に用意されている数式ツールを利用します。最後に、数式の入力方法を解説しておきます。

数式の入力

文書に複雑な数式を記載するときは、「Word」に用意されている数式ツールを使って、以下のような手順で数式を入力していきます。

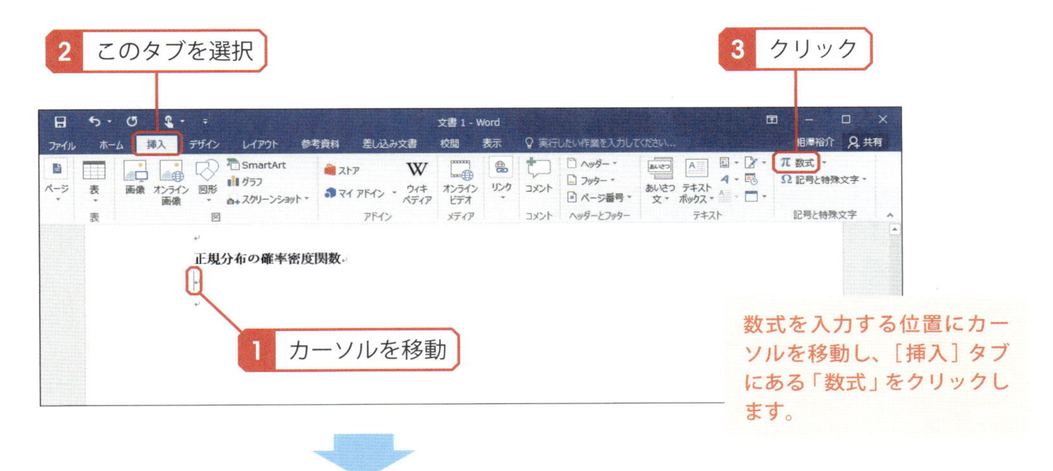

数式を入力する位置にカーソルを移動し、［挿入］タブにある「数式」をクリックします。

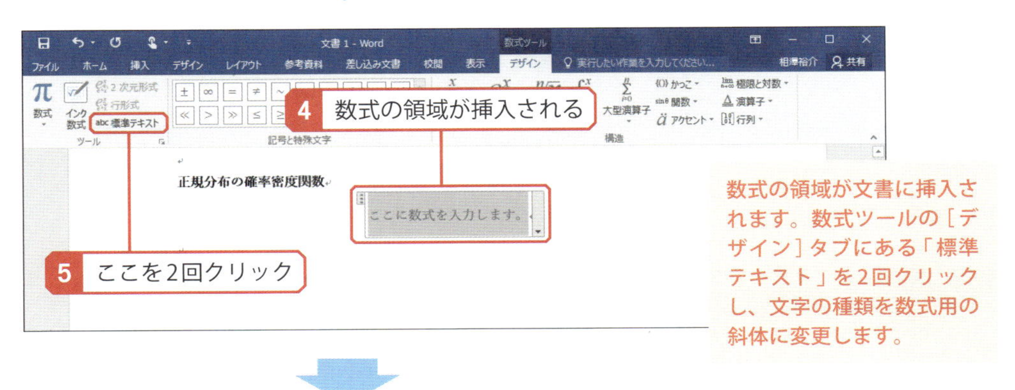

数式の領域が文書に挿入されます。数式ツールの［デザイン］タブにある「標準テキスト」を2回クリックし、文字の種類を数式用の斜体に変更します。

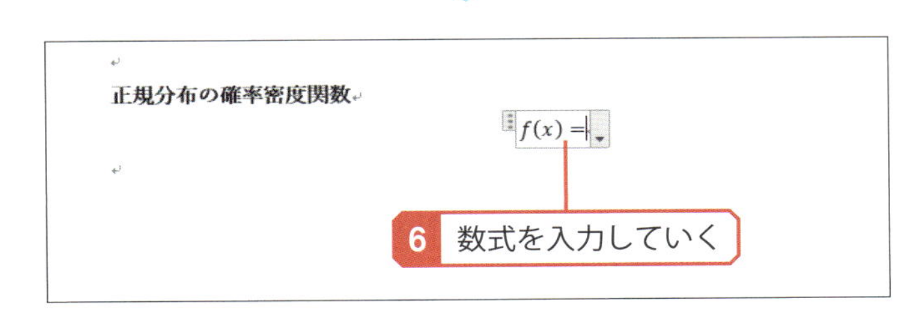

［半角／全角］キーを押して半角入力モードに切り替えます。アルファベットや数字などはキーボードから直接入力していきます。

■数式で使う記号の入力

数式ならではの記号は、数式ツールの［デザイン］タブにあるコマンドを使って入力していきます。たとえば、分数を入力する場合は以下のように操作します。

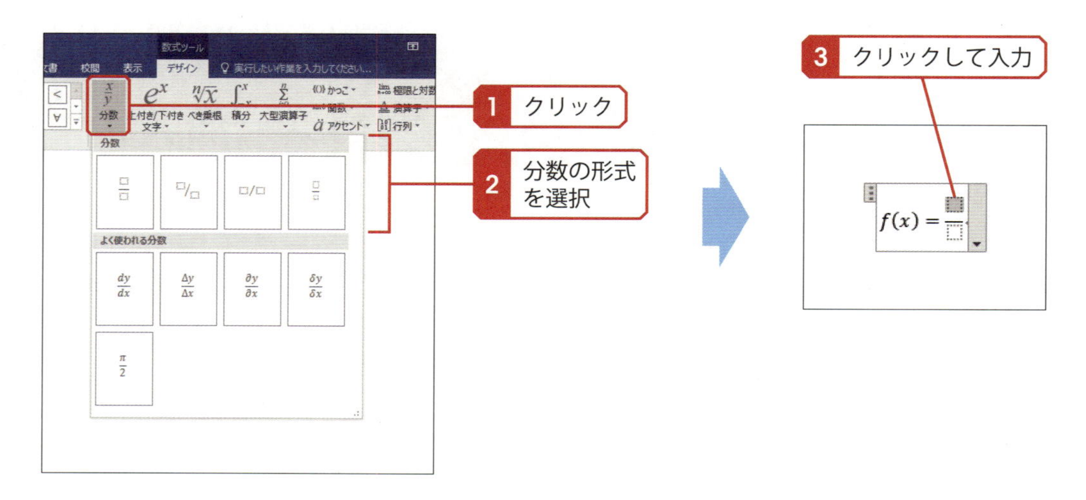

上記とほぼ同様の操作手順で、√や積分、Σ、行列などを入力できます。

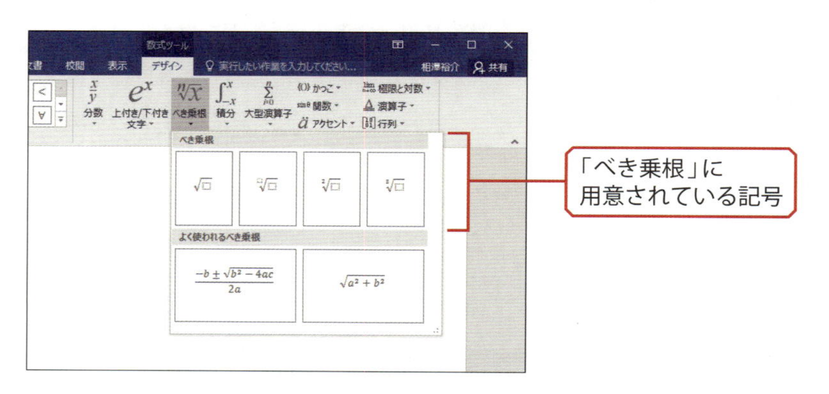

■ギリシア文字などの入力

ギリシア文字や数式でよく使われる特殊文字は、「記号と特殊文字」の をクリックし、一覧から文字を選択して入力します。

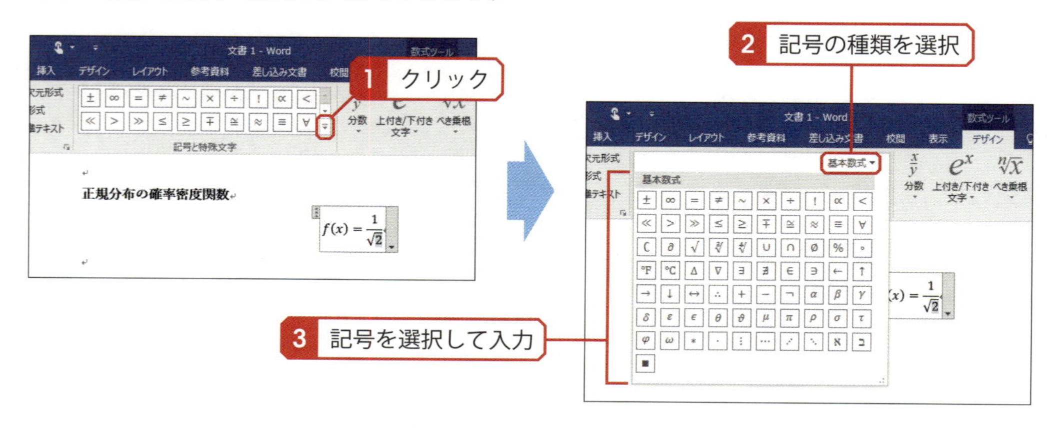

■カッコの入力

カッコ内に分数などを入力するときは、キーボードからカッコを入力するのではなく、［デザイン］タブにある「かっこ」を利用します。すると、カッコ内の記述に応じてカッコのサイズが自動調整されるようになります。

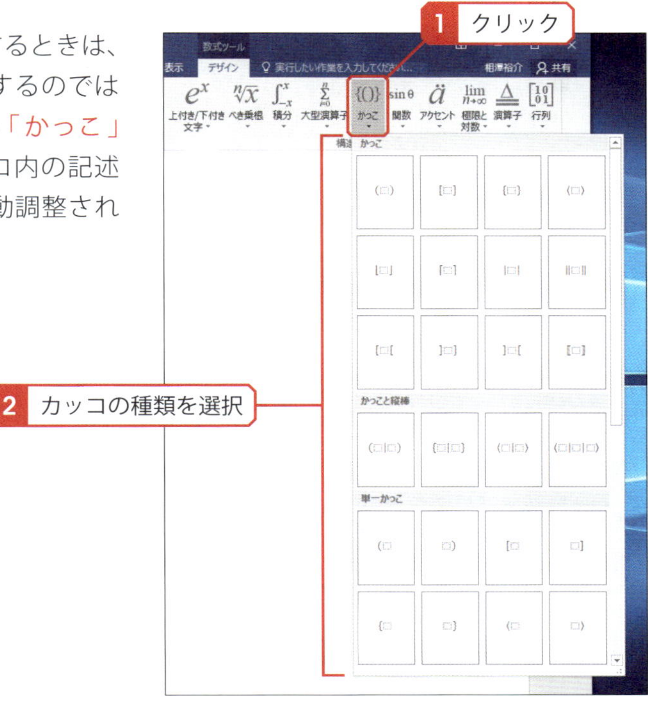

■上付き文字／下付き文字の入力

べき乗や添字を入力するときは、元となる文字を選択した状態で「上付き文字／下付き文字」をクリックし、小さい文字を付加する位置を選択します。

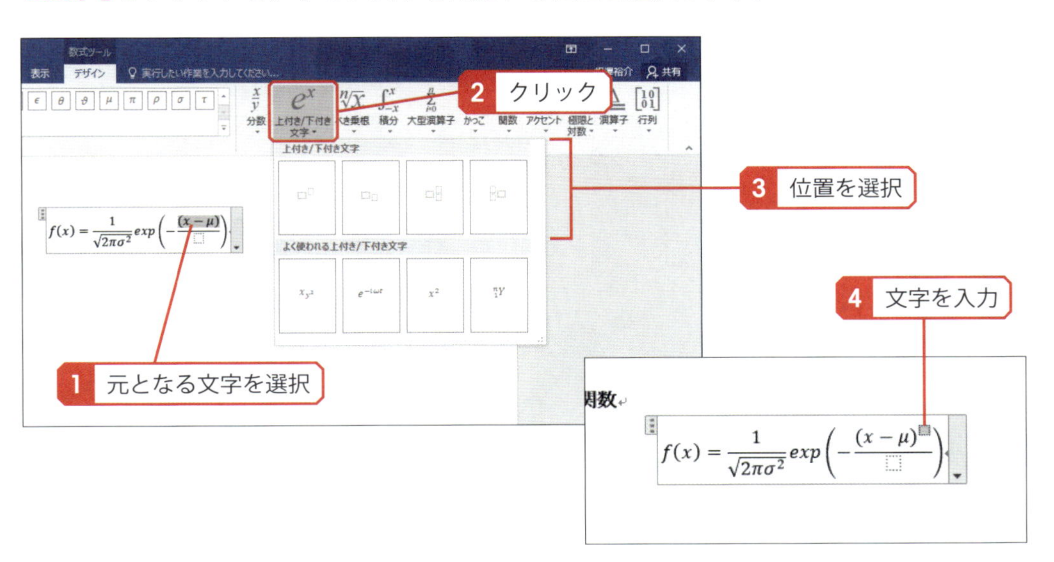

Column

数式内のカーソル移動

数式内に「上付き」や「下付き」などの「小さい文字の入力欄」があると、思いどおりの位置へカーソルを移動させるのが難しくなる場合もあります。このような場合は、マウス操作ではなく、キーボードの［矢印］キーを使ってカーソルを移動させると、スムーズにカーソルを移動できるようになります。

■数式入力の完了と配置

数式の入力が完了したら、右端にある▾をクリックして数式の配置を指定します。以上で、数式の入力は完了です。

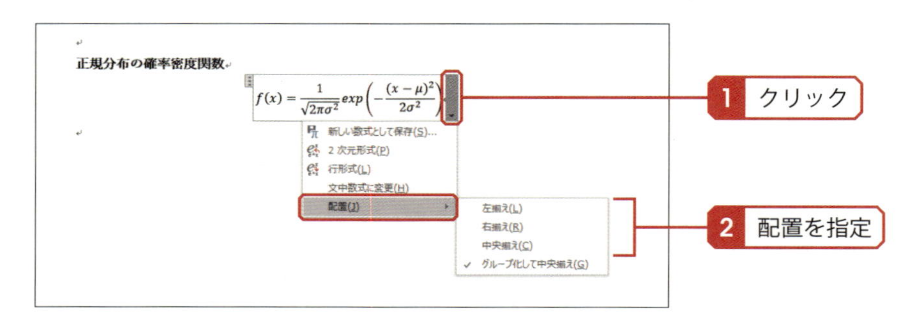

▶ 数式の登録

入力した数式を文書内で何回も使用する場合は、数式を「Word」に登録しておくと便利です。数式を登録するときは、以下のように操作します。

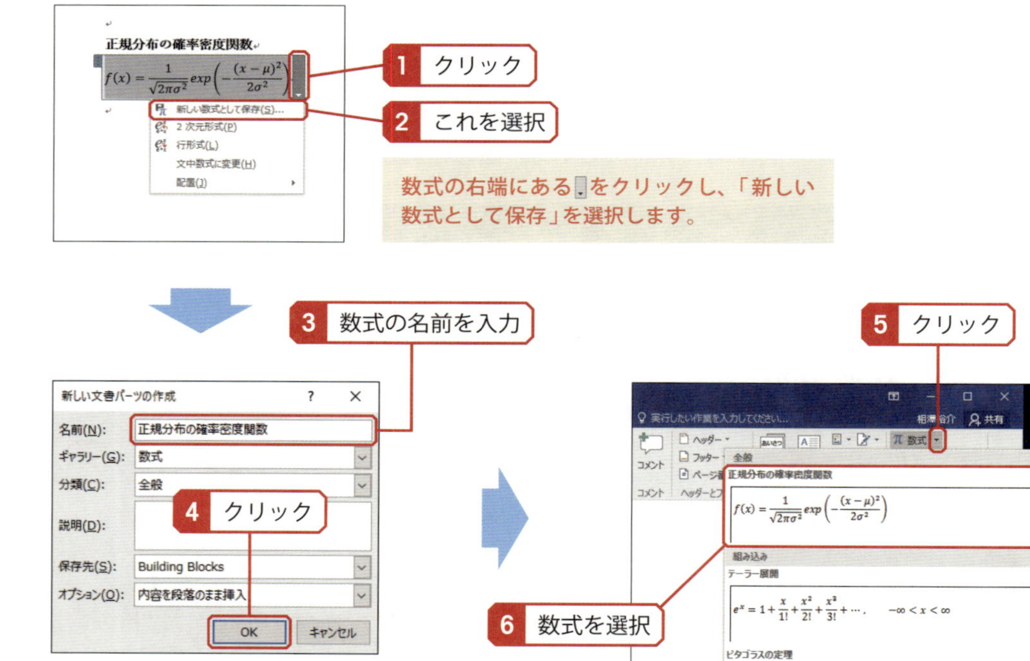

登録する数式の名前を入力し、［OK］ボタンをクリックします。

登録した数式を文書に入力するときは、「数式」の▾をクリックし、一覧から数式を選択します。

Excel 2016

「Excel」は表を作成するときに使用するアプリです。計算機能やグラフ作成機能も装備されているため、実験や調査から得たデータを分析する場合にも「Excel」が活用できます。

01 Excelの起動と終了

まずは「Excel」の概要を簡単に紹介しておきます。また、「Excel」を起動したり、終了したりするときの操作手順についても解説します。最も基本的な操作なので必ず覚えておいてください。

Excelの概要

「Excel 2016」（以下「Excel」）は、マイクロソフトの「Office 2016」を構成するアプリの一つで、様々なデータをまとめる表計算アプリとして活用できます。たとえば、住所録を作成する、家計簿をつける、実験結果や調査結果のデータをまとめる、売上や経費をまとめる、といった用途に使用できます。初心者の方は「表計算」というジャンルに馴染みがないかもしれませんが、使っていくうちに便利なアプリであることを実感できると思います。本書で操作方法を学びながら「Excel」の効果的な活用方法を見つけてください。

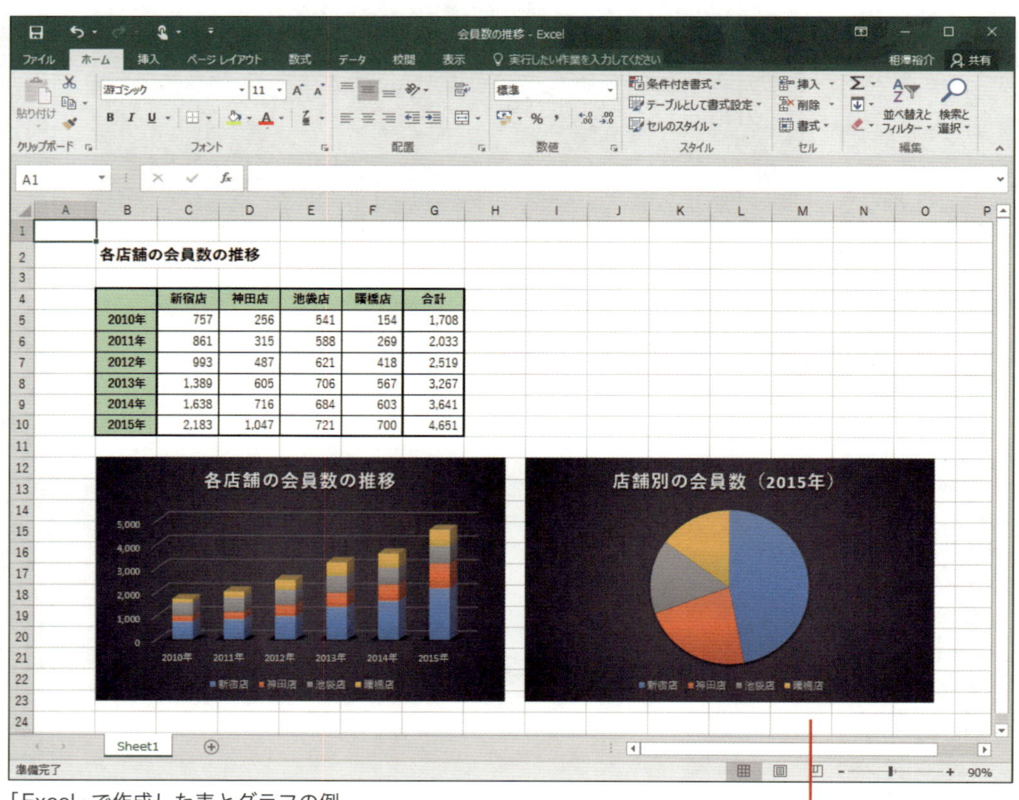

各店舗の会員数の推移

	新宿店	神田店	池袋店	曙橋店	合計
2010年	757	256	541	154	1,708
2011年	861	315	588	269	2,033
2012年	993	487	621	418	2,519
2013年	1,389	605	706	567	3,267
2014年	1,638	716	684	603	3,641
2015年	2,183	1,047	721	700	4,651

「Excel」で作成した表とグラフの例

ワークシート
ワークシートには、データを入力するためのマス目（セル）が格子状に並べられています

Excelの起動

それでは、さっそく「Excel」を起動してみましょう。「Excel」を起動するときは、スタートメニューにある「すべてのアプリ」をクリックし、「Excel 2016」を選択します。

Column

Excelのタイルを作成

頻繁に「Excel」を使用する方は、P112に示した手順で「Excel 2016」のタイルをスタートメニューに追加しておくとよいでしょう。

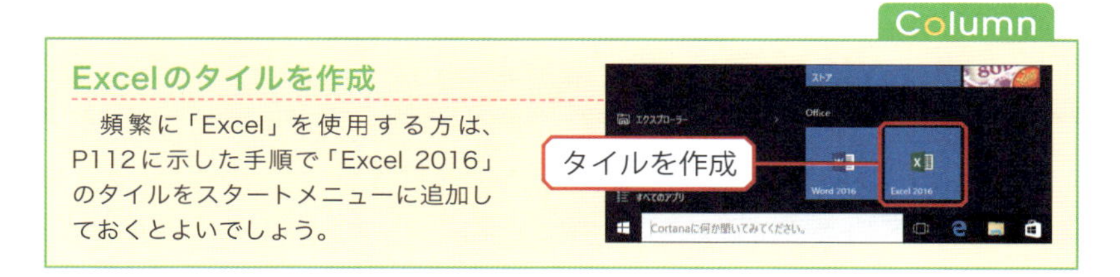

「Excel」を起動すると、最初に以下のような画面が表示されます。ここで「空白のブック」をクリックすると、何も入力されていない白紙のワークシートが表示されます。

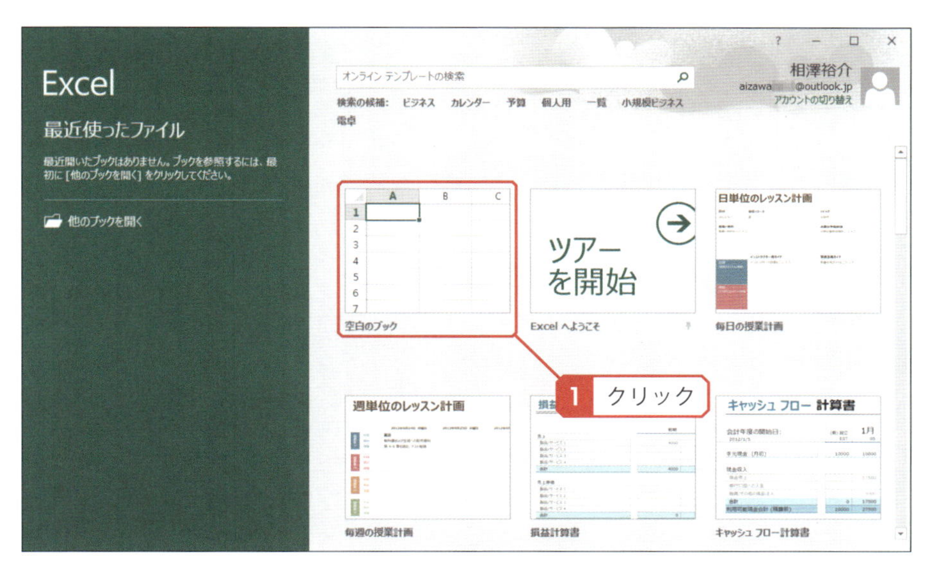

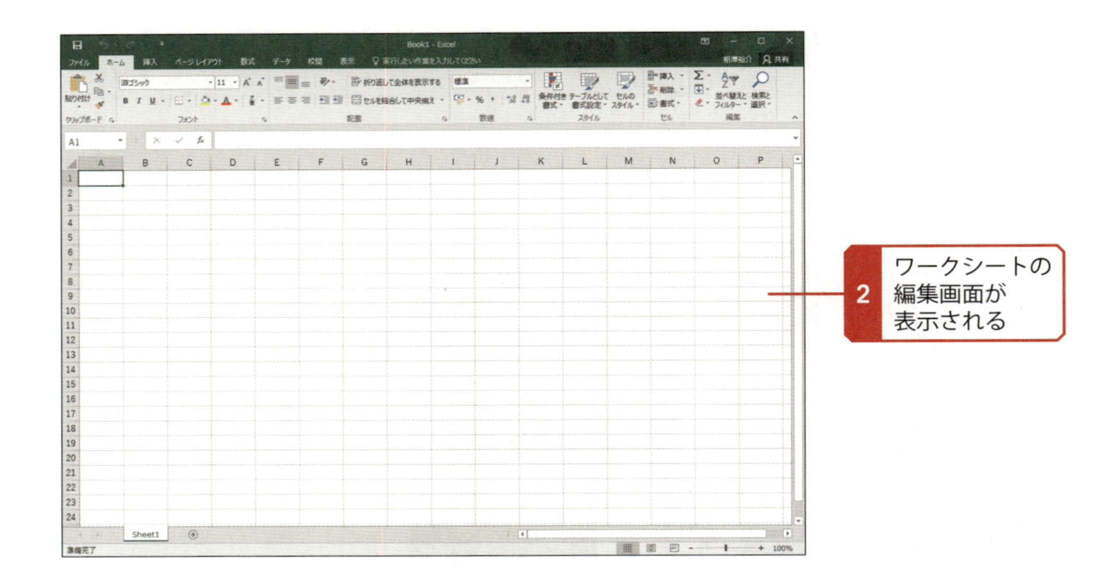

なお、手順1で「空白のブック」以外をクリックした場合は、あらかじめデザインが施されたワークシートが作成されます。

Excelの終了

続いては、「Excel」を終了させるときの手順を解説しておきます。「Excel」を終了させるときは以下のように操作します。

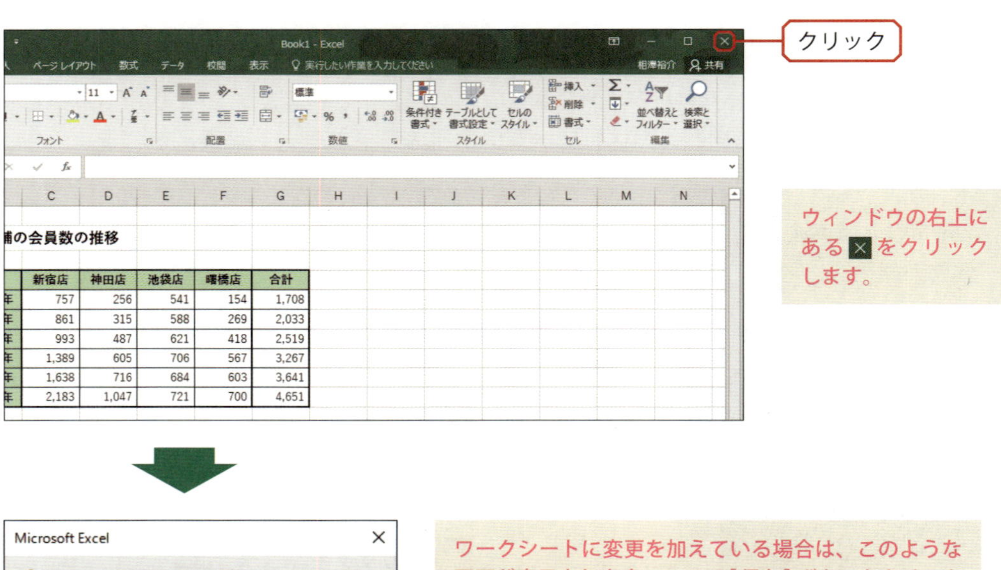

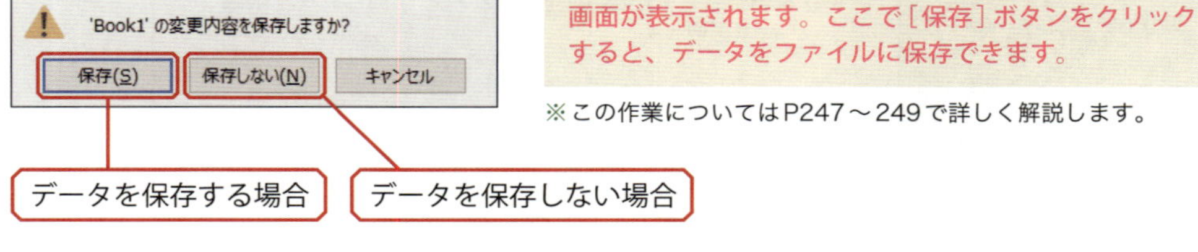

※この作業についてはP247～249で詳しく解説します。

02 各部の名称と表示倍率の変更

続いては、「Excel」のウィンドウを構成する各部の名称と役割について解説します。また、ウィンドウ内に表示されているワークシートを拡大／縮小して表示する方法も解説しておきます。

タブとリボン

「Excel」のウィンドウ上部には、タブとリボンが表示されています。まずは、この部分について解説します。

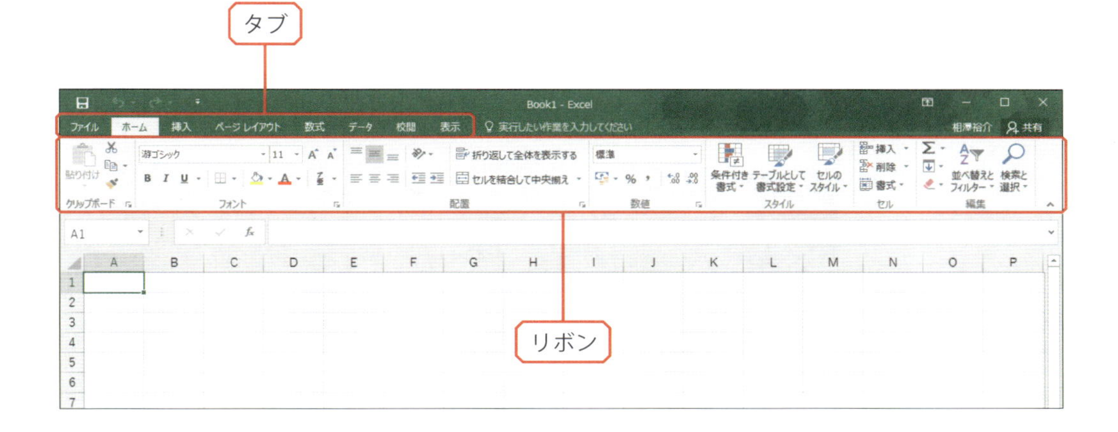

■タブ

最初に、ここで大まかな操作を指定します。選択したタブに応じてリボンの表示が切り替わります。

■リボン

操作コマンドの一覧がアイコンなどで表示されます。表示されるコマンドは選択しているタブに応じて変化します。たとえば［挿入］タブを選択すると、リボンの表示は以下のように変化します。

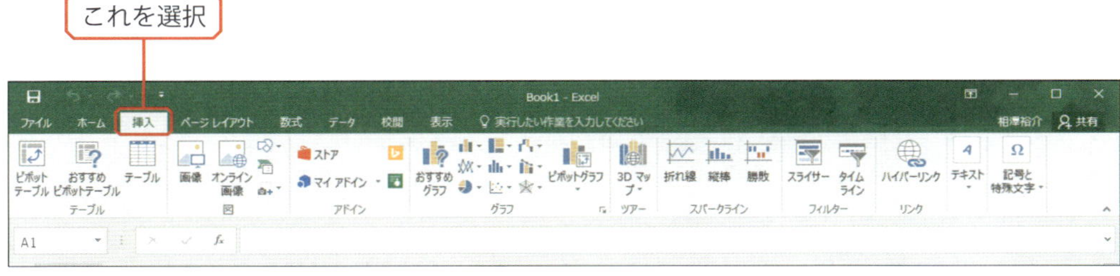

［挿入］タブを選択したときのリボンの表示

Column

ウィンドウ幅とリボンの表示

各タブのリボンは、ウィンドウ幅に応じてアイコンの配置が変化する仕組みになっています。このため、前ページの図とは異なる配置でアイコンが表示される場合もあります。各種操作を行うときは、位置ではなく図柄や文字で操作すべきアイコンを探し出すようにしてください。

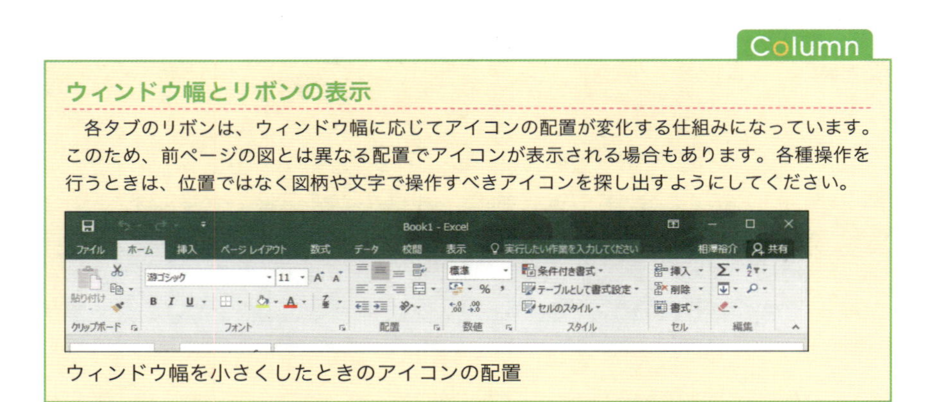

ウィンドウ幅を小さくしたときのアイコンの配置

[ファイル]タブについて

[ファイル]タブを選択した場合は、リボンではなく以下の図のような画面が表示されます。この画面はファイルの保存やワークシートの印刷を行う場合に利用します。これについては、P247 ～ 248ならびにP316～320で詳しく解説します。

クイックアクセス ツールバー

ウィンドウ上部にはクイックアクセス ツールバーが配置されています。ここには「上書き保存」や「元に戻す」などのアイコンが並んでいます。また、この右端にある ▼ をクリックすると、クイックアクセス ツールバーに表示するアイコンを変更できます。

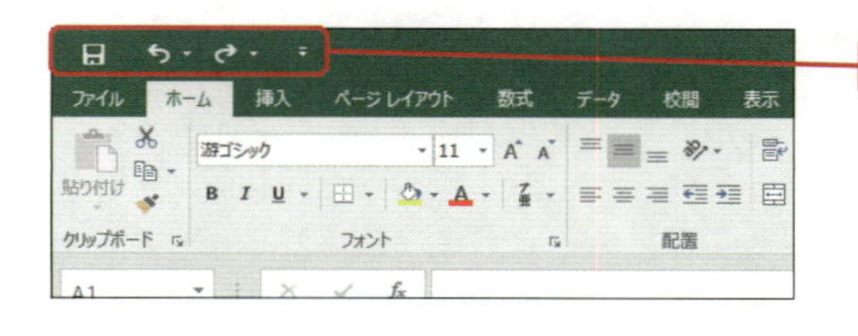

タッチ操作用のリボン表示

タッチ操作でワークシートを編集するときは、リボンのアイコン表示を大きくして操作します。リボンの表示をタッチ操作用に切り替えるときは、以下のように操作します。

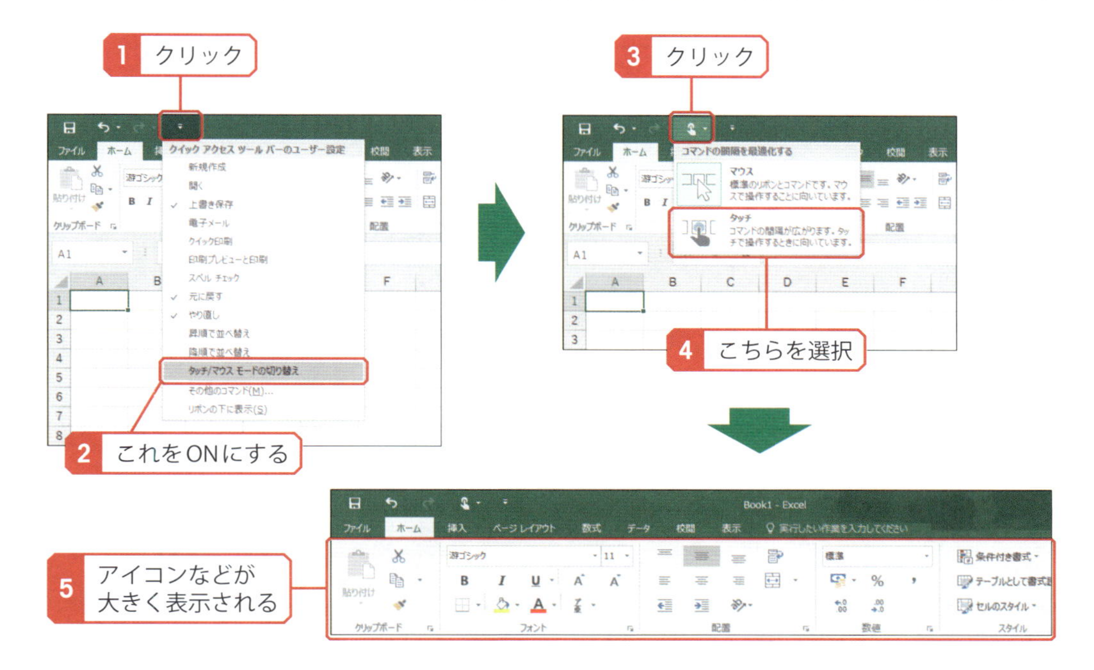

リボンを一時的に非表示

リボンを一時的に消去し、ワークシートをウィンドウ内に広く表示させることも可能です。リボンの表示/非表示は、タブのダブルクリックで切り替えます。

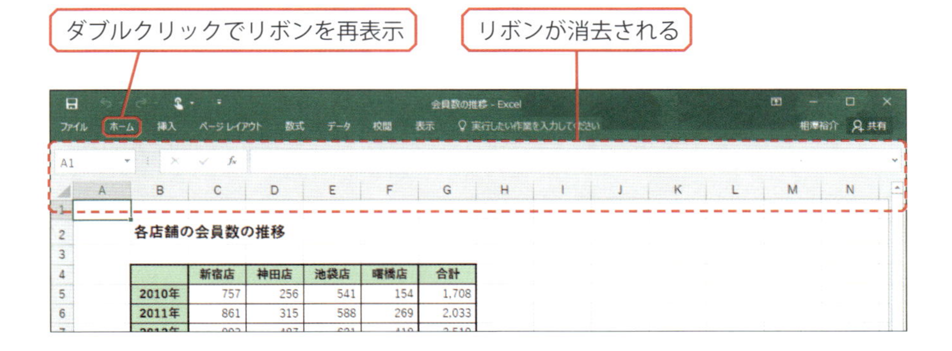

	新宿店	神田店	池袋店	曙橋店	合計
2010年	757	256	541	154	1,708
2011年	861	315	588	269	2,033

Column

[Ctrl]+[F1]キーの利用

[Ctrl]キーを押しながら[F1]キーを押してリボンの表示/非表示を切り換えることも可能です。

Column

リボンが非表示の場合の操作

リボンを消去した状態のまま各種操作を行うことも可能です。この場合は、タブをクリックしたときだけリボンが表示され、操作の完了と同時に自動的にリボンは消去されます。

▶表示倍率の変更

ウィンドウ内に表示されているワークシートの表示倍率を変更する機能も用意されています。細かい部分を編集するときは拡大表示、全体を一覧表示するときは縮小表示、と状況に応じて最適な倍率を指定するとよいでしょう。

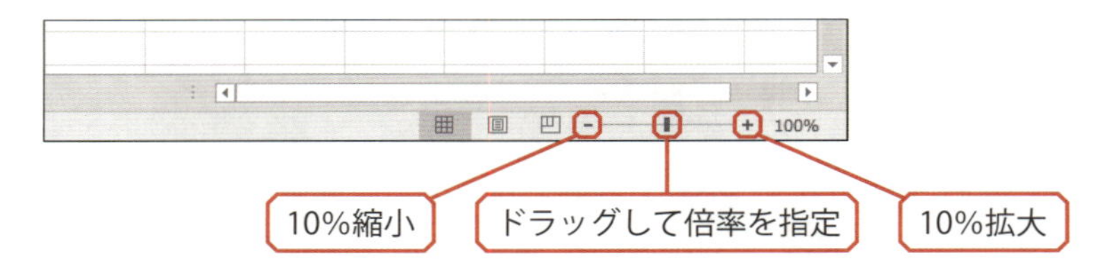

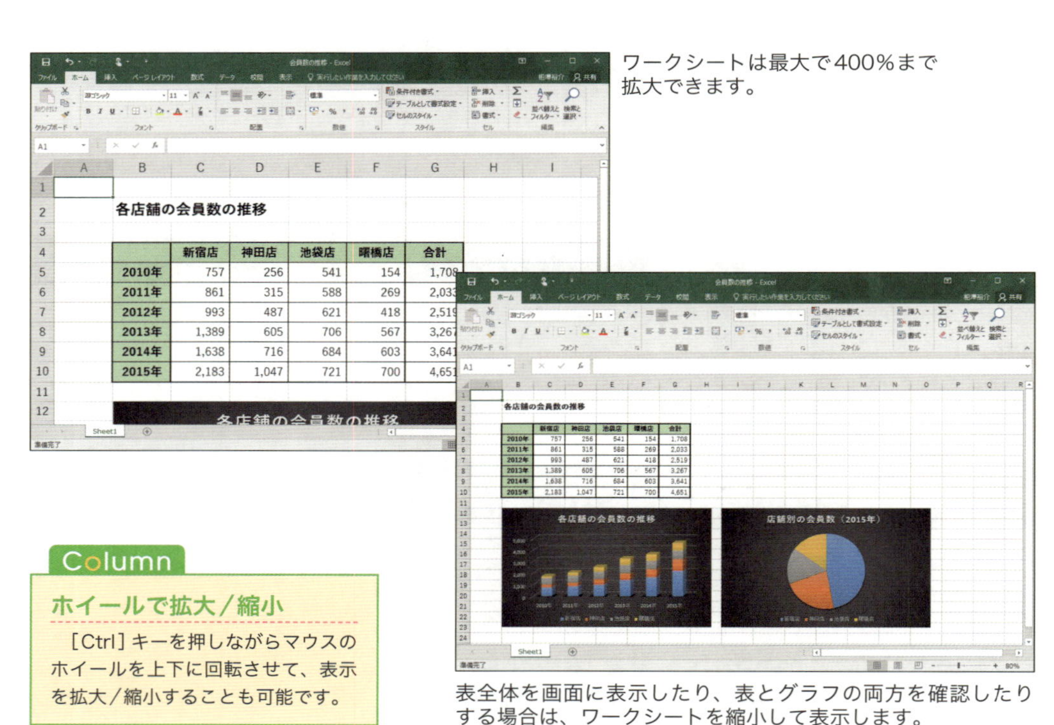

ワークシートは最大で400%まで拡大できます。

表全体を画面に表示したり、表とグラフの両方を確認したりする場合は、ワークシートを縮小して表示します。

Column

ホイールで拡大/縮小

[Ctrl] キーを押しながらマウスのホイールを上下に回転させて、表示を拡大/縮小することも可能です。

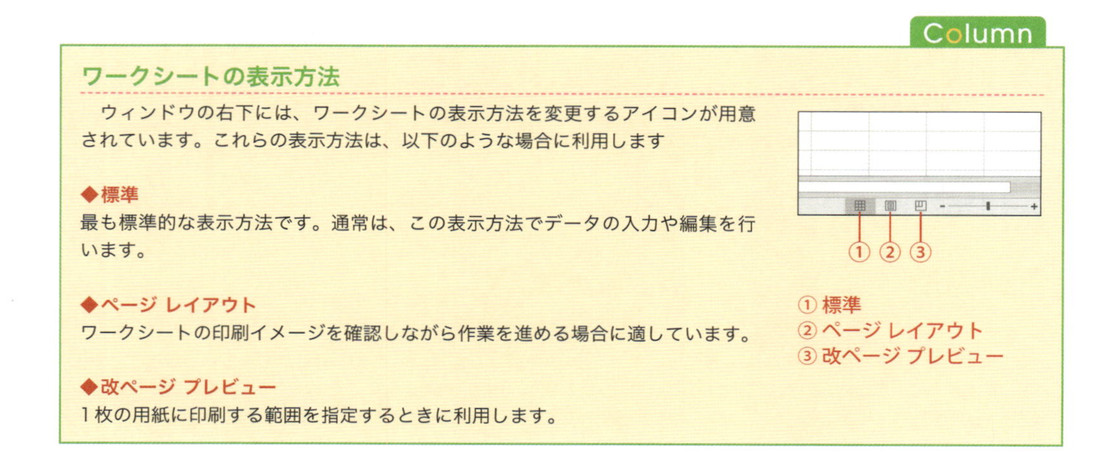

Column

ワークシートの表示方法

ウィンドウの右下には、ワークシートの表示方法を変更するアイコンが用意されています。これらの表示方法は、以下のような場合に利用します

◆標準

最も標準的な表示方法です。通常は、この表示方法でデータの入力や編集を行います。

◆ページ レイアウト

ワークシートの印刷イメージを確認しながら作業を進める場合に適しています。

◆改ページ プレビュー

1枚の用紙に印刷する範囲を指定するときに利用します。

① 標準
② ページ レイアウト
③ 改ページ プレビュー

03 ファイル操作

「Excel」で作成したデータは、パソコン内にあるハードディスク、もしくはOneDriveに保存するのが一般的です。続いては、作成したデータをファイルに保存したり、保存したデータを開いたりするときの操作手順を解説します。

ファイルの新規保存

「Excel」で作成したワークシートやグラフは、ファイルに保存して管理するのが基本です。保存せずに「Excel」を終了させると、データが消去されてしまうことに注意してください。作成したデータを確実に残しておくためにも、こまめに保存する習慣をつけておきましょう。データをファイルに保存するときは、以下のように操作します。

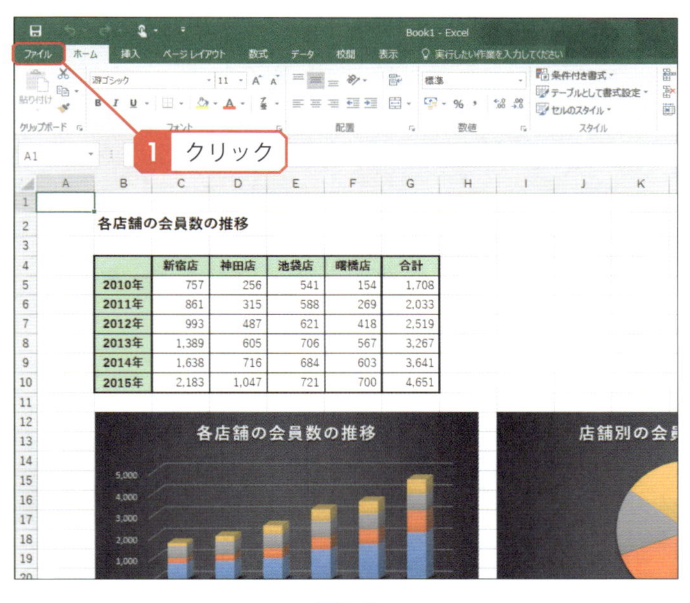

	新宿店	神田店	池袋店	曙橋店	合計
2010年	757	256	541	154	1,708
2011年	861	315	588	269	2,033
2012年	993	487	621	418	2,519
2013年	1,389	605	706	567	3,267
2014年	1,638	716	684	603	3,641
2015年	2,183	1,047	721	700	4,651

［ファイル］タブをクリックして選択します。

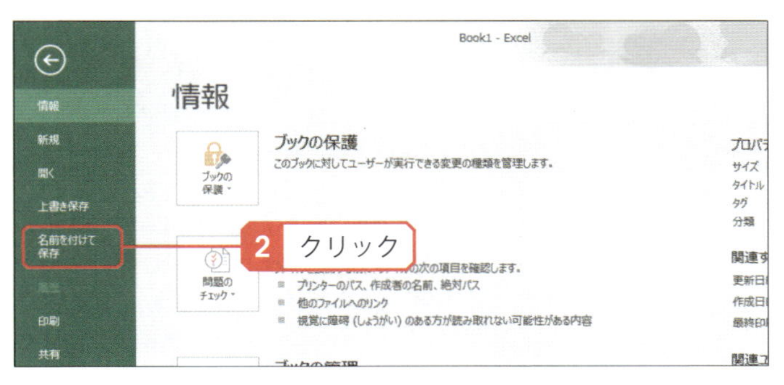

「名前を付けて保存」または「上書き保存」をクリックします。

続いて、ファイルの保存先を指定します。保存先に「OneDrive」を指定すると、自宅にあるパソコンだけでなく、会社や学校などにあるパソコンでもデータの閲覧や編集を行えるようになります（P119〜123参照）。

※OneDriveを使用するときは、Microsoftアカウントでサインインしておく必要があります。

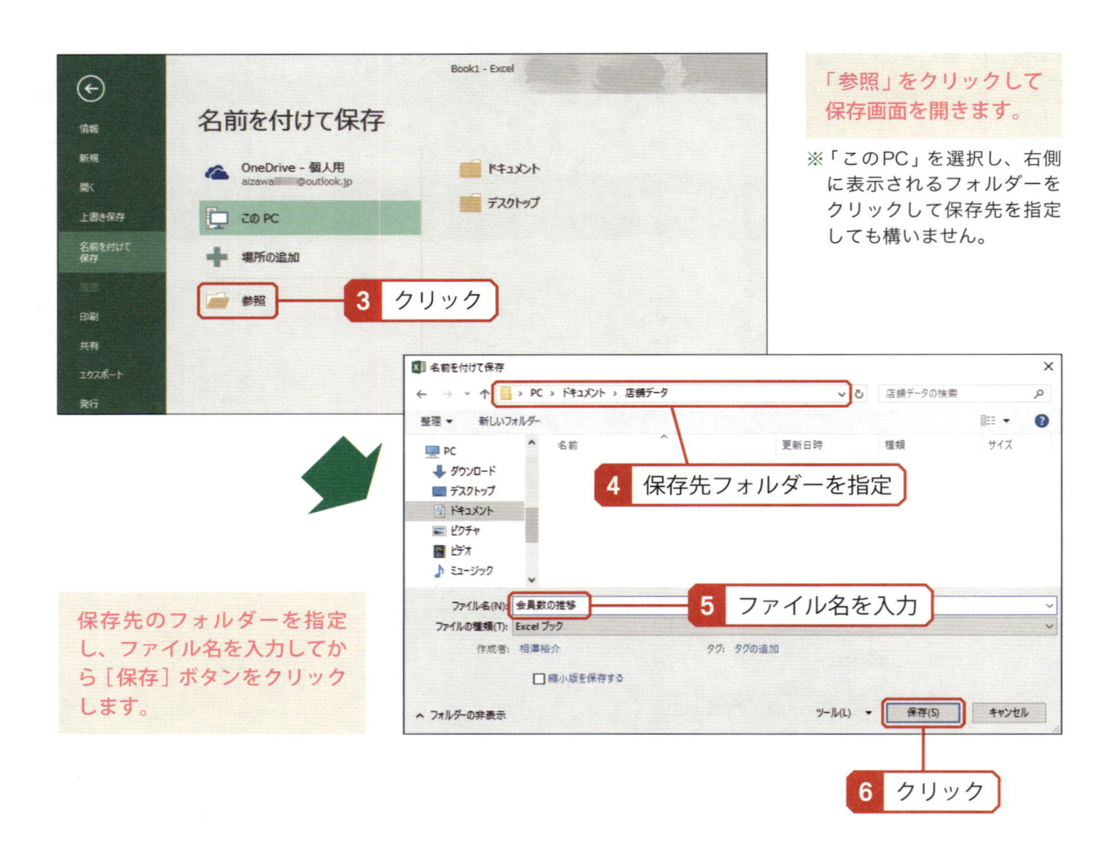

「参照」をクリックして保存画面を開きます。

※「このPC」を選択し、右側に表示されるフォルダーをクリックして保存先を指定しても構いません。

保存先のフォルダーを指定し、ファイル名を入力してから［保存］ボタンをクリックします。

▶ ファイルを開く

ファイルに保存したデータを開くときは、Excelファイルのアイコンをダブルクリックします。すると「Excel」が起動し、ウィンドウ内にワークシートが表示されます。

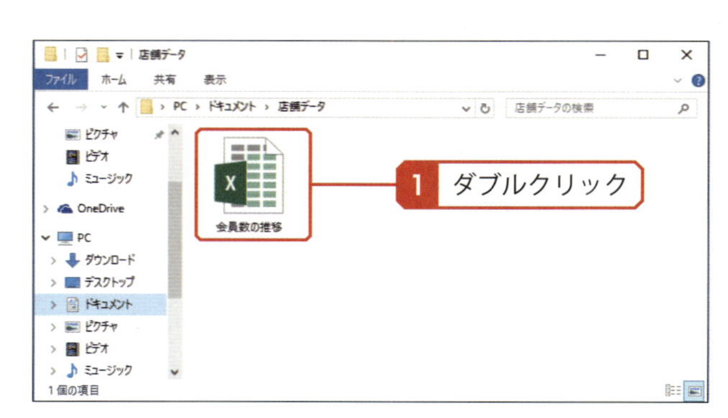

Excelファイルが保存されているフォルダーを開き、Excelファイルのアイコンをダブルクリックします。

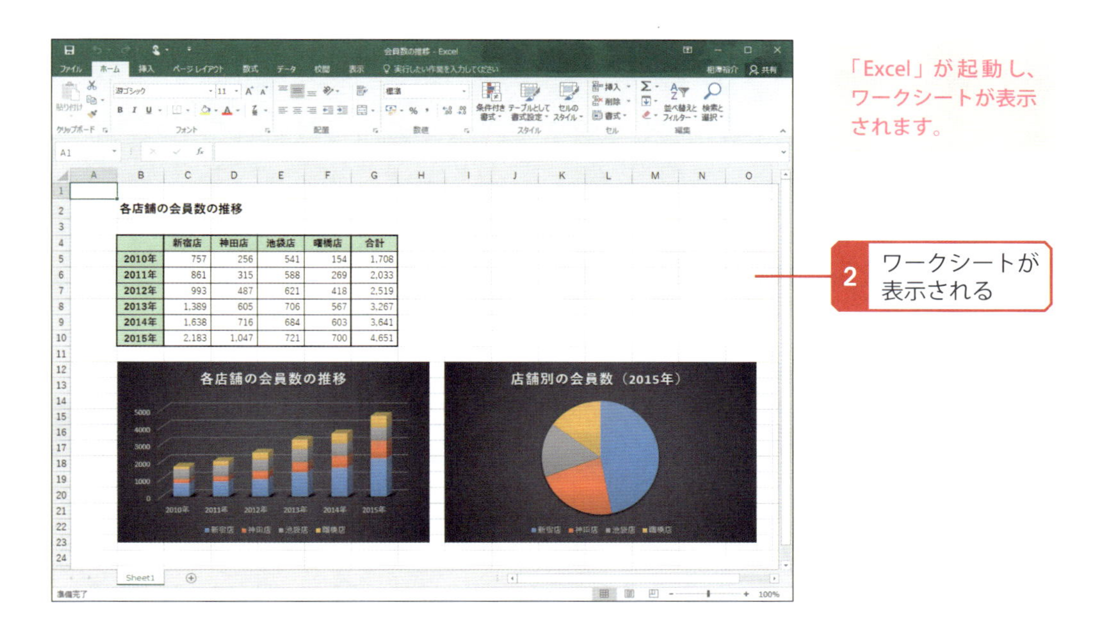

「Excel」が起動し、ワークシートが表示されます。

ファイルの上書き保存

すでに保存されているワークシートやグラフに変更を加えたときは、上書き保存を実行し、ファイルの内容を更新しておく必要があります。この操作は、クイックアクセスツールバーにある（上書き保存）をクリックすると実行できます。

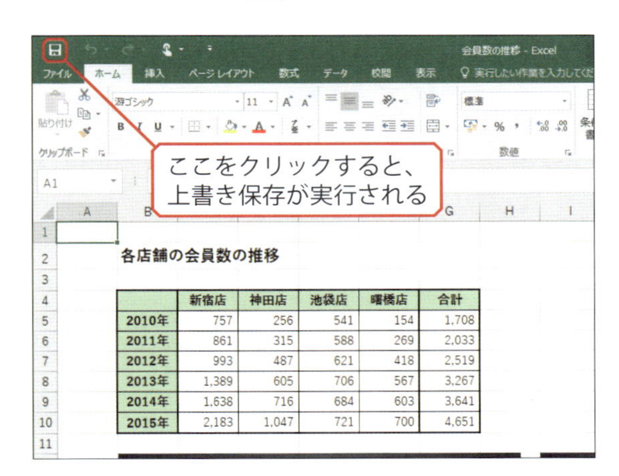

Column

[Ctrl]＋[S]キーの活用

キーボードの［Ctrl］キーを押しながら［S］キーを押して上書き保存を行うことも可能です。こちらのほうが素早く操作できるので、［Ctrl］＋［S］キーの操作方法もぜひ覚えておいてください。

なお、上書き保存を行わずに「Excel」を終了させた場合は、今回の変更が破棄され、前回保存したときの状態のままファイルが維持されます。

Column

ファイルを別名で保存

前回保存したときの状態を維持したまま、別のファイルにデータを保存したい場合は、［ファイル］タブにある「名前を付けて保存」を選択します。続いて、保存先とファイル名を指定すると、新しいExcelファイルにデータを保存できます。この場合、元のExcelファイルの内容が変更されることはありません。

04 データの入力

ここからは、Excelの具体的な操作手順を解説していきます。まずは、文字データや数値データをセルに入力したり、入力したデータを削除したりする方法について解説します。

データの入力

Excelでは、ワークシートにあるマス目のことをセルと呼びます。そして、それぞれのセルに文字や数値を入力することにより表を作成していきます。セルにデータを入力する手順は以下のとおりです。

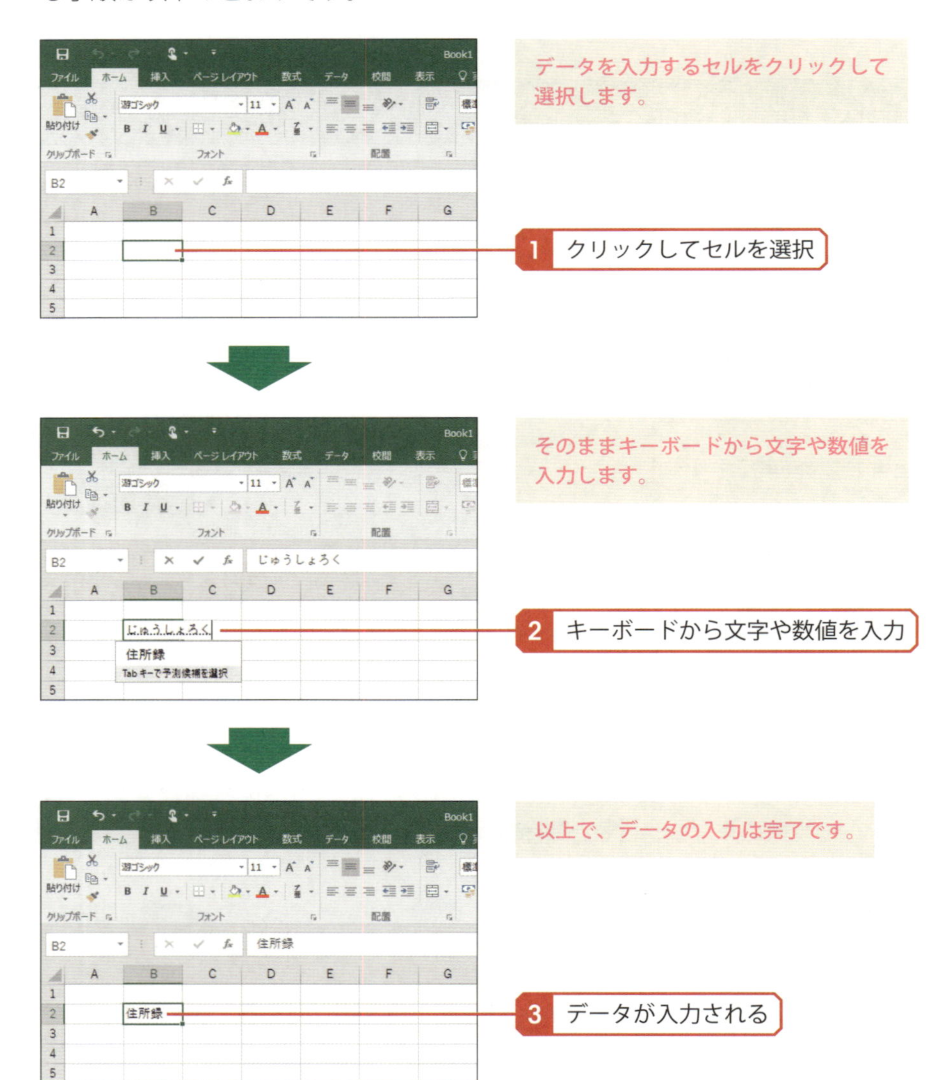

データの連続入力

縦方向または横方向に連続してデータを入力するときは、[Enter] キーや [Tab] キーを使うと効率よくデータを入力できます。

データの入力後に [Enter] キーを押すと、1つ下のセルを選択することができます。縦方向に連続してデータを入力していくときは、[Enter] キーでセルの選択を移動させるとよいでしょう。

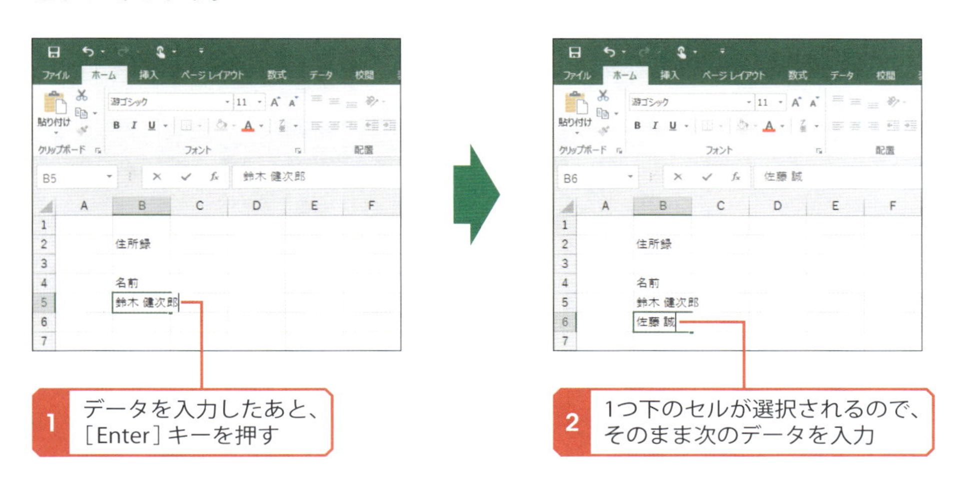

[Tab] キーを押した場合は、1つ右のセルを選択できます。横方向に連続してデータを入力していくときは、[Tab] キーでセルの選択を移動させると便利です。

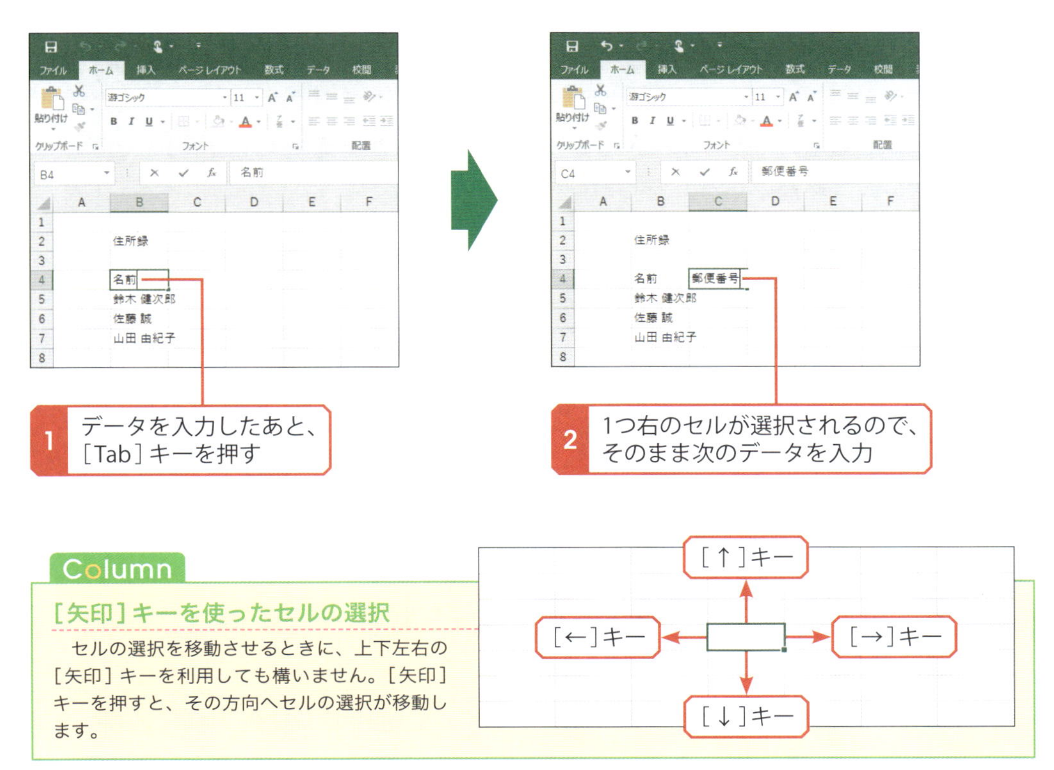

Column

[矢印] キーを使ったセルの選択

セルの選択を移動させるときに、上下左右の [矢印] キーを利用しても構いません。[矢印] キーを押すと、その方向へセルの選択が移動します。

▶入力したデータの修正

セルに入力したデータを修正するときは、そのセルを選択し、データの入力をやり直します。すると、セルの内容が新しく入力したデータに置き換わります。

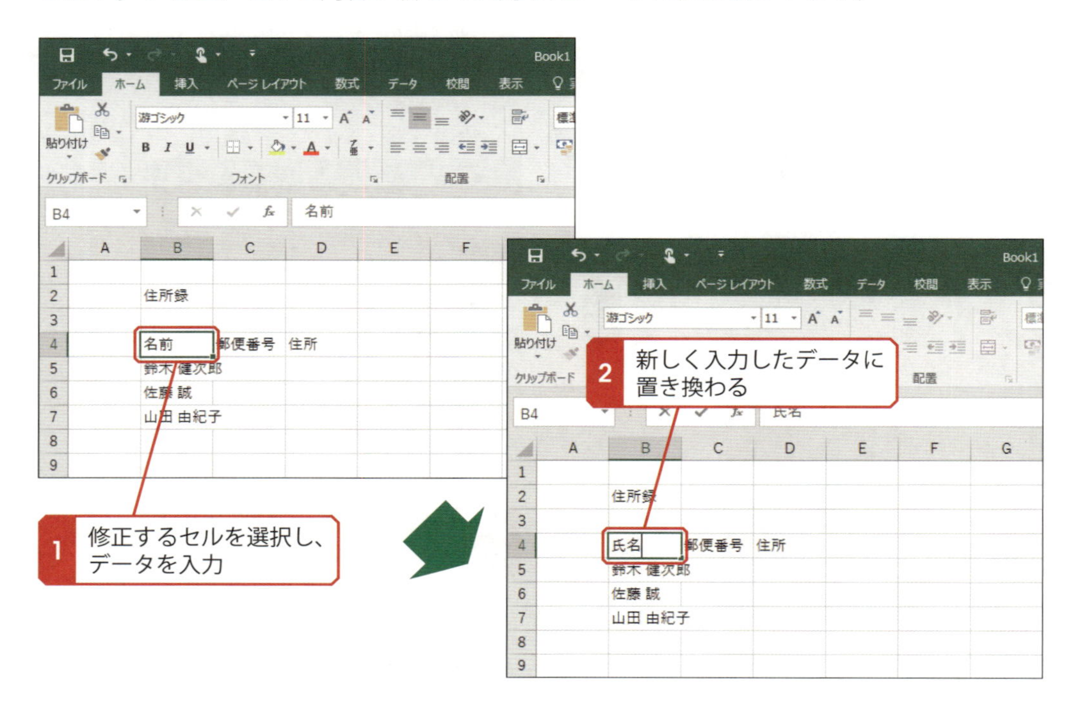

▶数式バーの利用

セルを選択すると、そのセルに入力されているデータが数式バーに表示されます。ここで文字や数値を変更してデータを修正することも可能です。この方法は、入力したデータの一部分だけを修正する場合などに活用できます。

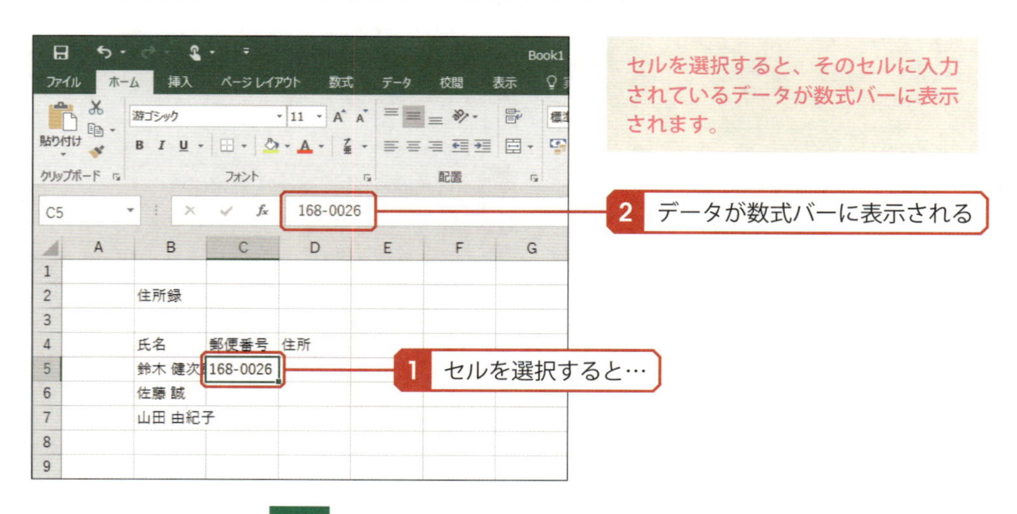

セルを選択すると、そのセルに入力されているデータが数式バーに表示されます。

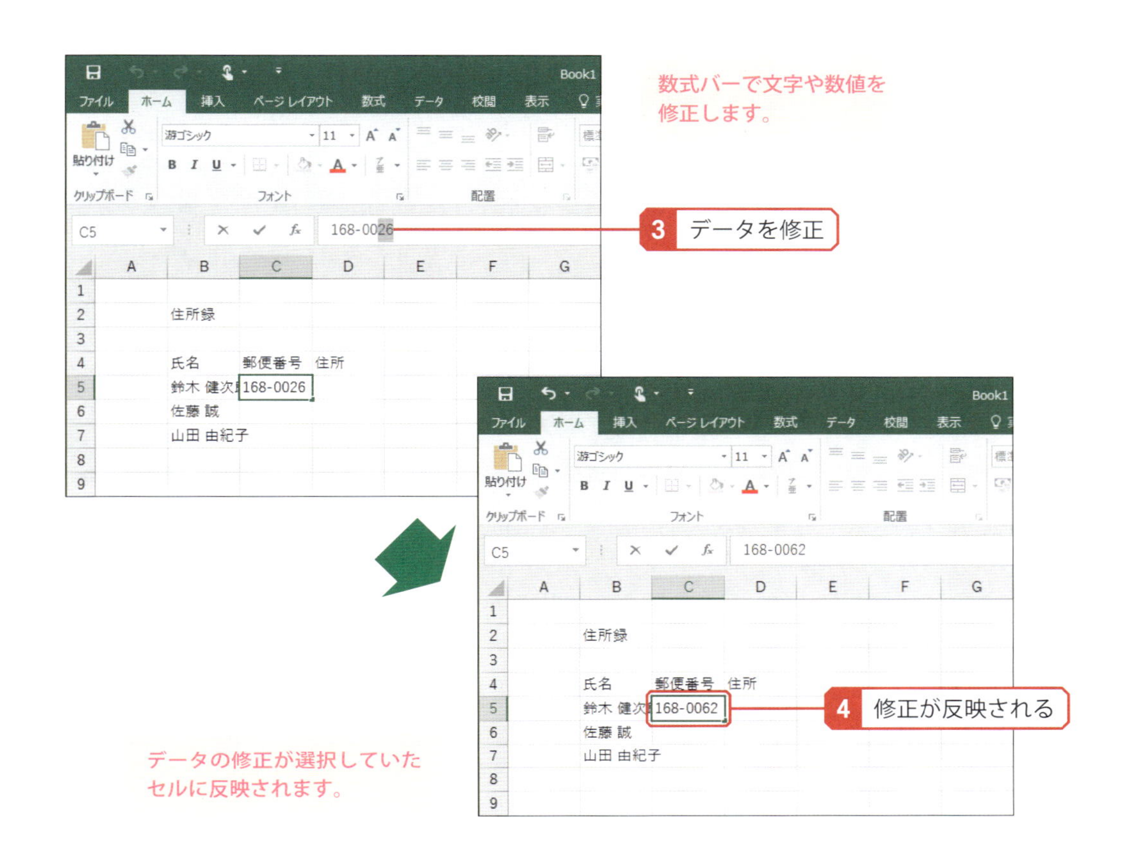

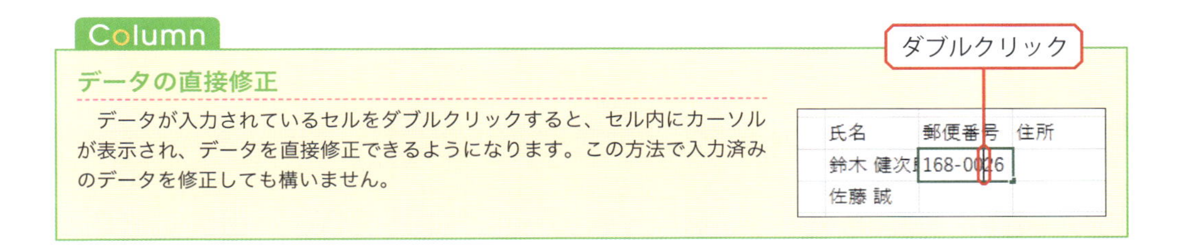

データの直接修正

データが入力されているセルをダブルクリックすると、セル内にカーソルが表示され、データを直接修正できるようになります。この方法で入力済みのデータを修正しても構いません。

データの削除

入力したデータを削除するときは、そのセルを選択し、[Delete]キーを押します。

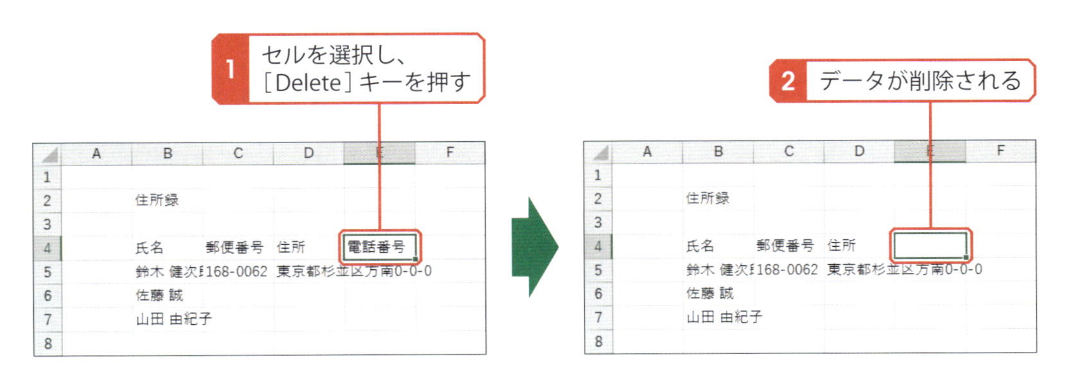

05 幅と高さの変更

ワークシートにある各列の幅は、いつでも自由に変更することができます。同様に、各行の高さを変更することも可能です。続いては、幅や高さを変更するときの操作手順を解説します。

セルの幅よりも長いデータ

セルの幅よりも長いデータを入力すると、右隣のセルにまたがってデータが表示されます。このとき、「複数のセルにデータが入力されている」と勘違いしないように注意してください。たとえば、D5セルに「東京都杉並区方南0-0-0」というデータを入力した場合、D5～F5の範囲にデータが表示されますが、実際にデータが入力されているのはD5セルだけです。E5セルやF5セルは、データが入力されていない空白のセルとなります。

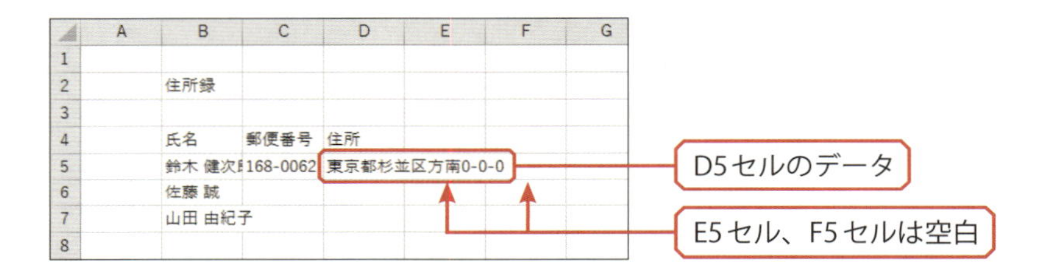

幅の変更

入力したデータが列の幅よりも長い場合は、その列の幅を適当なサイズに変更すると、ワークシートが見やすくなります。列の幅を変更するときは「A」「B」「C」…… と記された列番号を区切る線を左右にドラッグします。

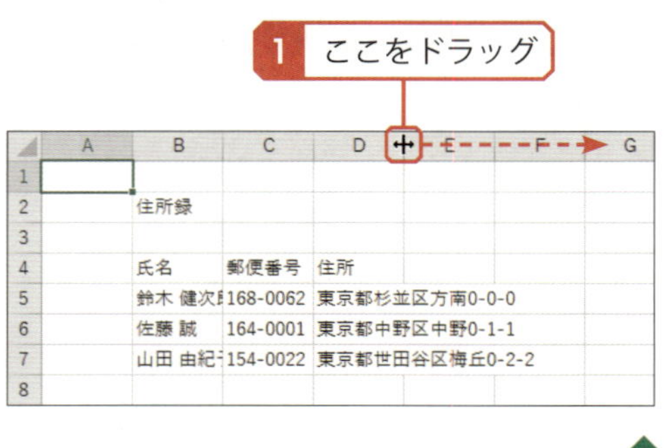

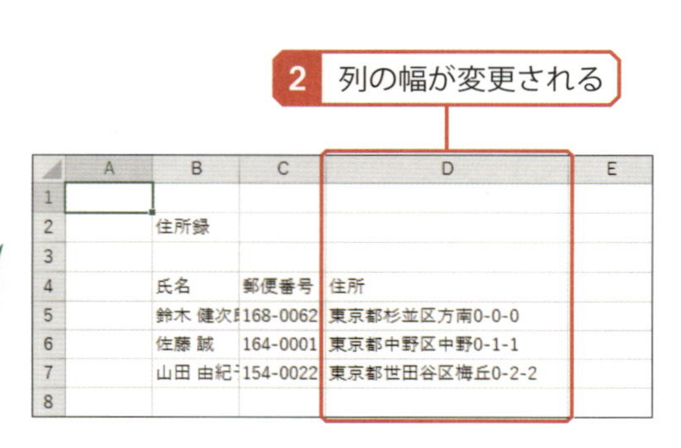

高さの変更

列の幅と同様に、行の高さを変更することも可能です。この場合は「1」「2」「3」……と記された行番号を区切る線を上下にドラッグします。

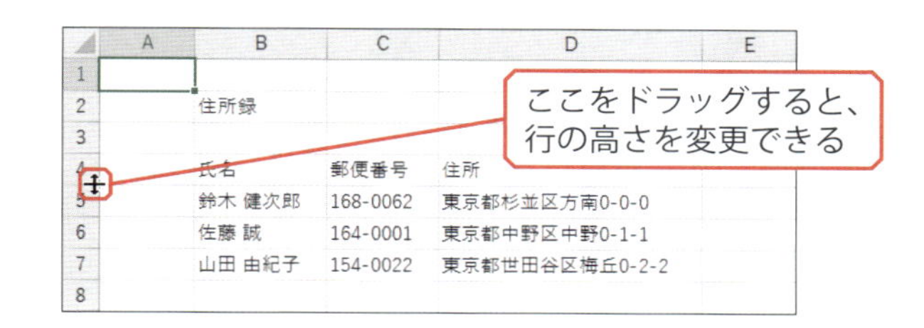

幅、高さを数値で指定

列の幅を同じサイズに揃えたい場合もあると思います。このような場合は、列の幅を数値で指定すると便利です。同様に、行の高さを数値で指定することも可能です。ここでは列の幅を数値で指定する場合を例に、その操作手順を紹介します。

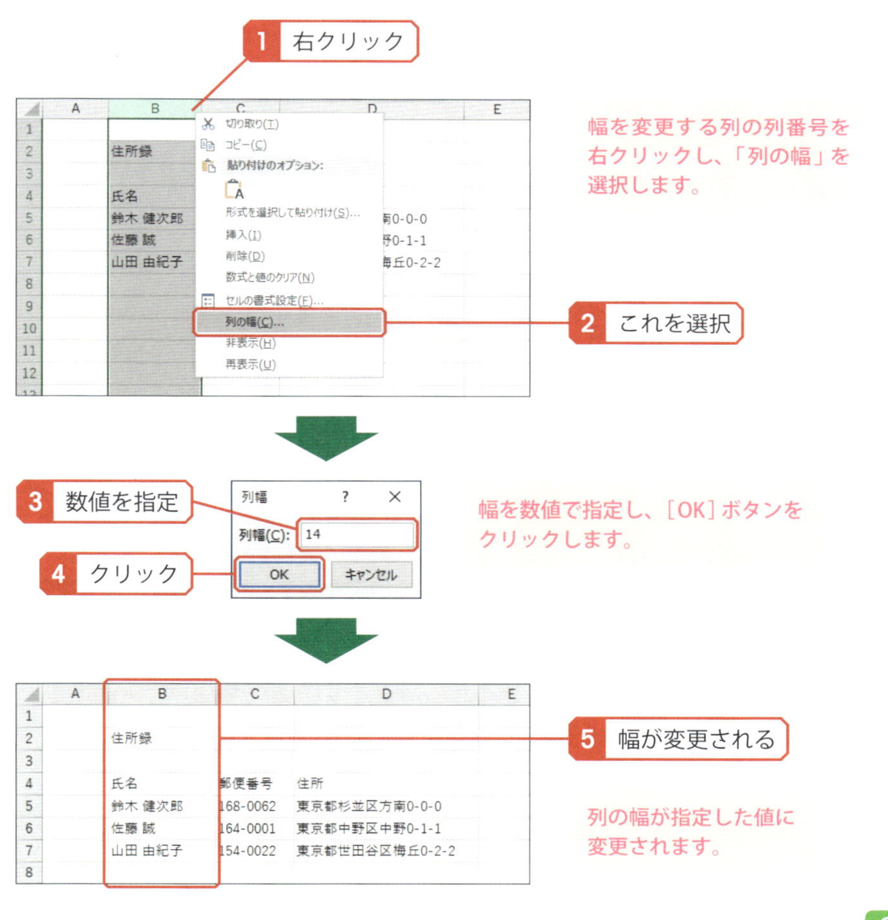

幅を変更する列の列番号を右クリックし、「列の幅」を選択します。

幅を数値で指定し、［OK］ボタンをクリックします。

列の幅が指定した値に変更されます。

Column

幅、高さの一括指定

「A」「B」「C」……の列番号上をマウスでドラッグし、複数の列を選択した状態で上記の操作を行うと、選択していた列に同じ幅を一括指定できます。同様の手順で、行の高さを一括指定することも可能です。

06 セル範囲の選択

データを入力できたら次は書式の指定を行います。このとき、複数のセルをまとめて選択した方が効率よく作業を進められる場合もあります。そこで、まずはセル範囲を選択する方法から解説します。

マウスでセル範囲を選択

複数のセルを選択するときは、ワークシート上をマウスでドラッグします。すると、それを対角線とするセル範囲をまとめて選択できます。

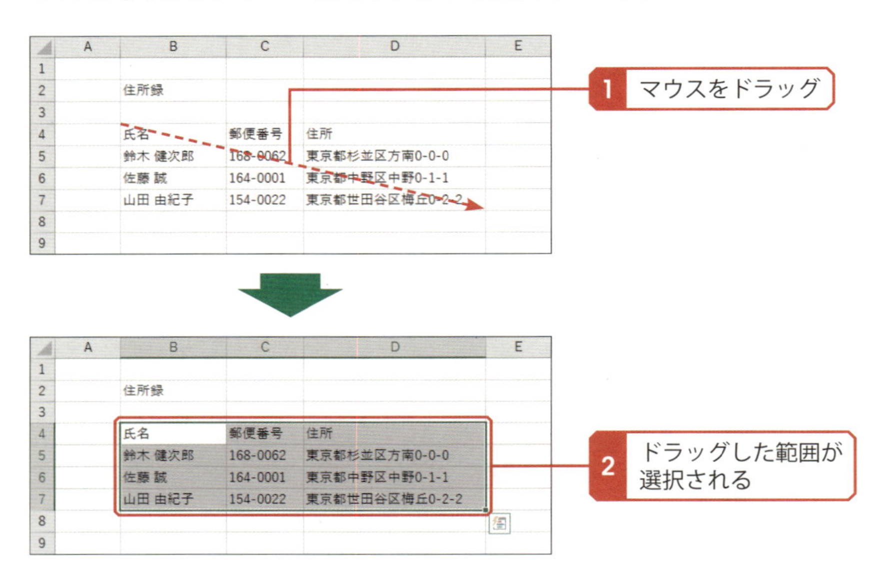

キーボードでセル範囲を選択

キーボードを使って複数のセルを選択することも可能です。この場合は［Shift］キーを押しながら上下左右の［矢印］キーを押していきます。

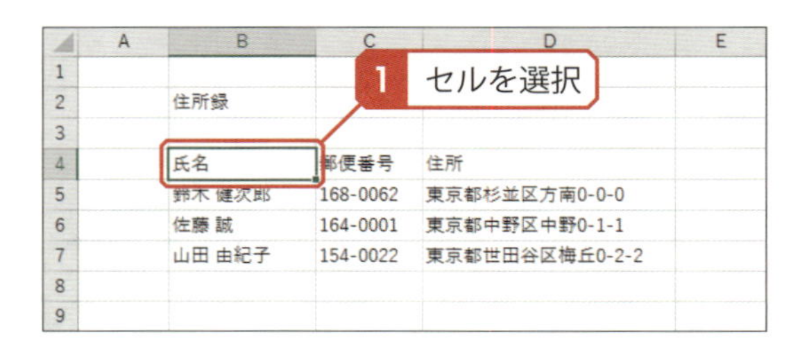

現在選択されているセルを起点に、［Shift］キーを押しながら［矢印］キーを押します。

2 ［Shift］＋［→］キーを2回押すと…

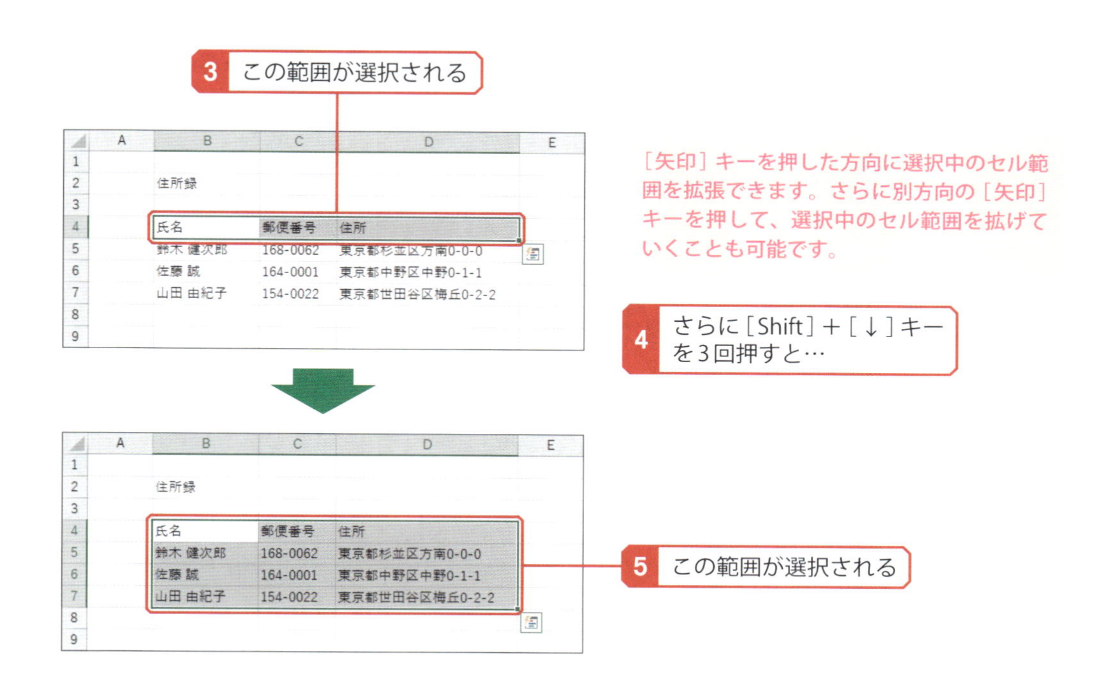

［矢印］キーを押した方向に選択中のセル範囲を拡張できます。さらに別方向の［矢印］キーを押して、選択中のセル範囲を拡げていくことも可能です。

行、列の選択

画面の左端に並ぶ「1」「2」「3」……の行番号をクリックすると、その行全体を選択できます。同様に「A」「B」「C」……の列番号をクリックすると、その列全体を選択できます。また、これらの上をドラッグして複数の行や列を選択することも可能です。

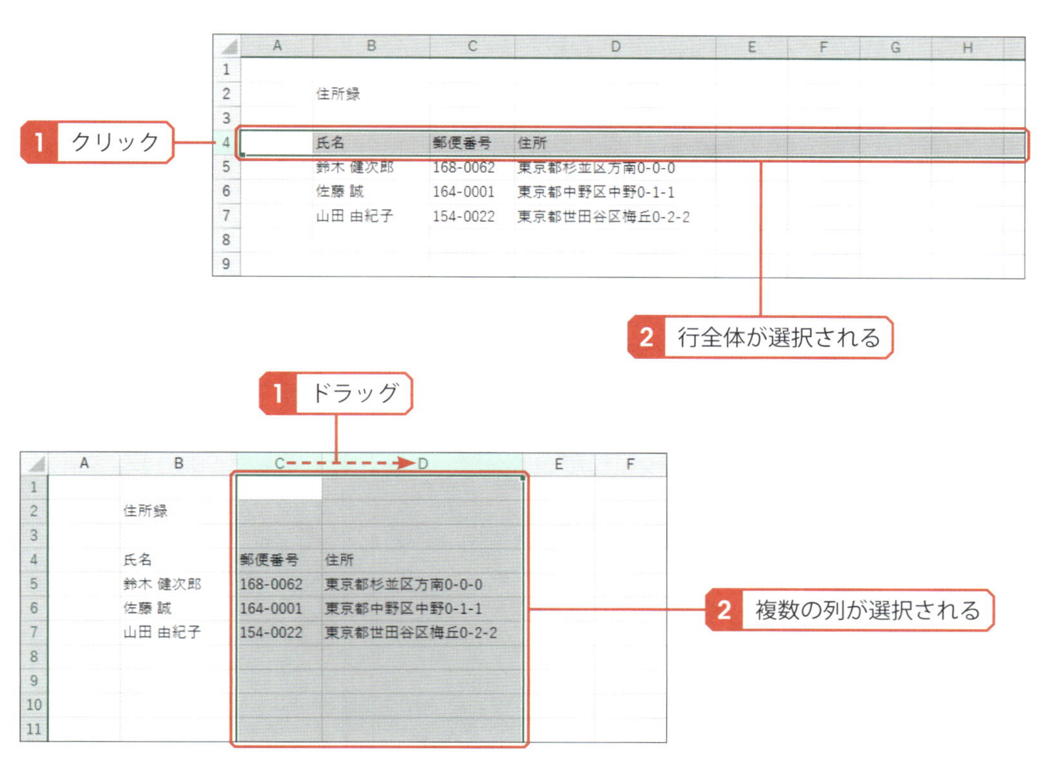

07 文字の書式

セルに入力した文字データや数値データに対して、フォントや文字サイズなどの書式を指定することも可能です。続いては、文字の書式を指定するときの操作手順を解説します。

書式の指定手順

まずは、書式を指定するときの基本的な操作手順を解説します。「Excel」では、セル（またはセル範囲）を選択した状態で［ホーム］タブのリボンを使って書式を指定します。

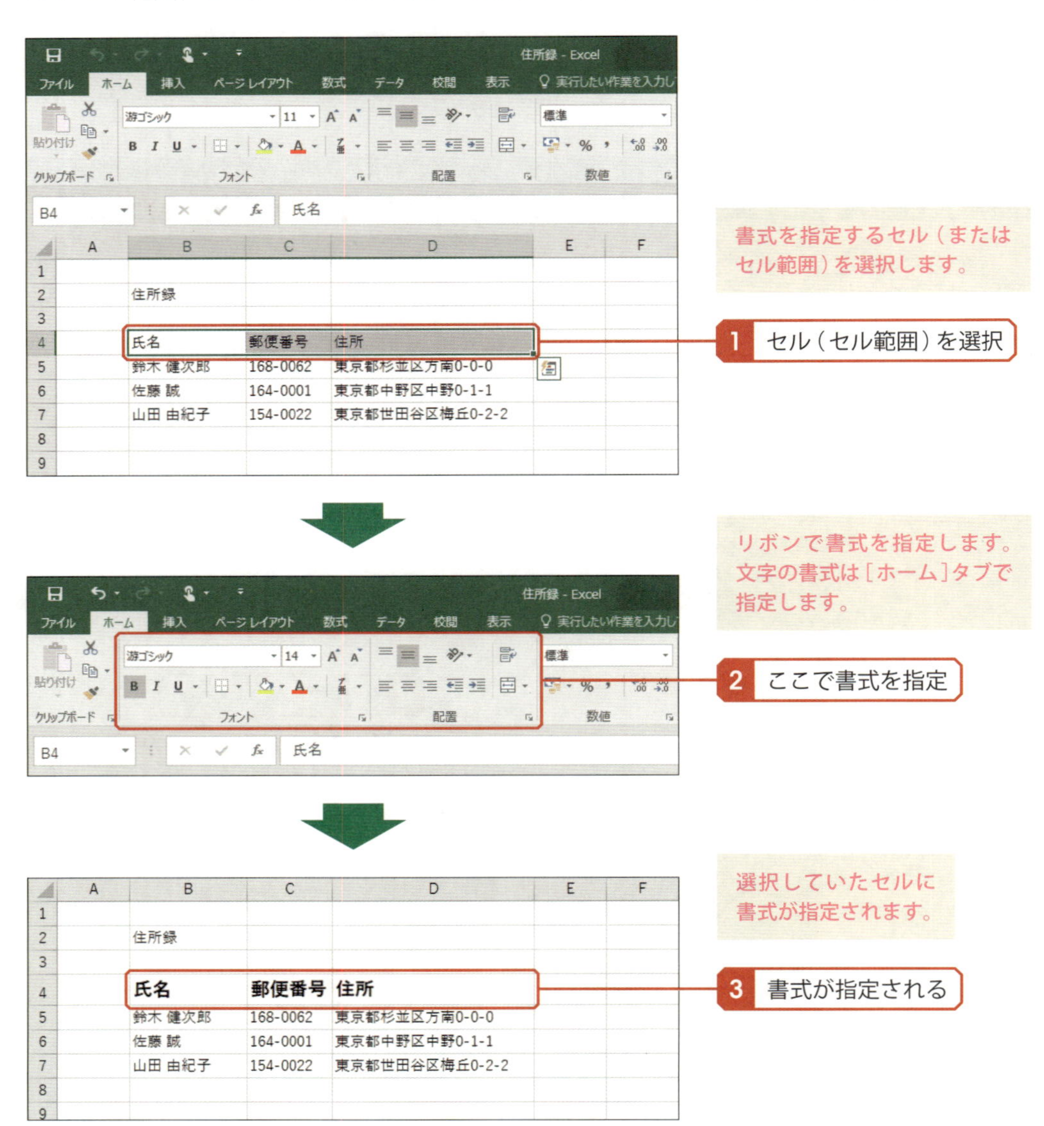

フォントの指定

それでは、文字の書式を指定する方法を解説していきましょう。文字のフォントを変更するときは、「フォント」の▾をクリックし、一覧からフォントを選択します。

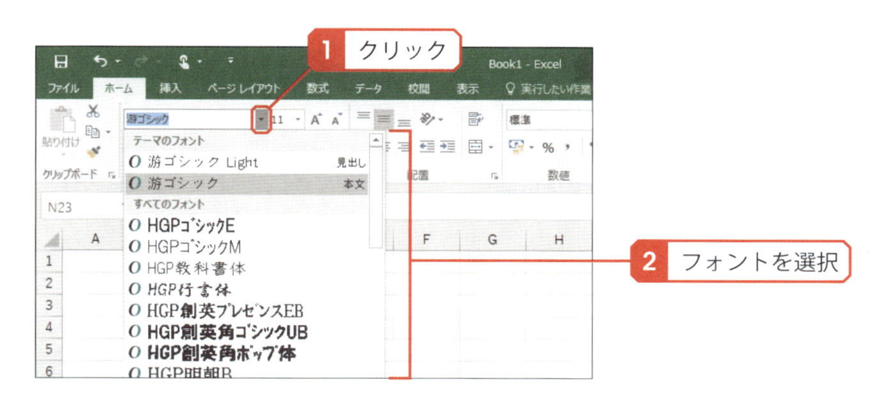

■代表的なフォント

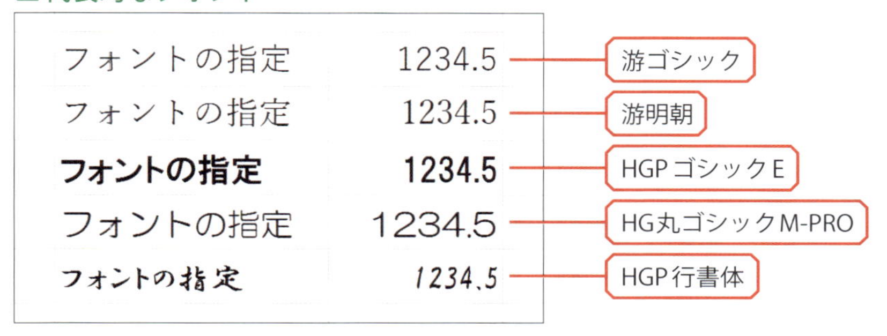

文字サイズの指定

文字サイズを変更するときは、「フォント サイズ」の▾をクリックし、文字サイズを選択します。また、このボックス内に数値を直接入力して文字サイズを指定することも可能です（0.5ポイント単位）。

■文字サイズの例

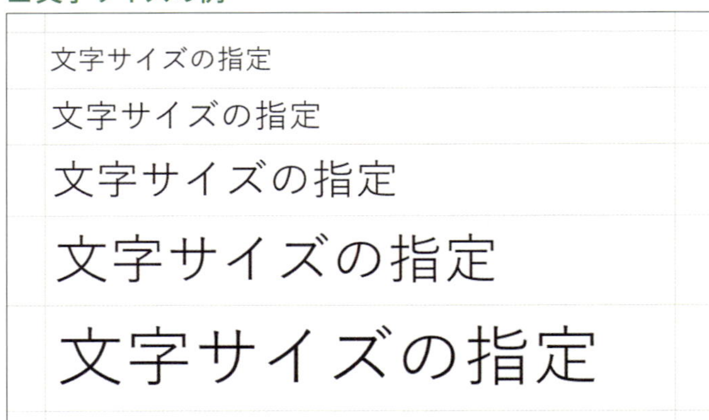

セルの高さより大きい文字サイズを指定した場合は、その行の高さが文字サイズに応じて自動的に大きくなります。

文字色の指定

文字色を指定するときは、A（フォントの色）の▾をクリックし、一覧から色を選択します。この一覧に表示される色はテーマや配色（P334～336参照）に応じて変化します。一覧に希望する色が表示されなかった場合は、「その他の色」を選択すると自由に色を指定できます。

■「色の設定」ウィンドウ

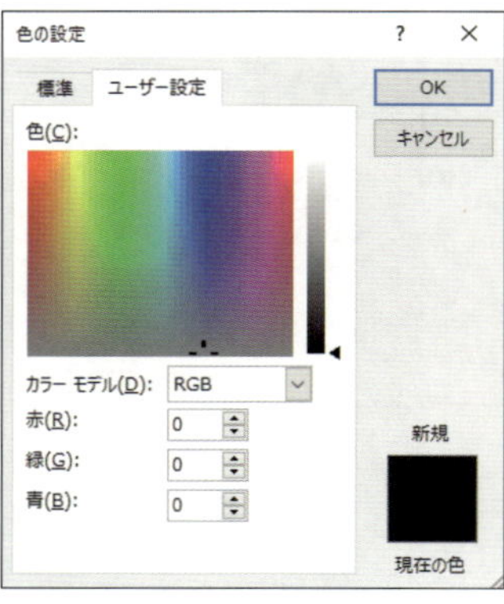

「その他の色」を選択すると、このような画面が表示されます。自由に色を指定したい場合は、［ユーザー設定］タブで色を指定します。

▶ 太字、斜体、下線の指定

文字を太字や斜体にしたり、文字に下線を引いたりすることも可能です。これらの書式は以下のアイコンで指定します。アイコンをクリックするごとに、各書式の有効／無効が切り替わります。

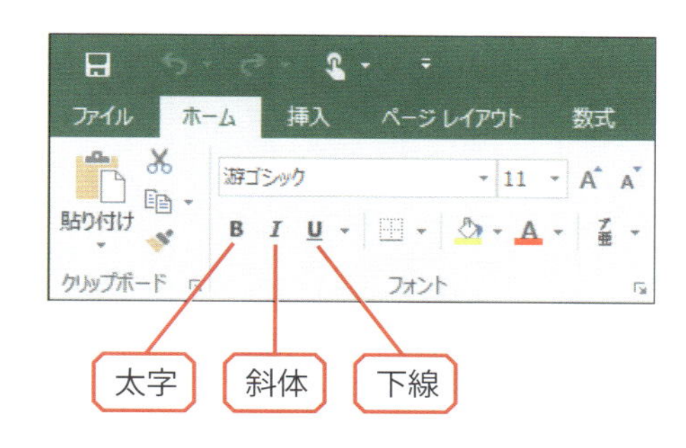

■太字、斜体、下線の例

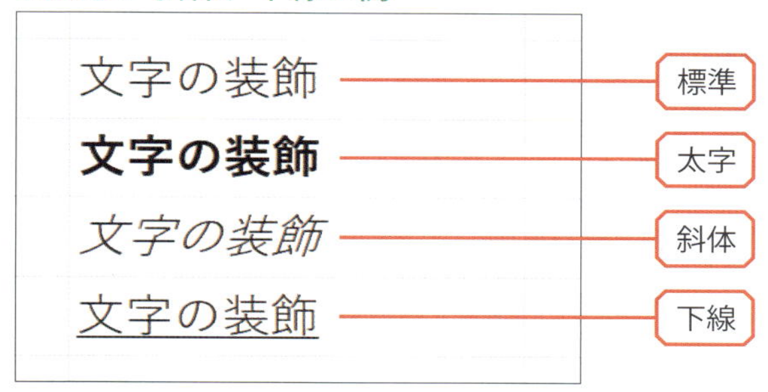

下線に「二重下線」を指定することも可能です。この場合は、U（下線）の▾をクリックして「二重下線」を選択します。

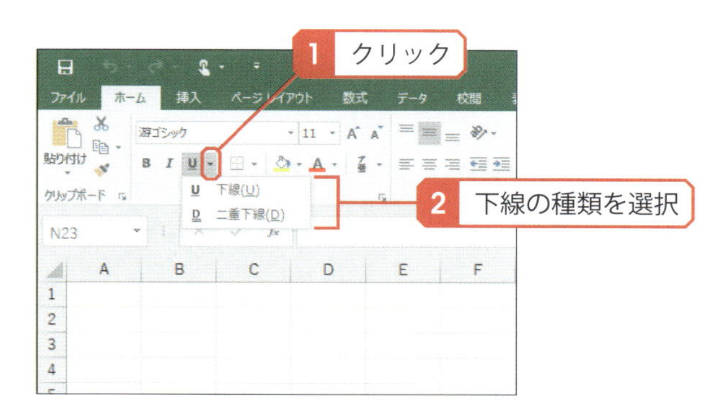

▶ 文字単位で書式を指定

文字の書式はセル単位で指定するのが基本ですが、フォント、文字サイズ、文字色、太字／斜体／下線といった書式を文字単位で指定することも不可能ではありません。同じセル内で文字ごとに書式を変更する場合は、次ページのように操作します。

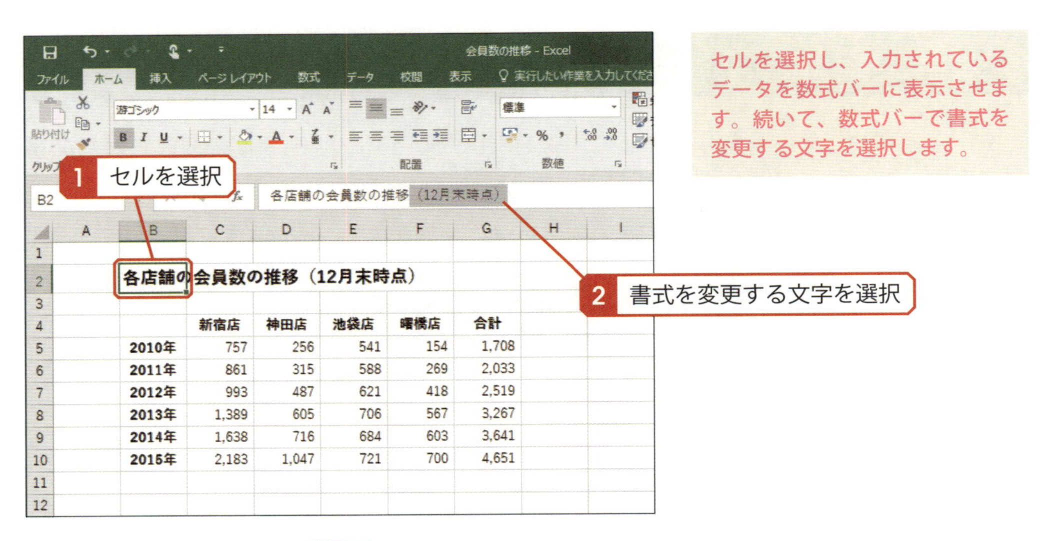

セルを選択し、入力されているデータを数式バーに表示させます。続いて、数式バーで書式を変更する文字を選択します。

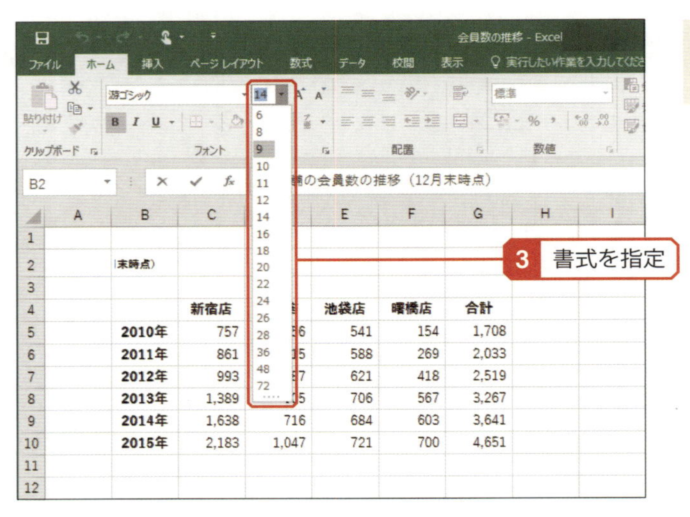

［ホーム］タブにある「フォント」の領域で書式を指定します。

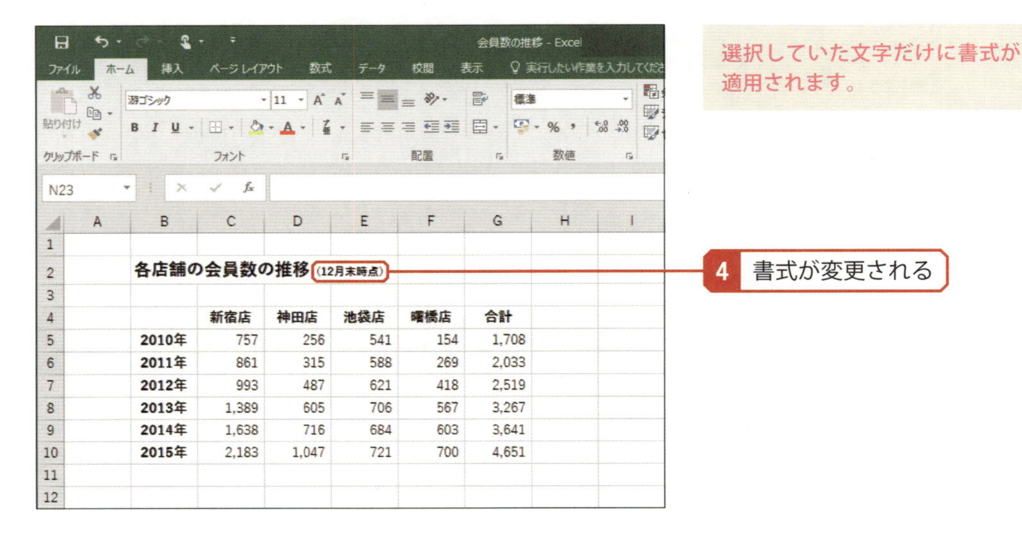

選択していた文字だけに書式が適用されます。

配置の指定

セルに入力したデータは、文字は「左揃え」、数値は「右揃え」で配置される仕組みになっています。これを他の配置に変更することも可能です。配置は以下の6つのボタンで指定します。なお、この書式はセル単位で指定する書式となるため、文字ごとに配置を指定することはできません。

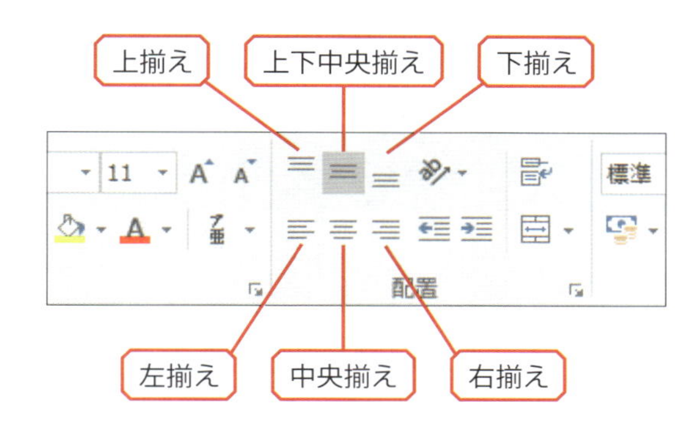

■文字サイズの例

Column

左右の配置を初期設定に戻す

横方向の配置には「指定なし」が初期設定されています。この場合、入力したデータの種類に応じて、文字は「左揃え」、数値は「右揃え」でデータが配置されます。なお、左右の配置を自分で指定した後、配置を「指定なし」の状態に戻すときは、以下のように操作します。

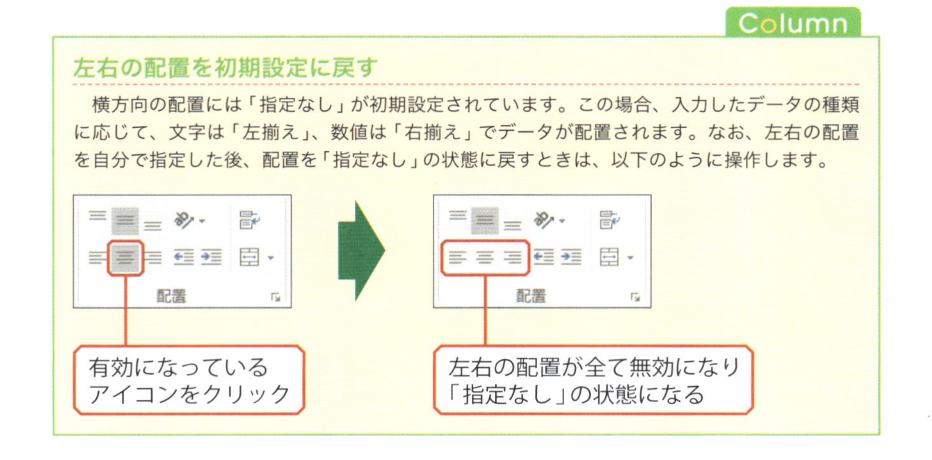

08 背景色と罫線

見やすい表を作成するには、文字の書式だけでなく、セルの背景色（塗りつぶしの色）や罫線を指定しておく必要があります。続いては、セルの背景色と罫線を指定する方法を解説します。

背景色の指定

［ホーム］タブには、セルに背景色を指定できる（塗りつぶしの色）が用意されています。見やすい表を作成できるように、見出しとなるセルなどに背景色を指定しておくとよいでしょう。セルの背景色は以下の手順で指定します。

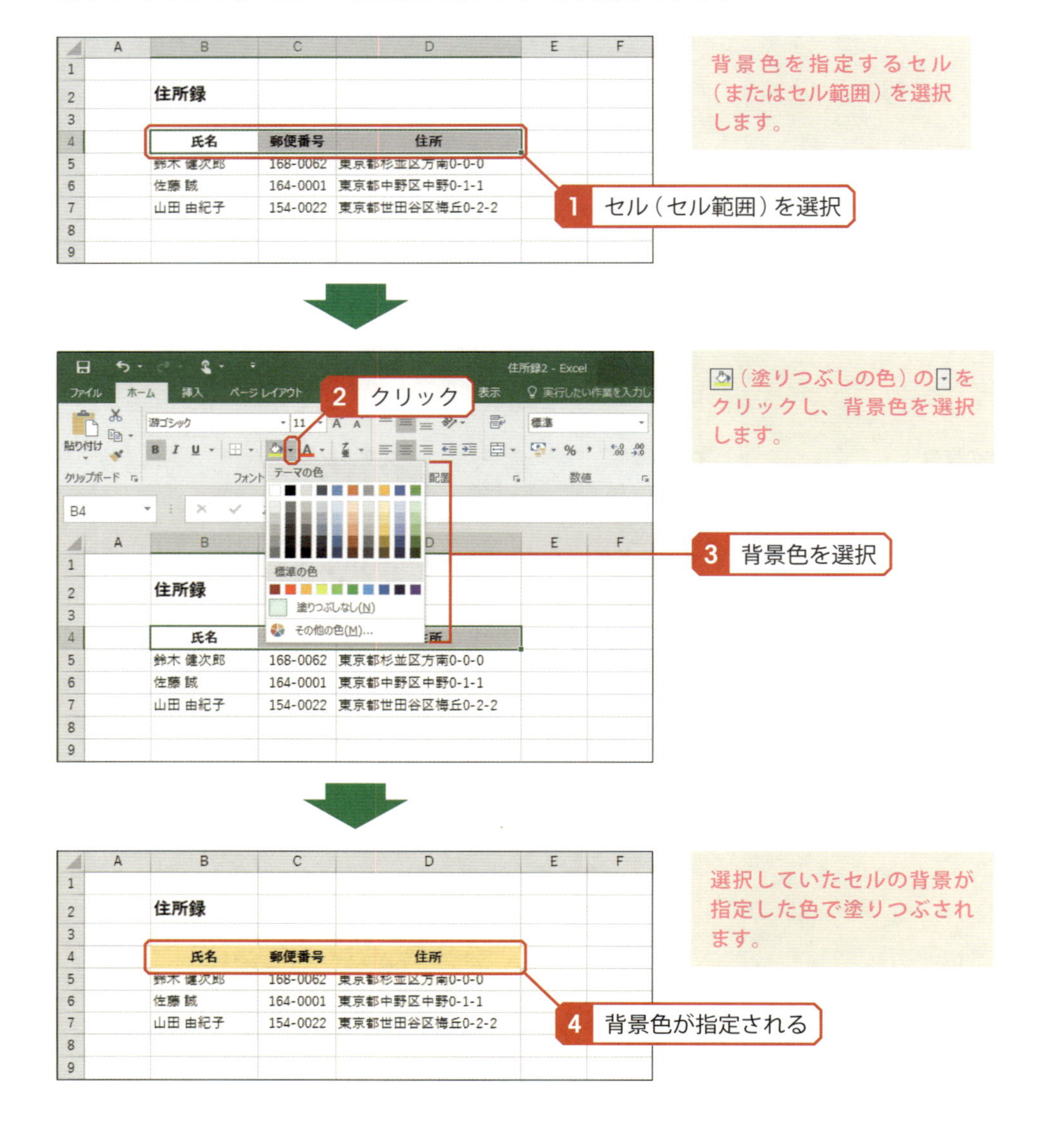

背景色を指定するセル（またはセル範囲）を選択します。

（塗りつぶしの色）のを クリックし、背景色を選択します。

選択していたセルの背景が指定した色で塗りつぶされます。

罫線の指定

セルの周囲に罫線を指定すると、さらに表を見やすくできます。セルの罫線は（罫線）のをクリックすると指定できます。

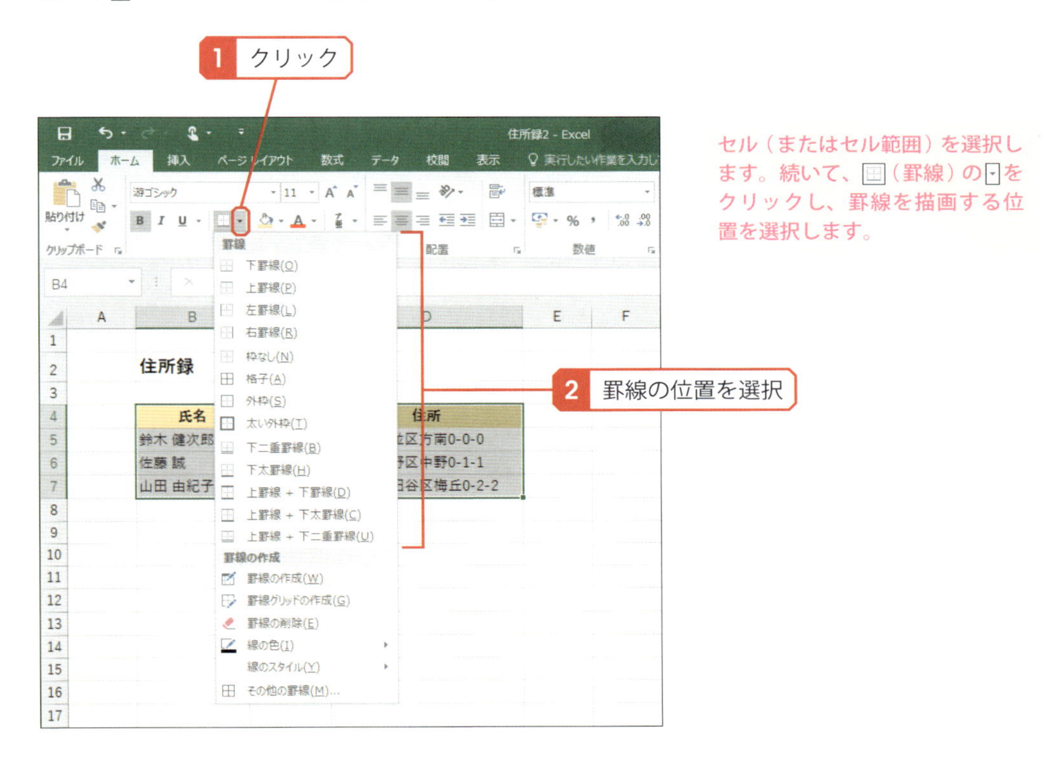

セル（またはセル範囲）を選択します。続いて、（罫線）のをクリックし、罫線を描画する位置を選択します。

以下に、表の罫線を指定するときの具体的な手順を紹介しておきます。罫線を指定するときの参考としてください。

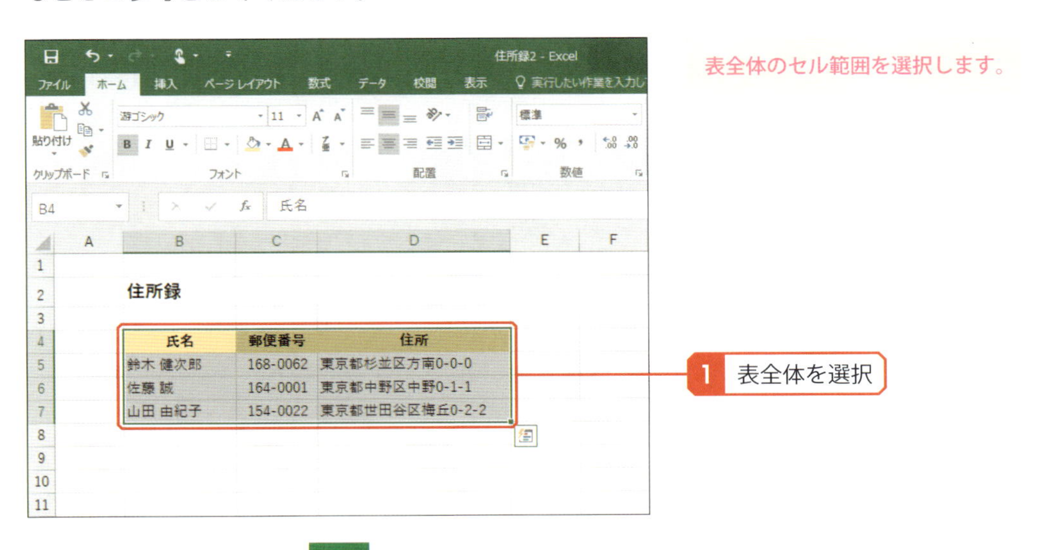

表全体のセル範囲を選択します。

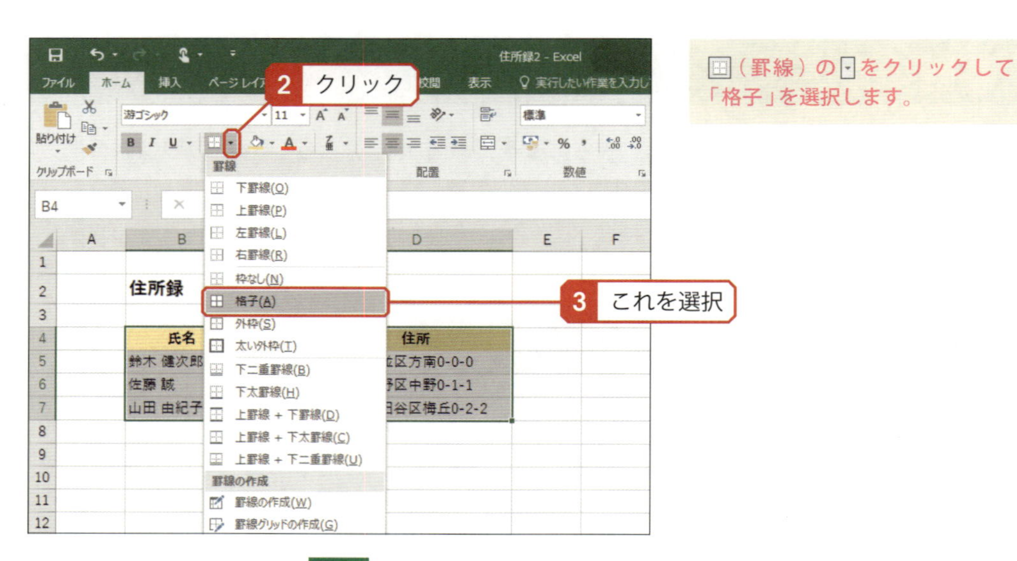

田（罫線）の▼をクリックして「格子」を選択します。

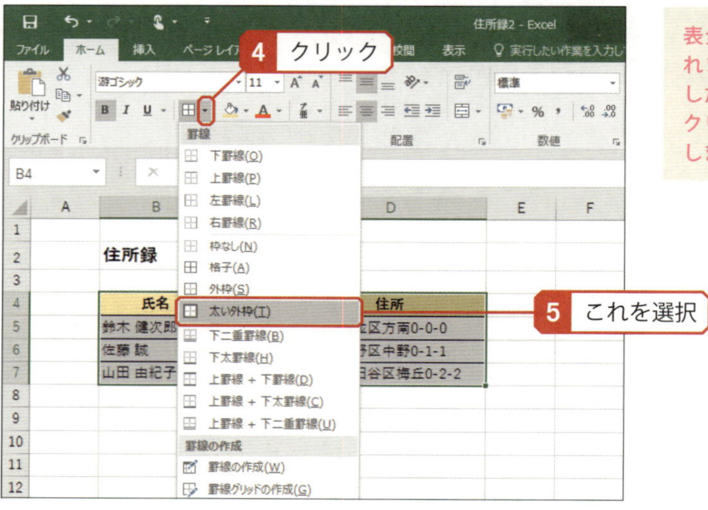

表全体に格子状の罫線が描画されます。続いて、表全体を選択した状態のまま田（罫線）の▼をクリックして「太い外枠」を選択します。

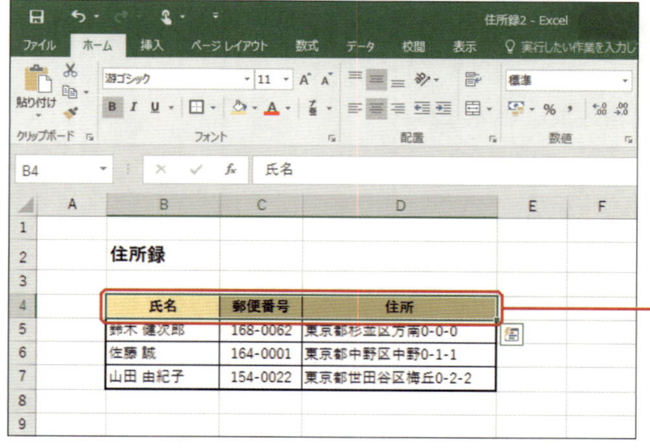

表全体の外枠が太線に変更されます。次は、見出しの下罫線を太線に変更します。見出しのセル範囲を選択します。

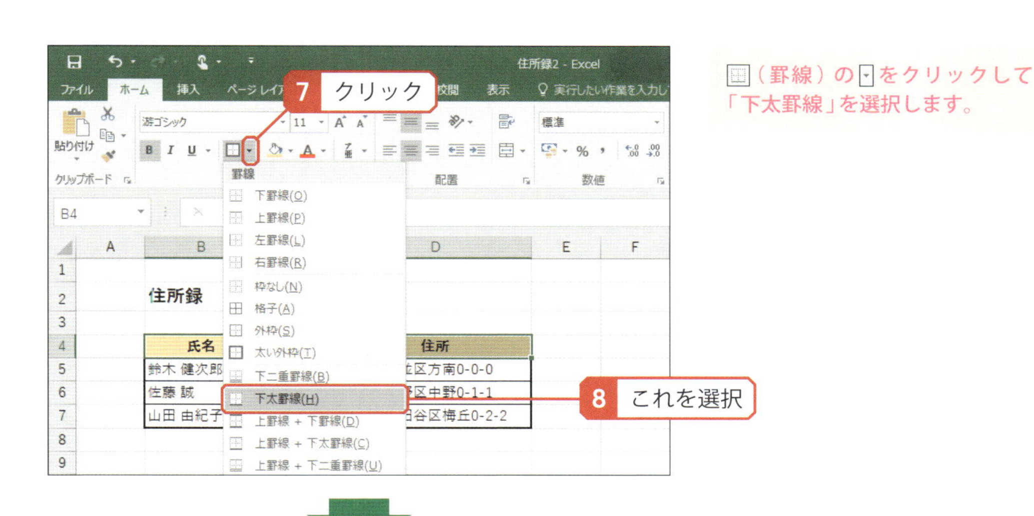

(罫線)のをクリックして「下太罫線」を選択します。

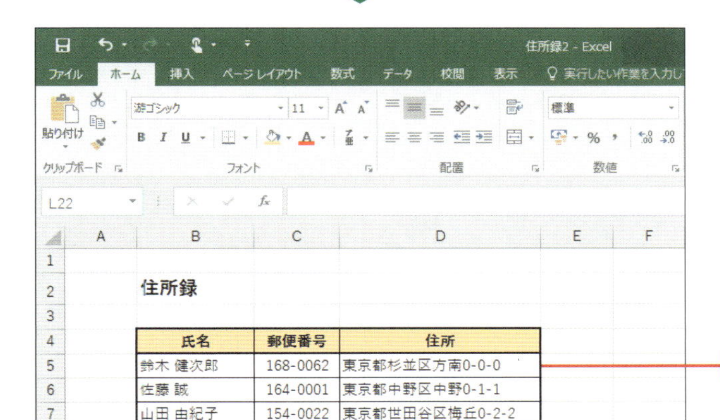

以上で罫線の指定は完了です。ここで示した手順で操作すると、左図のような罫線を指定できます。

▶ 色や線種を指定した罫線

(罫線)には、罫線の色や線種を指定する項目も用意されています。

罫線の色は「線の色」で指定します。

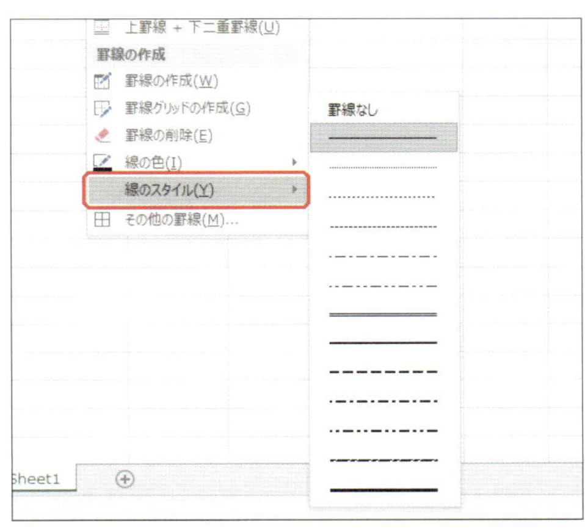

罫線の線種は「線のスタイル」で指定します。

「線の色」や「線のスタイル」を変更すると、ポインタの形状が に変化します。この状態でセルを区切る線上をなぞるようにドラッグすると、指定した色、線種の罫線を描画できます。

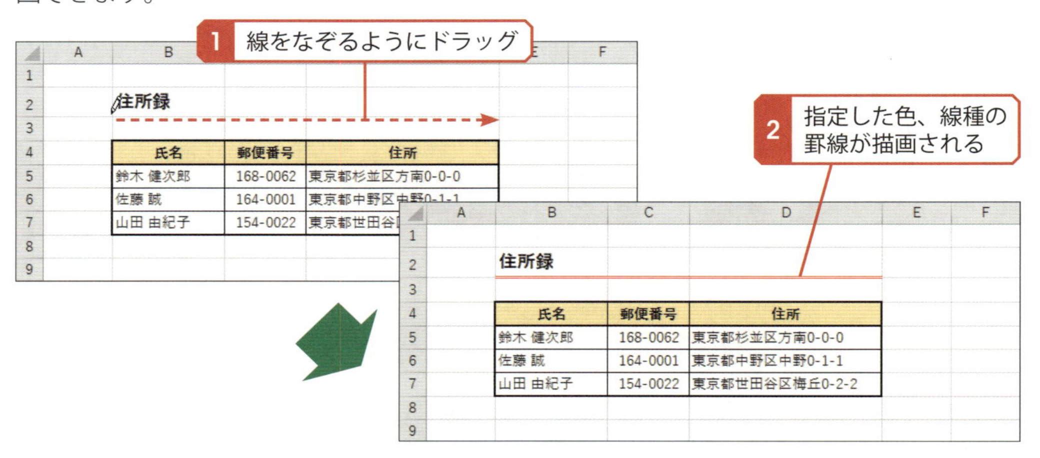

また、マウスを斜めにドラッグして、セル範囲の外枠を罫線で囲むことも可能です。

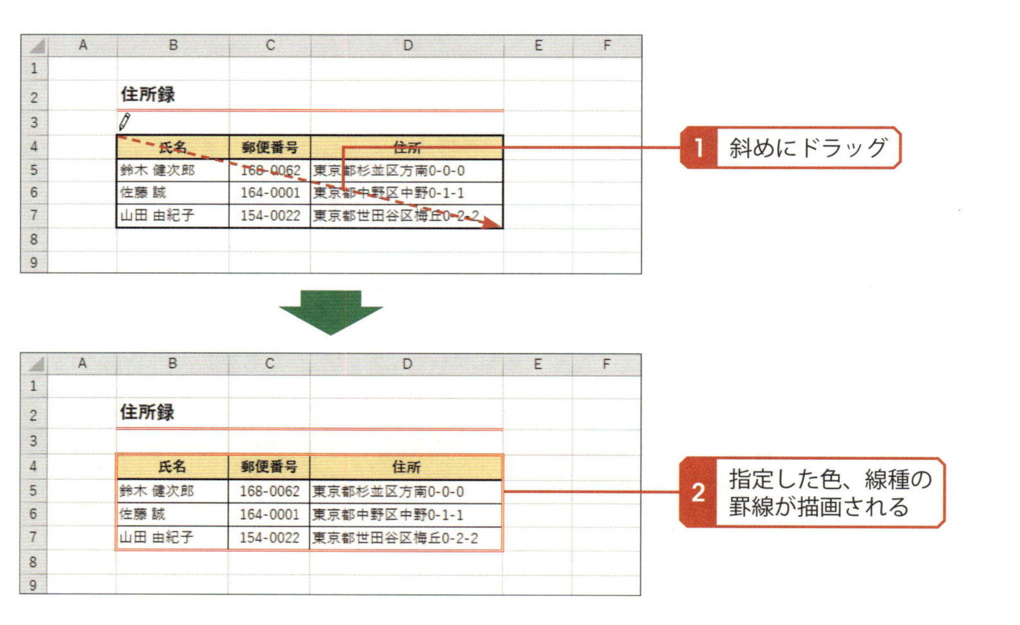

罫線の描画を終了するときは、キーボードの［Esc］キーを押します。すると、ポインタの形状が から通常の状態に戻ります。

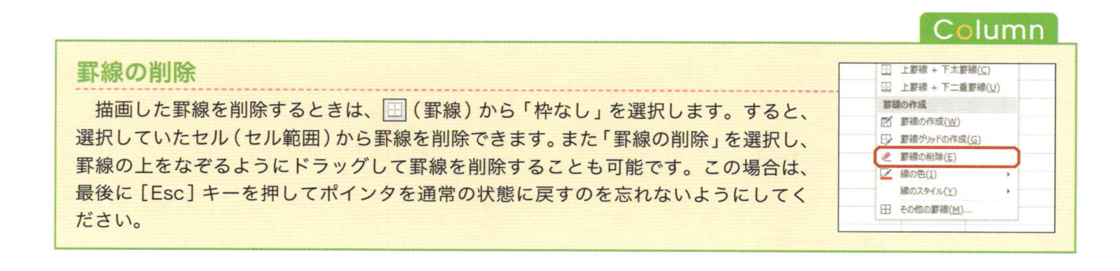

Column

罫線の削除

描画した罫線を削除するときは、（罫線）から「枠なし」を選択します。すると、選択していたセル（セル範囲）から罫線を削除できます。また「罫線の削除」を選択し、罫線の上をなぞるようにドラッグして罫線を削除することも可能です。この場合は、最後に［Esc］キーを押してポインタを通常の状態に戻すのを忘れないようにしてください。

09 表示形式

表示形式は、各セルのデータを「どのように表示するか？」を指定する書式で、小数点以下を含む数値を四捨五入して表示する場合などに活用できます。続いては、セルの表示形式について解説します。

「標準」の表示形式

セルに「12.00」という数値を入力すると、小数点以下が自動的に省略され、画面には「12」だけが表示されます。このような結果になるのは、セルの表示形式に「標準」が指定されていることが原因です。「標準」の表示形式では、小数点以下の不要な0が省略されて表示される仕組みになっています。

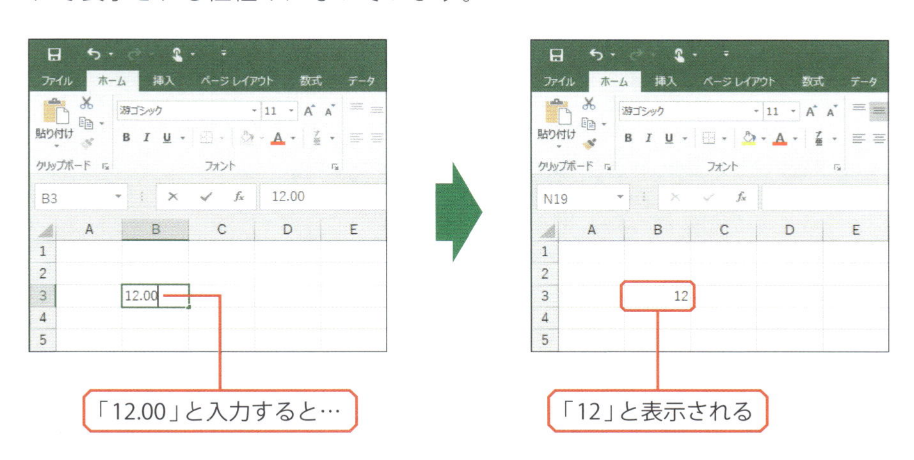

とはいえ、小数点の位置を揃えて表示したい場合もあると思います。このような場合は、セルの表示形式を自分で指定しなければいけません。

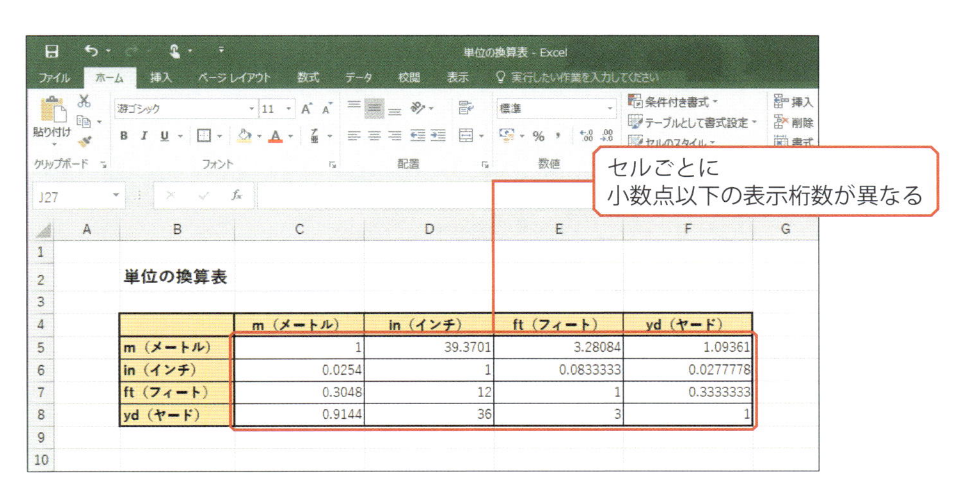

単位の換算表

	m（メートル）	in（インチ）	ft（フィート）	yd（ヤード）
m（メートル）	1	39.3701	3.28084	1.09361
in（インチ）	0.0254	1	0.0833333	0.0277778
ft（フィート）	0.3048	12	1	0.3333333
yd（ヤード）	0.9144	36	3	1

▶ 小数点以下の桁数の指定

小数点以下の桁数を揃えるときは、［ホーム］タブにある（小数点以下の表示桁数を増やす）や（小数点以下の表示桁数を減らす）を利用します。たとえば、前ページの表で小数点以下の桁数を揃えたいときは以下のように操作します。

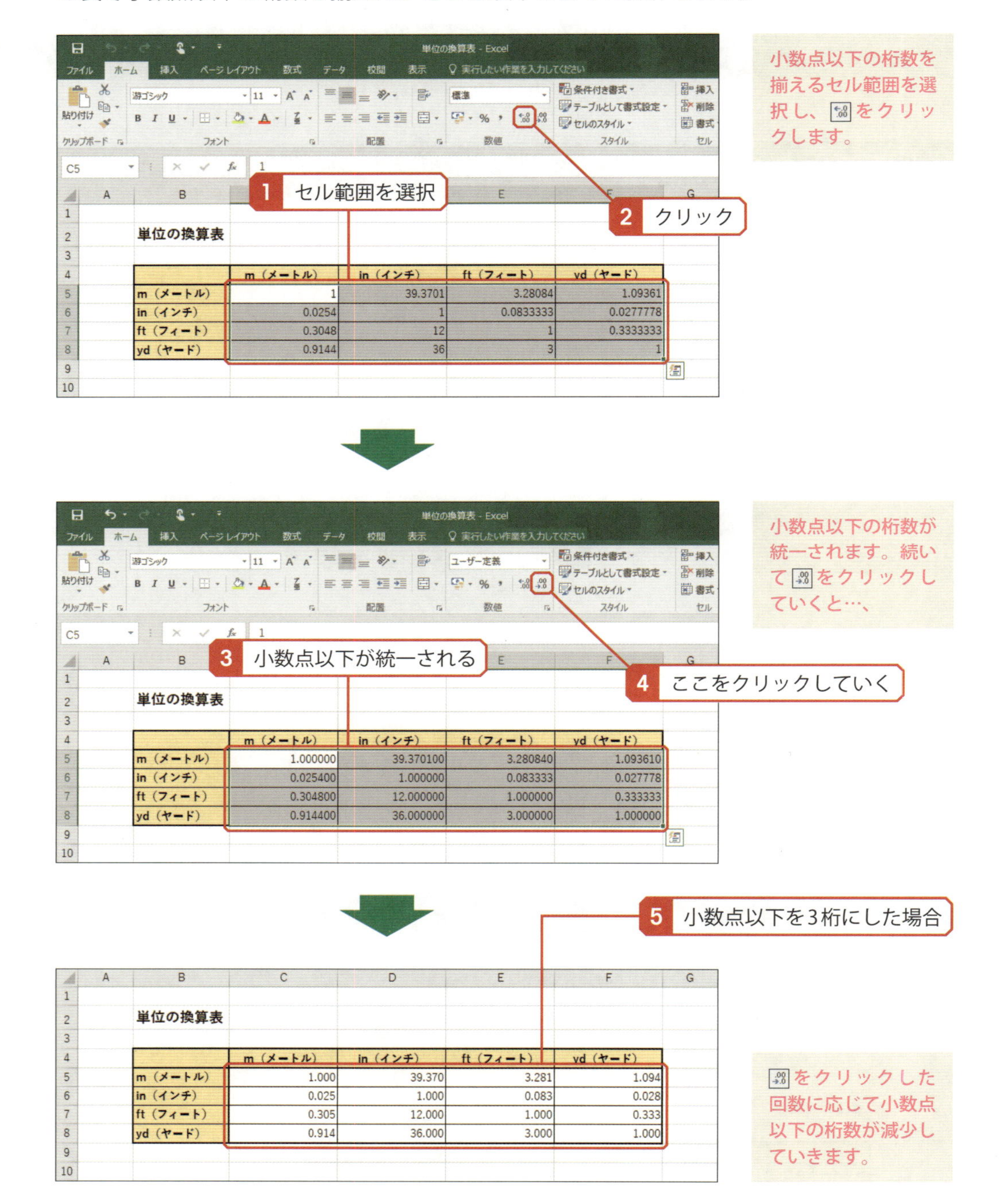

このように、各セルに表示する小数点以下の桁数はとのアイコンで自由に増減できます。小数点以下の表示桁数を調整する方法として覚えておいてください。

表示桁数と実際の数値

前ページの例からも分かるように、小数点以下の桁数を指定すると、その次の桁で四捨五入した結果が画面に表示されます。たとえば「3.141592」を小数点以下4桁で表示すると「3.1416」と表示されます。ただし、実際の数値データは四捨五入されないことに注意してください。あくまで画面上の表示が四捨五入されるだけです。小数点以下を6桁の表示に戻すと、再び「3.141592」と表示されるのを確認できます。なお、各セルに実際に入力されている数値は、数式バーを見ると確認できます。

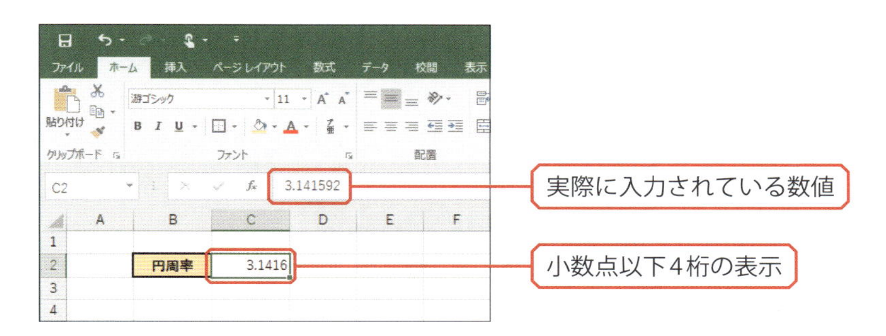

桁区切りの指定

続いては、桁数が多い数値の表示形式について解説します。桁数が多い数値は3桁ごとに「,」（カンマ）で区切って表示すると見やすくなります。これを「Excel」で実現するときは、[,]（桁区切りスタイル）をクリックします。この場合は、選択していたセルの表示形式が「通貨」に変更されます。

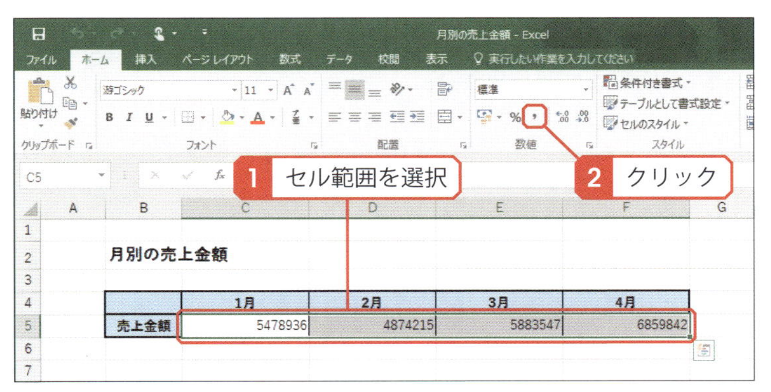

桁区切りを表示するセル範囲を選択し、[,]をクリックします。

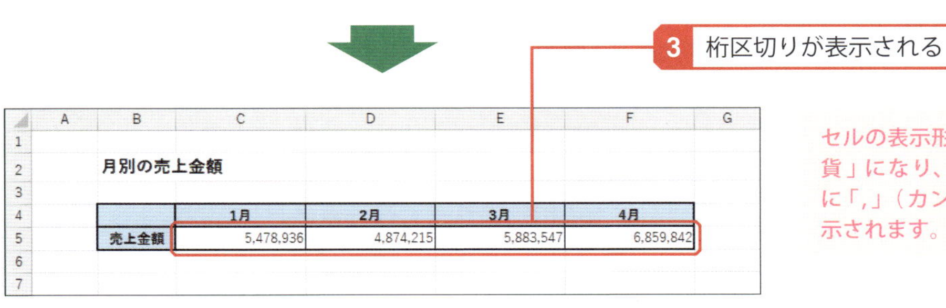

セルの表示形式が「通貨」になり、3桁ごとに「,」（カンマ）が表示されます。

[,]をクリックした直後は、小数点以下の表示桁数が0桁に変更されます。小数点以下の表示が必要な場合は、[.00]や[.0]で表示桁数を調整してください。

▶ 通貨とパーセント

［ホーム］タブには、数値の前に「¥」や「$」などの通貨記号を表示したり、数値をパーセントで表示したりするアイコンも用意されています。

■通貨表示形式

数値の前に「¥」の記号を表示する場合は、[通貨]（通貨表示形式）をクリックします。すると、選択していたセルの表示形式が「通貨」になり、桁区切りが表示されます。

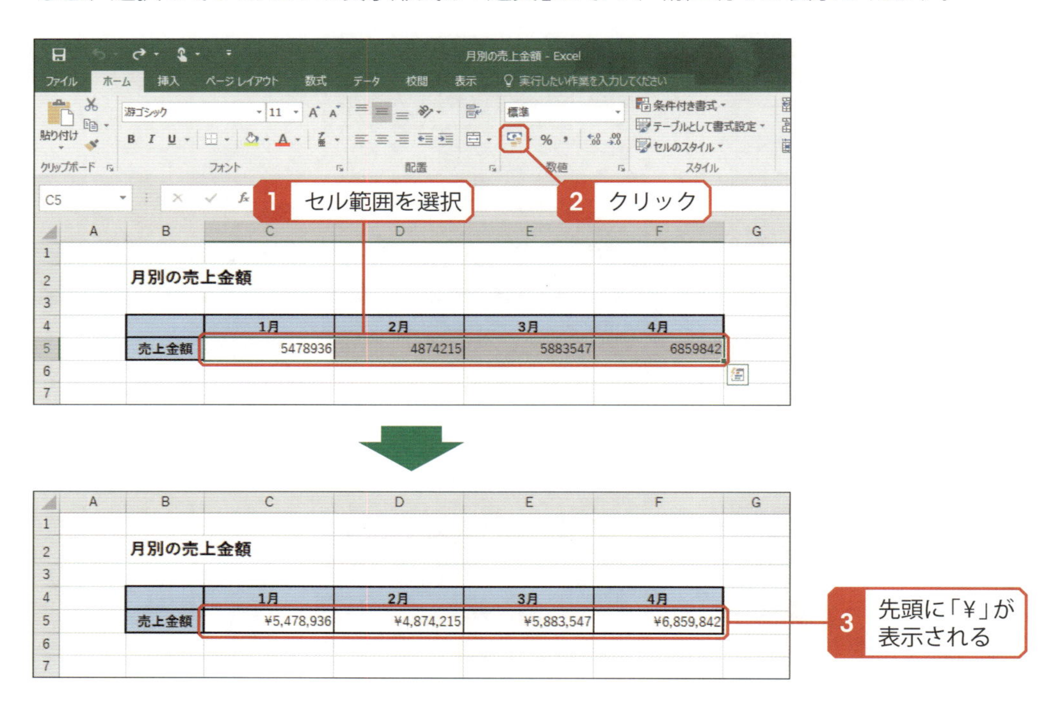

また、[通貨]の[▾]をクリックし、「$」などの通貨記号を表示することも可能です。この場合は、少数点以下の表示桁数が自動的に2桁になります。小数点以下の表示が不要な場合は[.0]で桁数を調整してください。

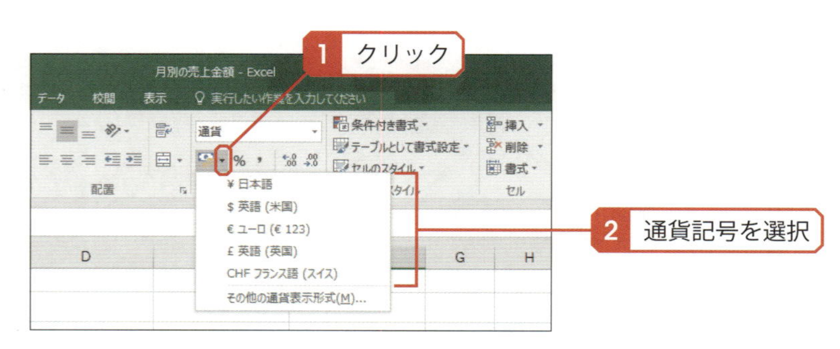

■パーセント スタイル

数値をパーセントで表示したい場合は、%（パーセント スタイル）をクリックします。すると、選択していたセルの表示形式が「パーセンテージ」になり、小数点以下0桁の百分率で数値が表示されます。小数点以下の表示が必要な場合は で桁数を調整してください。

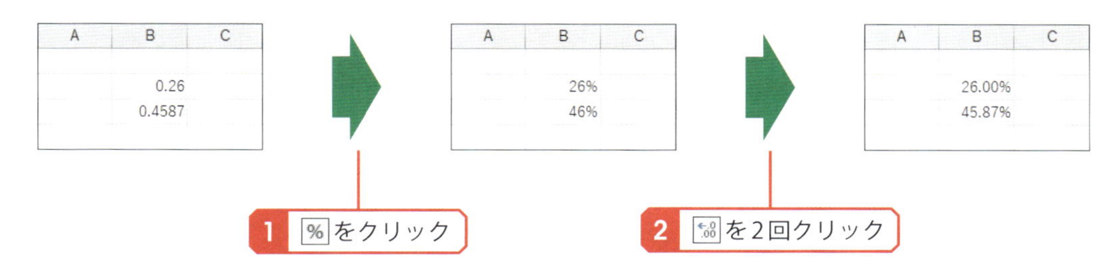

「セルの書式設定」で表示形式を指定

ほかにも「日付」や「時刻」などの表示形式が用意されています。これらの表示形式を指定する場合や、表示形式を細かく指定したい場合は、「セルの書式設定」の［表示形式］タブを利用します。この画面は以下のように操作すると表示できます。

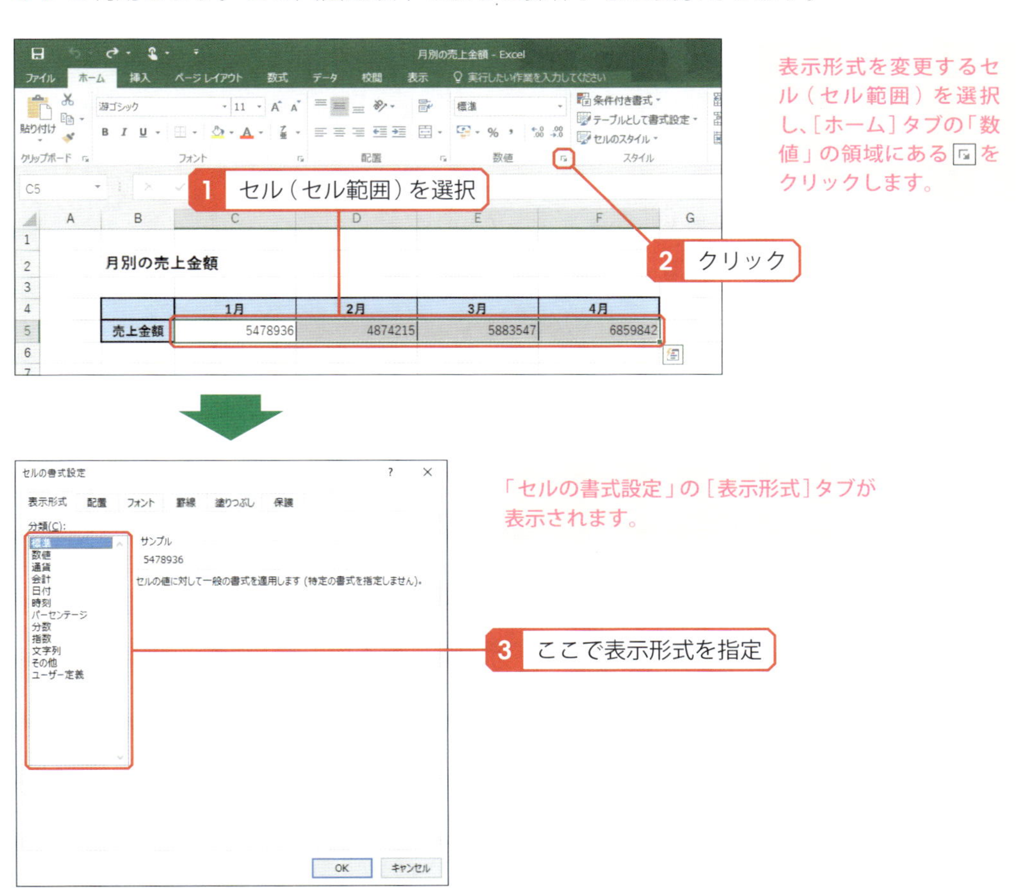

表示形式を変更するセル（セル範囲）を選択し、［ホーム］タブの「数値」の領域にある をクリックします。

「セルの書式設定」の［表示形式］タブが表示されます。

「セルの書式設定」が表示されたら、まずは「分類」で表示形式を指定します。続いて、画面右側で詳細な書式を指定していきます。ここでは、よく使う表示形式の設定画面を紹介しておきます。

■数値

数値を表示するときの表示形式を指定します。小数点以下の表示桁数、桁区切りの有無、負の数の表示方法を指定できます。

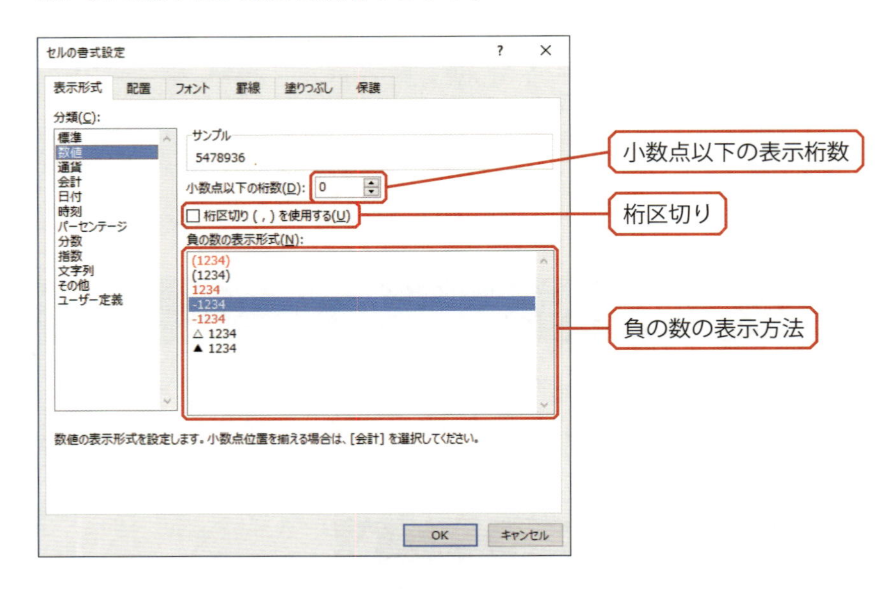

■通貨

数値を通貨として表示するときの表示形式を指定します。小数点以下の表示桁数、通貨記号、負の数の表示方法を指定できます。桁区切りは必ず表示されます。

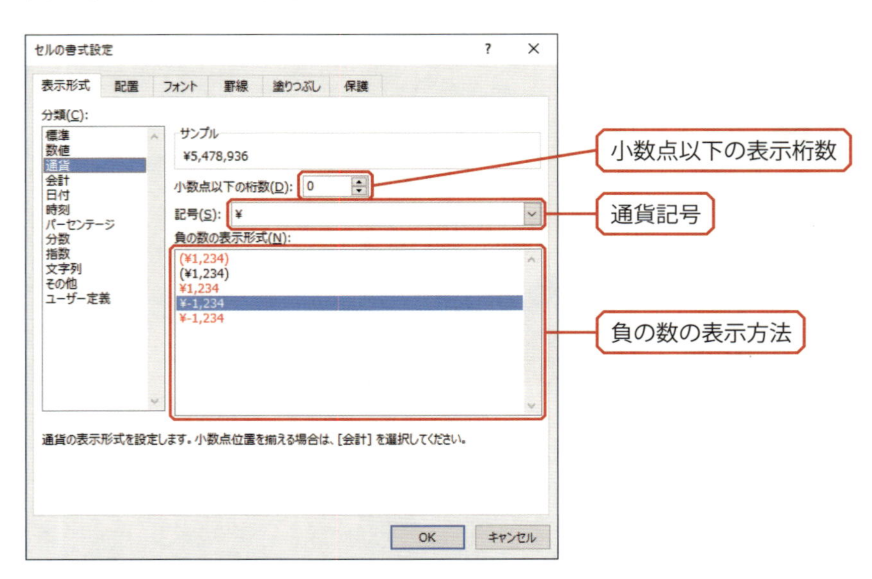

■日付、時刻

日付や時刻の表示形式を指定します。表示方法、西暦／和暦などを指定できます。

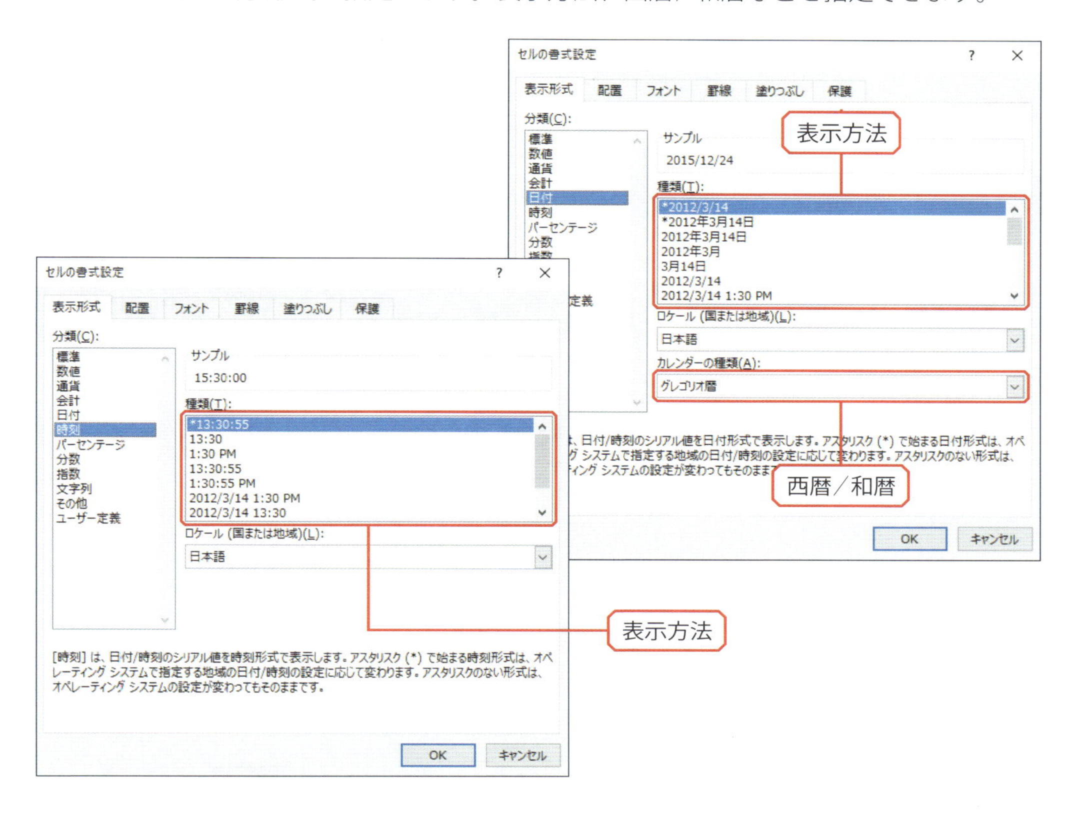

■文字列

入力した内容をそのままセルに表示する場合に指定します。「＝」や「＋」などの記号で始まる文字を入力するときは、セルの表示形式を「文字列」に変更してからデータを入力しなければいけません。

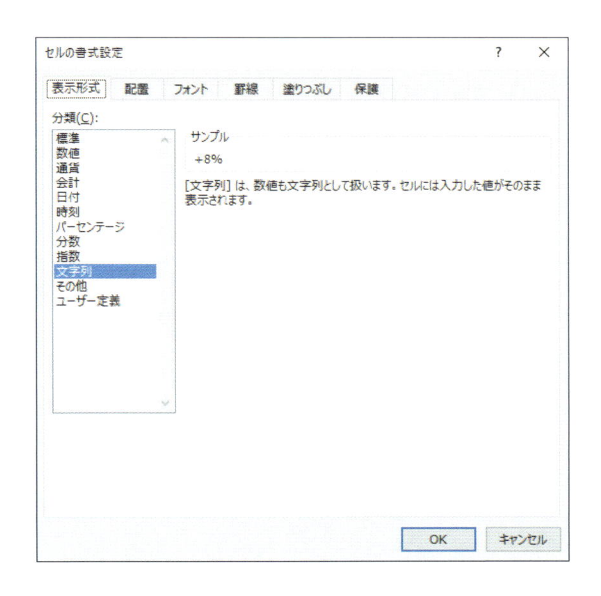

Column

特殊記号で始まるデータ

「＝」で始まるデータをセルに入力すると、それ以降の文字が数式または関数とみなされます（P284～297参照）。また「＋8」のように数値を入力した場合は、最初の「＋」が自動的に省略されます。こういったデータをそのままセルに表示したい場合は、表示形式を「文字列」に変更してからデータを入力する必要があります。

10 セルの書式設定

様々な書式を「セルの書式設定」で指定することも可能です。リボンに用意されていない設定項目もあるので、「セルの書式設定」を使って書式を指定する方法も覚えておいてください。

「セルの書式設定」の表示

「セルの書式設定」を表示するときは、セル（またはセル範囲）を選択した状態で［ホーム］タブのリボンにある をクリックします。すると「セルの書式設定」が表示されます。なお、この画面に最初に表示されるタブは、 をクリックした位置により以下のように変化します。

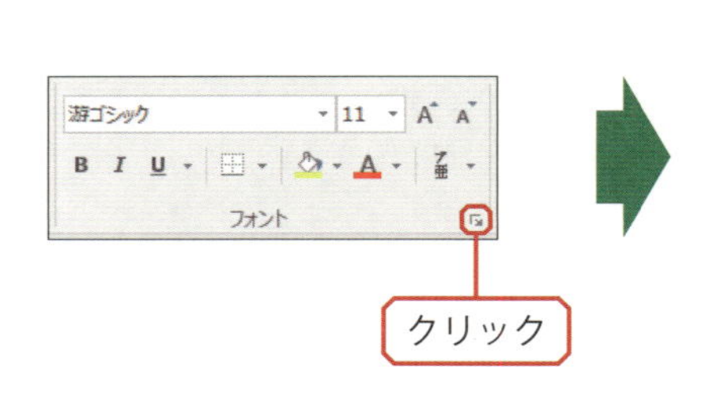

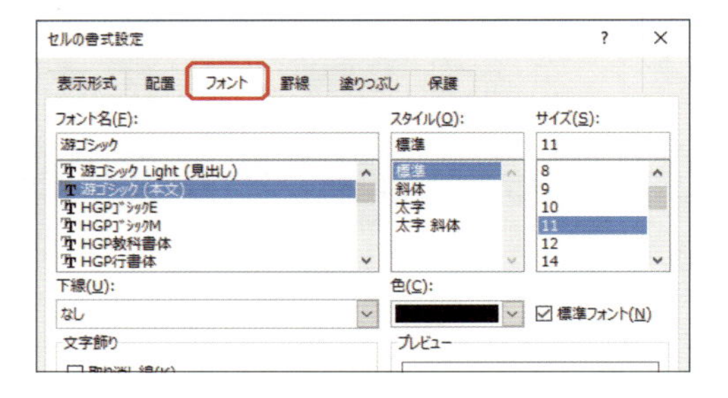

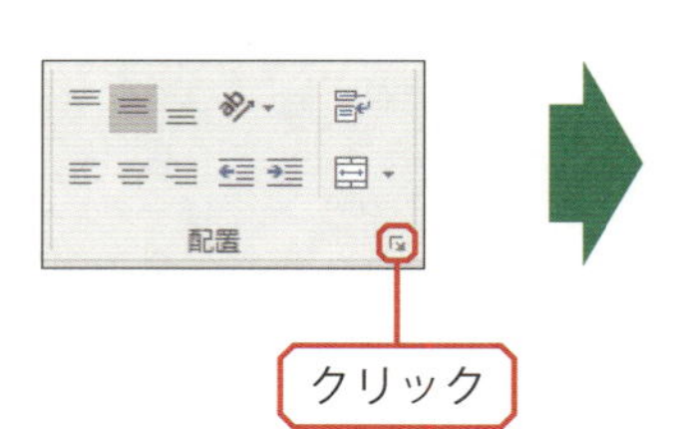

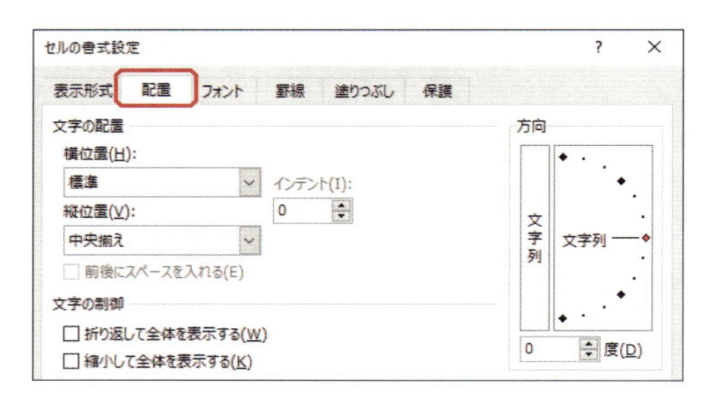

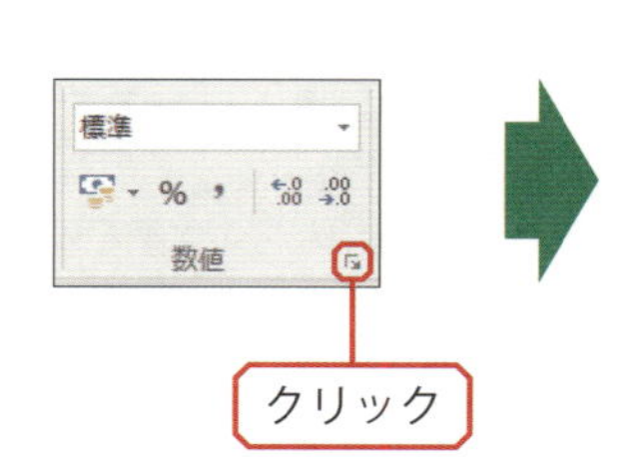

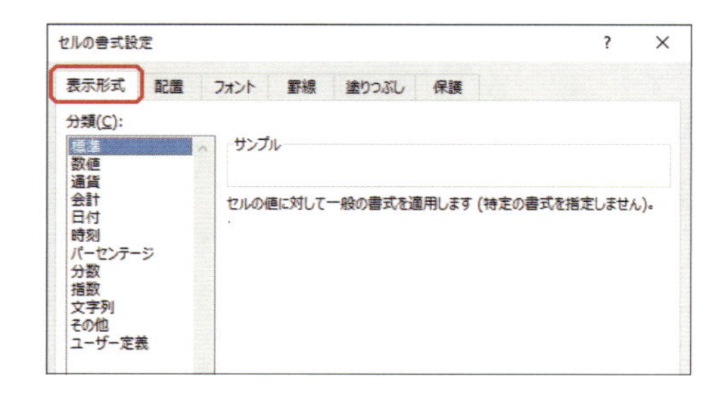

［罫線］タブや［塗りつぶし］タブを利用するときは、いずれかの をクリックしてから目的のタブを選択し、表示するタブを切り替えてください。

Column

[Ctrl]＋[1]キーの利用

[Ctrl]キーを押しながら数字の[1]キー（テンキーでない方の[1]キー）を押して「セルの書式設定」を表示することも可能です。この場合は、前回に「セルの書式設定」で使用していたタブが最初に表示されます。

[表示形式]タブ

[表示形式]タブでは、セルの表示形式を指定できます。このタブの使い方はP273～275で解説したとおりです。

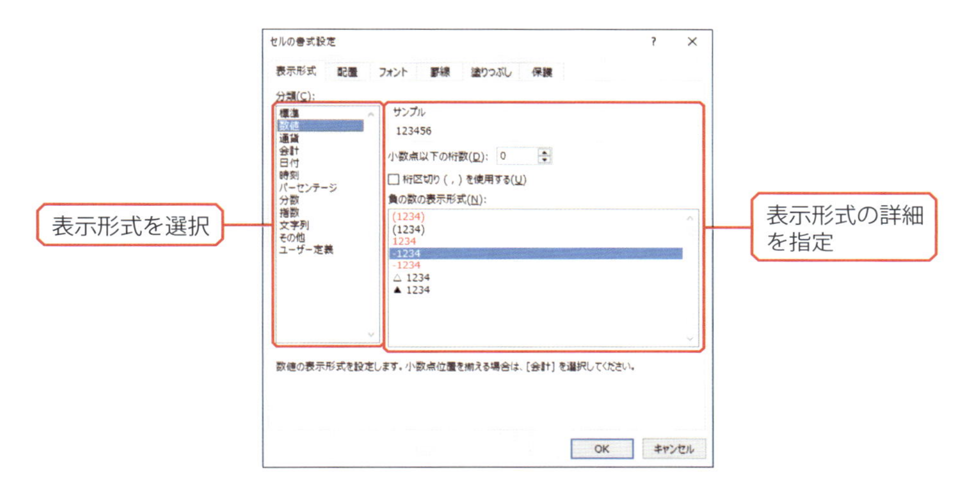

[配置]タブ

[配置]タブでは、データの配置方法を指定できます。縦横の配置だけでなく、前後に余白（インデント）を設けたり、データを斜めに配置したりする指定も行えます。

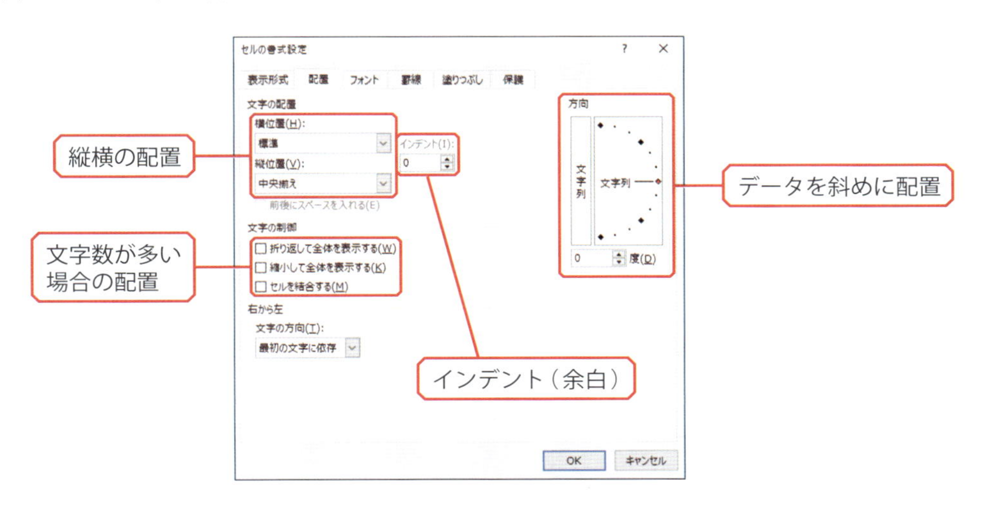

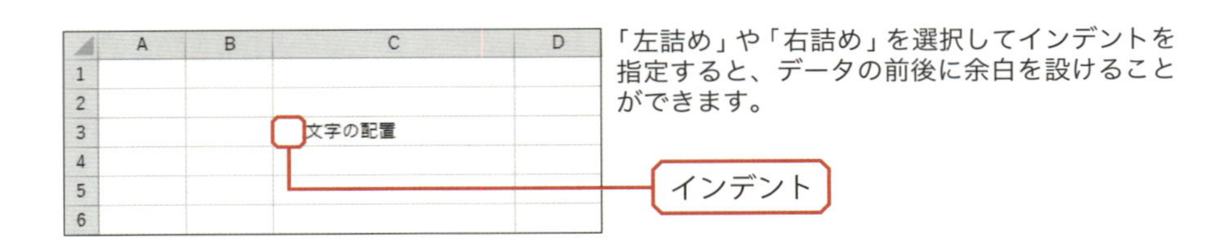

「左詰め」や「右詰め」を選択してインデントを指定すると、データの前後に余白を設けることができます。

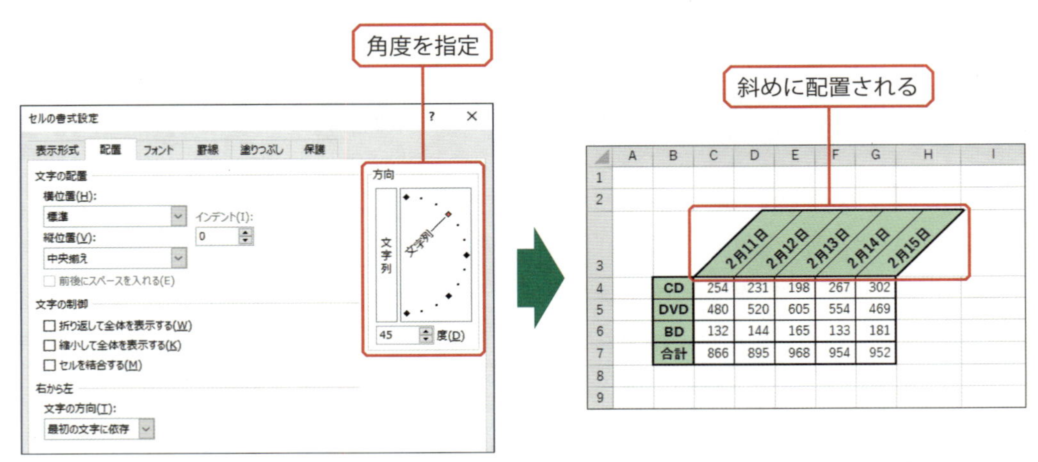

文字を斜めに配置する場合は「方向」で角度を指定します。斜めの配置は、幅が小さいセルに多くの文字を表示したい場合などに活用できます。

東京都新宿区百人町4-0-0
△△ビル3階

「折り返して全体を表示する」をチェックすると、文字数の多いセルを折り返して表示できます。

東京都新宿区百人町4-0-0　△△ビル3階

「縮小して全体を表示する」をチェックすると、セルの幅に合わせて文字が縮小表示されます。

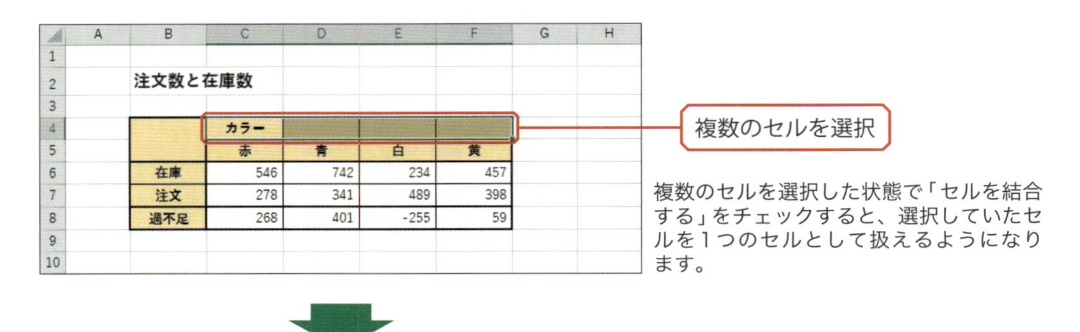

複数のセルを選択した状態で「セルを結合する」をチェックすると、選択していたセルを1つのセルとして扱えるようになります。

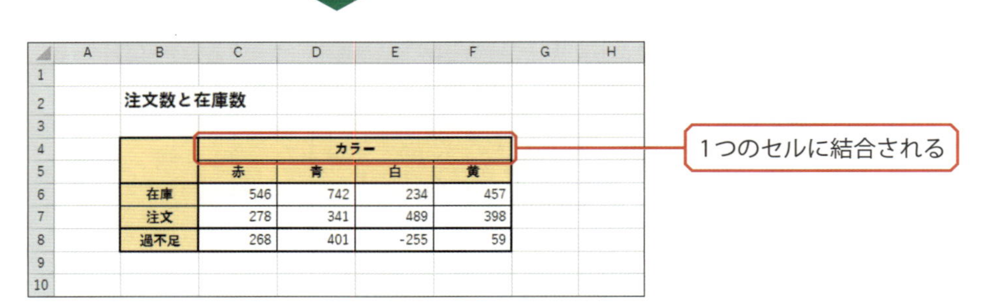

[フォント]タブ

[フォント]タブでは、フォント、文字サイズ、文字色などの書式を指定できます。取り消し線、上付き／下付きの文字飾りを指定することも可能です。

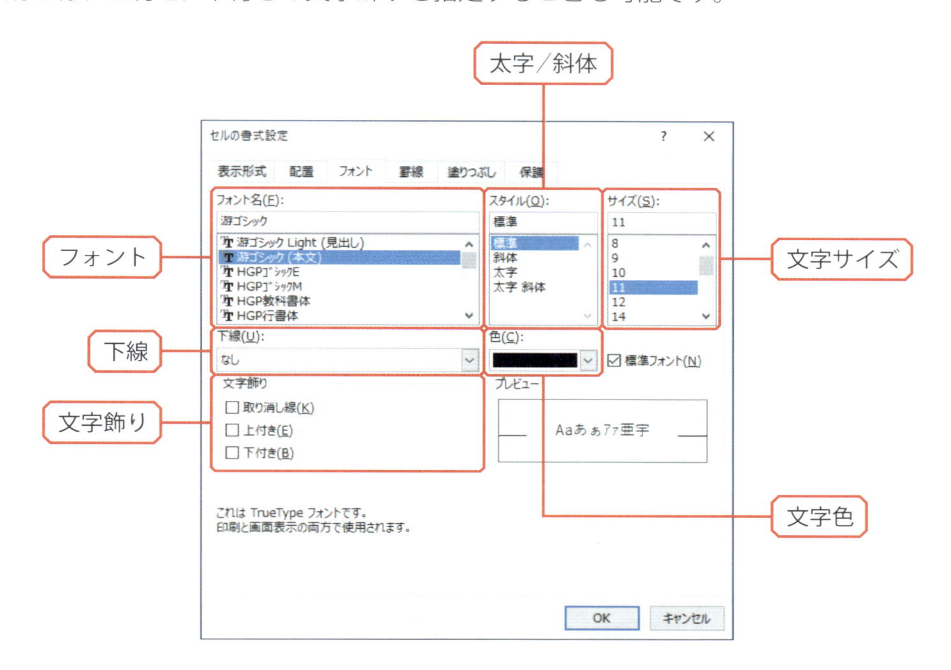

[罫線]タブ

[罫線]タブでは、セルの罫線を指定できます。罫線を指定するときは、先に線のスタイルと色を選択し、続いて罫線を描画する位置をボタンで指定します。それぞれのボタンをクリックするごとに罫線の描画／消去が切り替わります。

▶［塗りつぶし］タブ

［塗りつぶし］タブでは、セルの背景色を指定できます。セルの背景にグラデーションやパターンを指定することも可能です。

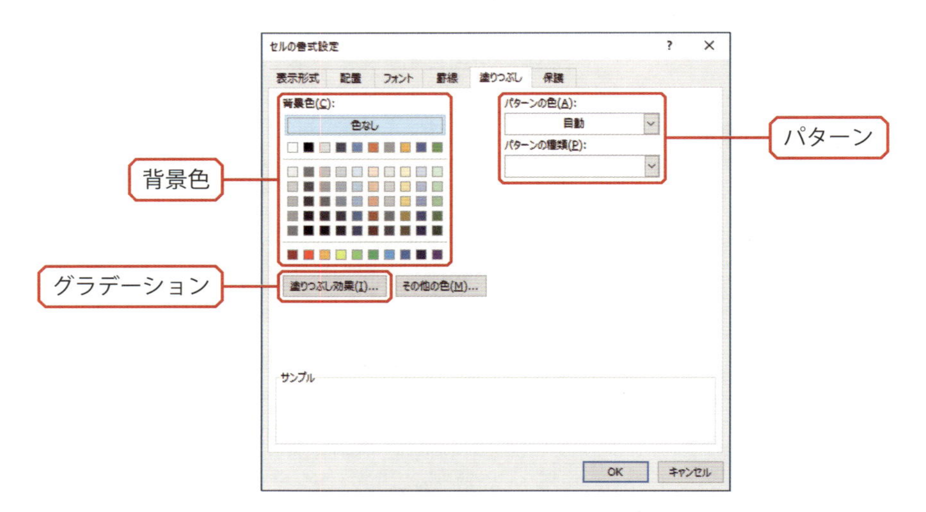

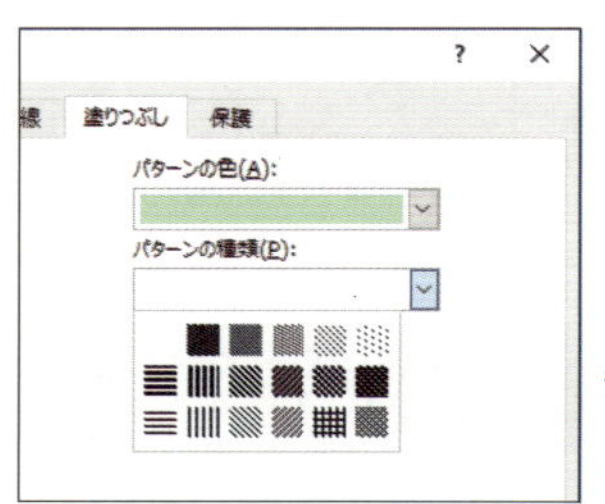

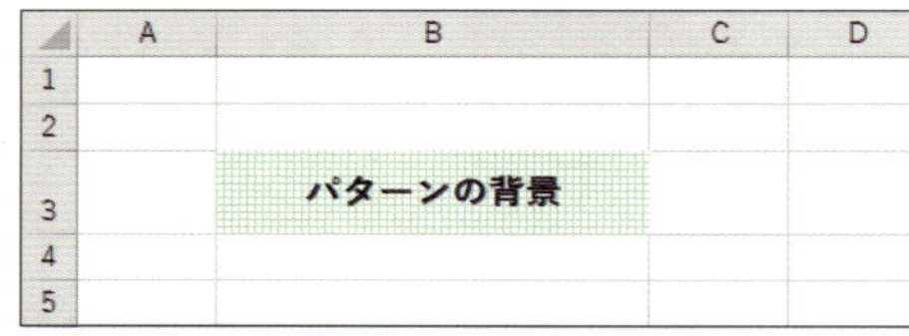

背景をパターンにする場合は､「パターンの色」と「パターンの種類」を指定します。パターン以外の部分は、背景色に指定した色で塗りつぶされます。

［塗りつぶし効果］ボタンをクリックすると、このような画面が表示され、セルの背景にグラデーションを指定できます。

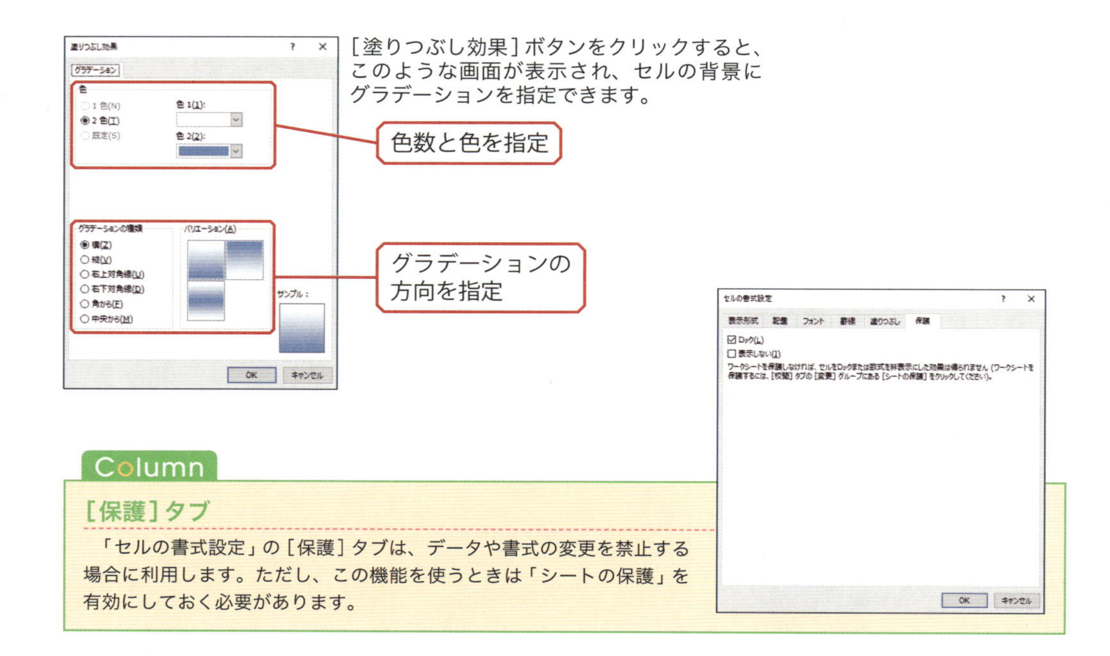

Column

［保護］タブ

「セルの書式設定」の［保護］タブは、データや書式の変更を禁止する場合に利用します。ただし、この機能を使うときは「シートの保護」を有効にしておく必要があります。

行、列の挿入と削除

表の途中に行や列を挿入したくなる場合もあると思います。逆に、表から行や列を削除したい場合もあるでしょう。続いては、行／列の挿入と削除について解説します。

列の挿入

ワークシートに列を挿入するときは、「A」「B」「C」……の列番号を右クリックして「挿入」を選択します。すると、その列の右側に「新しい列」を挿入できます。

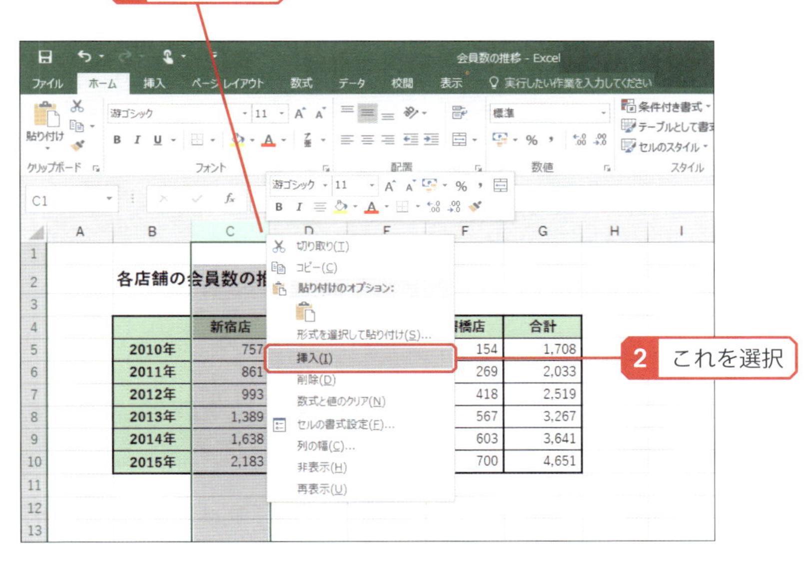

各店舗の会員数の推移

		新宿店	神田店	池袋店	曙橋店	合計
2010年		757	256	541	154	1,708
2011年		861	315	588	269	2,033
2012年		993	487	621	418	2,519
2013年		1,389	605	706	567	3,267
2014年		1,638	716	684	603	3,641
2015年		2,183	1,047	721	700	4,651

3 列が挿入される

挿入された列には「左側の列」と同じ書式が指定されます。しかし、状況によっては「右側の列」と同じ書式を指定したい場合もあるでしょう。このような場合は、（挿入オプション）をクリックし、「右側と同じ書式を適用」を選択します。

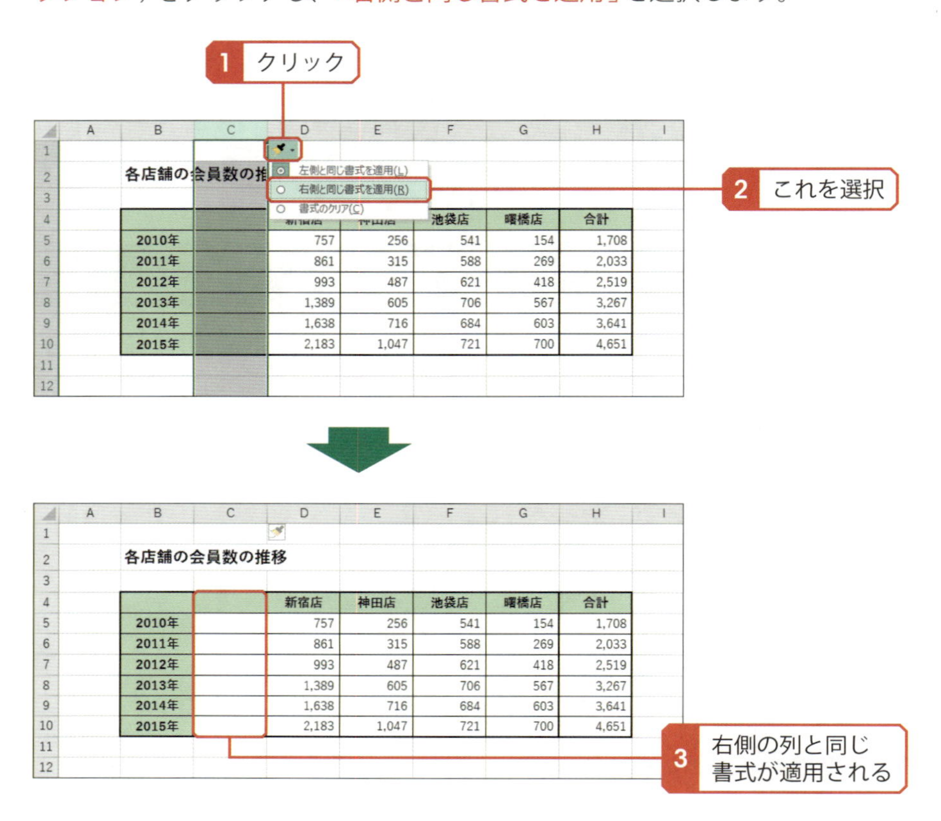

行の挿入

続いては、ワークシートに行を挿入する方法を解説します。行を挿入するときは、「1」「2」「3」……の行番号を右クリックして「挿入」を選択します。

1 右クリック

各店舗の会員数の推移

切り取り(T)
コピー(C)
貼り付けのオプション:
形式を選択して貼り付け(S)...
挿入(I)
削除(D)
数式と値のクリア(N)
セルの書式設定(F)...
行の高さ(R)...
非表示(H)
再表示(U)

2 これを選択

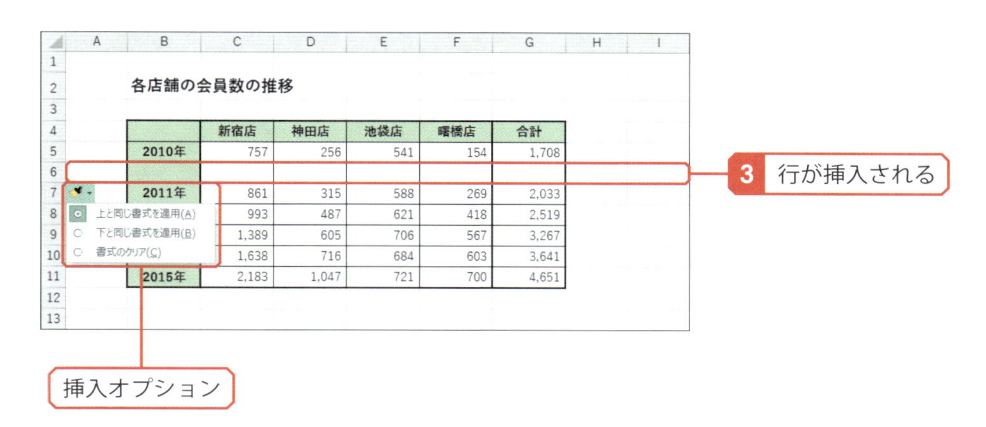

この場合も、上または下のどちらの行に書式を合わせるかを（挿入オプション）で指定できます。

行、列の削除

行を削除するときは、行番号を右クリックして「削除」を選択します。すると、その行をワークシートから削除できます。

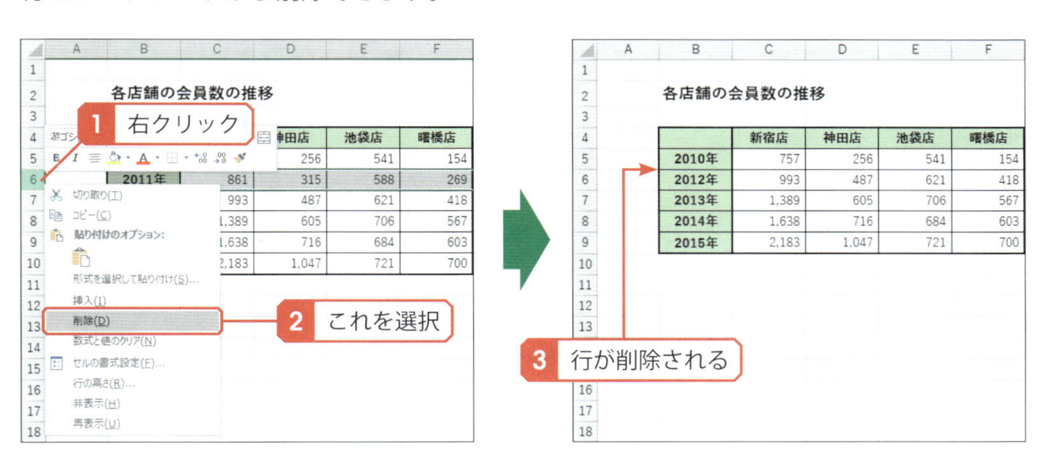

同様に、列番号を右クリックして列を削除することも可能です。

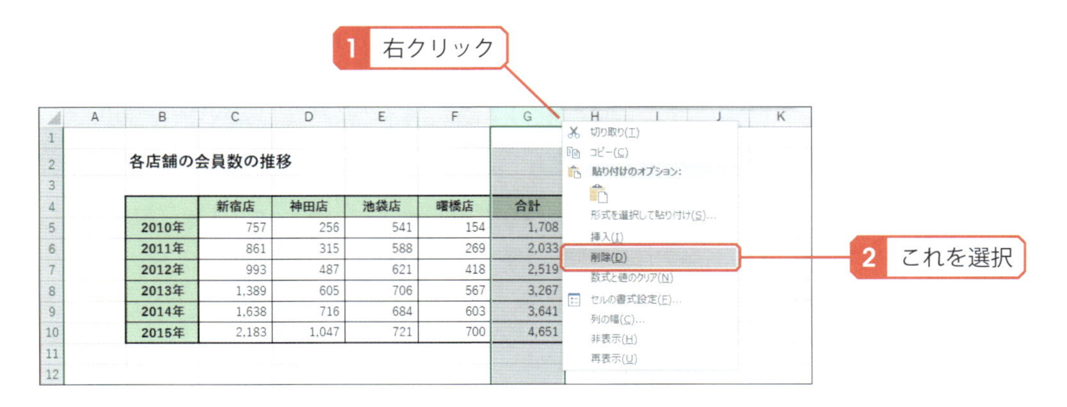

12 数式の入力

セルに入力した数値をもとに計算を実行できることも「Excel」の利点の一つです。そして、この計算方法を指定するのが数式となります。続いては、数式の入力方法について解説します。

数式の入力と演算記号

セルに数式を入力するときは、最初に「＝」（イコール）の記号を入力します。「＝」の入力は半角文字でも全角文字でも構いません（自動的に半角の「＝」に変換されます）。続いて、数字や演算記号を使って数式を入力していきますが、このとき「×」や「÷」の記号は使えないことに注意してください。パソコンでは、掛け算を「＊」、割り算を「／」の演算記号で表記するのが一般的です。以下に「Excel」で使用可能な演算記号をまとめておくので、数式を入力する際の参考としてください。

■数式で使用する演算記号

計算方法	演算記号	使用例	計算の内容
足し算（加算）	＋	＝C3＋C4	C3セルとC4セルの値を足し算します
引き算（減算）	－	＝B2－500	B2セルの値から500を引き算します
掛け算（乗算）	＊	＝B4＊C4	B4セルとC4セルの値を掛け算します
割り算（除算）	／	＝A1／12	A1セルの値を12で割り算します
べき乗	^	＝E5 ^ 3	E5セルの値を3乗します
パーセント	%	＝C3＊20%	C3セルの20%を計算します

上記の例を見ると分かるように、「Excel」では他のセルに入力されている数値を参照して計算を行うことが可能です。この場合は、参照するセルを列番号（アルファベット）→行番号（数字）の順に記述します。たとえば、C列の5行にあるセルの値は「C5」と記述して参照します。

消費税の計算

それでは、具体的な例で数式の利用方法を解説していきましょう。ここでは、税率が8%と10%の場合について、各商品の税込価格を算出する表を例として紹介します。この計算を「Excel」に行わせる場合は、次ページのように数式を入力します。

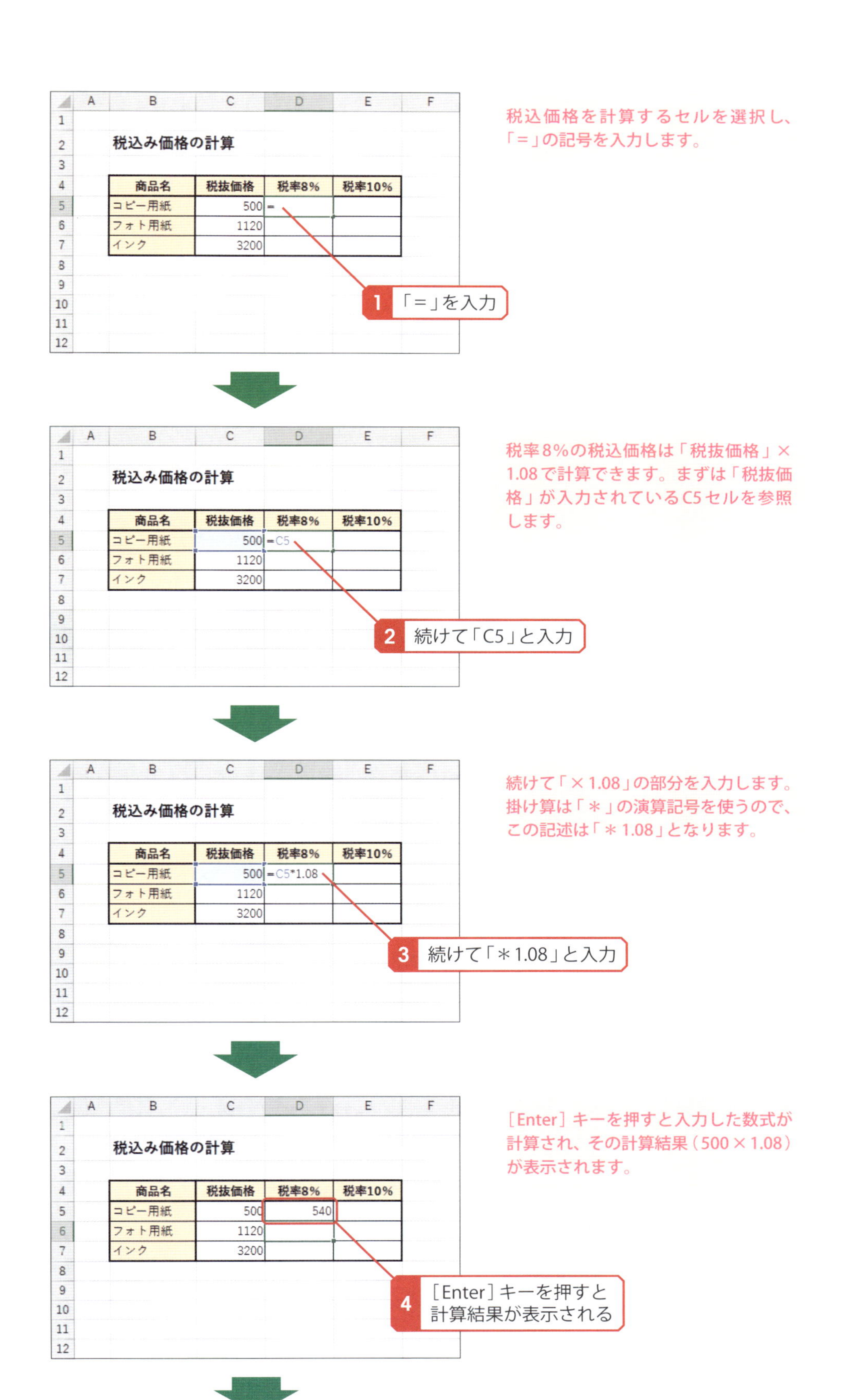

税込価格を計算するセルを選択し、「＝」の記号を入力します。

税率8%の税込価格は「税抜価格」×1.08で計算できます。まずは「税抜価格」が入力されているC5セルを参照します。

続けて「×1.08」の部分を入力します。掛け算は「＊」の演算記号を使うので、この記述は「＊1.08」となります。

［Enter］キーを押すと入力した数式が計算され、その計算結果（500×1.08）が表示されます。

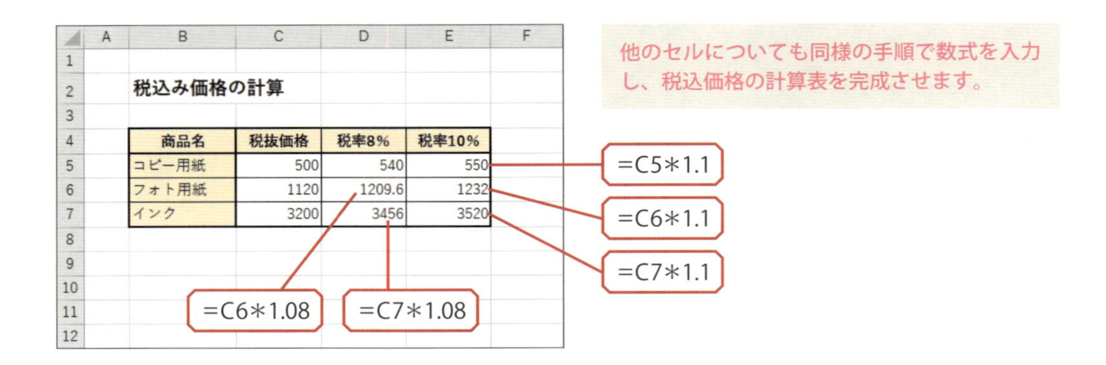

他のセルについても同様の手順で数式を入力し、税込価格の計算表を完成させます。

Column

計算結果の表示について

数式の計算結果として表示される数値は、セルの表示形式に応じて変化します。たとえば上の例で、D6セルの表示形式を「小数点以下0桁」に変更すると、「1210」という計算結果が表示されます。これについてはP295で詳しく解説します。

小計と合計の計算

数式の入力例をもう一つ紹介しておきましょう。以下は、税率が8%の場合に「小計」と「合計」を算出する数式の例です。

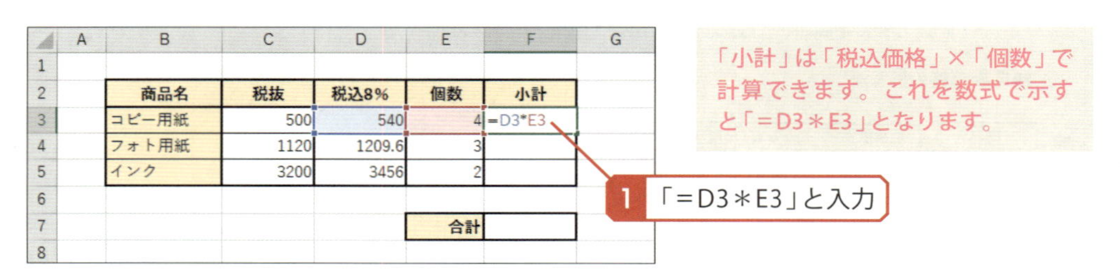

「小計」は「税込価格」×「個数」で計算できます。これを数式で示すと「=D3*E3」となります。

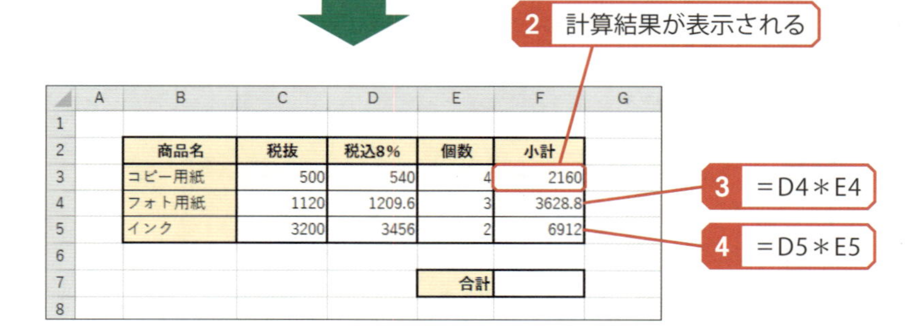

[Enter] キーを押すと計算結果(540×4)が表示されます。他のセルも同様の手順で数式を入力し、「小計」を計算します。

Column

計算結果の参照

税込価格となるD3セルには「=C3*1.08」という数式が入力されています。このD3セルを他の数式から参照した場合、その計算結果(540)が参照値として採用されます。このように、計算結果を参照する数式を入力することも可能です。

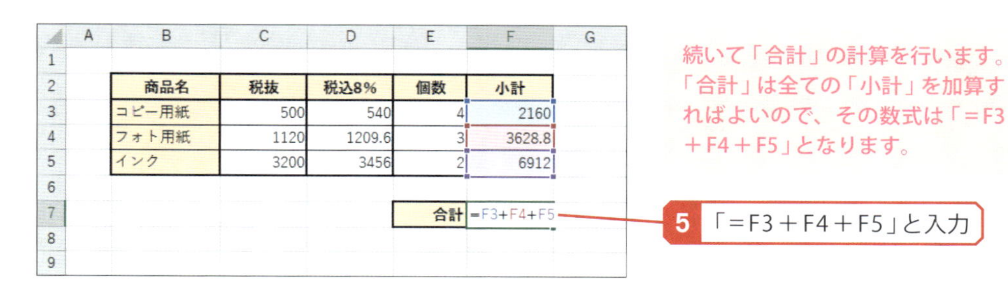

続いて「合計」の計算を行います。「合計」は全ての「小計」を加算すればよいので、その数式は「=F3＋F4＋F5」となります。

	A	B	C	D	E	F	G
1							
2		商品名	税抜	税込8%	個数	小計	
3		コピー用紙	500	540	4	2160	
4		フォト用紙	1120	1209.6	3	3628.8	
5		インク	3200	3456	2	6912	
6							
7					合計	12700.8	
8							
9							

6 計算結果が表示される

［Enter］キーを押すと、計算結果が表示されます。

Column

数式の再計算

数式が参照しているセルの数値を変更すると、自動的に再計算が行われ、新しい計算結果が表示されます。たとえば、先ほどの例でC3セルの数値を600に変更すると、D3セルは648（600×1.08）、F3セルは2592（648×4）、F7セルは13132.8（2592＋3628.8＋6912）に計算結果が更新されます。

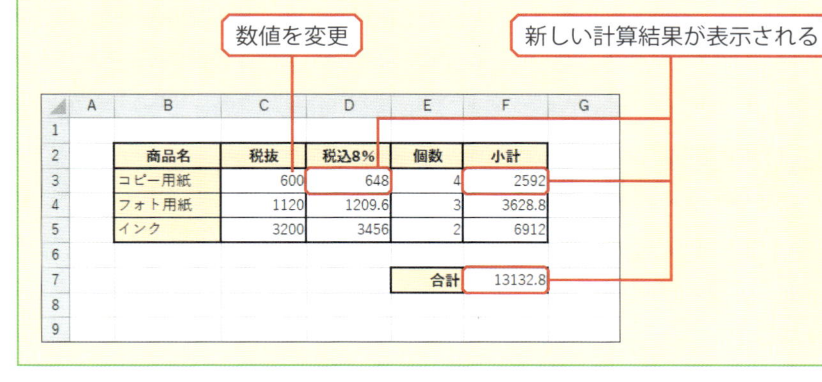

Column

四則計算の優先順位

四則計算が混じった数式を記述するときは、計算の優先順位に注意しなければいけません。一般的な算数と同様に、「Excel」では「掛け算」「割り算」を「足し算」「引き算」より優先して計算します。たとえば、「=5＋2＊5」の計算結果は15になります。「足し算」や「引き算」を先に計算させる場合は「=（5＋2）＊5」のように、その部分をカッコで囲む必要があります。

13 関数の入力

「Excel」には、複雑な計算を簡単に行える関数が用意されています。関数を使うと、合計や平均などを短い記述で計算できるようになります。続いては、関数の使用方法について解説します。

関数の記述方法とセル範囲の指定

合計や平均などを計算するときは、長々と数式を記述するのではなく、関数を使用するのが基本です。関数は特定の計算を行ってくれる機能で、計算方法に応じて何百種類もの関数が用意されています。また、最大値や最小値を求めるなど、数式では記述できない処理を行う関数もあります。

関数を記述する場合も最初に「＝」（イコール）を入力します。続いて、関数名をアルファベットで記述し、カッコ内に引数を記述します。引数は関数が計算を行う際に必要となる値で、数値やセル範囲などを記述するのが一般的です。

■関数の記述方法

＝関数名（引数）

引数にセル範囲を指定するときは、2つのセルを「:」（コロン）で区切って記述します。たとえば「B3:E7」と記述した場合は、B3とE7のセルを対角線とするセル範囲を指定できます。

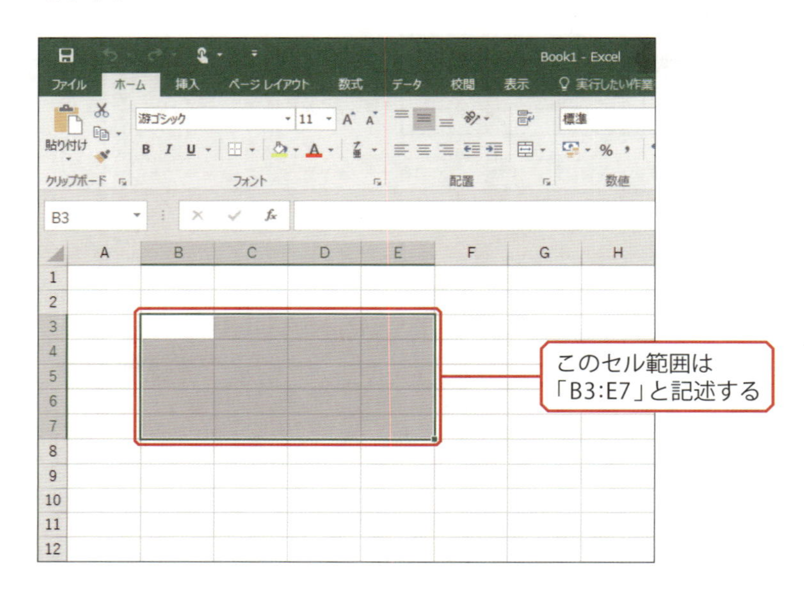

合計を求める関数

それでは、具体的な例で関数の利用手順を解説していきましょう。まずは最も使用頻度が高い合計の関数の使い方を解説します。

以下は、以前に使用した表に3つの商品を追加した場合の例です。この場合、合計を算出するのに「=F3+F4+F5+……+F8」という長い数式を記述しなければいけません。このような場合は、合計を算出する関数「SUM」を使って計算を行います。

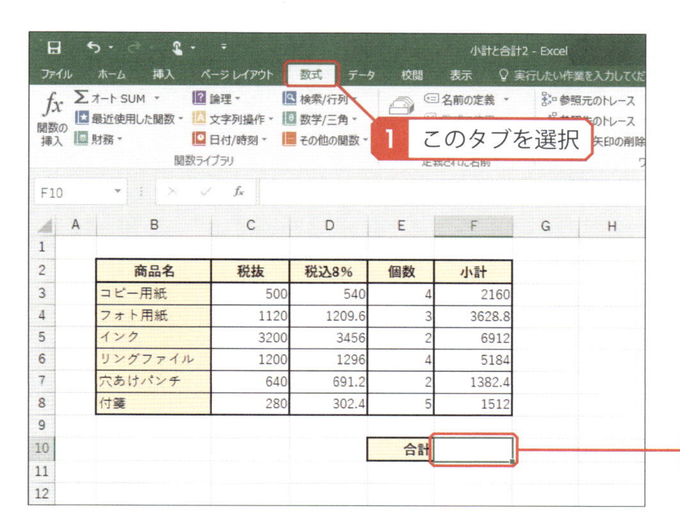

［数式］タブを選択し、関数を入力するセルを選択します。

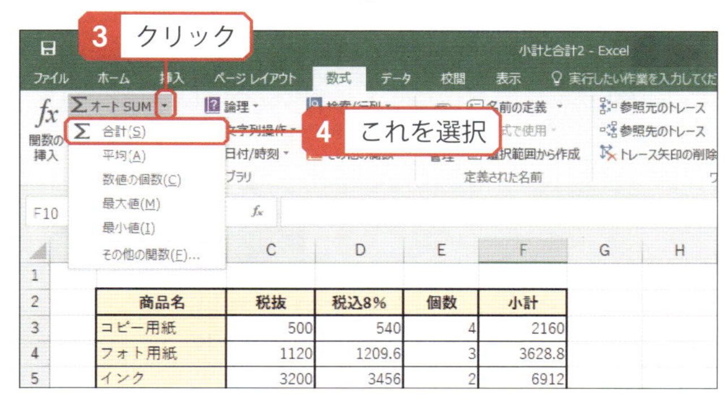

「オートSUM」の▾をクリックし、「合計」を選択します。

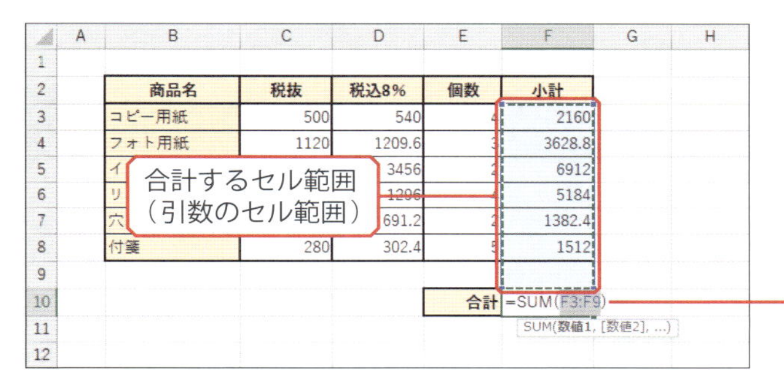

選択していたセルに関数「SUM」が入力され、引数にセル範囲が自動指定されます。ただし、このセル範囲は必ずしも正しいとは限りません。

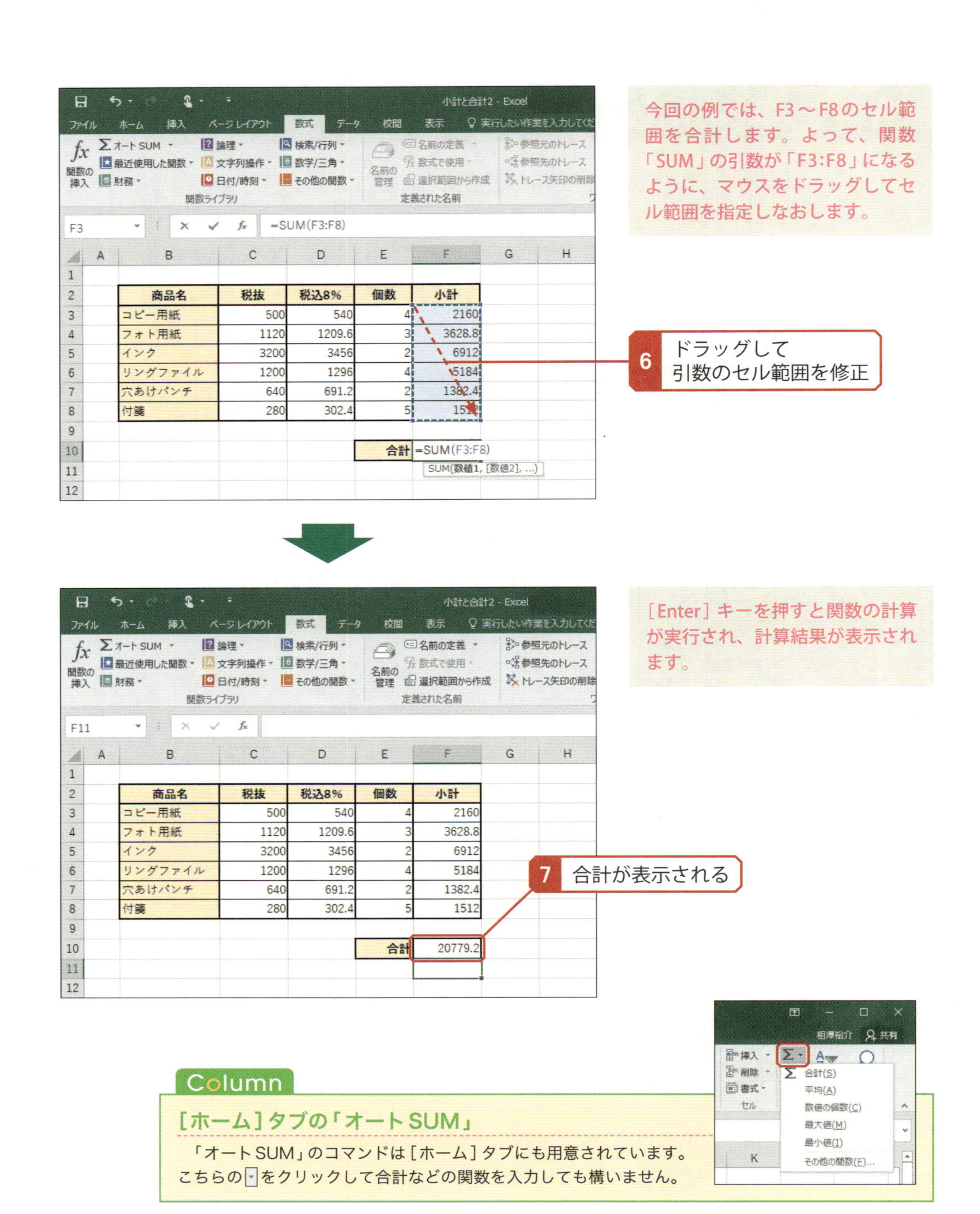

今回の例では、F3～F8のセル範囲を合計します。よって、関数「SUM」の引数が「F3:F8」になるように、マウスをドラッグしてセル範囲を指定しなおします。

［Enter］キーを押すと関数の計算が実行され、計算結果が表示されます。

Column

［ホーム］タブの「オートSUM」

「オートSUM」のコマンドは［ホーム］タブにも用意されています。こちらの▾をクリックして合計などの関数を入力しても構いません。

平均、最大値、最小値を求める関数

「オートSUM」には、平均や最大値、最小値を求める関数も用意されています。これらの関数も合計を求める関数と同じ手順で使用できます。各関数の引数には、計算の対象とするセル範囲を指定します。

続いては、テストの結果をまとめた表を例に、平均点、最高点、最低点を関数で求める方法を紹介します。

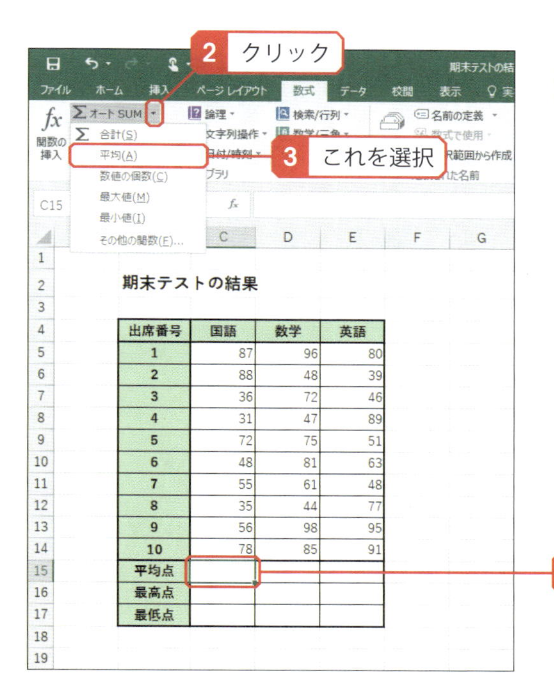

関数を入力するセルを選択します。続いて「オートSUM」の▾をクリックし、「平均」を選択します。

1 セルを選択

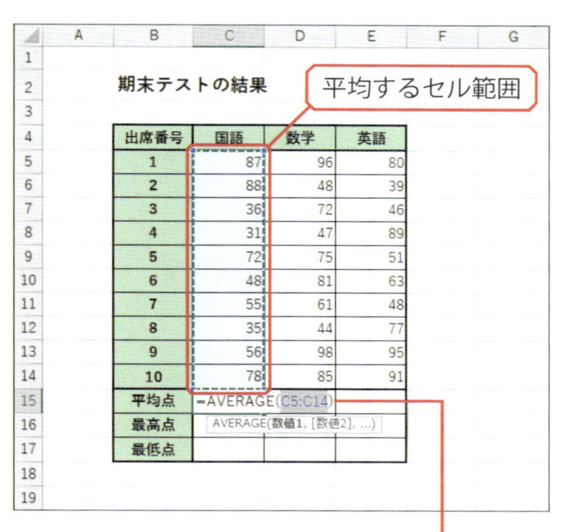

平均を計算する関数「AVERAGE」が入力されます。今回の例では引数のセル範囲が正しく指定されているので、そのまま［Enter］キーを押します。

4 関数「AVERAGE」が入力される

期末テストの結果

出席番号	国語	数学	英語
1	87	96	80
2	88	48	39
3	36	72	46
4	31	47	89
5	72	75	51
6	48	81	63
7	55	61	48
8	35	44	77
9	56	98	95
10	78	85	91
平均点	58.6		
最高点			
最低点			

関数の計算が実行され、計算結果が表示されます。他の教科についても同様の操作を行い、平均点を算出します。

5 平均が表示される

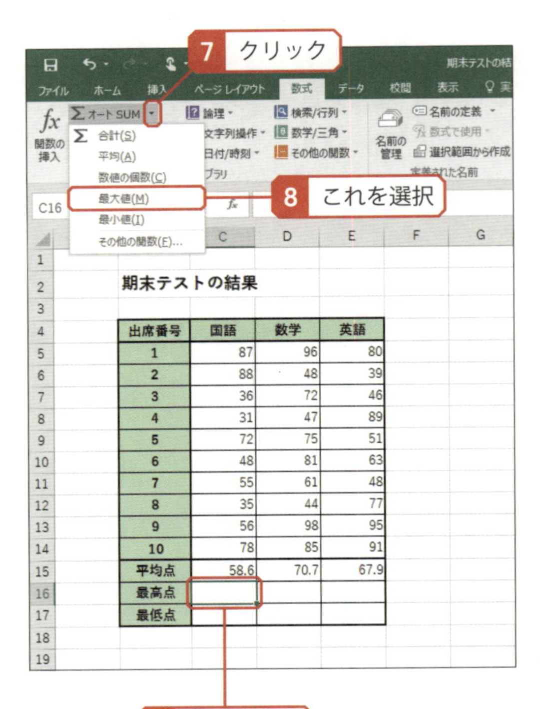

続いて、最高点を求めます。関数を入力するセルを選択し、「オート SUM」から「最大値」を選択します。

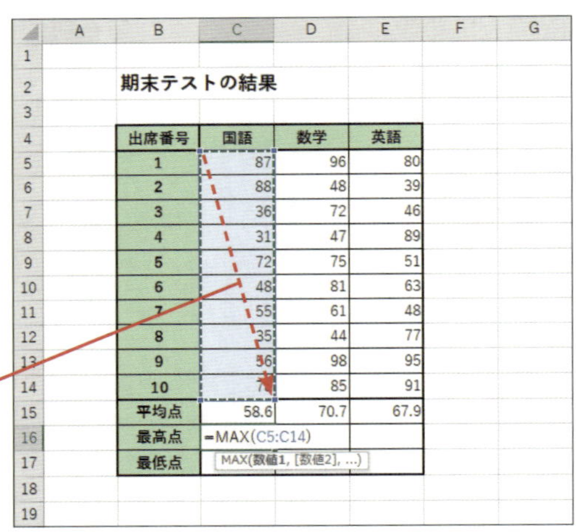

最大値を求める関数「MAX」が入力されます。今回は引数のセル範囲に間違いがあるので、正しいセル範囲に修正してから［Enter］キーを押します。

期末テストの結果

出席番号	国語	数学	英語
1	87	96	80
2	88	48	39
3	36	72	46
4	31	47	89
5	72	75	51
6	48	81	63
7	55	61	48
8	35	44	77
9	56	98	95
10	78	85	91
平均点	58.6	70.7	67.9
最高点	88	98	95
最低点	31	44	39

10 最小値を求める関数「MIN」を入力

同様の操作を繰り返して表を完成させます。最低点を求めるときは、「オート SUM」から「最小値」を選択して関数「MIN」を入力します。この場合も自動指定されるセル範囲を修正する必要があります。

▶関数を検索して入力

これまでに紹介した関数のほかにも、「Excel」には数多くの関数が用意されています。他の関数を利用するときは、「財務」「論理」「文字列操作」などのアイコンをクリックして一覧から関数を選択します。

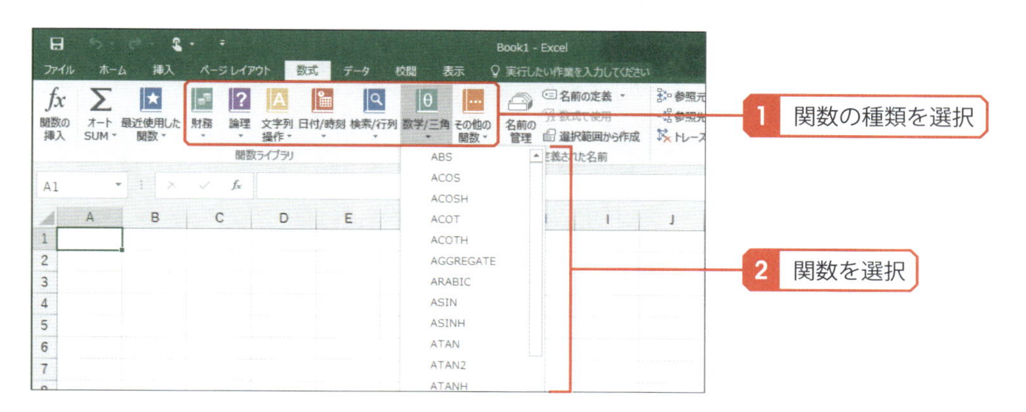

ただし、この一覧には関数名しか表示されないため、「目的の計算を行う関数はどれか？」を見極めるのは難しいと思います。そこで、キーワード検索を使って関数を入力する方法を紹介しておきます。ここでは平方根を求める場合を例に、関数の入力手順を解説します。

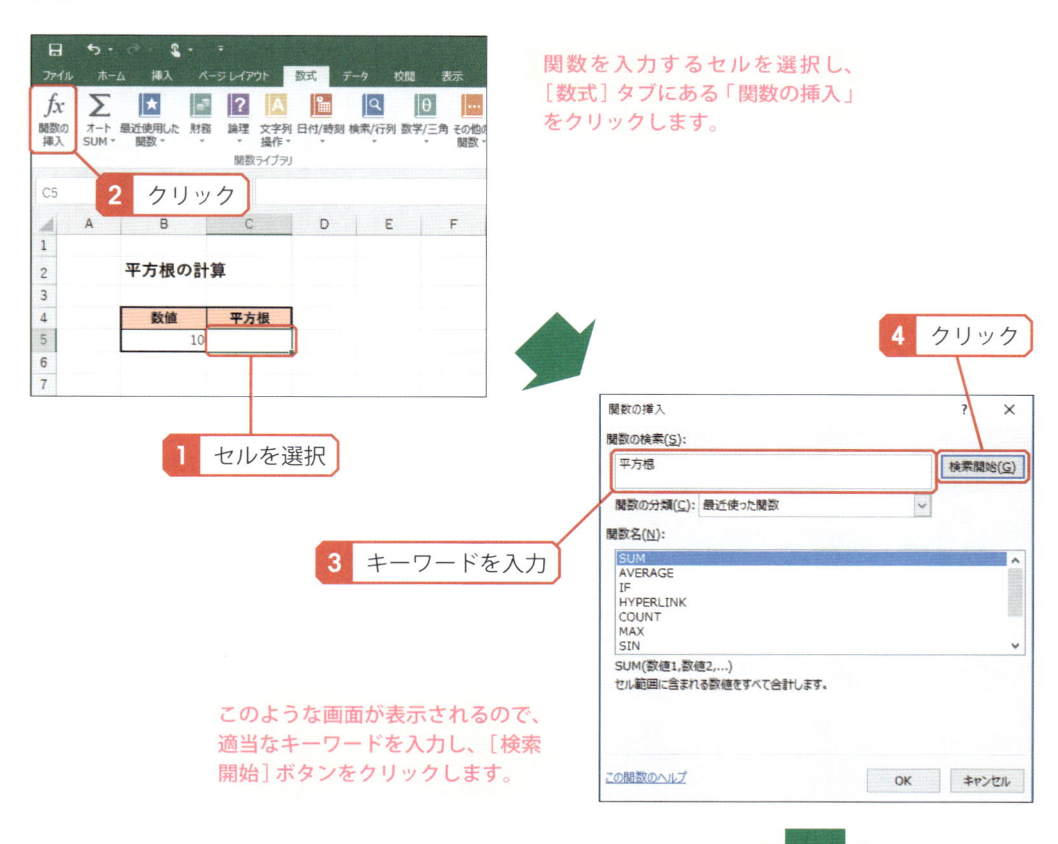

関数を入力するセルを選択し、［数式］タブにある「関数の挿入」をクリックします。

このような画面が表示されるので、適当なキーワードを入力し、［検索開始］ボタンをクリックします。

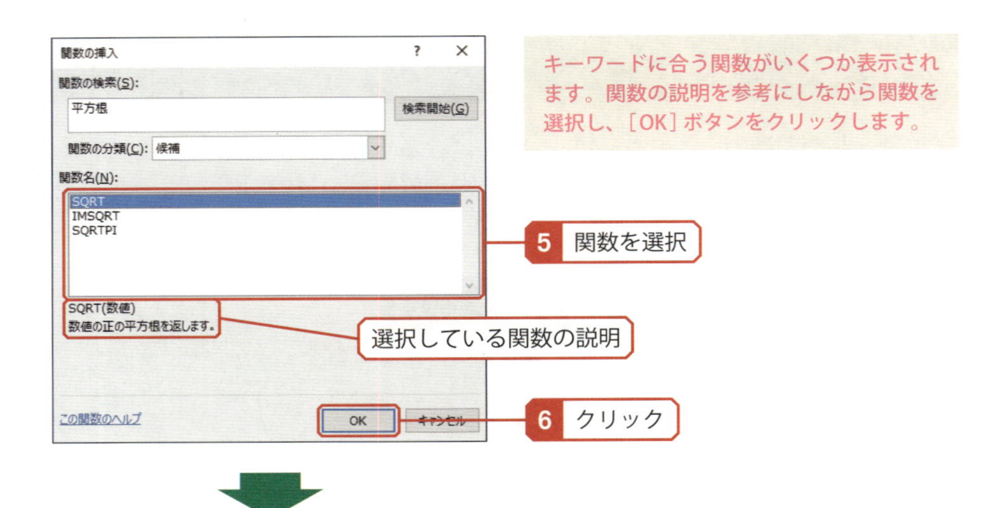

キーワードに合う関数がいくつか表示されます。関数の説明を参考にしながら関数を選択し、［OK］ボタンをクリックします。

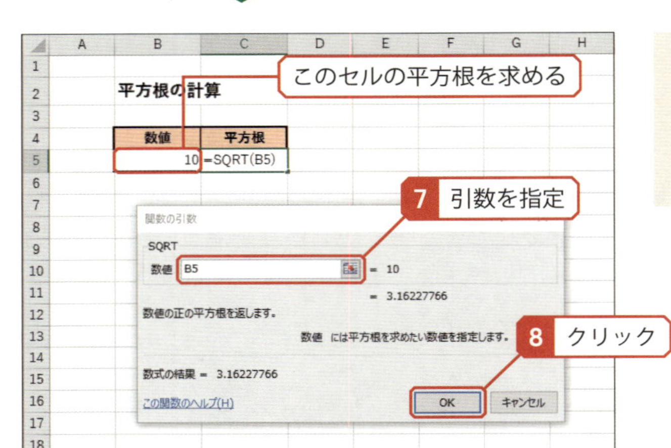

関数の引数を指定する画面が表示されます。今回の例では、平方根を求める数値（またはセル）を引数に指定するので、「B5」と入力して［OK］ボタンをクリックします。

Column

引数の指定方法

関数によっては、2つ以上の引数が必要になる場合もあります。それぞれの引数に指定すべき値（セル、セル範囲など）が分からない場合は、「この関数のヘルプ」をクリックすると、関数の詳しい使用方法を参照できます。

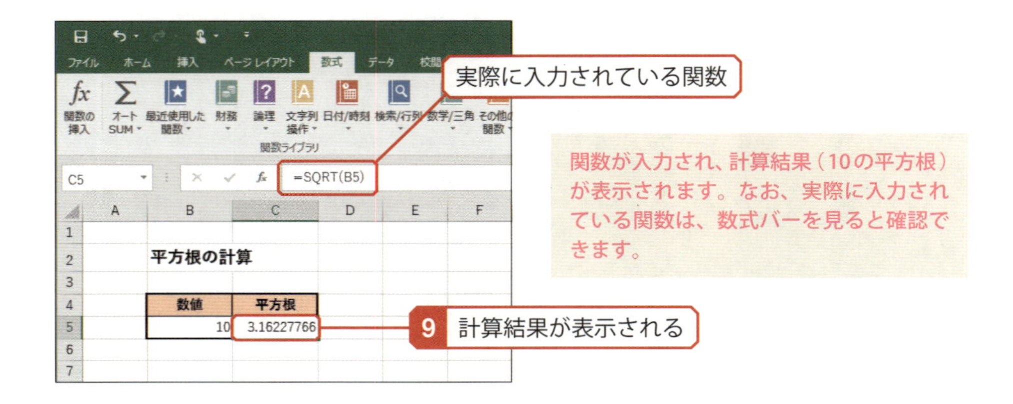

関数が入力され、計算結果（10の平方根）が表示されます。なお、実際に入力されている関数は、数式バーを見ると確認できます。

関数を直接入力

関数名や指定すべき引数がわかっている場合は、セルに関数を直接入力しても構いません。もちろん、「オートSUM」にある関数も直接入力することが可能です。

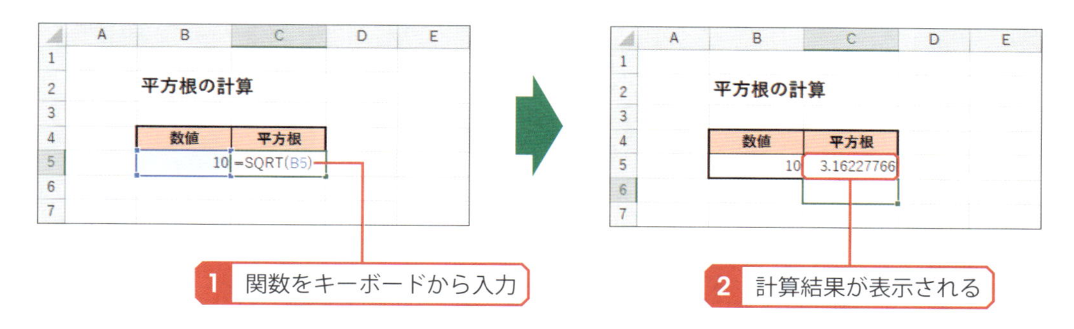

計算結果と表示形式

セルに数式や関数を入力すると計算結果が表示されますが、この計算結果は**セルの表示形式**に従って表示されることに注意してください。特に小数点以下の表示桁数を指定している場合は注意が必要です。

たとえば、P289～290の例で表示形式を「通貨」（小数点以下0桁）に変更すると、小数点以下を四捨五入した計算結果が表示されます。このため、状況によっては計算結果に不具合が生じる恐れがあります。

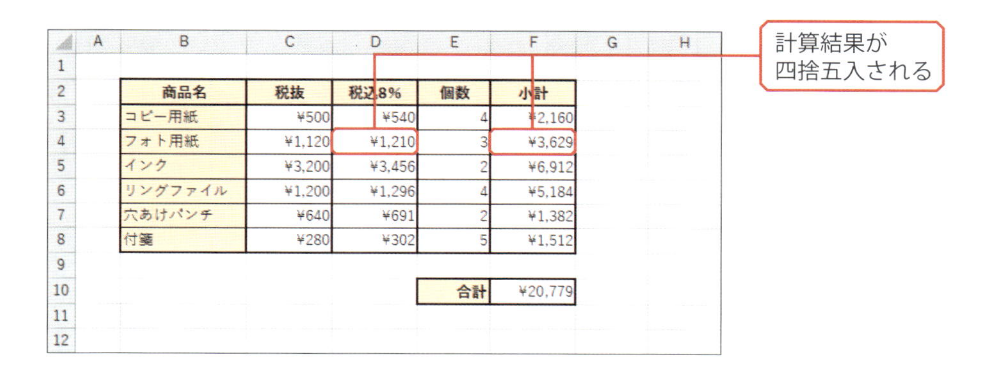

商品名	税抜	税込8%	個数	小計
コピー用紙	¥500	¥540	4	¥2,160
フォト用紙	¥1,120	¥1,210	3	¥3,629
インク	¥3,200	¥3,456	2	¥6,912
リングファイル	¥1,200	¥1,296	4	¥5,184
穴あけパンチ	¥640	¥691	2	¥1,382
付箋	¥280	¥302	5	¥1,512
			合計	¥20,779

この例の場合、「フォト用紙」の「税込価格」は1209.6円となるため、小数点以下が四捨五入されて「¥1,210」と表示されます。この「小計」は1210×3＝3,630になりそうですが、実際には「¥3,629」と表示されます。このような結果になるのは、表示が四捨五入されているだけで、実際の計算結果は四捨五入されないことが原因です。つまり「税込価格」の本当の計算結果は1209.6であり、これを3倍した3628.8の小数点以下が四捨五入され「¥3,629」と表示されている訳です。

このように小数点以下を含む計算を行う場合は、その表示形式にも注意しなければいけません。

▶ 小数点以下の切り捨て

金額などの計算を行う際に、小数点以下の値を引き継ぎたくない場合は、関数を使って計算結果そのものを整数にする必要があります。ここでは、小数点以下を切り捨てる関数「INT」を使って計算結果を整数にする方法を紹介します。

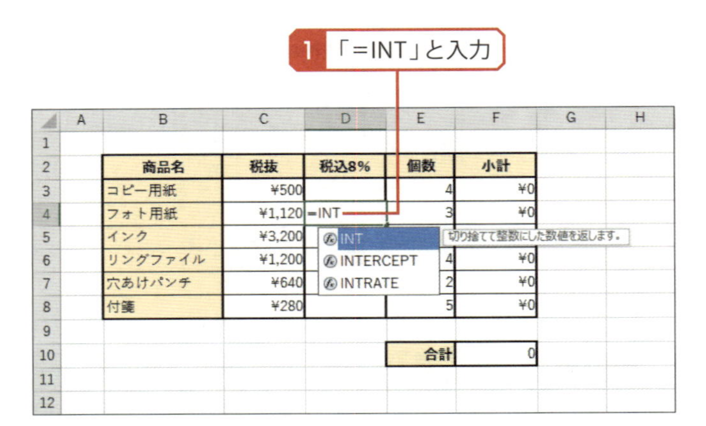

商品名	税抜	税込8%	個数	小計
コピー用紙	¥500		4	¥0
フォト用紙	¥1,120	=INT	3	¥0
インク	¥3,200			
リングファイル	¥1,200		4	¥0
穴あけパンチ	¥640		2	¥0
付箋	¥280		5	¥0
			合計	0

まずは関数「INT」を入力します。セルを選択し、「=INT」と入力します。

商品名	税抜	税込8%	個数	小計
コピー用紙	¥500		4	¥0
フォト用紙	¥1,120	=INT(C4*1.08)		¥0
インク	¥3,200		2	¥0
リングファイル	¥1,200		4	¥0
穴あけパンチ	¥640		2	¥0
付箋	¥280		5	¥0
			合計	0

2 引数に数式を指定

続いて、関数「INT」の引数を指定します。引数には数値やセルを指定するのが一般的ですが、数式を指定することも可能です。ここでは「税込価格」を計算する数式「C4＊1.08」をカッコ内に入力します。

商品名	税抜	税込8%	個数	小計
コピー用紙	¥500		4	¥0
フォト用紙	¥1,120	¥1,209	3	¥3,627
インク	¥3,200		2	¥0
リングファイル	¥1,200		4	¥0
穴あけパンチ	¥640		2	¥0
付箋	¥280		5	¥0
			合計	3627

3 小数点以下を切り捨てた計算結果が表示される

［Enter］キーを押すと計算結果が表示されます。この場合、1120×1.08が先に計算され、その計算結果である1209.6を切り捨てた1209が計算結果になります。このため、D4セルには「¥1,209」と表示されます。

	A	B	C	D	E	F	G	H
1								
2		商品名	税抜	税込8%	個数	小計		
3		コピー用紙	¥500		4	¥0		
4		フォト用紙	¥1,120	¥1,209	3	¥3,627		
5		インク	¥3,200		2	¥0		
6		リングファイル	¥1,200		4	¥0		
7		穴あけパンチ	¥640		2	¥0		
8		付箋	¥280		5	¥0		
9								
10					合計	3627		
11								
12								

4 1209×3の計算結果が表示される

D4セルの計算結果は関数「INT」により切り捨てられているため、1209となります。よって「小計」も1209×3で計算され、その計算結果として「¥3,627」が表示されます。

Column

関数、数式の統一

この例では「フォト用紙」についてのみ計算を行いましたが、他の商品にも同様の関数、数式を入力するのが基本です。たとえば、「コピー用紙」の「税込価格」には小数点以下の値が含まれていませんが、これを関数「INT」で切り捨てても特に問題は生じません。むしろ、セルごとに計算方法を変える方が問題を起こす危険性があります。全ての「税込価格」を同じ計算方法で処理しておくと、「税抜価格」を変更した場合にも柔軟に対応できます。

Column

切り上げ、切り下げ、四捨五入の関数

「Excel」には、小数点以下を切り上げたり、四捨五入したりする関数も用意されています。少数点以下を四捨五入するときは関数「ROUND」を使用します。ただし、この関数を使用するときは、2番目の引数に四捨五入した後の桁数を指定しなければいけません。小数点以下0桁に四捨五入する場合は「=ROUND(数値,0)」と関数を記述します。「数値」の部分にはセルや数式を指定します。同様に「=ROUNDUP(数値,0)」で小数点以下の切り上げ、「=ROUNDDOWN(数値,0)」で小数点以下の切り下げを実行できます。

・四捨五入
=ROUND(数値,桁数)

・切り上げ
=ROUNDUP(数値,桁数)

・切り下げ
=ROUNDDOWN(数値,桁数)

Column

負の数の切り下げ、切り上げ、四捨五入

関数を使って負の数を整数にするときは、少しだけ注意が必要です。上記の3つの関数で負の数を整数にした場合、以下の例のような結果になります。

・ROUND(四捨五入)
−3.54 → −4
※小数点以下第1位で四捨五入

・ROUNDUP(切り上げ)
−3.54 → −4
※数値が小さくなる

・ROUNDDOWN(切り下げ)
−3.54 → −3
※数値が大きくなる

14 オートフィル

「1、2、3、……」のように連続する数字や「月、火、水、……」のような文字を入力するときは、オートフィルを使うと便利です。また、同じパターンの数式や関数を入力する場合にもオートフィルが活用できます。

セルのコピー

オートフィルは、文字や書式をコピーするときに活用できる機能です。オートフィルを使ってセルをコピーするときは、選択しているセルの右下にある■を上下左右にドラッグします。すると、ドラッグした範囲にセルをコピーできます。

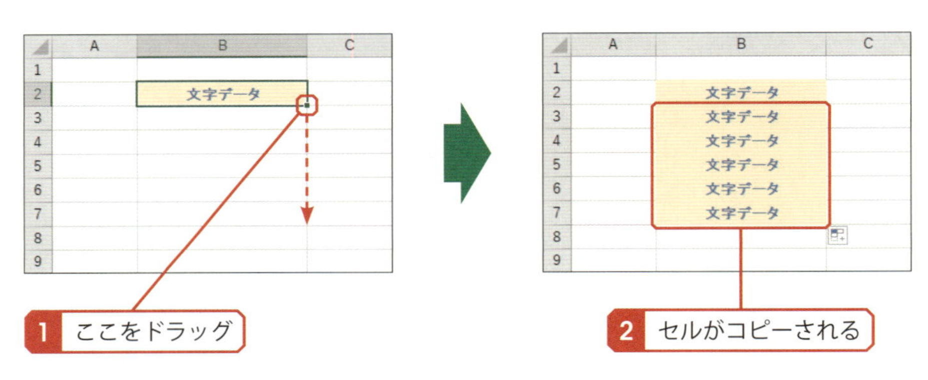

オートフィル オプション

オートフィルでコピーを実行した直後は、画面に■（オートフィル オプション）が表示されます。■は、文字または書式のどちらか一方だけをコピーする場合に利用します。

たとえば、「書式のみコピー」を選択すると、セルの書式だけがコピーされ、コピー先に入力されていたデータ（または空白セル）はそのまま維持されます。

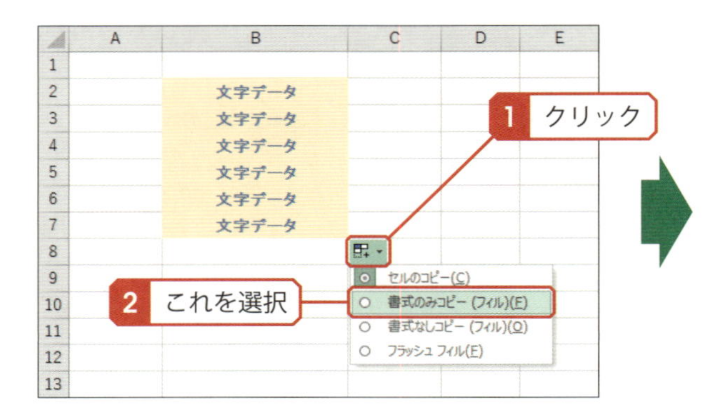

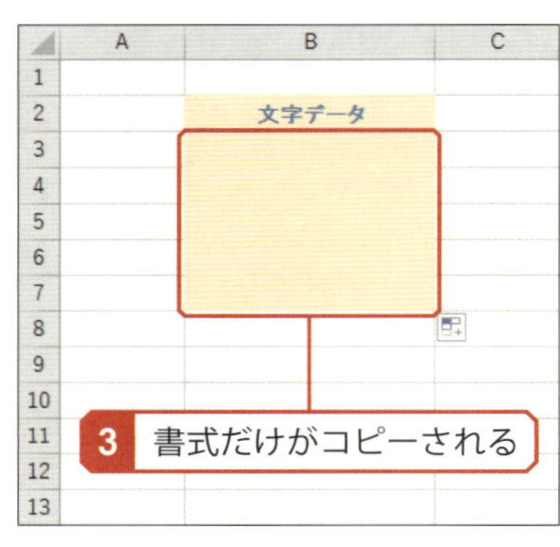

一方、「書式なしコピー」を選択した場合は、元のセルに入力されていたデータだけがコピーされ、セルの書式は以前の状態が維持されます。

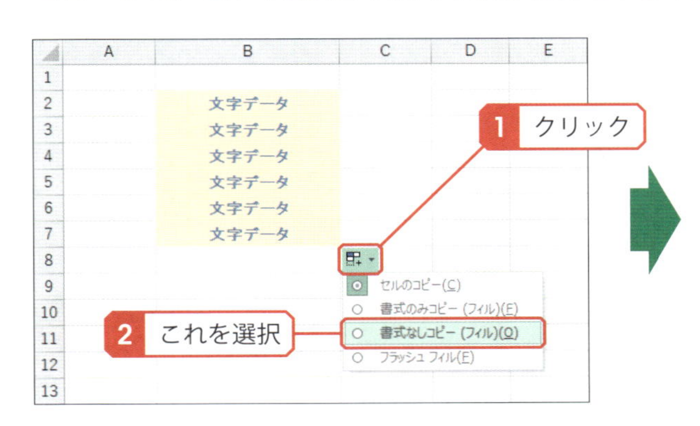

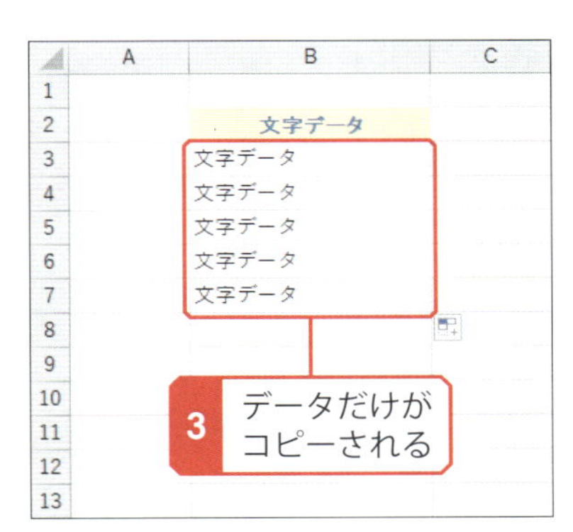

なお、の初期値は「セルのコピー」になっています。この場合、データと書式の両方がコピーされます。

連続する数値のコピー

単なる文字のコピーではなく、「1、2、3、……」のように連続する数値を入力する場合にもオートフィルが便利に活用できます。連続した数値を入力するときは、以下のように操作します。

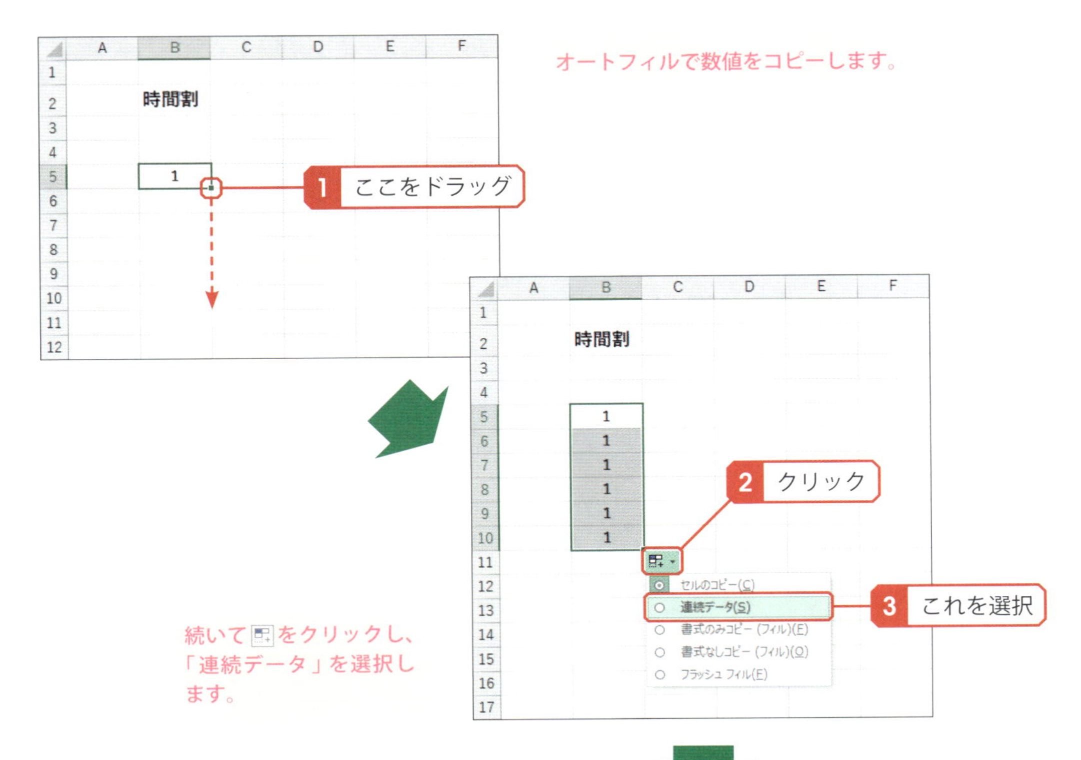

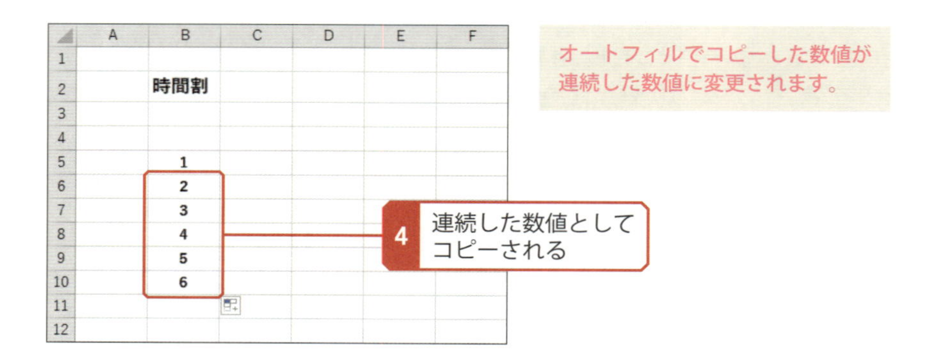

Column

連続データの開始数値

「1」以外から始まる数値を連続データとしてコピーすることも可能です。たとえば、「18」をオートフィルの「連続データ」でコピーすると、「19、20、21、……」という数値がコピーされます。

Column

等差数列のコピー

「2､4､6､8､……」のように一定間隔の数列をオートフィルでコピーすることも可能です。この場合は、2つ以上のセル範囲を選択した状態で をドラッグし、コピーを行います。

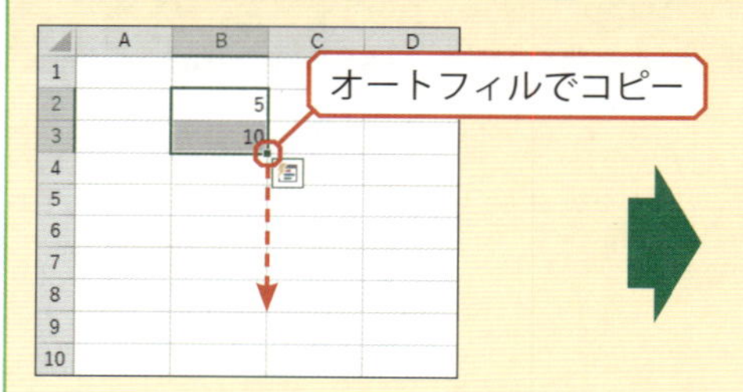

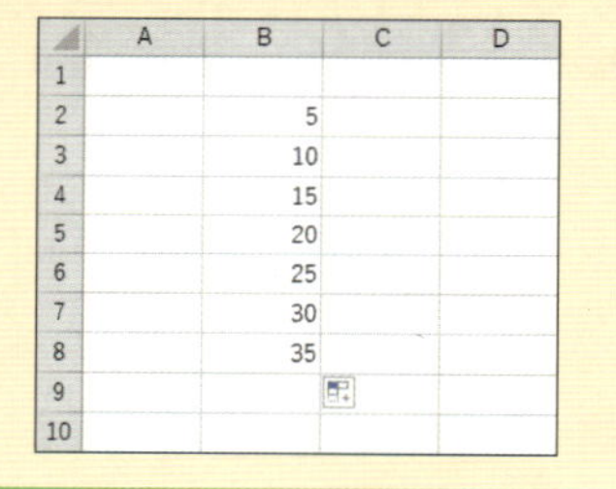

▶ 連続する文字のコピー

「月、火、水、……」や「1月、2月、3月、……」のように規則性のある文字をオートフィルでコピーすることも可能です。このような文字のコピーは をドラッグするだけで実行できます。

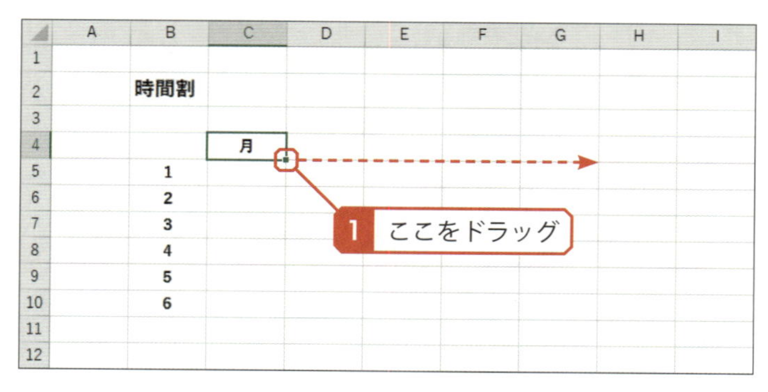

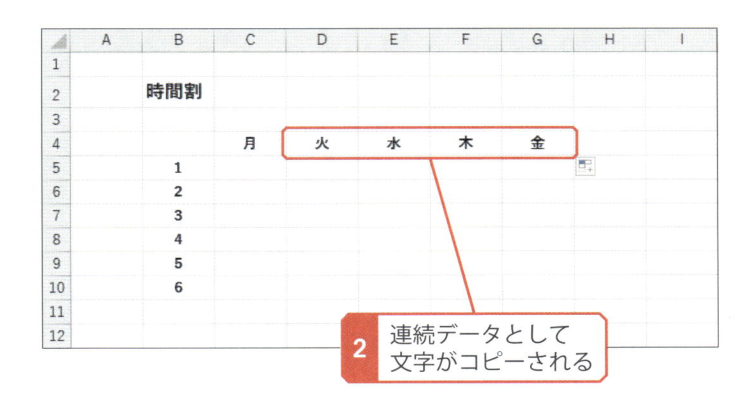

数式や関数のコピー

数式をコピーする場合にもオートフィルが活用できます。この場合は、数式内のセル参照がドラッグした方向へ自動調整されます。たとえば、下方向へ＋をドラッグすると、行番号が1つずつ追加されて数式がコピーされます。

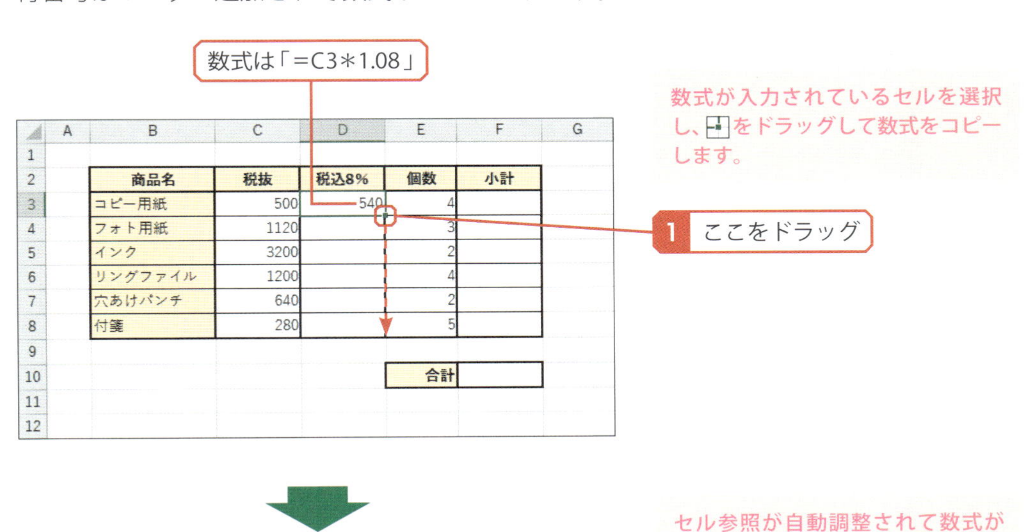

数式が入力されているセルを選択し、＋をドラッグして数式をコピーします。

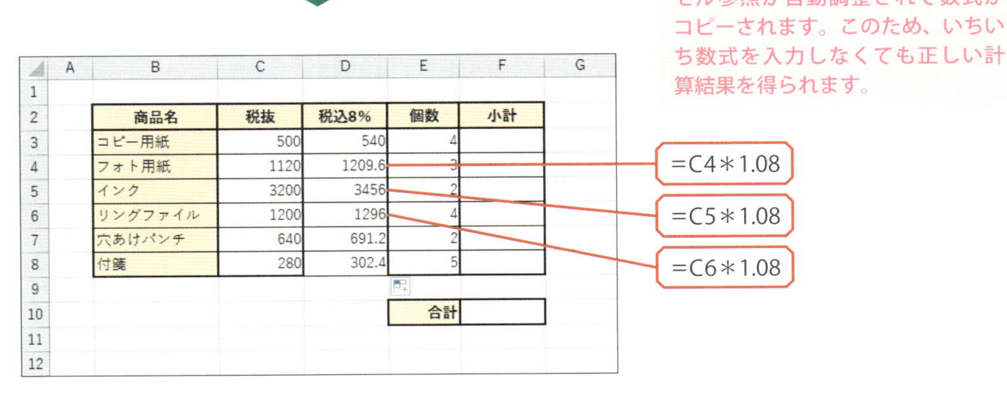

セル参照が自動調整されて数式がコピーされます。このため、いちいち数式を入力しなくても正しい計算結果を得られます。

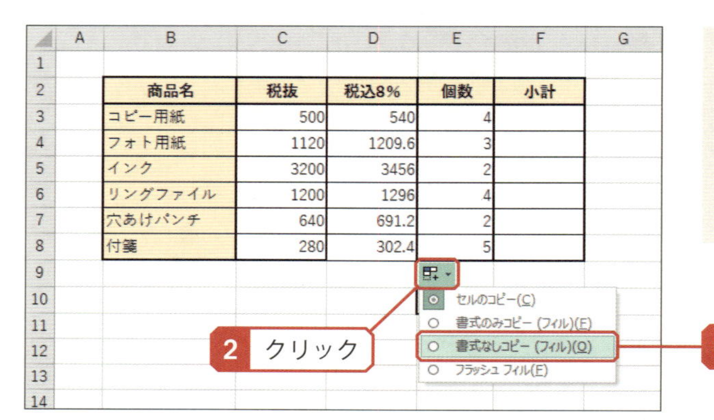

コピー先の書式を変更したくない場合は、をクリックして「書式なしコピー」を選択します。すると、自動調整された数式だけがコピーされ、書式は以前の状態が維持されます。

関数をオートフィルでコピーした場合も、引数に指定されているセルやセル範囲が自動調整されます。たとえば、右方向へをドラッグすると、列番号が1つずつ追加されて関数がコピーされます。ここでは、複数の関数をまとめてコピーする場合の例を紹介しておきます。

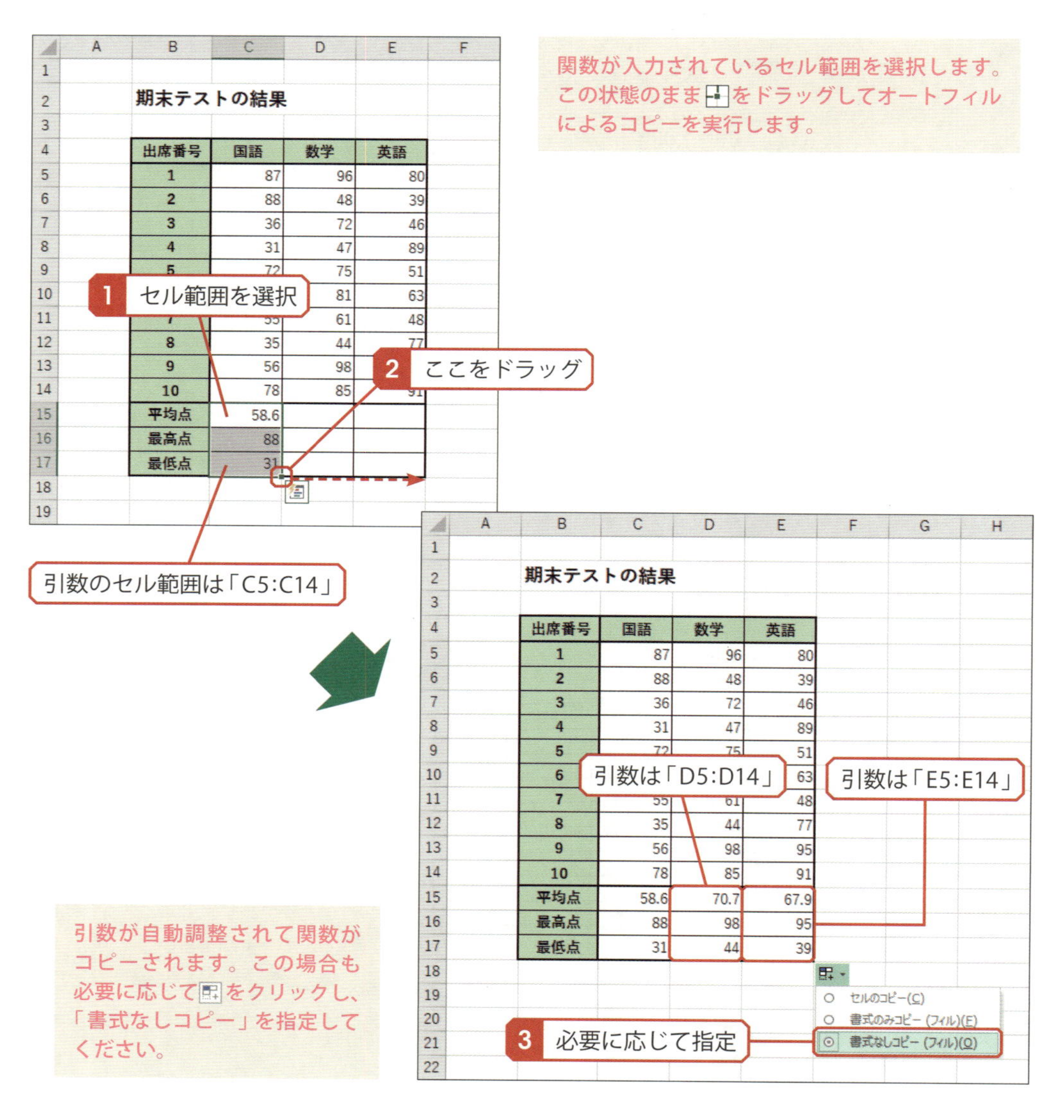

関数が入力されているセル範囲を選択します。この状態のままをドラッグしてオートフィルによるコピーを実行します。

引数が自動調整されて関数がコピーされます。この場合も必要に応じてをクリックし、「書式なしコピー」を指定してください。

15 コピーと貼り付け

セルにデータや数式などを入力する方法として、コピー（[Ctrl]＋[C]キー）と貼り付け（[Ctrl]＋[V]キー）も活用できます。続いては、「Excel」でコピー＆貼り付けを行う方法について解説します。

セルのコピー＆貼り付け

[Ctrl]＋[C]キーでセルの内容をコピーし、[Ctrl]＋[V]キーで他のセルに貼り付けることも可能です。この操作手順は、通常のコピー＆貼り付けと同じです。

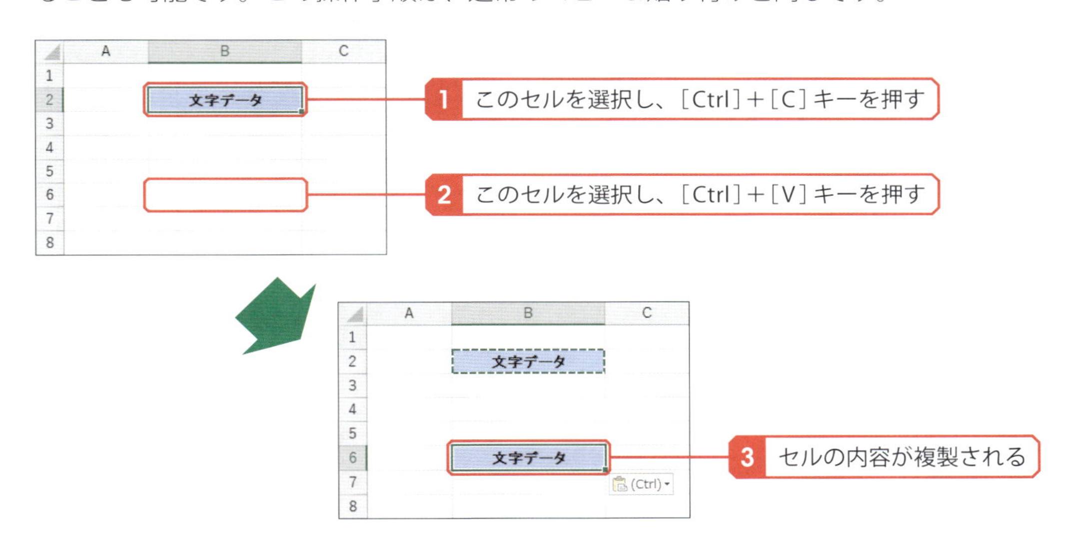

数式、関数のコピー＆貼り付け

同様の手順で数式や関数もコピーできます。この場合は、数式や関数が参照しているセルや引数が自動修正されて貼り付けられます。

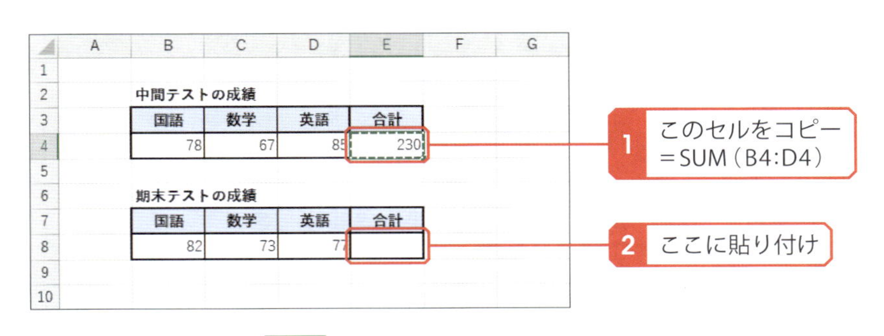

	A	B	C	D	E	F	G
1							
2		中間テストの成績					
3		国語	数学	英語	合計		
4		78	67	85	230		
5							
6		期末テストの成績					
7		国語	数学	英語	合計		
8		82	73	77	232		
9						(Ctrl)▾	
10							

3 セル参照が自動調整される
=SUM(B8:D8)

▶ 貼り付けのオプション

[Ctrl]+[V]キーで貼り付けを行うと、(Ctrl)▾(貼り付けのオプション)が表示されます。ここでコピー元から引き継ぐ書式を指定することも可能です。また、[Ctrl]+[V]キーの代わりに[ホーム]タブにある「貼り付け」を利用する方法も用意されています。

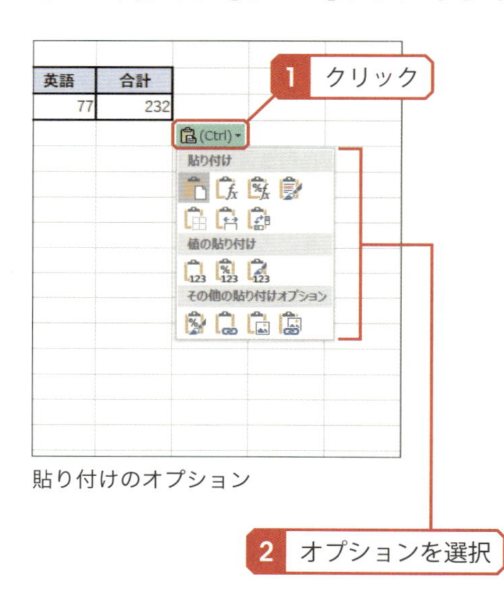

貼り付けのオプション

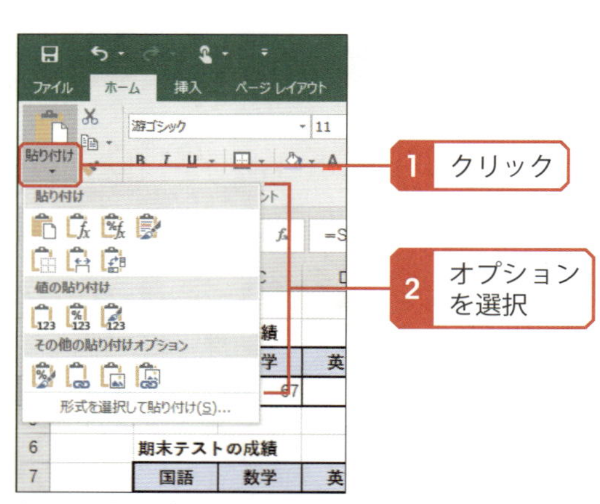

[ホーム]タブにある「貼り付け」は、結果を画面上で確認しながら貼り付けたい場合に活用できます。

各オプションで、コピー元から引き継がれる書式は以下のとおりです。

■引き継がれる書式

オプション	文字の書式、背景色	表示形式	罫線	セルの幅
貼り付け(初期値)	●	●	●	—
数式	—	—	—	—
数式と数値の書式	—	●	—	—
元の書式を保持	●	●	●	—
罫線なし	●	●	—	—
元の列幅を保持	●	●	●	●

Column

行列を入れ替える

複数のセル（セル範囲）をコピーした場合は、コピー元の行と列を入れ替えてセルを貼り付けることも可能です。この場合は、（行列を入れ替える）のオプションを指定します。

コピー元が数式や関数であった場合は、その計算結果を数値データとして貼り付けるオプションも用意されています。

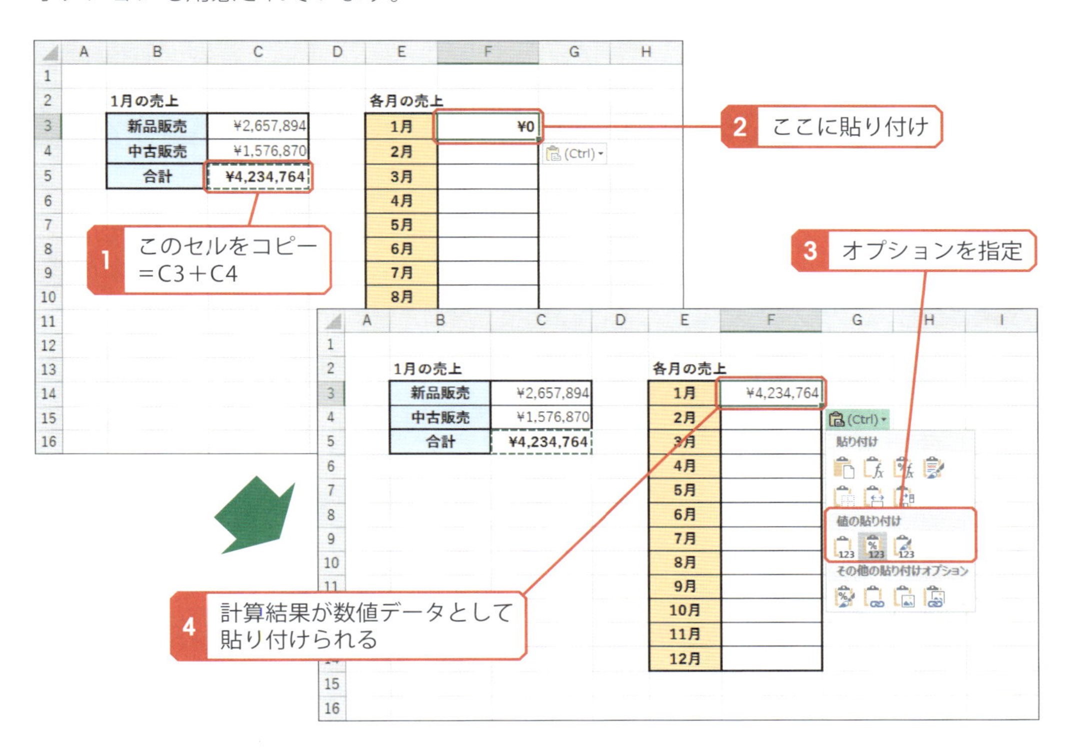

■引き継がれる書式

オプション	文字の書式、背景色	表示形式	罫線	セルの幅
値	―	―	―	―
値と数値の書式	―	●	―	―
値と元の書式	●	●	●	―

そのほか、セルの書式だけを貼り付けたり、セルを画像として貼り付けたりするオプションも用意されています。

- 書式設定 ……… セルの書式だけを貼り付けます。
- リンク貼り付け ……… コピー元を参照するリンクとして貼り付けます。
- 図 ……… コピー元を画像として貼り付けます。
- リンクされた図 ……… コピー元を参照するリンクを画像として貼り付けます。

16 グラフの作成と編集

「Excel」には、表からグラフを作成する機能が用意されています。データを分かりやすく示すためにも、グラフの作成方法を覚えておくとよいでしょう。続いては、グラフの作成と編集について解説します。

おすすめグラフの作成

「Excel」には、「おすすめグラフ」というグラフを手軽に作成できる機能が用意されています。この機能を使ってグラフを作成するときは、以下のように操作します。

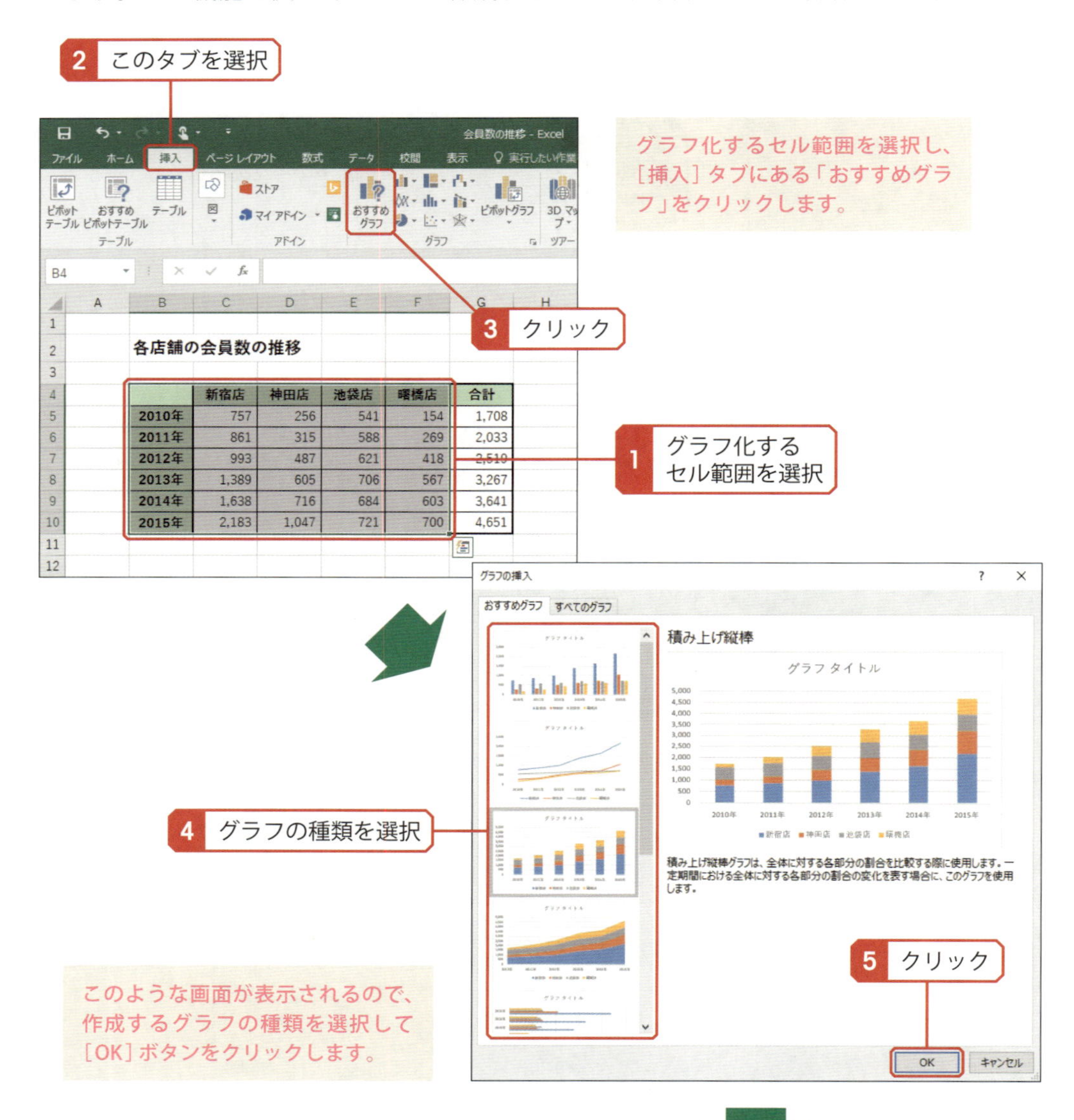

	新宿店	神田店	池袋店	曙橋店	合計
2010年	757	256	541	154	1,708
2011年	861	315	588	269	2,033
2012年	993	487	621	418	2,519
2013年	1,389	605	706	567	3,267
2014年	1,638	716	684	603	3,641
2015年	2,183	1,047	721	700	4,651

グラフ化するセル範囲を選択し、[挿入]タブにある「おすすめグラフ」をクリックします。

このような画面が表示されるので、作成するグラフの種類を選択して[OK]ボタンをクリックします。

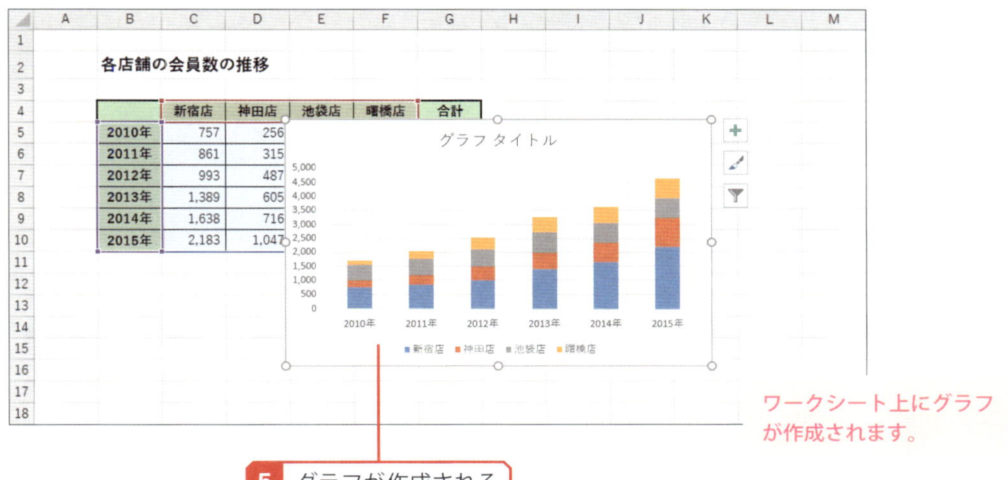

Column

グラフの自動更新

グラフを作成した後に表の数値データなどを変更すると、その変更内容がグラフにも自動的に反映されます。このため、表の内容を変更したときにグラフを作成しなおす必要はありません。

グラフの移動とサイズ変更

作成したグラフは、その位置とサイズを自由に変更できます。グラフの位置を移動させるときは、グラフ内の余白をドラッグします。グラフのサイズを拡大／縮小するときは、四隅や上下左右にあるハンドルをドラッグします。

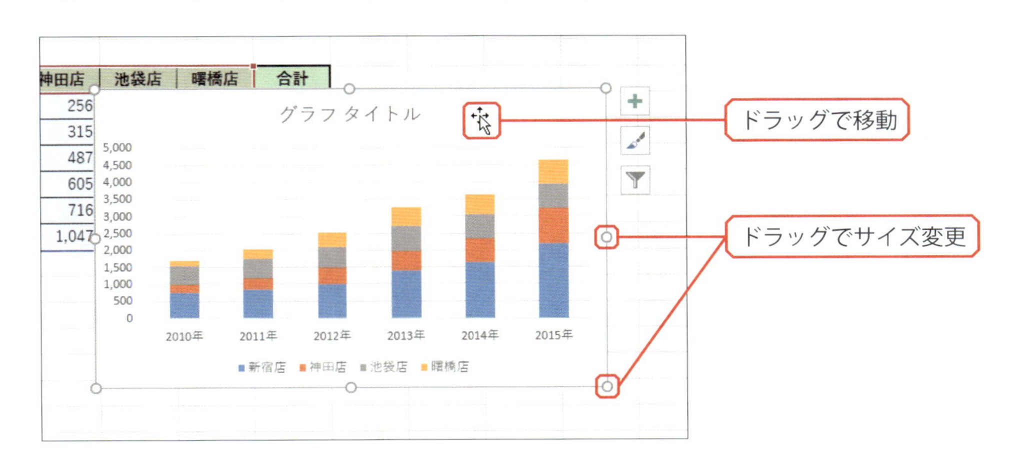

Column

グラフの削除

作成したグラフを削除するときは、グラフ内の余白をクリックしてグラフを選択し、［Delete］キーを押します。

▶ 種類と形式を指定してグラフを作成

種類や形式を自分で指定してグラフを作成することも可能です。この場合は、［挿入］タブにある9つのアイコンの中から作成するグラフの種類、形式を選択します。

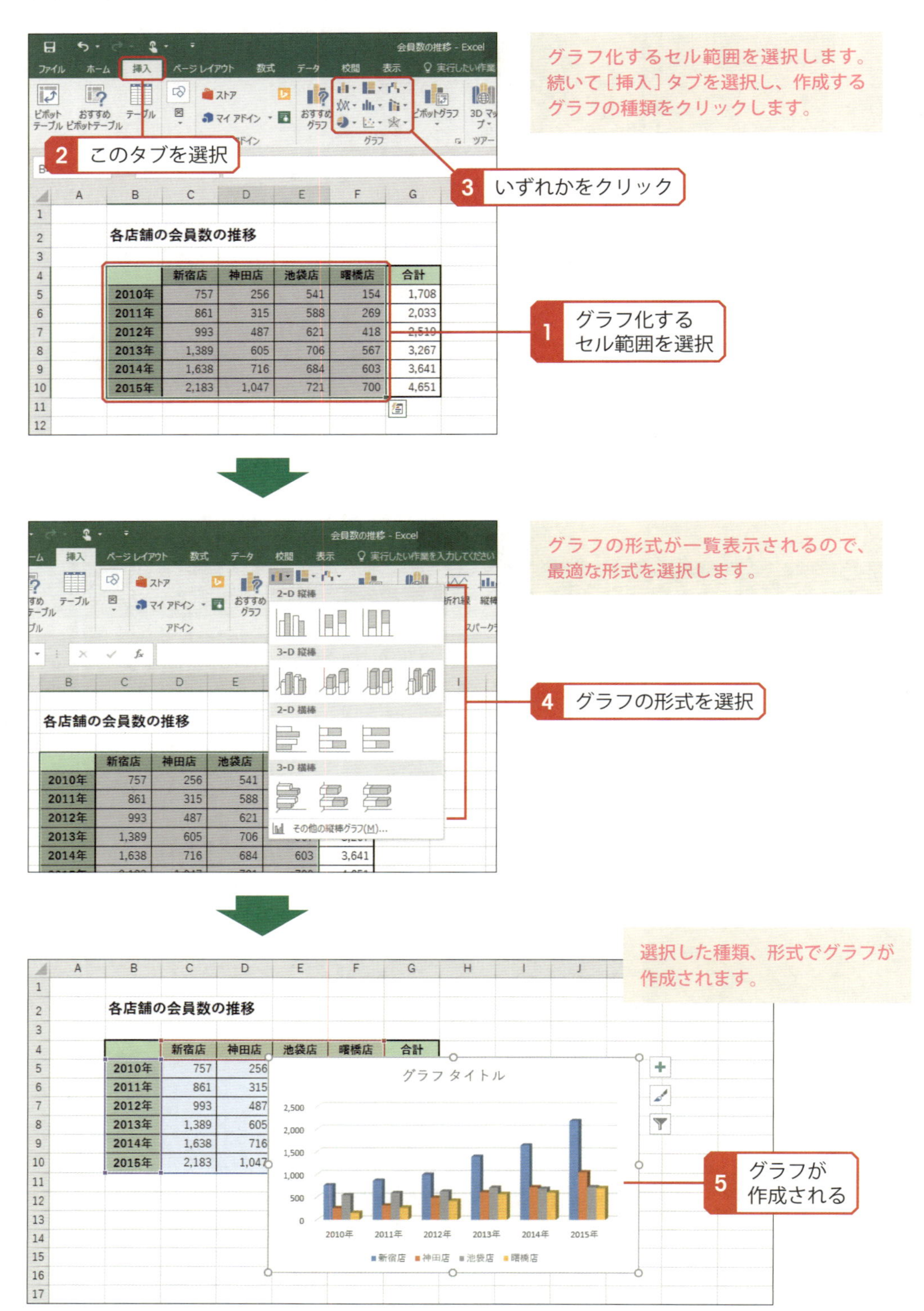

グラフ要素の追加

作成したグラフをクリックして選択すると、右側に3つのアイコンが表示されます。続いては、これらのアイコンを使ってグラフをカスタマイズしていく方法を解説します。

＋（グラフ要素）のアイコンは、グラフ内に表示する要素を指定するときに利用します。ここで軸ラベルや凡例などの有無を指定することが可能です。

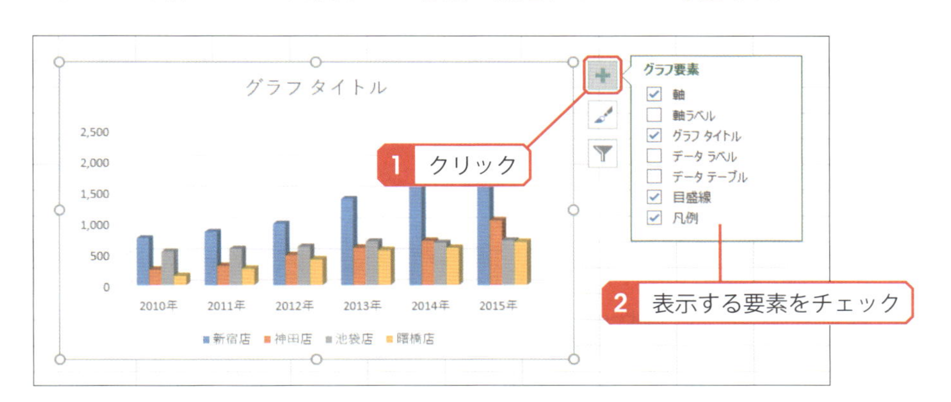

■グラフタイトル、軸ラベル

作成したグラフにはグラフ タイトルの領域が用意されています。この部分をクリックすると、グラフのタイトル文字を変更できます。同様の手順で、追加表示した軸ラベルの文字を指定することも可能です。

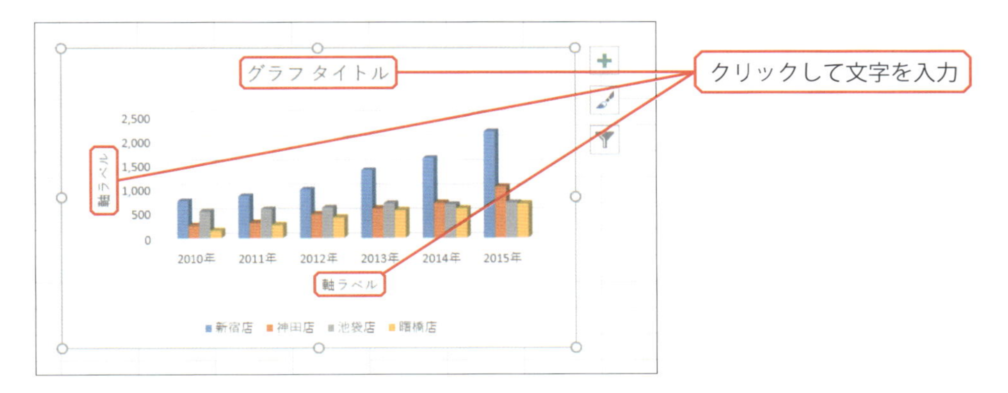

■凡例

グラフには各データの色を示す凡例が表示されています。この凡例が不要な場合は、＋（グラフ要素）で「凡例」のチェックボックスをOFFにします。

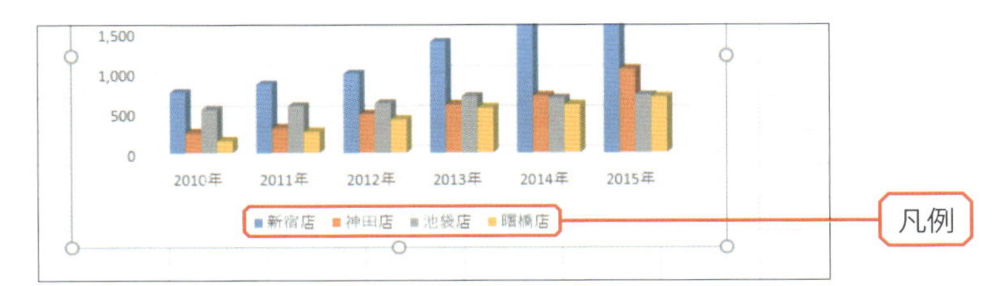

■データラベル、データテーブル

グラフ内に数値データを示す方法としてデータラベルやデータテーブルを利用することも可能です。各項目をチェックすると、以下の図のように数値データが表示されます。

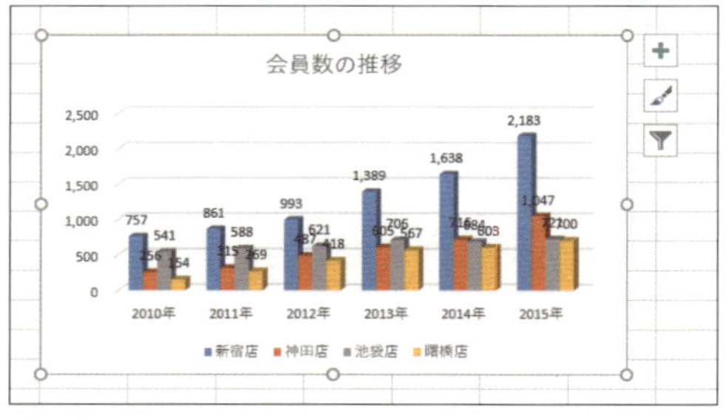

データラベル

	2010年	2011年	2012年	2013年	2014年	2015年
新宿店	757	861	993	1,389	1,638	2,183
神田店	256	315	487	605	716	1,047
池袋店	541	588	621	706	684	721
曙橋店	154	269	418	567	603	700

データテーブル

グラフ スタイルの適用

（グラフ スタイル）のアイコンは、グラフ全体のデザインを手軽に変更したい場合に利用します。一覧から好きなスタイルを選択すると、そのスタイルがグラフに適用され、グラフ全体のデザインを変更することができます。

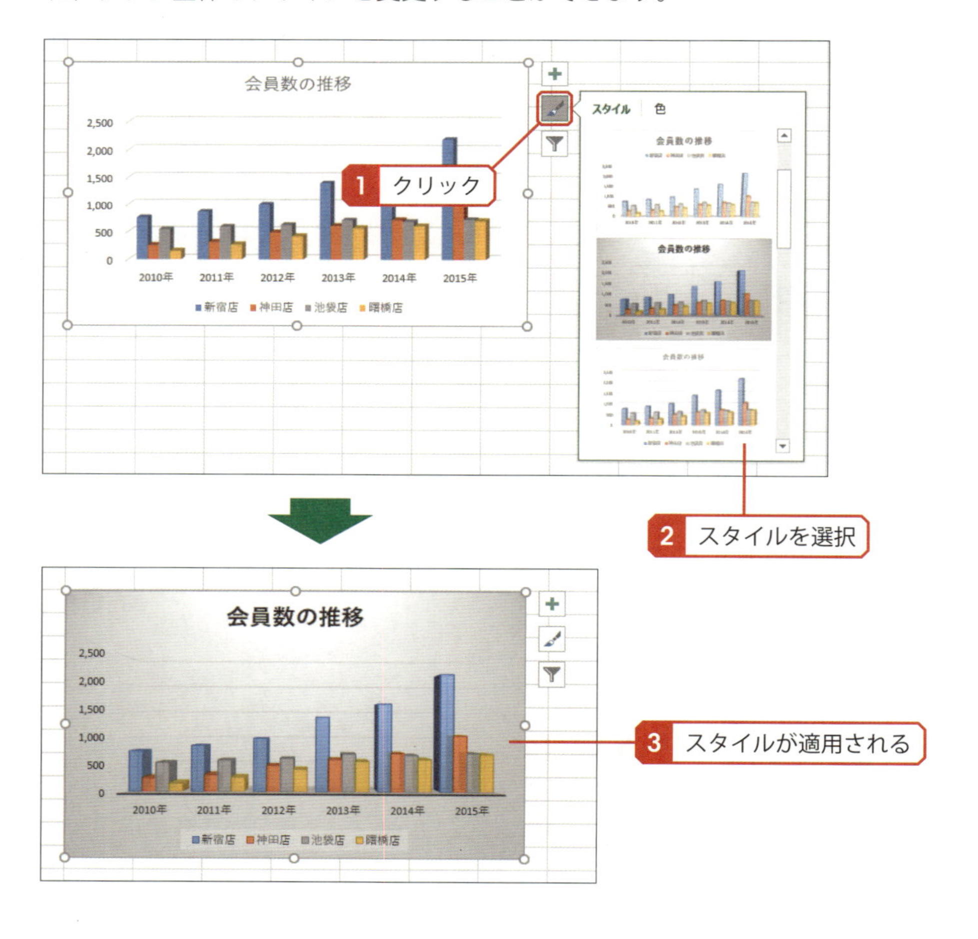

グラフ フィルターの活用

（グラフ フィルター）のアイコンは、グラフ化するデータを変更する場合に利用します。不要な項目のチェックボックスをOFFにしてから［適用］ボタンをクリックすると、そのデータをグラフから除外できます。

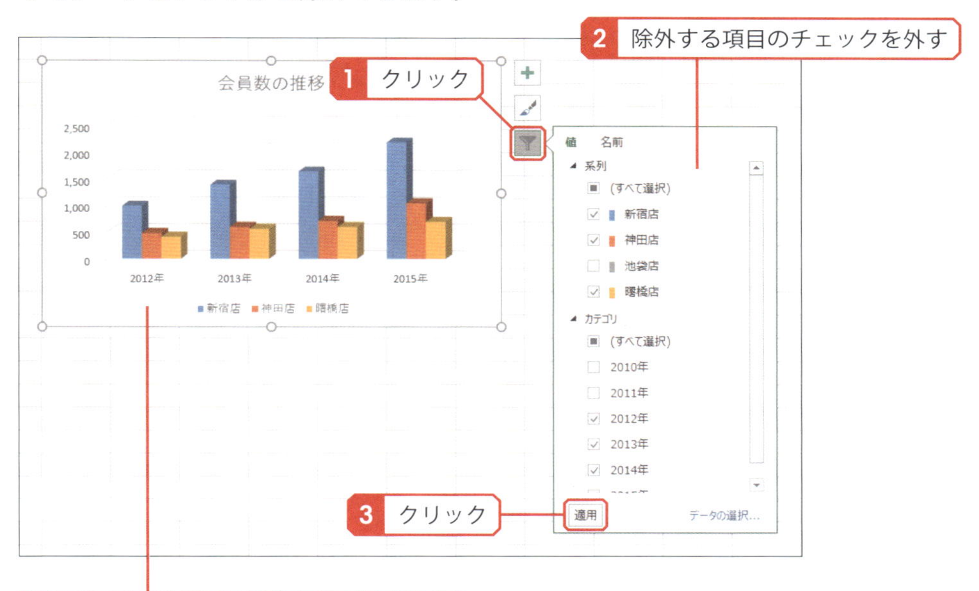

グラフ ツールの［デザイン］タブ

グラフをクリックして選択すると、グラフ ツールの［デザイン］タブを利用できるようになります。このタブを使ってグラフをカスタマイズすることも可能です。 や 、 より詳細にカスタマイズできるので、使い方を覚えておくとよいでしょう。

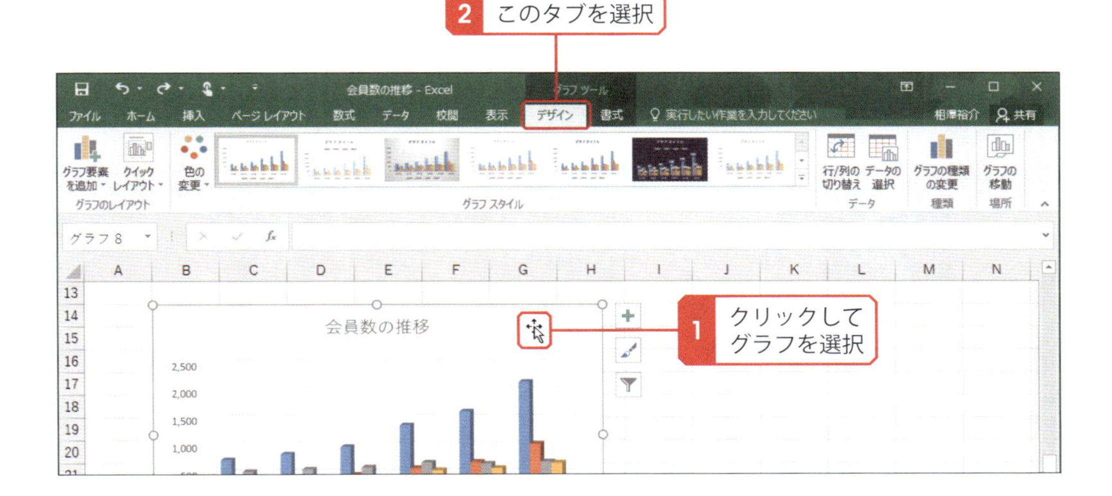

■グラフ要素を追加

グラフ内に表示する要素を指定できます。各要素を配置する位置なども指定できます。

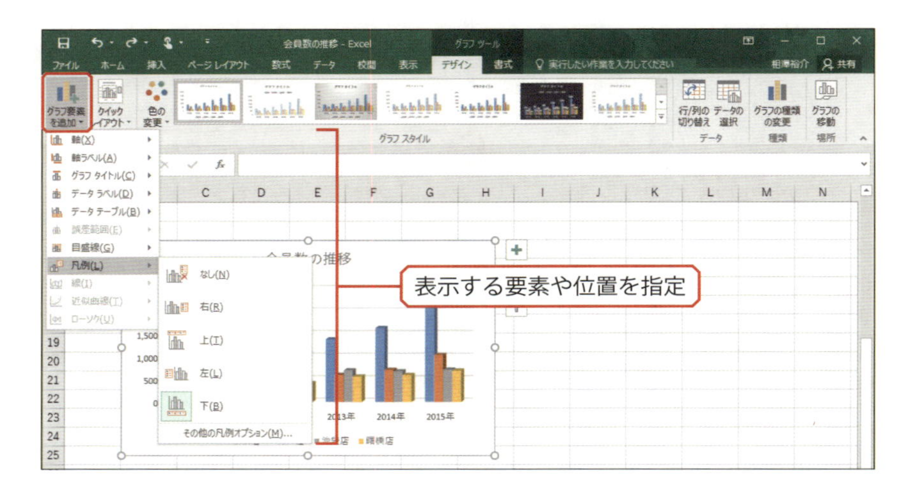

■クイックレイアウト

あらかじめ用意されているレイアウトをグラフに適用することで、要素の表示／非表示や配置などを手軽に指定できます。

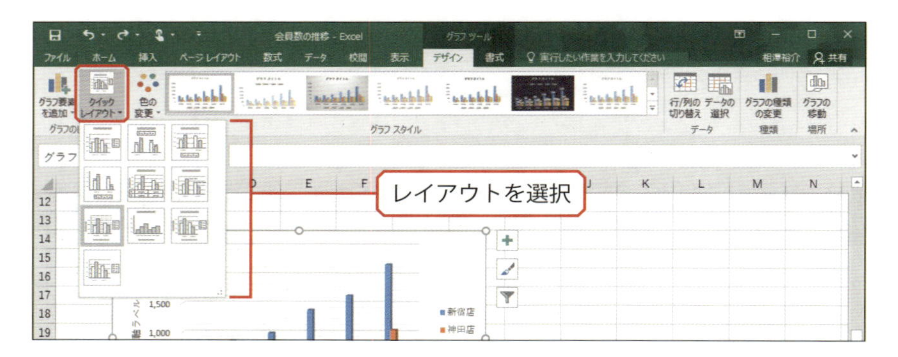

■色の変更

グラフの配色（色の組み合わせ）を変更できます。

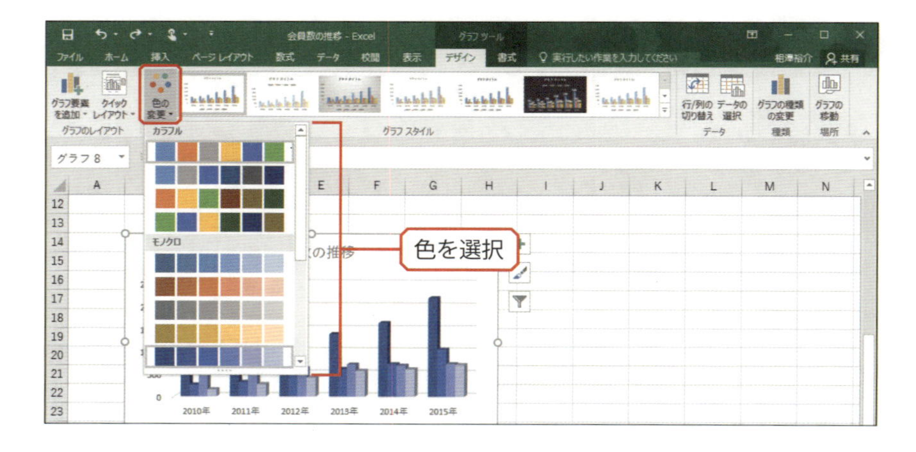

■グラフ スタイル

グラフにスタイルを適用して、グラフ全体のデザインを手軽に変更できます。基本的な機能は と同じです。

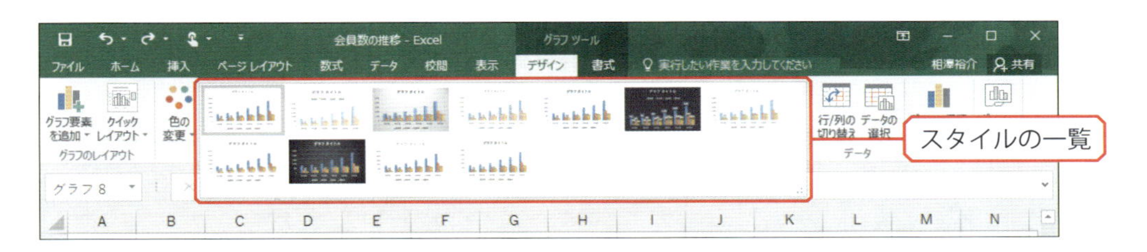

■行／列の切り替え

グラフの基にした表の「行と列の関係」を入れ替えてグラフを作成しなおします。

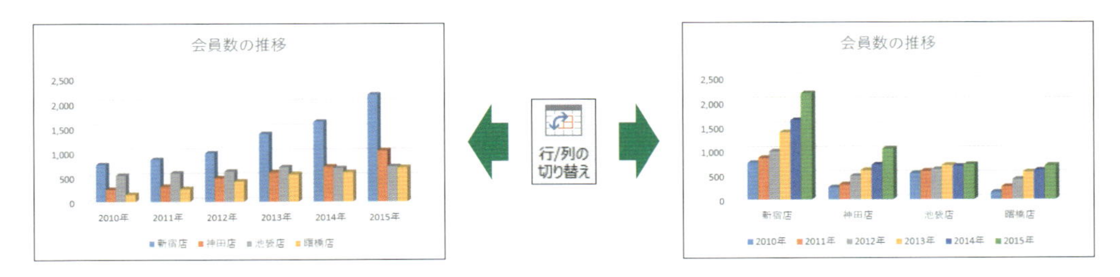

■データの選択

グラフ化するデータを変更できます。基本的な機能は と同じです。

■グラフの種類の変更

作成したグラフの種類を後から変更する場合に利用します。

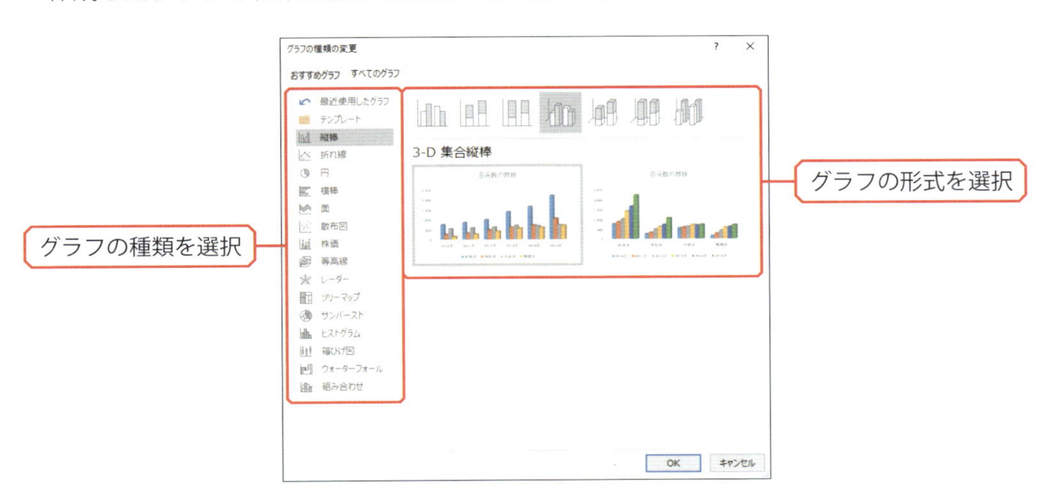

■グラフの移動

グラフを別のワークシート（P337～338参照）に移動したり、グラフだけのワークシート（グラフシート）を作成したりする場合に利用します。

▶ グラフの書式設定

グラフ内で各要素を右クリックして「○○の書式設定」を選択すると、その要素の書式を細かく指定できる設定画面が表示されます。グラフを詳細にカスタマイズしたい場合は、ここで書式を指定してください。

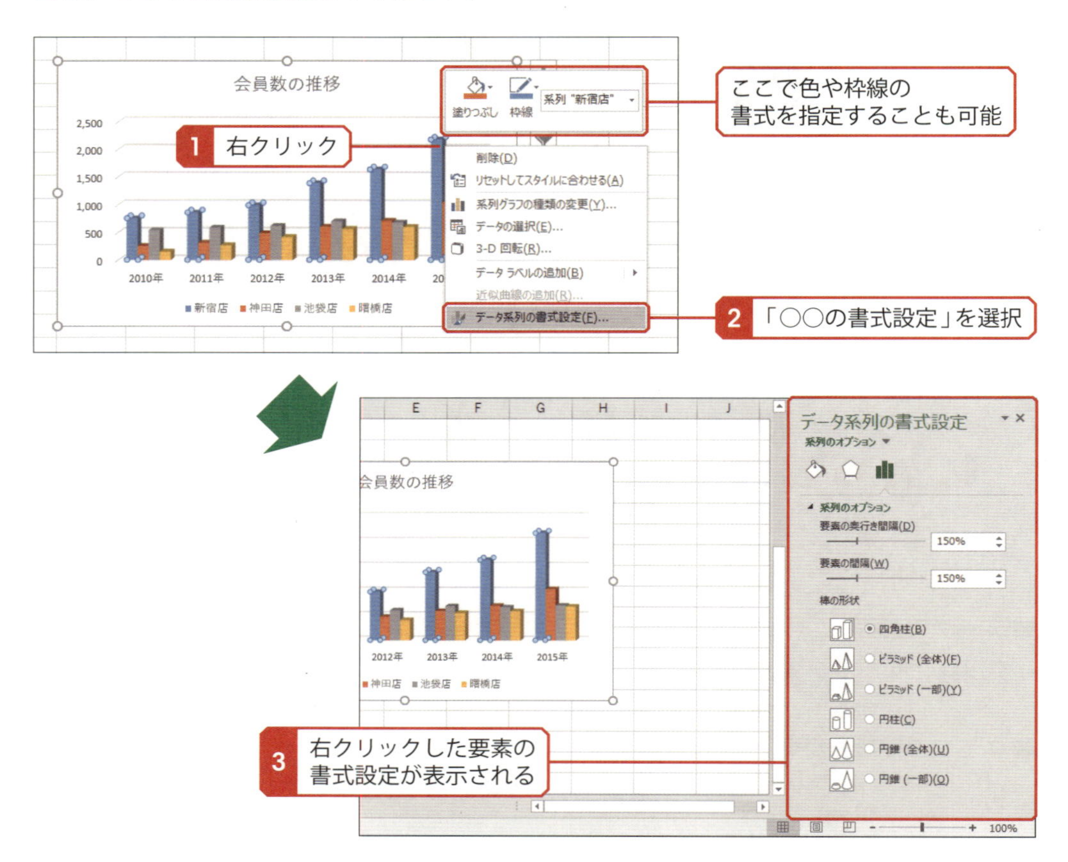

ここでは、よく利用する書式設定について簡単に設定画面を紹介しておきます。

■軸の書式設定

縦軸（または横軸）の書式を細かく指定できます。軸に表示する数値の範囲や目盛線の間隔などを指定できます。

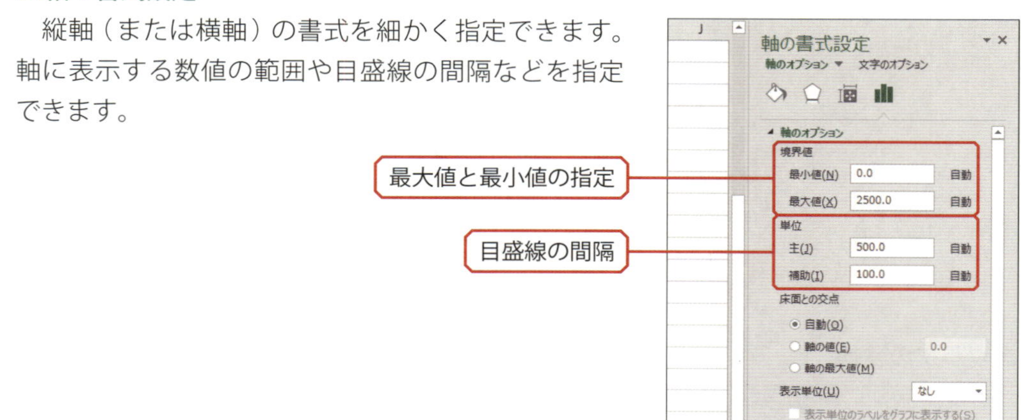

■データ系列の書式設定

グラフの形状や色などを個別に指定できます。特定の系列を「赤色」で表示して強調する場合などに活用できます。

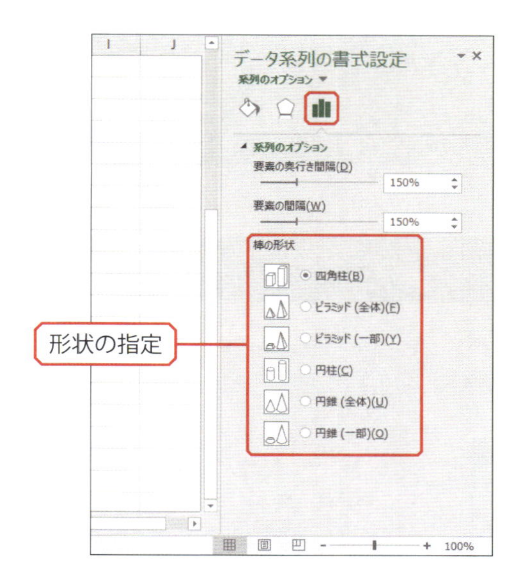

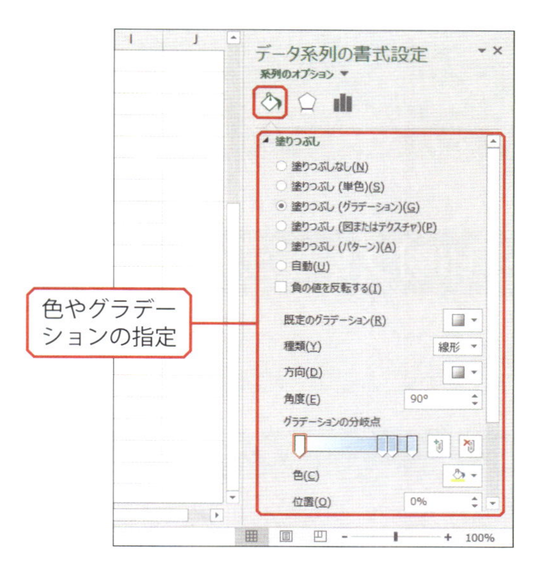

■グラフ内の文字の書式

グラフ タイトルや軸ラベル、凡例などを右クリックして、文字の書式を指定することも可能です。軸ラベルを縦書きで表示したり、横軸の文字を斜めに表示したりする場合などに利用します。

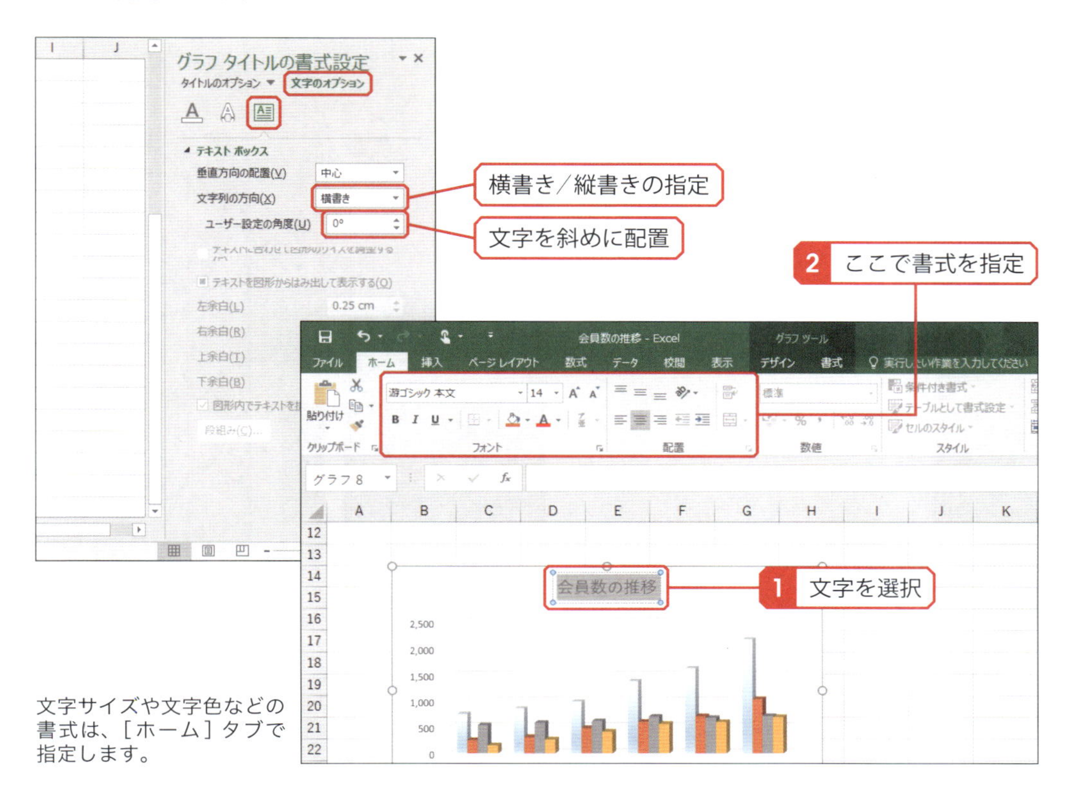

文字サイズや文字色などの書式は、[ホーム] タブで指定します。

17 ワークシートの印刷

続いては、作成した表やグラフを印刷するときの操作手順について解説します。大きな表を印刷するときは、ここに示した方法で改ページ位置を指定してから印刷を実行するようにしてください。

▶ 印刷プレビューの確認

表やグラフを印刷するときは、あらかじめ印刷プレビューで印刷イメージを確認しておくのが基本です。印刷プレビューを表示するときは、以下のように操作します。

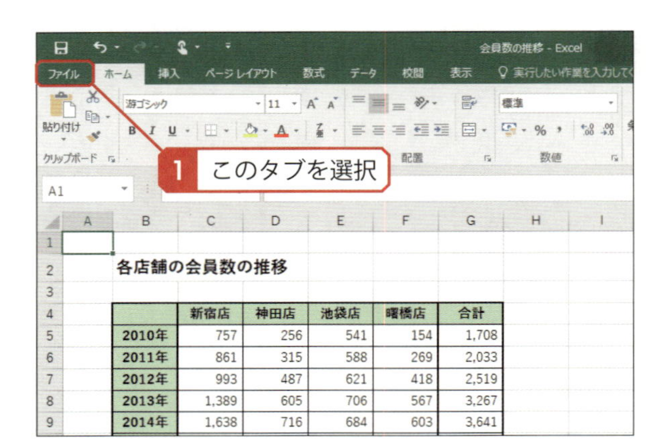

［ファイル］タブを選択します。

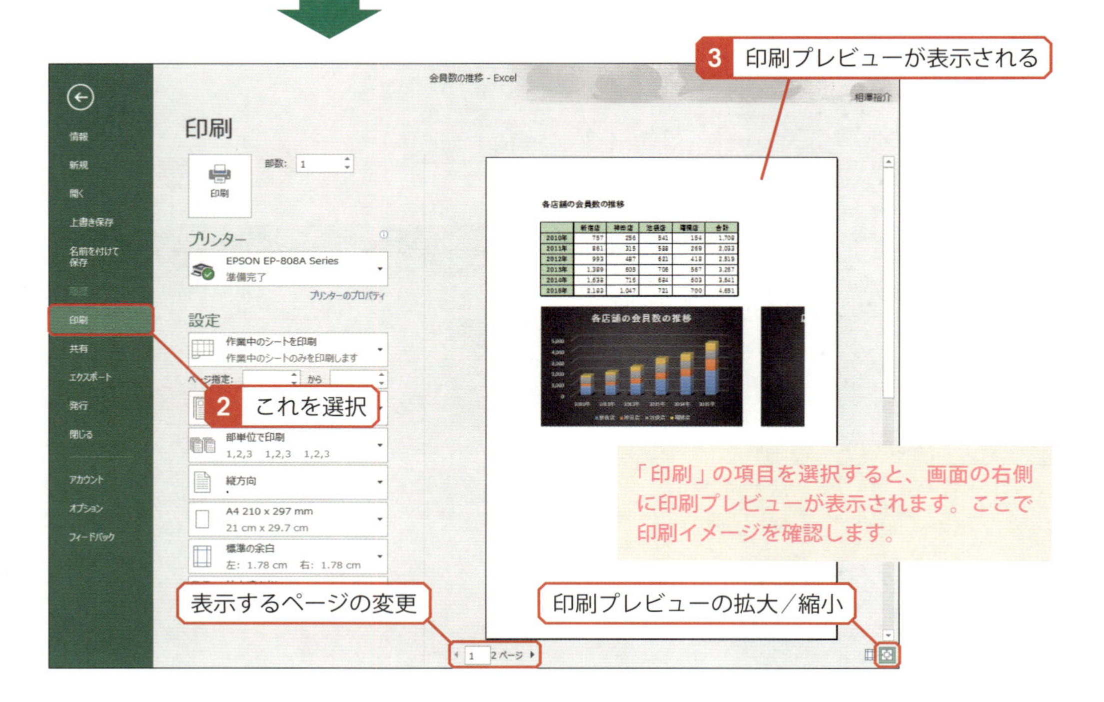

「印刷」の項目を選択すると、画面の右側に印刷プレビューが表示されます。ここで印刷イメージを確認します。

印刷の設定と実行

印刷プレビューの左側には、印刷に関連する設定項目が並んでいます。ここで印刷の設定を行い、［印刷］ボタンをクリックすると印刷を実行できます。

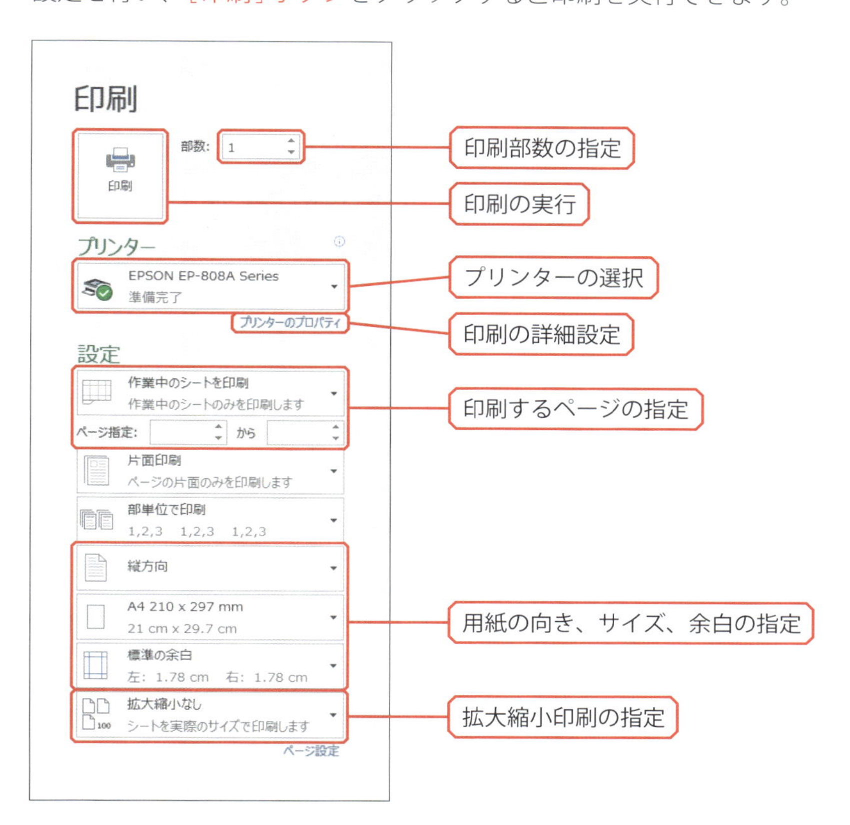

表やグラフが1枚の用紙に収まらない場合は、用紙の向きや用紙の余白を変更すると最適な印刷結果を得られる場合もあります。

用紙の向きの指定

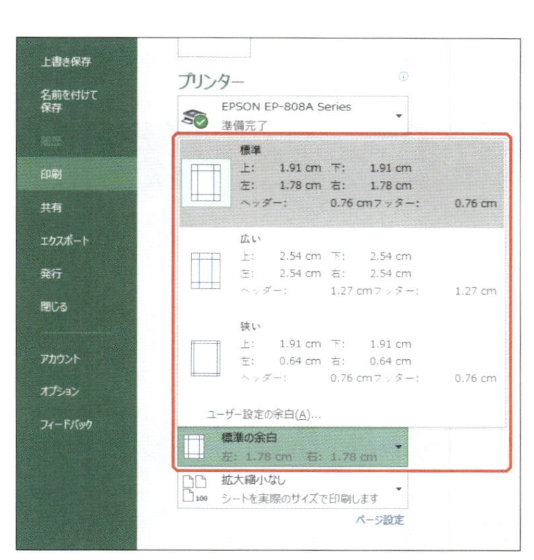

余白の指定

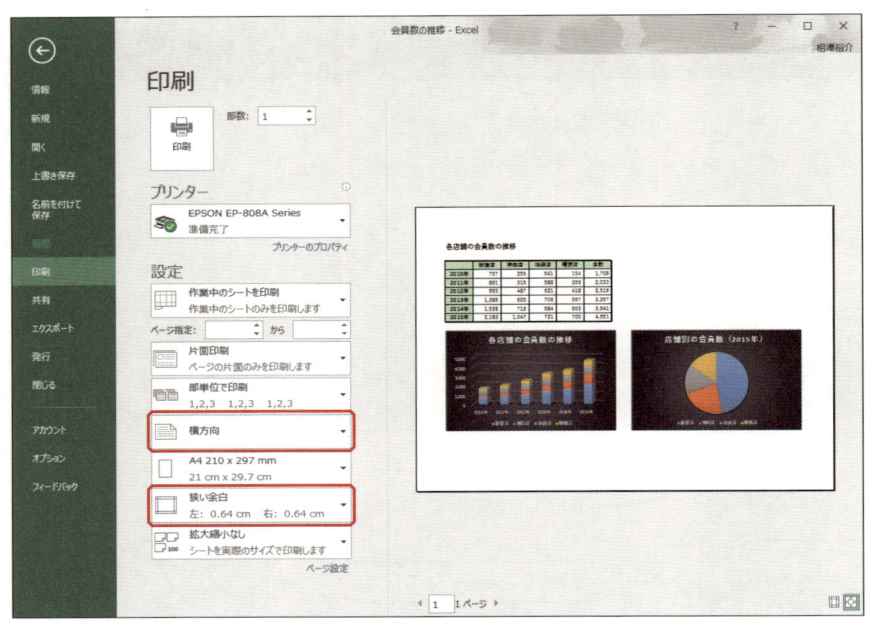

「用紙の向き」を「横方向」、「余白」を「狭い」に変更した場合

印刷に関する設定が全て完了したら、[印刷] ボタンをクリックして印刷を実行します。

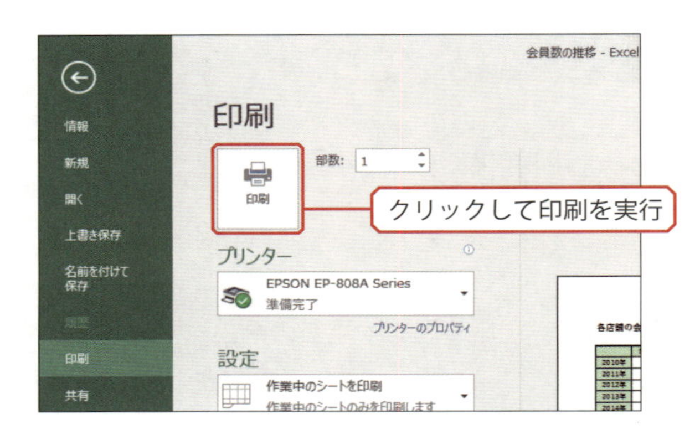

Column

プリンターのプロパティ

「プリンターのプロパティ」をクリックすると、印刷品質やカラー／モノクロなどを指定できる設定画面が表示されます。この設定画面はプリンターごとに異なるので、詳しくはプリンターの取扱説明書を参照してください。

ページ レイアウトの確認

ワークシートを何ページかに分けて印刷する場合は、ページ レイアウトで印刷イメージを確認すると便利です。ページ レイアウトは以下のように操作すると表示できます。

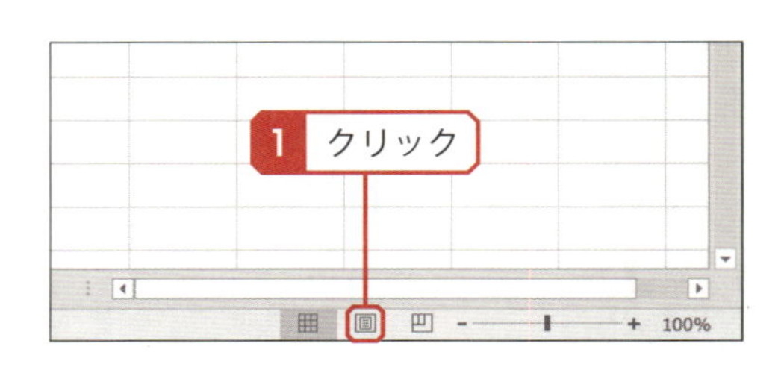

[ホーム] タブに戻り、ウィンドウの右下にある をクリックします。

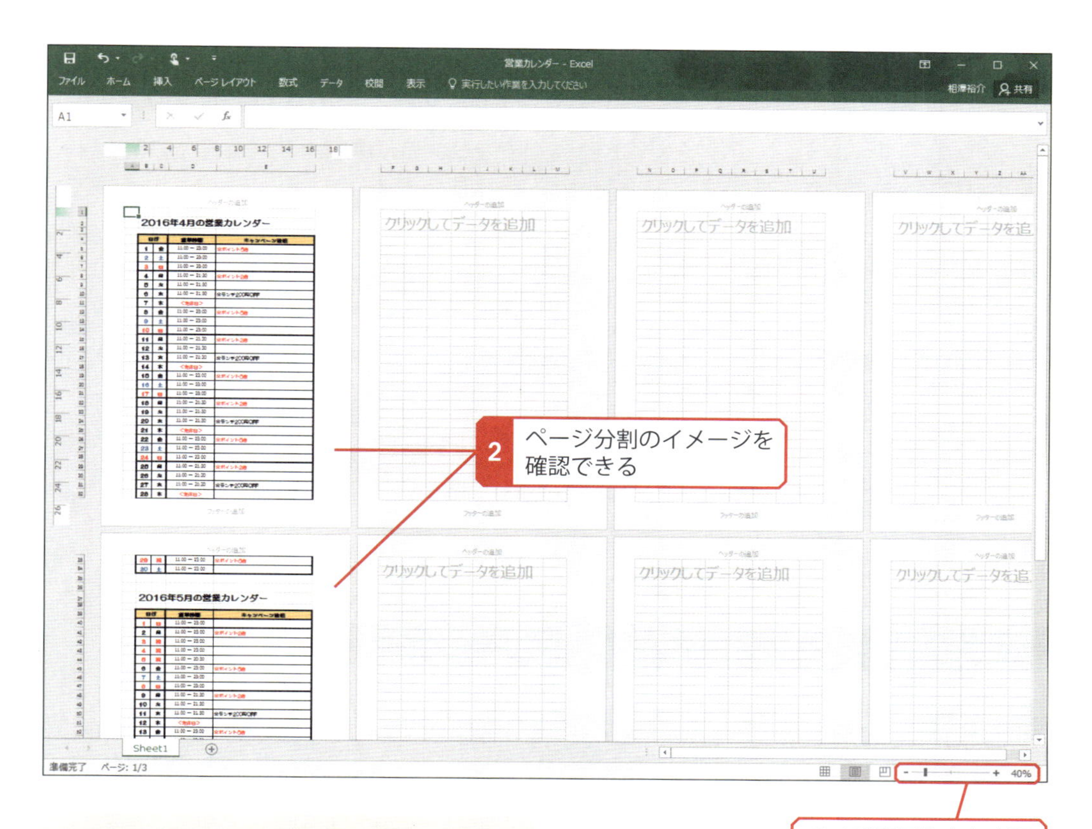

画面表示がページ レイアウトに切り替わります。画面の表示倍率を小さくすると、ページ分割のイメージを確認しやすくなります。

▶ 改ページ プレビューでページの区切りを指定

ページ レイアウトで印刷イメージを確認した結果、思いどおりの位置でページが分割されていなかった場合は、改ページ プレビューを使って「ページの区切り」変更します。以下に具体的な操作例を示しておくので、改ページ位置を指定するときの参考としてください。

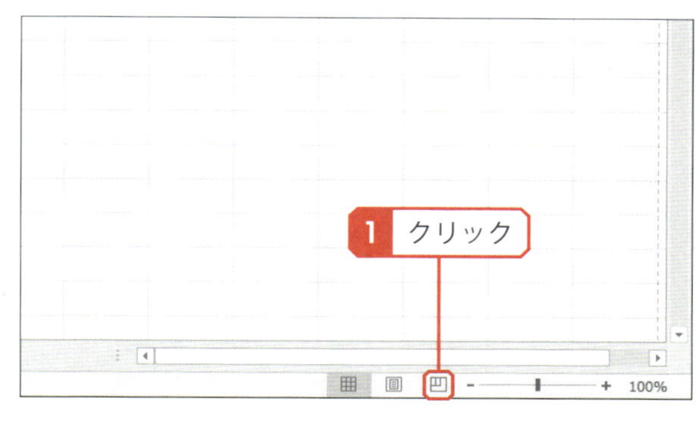

ウィンドウの右下にある四をクリックします。

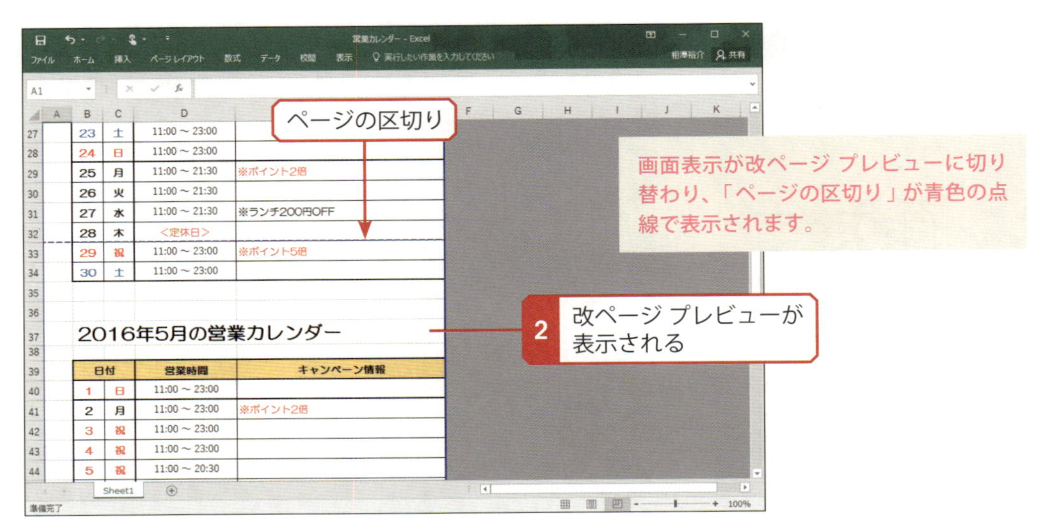
ページの区切り
画面表示が改ページ プレビューに切り替わり、「ページの区切り」が青色の点線で表示されます。
2 改ページ プレビューが表示される
2016年5月の営業カレンダー

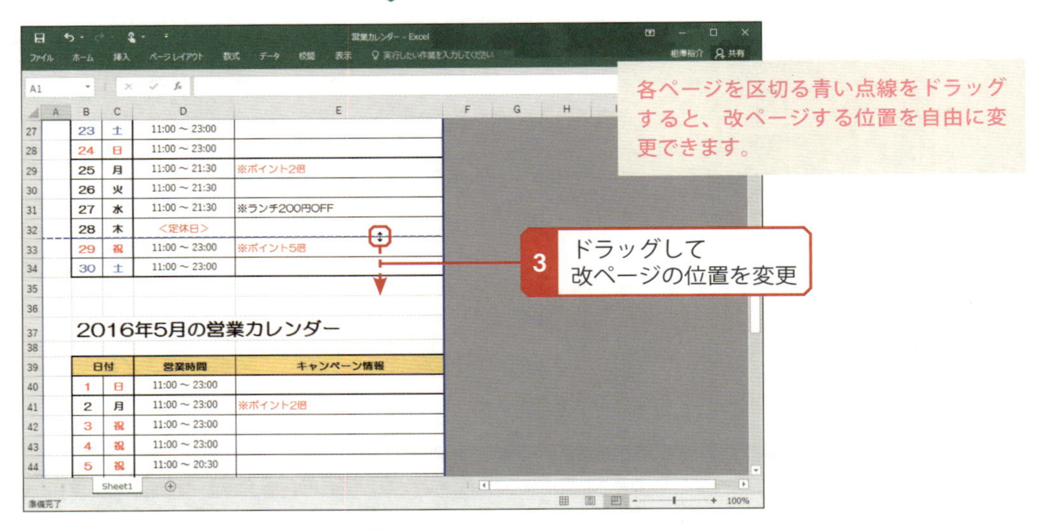
各ページを区切る青い点線をドラッグすると、改ページする位置を自由に変更できます。
3 ドラッグして改ページの位置を変更
2016年5月の営業カレンダー

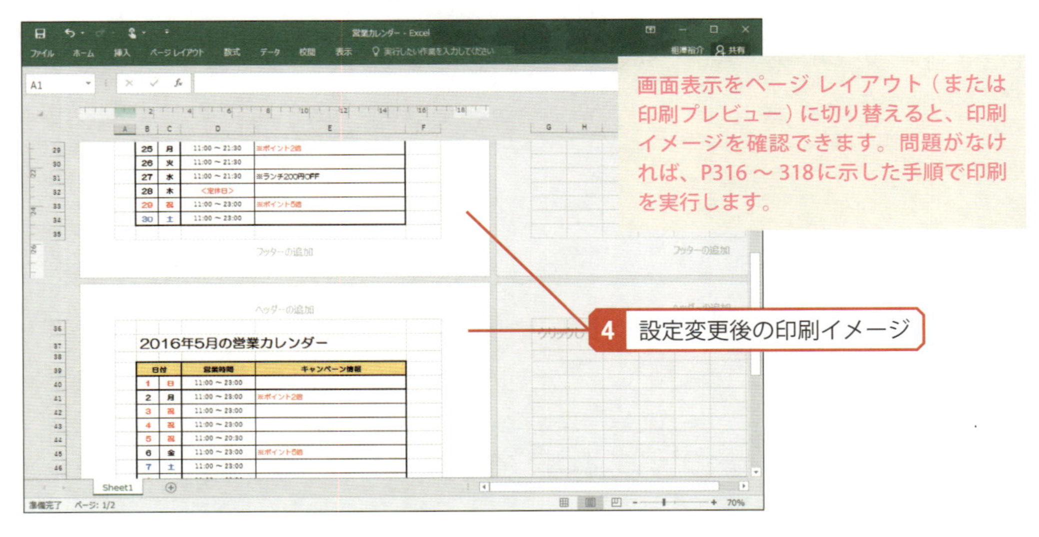
画面表示をページ レイアウト（または印刷プレビュー）に切り替えると、印刷イメージを確認できます。問題がなければ、P316 ～ 318に示した手順で印刷を実行します。
4 設定変更後の印刷イメージ
2016年5月の営業カレンダー

18 データの並べ替え

「Excel」には、表内のデータを数値順や50音順に並べ替える機能が用意されています。この機能は、データを分析する場合などに活用できます。続いては、データの並べ替えについて解説します。

▶ 数値順に並べ替え

表のデータを並べ替えるときは、［ホーム］タブにある「並べ替えとフィルター」をクリックし、「昇順」または「降順」を選択します。それぞれを選択したときの数値の並び順は以下のとおりです。

- 昇順 ………… 数値が小さい → 大きいの順にデータを並べ替えます
- 降順 ………… 数値が大きい → 小さいの順にデータを並べ替えます

ここでは各都道府県の面積と人口をまとめた表を例に、並べ替えの具体的な操作手順を解説します。

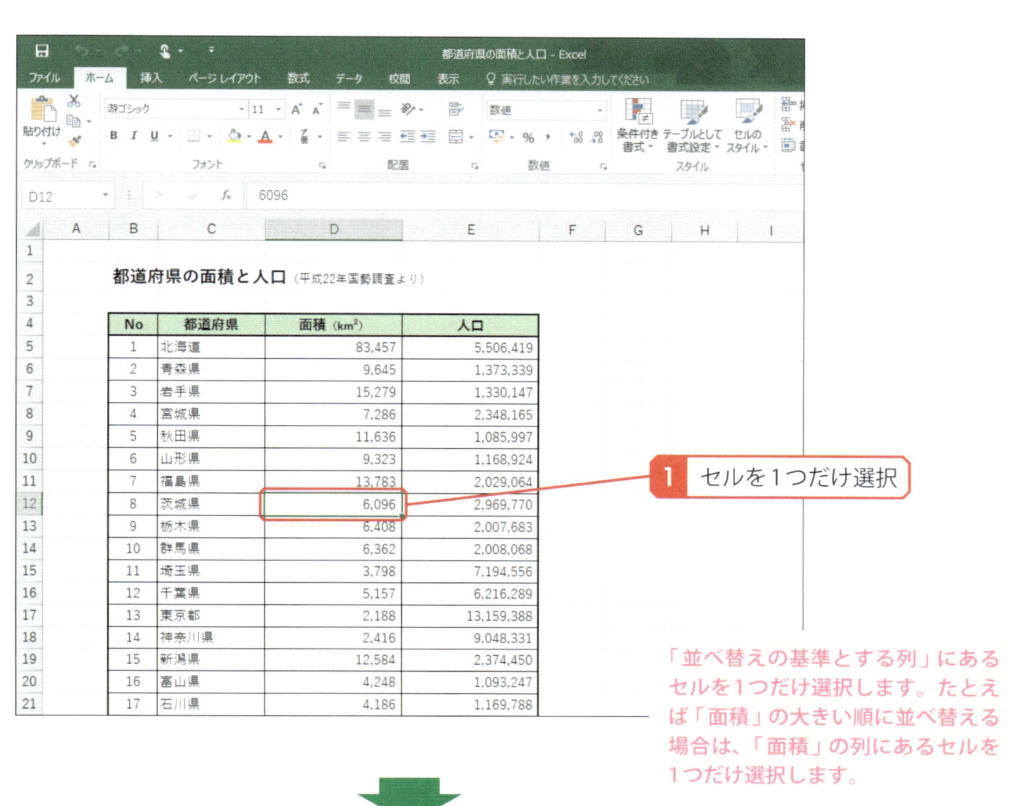

No	都道府県	面積（km²）	人口
1	北海道	83,457	5,506,419
2	青森県	9,645	1,373,339
3	岩手県	15,279	1,330,147
4	宮城県	7,286	2,348,165
5	秋田県	11,636	1,085,997
6	山形県	9,323	1,168,924
7	福島県	13,783	2,029,064
8	茨城県	6,096	2,969,770
9	栃木県	6,408	2,007,683
10	群馬県	6,362	2,008,068
11	埼玉県	3,798	7,194,556
12	千葉県	5,157	6,216,289
13	東京都	2,188	13,159,388
14	神奈川県	2,416	9,048,331
15	新潟県	12,584	2,374,450
16	富山県	4,248	1,093,247
17	石川県	4,186	1,169,788

「並べ替えの基準とする列」にあるセルを1つだけ選択します。たとえば「面積」の大きい順に並べ替える場合は、「面積」の列にあるセルを1つだけ選択します。

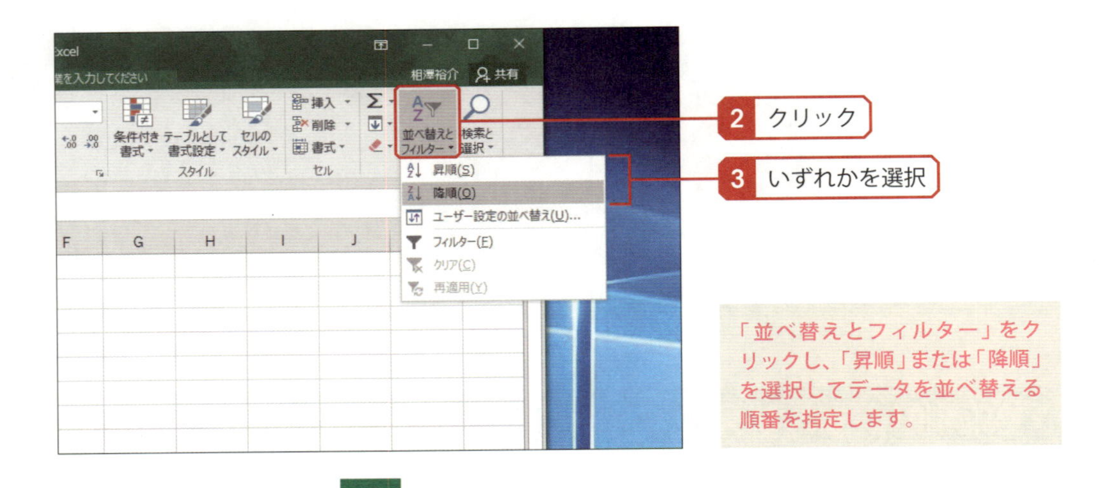

「並べ替えとフィルター」をクリックし、「昇順」または「降順」を選択してデータを並べ替える順番を指定します。

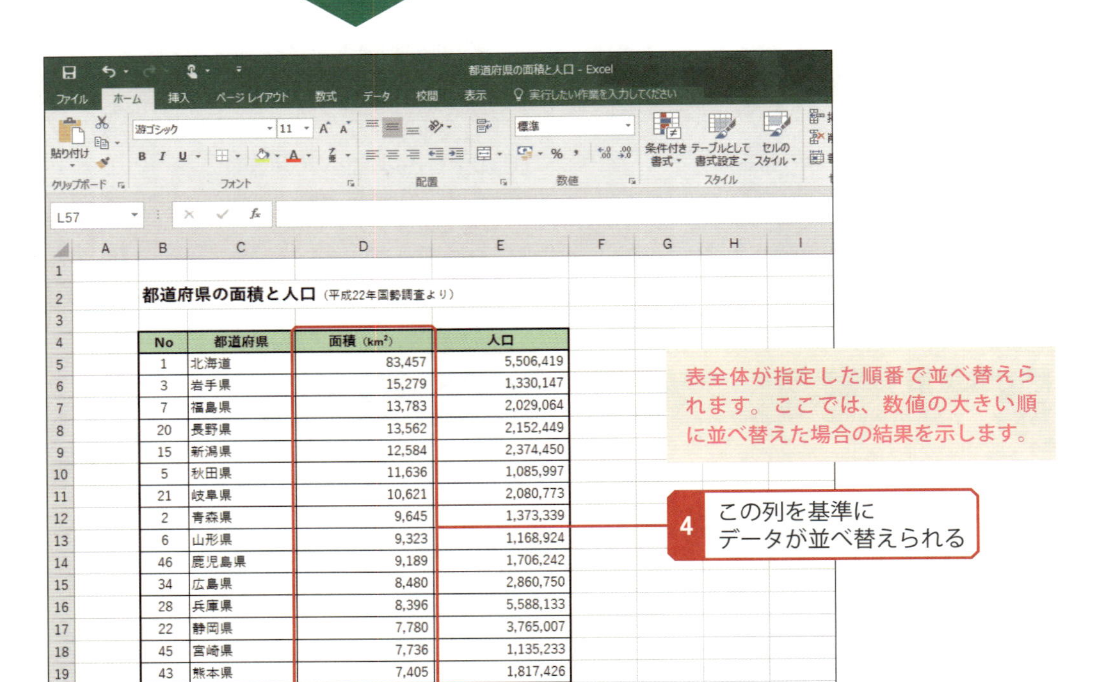

都道府県の面積と人口（平成22年国勢調査より）

No	都道府県	面積（km²）	人口
1	北海道	83,457	5,506,419
3	岩手県	15,279	1,330,147
7	福島県	13,783	2,029,064
20	長野県	13,562	2,152,449
15	新潟県	12,584	2,374,450
5	秋田県	11,636	1,085,997
21	岐阜県	10,621	2,080,773
2	青森県	9,645	1,373,339
6	山形県	9,323	1,168,924
46	鹿児島県	9,189	1,706,242
34	広島県	8,480	2,860,750
28	兵庫県	8,396	5,588,133
22	静岡県	7,780	3,765,007
45	宮崎県	7,736	1,135,233
43	熊本県	7,405	1,817,426
4	宮城県	7,286	2,348,165
33	岡山県	7,113	1,945,276

表全体が指定した順番で並べ替えられます。ここでは、数値の大きい順に並べ替えた場合の結果を示します。

Column

最初に選択するセル

複数のセルを選択した状態で並べ替えを実行しようとすると、以下の画面が表示されます。ここで「現在選択されている範囲を並べ替える」を指定すると、選択したセル範囲の中だけで並べ替えが行われます。ただし、左右に隣接するセルは並べ替えられないため、並べ替えた結果が正しくない表になる可能性があることに注意してください。

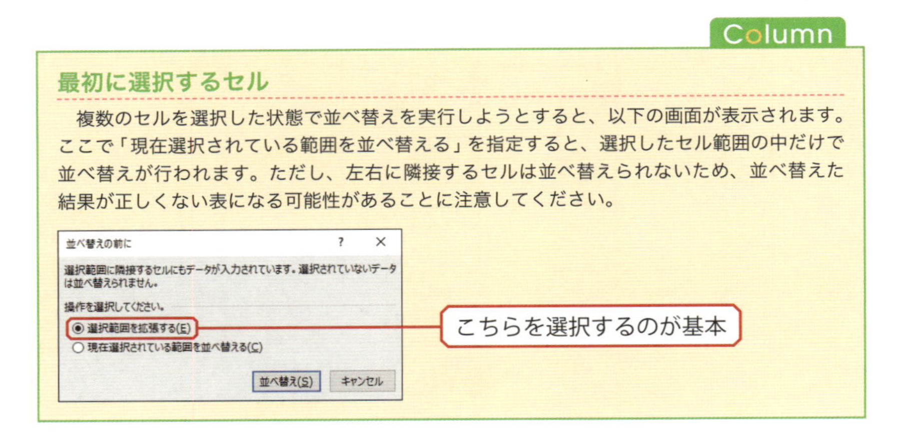

 50音順に並べ替え

「文字が入力されている列」を基準に並べ替えた場合は、データをアルファベット順や50音順に並べ替えることができます。この場合の並び順はそれぞれ以下のとおりです。

昇順 ………… 記号 →（A → Z）→（あ→ん）の順にデータを並べ替えます
降順 ………… （ん→あ）→（Z → A）→ 記号 の順にデータを並べ替えます

ここでは、先ほどの表を都道府県名の50音順に並べ替える場合を例に、文字の並べ替えるときの操作手順を紹介します。

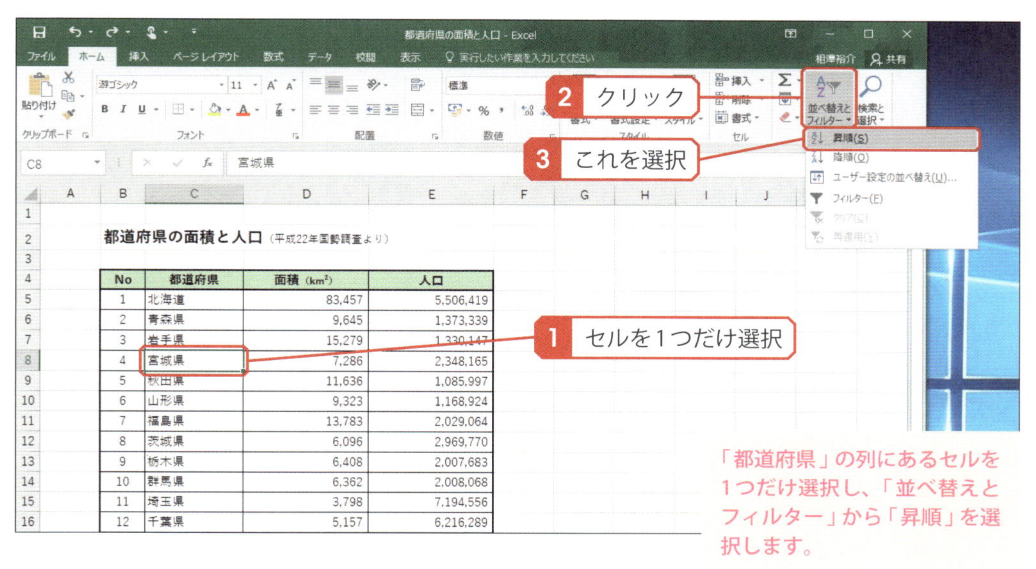

No	都道府県	面積（km²）	人口
1	北海道	83,457	5,506,419
2	青森県	9,645	1,373,339
3	岩手県	15,279	1,330,147
4	宮城県	7,286	2,348,165
5	秋田県	11,636	1,085,997
6	山形県	9,323	1,168,924
7	福島県	13,783	2,029,064
8	茨城県	6,096	2,969,770
9	栃木県	6,408	2,007,683
10	群馬県	6,362	2,008,068
11	埼玉県	3,798	7,194,556
12	千葉県	5,157	6,216,289

「都道府県」の列にあるセルを1つだけ選択し、「並べ替えとフィルター」から「昇順」を選択します。

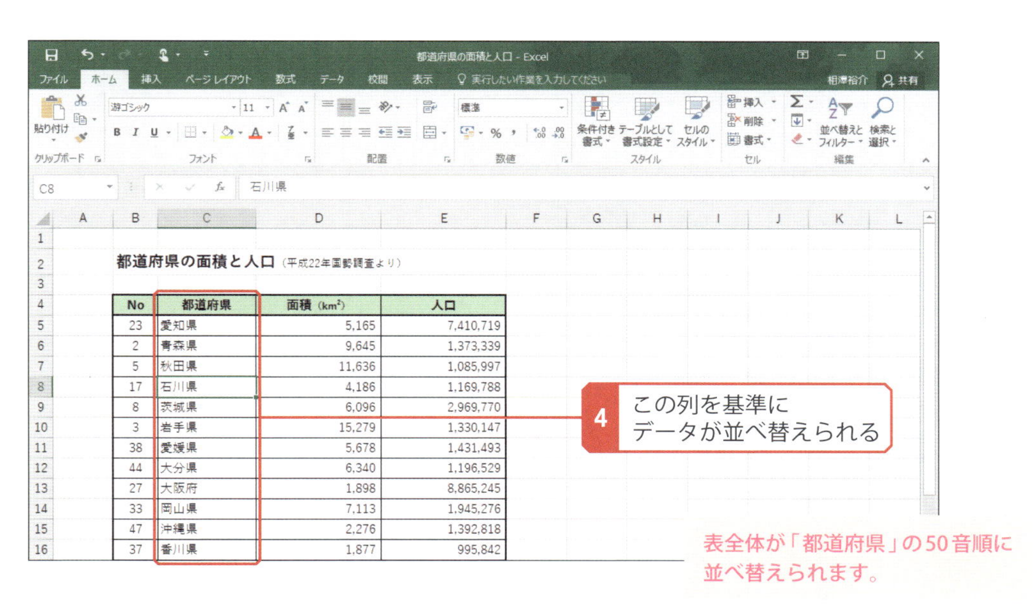

No	都道府県	面積（km²）	人口
23	愛知県	5,165	7,410,719
2	青森県	9,645	1,373,339
5	秋田県	11,636	1,085,997
17	石川県	4,186	1,169,788
8	茨城県	6,096	2,969,770
3	岩手県	15,279	1,330,147
38	愛媛県	5,678	1,431,493
44	大分県	6,340	1,196,529
27	大阪府	1,898	8,865,245
33	岡山県	7,113	1,945,276
47	沖縄県	2,276	1,392,818
37	香川県	1,877	995,842

表全体が「都道府県」の50音順に並べ替えられます。

Column

漢字の並べ替え

セルに入力した漢字は、漢字変換を行う前の“読み”が“ふりがな”として記録される仕組みになっています。漢字を含む文字の並べ替えでは、この“ふりがな”を基準に並べ替えが行われます。このため、実際の読み方とは異なる“読み”で漢字を入力すると、正しく並べ替えが行われなくなります。漢字を並べ替えるときは注意するようにしてください。

Column

“ふりがな”の編集

各セルに記録されている“ふりがな”は、[ホーム]タブにある[ア亜]の[▾]をクリックし、「ふりがなの表示」を選択すると確認できます。また、「ふりがなの編集」を選択して、記録されている“ふりがな”を修正することも可能です。

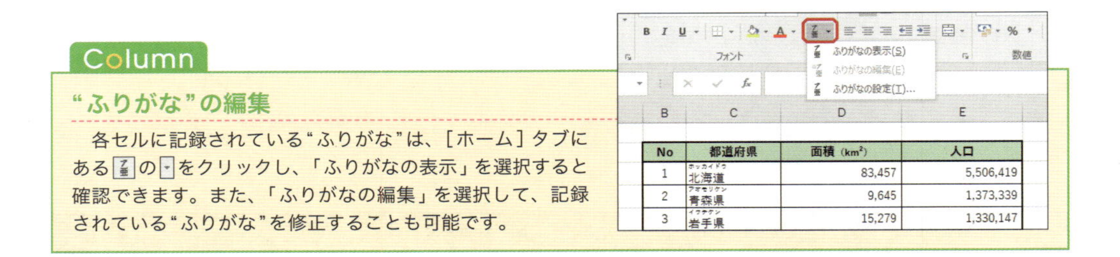

複数の条件を指定した並べ替え

「ユーザー設定の並べ替え」を使うと、複数の条件を指定した並べ替えを行えるようになります。ここでは「学年」の大きい順に並べ替え、さらに学年ごとに「名前」の50音順に並べ替える場合を例に、その手順を解説します。

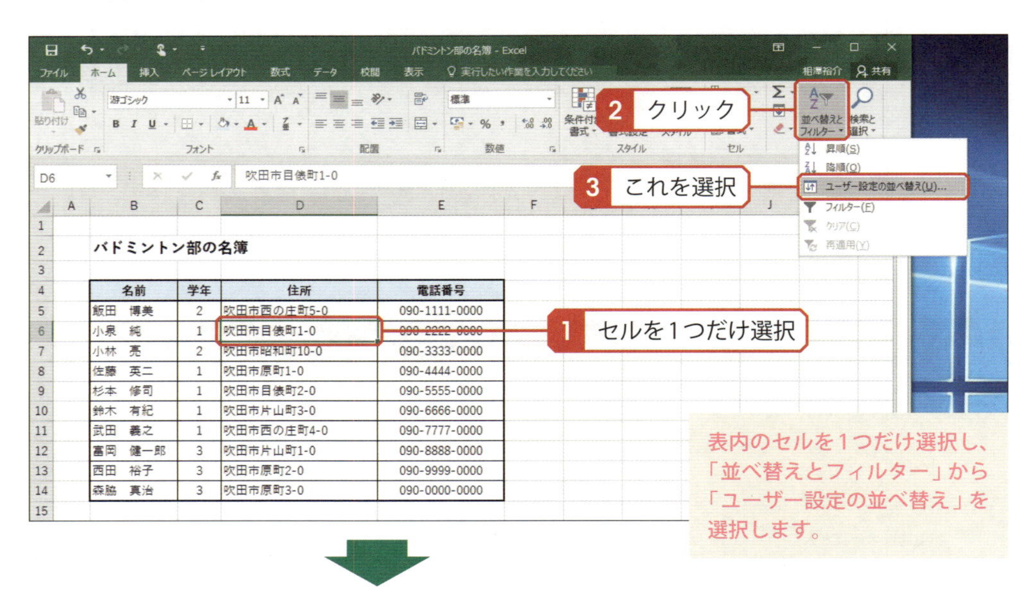

表内のセルを1つだけ選択し、「並べ替えとフィルター」から「ユーザー設定の並べ替え」を選択します。

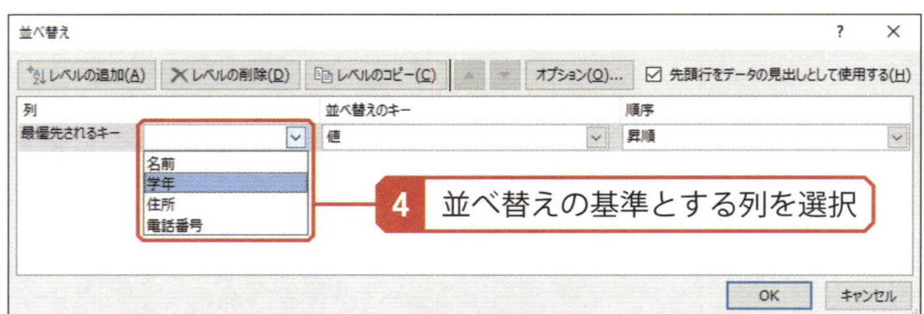

このような画面が表示されるので、並べ替えの基準とする列を選択します。

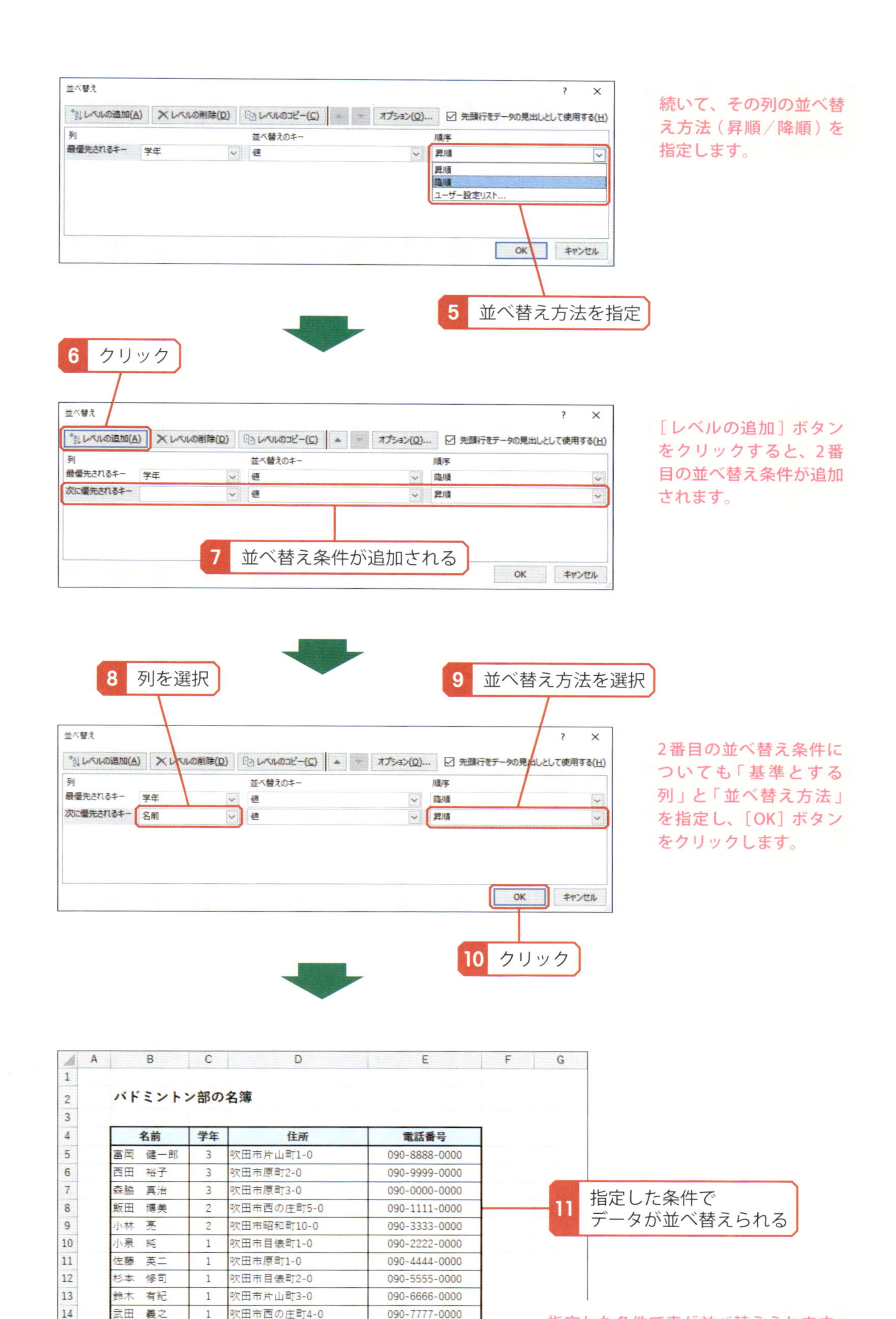

バドミントン部の名簿

名前	学年	住所	電話番号
富岡　健一郎	3	吹田市片山町1-0	090-8888-0000
西田　裕子	3	吹田市原町2-0	090-9999-0000
森脇　真治	3	吹田市原町3-0	090-0000-0000
飯田　博美	2	吹田市西の庄町5-0	090-1111-0000
小林　亮	2	吹田市昭和町10-0	090-3333-0000
小泉　純	1	吹田市目俵町1-0	090-2222-0000
佐藤　英二	1	吹田市原町1-0	090-4444-0000
杉本　修司	1	吹田市目俵町2-0	090-5555-0000
鈴木　有紀	1	吹田市片山町3-0	090-6666-0000
武田　義之	1	吹田市西の庄町4-0	090-7777-0000

続いて、その列の並べ替え方法（昇順／降順）を指定します。

［レベルの追加］ボタンをクリックすると、2番目の並べ替え条件が追加されます。

2番目の並べ替え条件についても「基準とする列」と「並べ替え方法」を指定し、［OK］ボタンをクリックします。

指定した条件で表が並べ替えられます。この例の場合、「学年の降順」→「名前の昇順」でデータが並べ替えられます。

19 条件付き書式

条件付き書式は、セルに入力されているデータの内容（または計算結果）に応じて、セルの背景色や文字色などを自動的に変化させることができる機能です。また、セル内で数値データをグラフ化する機能も備えられています。

数値の大小で書式を変更

特定の値より大きい（または小さい）セルだけを強調して表示したい場合もあると思います。このような場合は条件付き書式を利用すると便利です。たとえば、数値が0より小さいセルだけを強調して表示するときは、以下のように操作します。

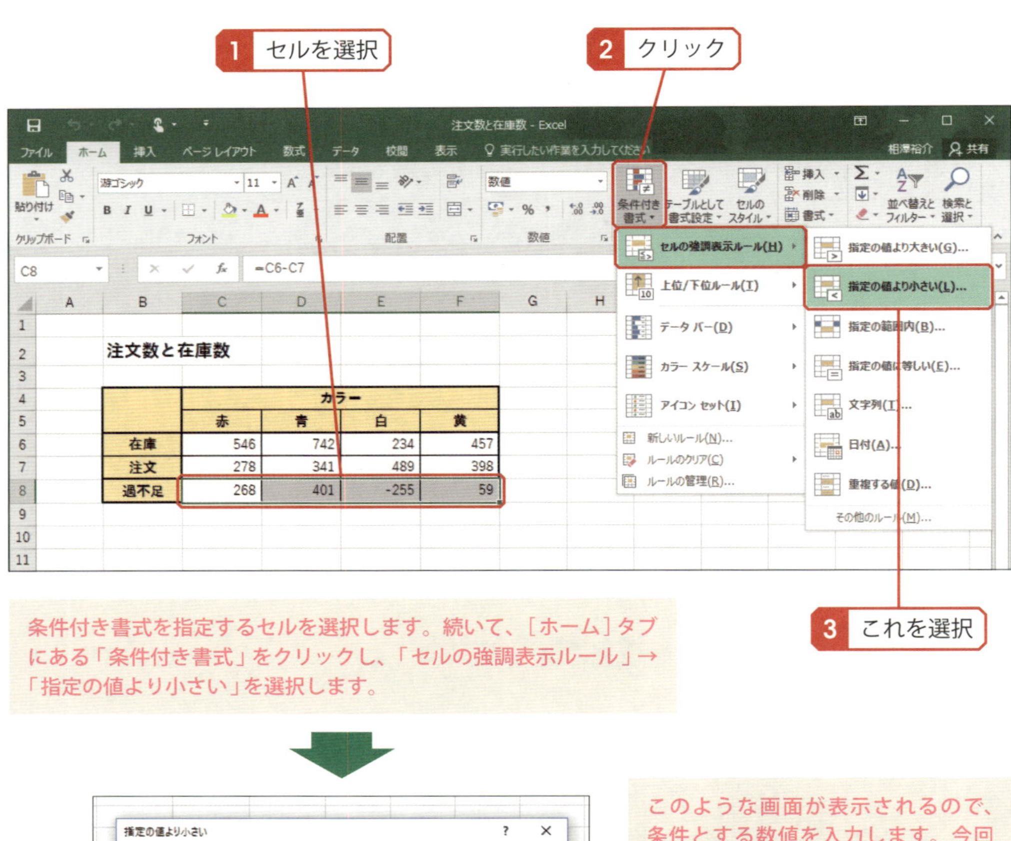

条件付き書式を指定するセルを選択します。続いて、［ホーム］タブにある「条件付き書式」をクリックし、「セルの強調表示ルール」→「指定の値より小さい」を選択します。

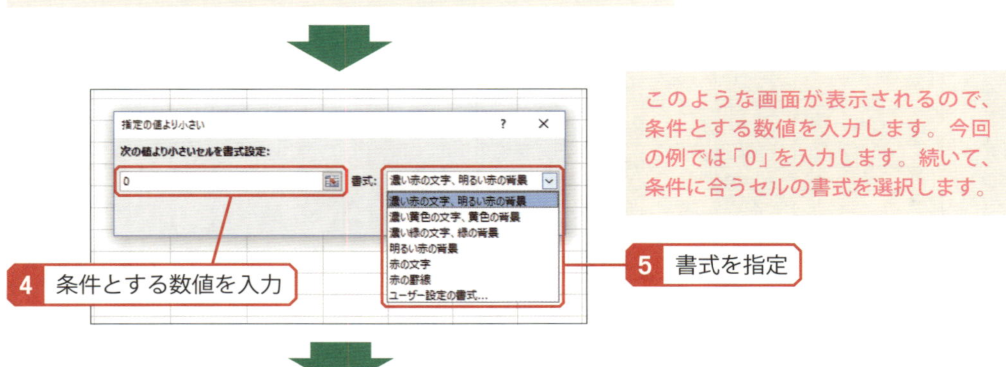

このような画面が表示されるので、条件とする数値を入力します。今回の例では「0」を入力します。続いて、条件に合うセルの書式を選択します。

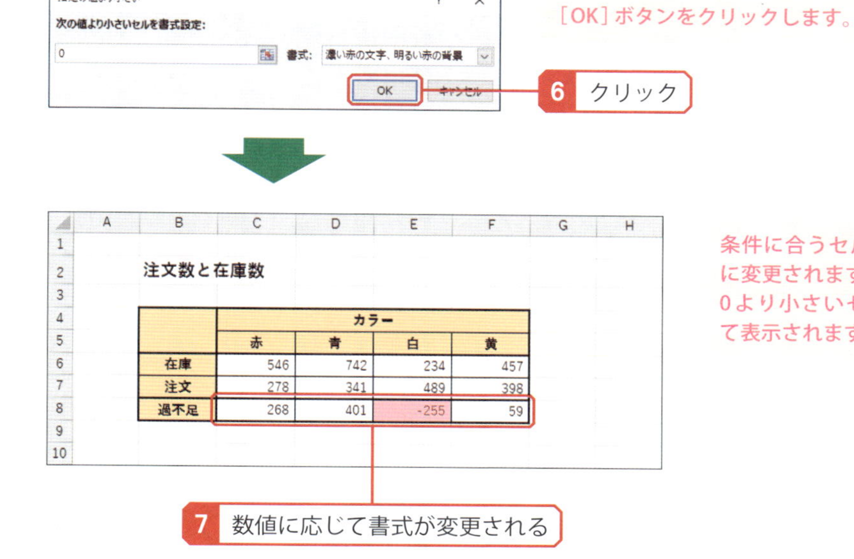

注文数と在庫数

	カラー			
	赤	青	白	黄
在庫	546	742	234	457
注文	278	341	489	398
過不足	268	401	-255	59

［OK］ボタンをクリックします。

条件に合うセルが指定した書式に変更されます。この例の場合、0より小さいセルだけが強調して表示されます。

今回の例では、条件付き書式を指定したセルに数式が入力されています。この場合、計算結果が条件付き書式の対象となります。このため、「在庫」や「注文」の数値を変更すると、その計算結果に応じて「過不足」のセルの書式が自動的に変更されます。

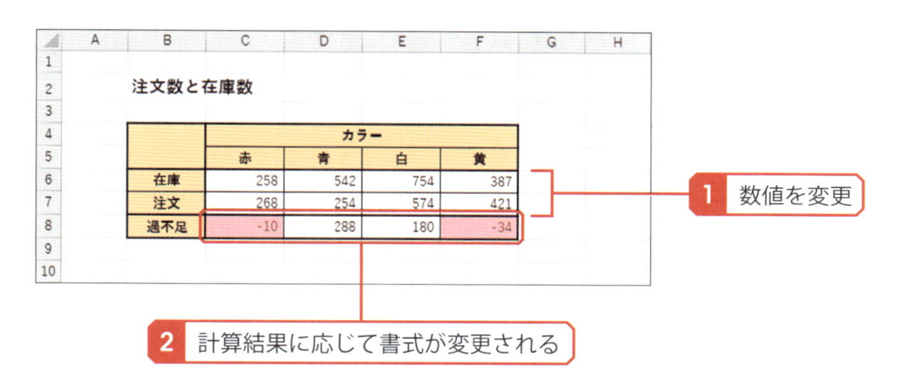

注文数と在庫数

	カラー			
	赤	青	白	黄
在庫	258	542	754	387
注文	268	254	574	421
過不足	-10	288	180	-34

Column

条件付き書式の解除

条件付き書式を解除するときは、条件付き書式を指定したセルを選択し、「条件付き書式」→「ルールのクリア」→「選択したセルからルールをクリア」を選択します。

上位、下位の条件付き書式

指定した数値ではなく、「上位〇個」や「上位〇%」といった条件でセルを強調する方法も用意されています。同様に、「下位〇個」や「下位〇%」、「平均より上」または「平均より下」といった条件を指定することも可能です。この場合は、「上位／下位ルール」の中から最適な条件を選択します。

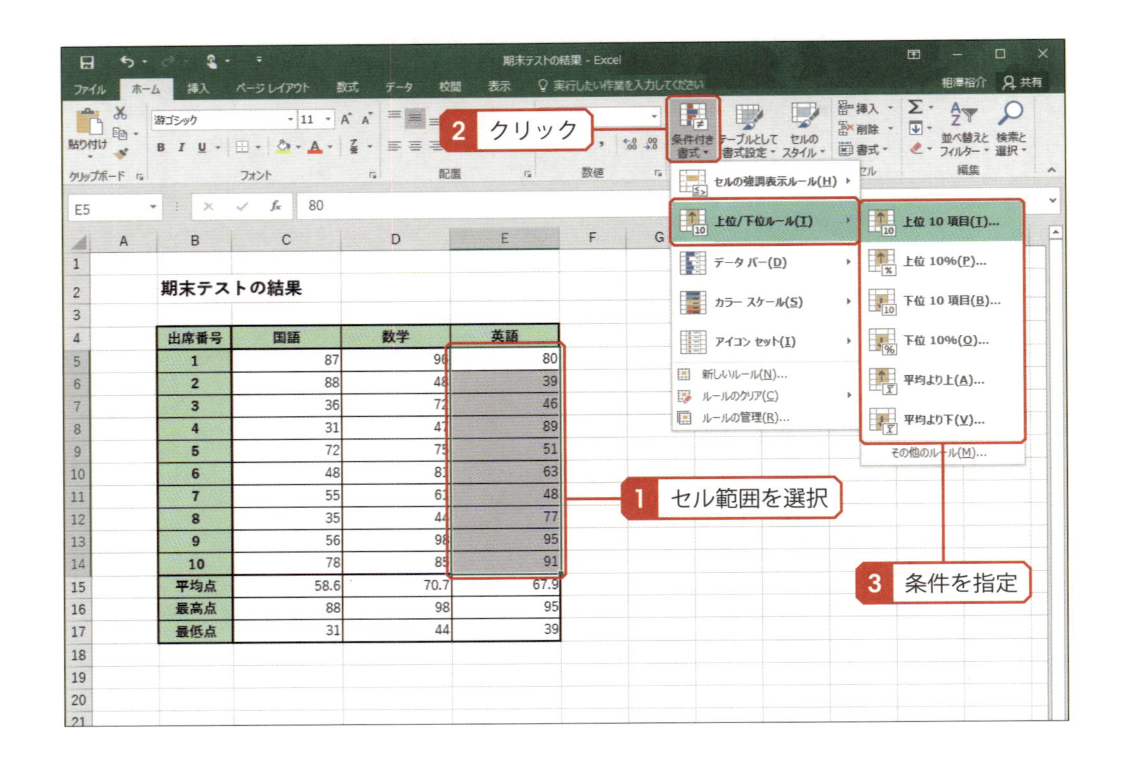

すると、以下のような画面が表示されるので、上位/下位の個数(またはパーセント)と、条件に合うセルの書式を指定します。なお、「平均より上」または「平均より下」の条件を選択した場合は、書式だけを指定します。

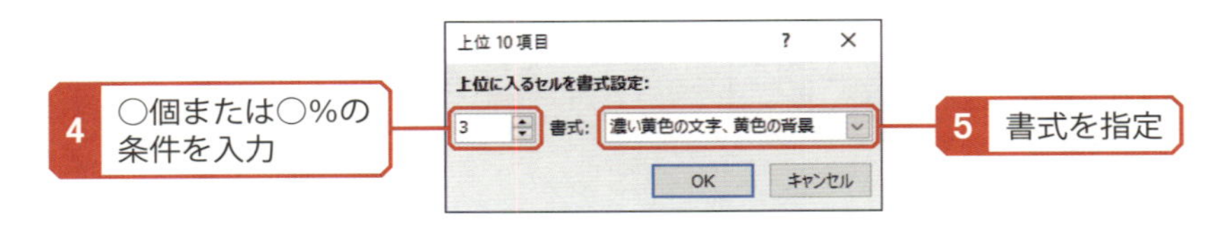

たとえば、「上位3個」の条件を指定すると、以下のようにセルが強調表示されます。

期末テストの結果

出席番号	国語	数学	英語
1	87	96	80
2	88	48	39
3	36	72	46
4	31	47	89
5	72	75	51
6	48	81	63
7	55	61	48
8	35	44	77
9	56	98	95
10	78	85	91
平均点	58.6	70.7	67.9
最高点	88	98	95
最低点	31	44	39

「上位3個」が強調表示される

データバーとカラースケール

セルに入力されている数値を、棒グラフや背景色で示す機能も用意されています。この機能を利用するときは、「条件付き書式」をクリックし、「データ バー」や「カラースケール」の中から色を選択します。

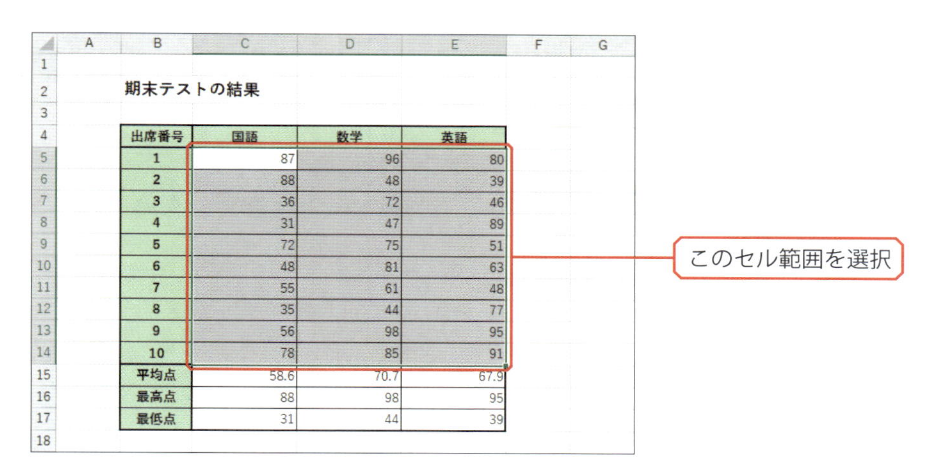

期末テストの結果

出席番号	国語	数学	英語
1	87	96	80
2	88	48	39
3	36	72	46
4	31	47	89
5	72	75	51
6	48	81	63
7	55	61	48
8	35	44	77
9	56	98	95
10	78	85	91
平均点	58.6	70.7	67.9
最高点	88	98	95
最低点	31	44	39

■データ バーを指定した場合

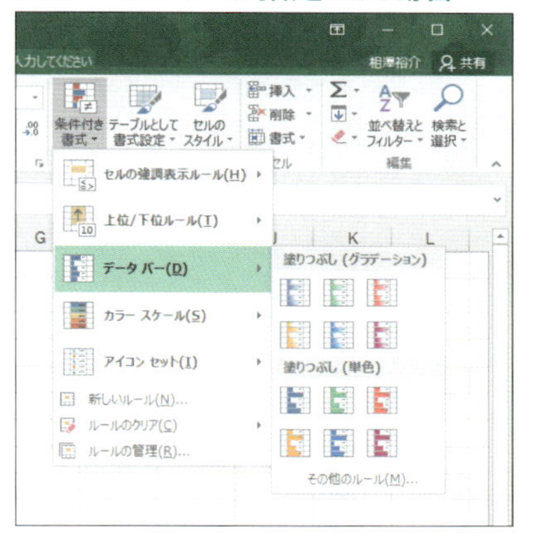

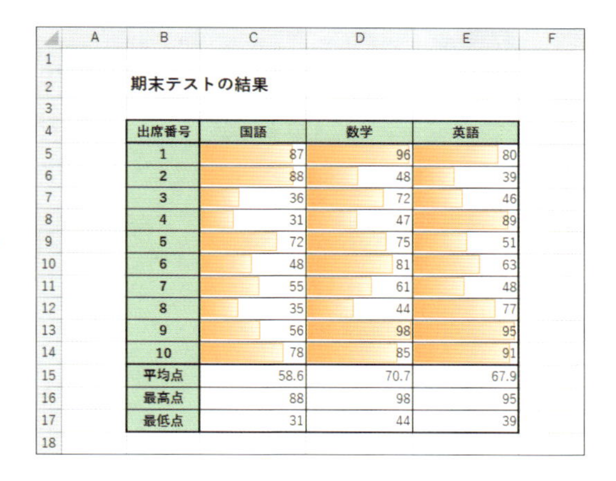

期末テストの結果

出席番号	国語	数学	英語
1	87	96	80
2	88	48	39
3	36	72	46
4	31	47	89
5	72	75	51
6	48	81	63
7	55	61	48
8	35	44	77
9	56	98	95
10	78	85	91
平均点	58.6	70.7	67.9
最高点	88	98	95
最低点	31	44	39

■カラースケールを指定した場合

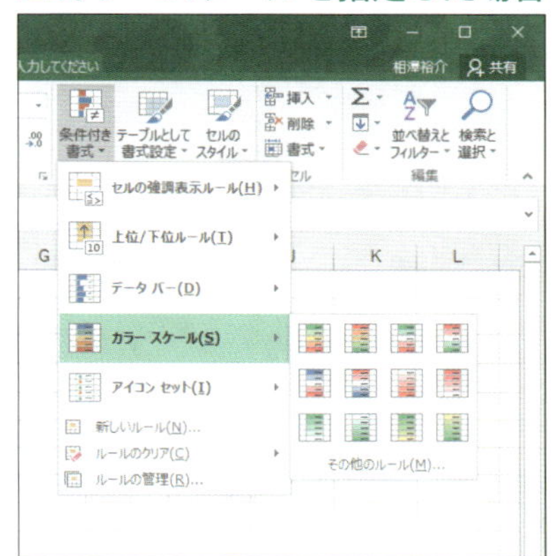

期末テストの結果

出席番号	国語	数学	英語
1	87	96	80
2	88	48	39
3	36	72	46
4	31	47	89
5	72	75	51
6	48	81	63
7	55	61	48
8	35	44	77
9	56	98	95
10	78	85	91
平均点	58.6	70.7	67.9
最高点	88	98	95
最低点	31	44	39

20 クイック分析

クイック分析は、条件付き書式の指定、グラフの作成、合計や平均の算出などを手軽に行える機能です。そのほか、セル内に簡易グラフを表示できるスパークラインも指定できます。続いては、クイック分析の使い方を解説します。

クイック分析とは…？

数値データを含むセル範囲を選択すると、その右下に（クイック分析）のアイコンが表示されます。このアイコンをクリックして、条件付き書式を指定したり、グラフを作成したり、合計や平均を算出したりすることも可能です。データを手軽に分析したい場合に活用するとよいでしょう。

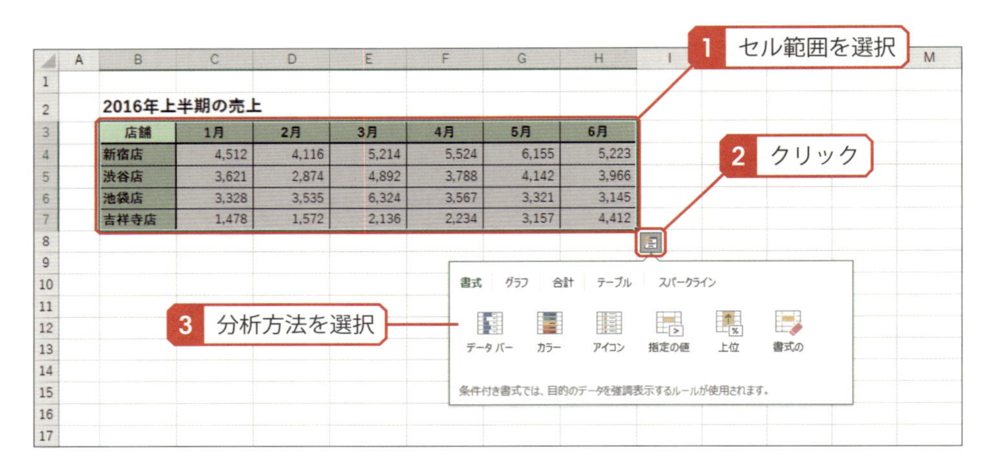

条件付き書式

クイック分析で「書式」の項目を選択すると、選択したセル範囲にデータバーやカラースケールなどの条件付き書式を指定できます。

渋谷店	3,621	2,874	4,892	3,788	4,142	3,966
池袋店	3,328	3,535	6,324	3,567	3,321	3,145
吉祥寺店	1,478	1,572	2,136	2,234	3,157	4,412

1 これを選択

2 条件付き書式の種類を選択

書式 グラフ 合計 テーブル スパークライン

データ バー カラー アイコン 指定の値 上位 書式の

条件付き書式では、目的のデータを強調表示するルールが使用されます。

2016年上半期の売上

店舗	1月	2月	3月	4月	5月	6月
新宿店	4,512	4,116	5,214	5,524	6,155	5,223
渋谷店	3,621	2,874	4,892	3,788	4,142	3,966
池袋店	3,328	3,535	6,324	3,567	3,321	3,145
吉祥寺店	1,478	1,572	2,136	2,234	3,157	4,412

「データバー」を選択した場合

2016年上半期の売上

店舗	1月	2月	3月	4月	5月	6月
新宿店	4,512	4,116	5,214	5,524	6,155	5,223
渋谷店	3,621	2,874	4,892	3,788	4,142	3,966
池袋店	3,328	3,535	6,324	3,567	3,321	3,145
吉祥寺店	1,478	1,572	2,136	2,234	3,157	4,412

「指定の値」で4,000より大きい数値を強調表示した場合

グラフ

「グラフ」の項目は、手軽にグラフを作成したいときに利用します。また、クイック分析のアイコン上へポインタを移動させるだけでグラフのプレビューが表示されるため、「グラフを作成するほどではないが、データ推移のイメージを確認しておきたい」という場合にもクイック分析が活用できます。

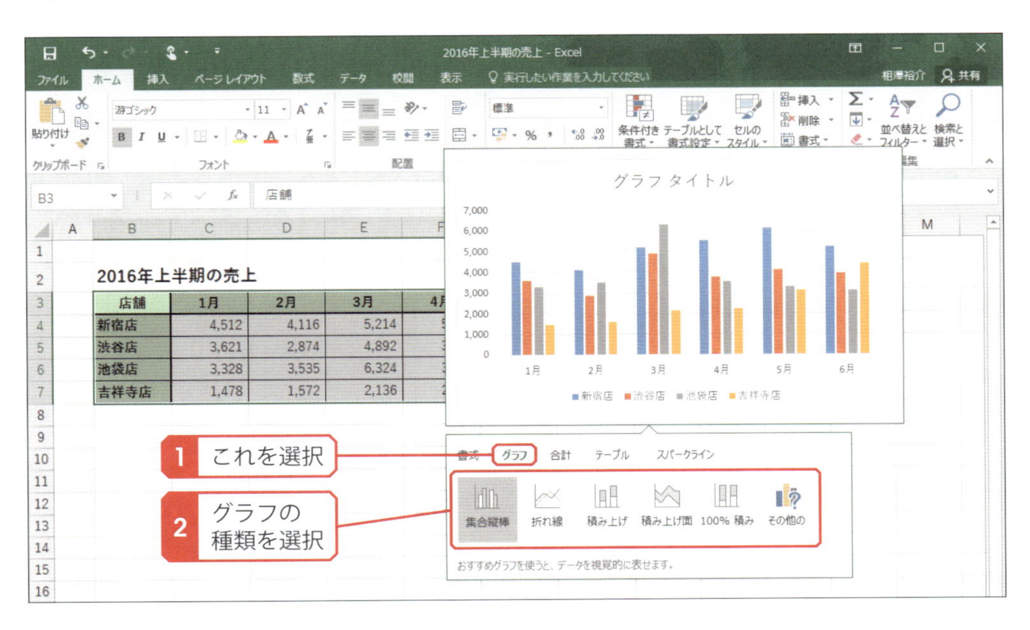

もちろん、アイコンをクリックして実際にグラフを作成することも可能です。作成したグラフは、本書のP309～315で解説した方法で自由にカスタマイズできます。

合計

「合計」の項目は、選択したセル範囲のすぐ下の行（または右の列）に、合計や平均といった関数を自動入力するときに利用します。計算結果のプレビュー機能が装備されているため、合計や平均などを素早く確認したい場合にも活用できます。

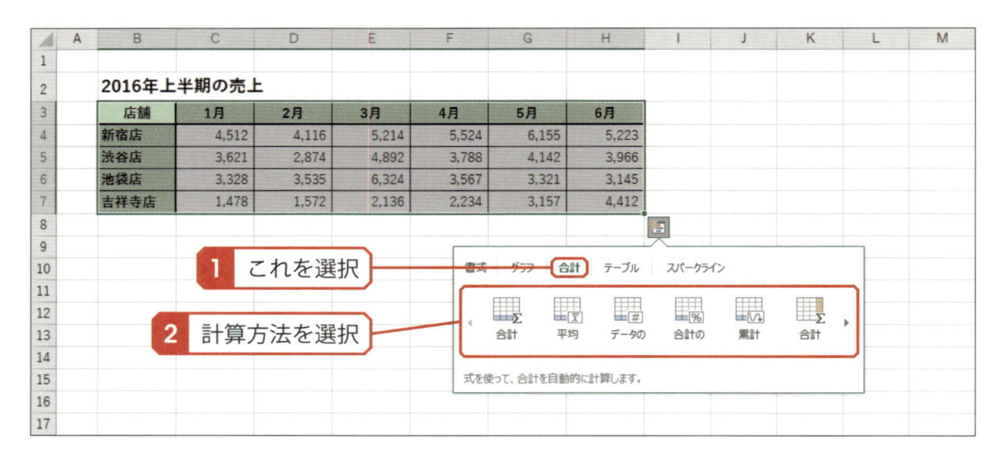

2016年上半期の売上

店舗	1月	2月	3月	4月	5月	6月
新宿店	4,512	4,116	5,214	5,524	6,155	5,223
渋谷店	3,621	2,874	4,892	3,788	4,142	3,966
池袋店	3,328	3,535	6,324	3,567	3,321	3,145
吉祥寺店	1,478	1,572	2,136	2,234	3,157	4,412
合計	12,939	12,097	18,566	15,113	16,775	16,746

3 関数が自動入力される

テーブル

「テーブル」の項目は、選択したセル範囲をテーブルとして扱ったり、ピボットテーブルを作成したりする場合に利用します。ただし、少し上級者向けの機能となるので、本書では説明を割愛します。気になる方は、Excelのヘルプなどを参考に使い方を学習してください。

書式　グラフ　合計　テーブル　スパークライン

テーブル　空のピボット

テーブルを使用すると、データの並べ替え、フィルター処理、集計を行うことができます。

スパークライン

「スパークライン」はセル内に簡易グラフを作成する機能で、データの推移を視覚的に分かりやすく示したい場合に活用できます。

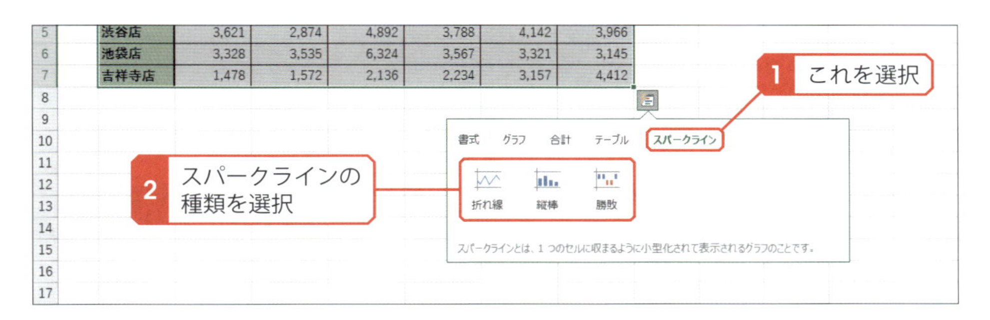

各アイコンをクリックすると、以下の図のような簡易グラフが右隣のセルに作成されます。

■折れ線

2016年上半期の売上

店舗	1月	2月	3月	4月	5月	6月
新宿店	4,512	4,116	5,214	5,524	6,155	5,223
渋谷店	3,621	2,874	4,892	3,788	4,142	3,966
池袋店	3,328	3,535	6,324	3,567	3,321	3,145
吉祥寺店	1,478	1,572	2,136	2,234	3,157	4,412

データの推移を折れ線グラフで示すことができます。

■縦棒

2016年上半期の売上

店舗	1月	2月	3月	4月	5月	6月
新宿店	4,512	4,116	5,214	5,524	6,155	5,223
渋谷店	3,621	2,874	4,892	3,788	4,142	3,966
池袋店	3,328	3,535	6,324	3,567	3,321	3,145
吉祥寺店	1,478	1,572	2,136	2,234	3,157	4,412

データの推移を縦棒グラフで示すことができます。

■勝敗

2016年上半期の売上（前年比）

店舗	1月	2月	3月	4月	5月	6月
新宿店	3.5%	-2.1%	5.1%	7.8%	12.4%	6.6%
渋谷店	-5.1%	-11.7%	9.7%	-1.2%	1.4%	3.1%
池袋店	4.5%	6.8%	13.7%	-5.6%	-4.7%	-7.2%
吉祥寺店	-	-	-	-	-	-

「正の数」と「負の数」を視覚的に分かりやすく示すことができます。

21 テーマとスタイル

表全体の雰囲気を手軽に変更したいときはテーマを利用すると便利です。また、セルのデザインを一括指定できるスタイルも用意されています。続いては、テーマやスタイルの使い方を解説します。

テーマの変更

テーマは配色とフォントを一括管理する機能で、表全体の雰囲気を変更したい場合などに活用できます。また、立体表示されているグラフの効果を変更する場合にもテーマが活用できます。テーマを変更するときは以下のように操作します。

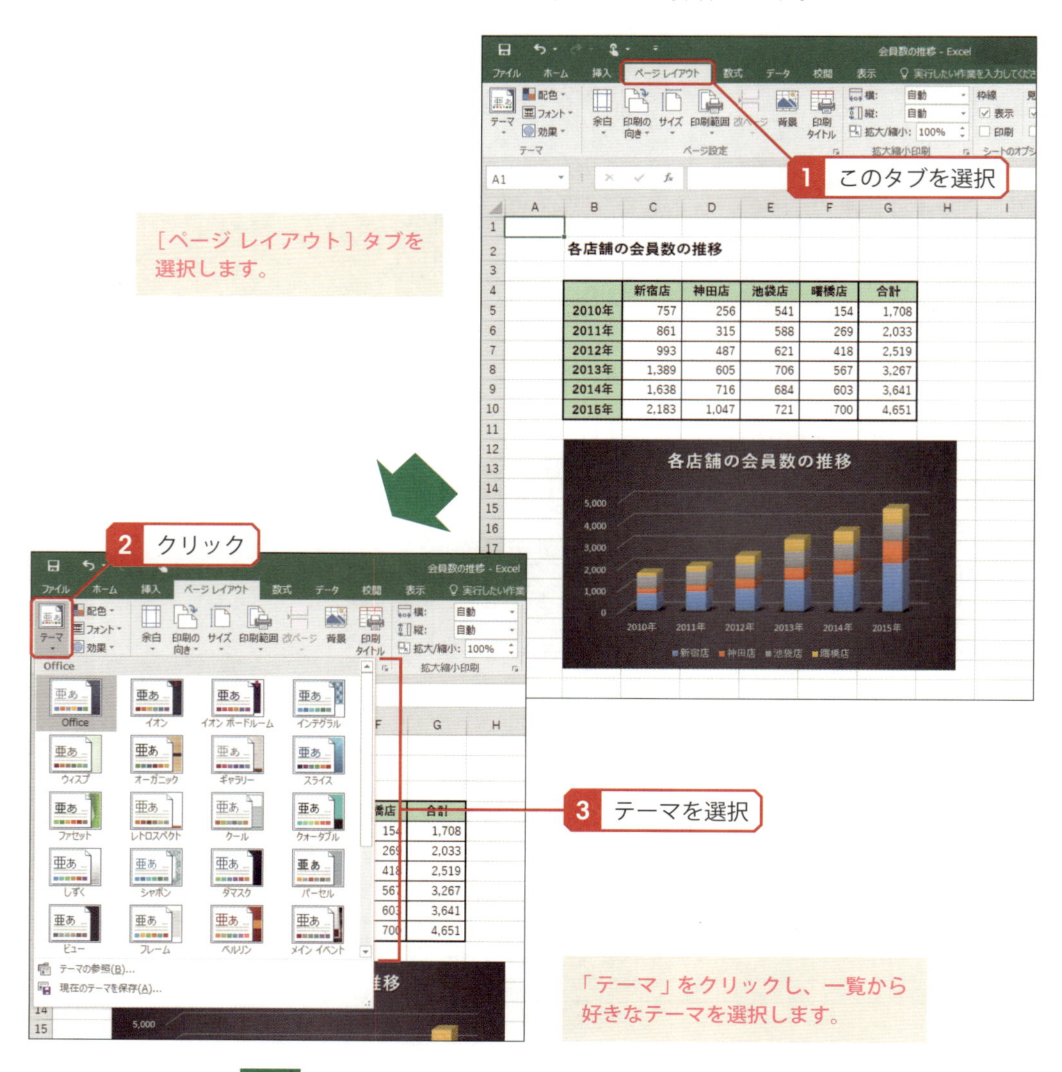

［ページ レイアウト］タブを選択します。

「テーマ」をクリックし、一覧から好きなテーマを選択します。

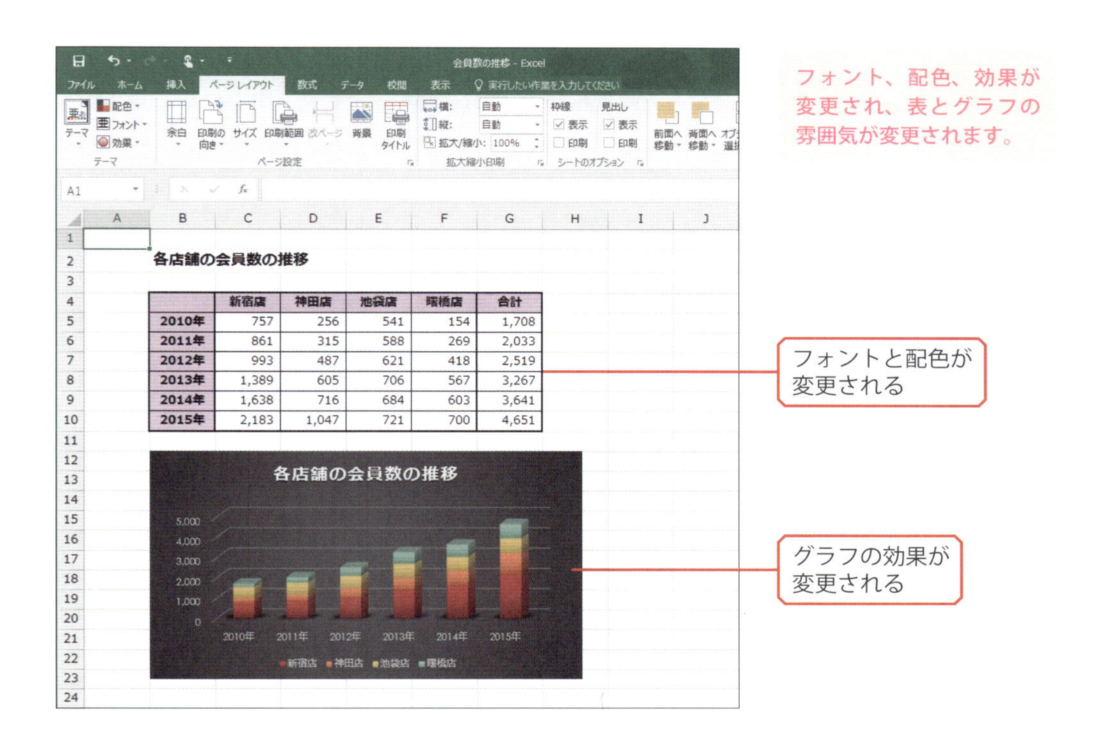

	新宿店	神田店	池袋店	曙橋店	合計
2010年	757	256	541	154	1,708
2011年	861	315	588	269	2,033
2012年	993	487	621	418	2,519
2013年	1,389	605	706	567	3,267
2014年	1,638	716	684	603	3,641
2015年	2,183	1,047	721	700	4,651

以下に、テーマを指定した例を紹介しておくので参考にしてください。

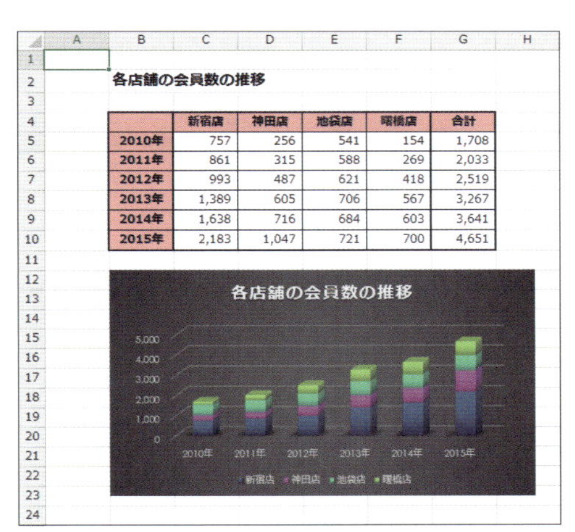
「スライス」のテーマを指定した場合

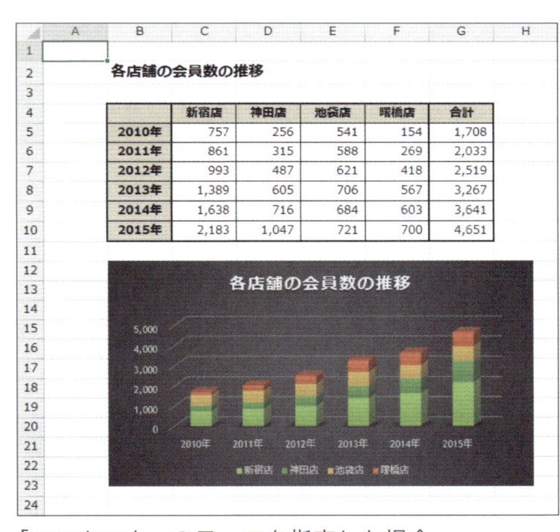
「ファセット」のテーマを指定した場合

Column

変更されるフォント

フォントを自分で指定したセルは、テーマを変更してもフォントは変更されません。テーマにより管理されるフォントは、「見出し」または「本文」のフォントとなります。

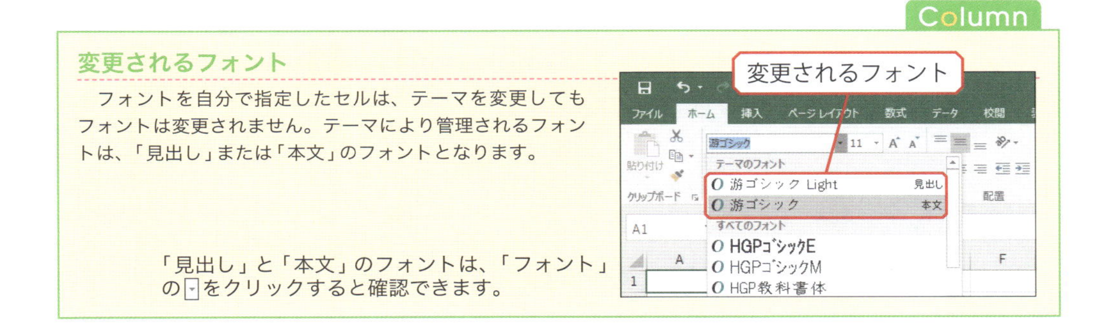

配色、フォント、効果の変更

配色、フォント、効果を個別に変更することも可能です。この場合は、それぞれのコマンドをクリックし、一覧から好きな項目を選択します。

■配色

■フォント

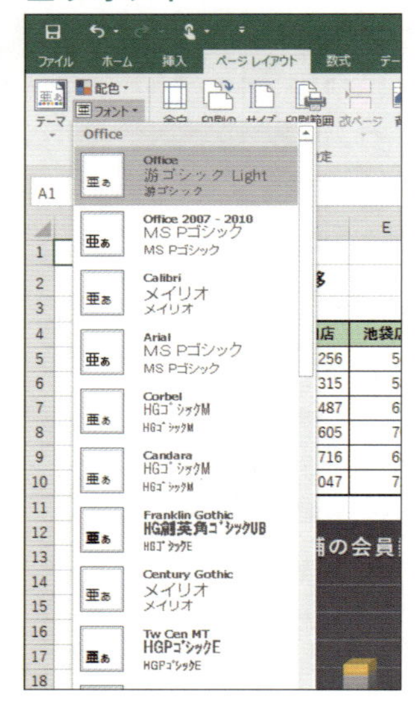

■効果

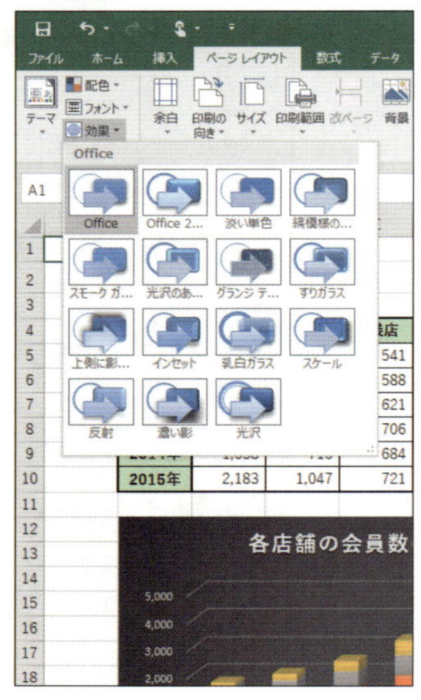

セルのスタイル

ワークシート全体ではなく、選択しているセルについてのみデザインを手軽に変更する機能も用意されています。この場合は、[ホーム] タブにある「セルのスタイル」をクリックし、一覧から好きなデザインを選択します。表の見出しのデザインを指定する場合などに活用するとよいでしょう。

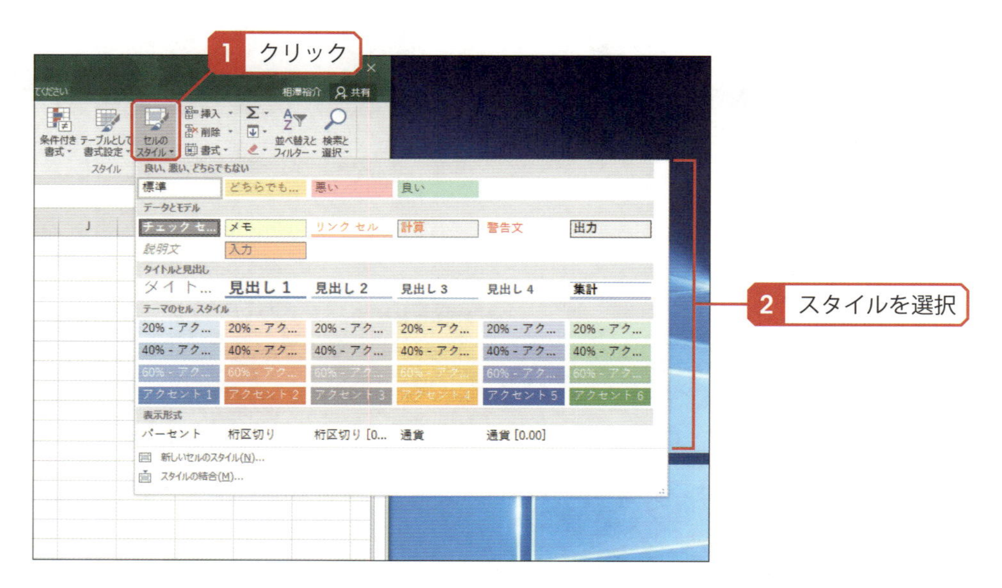

22 ワークシートの追加

「Excel」は、1つのファイルに複数のワークシートをまとめて保存することが可能となっています。関連する表やグラフは、1つのファイルにまとめて管理するとよいでしょう。最後に、ワークシートの操作について解説しておきます。

新しいワークシートの追加

「Excel」を起動すると、「Sheet1」という名前のワークシートが1枚だけ作成されます。ここに新しいワークシートを追加することも可能です。この場合、1つのExcelファイルに複数のワークシートを保存できるようになります。まずは、新しいワークシートを追加するときの操作手順から解説します。

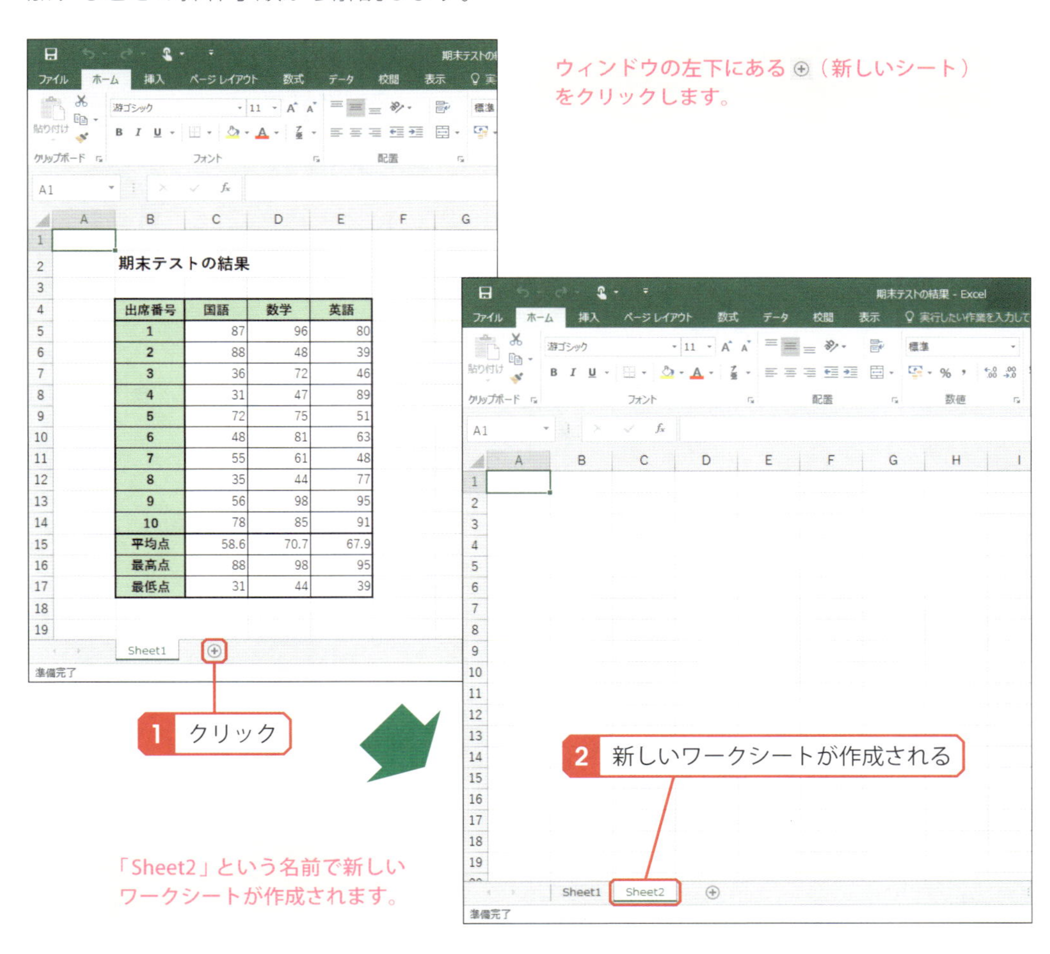

ウィンドウの左下にある⊕（新しいシート）をクリックします。

「Sheet2」という名前で新しいワークシートが作成されます。

同様の手順を繰り返して、3枚以上のワークシートを1つのExcelファイルで管理することも可能です。

操作するワークシートの切り替え

複数のワークシートを作成した場合は、ウィンドウ左下にあるシート見出しをクリックして操作するワークシートを切り替えます。

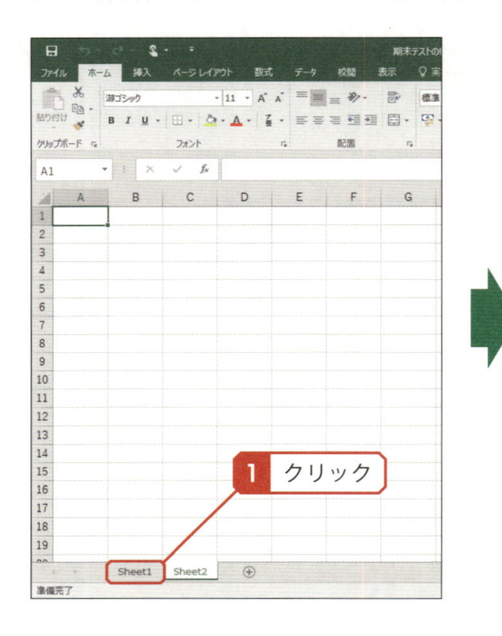

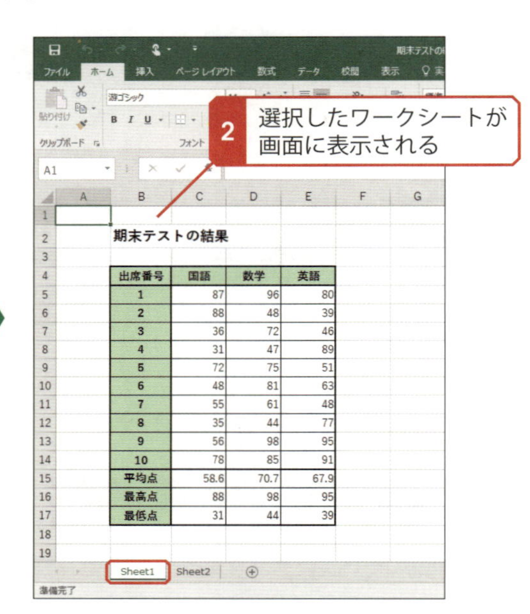

出席番号	国語	数学	英語
1	87	96	80
2	88	48	39
3	36	72	46
4	31	47	89
5	72	75	51
6	48	81	63
7	55	61	48
8	35	44	77
9	56	98	95
10	78	85	91
平均点	58.6	70.7	67.9
最高点	88	98	95
最低点	31	44	39

ワークシート名の変更

それぞれのワークシートに名前を付けて管理することも可能です。ワークシートの内容を把握しやすいように適切な名前を付けておくとよいでしょう。ワークシートの名前を変更するときは、以下のように操作します。

名前を変更するワークシートのシート見出しをダブルクリックします。

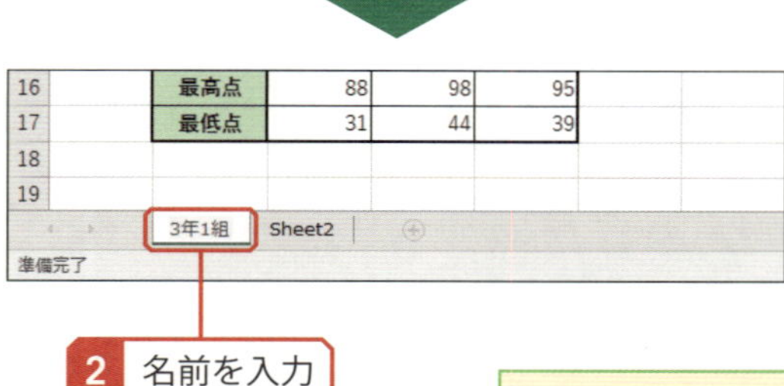

シート名を変更できるようになるので、キーボードから変更後の名前を入力します。

Column

ワークシートの削除

Excelファイルからワークシートを削除するときは、そのシート見出しを右クリックして「削除」を選択します。

PowerPoint 2016

「PowerPoint」は、論文発表や説明会などで使用するスライドを作成するアプリです。また、発表当日のスライドショーや配布資料の作成にも「PowerPoint」が活用できます。

01 PowerPointの起動と終了

まずは「PowerPoint」の概要を簡単に紹介しておきます。また「PowerPoint」を起動したり、「PowerPoint」を終了したりするときの操作手順についても解説します。最も基本的な操作なので必ず覚えておいてください。

PowerPointの概要

「PowerPoint 2016」（以下「PowerPoint」）は、マイクロソフトの「Office 2016」を構成するアプリの一つで、発表用のスライドを作成できるプレゼンテーション アプリとして活用できます。作成したスライドをプロジェクターなどで投影するスライドショー機能も用意されているため、実際に発表を行う際にも「PowerPoint」が活用できます。そのほか、スライドを印刷して配布資料にしたり、発表用の原稿を作成したりする場合など、発表（プレゼンテーション）に関連する一連の作業を行えるのが「PowerPoint」の特長です。

「PowerPoint」を使うと、見た目に美しいスライドを簡単に作成できます。

▶ PowerPointの起動

それでは、さっそく「PowerPoint」を起動してみましょう。「PowerPoint」を起動するときは、スタートメニューにある「すべてのアプリ」をクリックし、「PowerPoint 2016」を選択します。

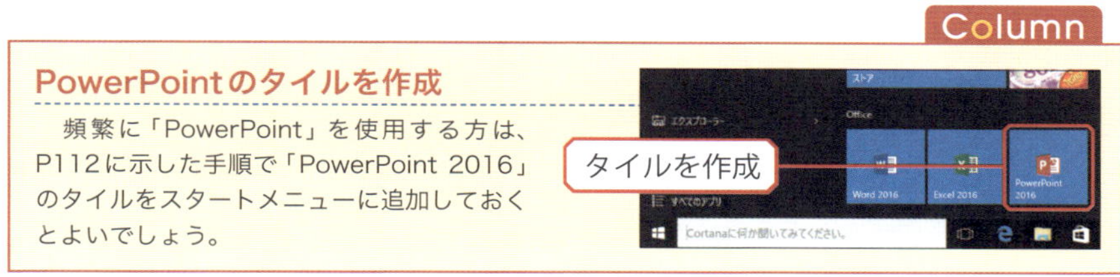

Column

PowerPointのタイルを作成

頻繁に「PowerPoint」を使用する方は、P112に示した手順で「PowerPoint 2016」のタイルをスタートメニューに追加しておくとよいでしょう。

「PowerPoint」を起動すると、以下のような画面が表示されます。ここで「新しいプレゼンテーション」をクリックすると、白紙のスライドが表示されます。

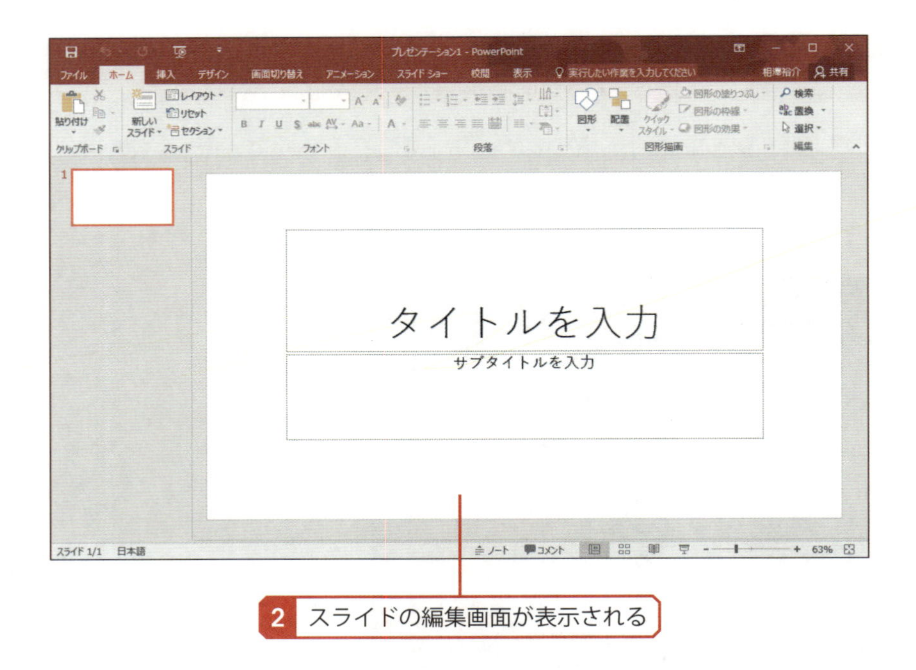

なお、手順1で「新しいプレゼンテーション」以外をクリックした場合は、あらかじめデザインが施された状態でスライドを作成することができます。

PowerPointの終了

続いては、「PowerPoint」を終了させるときの操作手順を解説します。「PowerPoint」を終了させるときは以下のように操作します。

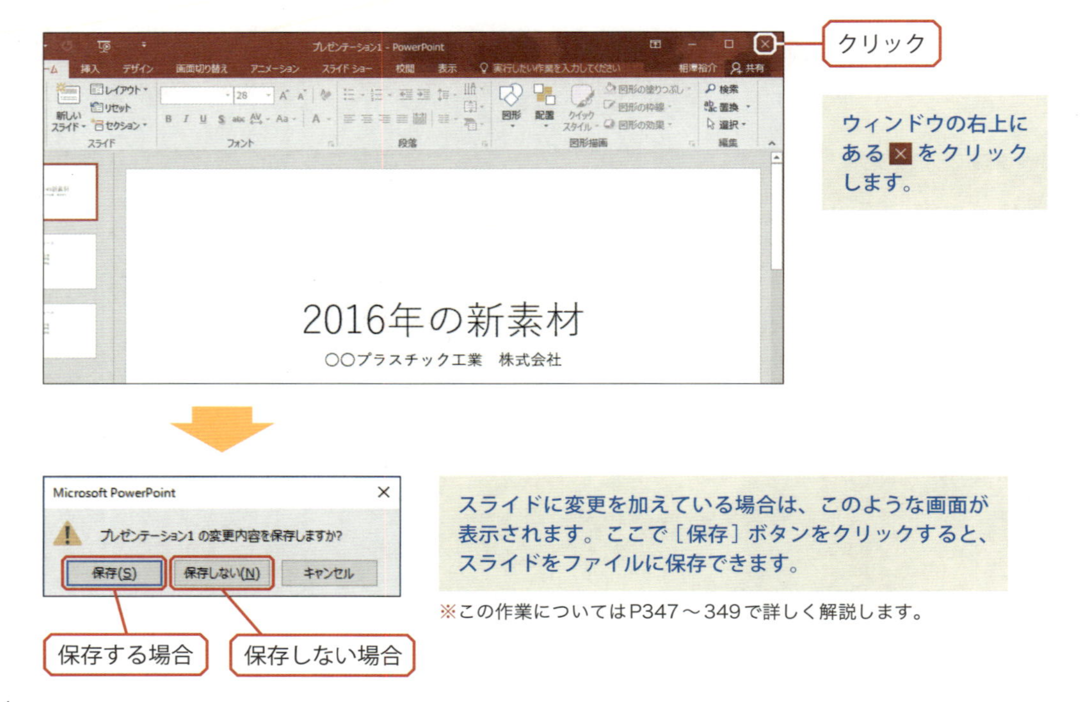

※この作業についてはP347～349で詳しく解説します。

02 各部の名称と表示倍率の変更

続いては「PowerPoint」のウィンドウを構成する各部の名称と役割について解説します。また、ウィンドウ内に表示されているスライドを拡大／縮小して表示する方法も紹介しておきます。

▶ タブとリボン

「PowerPoint」のウィンドウ上部には、タブとリボンが表示されています。まずは、この部分について解説します。

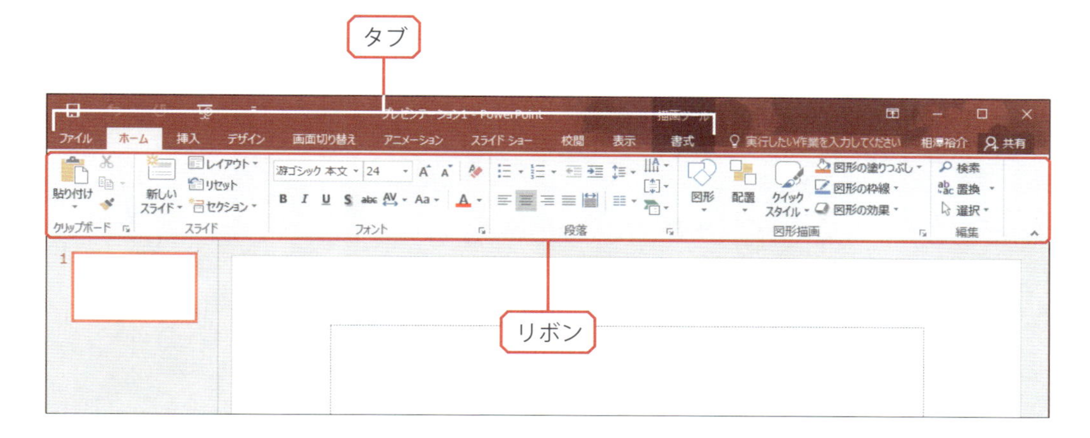

■ タブ

最初に、ここで大まかな操作を指定します。選択したタブに応じてリボンの表示が切り替わります。

■ リボン

操作コマンドの一覧がアイコンなどで表示されます。表示されるコマンドは選択しているタブに応じて変化します。たとえば［挿入］タブを選択すると、リボンの表示は以下のように変化します。

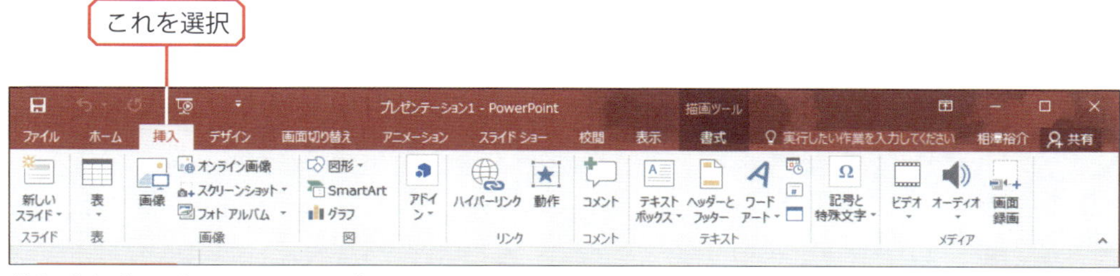

［挿入］タブを選択したときのリボンの表示

Column

ウィンドウ幅とリボンの表示

各タブのリボンは、ウィンドウ幅に応じてアイコンの配置が変化する仕組みになっています。このため、前ページの図とは異なる配置でアイコンが表示される場合もあります。各種操作を行うときは、位置ではなく図柄や文字で操作すべきアイコンを探し出すようにしてください。

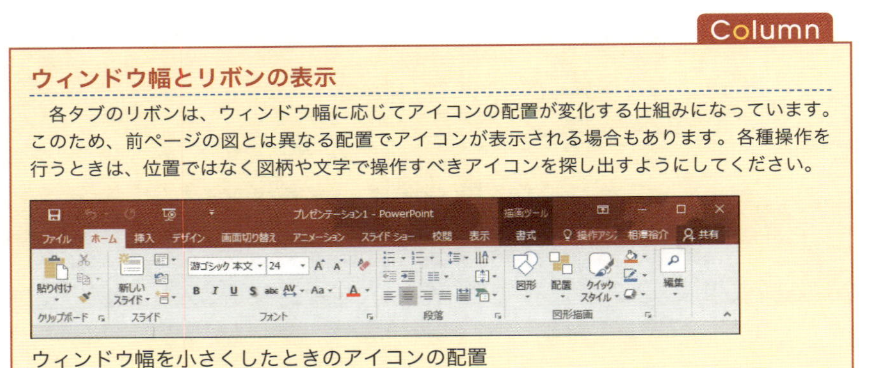

ウィンドウ幅を小さくしたときのアイコンの配置

▶［ファイル］タブについて

［ファイル］タブを選択した場合は、リボンではなく以下の図のような画面が表示されます。この画面はファイルの保存やスライドの印刷を行う場合に利用します。これについては、P347～348ならびにP423～426で詳しく解説します。

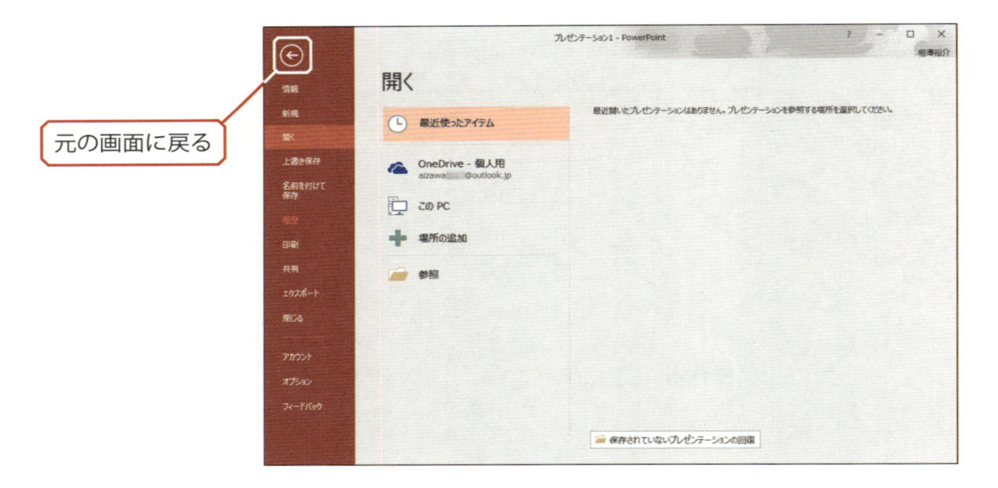

▶クイックアクセス ツールバー

ウィンドウ上部にはクイックアクセス ツールバーが配置されています。ここには「上書き保存」や「元に戻す」などのアイコンが並んでいます。また、この右端にある ▾ をクリックすると、クイックアクセス ツールバーに表示するアイコンを変更できます。

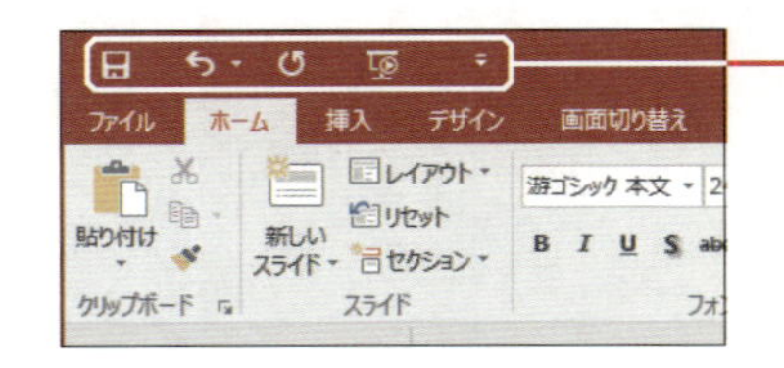

タッチ操作用のリボン表示

タッチ操作でスライドを編集するときは、リボンのアイコン表示を大きくして操作します。リボンの表示をタッチ操作用に切り替えるときは、以下のように操作します。

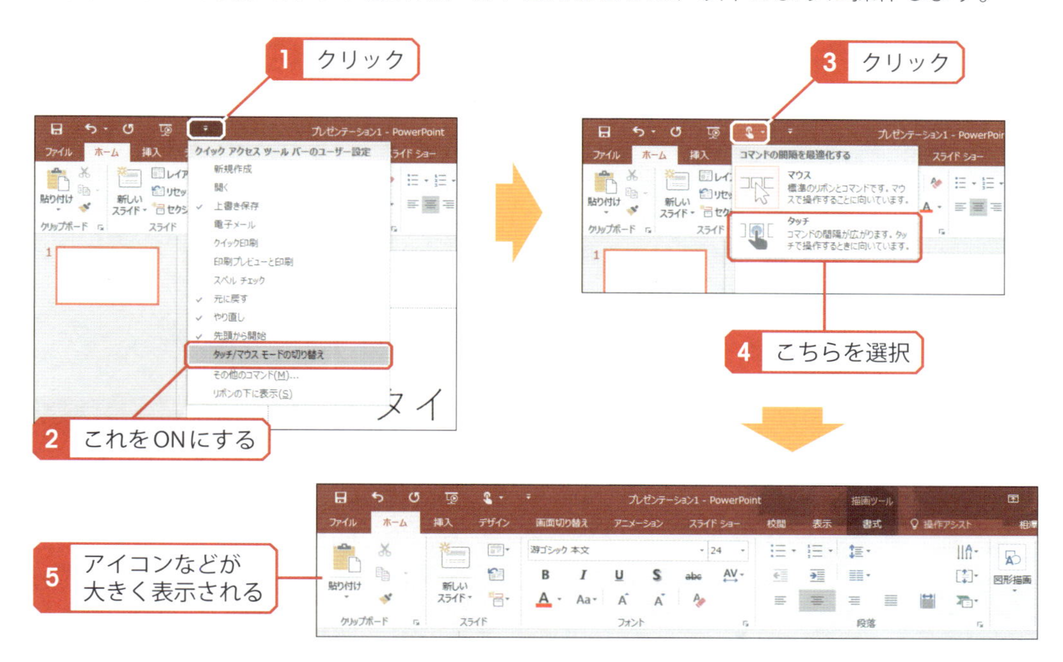

リボンを一時的に非表示

リボンを一時的に消去し、スライドをウィンドウ内に広く表示させることも可能です。リボンの表示/非表示は、タブのダブルクリックで切り替えます。

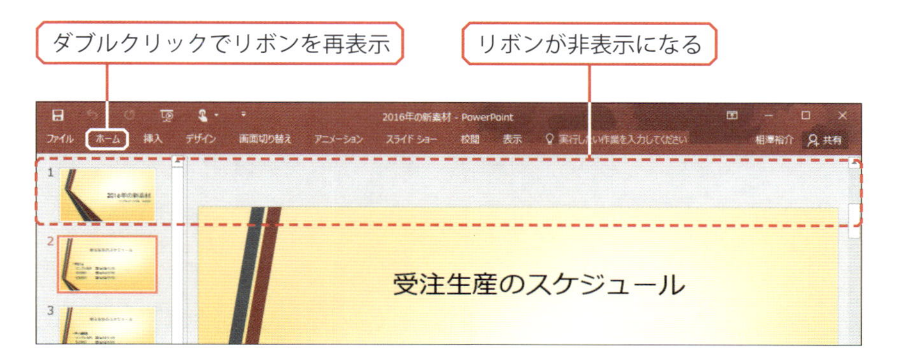

Column

[Ctrl]+[F1]キーの利用

[Ctrl]キーを押しながら[F1]キーを押してリボンの表示/非表示を切り換えることも可能です。

Column

リボンが非表示の場合の操作

リボンを消去した状態のまま各種操作を行うことも可能です。この場合は、タブをクリックしたときだけリボンが表示され、操作の完了と同時に自動的にリボンは消去されます。

▶ 表示倍率の変更

ウィンドウ内に表示されているスライドの表示倍率を変更する機能も用意されています。細かい部分を編集するときは拡大表示、スライド全体を表示するときは縮小表示、と状況に応じて最適な倍率を指定するとよいでしょう。

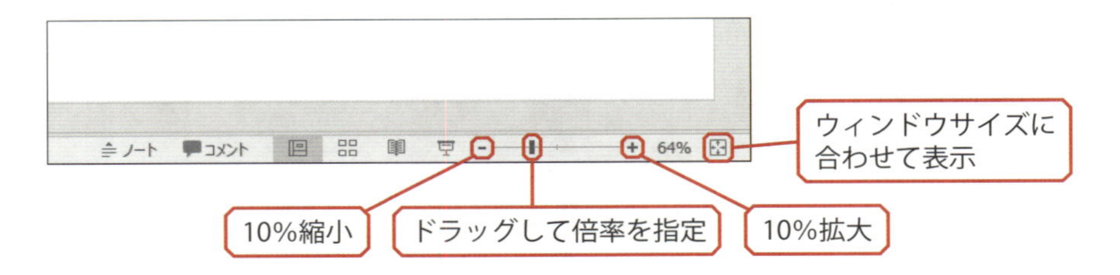

また、下図のように操作してスライドの一覧を拡大/縮小することも可能です。

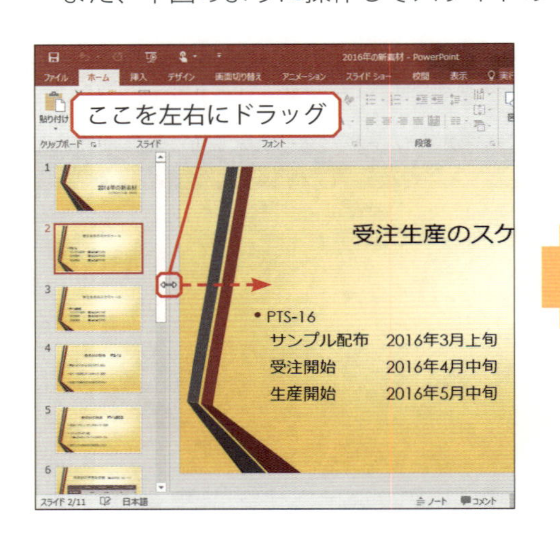

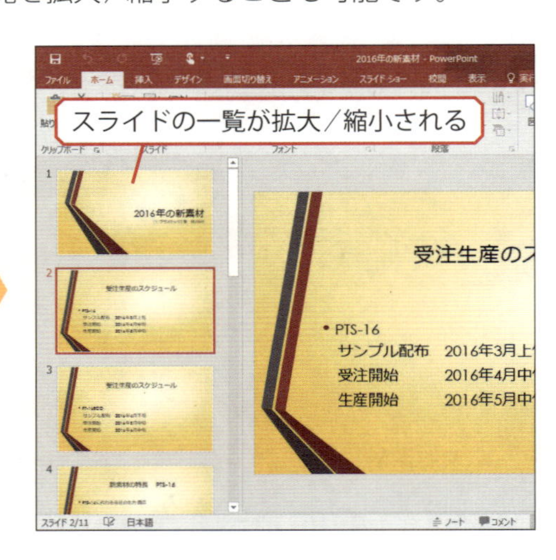

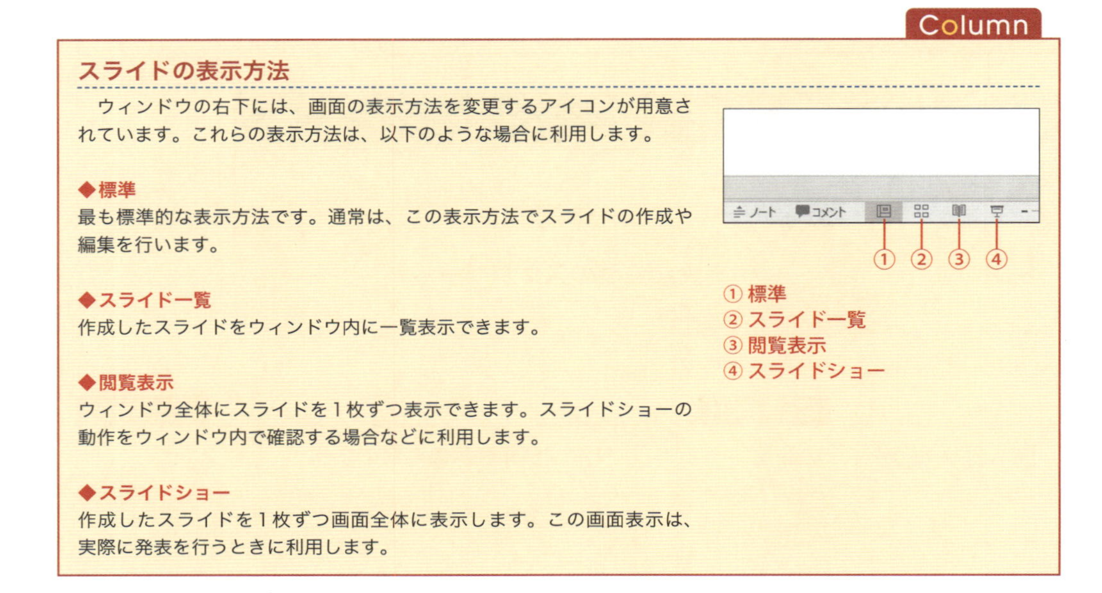

Column

スライドの表示方法

ウィンドウの右下には、画面の表示方法を変更するアイコンが用意されています。これらの表示方法は、以下のような場合に利用します。

◆標準
最も標準的な表示方法です。通常は、この表示方法でスライドの作成や編集を行います。

◆スライド一覧
作成したスライドをウィンドウ内に一覧表示できます。

◆閲覧表示
ウィンドウ全体にスライドを1枚ずつ表示できます。スライドショーの動作をウィンドウ内で確認する場合などに利用します。

◆スライドショー
作成したスライドを1枚ずつ画面全体に表示します。この画面表示は、実際に発表を行うときに利用します。

① 標準
② スライド一覧
③ 閲覧表示
④ スライドショー

03 ファイル操作

「PowerPoint」で作成したスライドは、パソコン内にあるハードディスク、もしくはOneDriveに保存するのが一般的です。続いては、作成したスライドをファイルに保存したり、PowerPointファイルを開いたりするときの操作手順を解説します。

ファイルの新規保存

「PowerPoint」で作成したスライドは、ファイルに保存して管理するのが基本です。保存せずに「PowerPoint」を終了させると、作成したスライドが消去されてしまうことに注意してください。スライドを確実に残しておくためにも、こまめに保存する習慣を身に付けておきましょう。スライドをファイルに保存するときは、以下のように操作します。

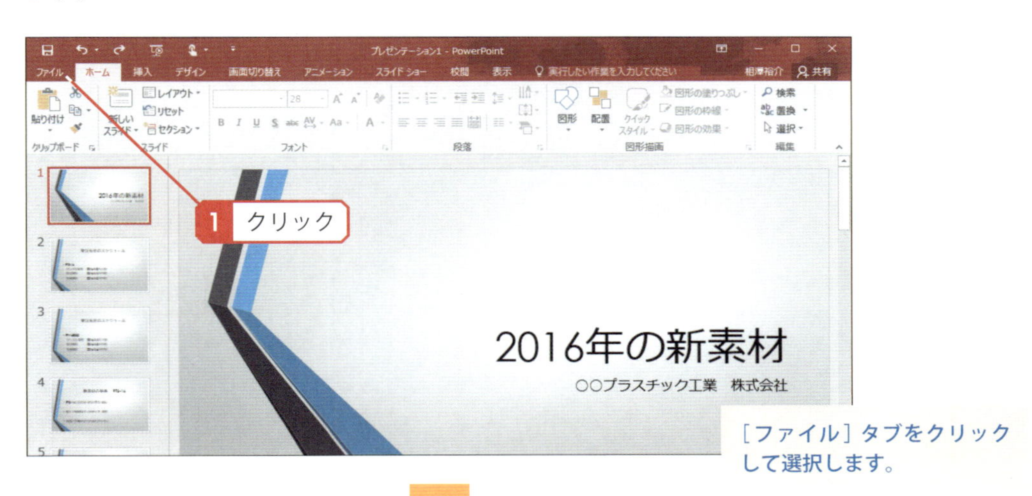

［ファイル］タブをクリックして選択します。

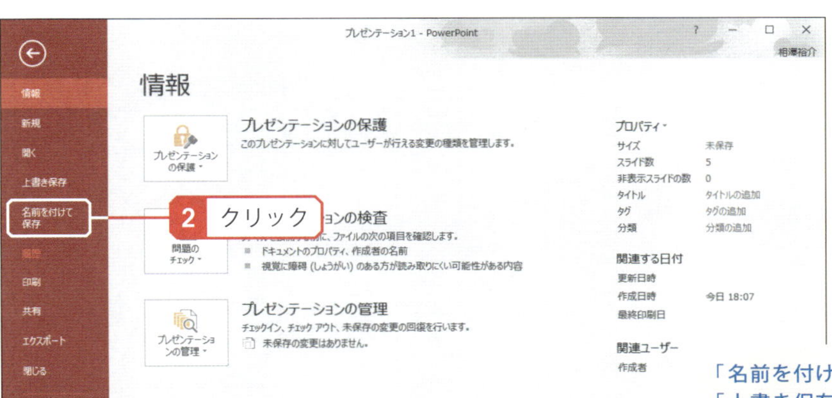

「名前を付けて保存」または「上書き保存」をクリックします。

続いて、ファイルの保存先を指定します。保存先に「OneDrive」を指定すると、自宅にあるパソコンだけでなく、会社や学校などにあるパソコンでもスライドの閲覧や編集を行えるようになります（P119〜123参照）。

※OneDriveを使用するときは、Microsoftアカウントでサインインしておく必要があります。

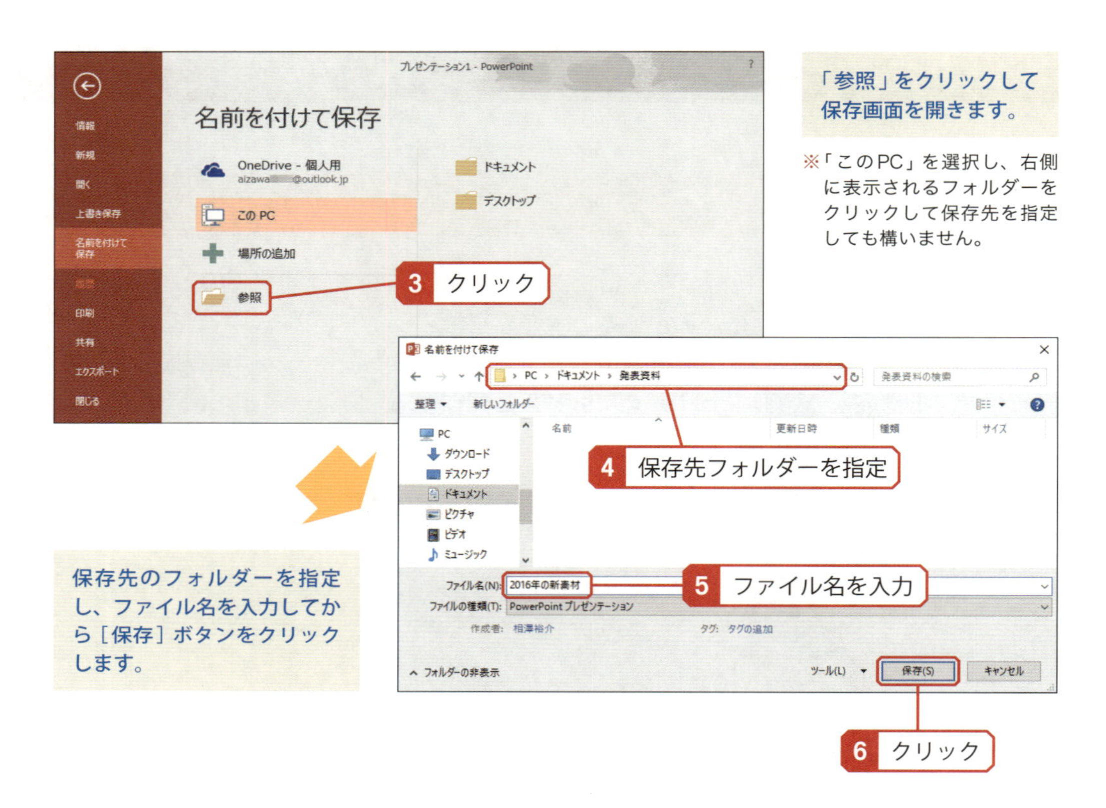

「参照」をクリックして保存画面を開きます。

※「このPC」を選択し、右側に表示されるフォルダーをクリックして保存先を指定しても構いません。

保存先のフォルダーを指定し、ファイル名を入力してから［保存］ボタンをクリックします。

ファイルを開く

保存したスライドを開くときは、PowerPointファイルのアイコンをダブルクリックします。すると「PowerPoint」が起動し、ウィンドウ内にスライドが表示されます。

PowerPointファイルが保存されているフォルダーを開き、PowerPointファイルのアイコンをダブルクリックします。

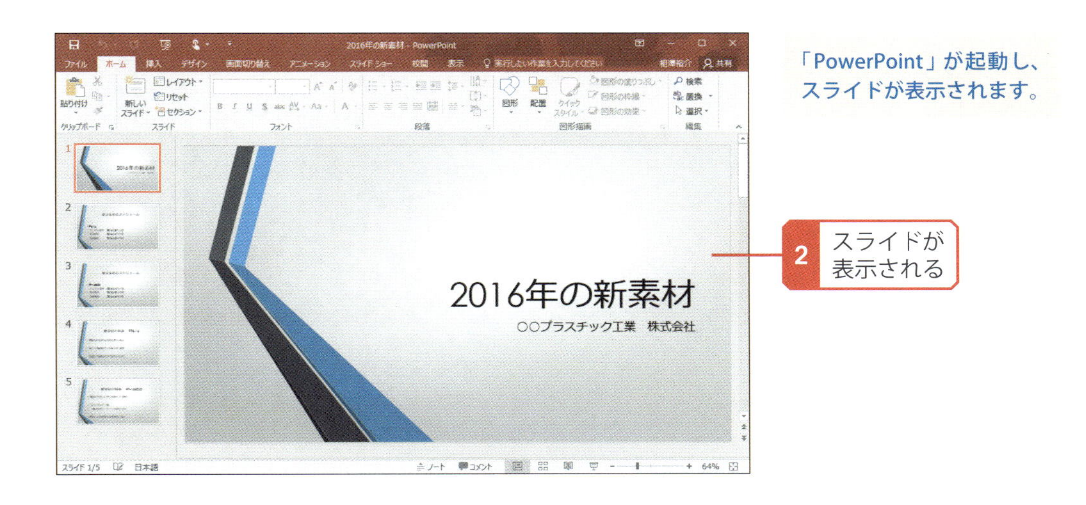

「PowerPoint」が起動し、スライドが表示されます。

ファイルの上書き保存

すでに保存されているスライドに変更を加えたときは、上書き保存を実行し、ファイルの内容を更新しておく必要があります。この操作は、クイックアクセス ツールバーにある ▣（上書き保存）をクリックすると実行できます。

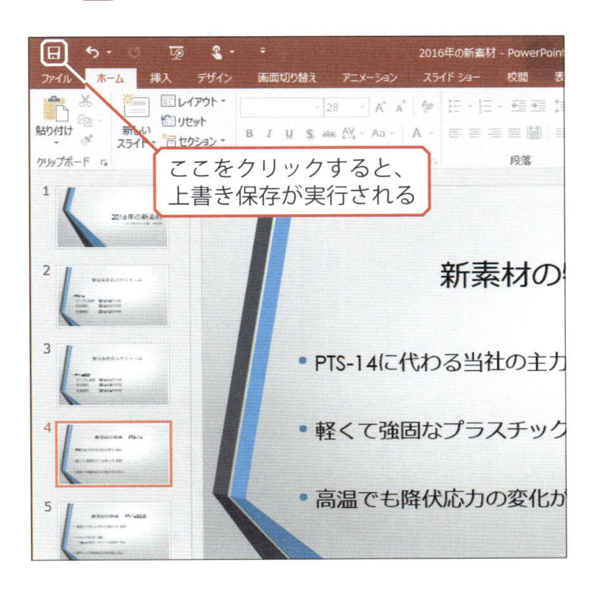

Column

[Ctrl]＋[S]キーの活用

キーボードの［Ctrl］キーを押しながら［S］キーを押して上書き保存を行うことも可能です。こちらのほうが素早く操作できるので、［Ctrl］＋［S］キーの操作方法もぜひ覚えておいてください。

なお、上書き保存を行わずに「PowerPoint」を終了させた場合は、今回の変更が破棄され、前回保存したときの状態のままファイルが維持されます。

Column

ファイルを別名で保存

前回保存したときの状態を維持したまま、別のファイルにスライドを保存したい場合は、［ファイル］タブにある「名前を付けて保存」を選択します。続いて、保存先とファイル名を指定すると、新しいファイルにスライドを保存できます。この場合は、元のPowerPointファイルの内容が変更されることはありません。

04 文字入力とスライドの挿入

ここからは、実際にスライドを作成していくときの操作手順を解説します。まずは、スライドに文字を入力する方法、ならびに新しいスライドを追加する方法について解説します。

タイトル スライドの文字入力

「PowerPoint」を起動すると、1枚目のスライドとなるタイトル スライドが自動的に作成されます。このスライドには、発表する内容のタイトルとサブタイトル（または発表者、発表日など）を入力します。

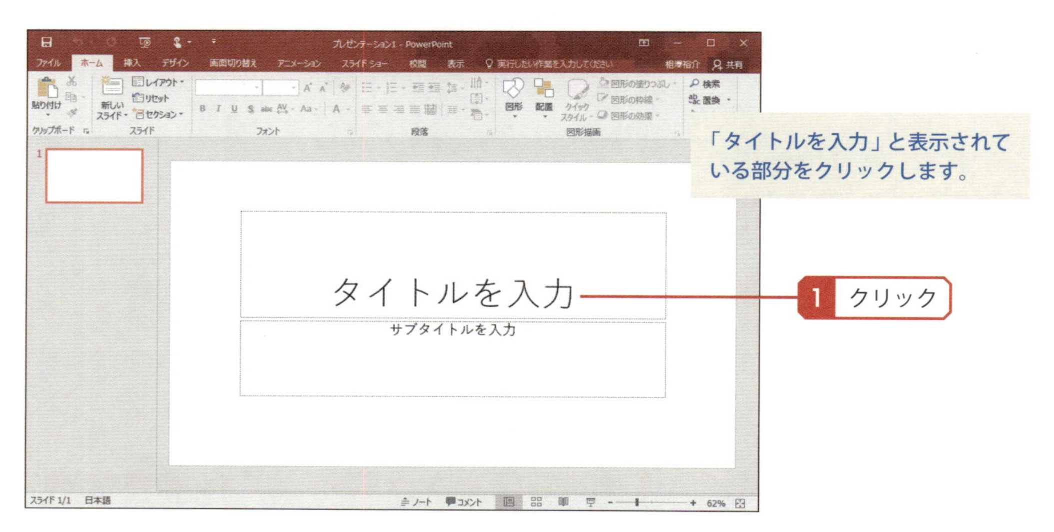

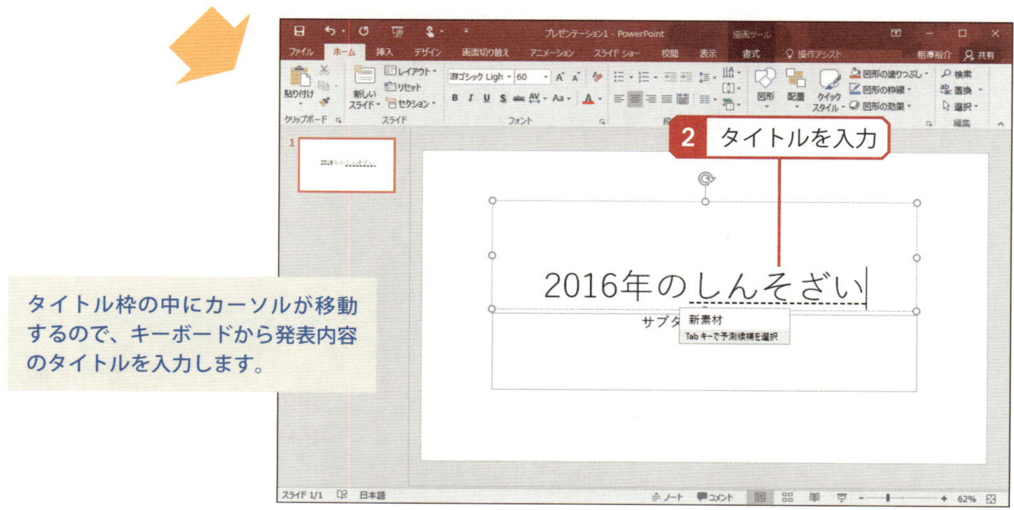

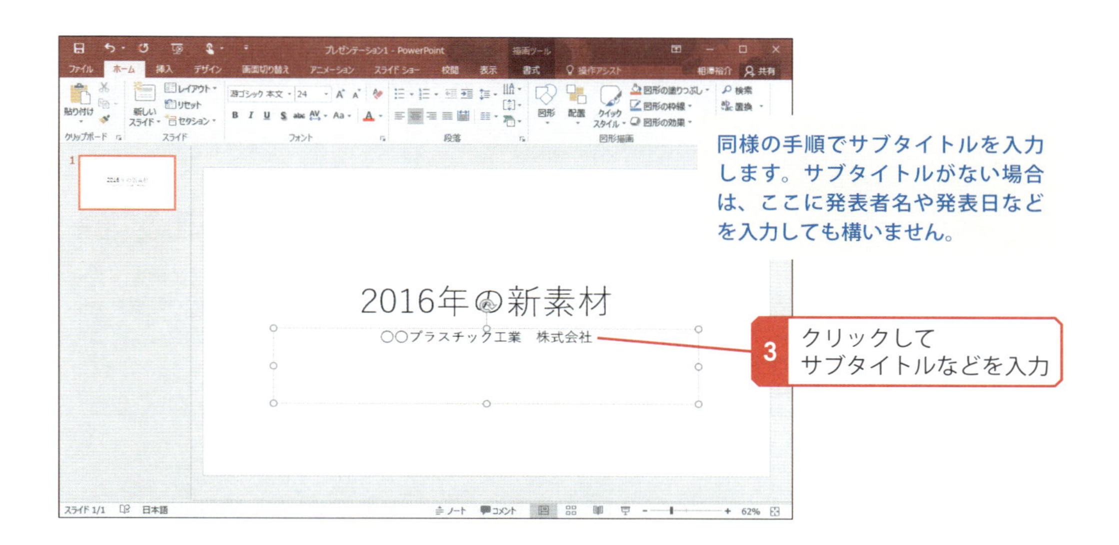

新しいスライドの追加

続いて、2枚目以降のスライドを追加していきます。スライドを追加するときは、「新しいスライド」を使って以下のように操作します。

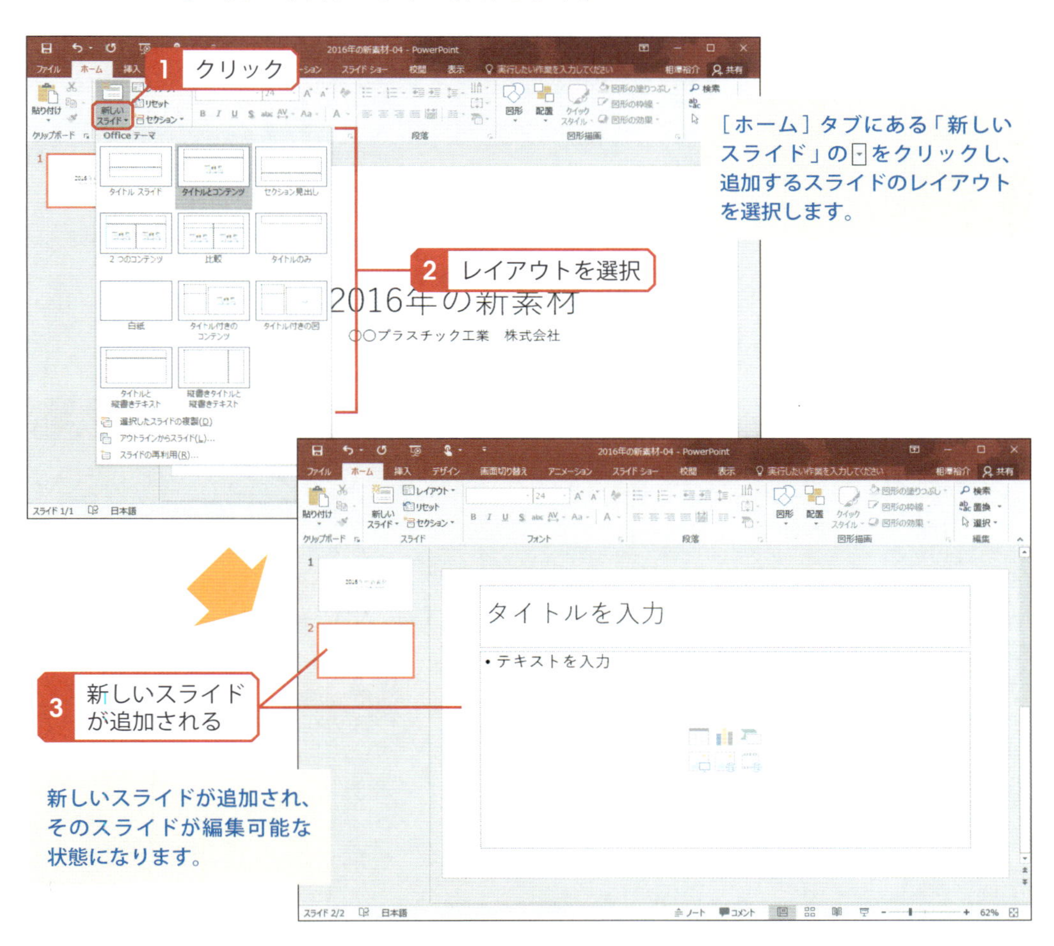

「PowerPoint」では、発表に使用する一連のスライド群のことをプレゼンテーションと呼びます。ファイルの保存を実行すると、作成した全てのスライドが1つのPowerPointファイル（プレゼンテーション ファイル）に保存されます。

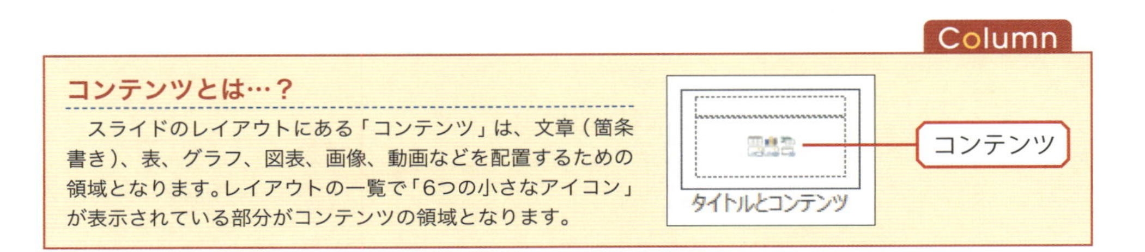

テキスト（箇条書き）の入力

続いて、追加したスライドに文章を入力していく手順を解説します。この手順に特に難しい点はありませんが、コンテンツの領域には箇条書きの書式が指定されていることに注意してください。

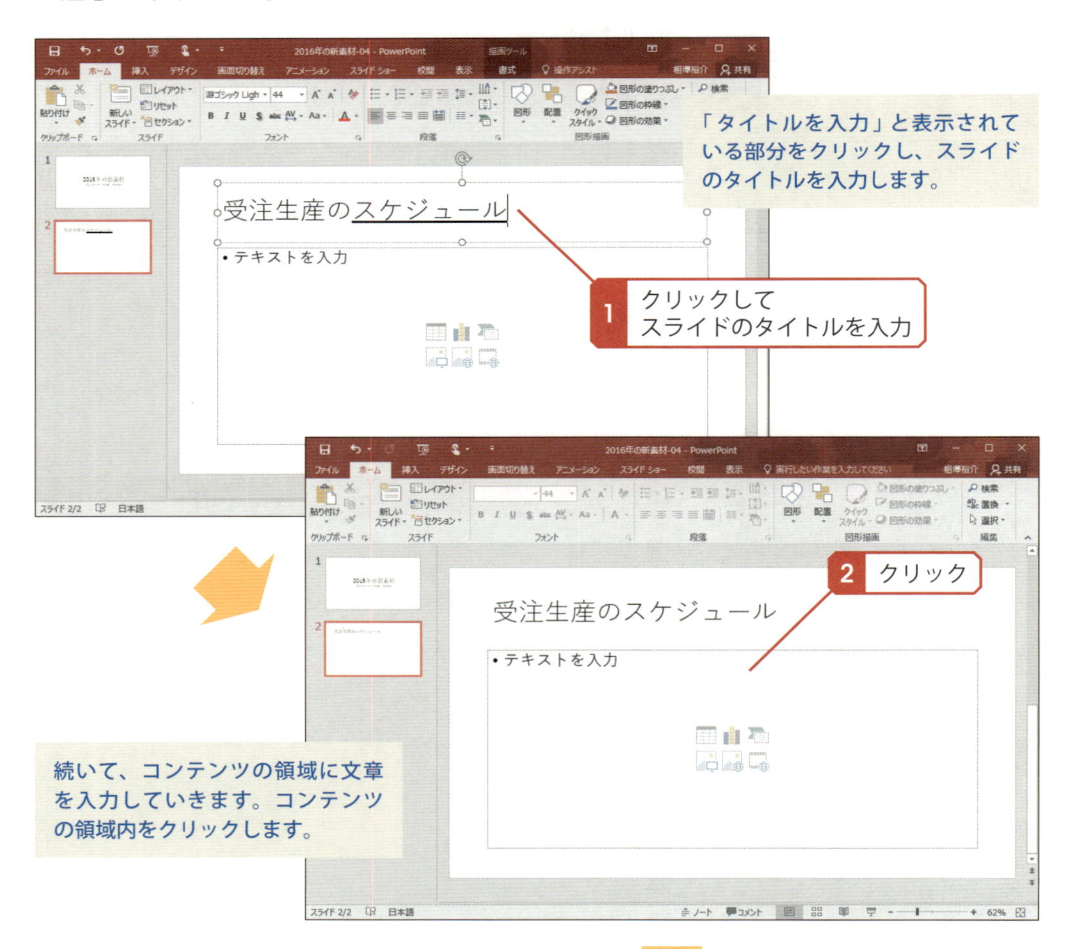

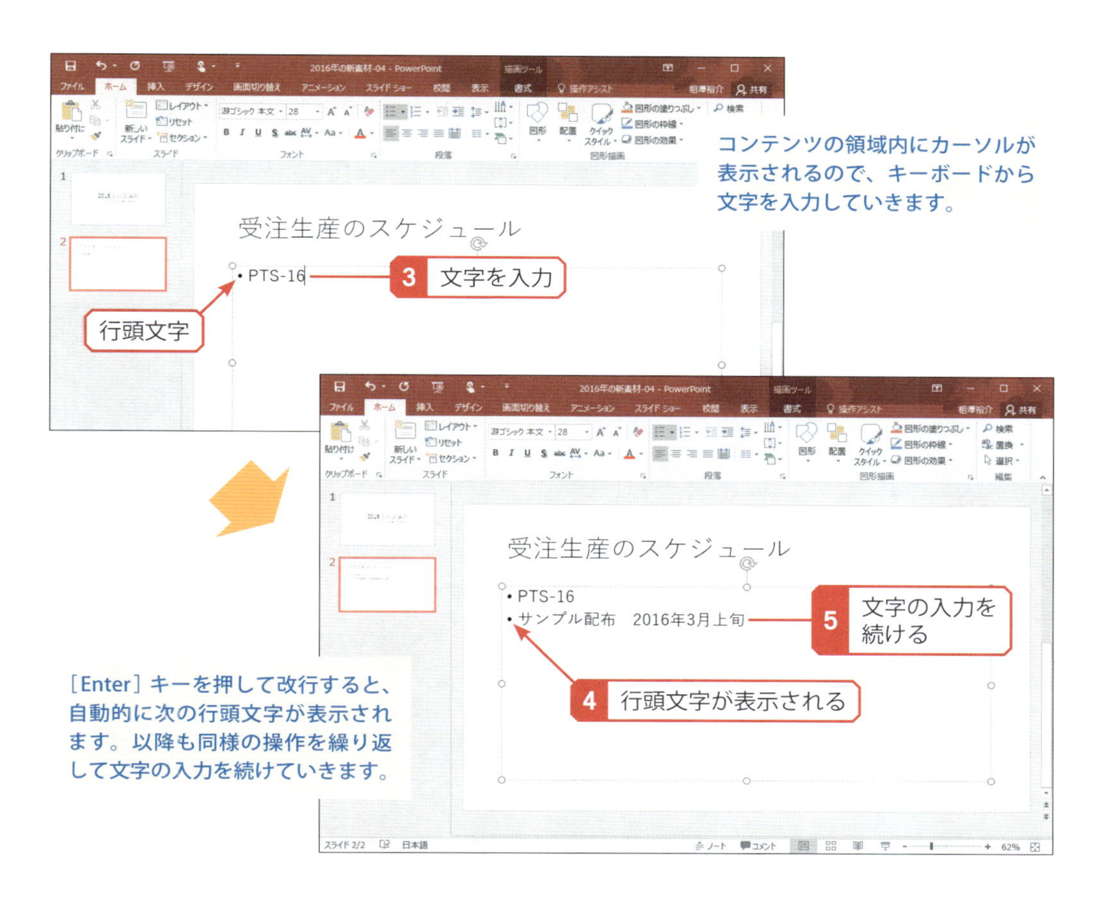

段落の先頭に行頭文字が不要な場合は、その段落を選択した状態で（箇条書き）をクリックしてOFFにすると、行頭文字を削除できます。

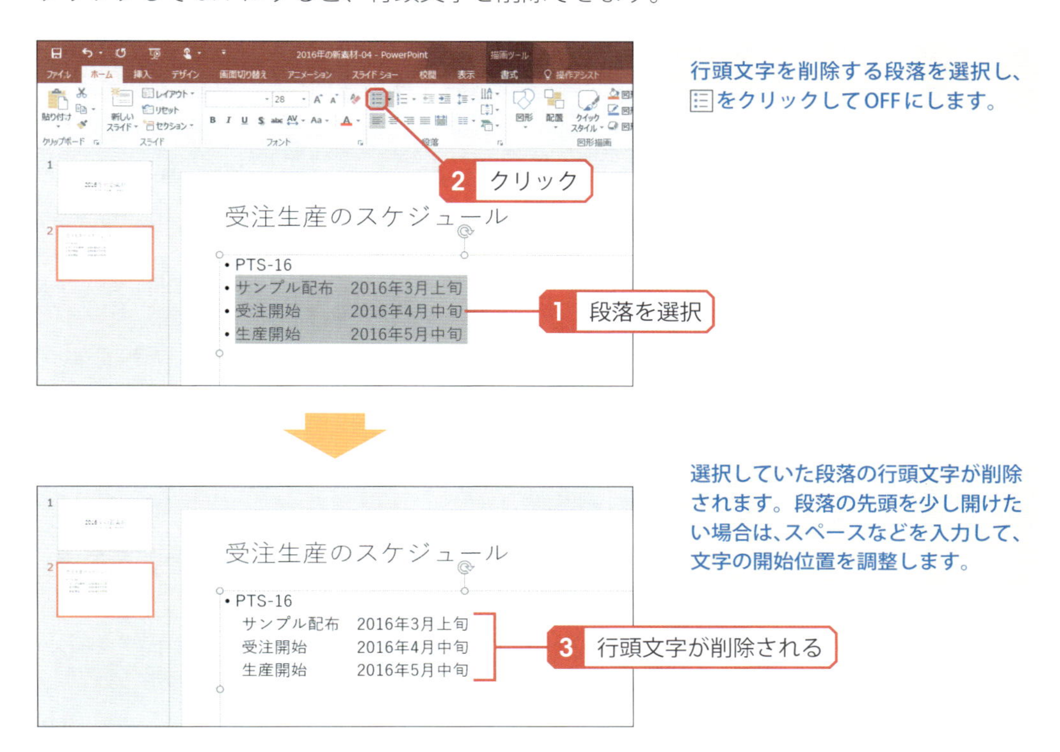

▶ スライドの選択

スライドの作成を進めていくと、スライドの一覧に何枚ものスライドが並ぶようになります。これらのうち編集画面に表示できるスライド（編集可能なスライド）は1枚だけです。表示するスライドは、以下のように操作して指定します。

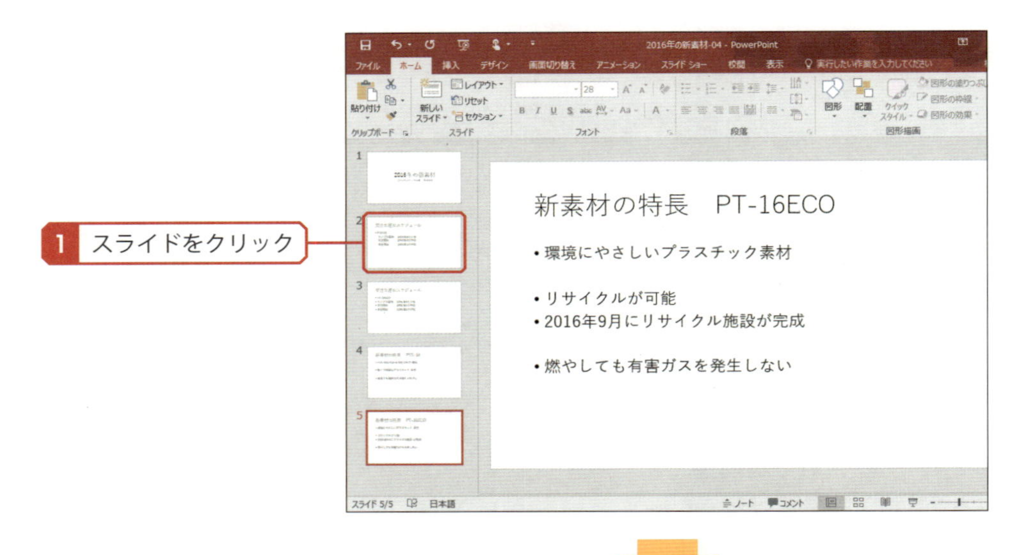

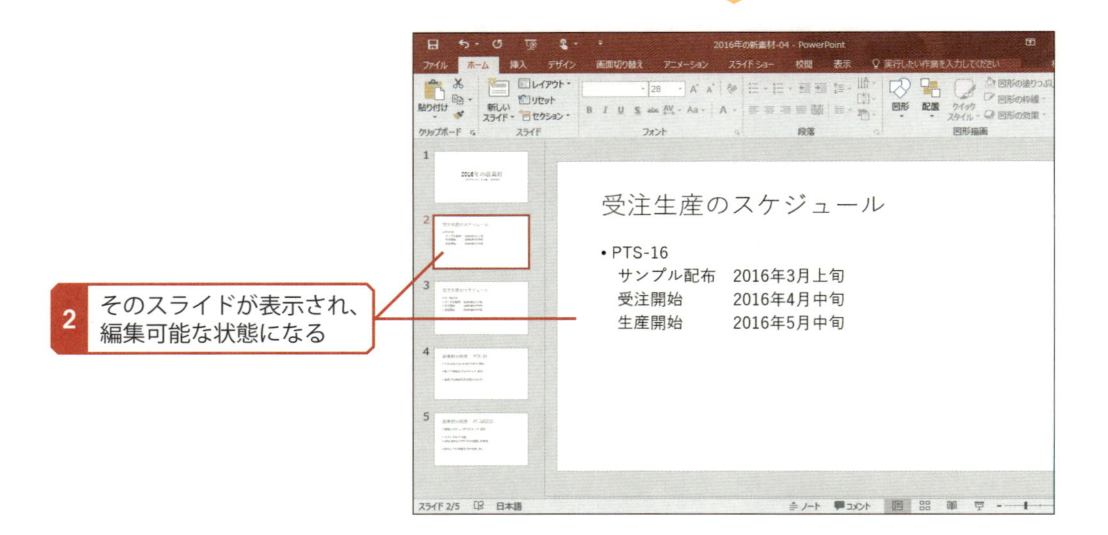

そのほか、スクロールバーやマウスホイールで表示するスライドを変更することも可能です。

Column

スライドが追加される位置

「新しいスライド」によりスライドが追加される位置は、現在選択しているスライドの直後となります。たとえば、2枚目のスライドを選択した状態で「新しいスライド」を挿入すると、2枚目と3枚目の間に新しいスライドが挿入されます。

スライドの並べ替え

作成したスライドの並び順を後から変更することも可能です。スライドを並べ替えるときは、スライドの一覧でスライドを上下にドラッグします。

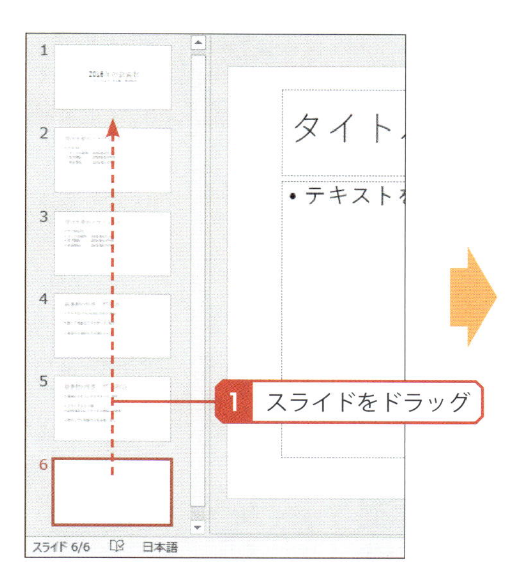

スライドの削除

スライドの一覧でスライドを右クリックし、「スライドの削除」を選択すると、そのスライドをプレゼンテーションから削除できます。間違えてスライドを作成してしまった場合は、この手順でスライドを削除してください。

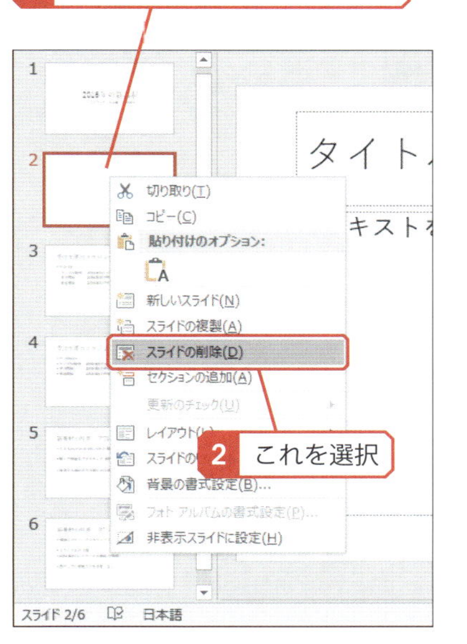

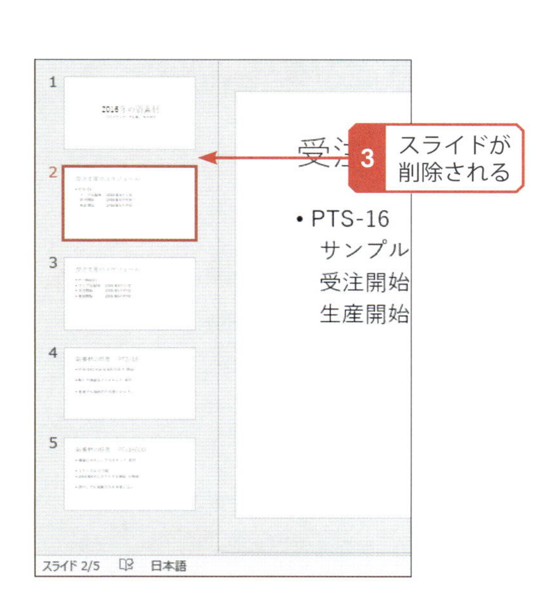

05 スライドのデザインと行頭文字

「PowerPoint」には、スライドのデザインを手軽に変更できるテーマが用意されています。続いては、テーマを適用する方法を解説します。また、箇条書きの行頭文字を変更する方法もここで解説しておきます。

▶ テーマの適用

スライドをある程度作成できたら、テーマを使ってスライドのデザインを指定します。スライドにテーマを適用するときは、以下のように操作します。

［デザイン］タブを選択し、「テーマ」の▿をクリックします。

テーマの一覧が表示されるので、好きなデザインを選択します。

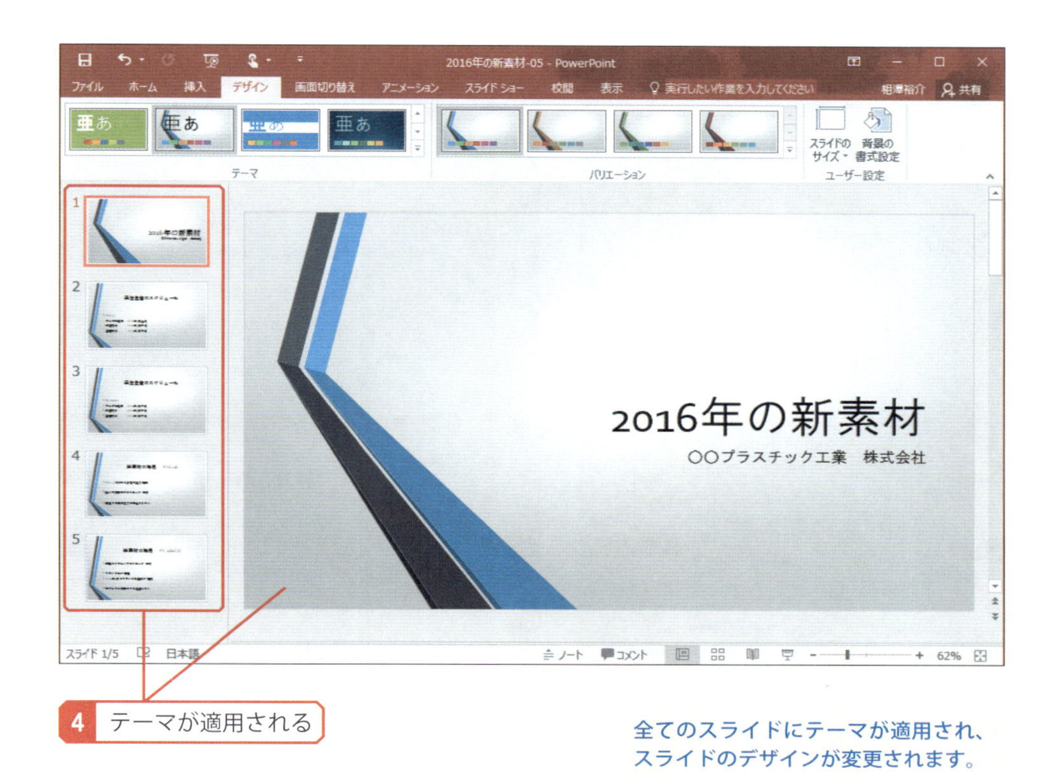

全てのスライドにテーマが適用され、スライドのデザインが変更されます。

なお、適用したテーマが気に入らなかった場合は、同様の手順で別のテーマを選択します。以降に「PowerPoint」に用意されているテーマをいくつか紹介しておくので、テーマを選択するときの参考にしてください。

■イオン

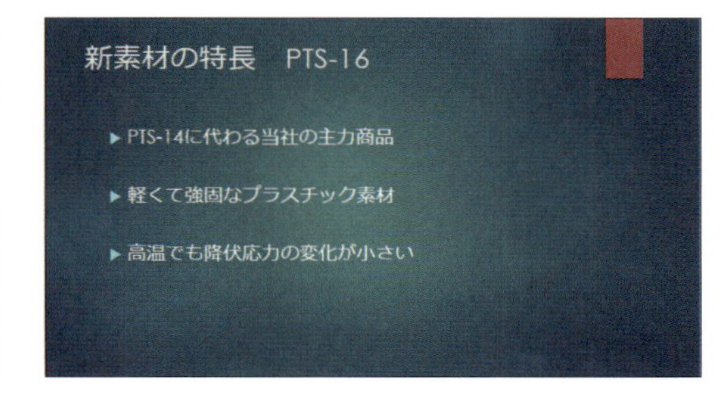

■インテグラル

新素材の特長　PTS-16

PTS-14に代わる当社の主力商品

軽くて強固なプラスチック素材

高温でも降伏応力の変化が小さい

■ウィスプ

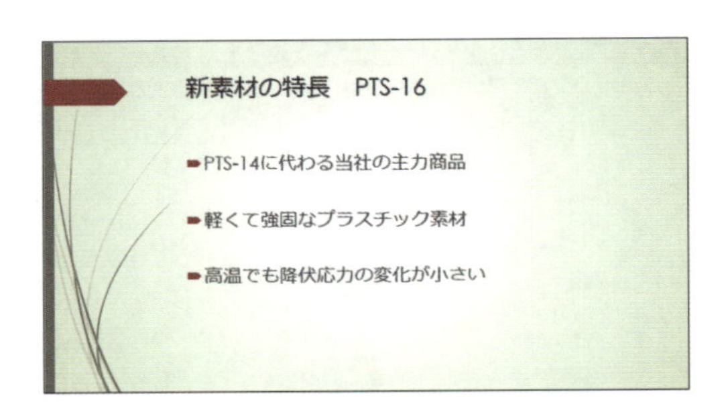

■オーガニック

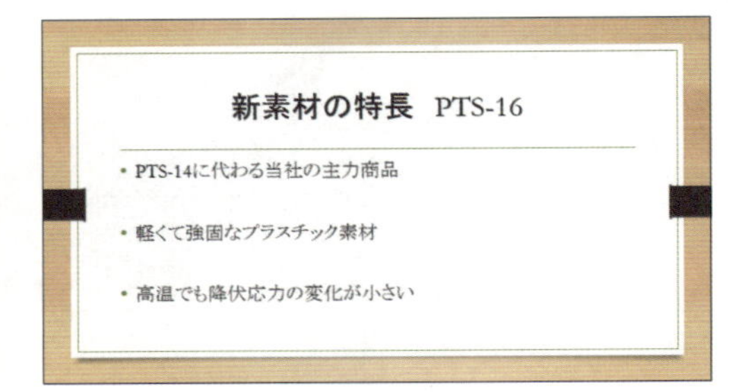

■ファセット

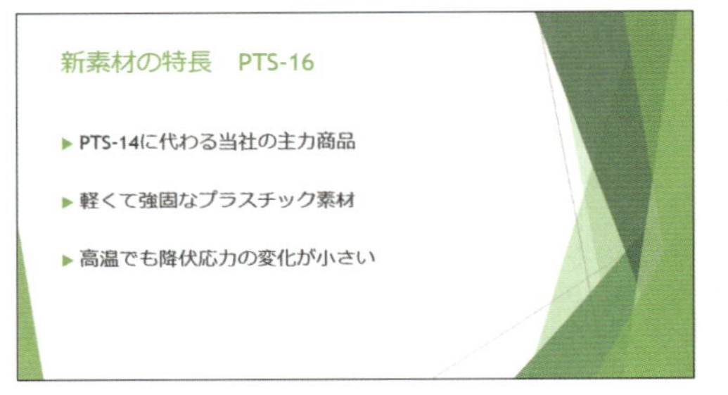

■クォータブル

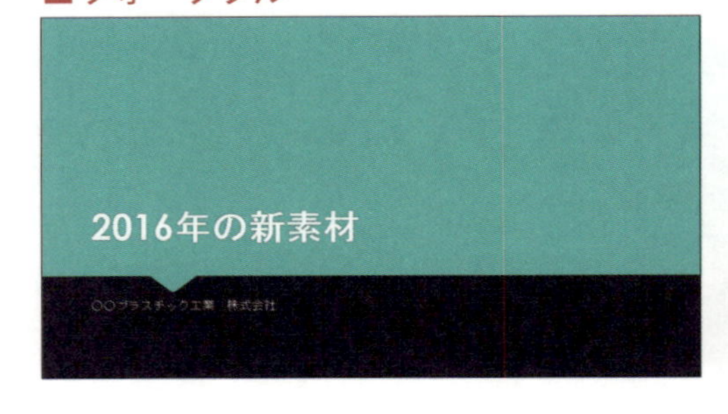

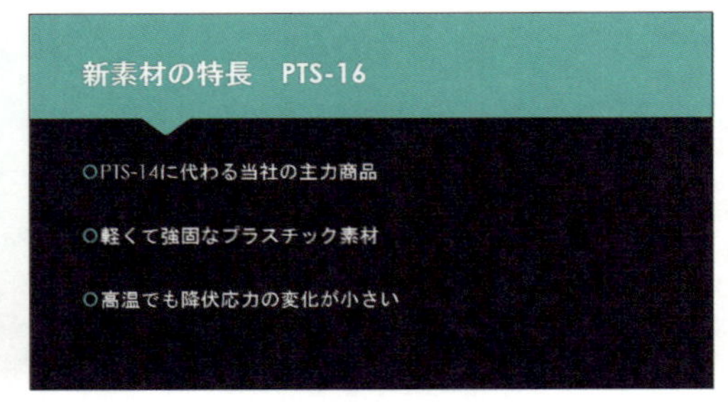

■シャボン

新素材の特長　PTS-16

- PTS-14に代わる当社の主力商品
- 軽くて強固なプラスチック素材
- 高温でも降伏応力の変化が小さい

■天空

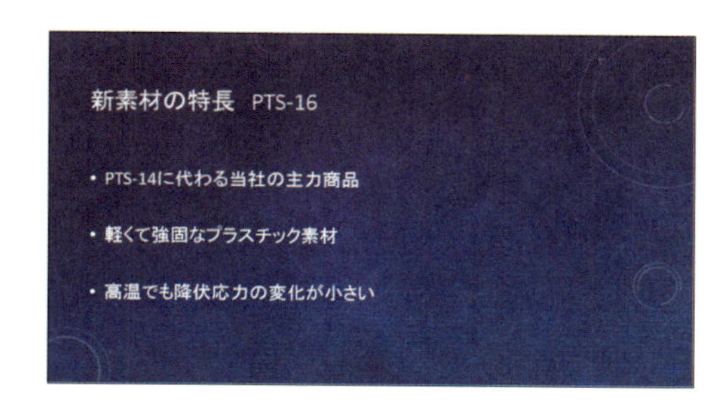

バリエーションの指定

選択したテーマの配色や背景パターンなどを手軽に変更できるバリエーションも用意されています。この機能を使ってスライドの雰囲気を変更することも可能です。各テーマのバリエーションを指定するときは、以下のように操作します。

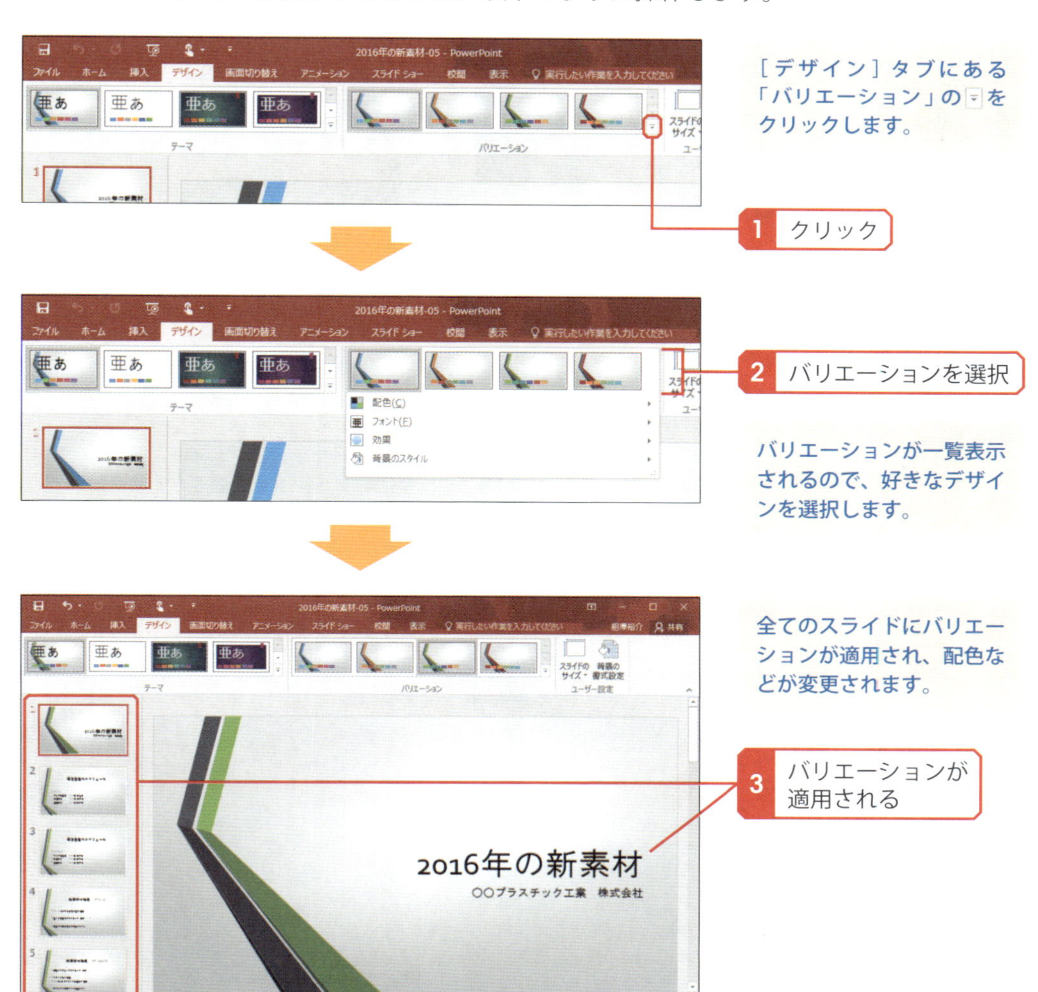

▶配色、フォント、効果、背景の指定

テーマを適用した後に、スライド全体の配色やフォントだけを指定しなおすことも可能です。この場合は「バリエーション」の▽をクリックし、「配色」や「フォント」の中から好きな項目を選択します。

■配色の指定

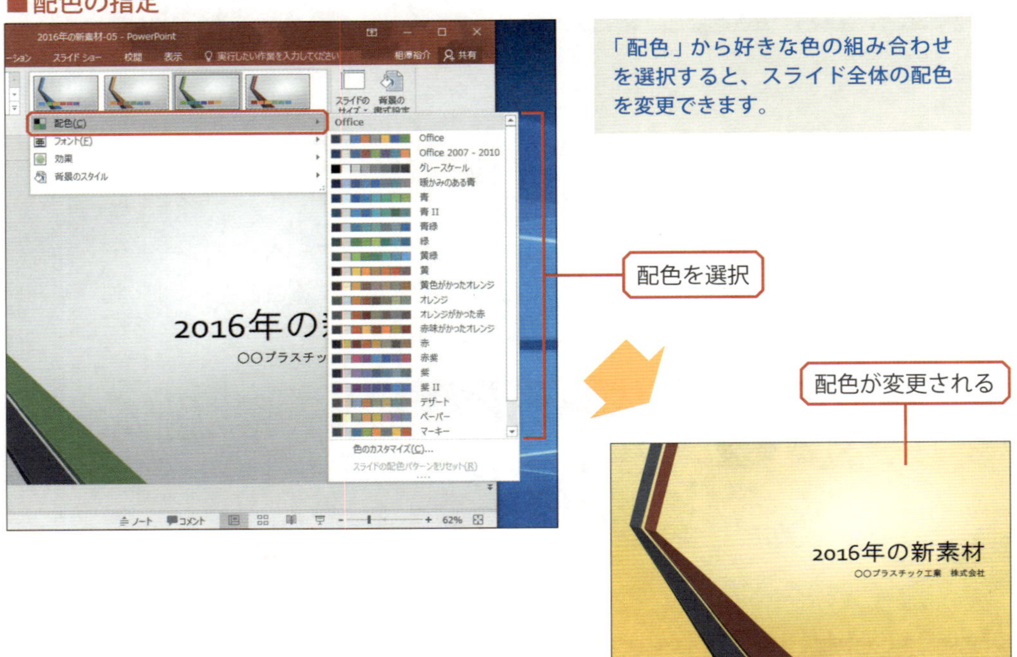

■フォントの指定

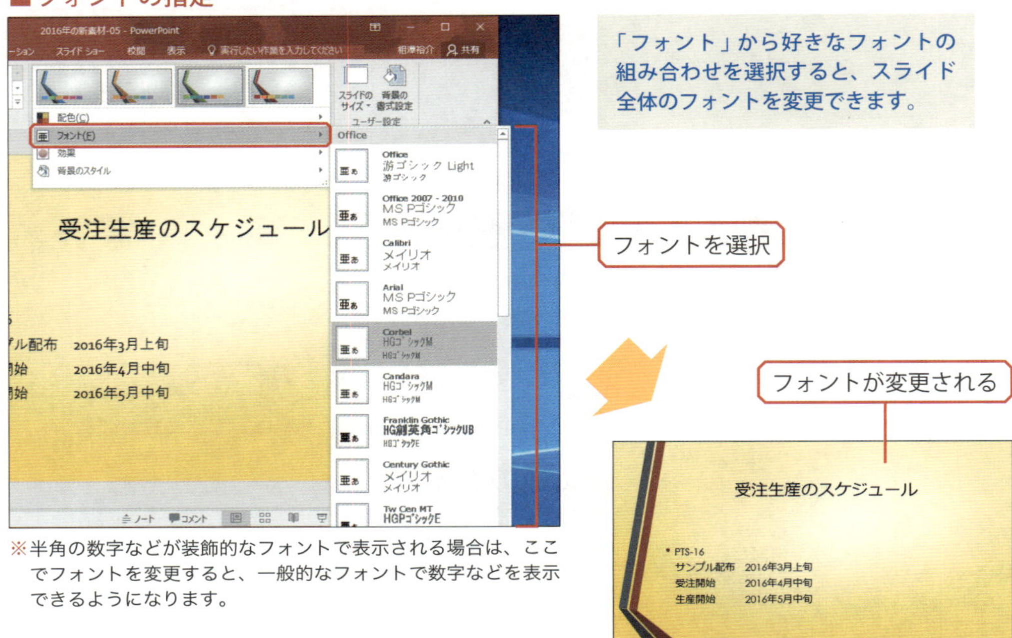

※半角の数字などが装飾的なフォントで表示される場合は、ここでフォントを変更すると、一般的なフォントで数字などを表示できるようになります。

また、「効果」や「背景のスタイル」を変更するコマンドも用意されています。効果はグラフや図表（SmartArt）の装飾を指定する書式で、これを変更することにより立体的な装飾の表現方法を変更できます。

■効果の指定

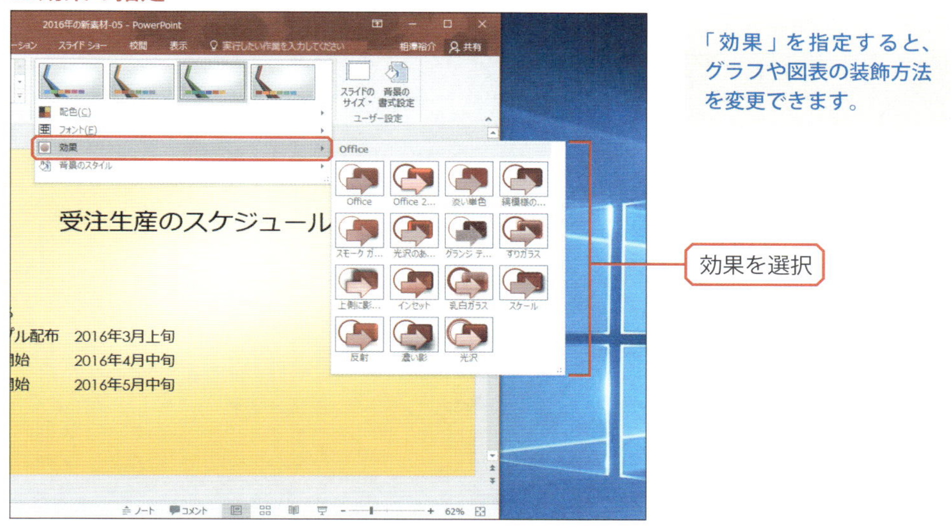

■背景のスタイルの指定

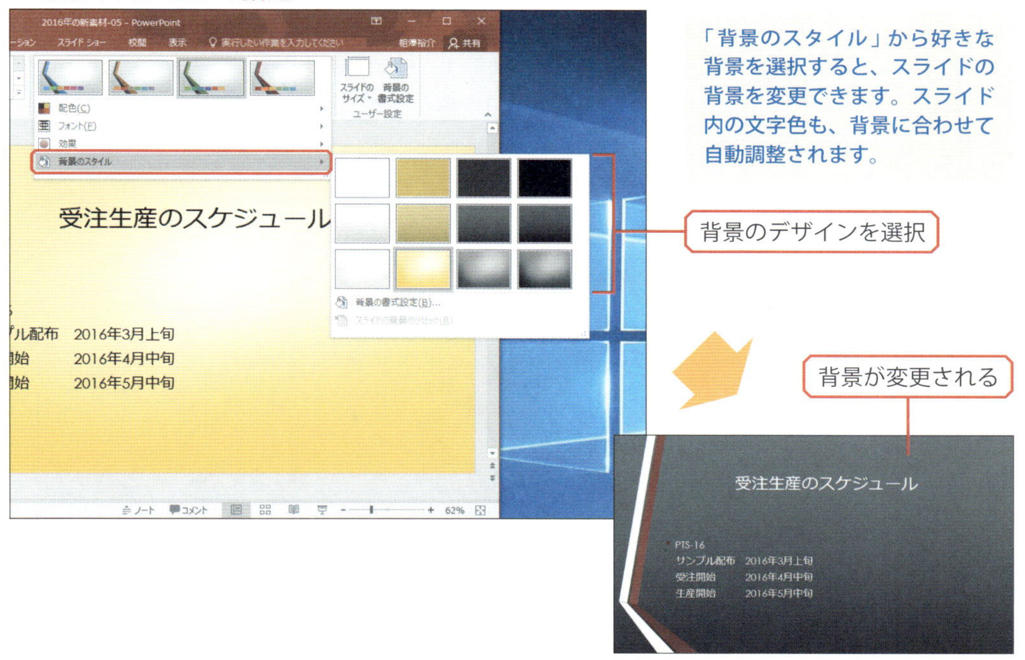

Column

背景の詳細指定

［デザイン］タブには、背景のデザインを細かく指定できる「背景の書式指定」も用意されています。スライドの背景を自分で細かく指定したい場合は、ここで書式を指定してください。

▶ 行頭文字の変更

スライドにテーマを適用すると、それに応じて箇条書きの行頭文字も自動的に変更されます。この行頭文字を各自の好きな文字（記号）に変更するときは、［ホーム］タブにある☰（箇条書き）の▾をクリックして行頭文字を指定します。

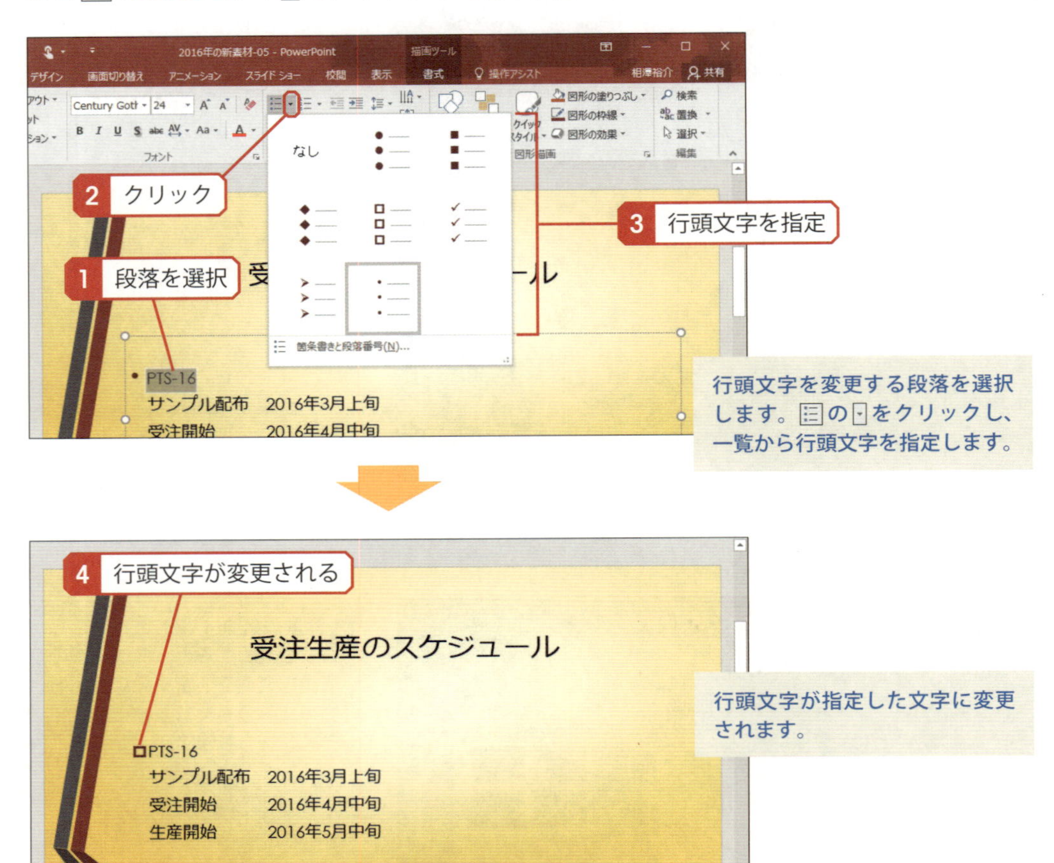

なお、行頭文字のサイズが大きすぎる（または小さすぎる）場合は、段落を選択した状態で☰の一覧から「箇条書きと段落番号」を選択し、以下の画面で行頭文字のサイズを調整します。ここで行頭文字の色を変更することも可能です。

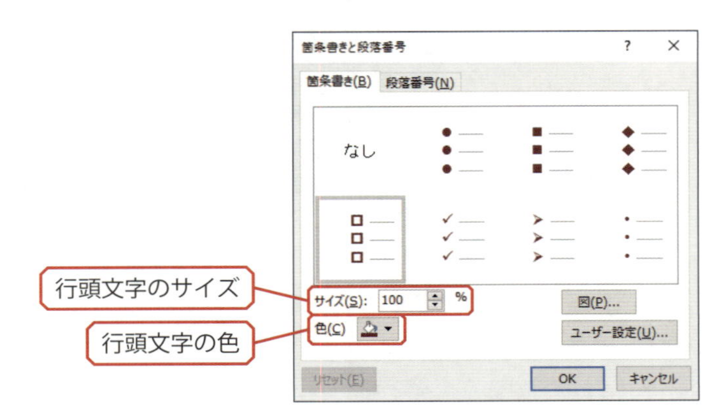

▶ 段落番号の指定

「1、2、3、……」や「a、b、c、……」のように連番の行頭文字も指定できます。この場合は、☰（段落番号）を使って以下の手順で行頭文字を指定します。

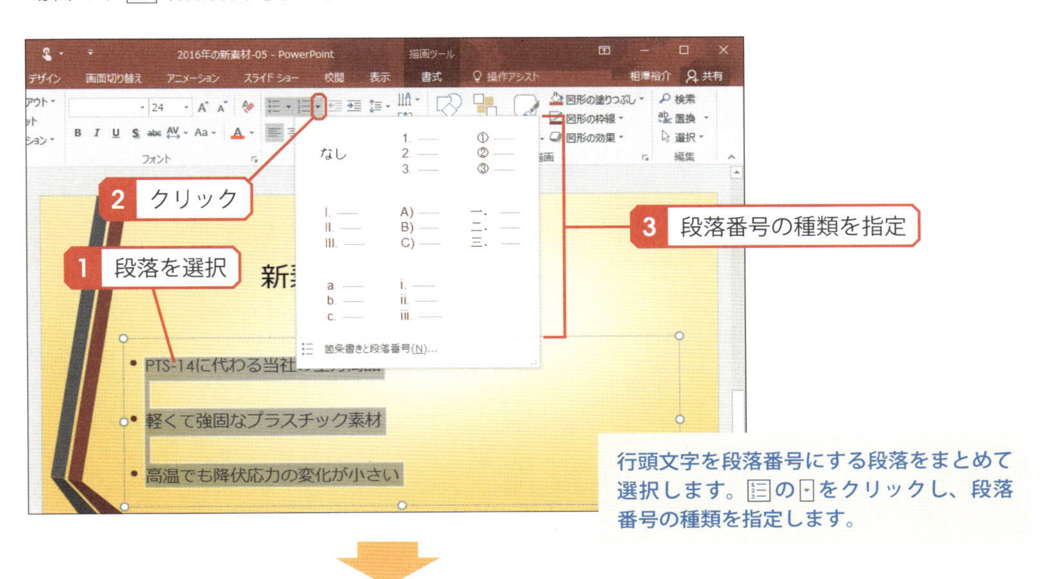

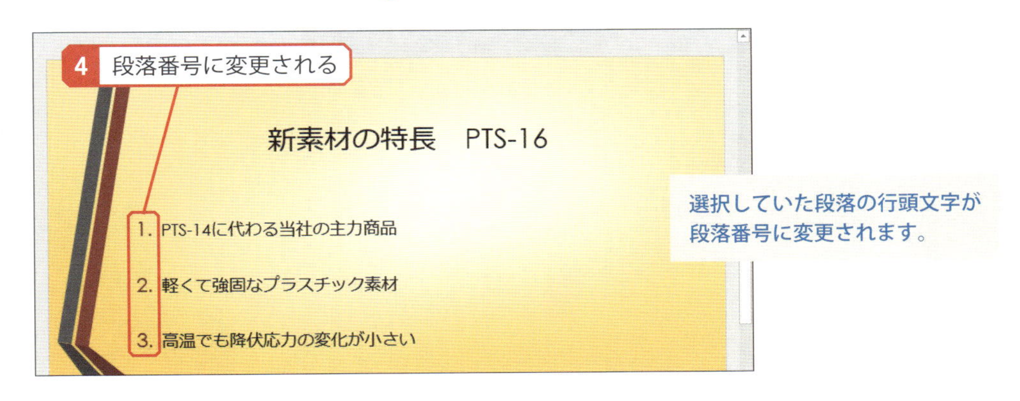

この場合も「箇条書きと段落番号」で段落番号のサイズや色を変更できます。また、ここで開始番号を変更することも可能です。

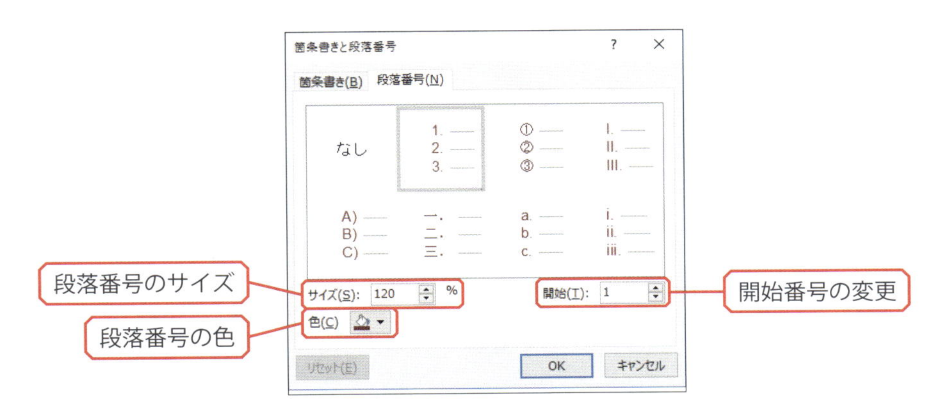

06 文字と段落の書式

スライドに入力した文字に対して、フォント、文字サイズ、文字色などの書式を指定することも可能です。続いては、文字や段落の書式を指定するときの操作手順について解説します。

書式の指定手順

スライドにテーマを適用すると、デザインに合わせて文字や段落の書式が自動的に変更されます。このため、自分で書式を指定する機会はあまり多くありません。とはいえ、書式を自分で指定したい場合もあるでしょう。

書式を指定するときの操作手順は、「Word」で文字や段落の書式を指定する場合と基本的に同じです。たとえば、文字の書式は「文字の選択」→「書式の指定」という手順で指定します。段落の書式は段落単位で指定する書式となるため、段落内の一部の文字を選択して書式を指定します。

フォント、文字サイズ、文字色の指定

まずは、文字の書式の基本となるフォント、文字サイズ、文字色の指定について解説します。

■フォントの指定

文字のフォントを変更するときは、「フォント」の▾をクリックし、一覧からフォントを選択します。ただし、テーマに合わせてフォントを自動的に変化させるには、「本文」または「見出し」のフォントを指定しておく必要があります。他のフォントを指定した文字は、テーマを変更してもフォントは変更されません。「本文」と「見出し」のフォントは、上の2つが半角文字用のフォント、下の2つが全角文字用のフォントとなります。

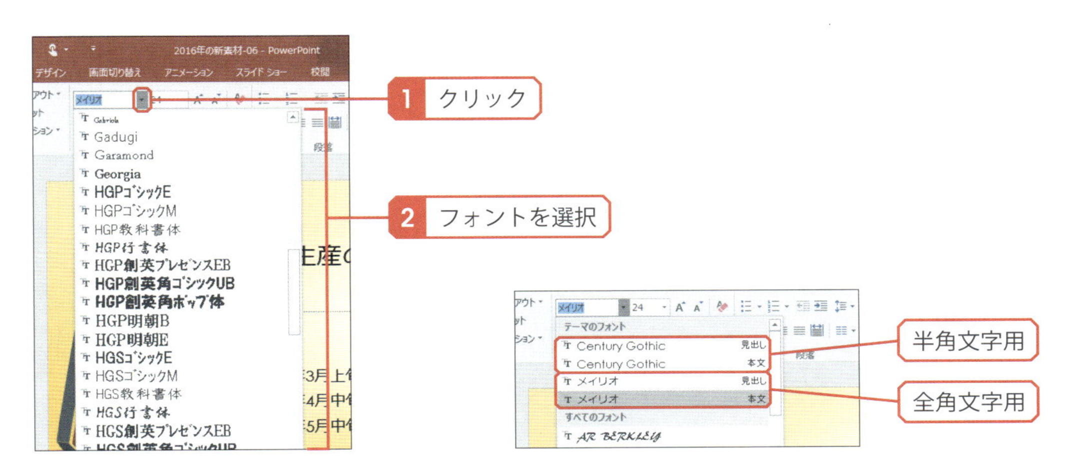

■文字サイズの指定

文字サイズを変更するときは、「フォント サイズ」の▾をクリックし、一覧から文字サイズを選択します。また、ボックス内に数値を直接入力したり、A^やA˅で文字サイズを調整することも可能です。

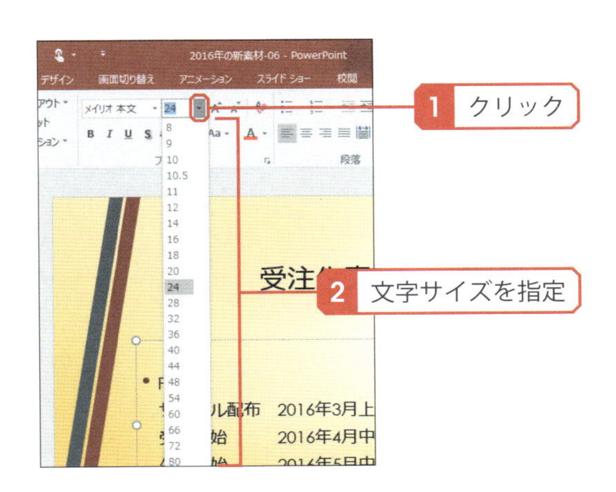

Column

文字サイズの自動調整

コンテンツの領域には、文字サイズを自動調整する機能が装備されています。このため、領域内に多くの文字を入力すると、全ての文字が領域内に収まるように文字サイズの自動調整が行われます。なお、（自動調整オプション）をクリックして自動調整の方法を変更することも可能です。

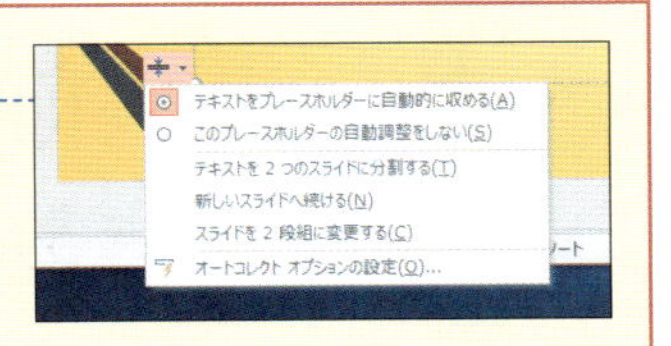

■文字色の指定

文字の色を変更するときは、A（フォントの色）の▾をクリックし、一覧から色を選択します。この一覧で「テーマの色」に分類されている色は、適用したテーマに応じて自動的に変化します。一覧にない色を指定するときは、「その他の色」を選択し、「色の設定」ウィンドウで文字色を指定します。

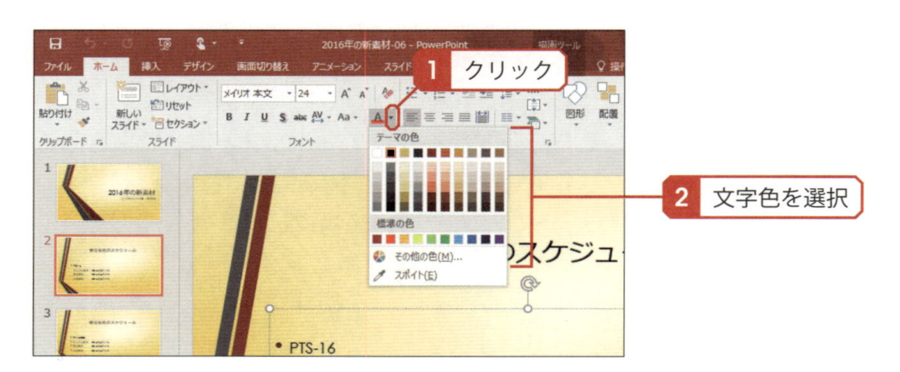

▶太字、斜体、下線、影などの指定

［ホーム］タブには、文字を太字や斜体などに装飾するアイコンも用意されています。これらの書式は、アイコンをクリックするごとに有効／無効が切り替わります。

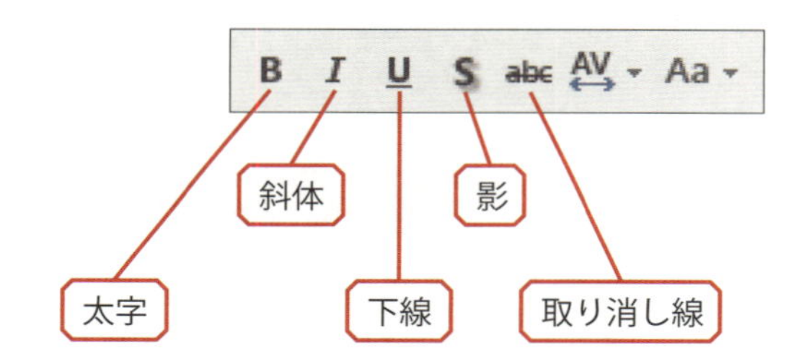

- 文字の装飾 ― 標準
- **文字の装飾** ― 太字
- *文字の装飾* ― 斜体
- 文字の装飾 ― 下線
- 文字の装飾 ― 影
- ~~文字の装飾~~ ― 取り消し線

▶ 文字間隔とアルファベットの表記

AV（文字の間隔）は、文字と文字の間隔を指定する書式です。この書式を変更すると、選択している文字の右側の間隔が変更されます。「その他の間隔」を選択し、数値で文字間隔を指定することも可能です。

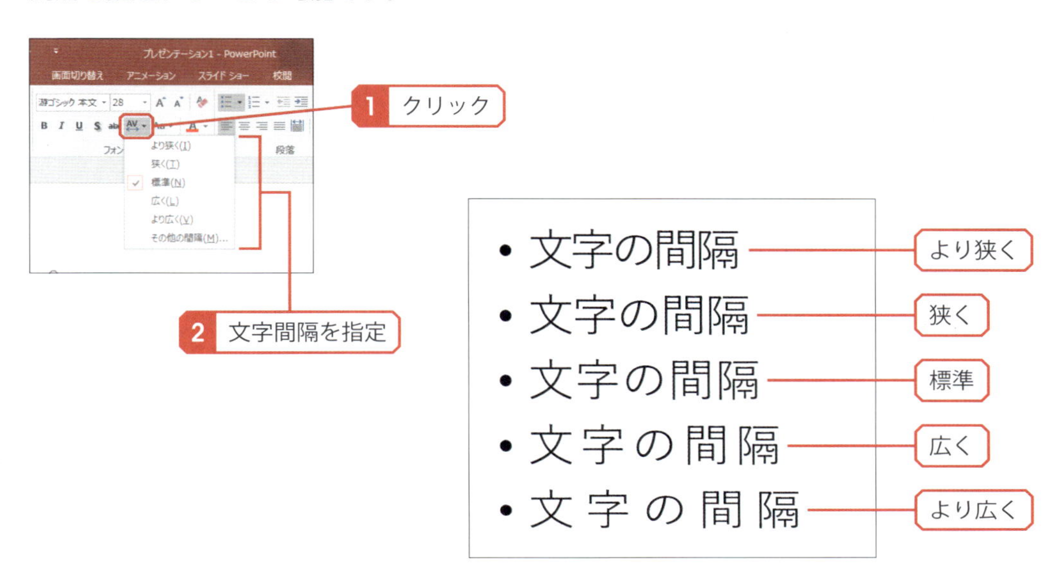

Aa（文字種の変換）は、アルファベットの大文字／小文字を指定する書式です。通常、アルファベットの大文字／小文字は入力したとおりに表示されますが、テーマによっては全てのアルファベットが大文字に変換されてしまう場合もあります。これを小文字に戻す場合などにAaを利用します。

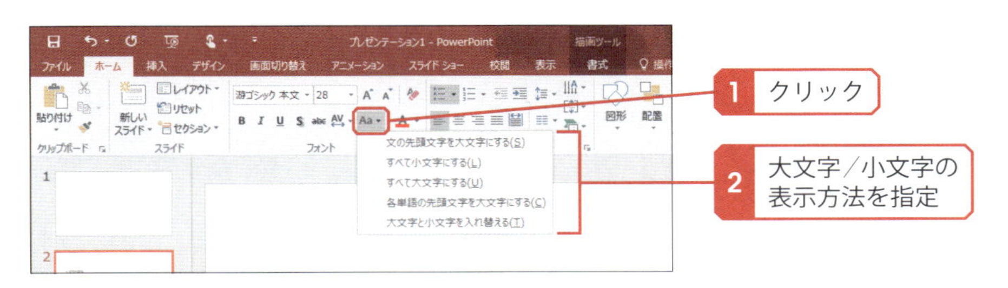

▶ 箇条書きのレベル

ここからは段落の書式について解説します。まずは、箇条書きのレベルについて解説します。

スライドの内容によっては、箇条書きを階層化して示したい場合もあると思います。このような場合は、（インデントを増やす）や（インデントを減らす）をクリックして箇条書きのレベルを変更します。次ページに具体的な操作例を紹介しておくので参考にしてください。

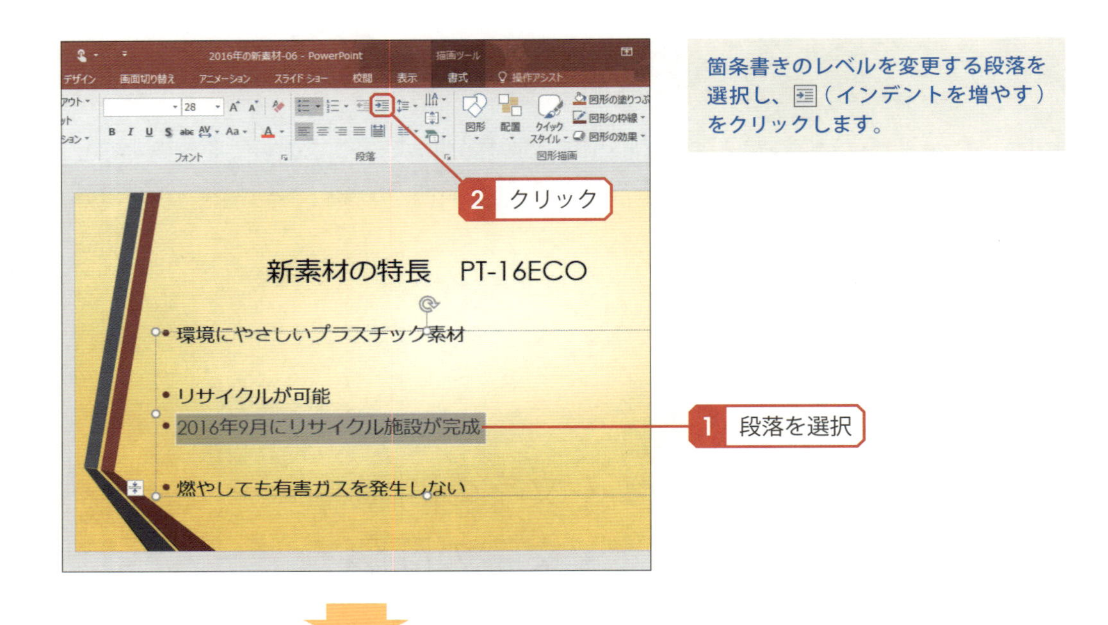

箇条書きのレベルを変更する段落を選択し、（インデントを増やす）をクリックします。

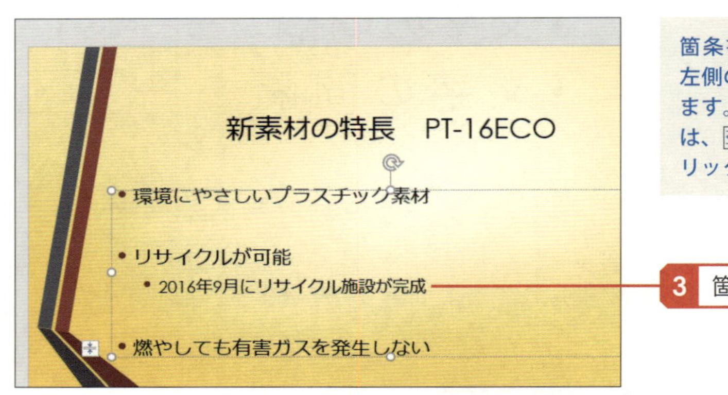

箇条書きが1つ下のレベルになり、左側の余白や文字サイズが変更されます。なお、元のレベルに戻す場合は、（インデントを減らす）をクリックします。

箇条書きのレベルを変更した段落も（箇条書き）のをクリックして行頭文字を指定しなおすことが可能です（P362～363参照）。

行揃えの指定

［ホーム］タブには、行揃えを指定するアイコンも用意されています。行揃えの書式は、段落を選択した状態で各アイコンをクリックすると変更できます。

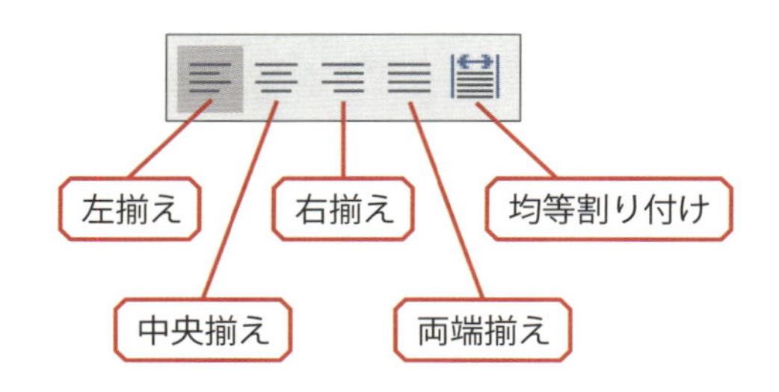

また、(文字の配置)をクリックし、上下方向の位置を指定することも可能です。なお、この書式は段落ではなく、領域に対して指定する書式となります。

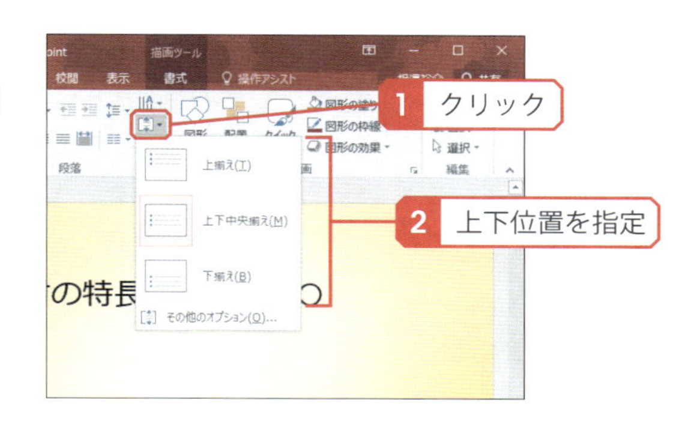

行間の指定

段落の行間を変更するときは、(行間)をクリックして一覧から行間を選択します。この一覧に表示されている数値の単位は"行"となります。

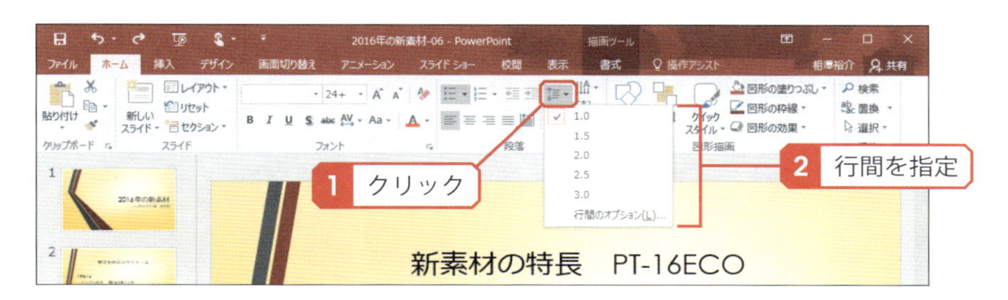

行間を数値で指定する場合は「行間のオプション」を選択し、「段落」ウィンドウを表示します。ここで「行間」に「固定値」を指定し、「間隔」に数値を入力すると、行間を好きな間隔に指定できます。

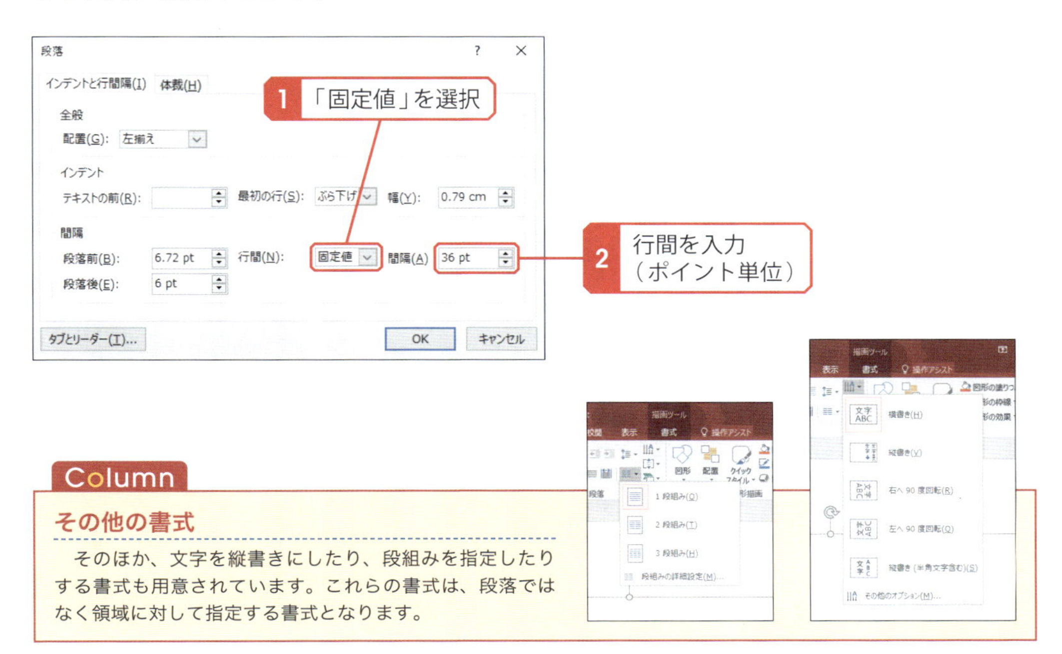

Column

その他の書式

そのほか、文字を縦書きにしたり、段組みを指定したりする書式も用意されています。これらの書式は、段落ではなく領域に対して指定する書式となります。

07 表の作成と編集

実験結果や予測値などのデータを示すときに、表を使用する場合もあります。続いては、スライドに表を作成したり、見やすく加工したりするときの操作手順について解説します。

▶ 表の作成

スライドに表を作成するときも、コンテンツを含むレイアウトを利用すると便利です。コンテンツを含むレイアウトでは、以下のように操作すると表を作成できます。

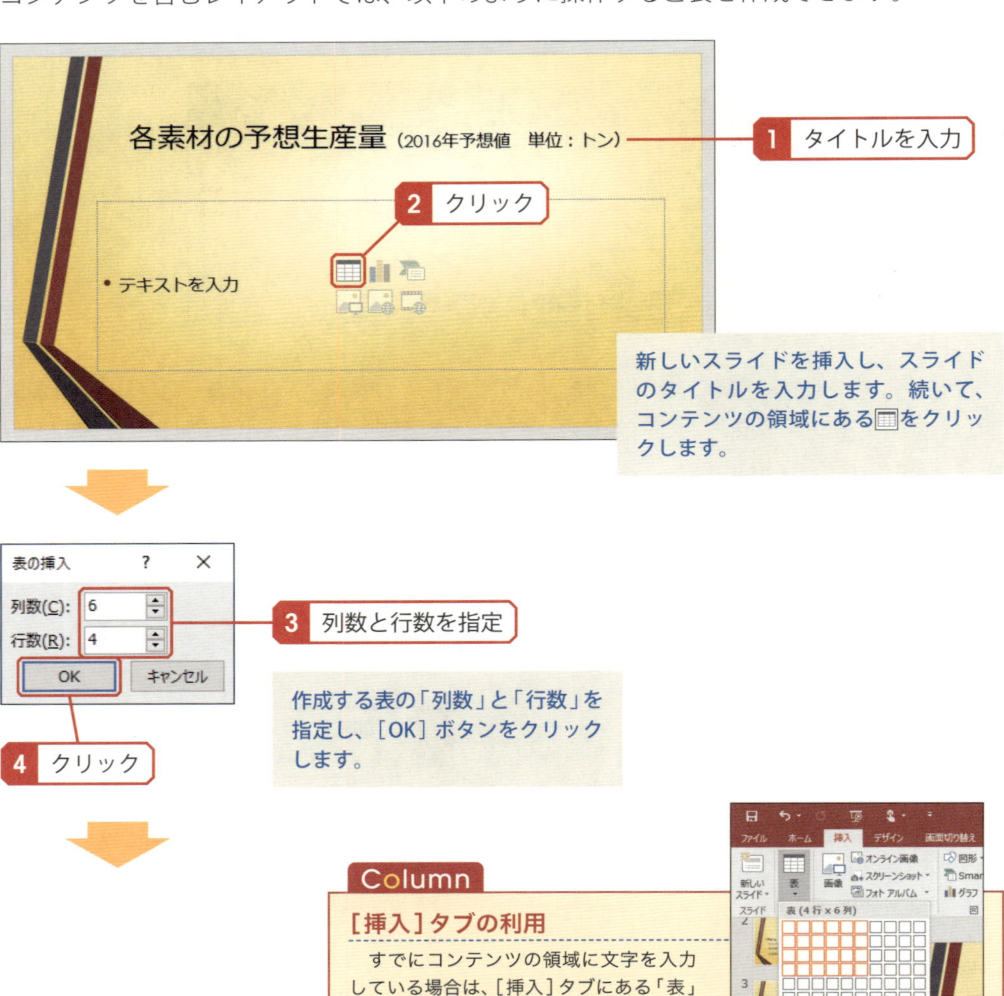

Column

［挿入］タブの利用

すでにコンテンツの領域に文字を入力している場合は、［挿入］タブにある「表」をクリックして表を作成します。ただし、この場合はコンテンツの文字と表が重ならないように、表のサイズと位置を調整する必要があります（P373参照）

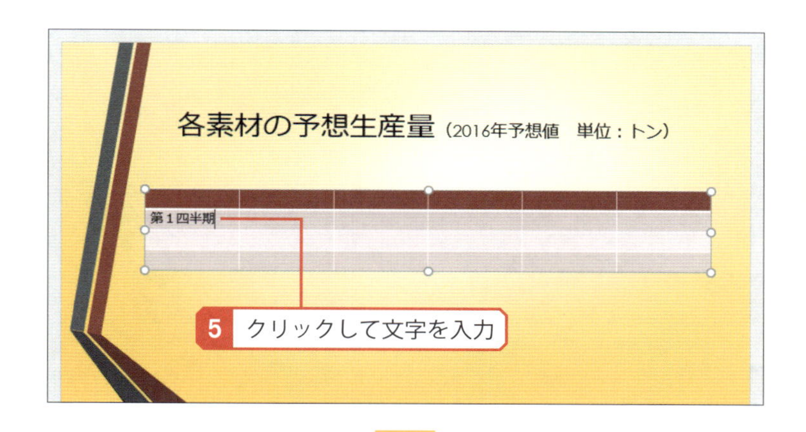

コンテンツの領域に表が作成されます。それぞれのマス目（セル）をクリックすると、表内に文字を入力できます。

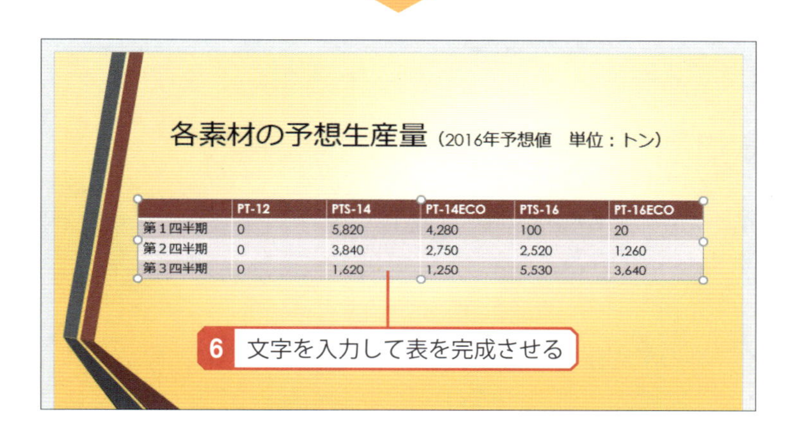

	PT-12	PTS-14	PT-14ECO	PTS-16	PT-16ECO
第１四半期	0	5,820	4,280	100	20
第２四半期	0	3,840	2,750	2,520	1,260
第３四半期	0	1,620	1,250	5,530	3,640

同様の操作を繰り返して表内に文字を入力し、表を完成させます。

▶ 行、列の挿入と削除

表を作成した後で、行や列の過不足に気付く場合もあると思います。このような場合は表ツールの［レイアウト］タブを利用すると、行／列の挿入や削除を行えます。

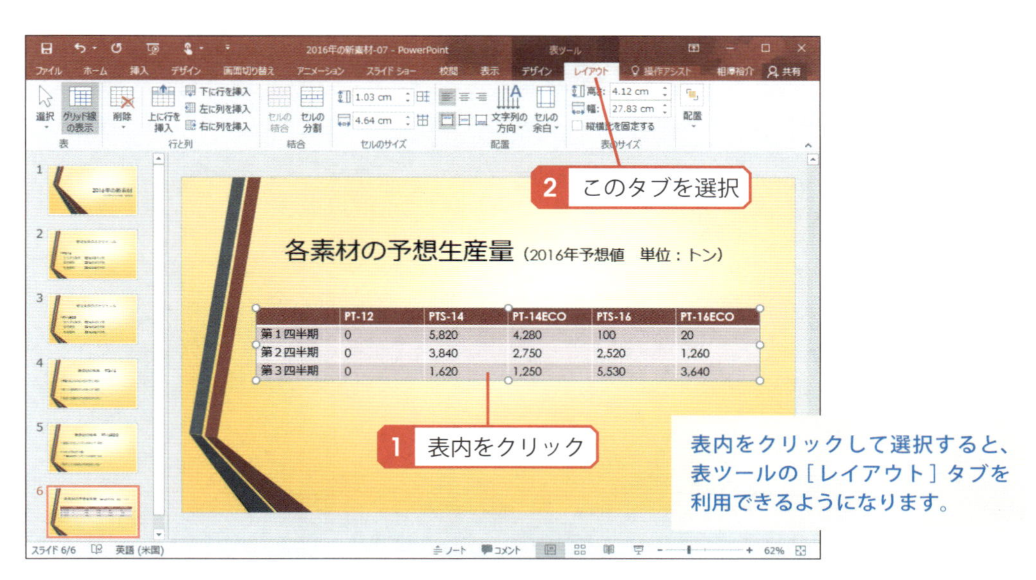

	PT-12	PTS-14	PT-14ECO	PTS-16	PT-16ECO
第１四半期	0	5,820	4,280	100	20
第２四半期	0	3,840	2,750	2,520	1,260
第３四半期	0	1,620	1,250	5,530	3,640

表内をクリックして選択すると、表ツールの［レイアウト］タブを利用できるようになります。

■行／列の挿入

表に行や列を挿入するときは、表内にカーソルを移動し、以下のいずれかのコマンドをクリックします。すると、カーソルがある位置の上下左右に行／列を追加できます。

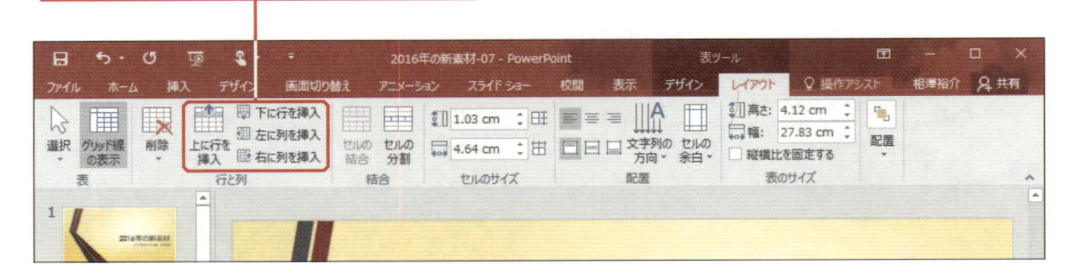

たとえば、カーソルがある位置の下に行を追加するときは以下のように操作します。

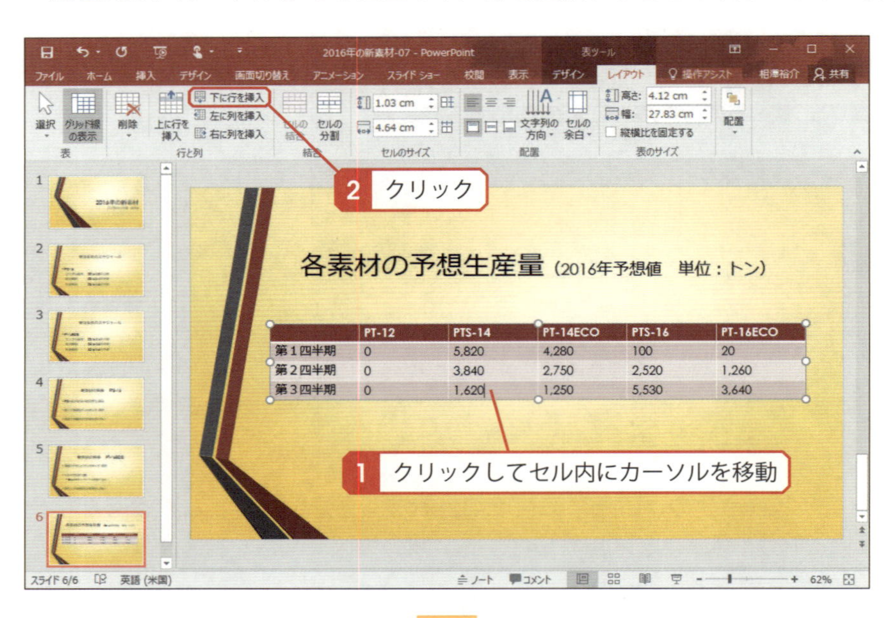

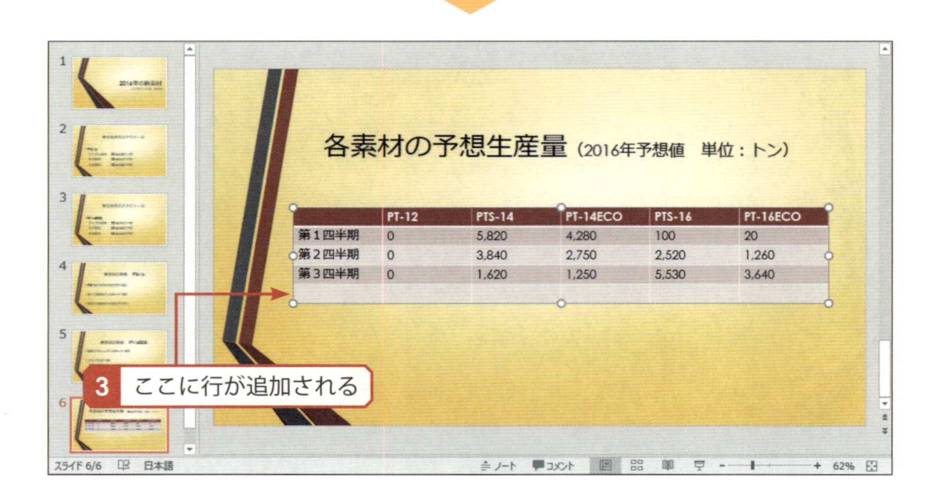

■行／列の削除

表から行や列を削除する場合は、表内にカーソルを移動し、［レイアウト］タブにある「削除」をクリックします。続いて「行の削除」または「列の削除」を選択すると、カーソルがある行または列を削除できます。ここでは列を削除する場合を例に、その操作手順を示しておきます。

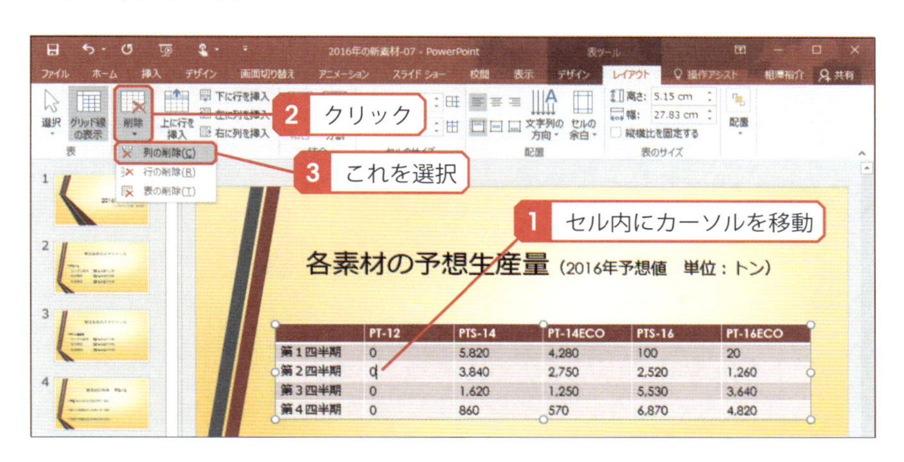

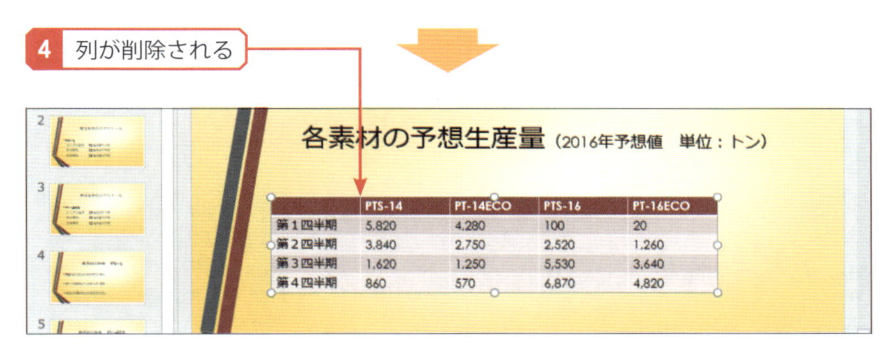

▶表のサイズ変更と移動

作成した表は、そのサイズを自由に変更できます。スライドの内容に合わせて表の高さなどを調整しておくとよいでしょう。また、「表の枠線」をドラッグして表の位置を移動することも可能です。

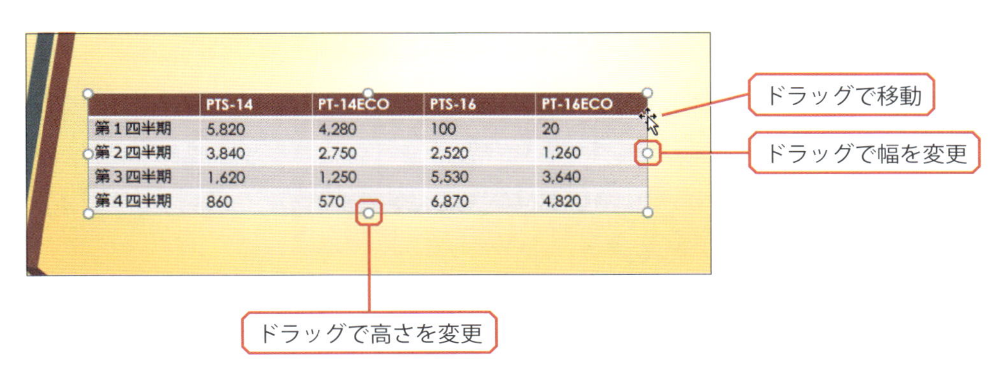

表内の文字の配置

各セルに入力した文字は、内容にあわせて配置方法を変更しておくと表が見やすくなります。セル内の文字の配置は、表ツールの［レイアウト］タブにあるアイコンで指定します。

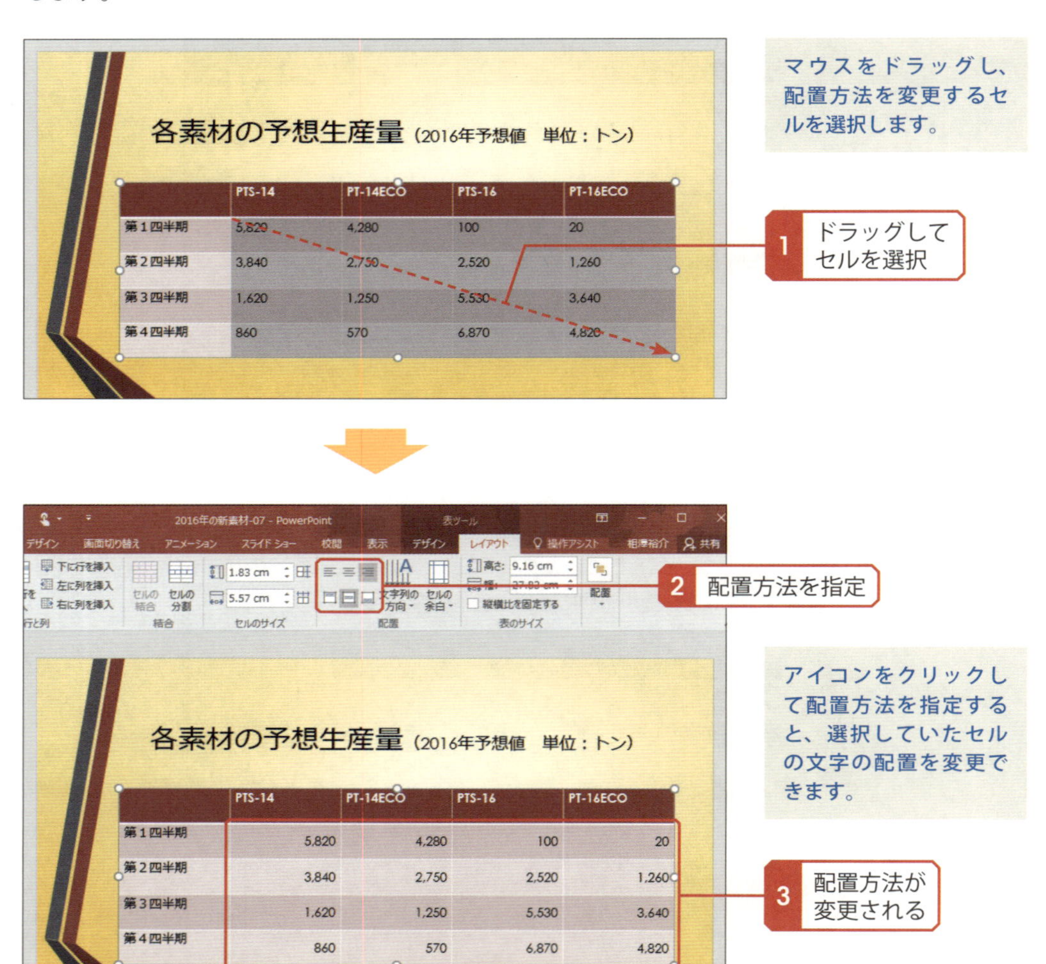

	PTS-14	PT-14ECO	PTS-16	PT-16ECO
第1四半期	5,820	4,280	100	20
第2四半期	3,840	2,750	2,520	1,260
第3四半期	1,620	1,250	5,530	3,640
第4四半期	860	570	6,870	4,820

表内の文字の書式

文字や段落の書式を指定することも可能です。この操作手順は通常の文字と同じで、［ホーム］タブのリボンを使って書式を指定します。

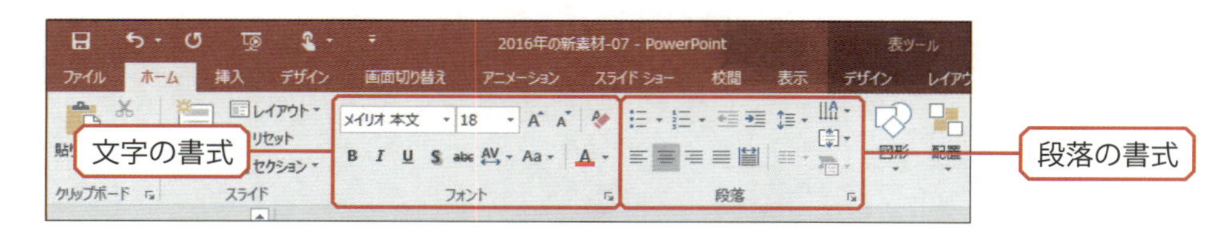

▶ 表のスタイル

表ツールの［デザイン］タブには、表全体のデザインを簡単に変更できる表のスタイルが用意されています。これを使って表のデザインを変更するときは、以下のように操作します。

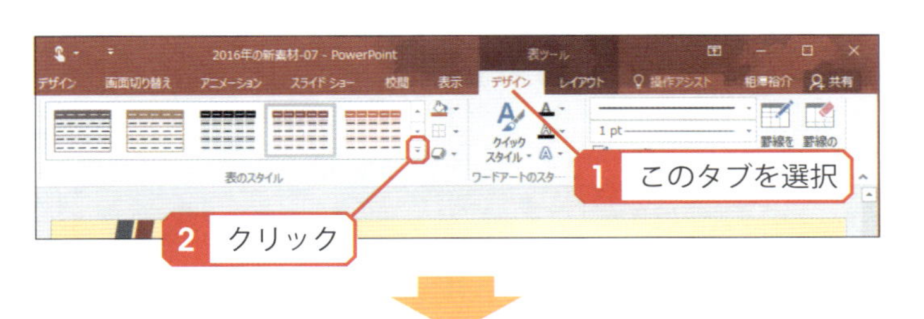

表ツールの［デザイン］タブを選択し、「表のスタイル」の ▼ をクリックします。

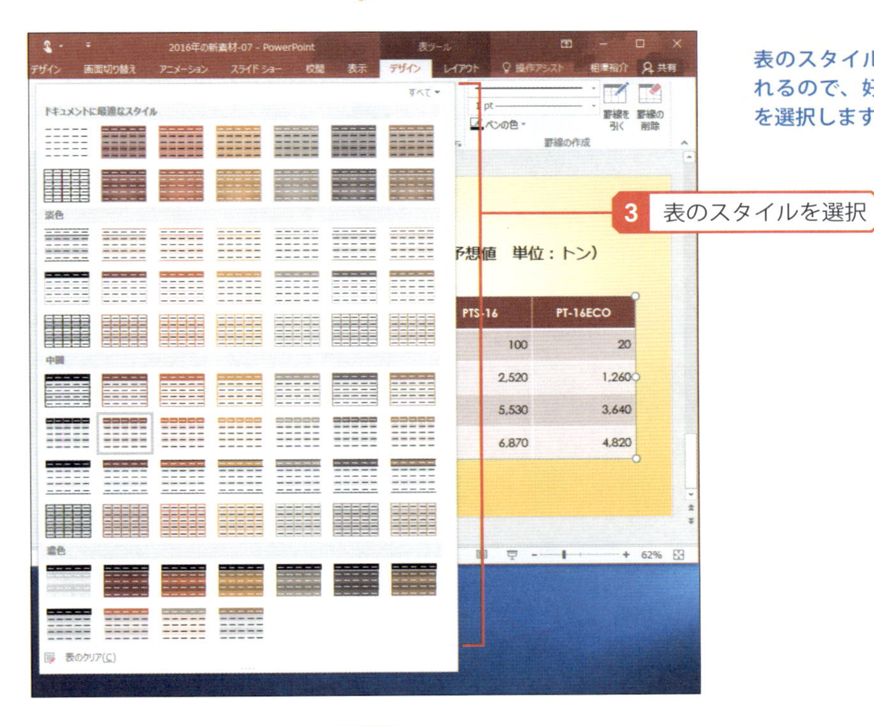

表のスタイルが一覧表示されるので、好きなデザインを選択します。

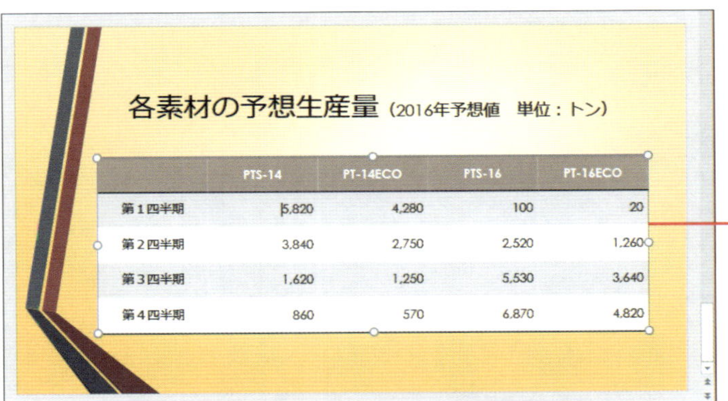

4 デザインが変更される

表のスタイルが適用され、表全体のデザインが変更されます。

さらに、「見出し」として表示する行/列を指定したり、縞模様の有無を指定したりすることも可能です。この場合は、表ツールの［デザイン］タブにある「表スタイルのオプション」を操作します。

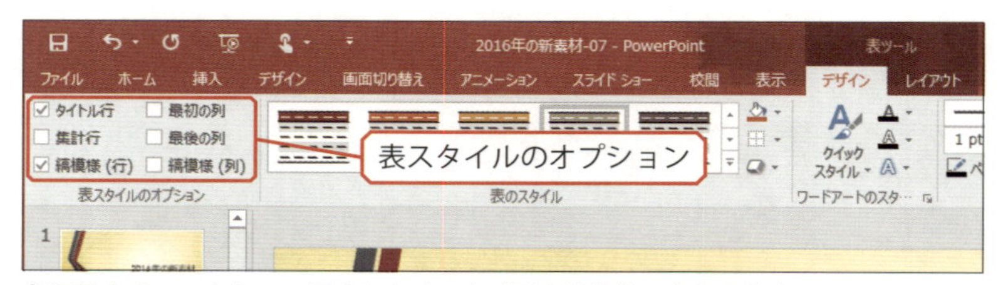

各項目をチェックして、見出しとする行/列や縞模様の有無を指定します。

- タイトル行 ……………… 1番上にある行を「見出し」として表示します。
- 最初の列 ……………… 1番左にある列を「見出し」として表示します。
- 集計行 ……………… 1番下にある行を「見出し」（集計）として表示します。
- 最後の列 ……………… 1番右にある列を「見出し」（集計）として表示します。
- 縞模様（行） ……………… 1行おきに背景色を変化させます。
- 縞模様（列） ……………… 1列おきに背景色を変化させます。

たとえば「最初の列」をチェックすると、先ほどの表の1列目を「見出し」の書式に変更できます。

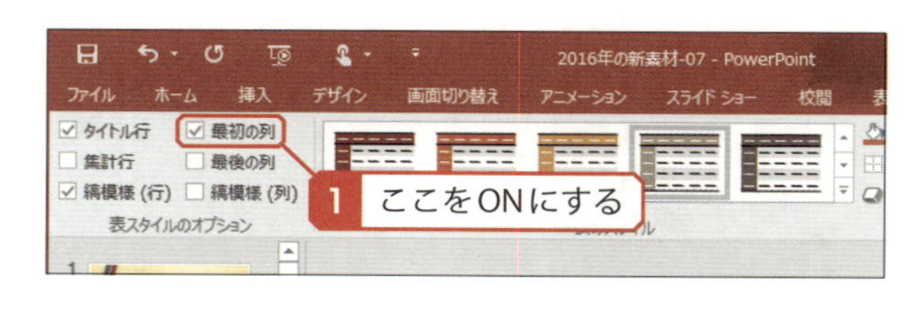

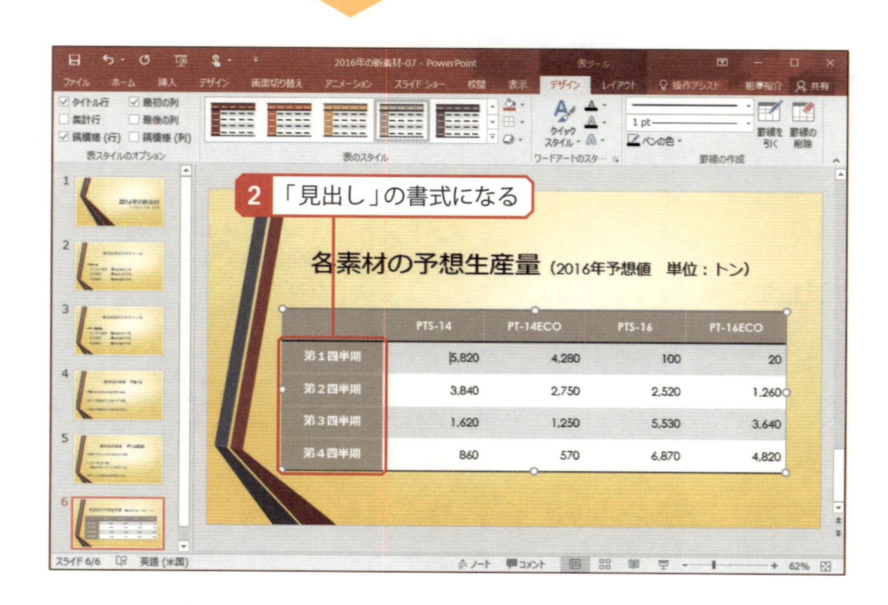

背景色の指定

各セルの背景色を自分で指定することも可能です。この場合は、表ツールの［デザイン］タブにある（塗りつぶし）で背景色を指定します。もちろん、マウスをドラッグして複数のセルを選択し、背景色をまとめて指定しても構いません。

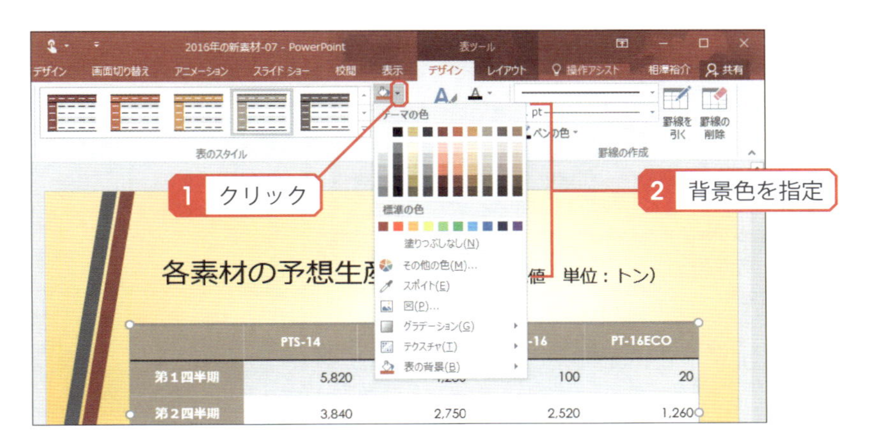

罫線の指定

罫線の書式を指定するコマンドも用意されています。このコマンドを使用するときは、あらかじめ表ツールの［デザイン］タブで罫線の種類、太さ、色を指定しておく必要があります。

■種類の指定

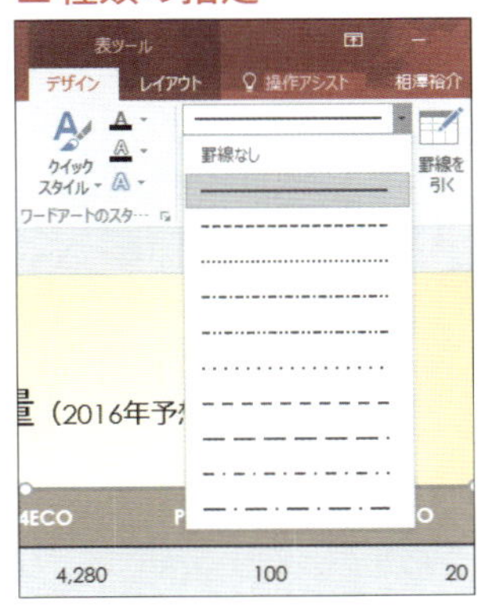

■太さの指定

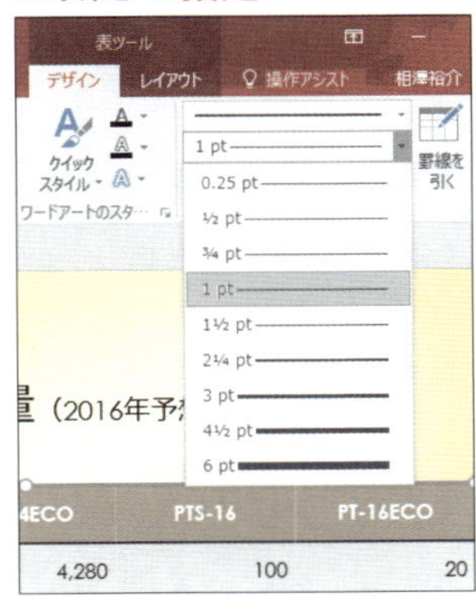

■色の指定

罫線の書式を変更すると、「罫線を引く」が自動的にONなり、ポインタ形状がに変化します。

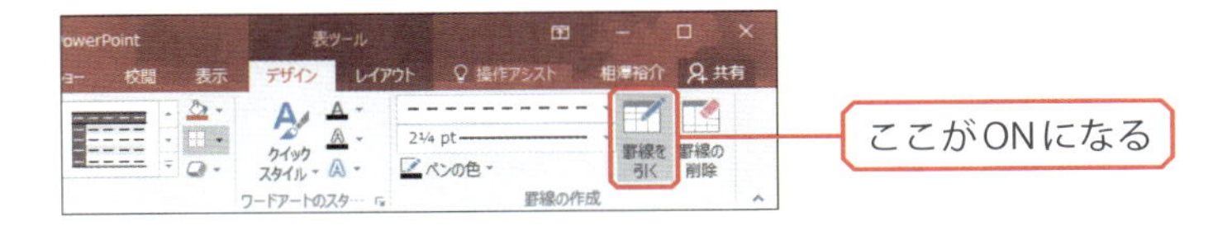

この状態のまま罫線の上をなぞるようにドラッグして罫線の書式を変更することも可能ですが、罫線上を正確になぞるのが難しいため、（罫線）のコマンドを使ったほうが簡単に操作を進められます。よって、「罫線を引く」をクリックしてOFFにし、ポインタを元の形状に戻しておきます。

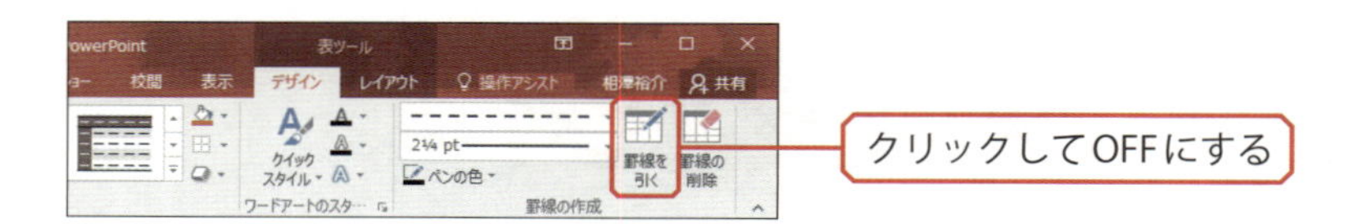

続いて、以下のように操作すると、罫線の書式を変更できます。

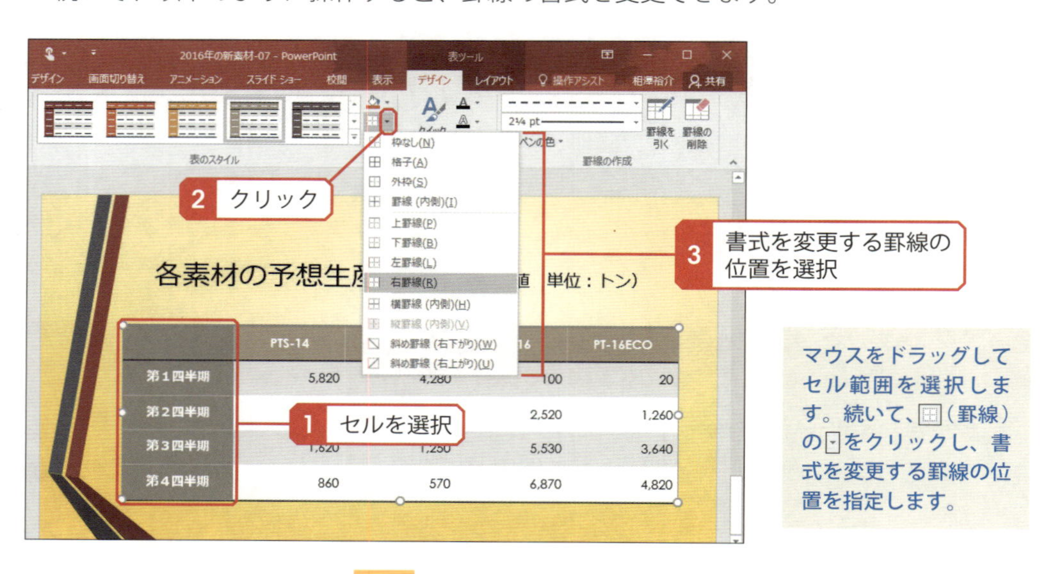

マウスをドラッグしてセル範囲を選択します。続いて、（罫線）のをクリックし、書式を変更する罫線の位置を指定します。

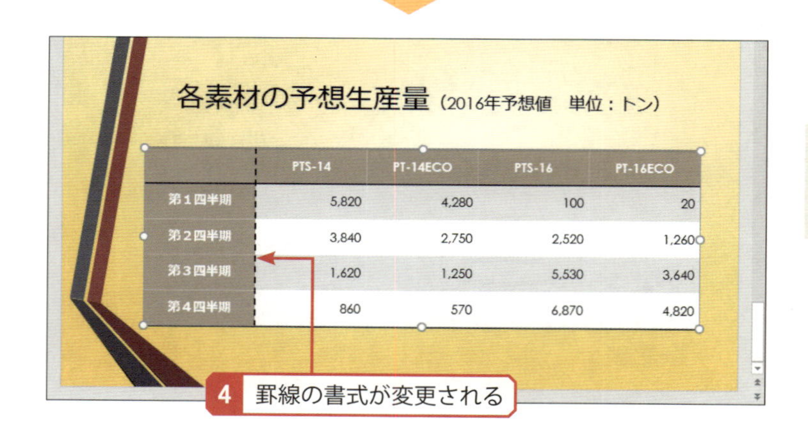

	PTS-14	PT-14ECO	PTS-16	PT-16ECO
第１四半期	5,820	4,280	100	20
第２四半期	3,840	2,750	2,520	1,260
第３四半期	1,620	1,250	5,530	3,640
第４四半期	860	570	6,870	4,820

罫線の書式が「あらかじめ指定しておいた書式」に変更されます。

Column

罫線の削除

表の罫線を削除するときは、線の種類に「罫線なし」を指定し、上記に示した手順で罫線を削除する位置を指定します。

08 グラフの作成と編集

続いては、グラフを作成するときの操作手順を解説します。グラフの編集方法は「Excel」でグラフを作成する場合とよく似ているので、「Excel」の解説ページ（P309 ～ 315）も合わせて参考にしてください。

グラフの作成

スライドにグラフを作成する場合もコンテンツを含むレイアウトを利用します。コンテンツを含むレイアウトでは、以下のように操作してグラフを作成します。

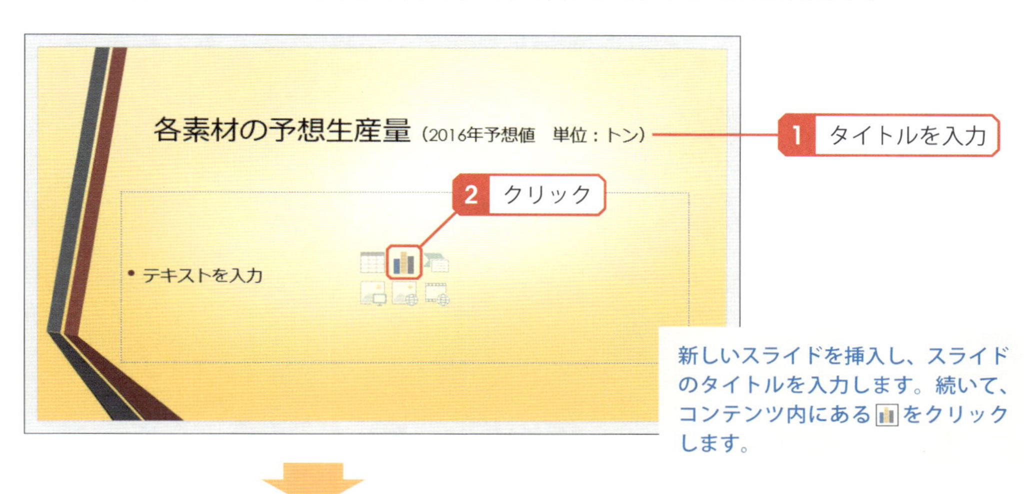

新しいスライドを挿入し、スライドのタイトルを入力します。続いて、コンテンツ内にある をクリックします。

このような画面が表示されるので、作成するグラフの種類と形式を指定し、［OK］ボタンをクリックします。

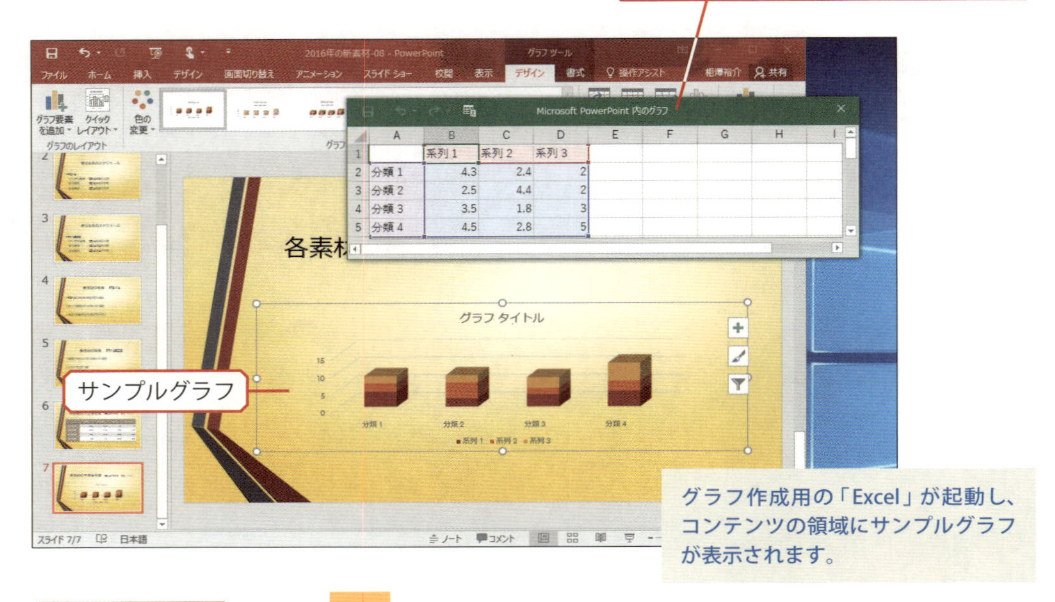

グラフ作成用の「Excel」が起動し、コンテンツの領域にサンプルグラフが表示されます。

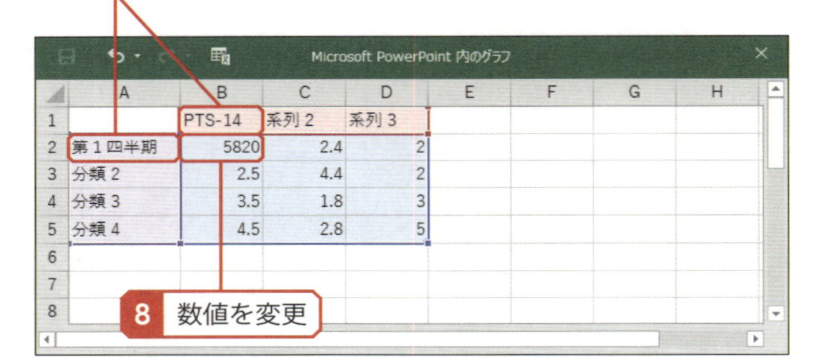

「Excel」のデータはサンプルグラフと連動しています。このため、見出しや数値を変更すると、それに応じてスライド上のグラフも変更されていきます。たとえば、図のようにデータを変更すると…、

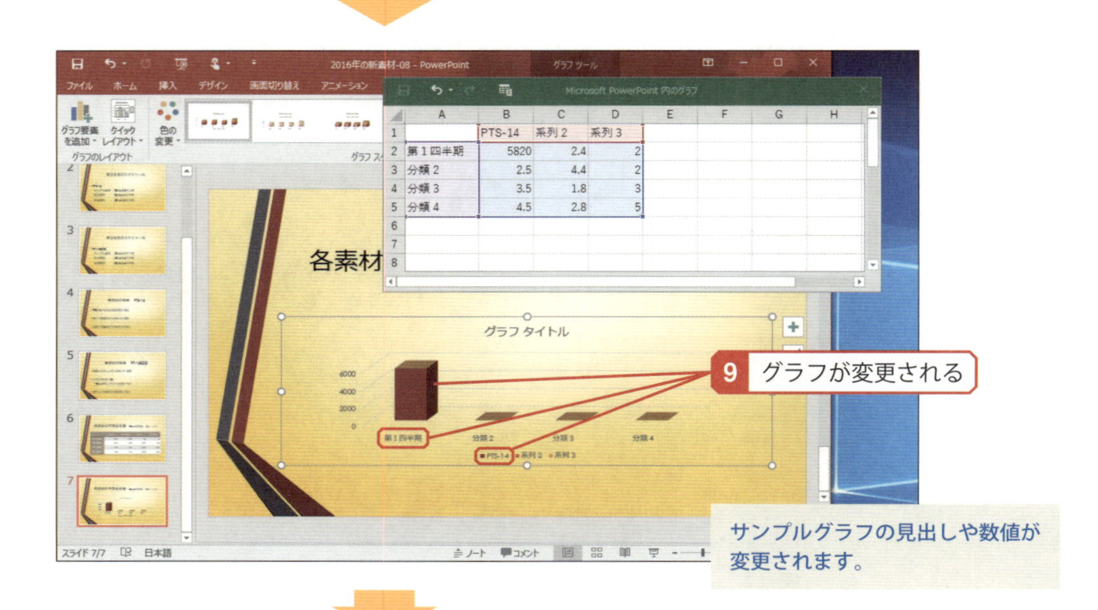

サンプルグラフの見出しや数値が変更されます。

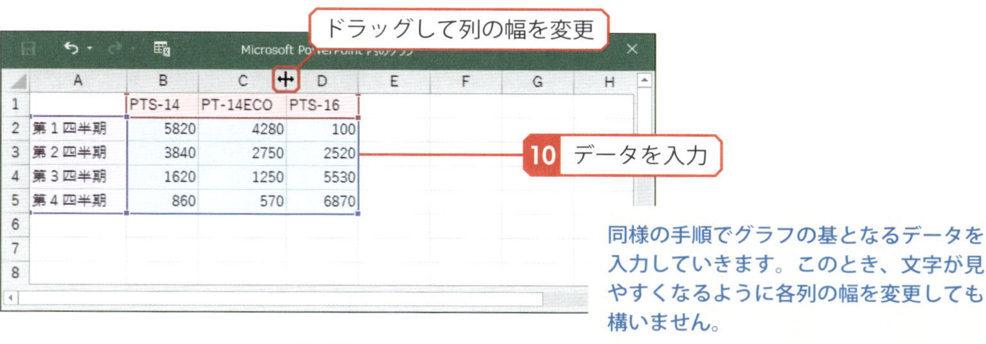

同様の手順でグラフの基となるデータを入力していきます。このとき、文字が見やすくなるように各列の幅を変更しても構いません。

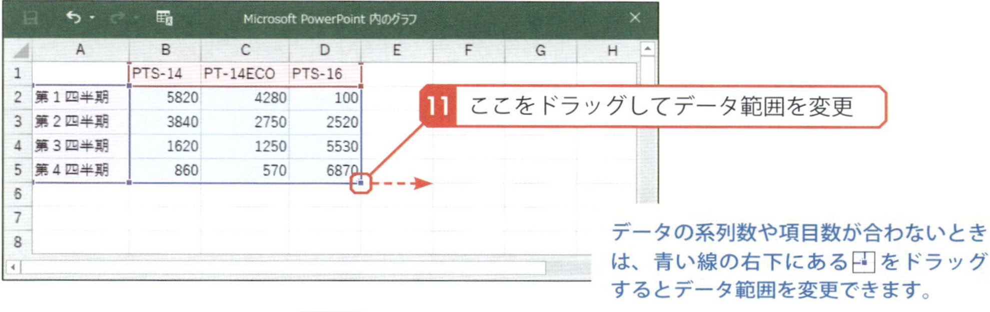

データの系列数や項目数が合わないときは、青い線の右下にある をドラッグするとデータ範囲を変更できます。

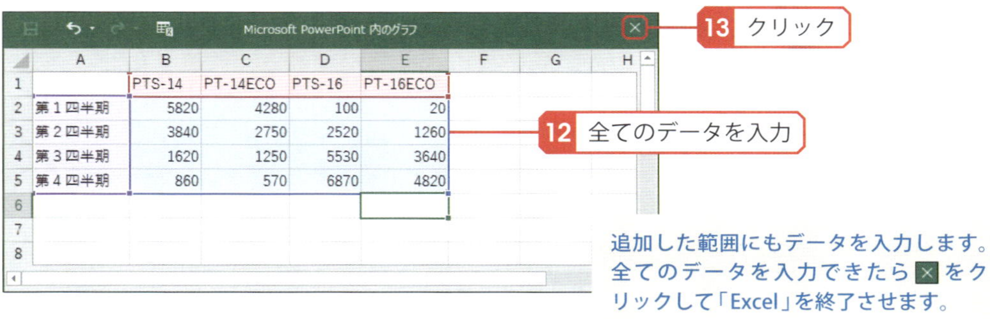

追加した範囲にもデータを入力します。全てのデータを入力できたら をクリックして「Excel」を終了させます。

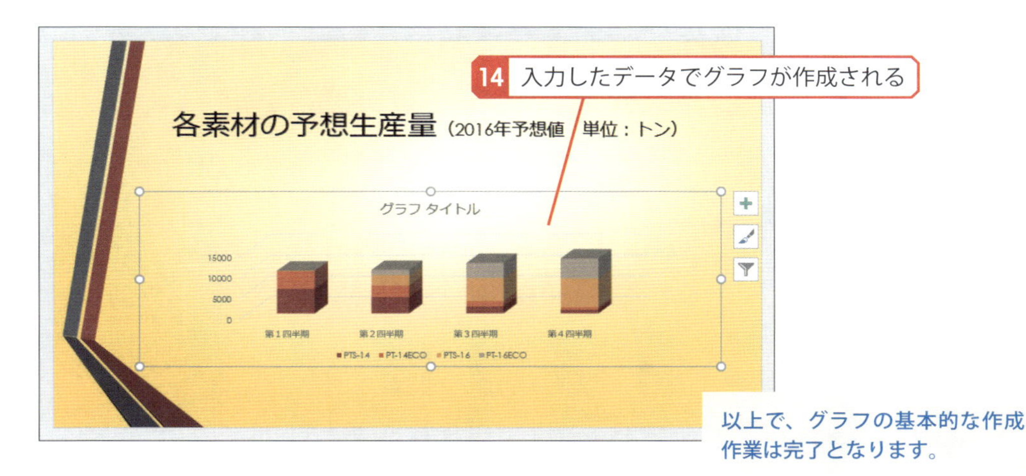

以上で、グラフの基本的な作成作業は完了となります。

Column

[挿入]タブの利用

すでにコンテンツ内に文字を入力している場合は、[挿入]タブにある「グラフ」をクリックすると、同様の手順でグラフを作成できます。ただし、この場合はコンテンツの文字とグラフが重ならないように位置とサイズを調整する必要があります（P383参照）。

グラフのデータの編集

作成したグラフのデータを後から修正することも可能です。グラフのデータを修正するときは、グラフ内をクリックしたあと、グラフツールの［デザイン］タブにある「データの編集」をクリックします。するとグラフ編集用の「Excel」が再び表示され、データを修正できるようになります。

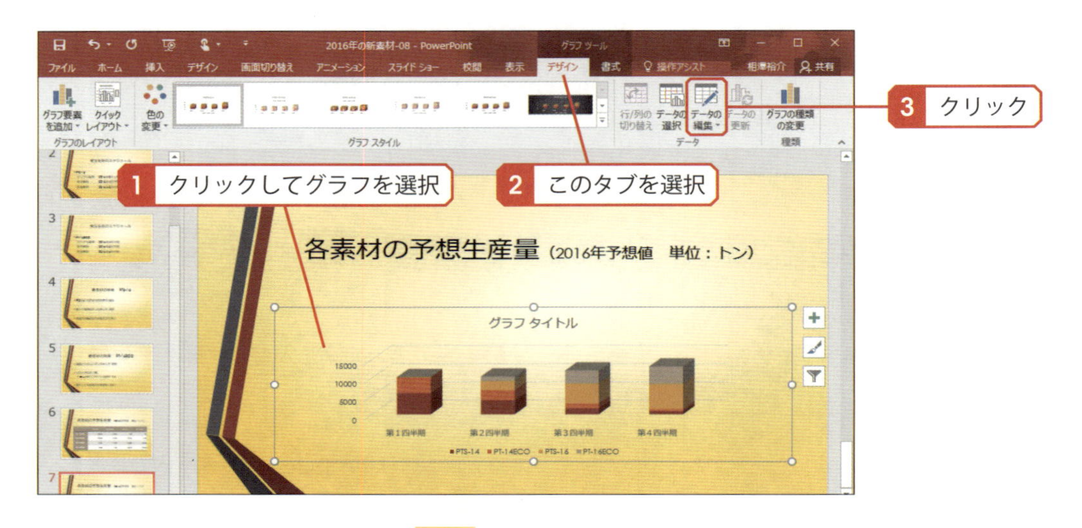

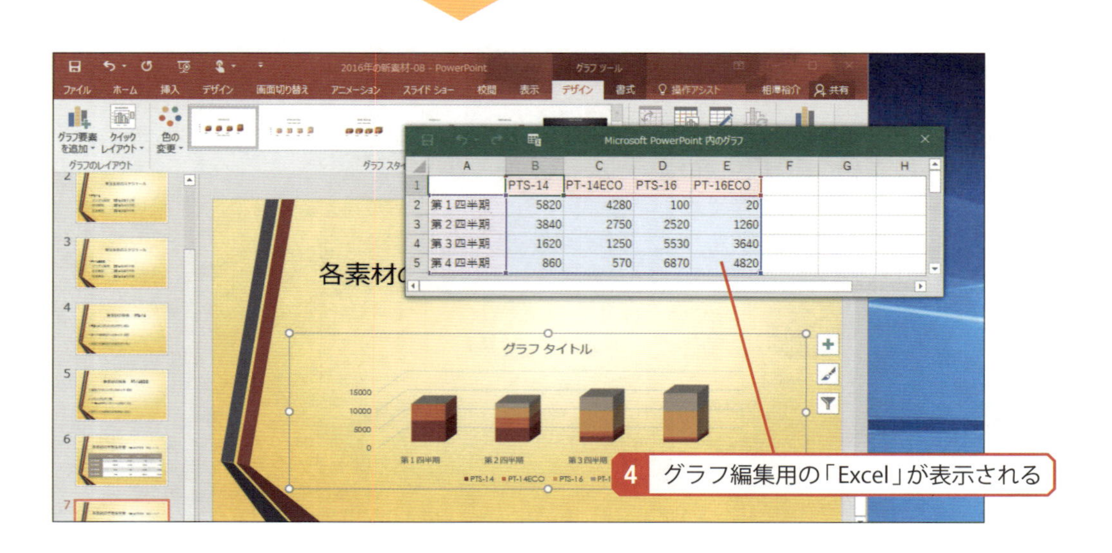

グラフのサイズ変更と移動

作成したグラフは、そのサイズや位置を自由に変更できます。見やすいグラフになるように配置を調整しておくとよいでしょう。グラフのサイズを変更するときは、四隅や上下左右にあるハンドルをドラッグします。グラフの位置を移動するときは、グラフ内の余白をドラッグします。

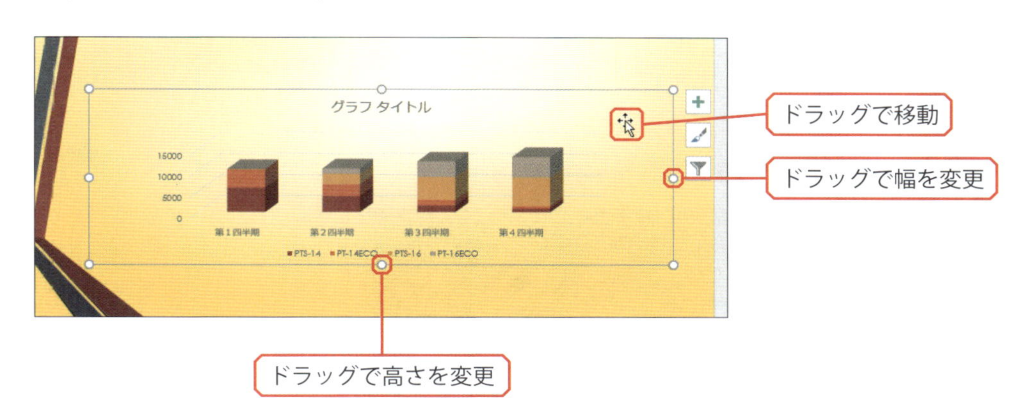

グラフ スタイル

「PowerPoint」で作成したグラフもグラフ スタイルを使って手軽にデザインを変更することが可能です。

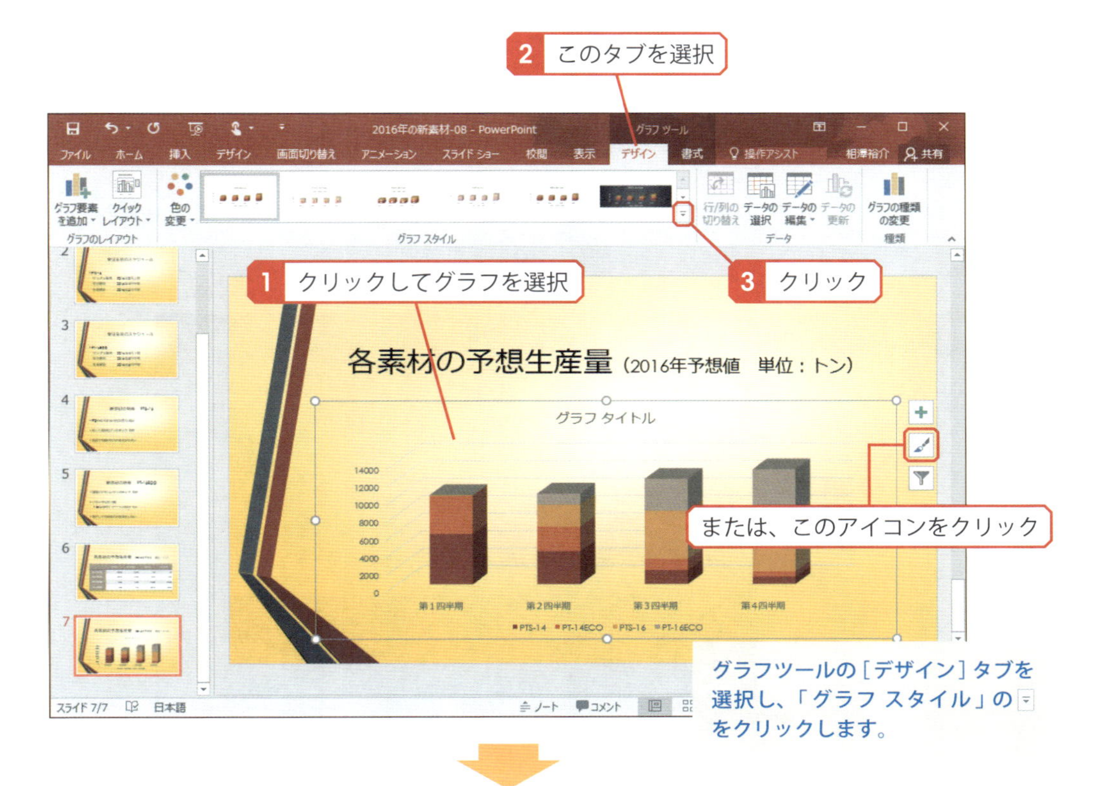

グラフツールの［デザイン］タブを選択し、「グラフ スタイル」の をクリックします。

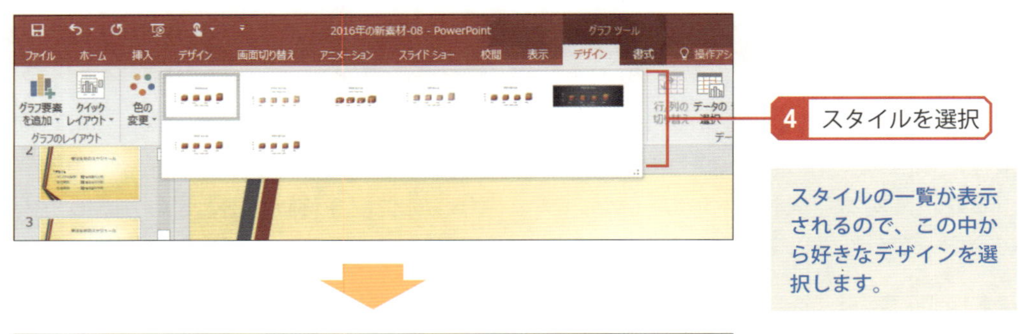

スタイルの一覧が表示されるので、この中から好きなデザインを選択します。

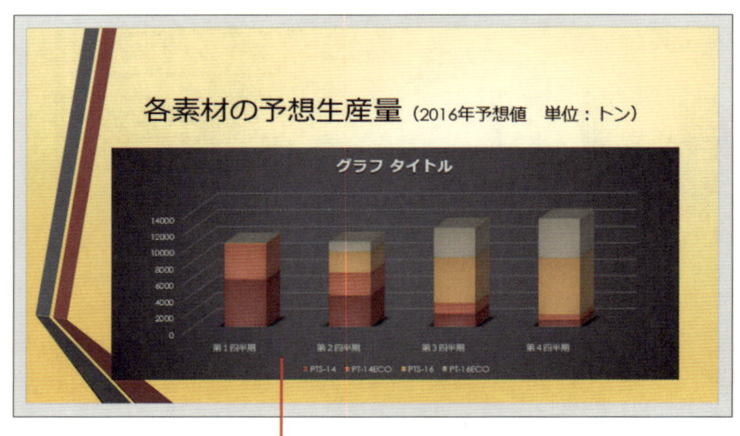

5 デザインが変更される

スタイルが適用され、グラフのデザインが変更されます。

配色の変更

グラフツールの［デザイン］タブには、グラフの配色を手軽に変更できる「色の変更」も用意されています。グラフ全体の雰囲気を変更したい場合などに活用するとよいでしょう。

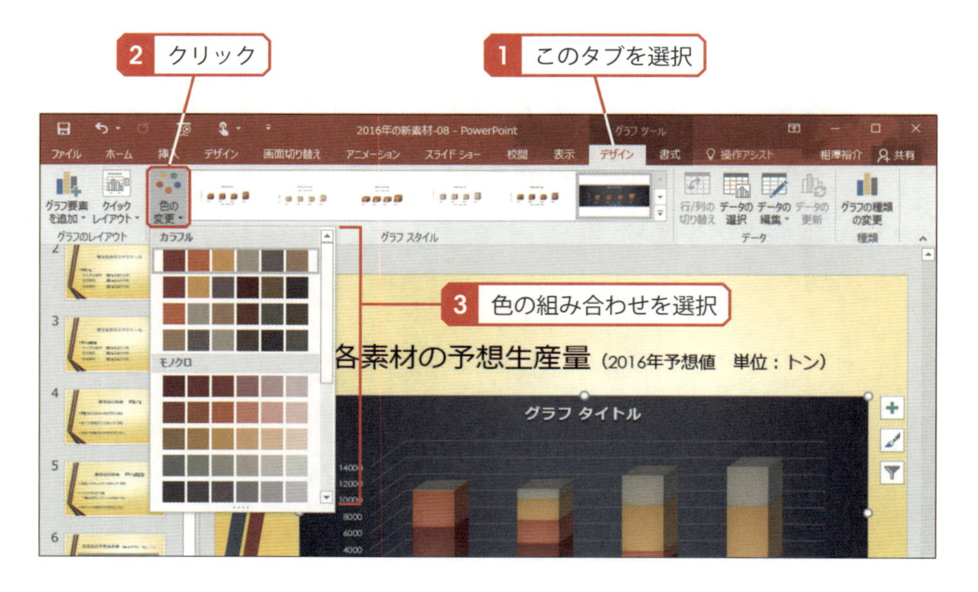

▶ グラフ要素

グラフ内に表示する要素をカスタマイズすることも可能です。グラフ タイトルが不要な場合などは、グラフの右側に表示されている ＋（グラフ要素）のアイコンをクリックし、必要な要素だけにチェックを入れます。

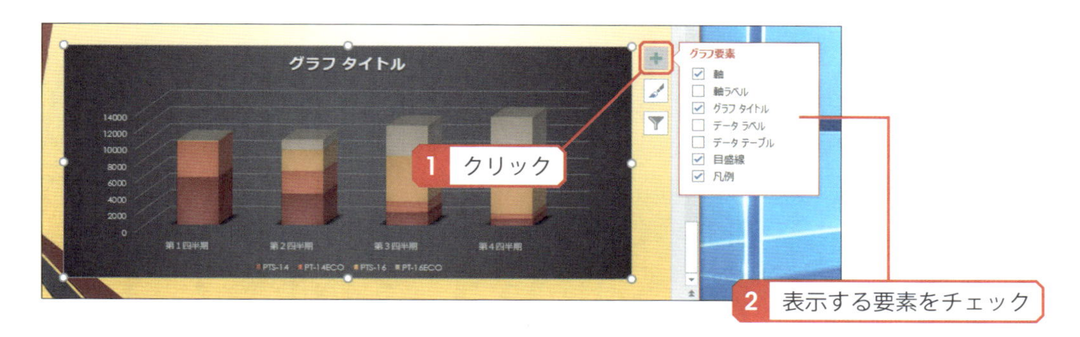

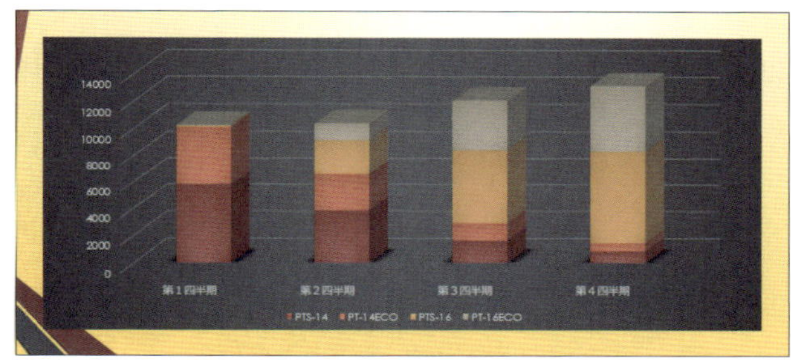

「グラフ タイトル」を非表示にした場合

▶ グラフ要素を追加

そのほか、グラフツールの［デザイン］タブでもグラフ要素の有無をカスタマイズできます。この場合は、「グラフ要素を追加」で各要素の有無や配置を指定します。

■グラフ タイトル、軸ラベル

グラフ タイトルや縦軸／横軸の軸ラベルの表示／非表示を指定できます。

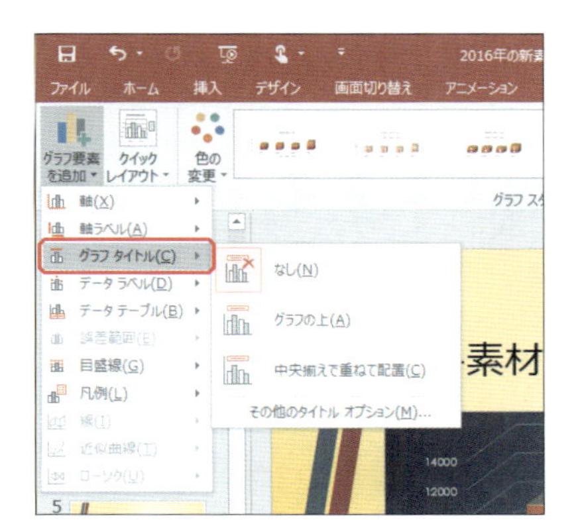

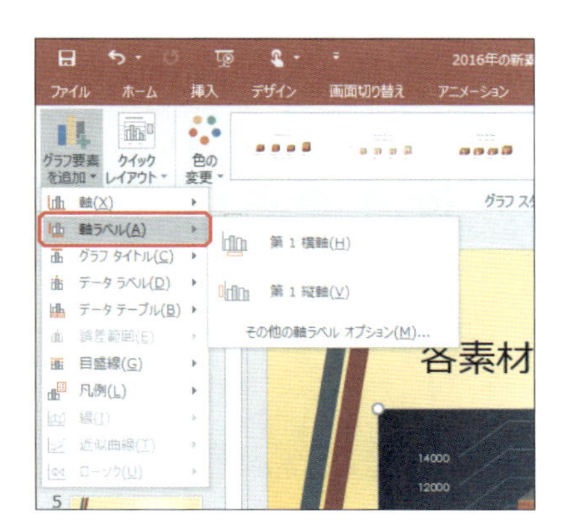

■凡例

凡例の有無や位置を指定できます。

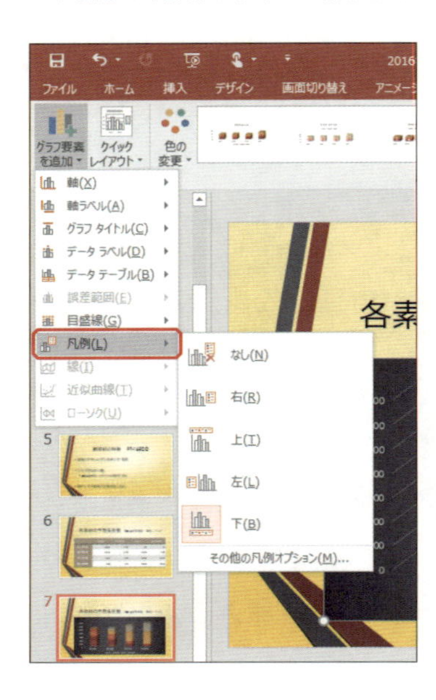

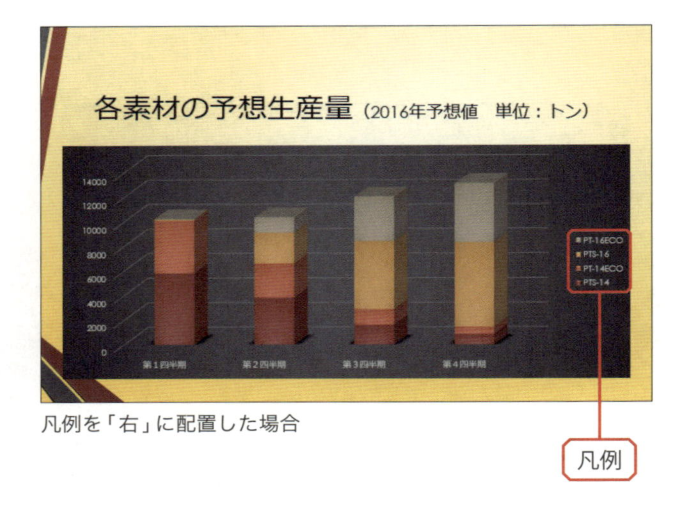

凡例を「右」に配置した場合

■データラベル、データテーブル

各データの数値をグラフ内に表示する場合に利用します。

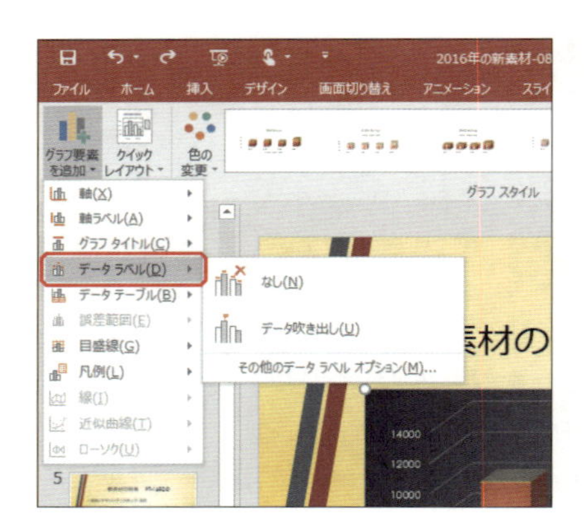

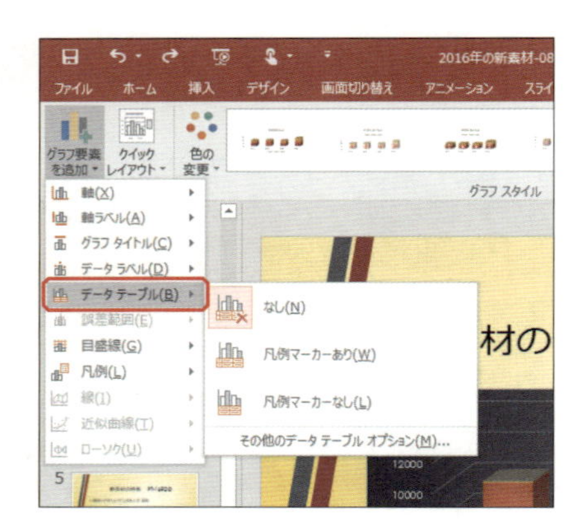

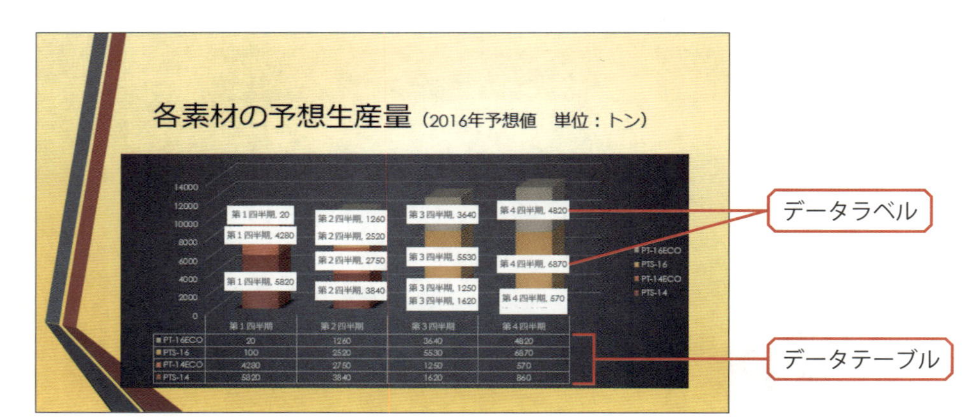

	第１四半期	第２四半期	第３四半期	第４四半期
PT-16ECO	20	1260	3640	4820
PTS-16	100	2520	5530	6870
PT-14ECO	4280	2750	1250	570
PTS-14	5820	3840	1620	860

グラフ要素の書式指定

グラフ内にある各要素の書式を細かく指定したい場合は、その要素をダブルクリックします。すると、その要素の書式設定画面が表示されます。

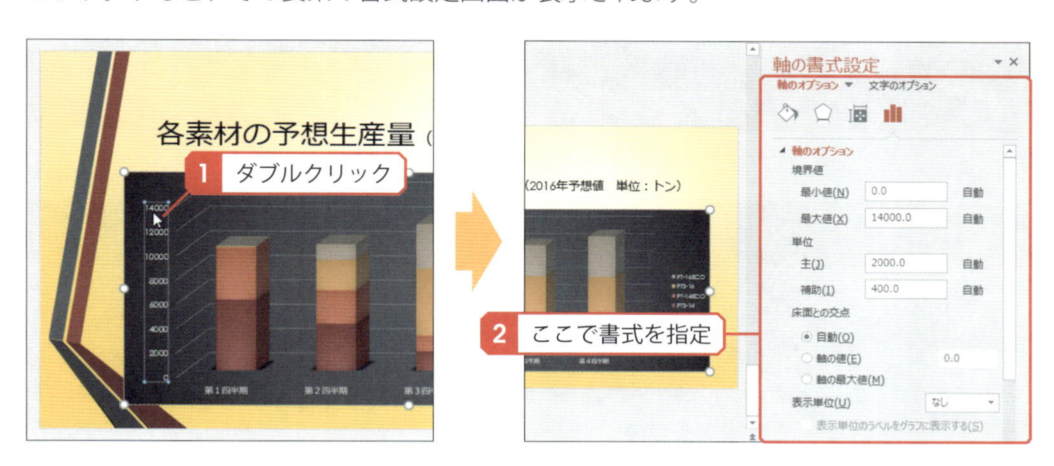

また、各要素を右クリックして「○○の書式設定」を選択し、書式設定の画面を呼び出すことも可能です。

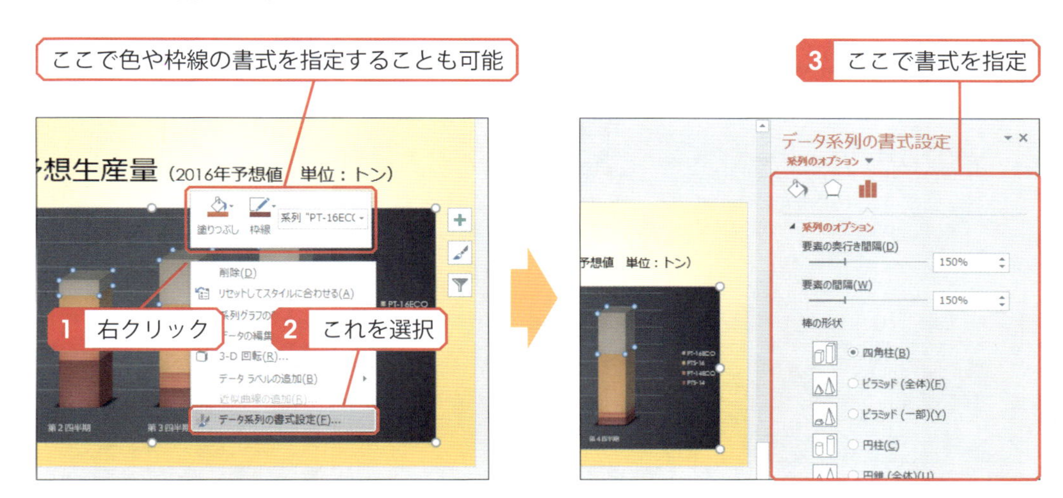

グラフ内の文字の書式は［ホーム］タブのリボンで指定します。グラフを細かくカスタマイズしたい場合などに活用してください。

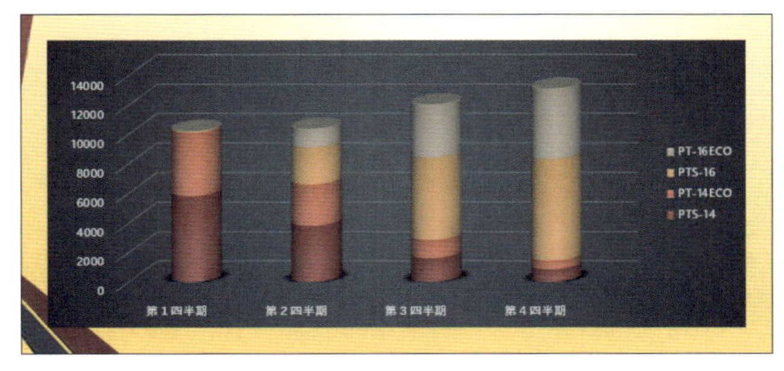

グラフの形状を「円柱」にし、文字の書式を調整した例

09 SmartArtの活用

手順や構造のように、文章だけでは説明しにくい内容を分かりやすく伝えたいときは、SmartArtを使って図表を作成するのが効果的です。続いては、SmartArtの作成方法を解説します。

SmartArtとは…？

発表用のスライドを作成するときは、出席者が一目で内容を理解できるように、分かりやすい表現を心がけるのが基本です。このような場合に活用できるのがSmartArtです。SmartArtは「図形」と「文字」で構成される図表を簡単に作成できる機能で、手順や関係を示す場合などに活用できます。以下に、SmartArtで作成できる図表をいくつか紹介しておくので参考にしてください。もちろん、これらのほかにもSmartArtで作成できる図表は数多く用意されています。

「循環」のSmartArtで作成した図表。このように「図形」と「文字」で物事を説明できるのがSmartArtの特長です。

■「リスト」のSmartArt

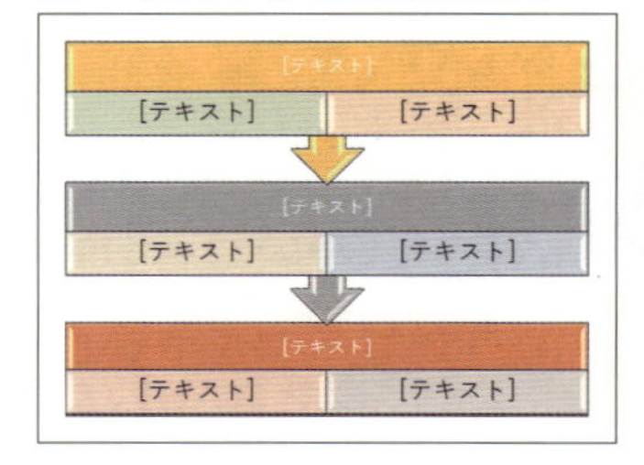

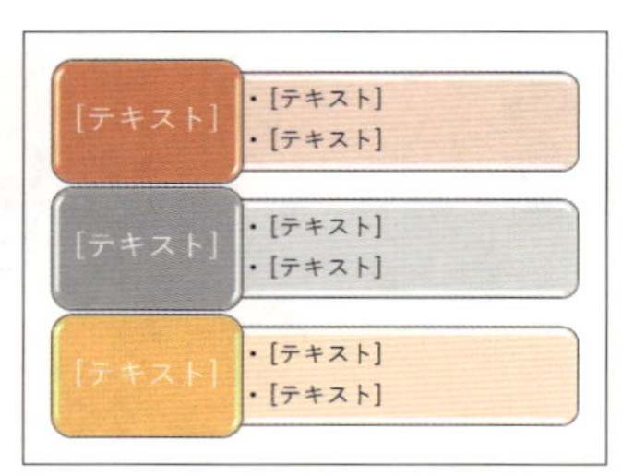

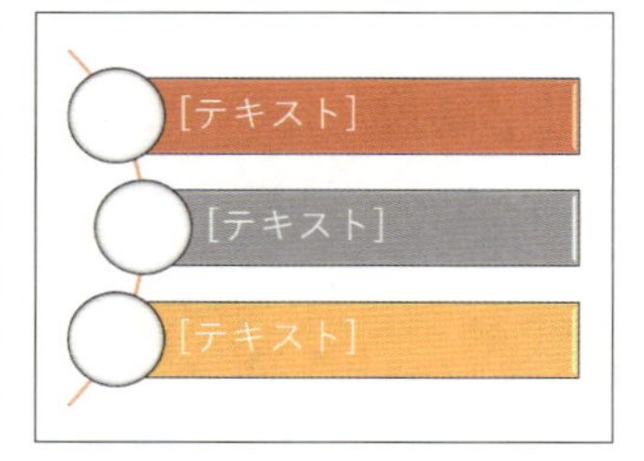

■「手順」のSmartArt

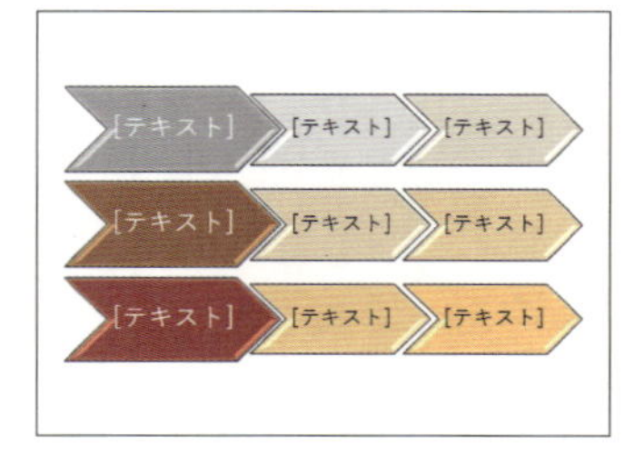

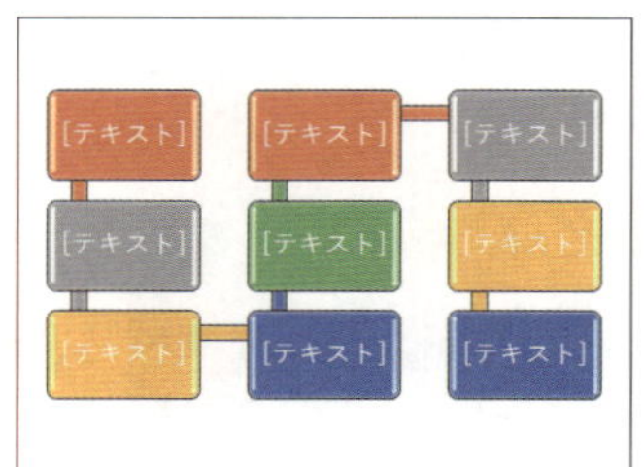

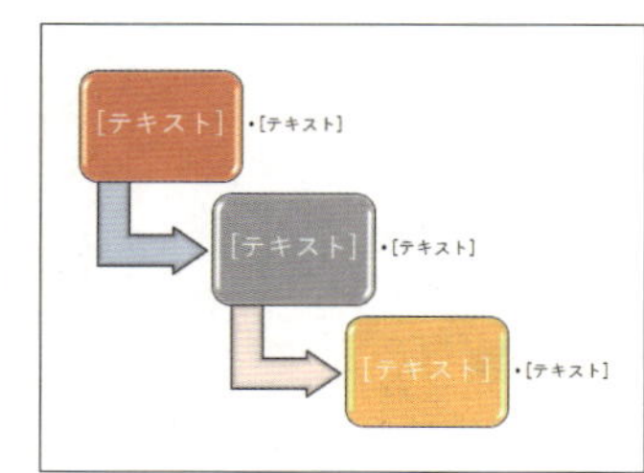

■「循環」のSmartArt

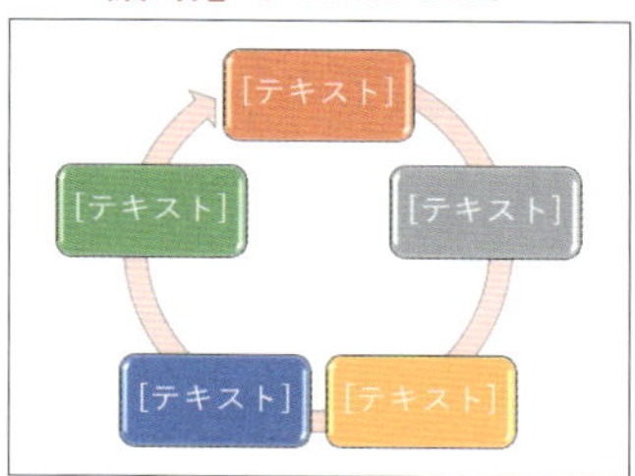

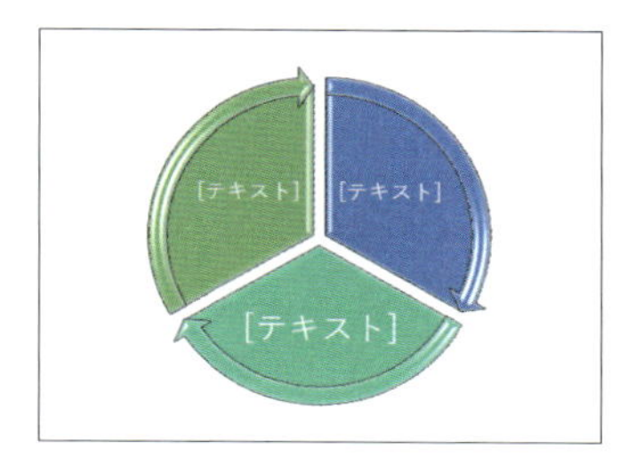

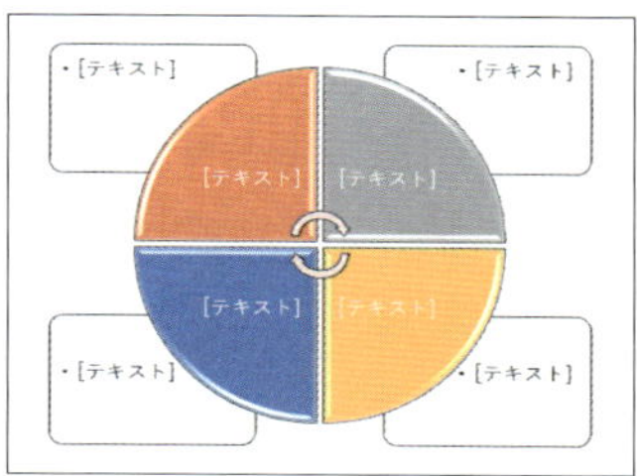

■「階層構造」のSmartArt

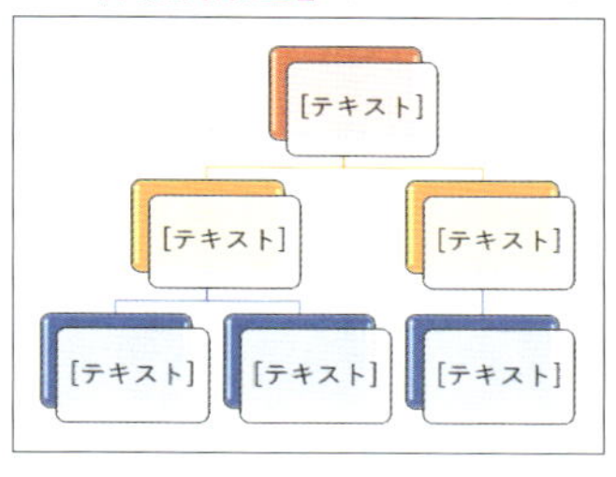

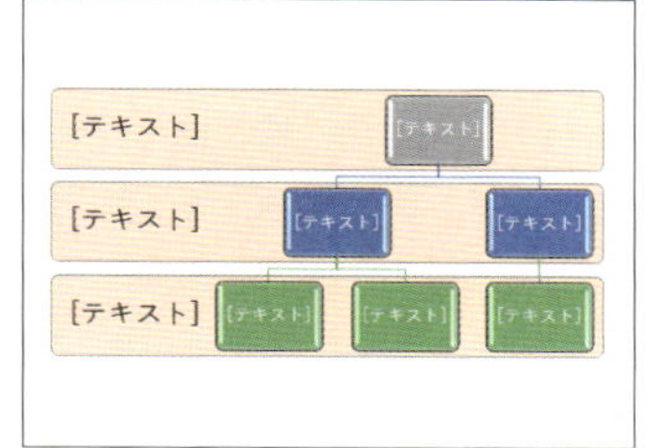

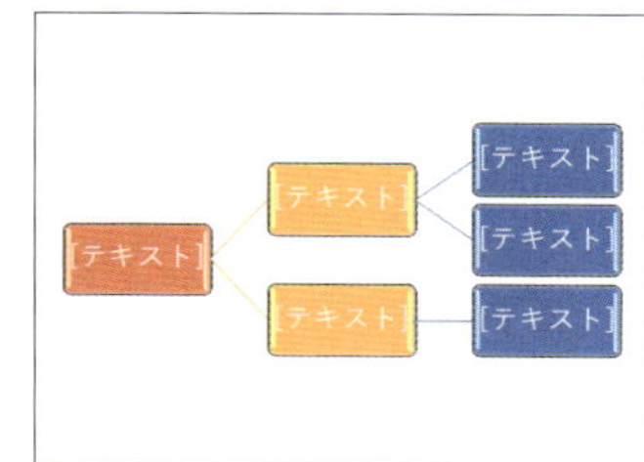

■「集合関係」のSmartArt

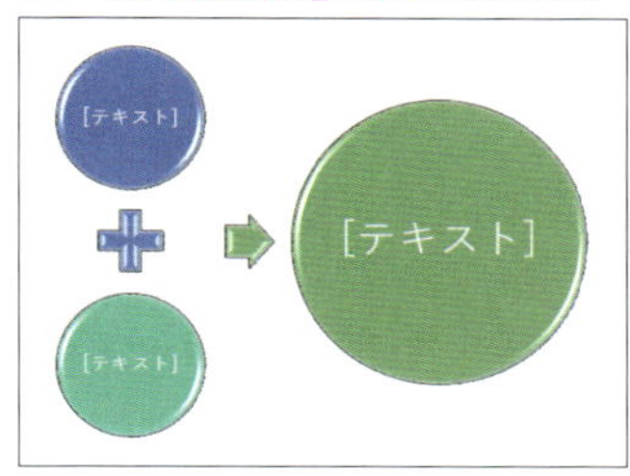

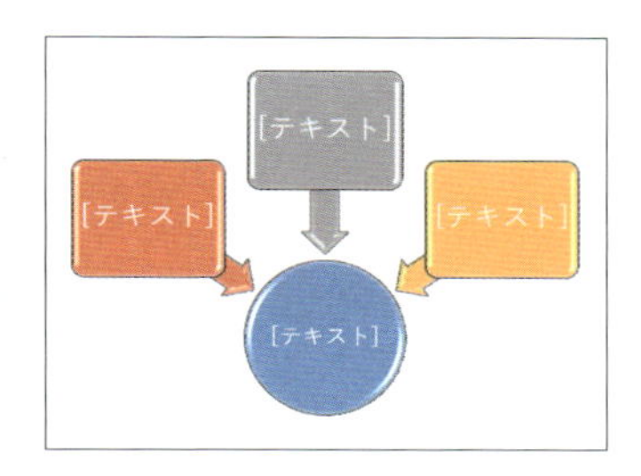

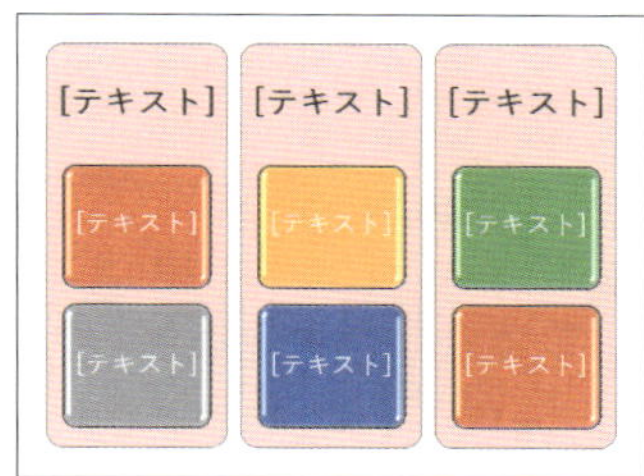

■「マトリックス」「ピラミッド」のSmartArt

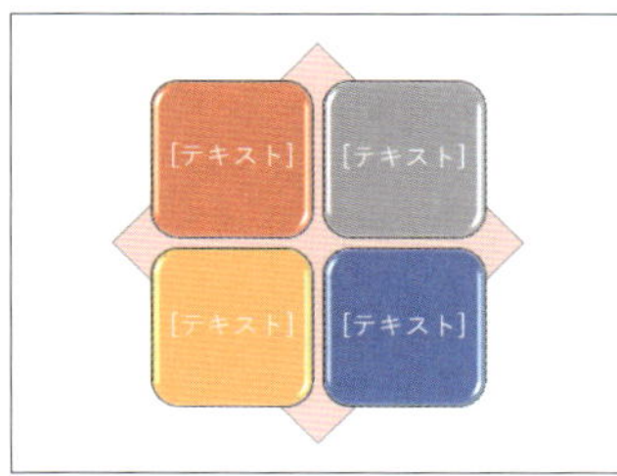

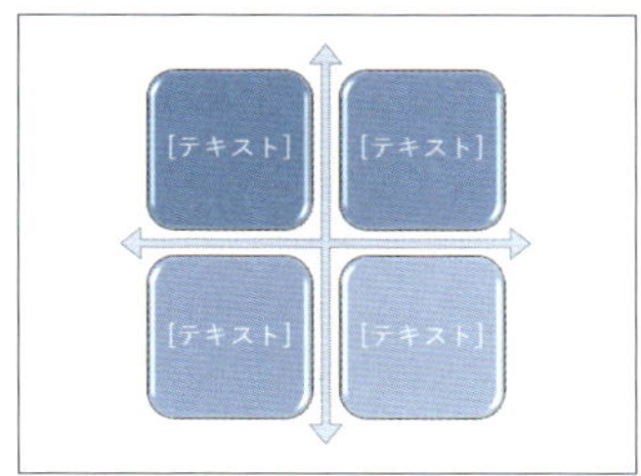

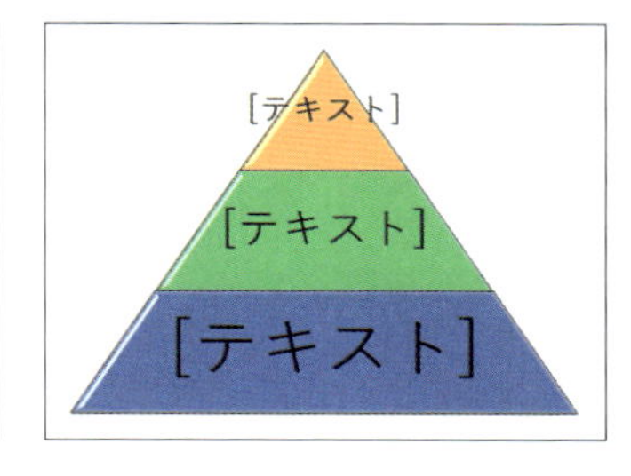

■「図」のSmartArt

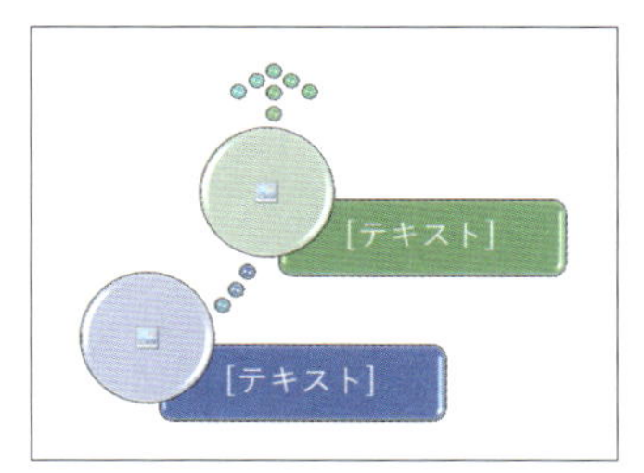

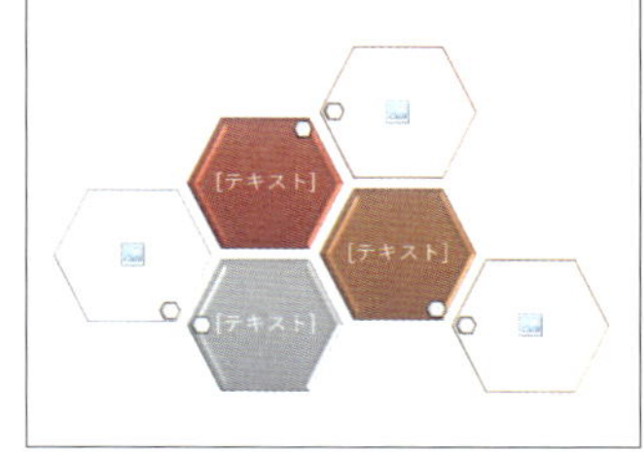

▶ SmartArtの作成

それでは、さっそくSmartArtの利用手順を解説していきましょう。コンテンツの領域にSmartArtを作成するときは、以下のように操作します。

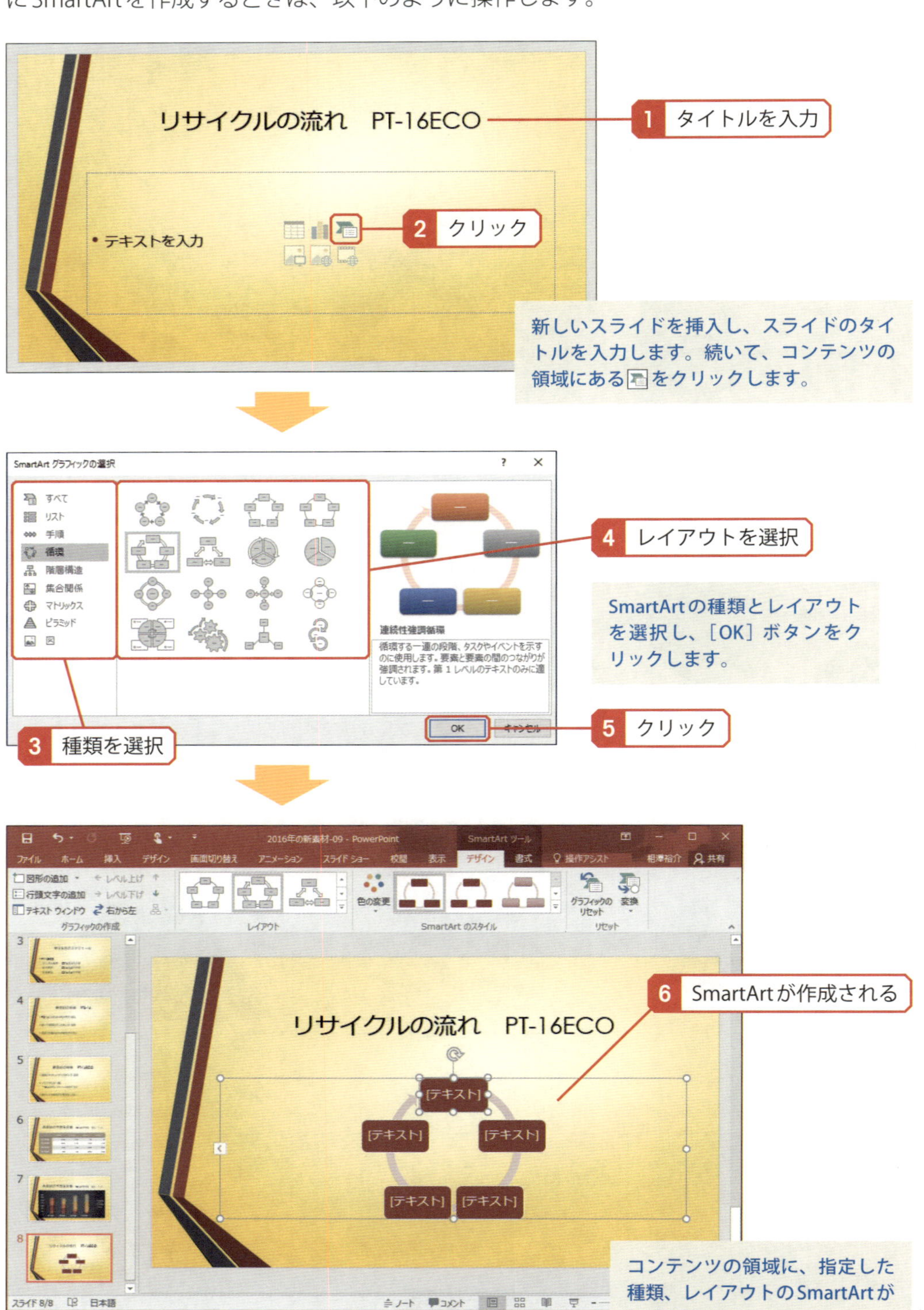

Column

[挿入]タブの利用

すでにコンテンツの領域に文字を入力している場合は、[挿入]タブにある「SmartArt」をクリックするとSmartArtを作成できます。ただし、この場合はコンテンツの文字とSmartArtが重ならないように位置とサイズを調整する必要があります。

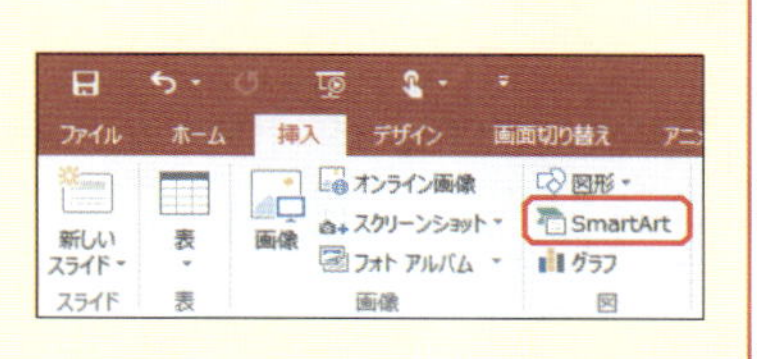

SmartArtのサイズ変更と移動

表やグラフと同様に、SmartArtもサイズや位置を自由に変更できます。SmartArtの位置を移動するときは、SmartArt全体を囲む枠線をドラッグします。

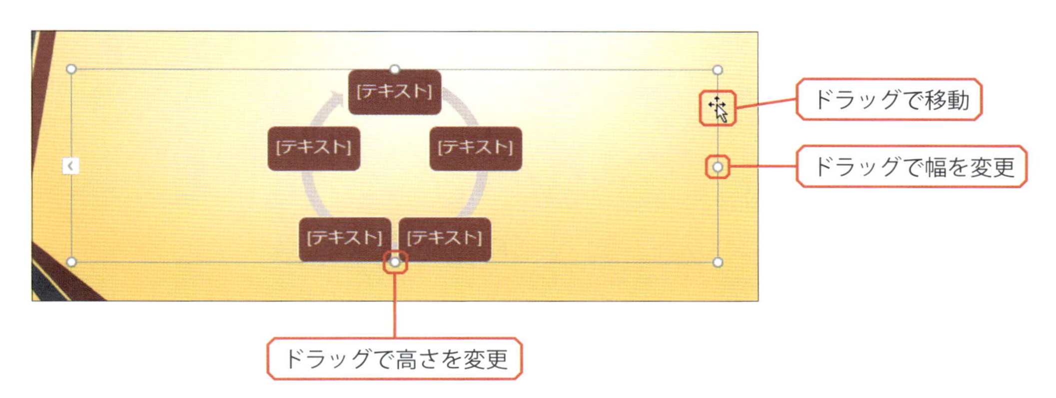

図形内に文字を入力

SmartArtを作成すると、[テキスト]と記された図形がいくつか表示されます。ここをクリックすると図形内に文字を入力できます。また、⟨をクリックして、左側のボックスに各図形の文字を入力していくことも可能です。

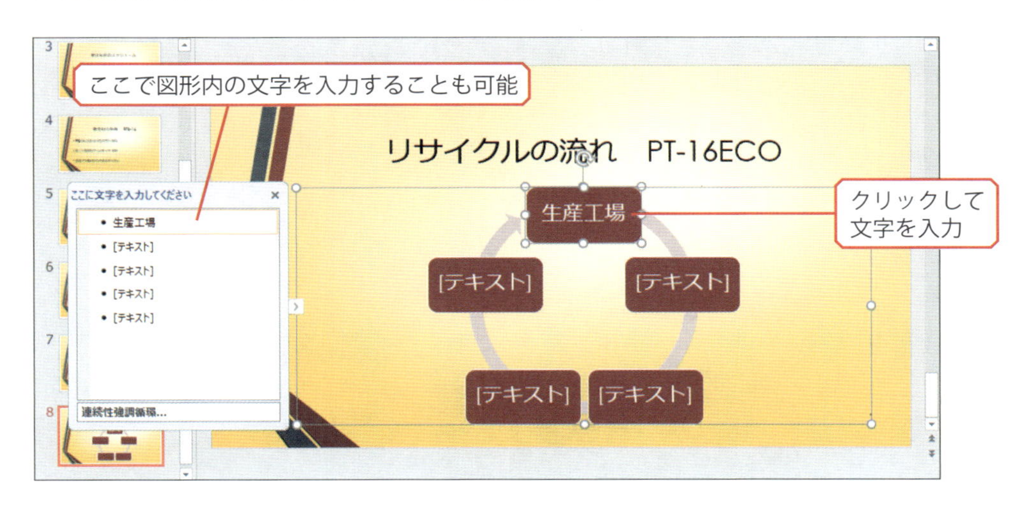

図形の追加

作成したSmartArtに初めから用意されている図形の数が足りない場合は、以下のように操作して図形を追加します。

SmartArt内にある図形をクリックして選択します。続いて、SmartArtツールの［デザイン］タブを選択します。

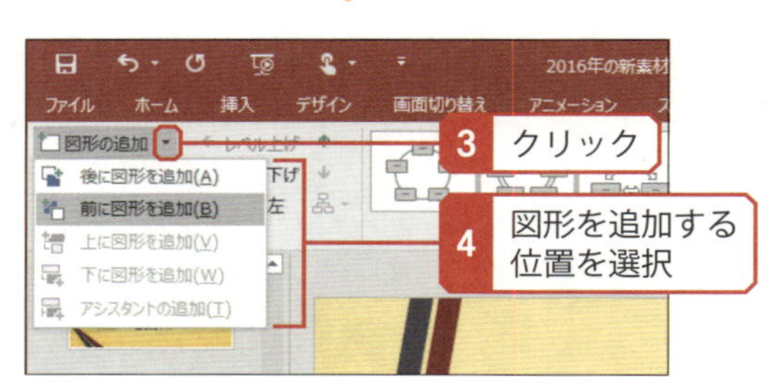

「図形の追加」の▾をクリックし、図形を追加する位置（前後または上下）を選択します。

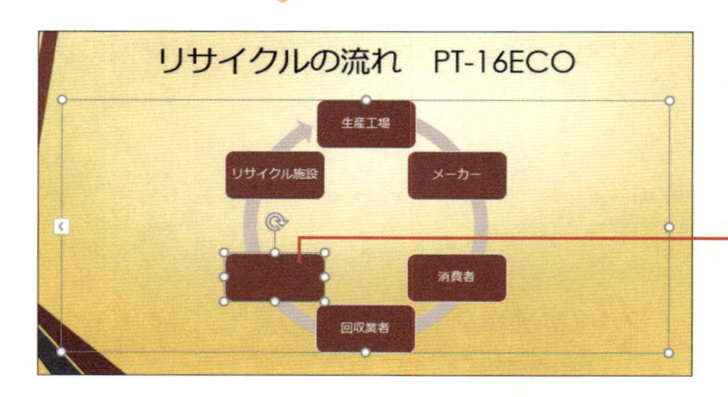

指定した位置に図形が追加され、SmartArt内の図形の配置が調整されます。

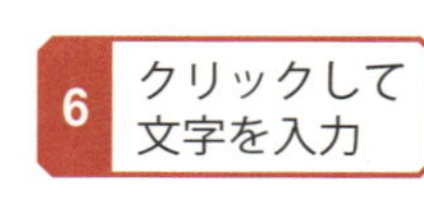

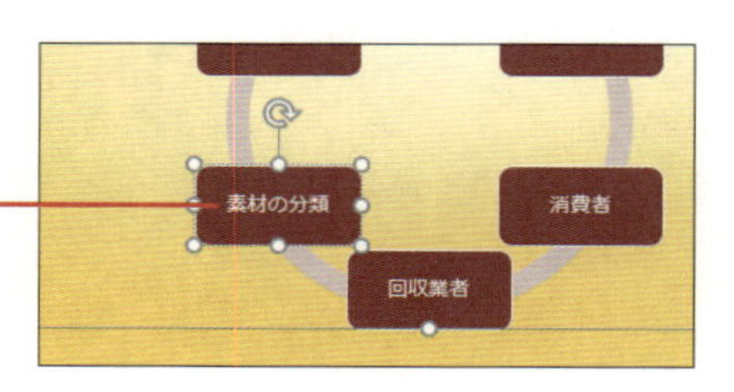

追加した図形に［テキスト］の表示はありませんが、初めから用意されている図形と同様の手順で文字を入力できます。

▶ 図形の削除

先ほどの例とは逆に、SmartArt内の図形が多すぎる場合は、以下のように操作してSmartArtから図形を削除します。

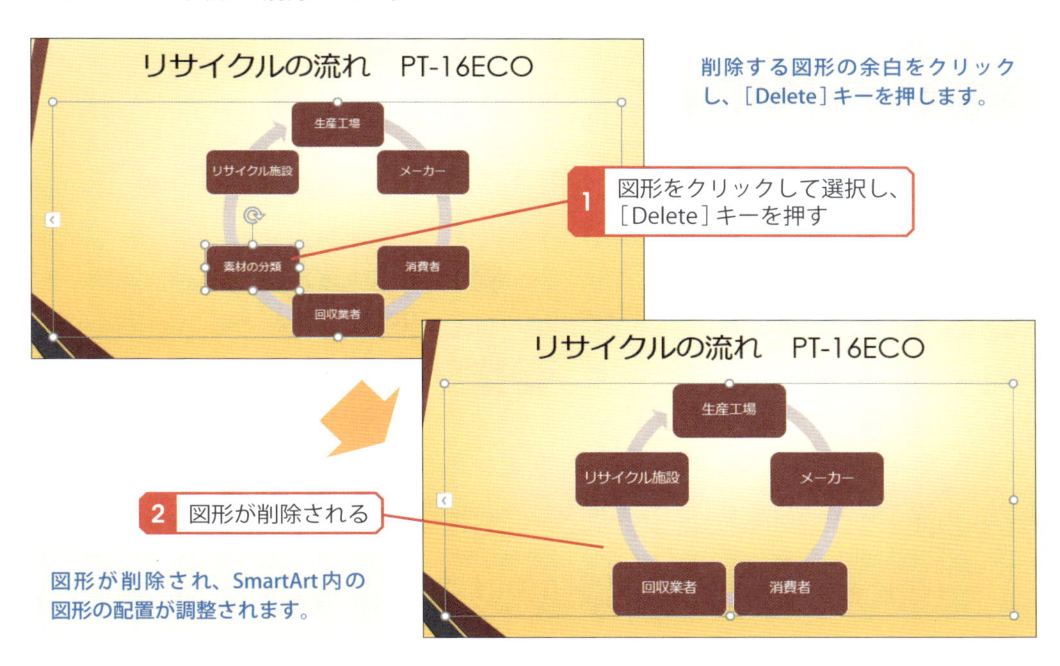

▶ 図形内の文字の書式

各図形に入力した文字は、その書式を自由に変更できます。文字や段落の書式を変更するときは、通常の文字と同様に［ホーム］タブで書式を指定します。このとき、SmartArt内の余白をクリックし、SmartArt全体を選択した状態で書式指定を行っても構いません。この場合は、SmartArt内にある全ての文字が書式指定の対象になります。

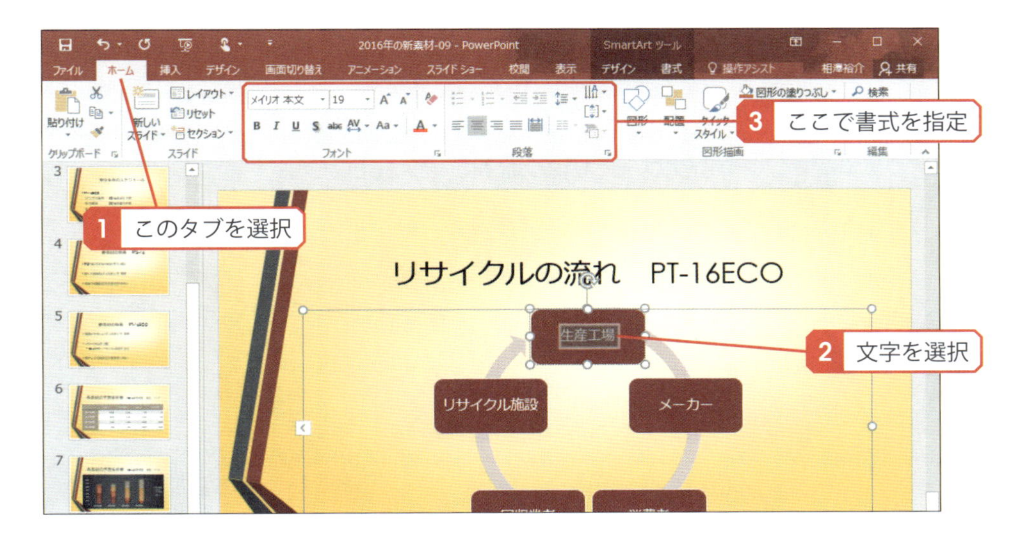

▶ レイアウトの変更

SmartArtの作成時に指定したレイアウトを後から変更することも可能です。この操作は、SmartArtツールの［デザイン］タブで行います。ただし、レイアウトによっては図形の数が変更されてしまう場合があることに注意してください。

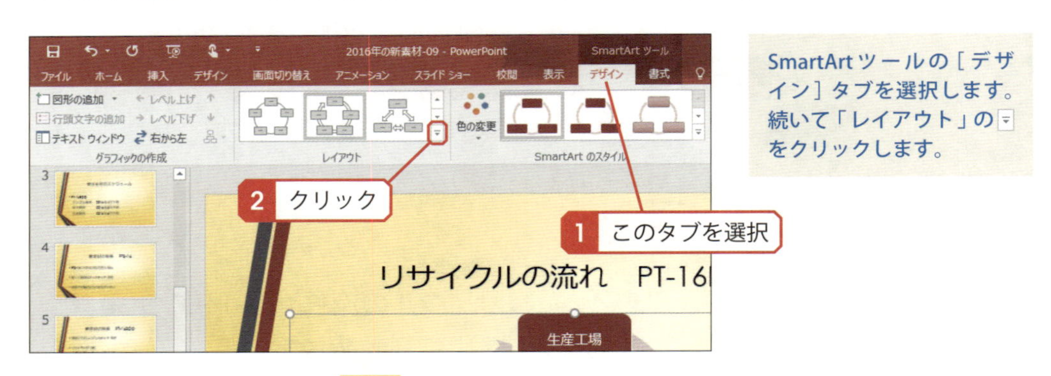

SmartArtツールの［デザイン］タブを選択します。続いて「レイアウト」の ▾ をクリックします。

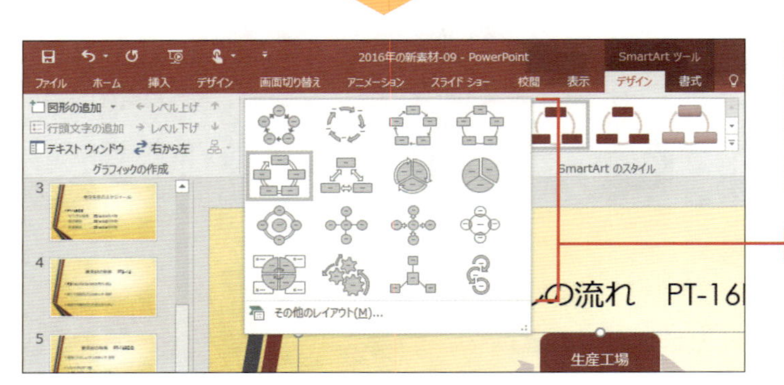

変更可能なレイアウトが一覧表示されるので、変更後のレイアウトを選択します。

SmartArtのレイアウトが変更されます。必要に応じて文字の書式を指定しなおします。

SmartArtのスタイル

SmartArtにもデザインを手軽に変更できるスタイルが用意されています。SmartArtのスタイルを使ってデザインを変更するときは、以下のように操作します。

SmartArtツールの［デザイン］タブを選択します。続いて「SmartArtのスタイル」の をクリックします。

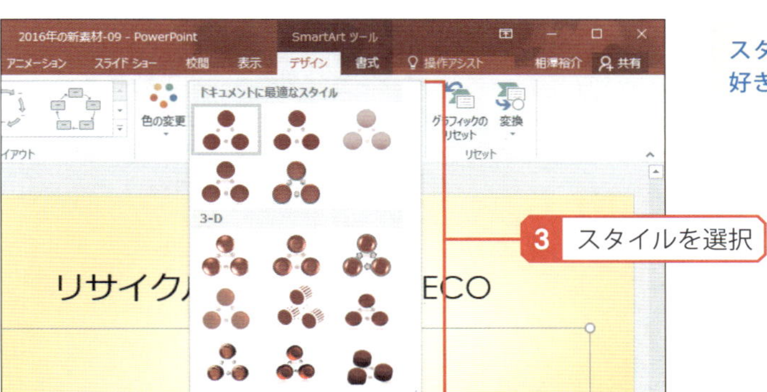

スタイルの一覧が表示されるので、好きなデザインを選択します。

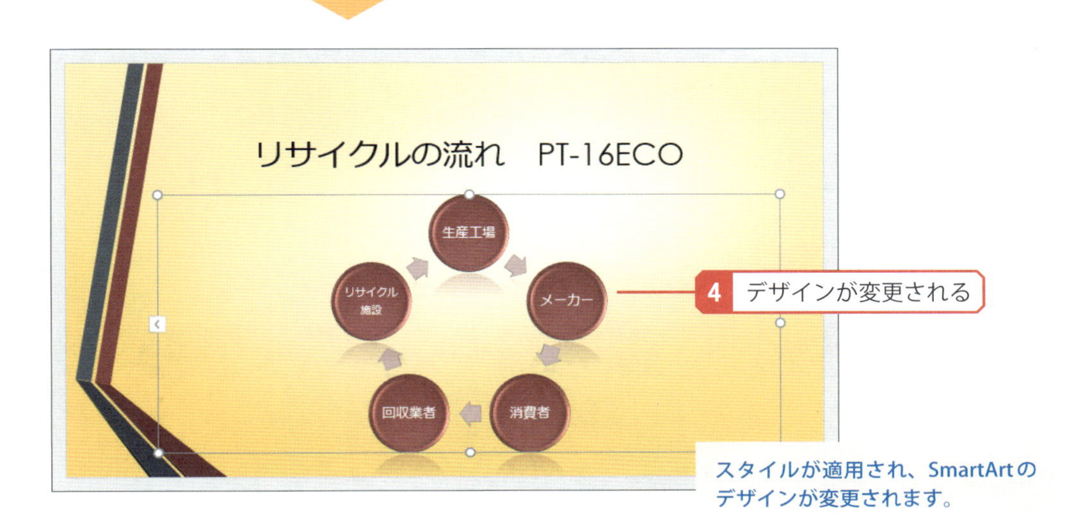

スタイルが適用され、SmartArtのデザインが変更されます。

色の変更

SmartArtツールの［デザイン］タブには、SmartArtの色をまとめて変更できる「色の変更」も用意されています。このコマンドは、SmartArtの色を変更して雰囲気を変えたい場合などに活用できます。

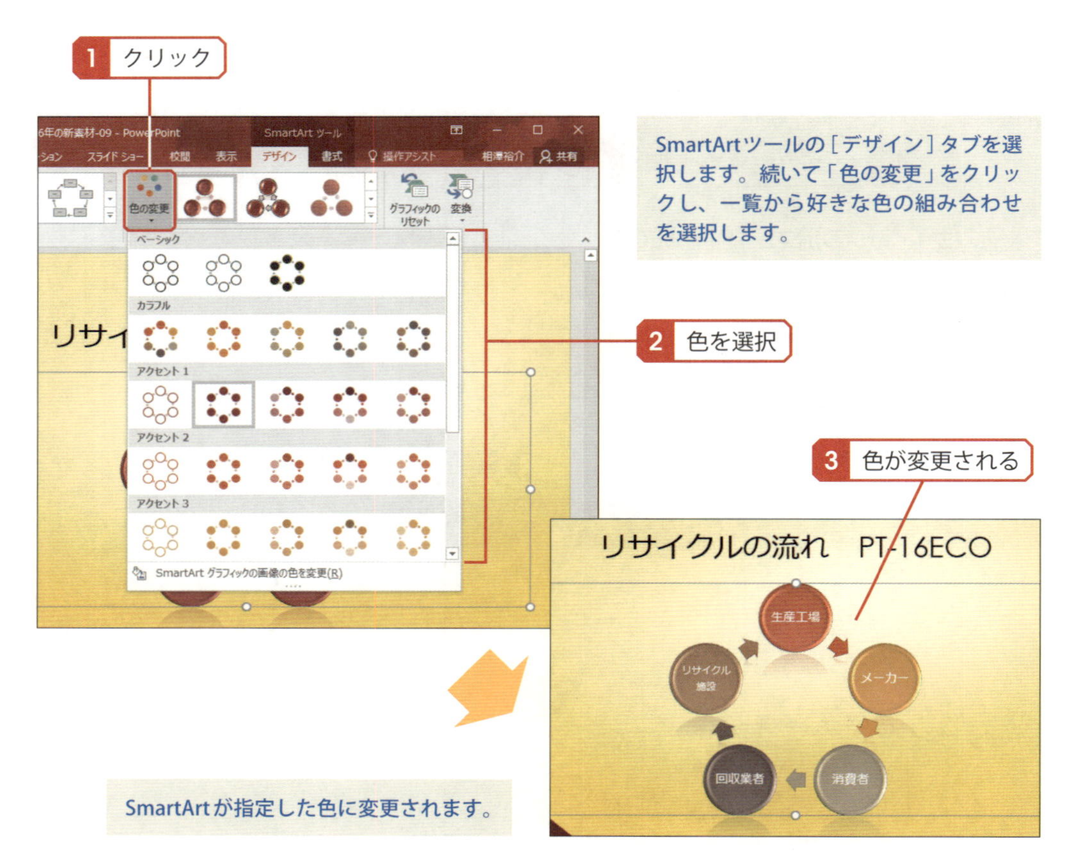

図形のレベルの変更

「階層構造」のように図形に上下関係があるSmartArtでは、各図形のレベルを変更することが可能です。図形のレベルを変更するときは、SmartArtツールの［デザイン］タブにある以下のコマンドをクリックします。

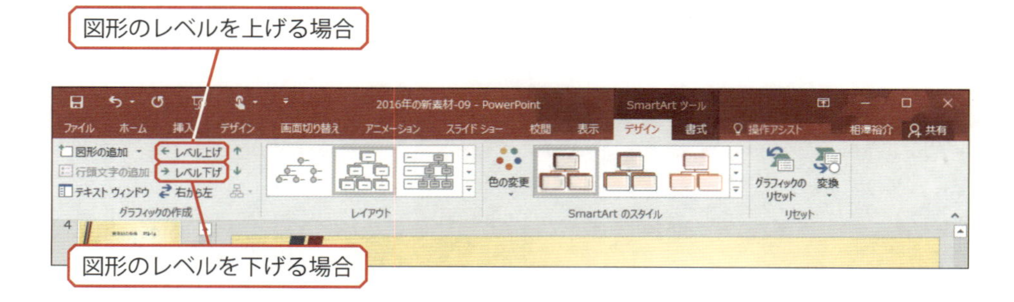

たとえば、「階層構造」（階層）のSmartArtで図形のレベルを上げるときは、以下のように操作します。

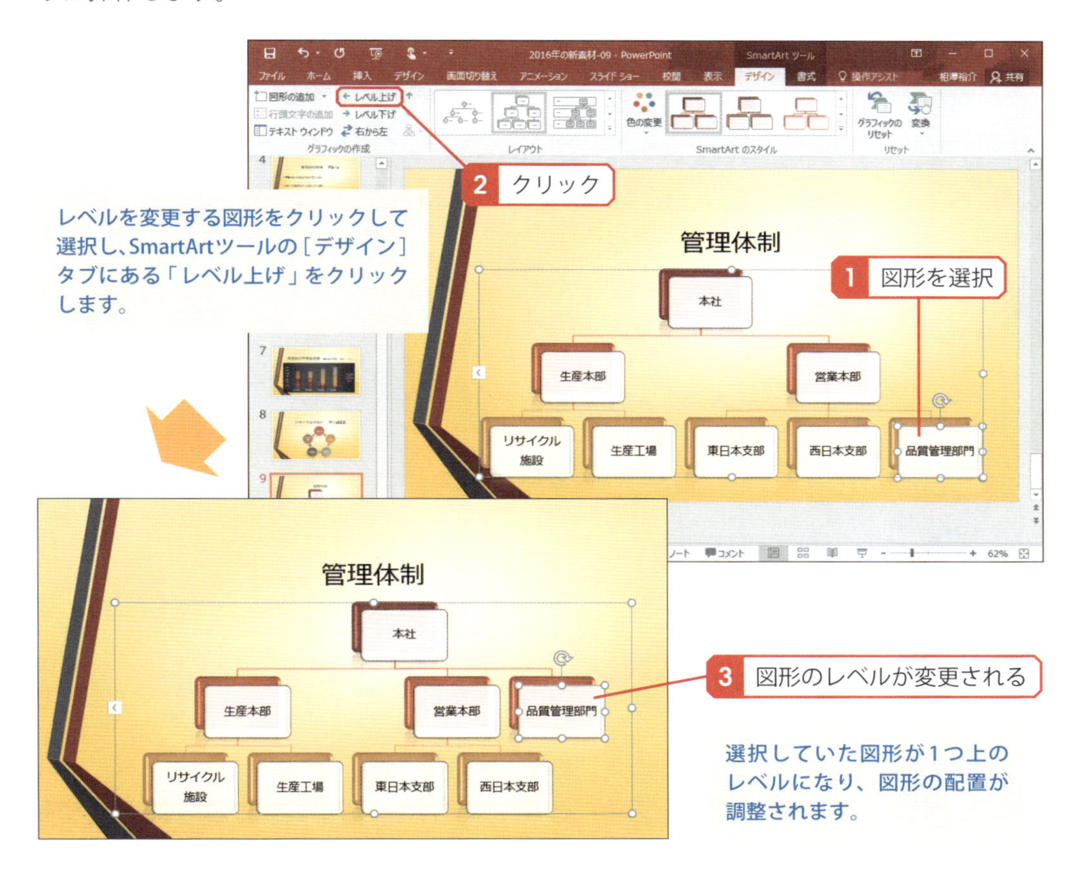

［書式］タブの利用

SmartArtツールの［書式］タブは、図形の色や枠線などを個別に指定する場合に利用します。色や枠線を指定するときは、図形を選択してから以下のコマンドで書式を指定します。

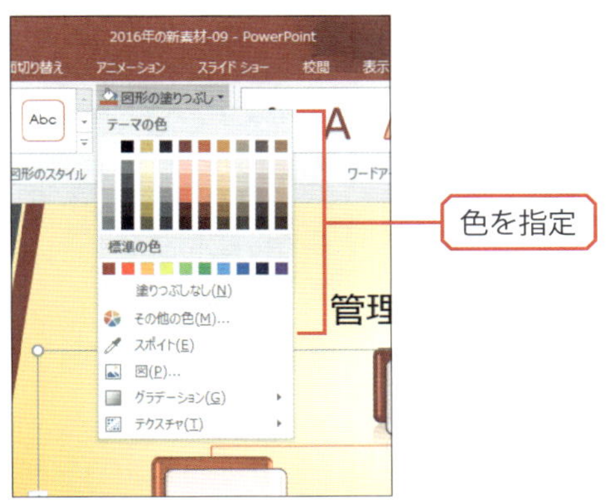

図形の塗りつぶし

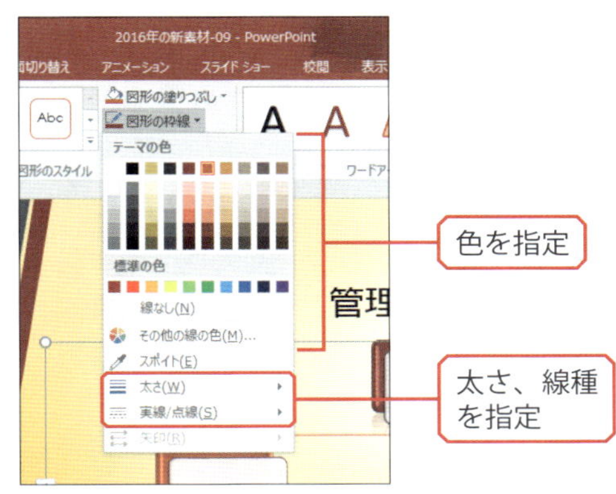

図形の枠線

10 画像、ビデオの挿入

コンテンツの領域に、画像やビデオ（動画）を挿入することも可能です。続いては、画像やビデオをスライドに挿入するときの操作手順について簡単に解説しておきます。

画像、ビデオの挿入

コンテンツの領域には、画像やビデオ（動画）を挿入するためのアイコンも用意されています。

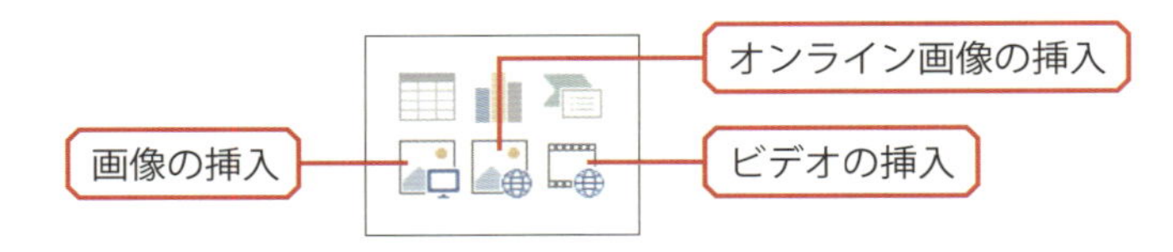

また、すでにコンテンツ内に文字を入力している場合は、［挿入］タブを利用して画像やビデオを挿入することも可能です。ただし、この場合はコンテンツの領域と重ならないように配置を調整する必要があります。

画像の挿入

デジタルカメラで撮影した写真などをスライドに挿入するときは、またはまたは［挿入］タブにある「画像」をクリックします。続いて、画像ファイルを指定すると、その画像をスライドに挿入できます。

スライドに画像が挿入されます。もちろん、挿入した画像のサイズや位置を変更することも可能です。

3 画像が挿入される

建材用プラスチック
• 高い強度を実現
• 色鮮やかな塗装
• 汚れにくい表面加工

▶ オンライン画像の挿入

OneDriveに保存されている画像ファイルをスライドに挿入するときは、「オンライン画像」をクリックして画像ファイルを選択します。また、このコマンドを使ってインターネット上で配布されている画像（フリー素材）をスライドに挿入することも可能です。

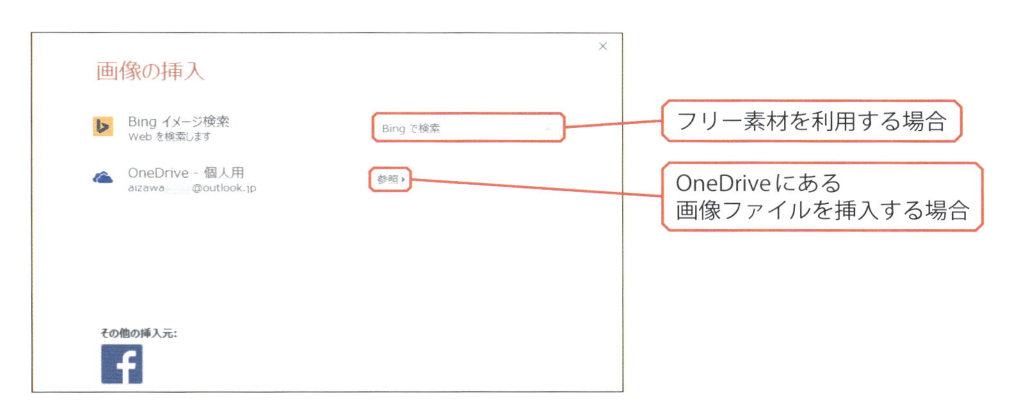

フリー素材を利用する場合は、「Bingイメージ検索」に適当なキーワードを入力して画像を検索します。すると、キーワードに合致する写真やイラストが一覧表示されます。

この中から好きな画像（フリー素材）を選択して、スライドに挿入することも不可能ではありません。ただし、その著作権に十分注意する必要があります。検索結果として表示された画像の中には、利用時にクレジットの表記が必要になるものも含まれています。この場合は、フリー素材の作者（著作権者）をスライド内に明記しなければいけません。

ここで問題となるのが、『どの素材がクレジット表記なしで利用できるか？』を見極めるのが難しいことです。各素材の著作権情報は「配布サイトへのリンク」をクリックしてWebページを表示すると確認できます。ただし、慣れている方でないと、クレジットの記載義務などを調べるのが難しいと思われます。よく分からない場合は、フリー素材の使用を避けたほうが無難です。一般的には、各自が所有している画像だけを使用するのが基本と考えてください。

ビデオの挿入

デジタルビデオカメラで撮影した動画をスライドに挿入するときは、🎞または［挿入］タブにある「ビデオ」をクリックします。続いて、動画ファイルを指定すると、スライドにビデオを挿入できます。

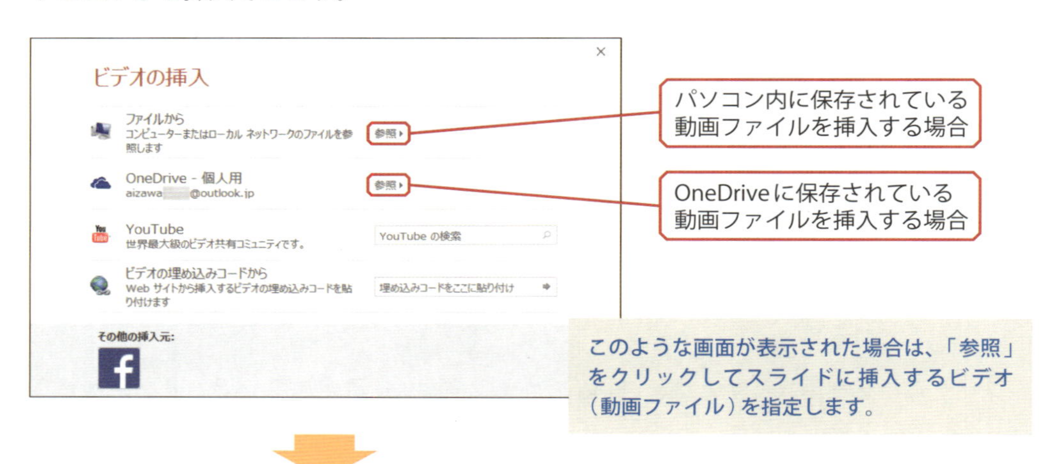

このような画面が表示された場合は、「参照」をクリックしてスライドに挿入するビデオ（動画ファイル）を指定します。

スライドに挿入したビデオは、左下に表示されるアイコンをクリックして再生／一時停止の操作を行います。

図形とテキストボックス

「PowerPoint」には、スライド上に図形を描画する機能も用意されています。また、文字を強調して表示したい場合などにテキストボックスを利用するのも効果的な手法となります。続いては、図形の使い方について解説します。

図形の描画

スライドに図形を描画するときは、［挿入］タブにある「図形」をクリックし、以下のように操作します。

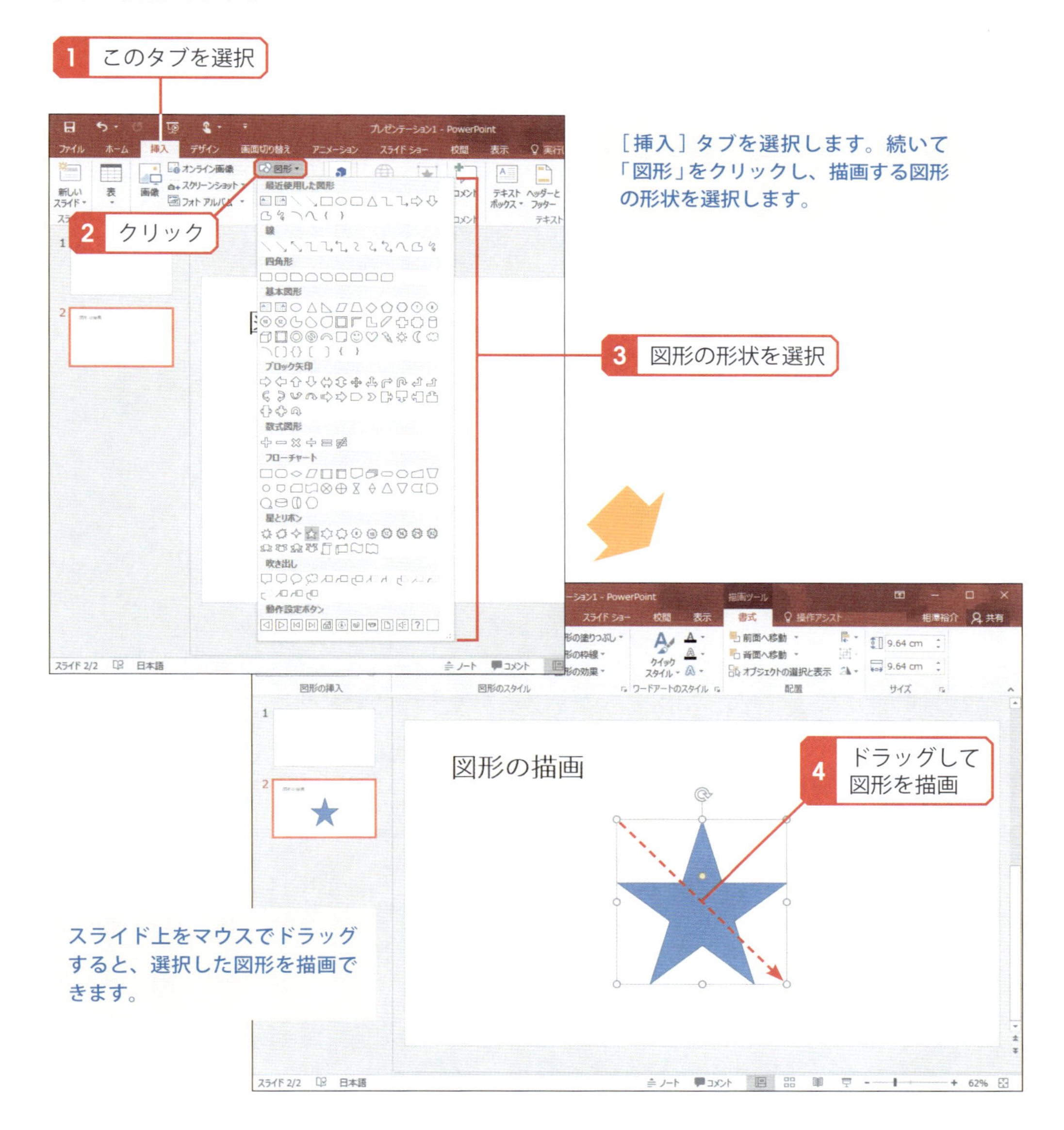

［挿入］タブを選択します。続いて「図形」をクリックし、描画する図形の形状を選択します。

スライド上をマウスでドラッグすると、選択した図形を描画できます。

図形の書式指定

描画した図形をクリックして選択すると、描画ツールの［書式］タブを利用できるようになります。このタブには、図形内の色や枠線の書式などを指定するコマンドが用意されています。

■図形の塗りつぶし

図形内の色は「図形の塗りつぶし」で指定します。ここで「グラデーション」を選択し、図形の内部をグラデーションにすることも可能です。

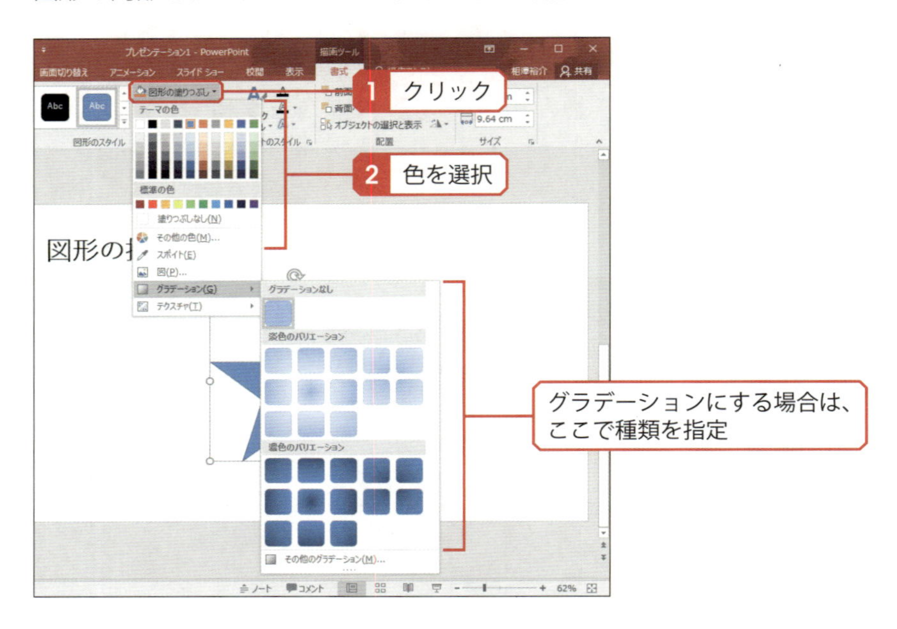

■図形の枠線

図形を囲む枠線の書式は「図形の枠線」で指定します。ここでは、枠線の色、太さ、種類を指定します。

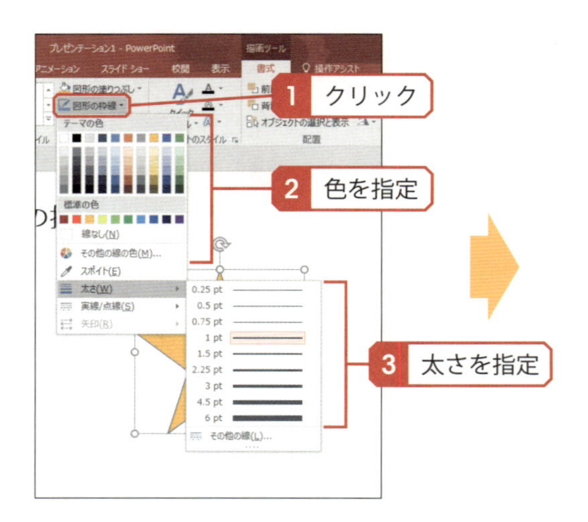

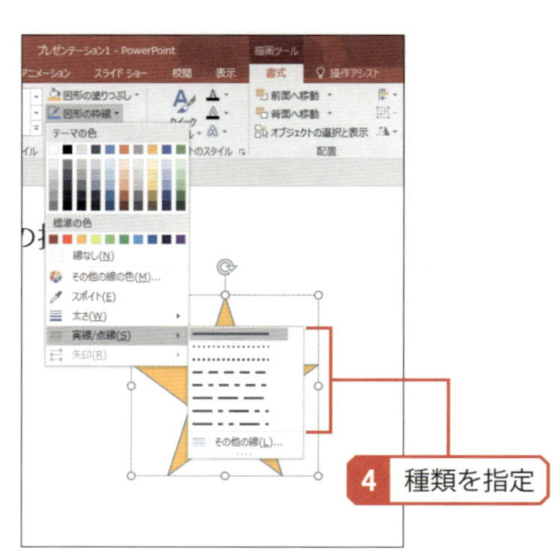

■図形の効果

図形に様々な効果を加えることも可能です。この場合は「図形の効果」をクリックし、効果の種類を選択します。

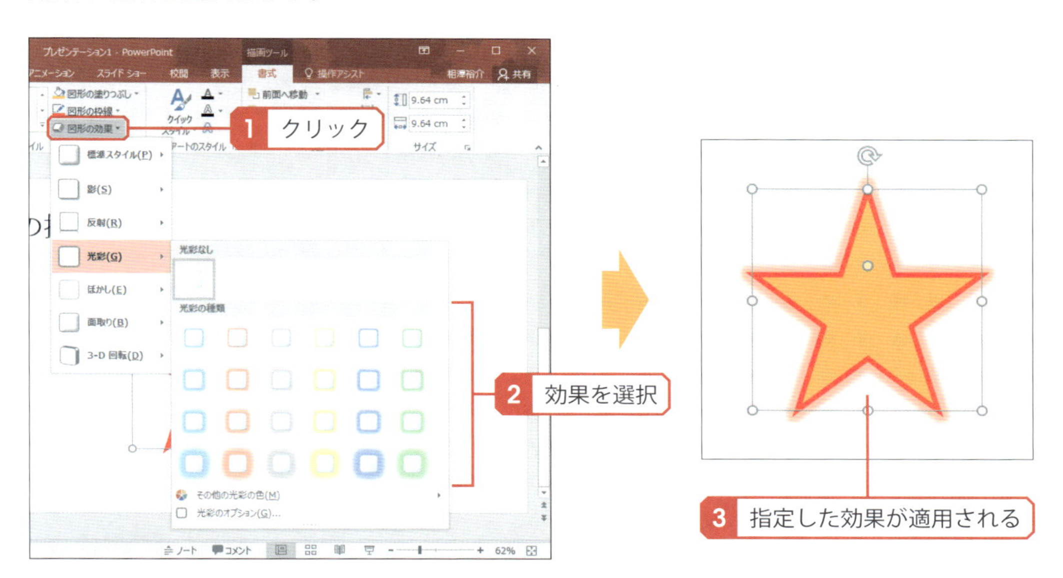

■図形のスタイル

図形のデザインを手軽に指定できるスタイルも用意されています。図形のスタイルを使って書式を指定するときは、以下のように操作します。

■頂点の編集

［書式］タブにある（図形の編集）は、図形の形状を変更するときに利用します。また、ここで「頂点の編集」を選択すると、図形の頂点の位置をカスタマイズできます。この機能はオリジナル図形を作成する場合などに活用できます。

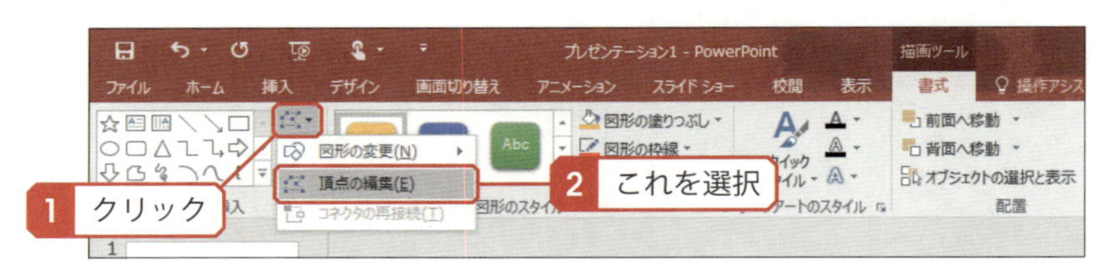

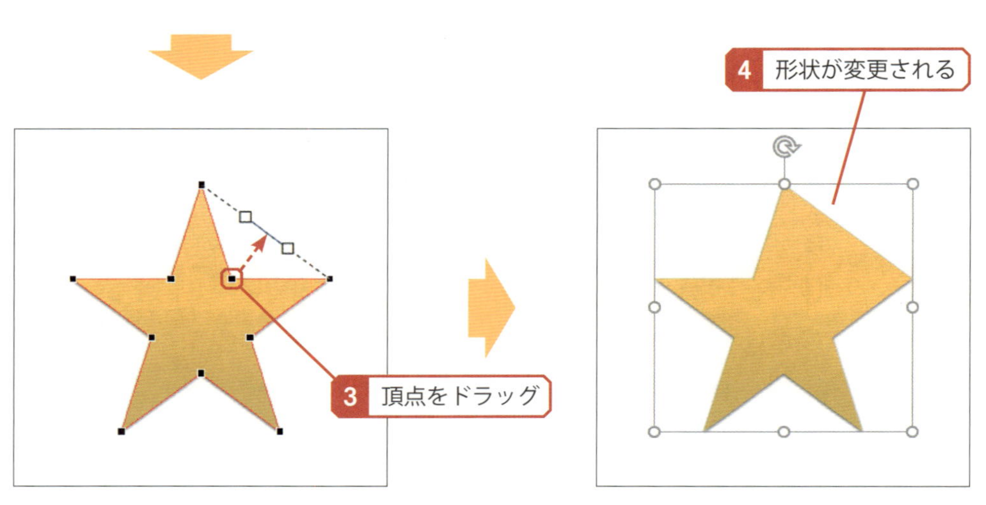

テキストボックスの活用

図形内に文字を入力できるテキストボックスを作成することも可能です。この場合も通常の図形と同様に、塗りつぶし、枠線、効果、スタイルを指定できます。文字を強調して示したい場合などに活用するとよいでしょう。以下に、テキストボックスの利用例を紹介しておくので参考にしてください。

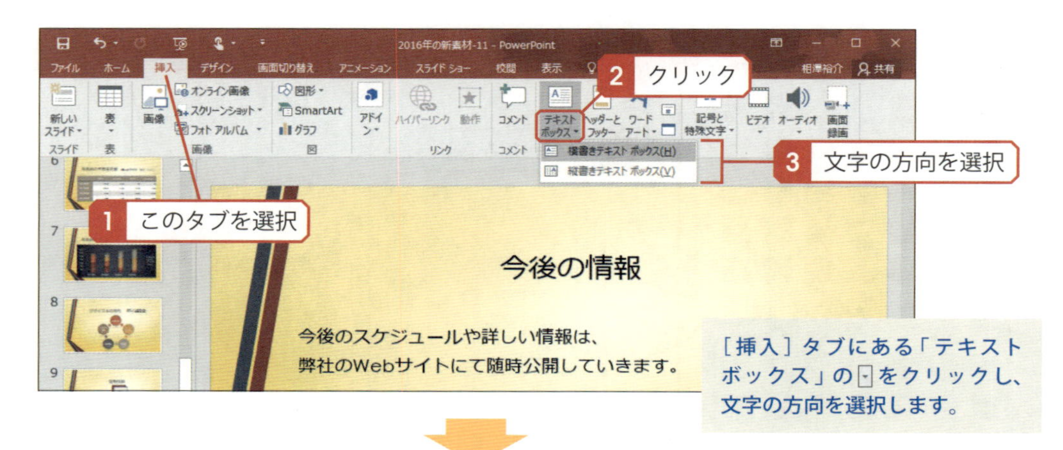

［挿入］タブにある「テキストボックス」のをクリックし、文字の方向を選択します。

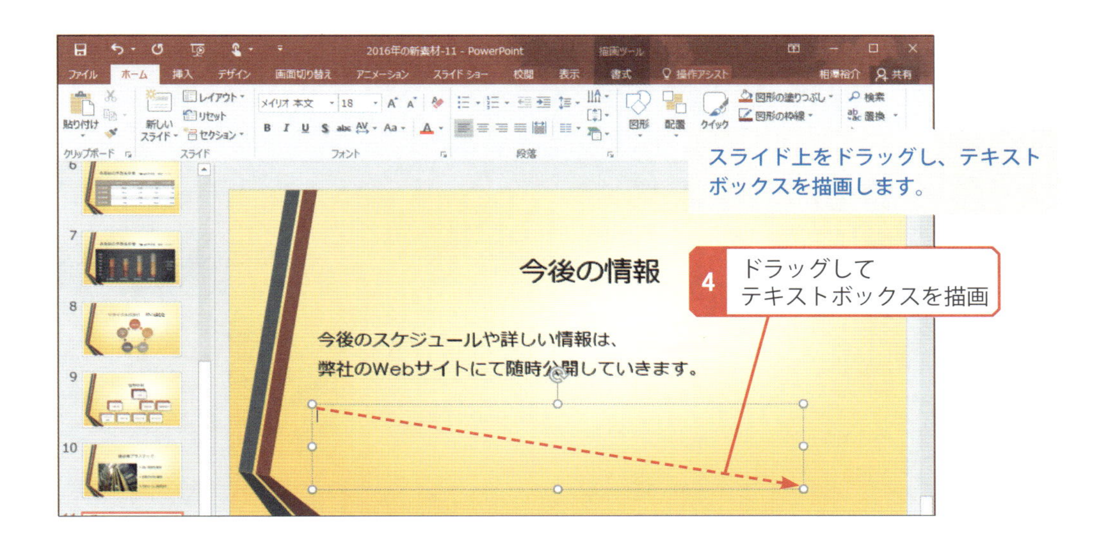

スライド上をドラッグし、テキストボックスを描画します。

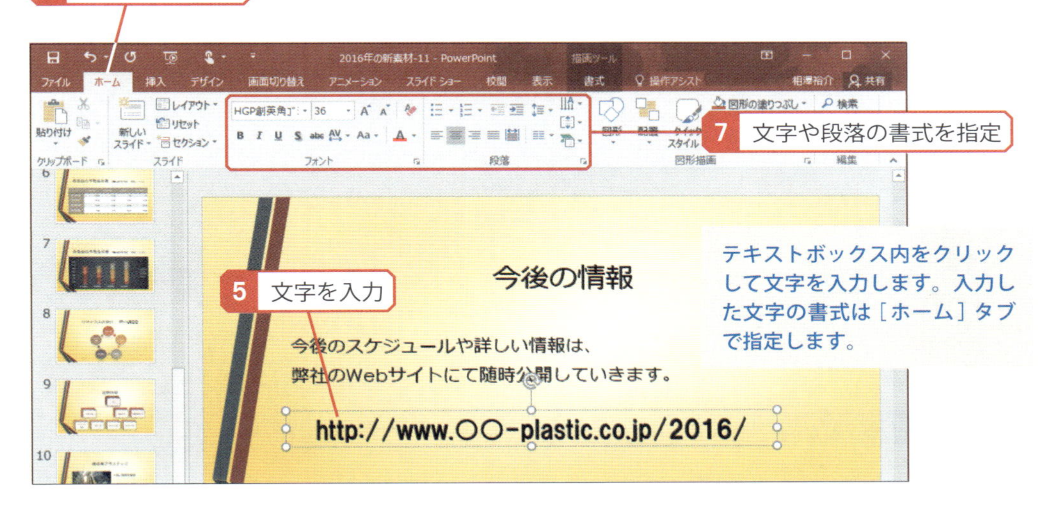

テキストボックス内をクリックして文字を入力します。入力した文字の書式は［ホーム］タブで指定します。

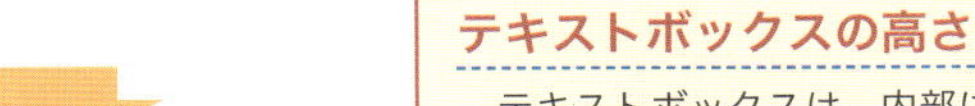

Column

テキストボックスの高さ

テキストボックスは、内部に入力された文字の行数に応じて「高さ」が自動調整される仕組みになっています。このため、文字を入力するとテキストボックスの高さが自動的に「1行分の高さ」に変更されます。

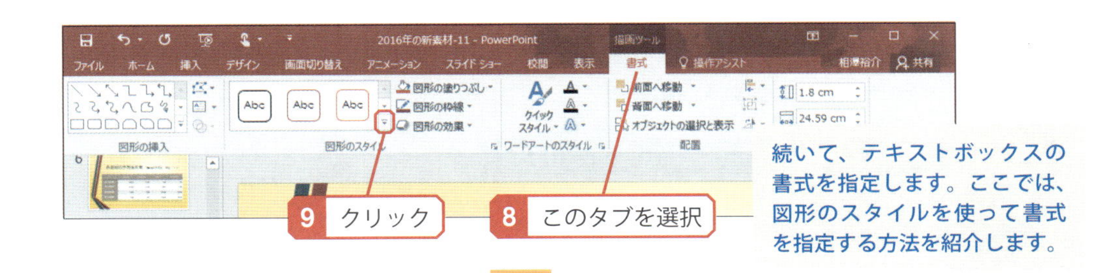

続いて、テキストボックスの書式を指定します。ここでは、図形のスタイルを使って書式を指定する方法を紹介します。

スタイルの一覧から好きなデザインを選択します。

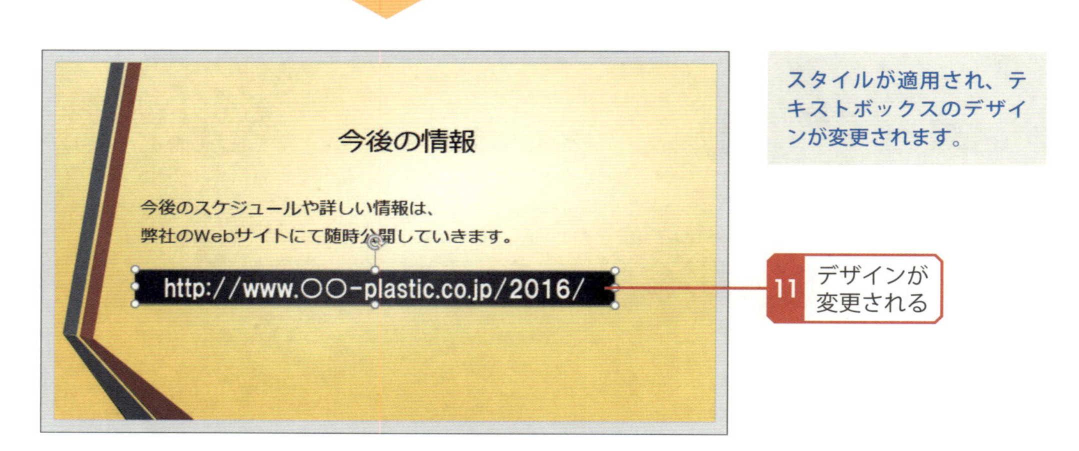

スタイルが適用され、テキストボックスのデザインが変更されます。

最後に、全体のバランスを整えてスライドを完成させます。

12 スライドショー

スライドショーは、作成したスライドを画面全体に次々と表示していく機能です。実際に発表を行う際は、この機能を使ってスライドを順番に示しながら発表内容を説明していきます。

スライドショーの実行

「PowerPoint」には、作成したスライドを画面全体に表示できるスライドショー機能が用意されています。実際に発表を行うときは、この機能を使ってスライドを1枚ずつ表示しながら発表内容を説明していきます。スライドショーを実行するときは、以下のように操作します。

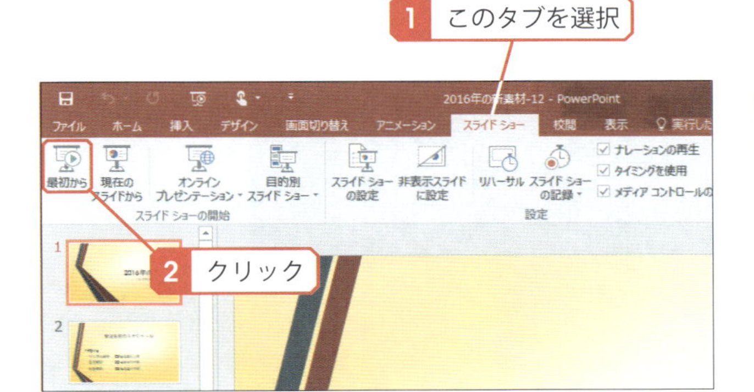

［スライドショー］タブを選択し、「最初から」をクリックします。

スライドショーが開始され、1枚目のスライドが画面全体に表示されます。マウスをクリックすると…、

受注生産のスケジュール

- PTS-16
  サンプル配布　2016年3月上旬
  受注開始　2016年4月中旬
  生産開始　2016年5月中旬

2枚目のスライド表示に切り替わります。このように、スライドショーの実行中はマウスのクリックでスライド表示を進めていきます。

4 クリックで次のスライドへ

最後のスライドを表示した後は、このような黒い画面が表示されます。この画面でマウスをクリックするとスライドショーが終了し、通常の編集画面に戻ります。

5 クリックしてスライドショーを終了

Column

キーボードの活用

キーボードを使ってスライドショーを進めていく方法も用意されています。この場合は［F5］キーを押してスライドショーを開始し、［→］キーで次のスライド表示に切り替えていきます。また、［←］キーを押して1つ前のスライド表示に戻したり、［Esc］キーを押してスライドショーを強制終了させたりすることも可能です。

プロジェクターなどの接続

発表会場に集まった方々にスライドショーを閲覧してもらうには、パソコンの画面をプロジェクターや大型テレビなどに映し出す必要があります。このため、実際に発表を行う際は、ノートパソコンの外部モニタ端子やHDMI端子に映像機器を接続した状態でスライドショーを実行することになります。

これらの機器の接続方法がよくわからない方は、事前に会場の責任者などに相談しておくとよいでしょう。また、外部モニタへの出力方法はパソコンごとに異なるので、あらかじめパソコンの取扱説明書などで操作手順を確認しておくようにしてください。

外部モニタ出力用のケーブル(D-SUB 15ピン)
プロジェクターや大型テレビがパソコン入力に対応している場合は、外部モニタ出力端子を利用して画面出力を行います。

HDMIケーブル
パソコンにHDMI端子が装備されている場合は、HDMIケーブルを使って画面をデジタル出力することも可能です。

▶ リハーサル機能

卒業論文や学会などの発表では、発表時間が制限されているのが一般的です。このため、事前に発表練習を行っておく必要があります。このような場合に便利に活用できるのがリハーサル機能です。

リハーサル機能を使ってスライドショーを実行した場合は、画面左上に経過時間が表示されます。この経過時間を見ながら発表練習を行うと、発表に要する時間を確認することができます。リハーサル機能を使ってスライドショーを実行するときは、以下のように操作します。

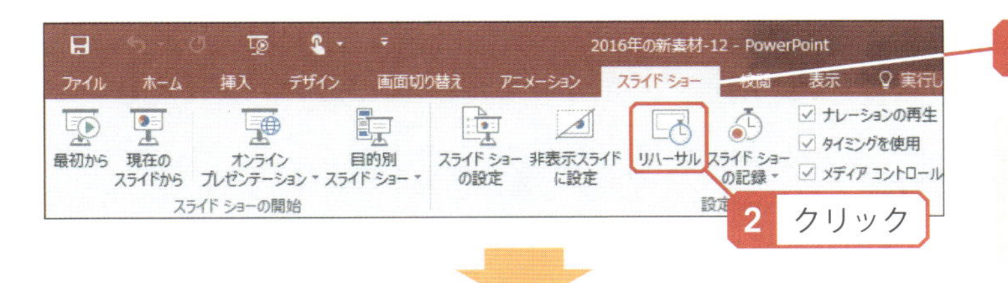

［スライドショー］タブを選択し、「リハーサル」をクリックします。

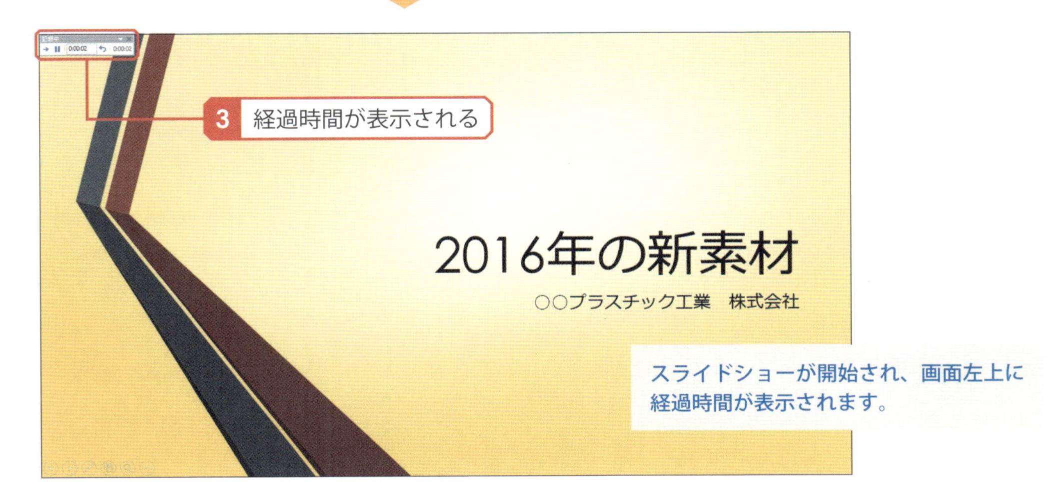

スライドショーが開始され、画面左上に経過時間が表示されます。

リハーサルの場合もスライドショーの操作方法に変わりはなく、マウスのクリックで次のスライド表示に切り替えていきます。このとき、経過時間のツールバーには以下のような情報が表示されます。

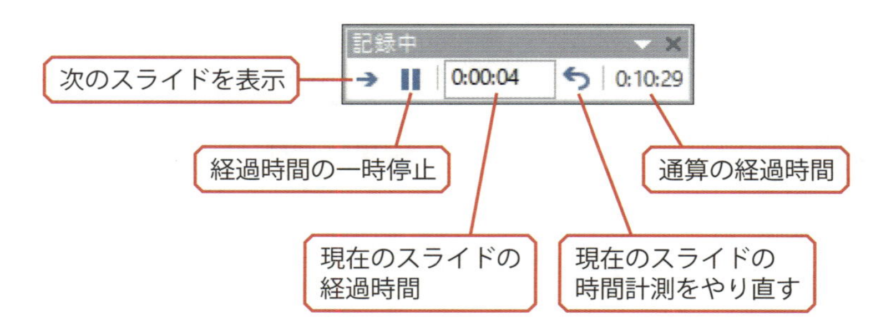

リハーサルで最後のスライド表示を終えると、以下のような画面が表示されます。ここでは、［いいえ］ボタンをクリックするのが基本です。［はい］ボタンをクリックすると、今回のリハーサルでスライドを切り替えたタイミングが保存され、次回のスライドショーから自動的にスライドが切り替わるようになります。実際に発表を行う際にマウスのクリックでスライドを切り替えたい場合は、必ず［いいえ］ボタンをクリックしてください。

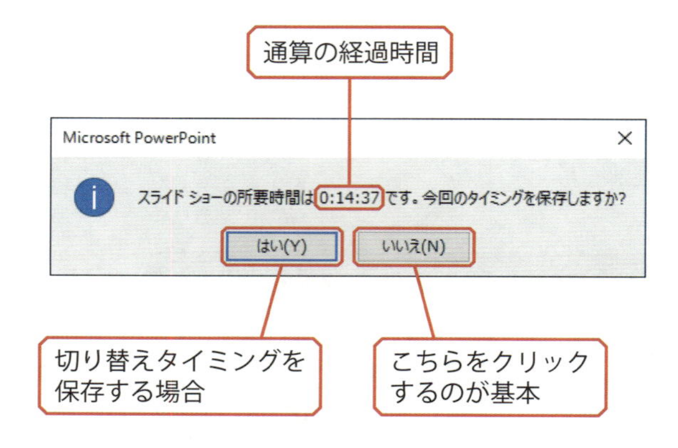

Column

スライドの自動切り替え

切り替えタイミングの保存は、パソコンを操作しながら発表するのが難しい場合に利用します。ただし、スライドが切り替わるタイミングに合わせて発表を進めなければいけないため、十分に発表練習をしておく必要があります。

▶ スライドショーの設定

発表に要する時間を把握できたら、念のためスライドショーの設定を確認しておきましょう。スライドショーの設定は、次ページのように操作すると表示できます。

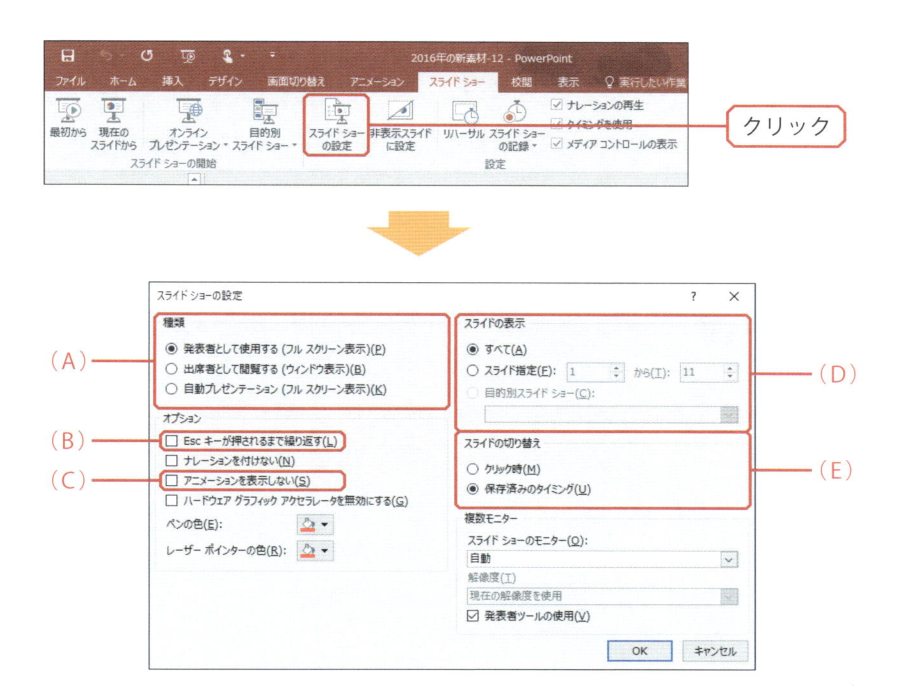

(A) 種類

スライドショーの表示方法を指定します。画面全体にスライドを表示するときは、「発表者として使用する」を選択しておくのが基本です。

(B) Escキーが押されるまで繰り返す

このチェックボックスをONにすると無限ループになり、最後のスライドの後に1枚目のスライドが表示されます。スライドショーを終了させるときは[Esc]キーを押します。

(C) アニメーションを表示しない

このチェックボックスをONにすると、スライド内のアニメーションが無効になります。ただし、画面切り替えのアニメーションは無効になりません(アニメーションの指定方法はP415～419で解説します)。

(D) スライドの表示

スライドショーに表示するスライドの範囲を指定できます。

(E) スライドの切り替え

スライドの切り替えタイミングを指定します。「クリック時」を選択すると、リハーサル機能で保存した切り替えタイミングに関係なく、マウスのクリックでスライドを切り替えることができます。

Column

非表示スライドに設定

[スライド ショー]タブにある「非表示スライドに設定」をクリックすると、現在選択しているスライドをスライドショーから除外できます。「スライドは削除しないが、スライドショーには表示したくない」という場合に活用してください。なお、非表示に設定したスライドをスライドショーの対象に戻すときは、もう一度「非表示にスライドに設定」をクリックします。

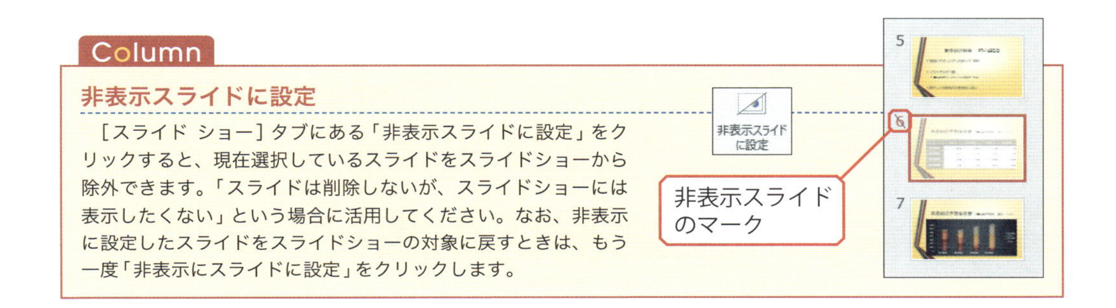

13 画面切り替えとアニメーション

「PowerPoint」には、スライドショーにアニメーション効果を加える機能も用意されています。続いては、画面切り替えやアニメーションを指定するときの操作手順を解説します。

画面切り替えの指定

スライドショーでマウスをクリックして次のスライドへ切り替えるときに、アニメーション効果を施すことも可能です。このアニメーション効果は画面切り替えと呼ばれており、以下のように操作すると指定できます。

2 このタブを選択

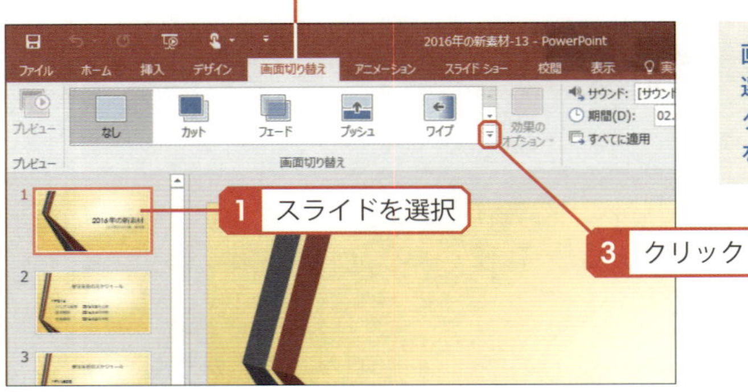

画面切り替えを指定するスライドを選択します。続いて、［画面切り替え］タブを選択し、「画面切り替え」のをクリックします。

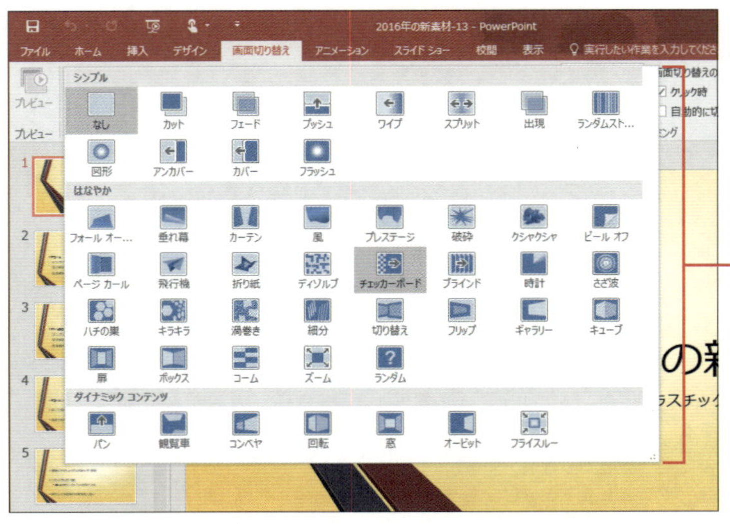

アニメーション効果の一覧が表示されるので、この中から好きな画面切り替えを選択します。

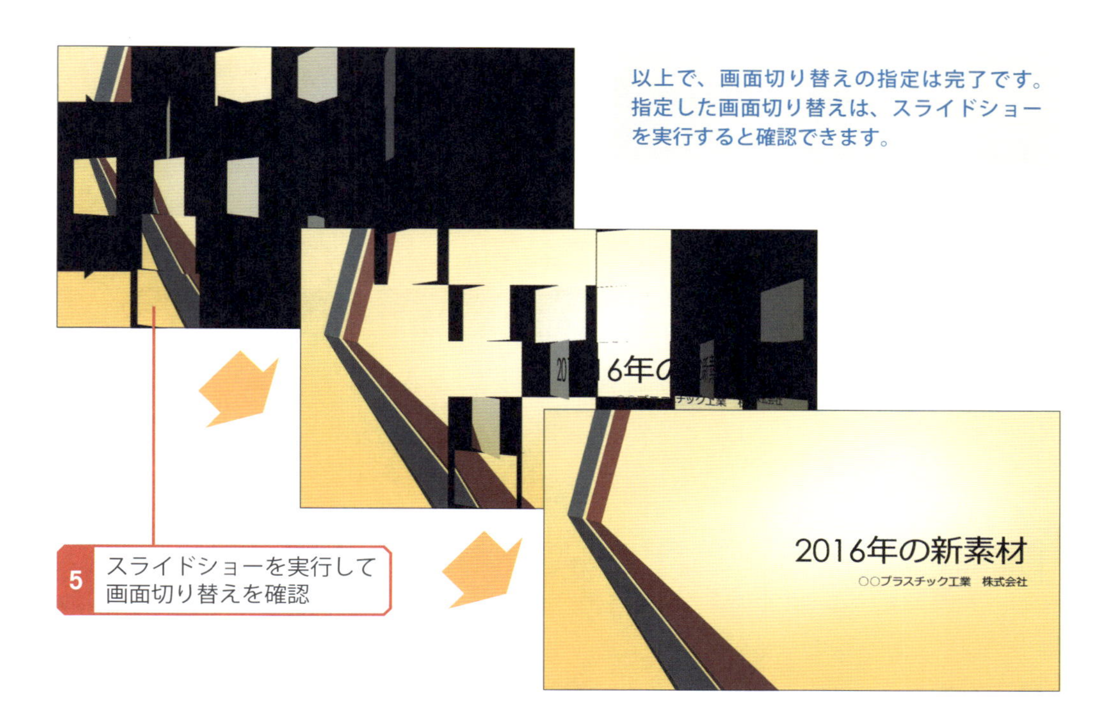

Column

画面切り替えのマーク

画面切り替えなどのアニメーション効果を指定したスライドには、スライド一覧に★のマークが表示されます。

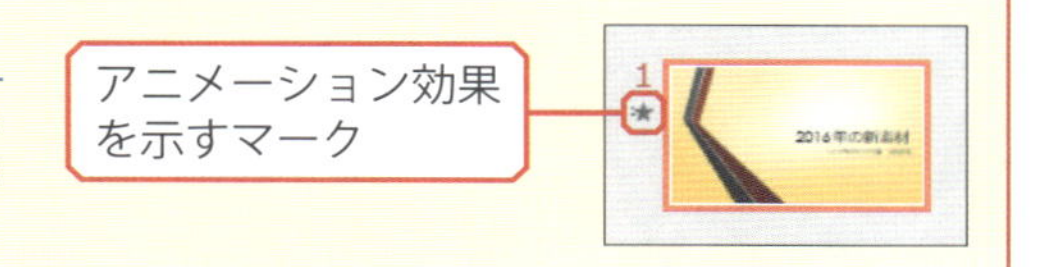

▶ 全スライドに画面切り替えを適用

上記の手順で画面切り替えを指定すると、選択していたスライドだけに画面切り替えが適用されます。他のスライドにも同じ画面切り替えを適用するには、［画面切り替え］タブにある「すべてに適用」をクリックする必要があります。

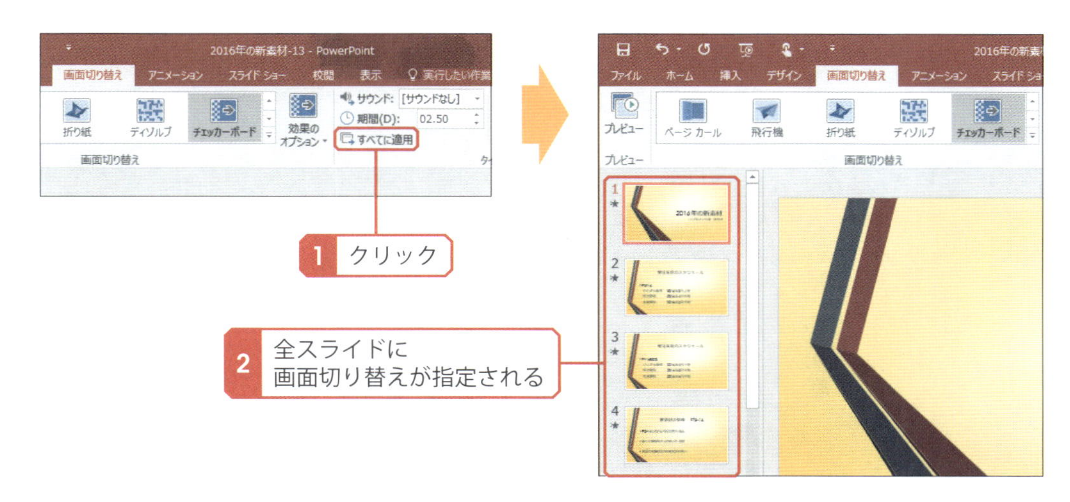

▶ 速度と効果音の指定

画面切り替えの速度を指定したり、効果音を追加したりすることも可能です。この場合は、[画面切り替え]タブにある以下の項目を変更します。

■ 継続時間

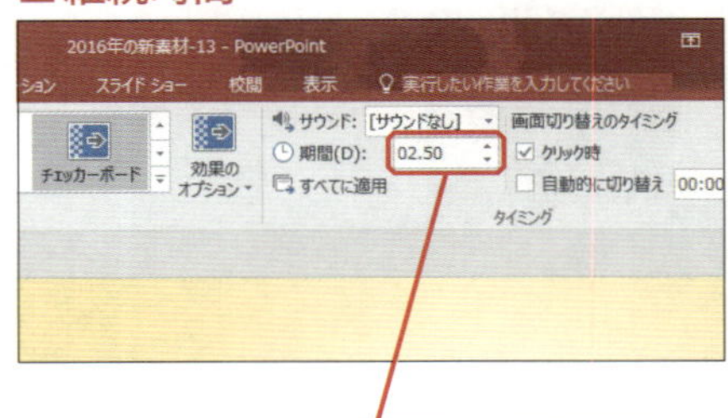

画面切り替えの速度（秒数）を指定

■ サウンド

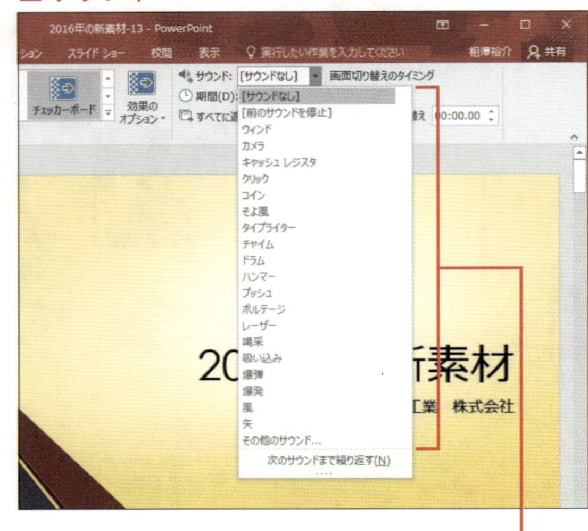

画面切り替えの効果音を指定

Column

スピーカーとの接続

発表時に効果音を鳴らすには、パソコンを会場のスピーカーと接続しておく必要があります。通常、この接続にはヘッドフォン出力を利用します。

▶ 画面切り替えの解除

画面切り替えを解除するときは、「画面切り替え」の ▼ をクリックして「なし」を選択します。すると、選択していたスライドの画面切り替えが解除されます。続いて「すべてに適用」をクリックすると、全スライドから画面切り替えを解除できます。

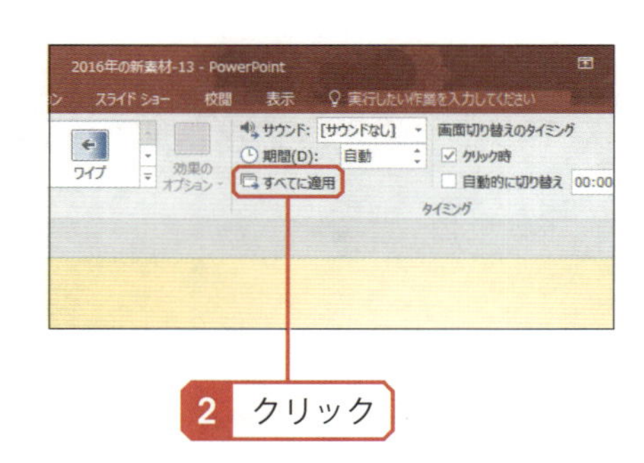

2 クリック

▶ スライド内のアニメーション

「PowerPoint」には、スライド内の各要素にアニメーション効果を施す機能も用意されています。たとえば、箇条書きのスライドで各段落にアニメーションを指定すると、以下のような演出を行うことが可能となります。

アニメーションの指定

それでは、スライド内の要素にアニメーションを指定する手順を解説していきましょう。この場合は［アニメーション］タブを利用し、以下のような手順でアニメーションを指定していきます。

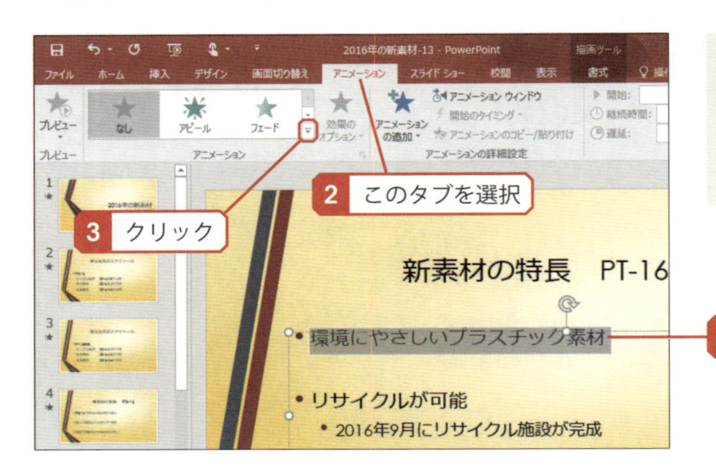

アニメーションを指定する要素（段落）を選択します。続いて［アニメーション］タブを選択し、「アニメーション」の▼をクリックします。

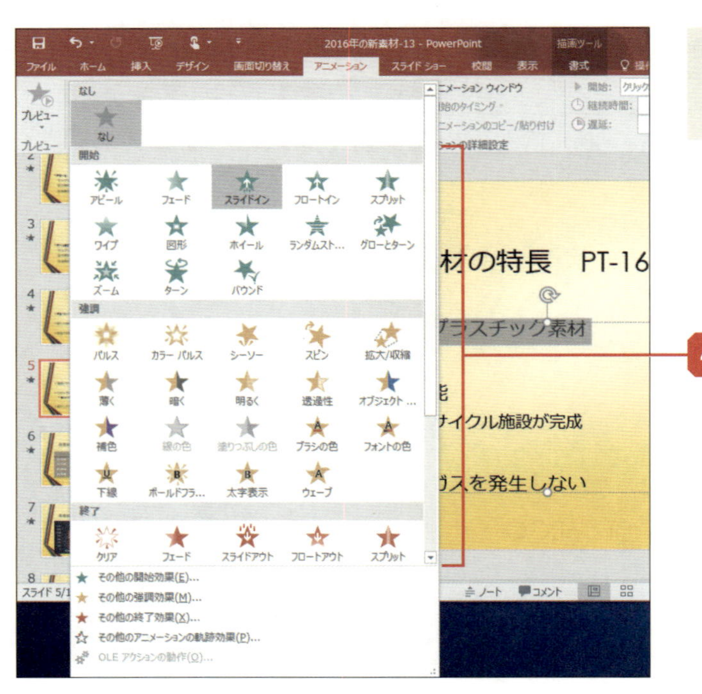

アニメーションの一覧が表示されるので、この中から好きなアニメーションを選択します。

Column

アニメーションの指定単位

アニメーションを文字単位で指定することはできません。このため、段落内の一部の文字だけを選択してアニメーションを指定すると、その段落全体にアニメーションが適用されます。

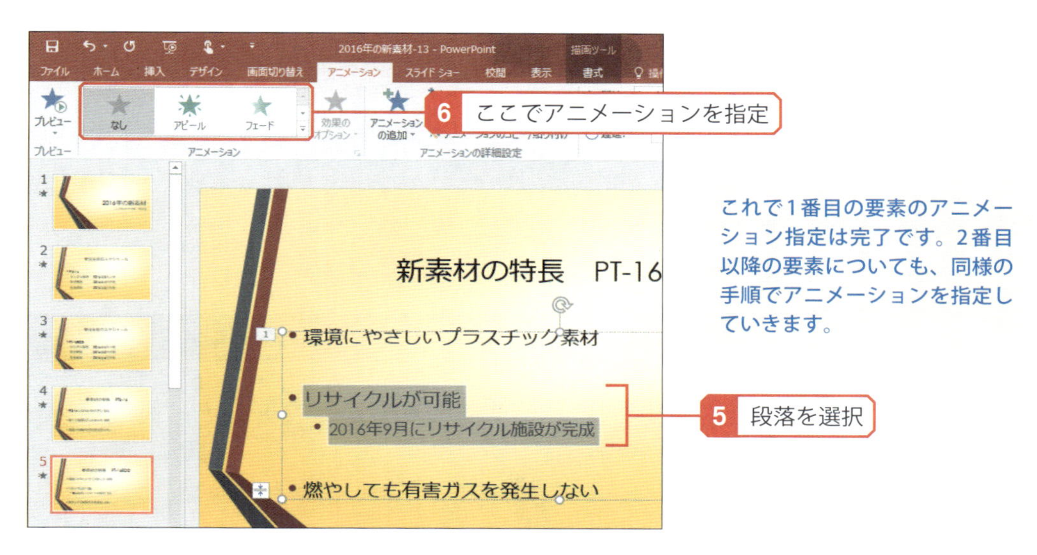

これで1番目の要素のアニメーション指定は完了です。2番目以降の要素についても、同様の手順でアニメーションを指定していきます。

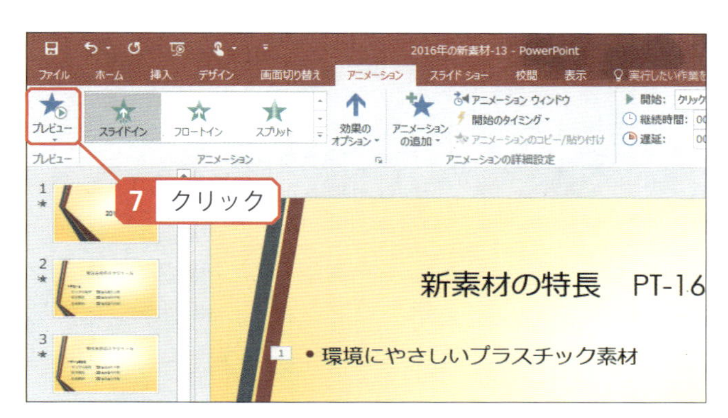

全てのアニメーションを指定できたら、「プレビュー」をクリックします。

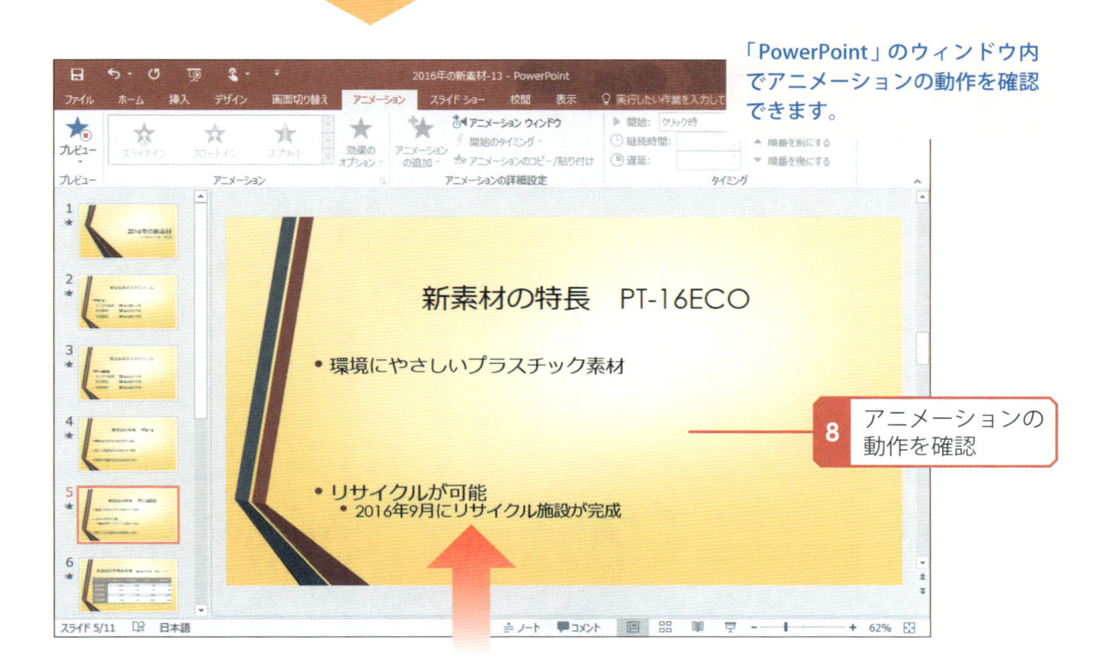

「PowerPoint」のウィンドウ内でアニメーションの動作を確認できます。

▶アニメーションの詳細設定

［アニメーション］タブを選択すると、アニメーションが指定されている要素に 1 や 2 といったアイコンが表示されます。このアイコンの数字はアニメーションが実行される順番を示しています。

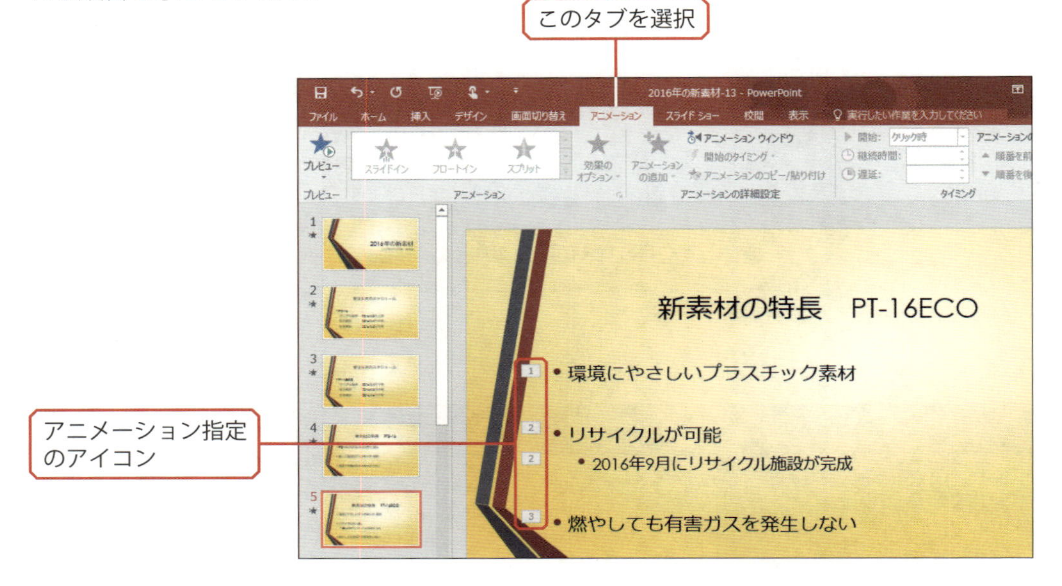

指定したアニメーションを変更するときは、これらのアイコンをクリックし、［アニメーション］タブで指定をやり直します。このとき「なし」のアニメーションを指定すると、そのアニメーションを解除できます。

なお、同じ数字のアイコンがいくつもある場合（複数の段落にアニメーションを指定した場合）は、それらを全て選択した状態でアニメーションの変更や解除を行う必要があります。この場合は［Shift］キーを押しながら各アイコンをクリックしていくと、複数のアイコンを同時に選択できます。

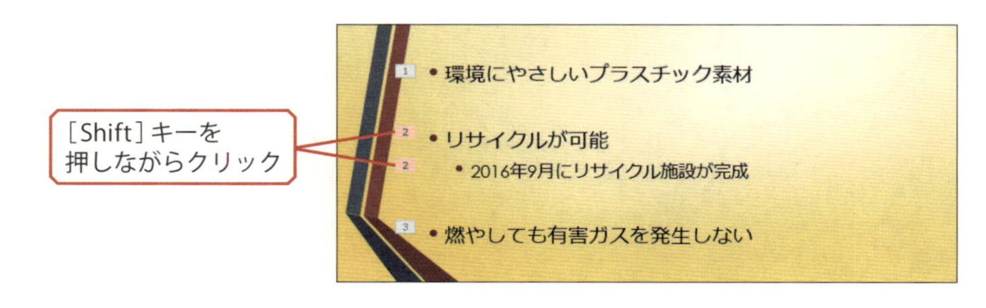

［アニメーション］タブには、それぞれのアニメーションをカスタマイズしたり、速度や開始タイミングを指定したりできるコマンドが用意されています。

■効果のオプション

アニメーションの方向などをカスタマイズできます。ここで指定できる内容は、適用しているアニメーションに応じて変化します。

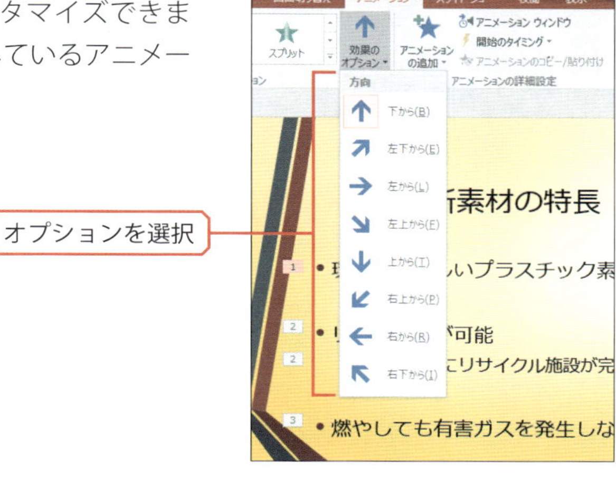

■開始

アニメーションを開始するタイミングを変更できます。

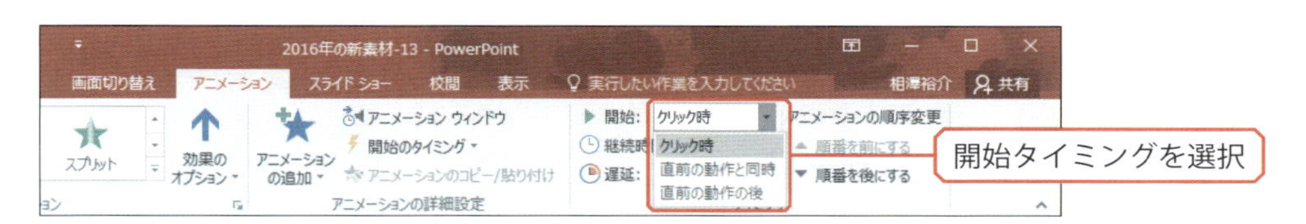

■継続時間／遅延

アニメーションの速度（秒数）は「継続時間」で指定します。また「遅延」を指定することで、開始タイミングより少しだけ遅らせてアニメーションを開始させることも可能です。

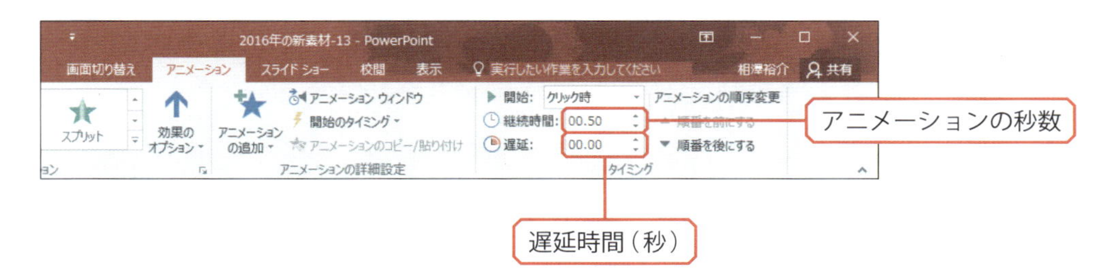

> **Column**
>
> **アニメーションの対象**
>
> ここでは段落に対してアニメーションを指定しましたが、グラフやSmartArtなどにアニメーションを指定することも可能です。この場合の操作手順は、基本的に段落のアニメーションを指定する場合と同じです。

14 ノートの活用

「PowerPoint」には、各スライドの発表用原稿や注意点などを記すことができるノートが用意されています。続いては、ノートの使い方と発表者ツールについて解説します。

▶ ノートの入力

発表の前準備として、発表時に読み上げる原稿を作成する場合もあると思います。このような場合は、「PowerPoint」に用意されているノートを利用すると便利です。ノートは各スライドに用意されているメモ欄のような存在で、発表用原稿や注意点などを記しておく領域として活用できます。ノートに文字を入力するときは、以下のように操作します。

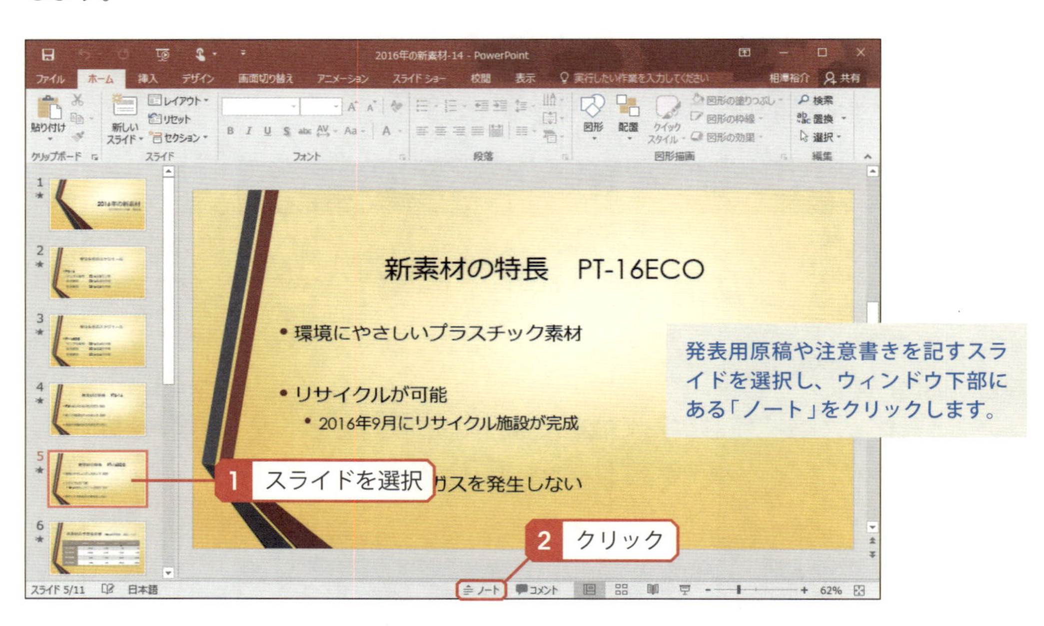

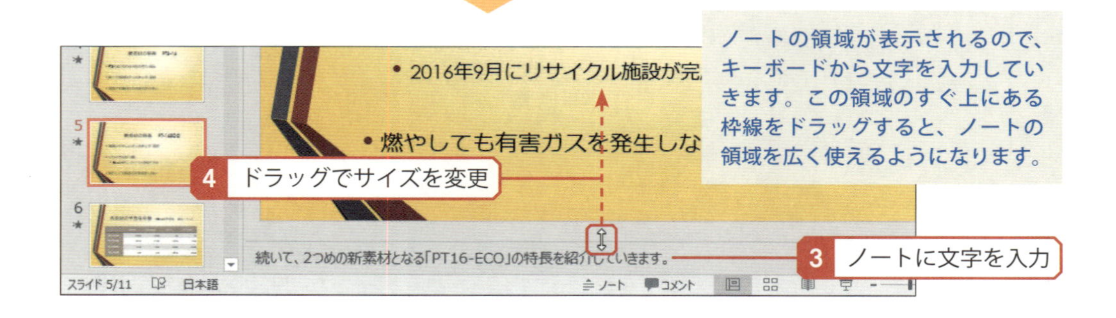

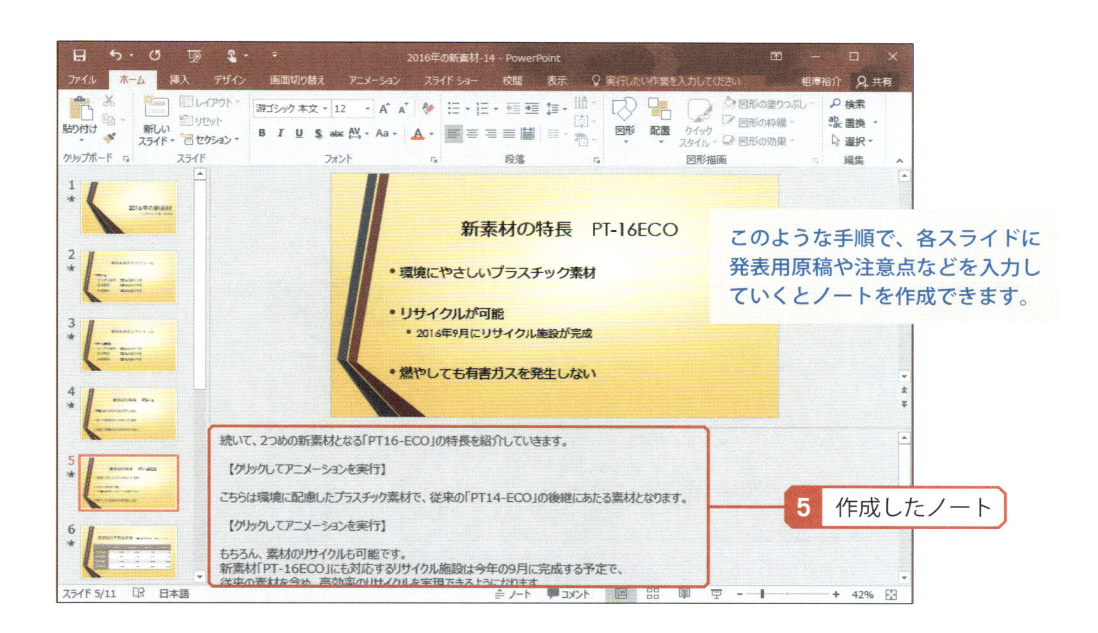

ノートの画面表示

ノートに長い文章を入力するときは、画面表示を「ノート」に切り替えると作業が行いやすくなります。「ノート」の画面表示に切り替えるときは、以下のように操作します。

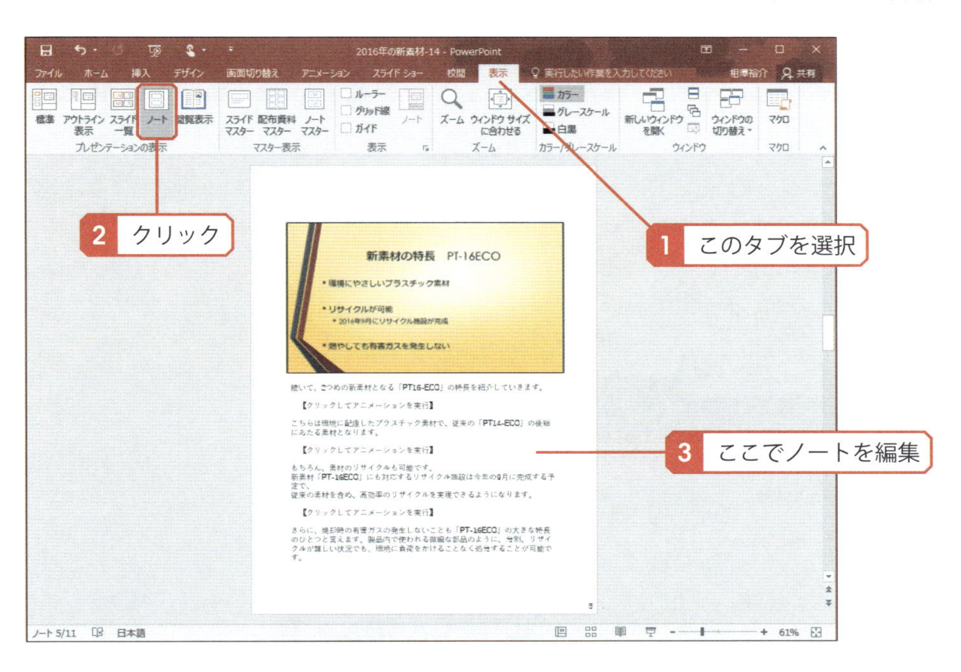

［表示］タブを選択し、「ノート」をクリックします。すると、画面表示が「ノート」に切り替わり、スライドの下にノートの領域が表示されます。ここでノートの編集を行います。

Column

通常の画面表示に戻す

通常の編集画面に戻すときは、［表示］タブの左端にある「標準」をクリックします。

▶ ノートに入力した文字の書式

「ノート」の画面表示では、ノートに入力した文字の書式を指定することが可能です。文字や段落の書式は［ホーム］タブで指定します。見やすいノートを作成できるように、重要なポイントに適切な書式しておくとよいでしょう。

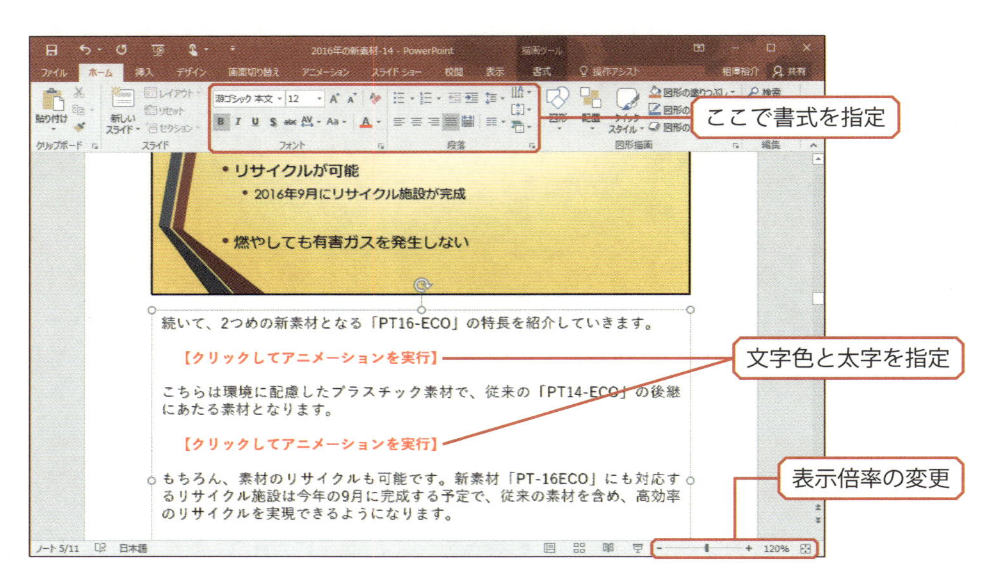

▶ 発表者ツールの画面表示

パソコンをプロジェクターなどに接続した状態でスライドショーを実行すると、外部モニタ（プロジェクターなど）にスライドショーが表示され、パソコンの画面には発表者ツールが表示されます。この画面に表示されるノートを見ながら発表を進めていくことも可能です。各スライドのノートは印刷して利用するのが一般的ですが、念のため、発表者ツールの使い方も確認しておいてください。

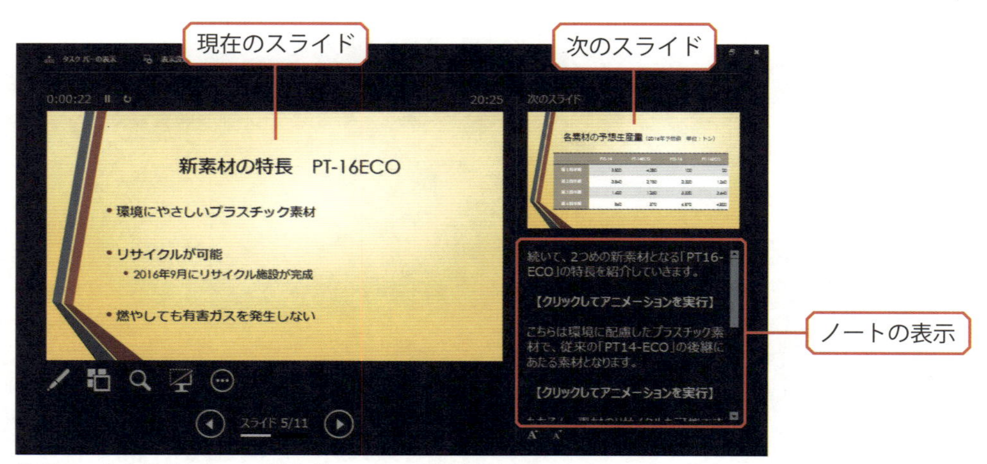

外部モニタを接続しないで発表者ツールの動作を確認するときは、［Alt］キーを押しながら［F5］キーを押します。

15 スライドの印刷

最後に、作成したスライドを印刷するときの操作手順を解説しておきます。「PowerPoint」の印刷機能は、出席者に配布する資料を作成したり、発表用原稿を用意したりする場合などに活用できます。

▶ 印刷プレビューの確認

スライドを印刷するときは、あらかじめ印刷プレビューで印刷イメージを確認しておくのが基本です。印刷プレビューを画面に表示するときは、以下のように操作します。

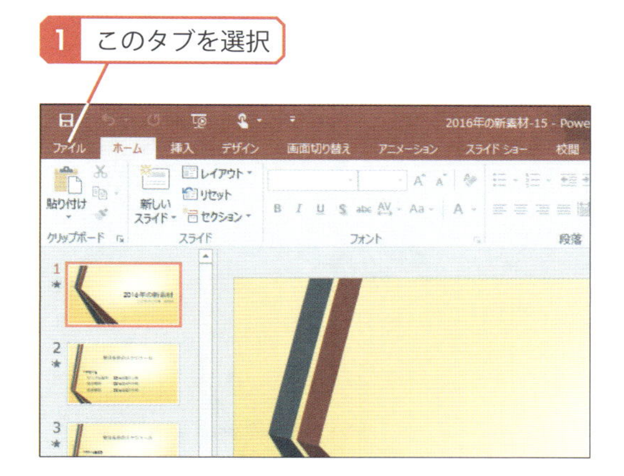

［ファイル］タブを選択します。

「印刷」の項目を選択すると、画面の右側に印刷プレビューが表示されます。ここで印刷のイメージを確認します。

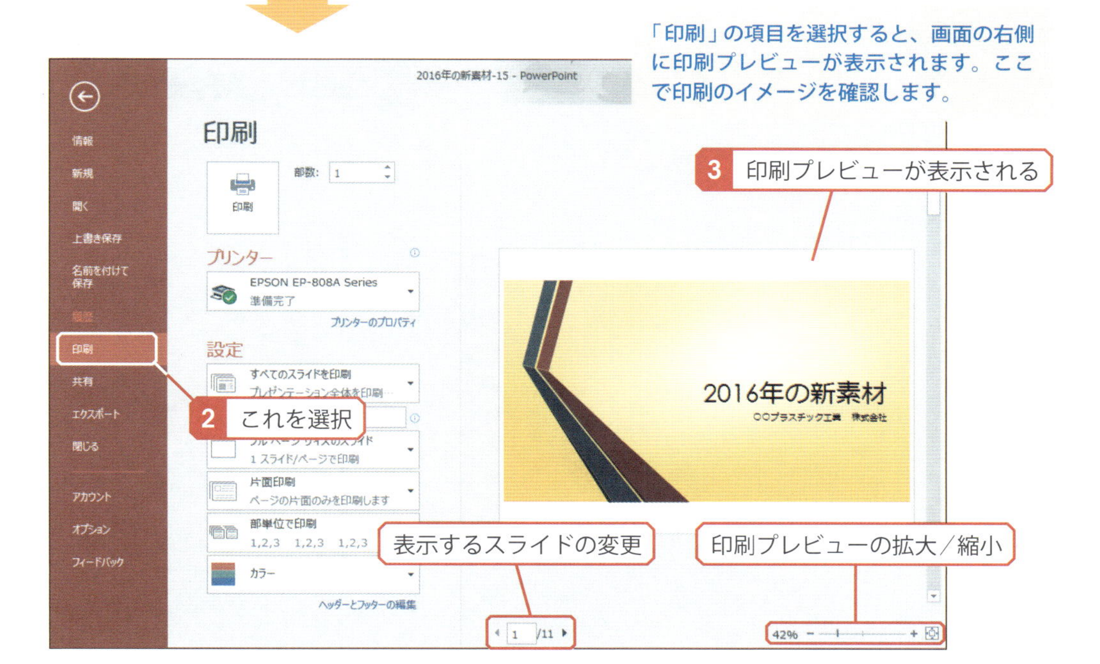

▶ 印刷レイアウトの指定

「PowerPoint」の印刷機能は、大きく分けて4種類のレイアウトが用意されています。印刷プレビューが表示されたら、まずは印刷レイアウトを指定します。

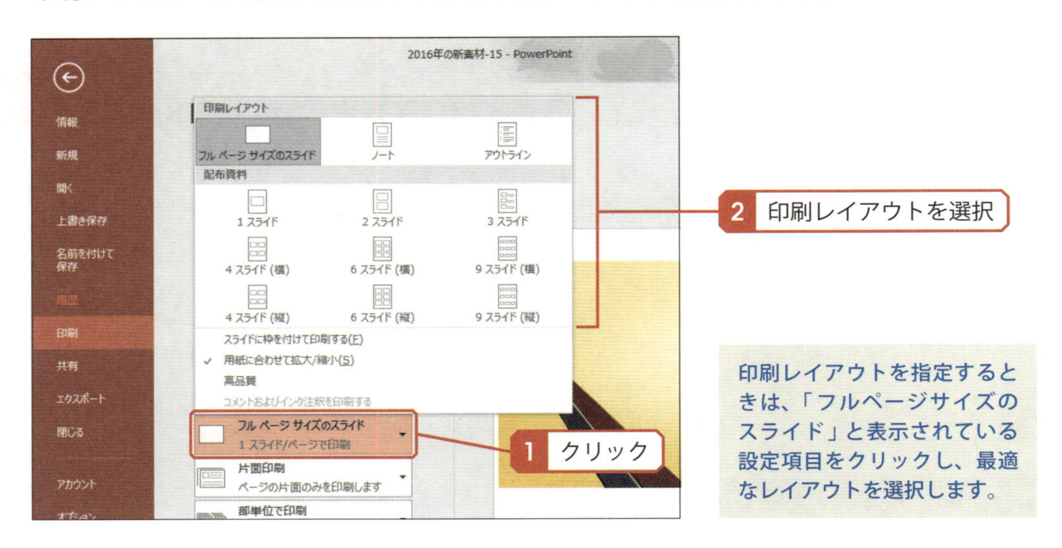

印刷レイアウトを指定するときは、「フルページサイズのスライド」と表示されている設定項目をクリックし、最適なレイアウトを選択します。

以下に各レイアウトの概要を紹介しておくので参考にしてください。

■フルページサイズのスライド

用紙に1枚ずつスライドを印刷する場合は、この印刷レイアウトを指定します。この印刷結果は、作成したスライドを校正する場合などに利用できます。

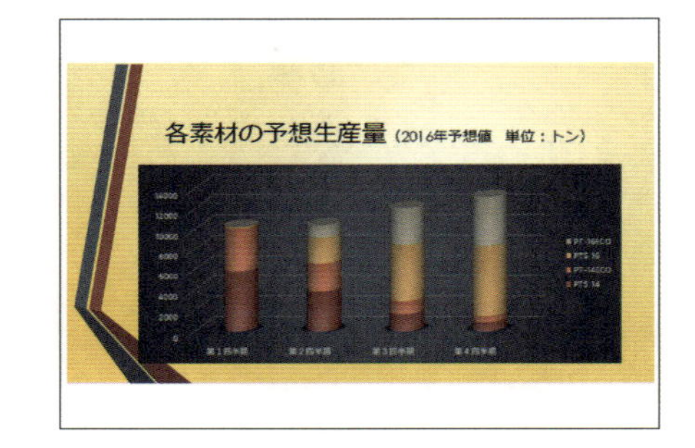

■ノート

各スライドのノートに入力した内容を含めて印刷する場合は、この印刷レイアウトを指定します。この印刷結果は、発表時に自分が参照する発表用原稿として利用します。

■アウトライン

スライド内の文字だけを一覧形式で印刷する場合に、この印刷レイアウトを指定します。この印刷結果は、スライドの構成を確認する場合などに利用できます。

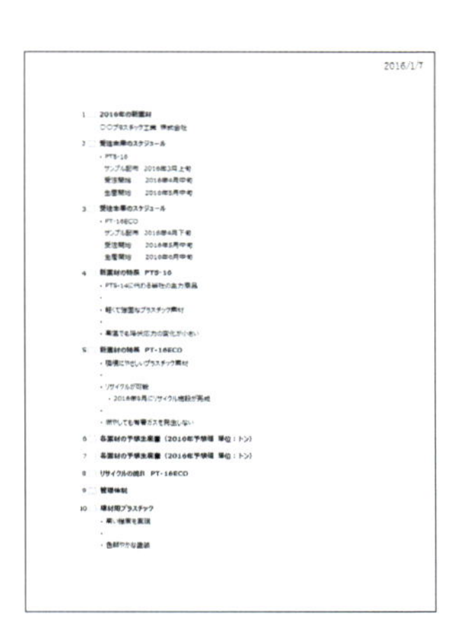

■配布資料

出席者に配布する資料を作成する場合は、「配布資料」の印刷レイアウトを指定します。全部で9種類の印刷レイアウトがあり、それぞれ1枚の用紙に印刷される「スライドの枚数」や「スライドを並べる方向」が異なります。「3スライド」の印刷レイアウトには、出席者がメモをとるためのスペースが設けられています。

2スライド

3スライド

4スライド（横）

6スライド（横）

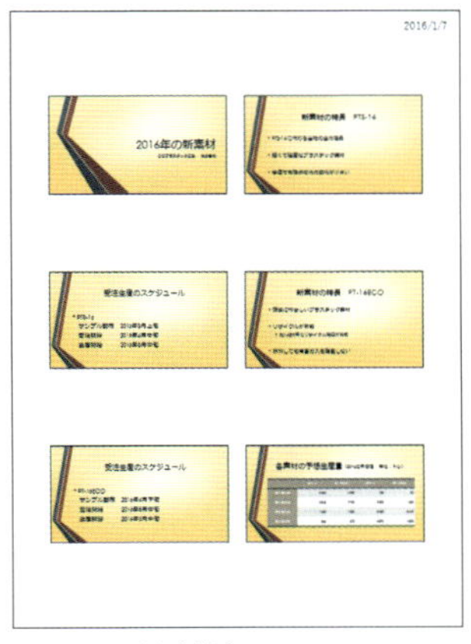

6スライド（縦）

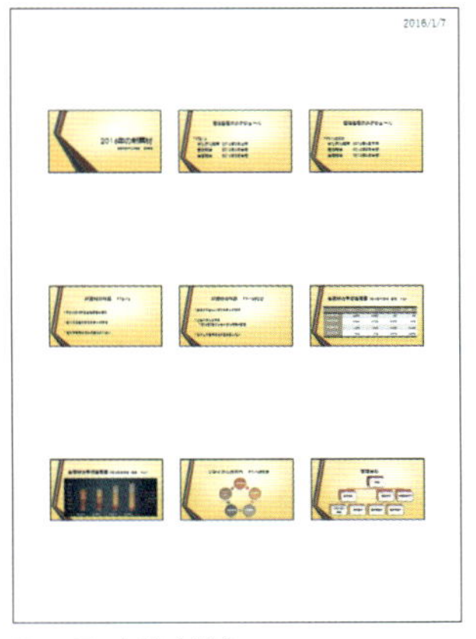

9スライド（横）

▶ その他の印刷設定と印刷の実行

印刷レイアウトを指定できたら、用紙の向きや印刷部数などを指定します。これらの設定も印刷プレビューの左側に並ぶ項目で指定します。

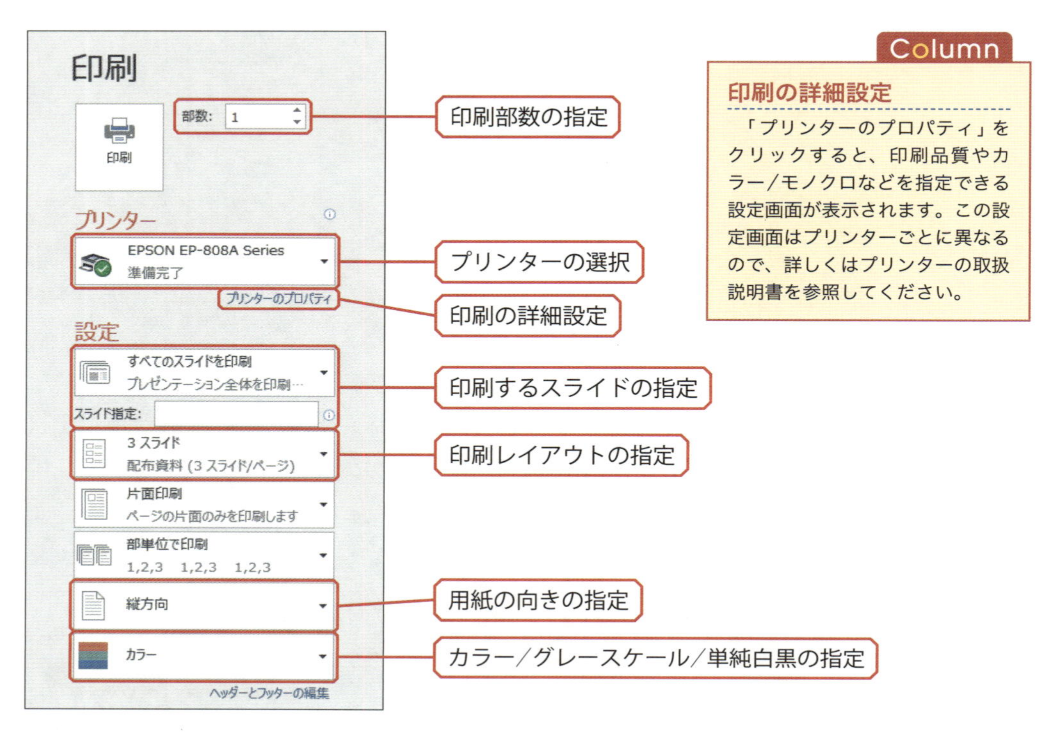

Column

印刷の詳細設定

「プリンターのプロパティ」をクリックすると、印刷品質やカラー／モノクロなどを指定できる設定画面が表示されます。この設定画面はプリンターごとに異なるので、詳しくはプリンターの取扱説明書を参照してください。

「4スライド」や「9スライド」の印刷レイアウトでは、用紙の向きを「横」に指定すると各スライドを大きく印刷できます。

印刷に関する設定が全て完了したら、［印刷］ボタンをクリックして印刷を実行します。

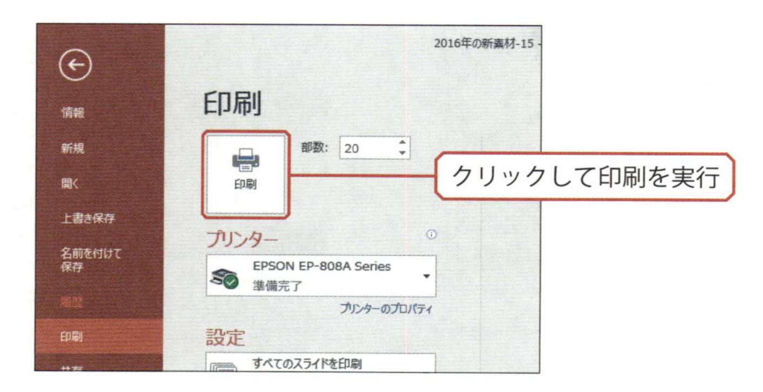

索引

Windows 10

【な】

【は】

【ま】

【や・ら・わ】

Word 2016 & Excel 2016 & PowerPoint 2016

【さ】

【た】

【な】

【は】

【ま】

【や・ら・わ】

パソコン はじめの一歩
Windows 10版　Office 2016対応

2016年2月25日　初版第1刷発行

著　者　　相澤 裕介
発行人　　石塚 勝敏
発　行　　株式会社 カットシステム
〒169-0073 東京都新宿区百人町4-9-7　新宿ユーエストビル8F
TEL　（03）5348-3850　　FAX（03）5348-3851
URL　http://www.cutt.co.jp/
振替　00130-6-17174
印　刷　　シナノ書籍印刷 株式会社

本書に関するご意見、ご質問は小社出版部宛まで文書か、sales@cutt.co.jp宛にe-mailでお送りください。電話によるお問い合わせはご遠慮ください。また、本書の内容を超えるご質問にはお答えできませんので、あらかじめご了承ください。

Cover design *Y. Yamaguchi*

Printed in Japan　ISBN 978-4-87783-397-8

ローマ字一覧

あ行

あ	Aち	
い	Iに	
う	Uな	
え	Eいい	
お	Oら	
ぁ	Xさ	Aち
ぃ	Xさ	Iに
ぅ	Xさ	Uな
ぇ	Xさ	Eいい
ぉ	Xさ	Oら

か行

か	Kの	Aち	
き	Kの	Iに	
く	Kの	Uな	
け	Kの	Eいい	
こ	Kの	Oら	
きゃ	Kの	Yん	Aち
きゅ	Kの	Yん	Uな
きょ	Kの	Yん	Oら

さ行

さ	Sと	Aち	
し	Sと	Iに	
す	Sと	Uな	
せ	Sと	Eいい	
そ	Sと	Oら	
しゃ	Sと	Yん	Aち
しゅ	Sと	Yん	Uな
しょ	Sと	Yん	Oら

た行

た	Tか	Aち	
ち	Tか	Iに	
つ	Tか	Uな	
て	Tか	Eいい	
と	Tか	Oら	
ちゃ	Tか	Yん	Aち
ちゅ	Tか	Yん	Uな
ちょ	Tか	Yん	Oら

な行

な	Nみ	Aち	
に	Nみ	Iに	
ぬ	Nみ	Uな	
ね	Nみ	Eいい	
の	Nみ	Oら	
にゃ	Nみ	Yん	Aち
にゅ	Nみ	Yん	Uな
にょ	Nみ	Yん	Oら

は行

は	Hく	Aち	
ひ	Hく	Iに	
ふ	Hく	Uな	
へ	Hく	Eいい	
ほ	Hく	Oら	
ひゃ	Hく	Yん	Aち
ひゅ	Hく	Yん	Uな
ひょ	Hく	Yん	Oら

ま行

ま	Mも	Aち	
み	Mも	Iに	
む	Mも	Uな	
め	Mも	Eいい	
も	Mも	Oら	
みゃ	Mも	Yん	Aち
みゅ	Mも	Yん	Uな
みょ	Mも	Yん	Oら